中央高校教育教学改革教材建设专项经费资助

工程岩体力学

刘 高 编著

兰州大学出版社
LANZHOU UNIVERSITY PRESS

图书在版编目（ＣＩＰ）数据

工程岩体力学 / 刘高编著. -- 兰州 ： 兰州大学出版社，2018.7（2019.9重印）
ISBN 978-7-311-05382-6

Ⅰ. ①工… Ⅱ. ①刘… Ⅲ. ①工程力学－岩石力学
Ⅳ. ①TU45

中国版本图书馆CIP数据核字(2018)第163462号

策划编辑　陈红升
责任编辑　魏春玲　陈红升　赵　方
封面设计　郇　海

书　　名　工程岩体力学
作　　者　刘　高　编著
出版发行　兰州大学出版社　〔地址:兰州市天水南路222号　730000〕
电　　话　0931-8912613(总编办公室)　0931-8617156(营销中心)
　　　　　0931-8914298(读者服务部)
网　　址　http://press.lzu.edu.cn
电子信箱　press@lzu.edu.cn
印　　刷　北京虎彩文化传播有限公司
开　　本　787 mm×1092 mm　1/16
印　　张　36.25(插页2)
字　　数　731千
版　　次　2018年7月第1版
印　　次　2019年9月第2次印刷
书　　号　ISBN 978-7-311-05382-6
定　　价　72.50元

前　言

岩体力学是一门处于迅速发展阶段的年轻学科，是地质工程专业以及土木工程、采矿工程、交通工程、水利水电等其它相关专业的支柱性基础课程，广泛应用于地质勘探、资源与能源、基础设施建设、国防及许多其它重要领域。

全书分为5部分。绪论（第1章）介绍岩体力学的基本概念、岩体的组成要素和基本特征、岩体力学研究（任务、内容、方法、步骤）及岩体力学发展与展望。岩体地质特征部分（第2章～第4章）从岩体的组成要素（岩石、岩体结构和赋存环境）方面详细介绍了岩体的本征属性。第2章介绍岩石的物质组成、结构特征和基本物理性质；第3章介绍岩体结构，包括结构面的成因、分类、基本属性及其描述、特殊结构面、结构体的基本特征以及岩体结构的分类与特征；第4章介绍了地应力场、渗流场和地温场等岩体赋存环境的基本特征及研究方法。岩体力学性质部分（第5章～第8章）基于岩体组成要素讲述岩体的基本力学性质及其影响因素、岩体评价及岩体力学参数的选取，第5章介绍岩石在各种受力条件下（包括单向压缩、单向拉伸、直接剪切和三向压缩等）的基本力学性质及其影响因素、岩石力学性质研究方法和指标选取等；第6章介绍各类型结构面在不同受力条件下的基本力学性质及其影响因素、力学性质参数的选取；第7章讲述岩体在不同受力条件下的力学性质及其影响因素、力学性质研究（方法、参数选取、综合分析）；第8章介绍岩体的工程地质分类、岩体质量评价及其工程应用。岩体力学的计算与工程应用部分（第9章～第12章）基于岩体基本信息并结合具体岩体工程，讲述岩体力学计算和岩体工程设计的基本原理和方法。第9章为岩体力学计算基本原理，包括岩体地质力学模型、岩体力学介质、本构关系、强度准则及稳定性评价；第10章介绍不同岩体力学介质类型硐室的围岩应力分布、围岩压力、变形破坏、稳定性评价和初步设计；第11章为不同力学介质类型岩质斜坡（边坡）的重分布应力、变形特征及稳定性评价等；第12章介绍岩质地基的应力分布、变形破坏、承载力及稳定性评价。附录部分主要介绍岩体力学相关的先导基础理论和基本方法。

本书是基于编者多年岩体力学科学研究以及教学实践和教学研究，对试用多年的教学讲义修订而成。编写过程中，吸收了岩体力学部分最新研究成果，参考了国内外同类教材及相关学科优秀教材的编写优点。作为"全程实战式岩体力学教学模式"的基础理论知识学习教材，本教材与"岩体力学例题与习题集""岩体力学课程设计"和"岩体力学实验"共同组成岩体力学教学的完整教学材料，以解决岩体力学"不好教、不好学、不好用、不会用"的问题。

本书具有以下特点：

（1）基于认知规律的网络化知识体系。以岩体力学的完整研究流程为明线（经线）、以岩体的组成要素或本征属性为暗线（纬线），构建系统化、模块化和网络化的知识体系，组织岩体力学知识点，使学生能够明确各知识点在完整岩体力学知识脉络中的位置以及在全生命周期岩体力学研究工作中的作用与地位。

（2）理论与实践并举。始终以岩体组成要素作为岩体的本征属性，注重岩体力学的基本原理（地质特征、力学性质和力学响应），关注岩体力学的基本方法（试验与测试、参数取值、计算、综合分析与评价），强调岩体力学的工程运用（岩体工程初步设计理念）。

（3）知识与能力并重。重点讲述岩体力学的基本概念、基本原理和基本方法，介绍岩体力学知识体系及其知识点，强调知识的运用能力。对于所涉及的高难理论，则重点介绍其基本原理和工程应用，而避免公式的繁琐推导（但阐明思路和方法，指导学生自行推导），便于学生自主学习，在掌握基础知识的同时，培养学习能力和知识迁移能力等综合能力。

（4）丰富的内容及岩体力学相关资讯。每章的"本章知识点"列出知识点及其重点和难点，帮助学生明确学习内容；"概述"介绍本章知识点的目的、意义、作用以及所涉知识点的纵横联系；"脚注"提供相关知识点的溯源、不同见解、运用及其注意事项等附加信息，加深对该知识点的理解，拓宽知识并拓展能力。书末"附录"列出了与岩体力学密切相关且必需的部分先导课程基础知识，便于学生学习参考。

本书构思、选材和编写过程中，得到了韩文峰教授和聂德新教授的鼎力相助，凝聚了两位恩师的心血。本人指导的研究生为本书付出了辛勤劳动，参与了书稿的修改和文字核对工作。本教材前身的讲义使用过程中，兰州大学地质工程专业历届本科生提出了很多宝贵意见和建议。

囿于编者的水平，书中难免有不足甚至错误之处，敬请批评指正。

编 者
2017年12月

目　录

1 绪论

本章知识点
（重点▲,难点★）

岩体力学的研究对象与服务对象	岩体力学的研究内容
岩体的组成要素▲	岩体力学的研究方法
岩体的基本特征▲	岩体力学的工作程序
岩体的动态演化▲★	岩体力学的发展史与展望

1.1　岩体力学与岩体工程

人类生活在地球表层，依赖地质环境生存和繁衍，资源开发、建筑物修建以及地质灾害防治等各类人类工程活动，均与地质环境中的一定地质体密切相关。此处所指地质体（geological body）是具有一定物质成分和结构构造并占据一定地球空间的地质实体，通常称为岩土体，包括主要由土组成的土体和主要由岩石组成的岩体[①]。更确切地，在建筑工程领域[②]，岩体（rock mass）是地质历史过程中形成、已经遭受过变形和破坏、具有一定成分和结构并赋存于一定地质环境中的地质体。

在所有建筑工程中，以地质体为工程结构、以地质体为建筑材料、以地质环境为建筑环境而修建的工程称为地质工程（geological engineering）。其中，构筑在岩体内部或表面的所有工程称为岩体工程（rock engineering）[③]。岩体工程涉及领域众多，包括水力发电、水利资源开发与利用（包括区域调水）、道路交通、工业民用建筑、矿产资源开采（包括煤炭、金属、稀土）、油气开采、跨区域能源输送（输油管道、输气管道、输电线路）、海洋、国防、高放废物地质处置、地质灾害预防和地震工程等，此外，地球物理和构造地质等相关领域也涉及岩体力学。所有具体的岩体工程都是由地基、边坡和地下硐室三大类工程的集成，如水力发电工程就是由地基

---

① 工程建筑领域通常将地质体称为岩土体。严格意义上，土体和岩体都属于地质体，岩体只是地质体的一部分，即狭义"岩体"。若考虑到外动力地质作用（如风化）对地壳浅表层岩体的巨大改造作用，岩体风化或其它外动力地质作用的最终产物即是土体，在此意义上，岩体与地质体是同名词，即广义"岩体"，土体可视为特定演化阶段的岩体或一类特殊岩体。

② 其它学科也有"岩体"，但其含义不同。如矿业工程中，含可用矿物者称为矿体，不含矿者为岩体；岩石学中，岩浆侵入体称为岩体，先存的被侵入者为围岩。

③ "岩体工程"也称"岩石工程"，两者为同义词，英文术语均为rock engineering。本书使用"岩体工程"。

（坝基、坝肩）、地下硐室（地下厂房、导流洞、各种交通洞等）和边坡（进水口边坡、坝肩边坡等）共同构成的一个综合工程系统。

岩体工程作用范围内的岩体称为工程岩体（rock mass related to engineering），未受岩体工程作用或岩体工程作用范围之外的岩体仍为天然岩体[①]。

岩体工程作用使赋存环境发生改变（天然环境场→工程环境场），岩体及其性质随之改变（天然岩体→工程岩体）；同时，这种变化将反过来影响岩体工程的安全。因此，不仅要研究岩体本身的力学性态，更应着重研究与岩体工程有关的工程岩体在工程力作用下的变形破坏规律和演化趋势及其应用，岩体力学应运而生[②]。

岩体力学（Rock Mechanics）是研究岩体力学性态的理论和应用科学。工程岩体力学（Rock Mechanics for Engineering）是研究已经遭受过变形和破坏的岩体，在岩体工程使其环境变化时产生再变形和再破坏的规律和理论，进一步运用这些理论和规律预测岩体工程的稳定性，解决岩体工程建设中的实际问题的一门应用性科学。岩体力学主要研究岩体对其存在环境中的力场的响应；工程岩体力学强调工程目的，主要基于天然岩体研究成果进一步研究岩体对工程活动的响应。

总之，工程岩体力学（岩体力学）属力学的一个分支，是岩体与力学及其它相关学科的交叉学科。工程岩体力学的服务对象是各类岩体工程，研究对象是岩体（包括天然岩体和工程岩体），必要时尚需对岩体工程进行简单研究（包括工程的类型、规模、作用力水平及主要方向）。

1.2　岩体及其基本特征

1.2.1　岩体的组成要素

由岩体的定义可知，岩石（岩体的主要成分）、岩体结构（岩体的结构）和赋存环境（岩体赋存的地质环境）是岩体不可或缺的三大组成要素。岩石的类型和性质不同、结构面性质和发育特征不同以及所处地质环境（地应力场、渗流场和地温场等）不同，岩体的本质特征不同，从而具有不同的工程特性，表现为不同力学性质和力学响应。

[①] 天然岩体是自然系统，其行为和功能与岩体的组成要素（岩石、岩体结构和赋存环境）有关；工程岩体是人地系统，其行为和功能与天然岩体、岩体工程特点和施工因素等有关。工程岩体力学中所指岩体，既包括天然岩体，也包括工程岩体。

[②] 因历史原因，早期仅注重对岩石的研究，始称"岩石力学"。随着工程实践和理论研究的深入，尤其一些重大工程事故的发生，人们开始逐渐认识到，基于传统连续介质力学或土力学的岩石力学已不能胜任，于是逐渐形成"岩体"的概念，并采用新手段和方法开展研究，研究内容和研究方法得到了极大的丰富和完善。详见本章"岩体力学发展历史与展望"一节。因习惯的原因，国外一直沿用"岩石力学"这一称谓，我国"岩石力学"和"岩体力学"两种称谓并存。总之，现在的"岩石力学"与"岩体力学"是同义词，英文术语均为rock mechanics（国内也有用rock mass mechanics），内涵和外延上均较早期岩石力学有极大扩展。

1.2.1.1 岩石

岩石（rock）是地壳中由造岩元素经地质作用而形成的玻璃质或矿物的天然集合体。岩石具有一定物质组成、结构构造和变化规律的固体物质。

岩石是岩体的物质基础，是组成岩体的固相基质。从物质组成上看，岩体是一种岩石或多种岩石共生组合的地质体。岩石的地质特征（成因类型、物质成分、结构、岩性岩相变化、成层条件及厚度等）、物理性质和力学性质等决定着结构体特性，也在一定程度上决定了结构面的发育程度和特征，进而影响岩体的特性。

岩石是整个岩体力学工作的基础。

1.2.1.2 岩体结构

岩体在形成和改造过程中，内部发育了不同成因、规模和性质的众多地质界面，如层面、节理、断层和裂隙等。

岩体内已开裂或易于开裂的所有地质界面统称为结构面（structure plane），包括物质分异面和不连续面[①]。物质分异面（differentiation plane of materials）是建造过程中生成的结构面，如层面、层理、沉积间断面、岩性接触面、片理等；不连续面（discontinuity）是改造过程中产生的结构面，如节理、断层及裂隙等。

岩体被不同性质、产状和规模的结构面交叉切割成众多块体。岩体内由结构面切割而分离的块体称为结构体（structure block）。结构体是结构面切割和围限所致，其大小和形状等特征完全受结构面特征控制，如结构面产状和组数决定了结构体形状，结构面发育程度决定了结构体规模。

结构面和结构体在岩体内的排列组合形式称为岩体结构（rock mass structure）。结构面和结构体是岩体结构的基本要素（或称岩体结构单元），不同的岩体结构要素（如不同性质、自然属性和力学性态的结构面，不同强度、规模和形状的结构体）以及二者在岩体内不同的排列组合，使岩体具有不同结构特征，性质也因此而不同。

岩体结构是岩体区别于其它固体材料（包括岩石）的根本原因之一。岩体结构不仅决定了岩体的不连续性这一基本特征，而且控制着岩体的变形和破坏等力学特征。

岩体结构不仅是整个岩体力学工作的核心，也是关键。

1.2.1.3 赋存环境

赋存环境（environment）是指岩体存在所依赖的地质环境，包括地应力场、渗流场、地温场以及其它地球物理场。

赋存环境不仅决定了岩体的基本地质特征，并且影响着岩体的力学性质（包括力学介质、力学属性、力学响应），甚至在一定程度上控制着岩体力学性质。同一岩体处于不同地质环境，便有不同力学性质；赋存环境变化，岩体的力学性质也将发

[①] 在国外，结构面被称为不连续面（discontinuity）。近年来，"结构面（structure plane）"有开始流行的趋势。

生变化，已经不是原来的岩体。因此，岩体基本地质特征反映了岩体的环境，由岩体的基本地质特征可以推断岩体的形成环境。

岩体必须始终依存于其赋存环境而存在，脱离了赋存环境，便不能称作岩体，仅是岩石或岩块。赋存环境是岩体区别于其它固体材料（包括岩石）的根本原因之一。

赋存环境是整个岩体力学工作的难点，也是灵魂。

1.2.2 岩体的动态演化

岩体形成于特定的地质环境，后期受到多期次、不同类型和强度的内外动力地质作用。因此，可从岩体的形成（建造）和改造两方面来研究和认识岩体的演化。

1.2.2.1 岩体的建造

岩体是在一定地质环境条件下形成的[①]，岩体的形成包括岩石的形成、岩体结构的形成，并赋存于形成时的地质环境。

（1）赋存环境的形成（成岩环境）

岩体形成时所处的地质环境即为成岩环境（diagenetic environment）。岩石学常用岩相（lithic facies / lithicfacies）来反映成岩环境[②]，并分为沉积相、火成相和变质相[③]。不同成岩环境形成不同岩体，如高温高压环境形成的变质岩，风化剥蚀及后期压密环境形成的沉积岩；不同环境形成的岩体始终具有与成岩环境相对应的特征（物质和岩体结构）。

岩体形成后便赋存于成岩环境之中，岩体建造阶段的赋存环境就是其生成时的环境场（地应力场、渗流场和温度场），如沉积岩形成时以自重应力为主、地下水为孔隙水、温度变化大；变质岩形成时以高地应力和高温为基本特征。

（2）岩石的形成（岩石建造）

岩体建造过程中首先形成了岩石。不同成岩环境生成不同岩石，综合表现在岩

---

① 地质学中，将岩石的形成过程称为建造过程（formation）。

② 对于岩相，通常有3种理解：

◇岩相是岩层的生成环境（气候、温度、地层、时代等），可根据岩性、化石、地球化学特征等推断岩相。

◇岩相是岩石某些特征的组合（岩性、结构、构造、化石及其组合特征），是生成环境的物质表现。

◇岩相是岩石与其生成环境的组合。

③ 根据岩石建造特征，岩相可做如下划分：

沉积相分为海相、陆相和海陆过渡相。海相包括：滨海相、浅海相、半深海相、深海相；陆相包括：残积相、坡积相、洪积相、冲积相、湖积相、冰碛相、火山相等。

火成相分为侵入岩相和火山岩相。侵入岩相包括：深成相、中深层相、浅成相、超浅成相和喷出相；火山岩相包括：喷发相（溢流相、爆发相、侵出相）、火山通道相或火山颈、潜火山岩相或次火山相、喷发相。

变质相包括：沸石相、葡萄石-绿纤石相、蓝片岩相（蓝闪石-硬柱石相）、低绿片岩相、高绿片岩相、低角闪岩相、高角闪岩相、麻粒岩相、榴辉岩相等。

性上①，如三大类岩石之间就具有不同的物质、结构和构造特征以及物理力学性质。

从物质组成上看，同种岩石或具有成生联系的不同岩石共生组合在一起而组成岩体。岩石学中，通常用岩石建造（formation）来表征岩石及其共生组合②，并分为沉积岩建造、岩浆岩建造和变质岩建造③。岩体形成时的岩石及其组合特征是岩体的物质基础，进一步决定了岩体基本地质特征。

（3）岩体结构的形成（原生岩体结构）

建造过程中，岩体内部形成相应原生结构—物质分异面。不同建造甚至同类建造的原生结构也因岩相（成岩环境）不同而异，如沉积岩中层面、层理、沉积间断面等，岩浆岩中的流纹、岩浆与围岩的接触带等，变质岩中的片理、板理等。

对岩体力学来说，原生结构明显地反映了岩体的各向异性程度。块状结构岩体一般均匀性高，呈各向同性；层状结构岩体的典型特征是成层性④，表现出横观各向同性，即横向平面上性质相同而纵向上性质变化较大。

1.2.2.2 岩体的改造

在建造过程中形成的岩体，其岩石成分、原生岩体结构和赋存环境是与当时的物理化学环境相适应的，而且只适应当时的环境；当条件变化时，岩体也随之改变，以适应新的环境条件。内外动力地质作用综合作用下发生的改变称为改造（transformation），包括风化作用、卸荷作用（如剥蚀）、加载作用（如沉积）和构造作用等。改造作用使岩体的组成成分、岩体结构和赋存环境均发生全面改造。

（1）岩石的改造

建造过程中形成的岩石只适应于当时的物理化学环境。当改造作用使其环境变化时，岩石便随之发生变化。如三大岩类相互转化（构造作用下的变质岩、岩石熔融并侵入或喷发而形成岩浆岩、外动力地质作用形成沉积岩）；风化作用使岩石矿物风化而形成黏土矿物，沉积物不断加厚压密而成岩；结构面两壁岩石的蚀变等。

（2）岩体结构的改造

改造作用扩大了岩体的不连续性，如构造作用在岩体中产生了大至断裂、小到节理和劈理等不连续面（结构面），剥蚀作用使岩体卸荷而导致岩体内已有裂隙的扩大和新裂隙的产生，风化作用则沿上述不连续面对岩体结构加以改造。

---

① 岩性（lithology）是岩石的属性，包括颜色、成分、结构、构造等特征。岩性取决于岩相，岩性体现着岩相。

② 岩石建造是指在时间和空间上彼此有密切联系的各种岩石天然组合体。即在一定自然和地质环境下形成的并成为地壳发展某一阶段特有的各种岩石组合。

③ 沉积建造包括：碳酸盐岩建造、碎屑岩建造、复理石建造、磨拉石建造、含煤建造、含盐建造、泻湖建造、红色建造等。

岩浆建造包括：侵入岩建造、火山岩建造、混合岩建造等。

变质建造包括：变质岩建造、构造岩建造、风化岩建造等。

④ 岩体的成层性标志着地质作用的转化或间断，反映了岩体中岩性界面、地质间断面（古风化面、岩浆喷发间歇面等）和片状条状矿物富集面（片理、层理等）等弱面的存在，这些弱面直接控制着岩体介质的各向异性和不连续性，并影响岩体的成层条件和厚度。

（3）赋存环境的改造

改造作用使岩体的应力状态、地下水活动及地热发生明显改变。如改造后，地应力场变得更为复杂，增加了构造应力和剥蚀残余应力；地下水主要赋存于岩体裂隙中；在构造活动强烈的地带，热流密度增大，地温梯度发生异常等。

1.2.2.3　岩体的动态演化

在一定地质环境中形成的岩体，必须依存于赋存环境，即始终与其赋存环境相适应、随地质环境变化而变化。

赋存环境是活动的且易变的，如构造运动、剥蚀、卸荷等自然营力容易导致地应力场、渗流场和地温场的快速而大幅改变[①]。一旦赋存环境发生变化，为了与变化后的地质环境相适应，岩石和岩体结构必然发生相应改变，岩体物理力学性质也随之改变。在岩体形成之后的整个地质历史中，岩体已经遭受过多期次、反复、复杂、不均衡和多类型的内外动力地质作用的改造，岩体始终处于动态演化过程之中。在此意义上，赋存环境（尤其地应力场）是推动岩体动态演化的最根本因素。

现今的岩体即为岩体动态演化的产物，已经遭受过复杂的变形和破坏，从而具有特定的岩石组合、特殊的岩体结构和复杂多变的地质环境。岩体演变至今，还将在内外动力地质作用下按其自身进程和模式继续演变下去[②]。

1.2.3　岩体的基本特征

受岩性、岩体结构和赋存环境的综合作用和控制，岩体具有非常复杂和特殊的性质（包括地质特征、物理性质和力学性质等），概括起来有不连续性、非均质性、各向异性和有条件转化性，其中最基本的是不连续性和有条件转化性。

（1）不连续性

不连续性（discontinuity）指材料内相邻点具有不同特征的性质。岩体不连续性的根本原因是岩体内众多结构面的发育和存在，破坏了岩体原有完整性，结构面的性质及其排列和组合特征决定了岩体的地质特征、控制和影响岩体的工程特性。岩体不连续性综合表现在地质特征不连续性和物理力学性质不连续性两方面。

不连续性是岩体的最根本特征。岩体在本质上是不连续介质，有别于一般连续介质，这正是经典力学理论不能很好地分析和解决岩体力学问题的根本所在。

（2）各向异性

各向异性（anisotropy）是指材料性质随取向不同而具有明显方向性差异的性质。岩体各向异性的根本原因是结构面具有优势方位以及岩体赋存环境具有各向异性，这就要求在研究岩体工程特性和进行岩体工程设计时，必须注意岩体中结构面

---

① 人类工程活动（如开挖）的作用速度和作用强度远甚于一般自然营力，对岩体的改变（主要是赋存环境的改变）远大于自然作用。

② 对于工程岩体，工程活动对其原有演化模式和演化进程有一定影响，工程岩体将在原有赋存环境和工程力叠加作用下向前演化。工程岩体力学的根本任务就是研究这种条件下的演化规律，包括演化模式及稳定状态等。

的优势方位与工程作用力之间的相对关系。

（3）非均质性

非均质性（heterogeneity）是指材料性质随空间位置不同而异的性质。岩体是长期地质作用的产物，岩石的非均匀性、结构面的发育以及赋存环境的各向异性等综合决定了岩体的非均质性特征。非均质性使岩体的地质特征和力学性质在不同部位存在显著差异，表现为试验结果具有较大的离散性。

（4）有条件转化性

有条件转化性（conditional convertibility）是指材料在一定条件下发生转化的性质。形成并赋存于一定地质环境中的岩体并非一成不变，当赋存环境发生变化时，其成分和结构均可能相应改变，进而导致岩体的介质类型、力学属性和力学响应规律等发生转化甚至根本性变化，如连续介质转化为块裂介质，弹性变形转化为弹塑性变形，延性破坏转化为脆性破坏等。岩体的有条件转化性特征在一定程度上增加了正确认识岩体的难度，如岩体的"非确定性"和"相对性"等。

1.3 岩体力学研究

1.3.1 研究任务

岩体力学是伴随岩体工程而发展起来的。起初，岩体工程规模小，人们凭经验并借用土力学和经典力学来设计岩体工程或解决岩体工程建设中的问题①。随着生活质量要求以及生产力水平的提高，大量岩体工程开始涌现，许多岩体力学问题需要解决，如高坝坝基及坝肩岩体的变形与抗滑稳定性问题；库岸边坡、船闸边坡、溢洪道边坡稳定性问题；大型露天矿边坡稳定问题；各类地下硐室变形破坏及其引起的地表塌陷问题；特殊赋存环境条件下岩体工程的布局、设计和施工问题等。

因岩体变形和破坏而造成的岩体工程事故很多，其中不乏震惊世界的惨痛例子，如美国 St. Francis 重力坝溃坝（1928-03-07）、法国 Malpasset 拱坝溃坝（1959-12-02）、意大利 Vajont 水库近坝滑坡涌浪漫坝（1963-10-09）及我国湖南锡矿山北区洪记矿井大陷落（中华人民共和国成立前）、湖南拓溪水电站近坝库岸滑坡（1961-03-06）、江西盘古山钨矿地压灾害（1967-09-24）、湖北盐池河磷矿山崩（1980-06-30）等，均造成了重大人员伤亡和财产损失。

这些重大事故的根本原因是对工程区岩体的力学性质研究不够，对工程作用下岩体的变形破坏估计不足，从而没有采取合适的设计与施工。当然，如果因为担心研究不足和认识不够（或者对工程岩体变形破坏估计过于严重），过度保守地采用过大的安全系数，虽然可以保证工程"安全"，但导致投资过大和工期过长。

因此，与所有工程一样，岩体工程也必须符合"安全、经济、合理"的原则。

---

① 岩体力学是一门非常年轻的学科，岩体力学的形成比土力学晚得多，而且岩体远较土体复杂，岩体力学至今尚不够成熟和完善。

岩体力学（工程岩体力学）的根本任务是：通过岩体力学研究①，准确掌握岩体的基本特征和力学性质，预测未来工程作用下工程岩体内产生的次生应力、变形破坏及岩体稳定性，进而从岩体力学观点出发，选择相对优良的工程场址，为合理而经济的设计以及安全的施工和运营提供理论依据和技术支撑。

1.3.2　研究内容

岩体的基本特征不仅决定其固有的基本力学性质，而且决定了它对未来作用的力学响应。一方面，岩体是非常复杂的地质体，其力学性质和力学响应受其组成要素（成分、岩体结构和赋存环境）共同控制；另一方面，岩体的力学性质和力学响应与所受力源相关，因作用力的性质、水平和方向不同而异，致岩体（工程岩体）的力学响应和力学行为不同。因此，必须从岩体的组成要素和工程特点两方面，综合研究岩体的力学性质及变形破坏规律。

对于具体岩体工程（如水电、水利及区域调水、矿业、交通、土木建筑、石油、海洋、核电站建设、核废料地质处置、地热资源开发和地震预报等），规模和作用特点不同，工程岩体及其力学性质变化规律以及力学响应也就相应不同，加之不同岩体工程的重要程度及安全要求不同，对岩体的要求也相应不同，如大坝对坝基和坝肩的不均匀变形和抗滑稳定有严格限制（重力坝与拱坝的要求和重点也有所不同），而岩质边坡工程往往允许发生一定的变形（确保不产生滑动失稳的前提下）；水电站地下厂房对围岩变形破坏严格控制，而采矿工程允许井巷发生一定的变形和破坏（不至于影响生产和安全）；非地震区的一般工程主要研究岩体的静态特性，而许多国防工程或部分交通工程更关注岩体的动力响应。总之，研究对象的复杂性和服务对象的广泛性决定了工程岩体力学研究内容是广泛而庞杂的。

工程岩体力学是伴随工程建设的发展而发展的，其研究任务和研究内容随工程建设的发展而增多，且其任务和内容既来源于生产实践，又必须直接服务于生产实践，故工程岩体力学的研究内容既有理论的、也有实践的。前者主要包括天然岩体和工程岩体的各种特征、性质和规律；后者包括各种技术、方法和手段。

岩体力学狭义研究内容包括基本研究和专门研究，基本研究是指任何岩体工程都必须开展的研究，这是岩体力学研究首要的和先行的基础研究；专门研究是针对特殊岩体或特殊需求，基于先行基础研究而有针性对地开展的专题性岩体力学研究。

1.3.2.1　基本研究内容（常规研究内容）

（1）岩体的工程地质特征

岩体是地质历史过程中形成，经历过多期次不同性质和不同强度的地质作用，遭受过不同程度的变形破坏，故岩体基本地质特征是岩体力学研究的基础。

（a）岩石的基本地质特征，包括岩石的成因类型；岩石的物质组成；岩石的结构。

---

①这里所说的"岩体力学研究"包括岩体力学工程实践和理论研究的所有工作，不仅仅是狭义的研究。

（b）岩石的物理性质，包括岩石的密度特征；岩石的水理性质；岩石的热力学性质；岩石的电学性质；岩石物理性质的影响因素。

（c）岩体结构特征，包括结构面的成因类型（地质成因、力学成因）；结构面的基本属性及其统计分布规律；结构体的特征（形状、规模）；岩体结构类型及特征。

（d）赋存环境基本特征，包括天然地应力场、渗流场和地温场基本特征等。

（2）岩体的基本力学性质

岩体力学的根本任务是研究岩体或工程岩体对各种力场（包括天然应力场和工程作用力）的响应，为此需在岩石和结构面的基本力学性质研究的基础上，结合赋存环境进一步研究各种力源作用下岩体的力学性质。

（a）岩石的力学性质，包括各种力学作用下岩石的力学性质；岩石的变形及强度等力学指标参数；岩石的变形破坏机制及判据；岩石力学性质的影响因素等。

（b）结构面的基本力学性质，包括各种力学作用下结构面的变形破坏及其参数。

（c）岩体力学性质，包括各种力学作用下岩体的力学性质（及指标参数）、力学响应及力学行为（应力变化规律及分布特征，变形破坏机制及变形破坏型式）；岩体力学性质影响因素（成分、岩体结构尤其结构面、地应力场、渗流场、温度场等）。

（3）岩体的综合评价

综合岩体的地质特征和力学性质，给出岩体的综合评价，更好地对岩体有更全面且深入的认识，并为岩体工程提供地质依据。

（a）岩体工程地质评价及分类，即从工程地质角度对岩体进行恰当分类，给出明确的工程地质岩组。

（b）岩体质量分级，包括岩体基本质量分级；岩体工程质量分级。

（c）岩体力学性质参数的合理选取，针对具体岩体，基于岩体力学研究成果，综合确定各类或各级岩体的力学性质指标的建议参数，必要时给出相应工程对策建议。

（4）工程岩体稳定性评价

结合岩体的特征，研究工程作用力叠加下，工程岩体因赋存环境变化而产生的力学性质和力学行为变化特征与规律，进一步评价工程岩体的稳定性。

（a）工程岩体赋存环境变化特征，包括岩质地基、边坡岩体和地下工程的重分布应力场特征、渗流场特征，某些工程的地温场变化特征。

（b）力学性质变化特征，如岩体结构特征、力学介质类型、力学属性和力学性质。

（c）工程岩体稳定性评价，结合具体的特征，基于工程岩体的力学性质及其变化规律，评价工程岩体的稳定性，预测工程岩体在未来工程作用下的力学性质变化趋势，为岩体工程的布局、选址、设计和施工提供参考。

（5）岩体的利用、改良与保护

根据具体工程的要求和岩体基本特征及其在不同影响因素条件下的变化规律，确定未来工程作用下如何利用岩体、改良岩体和保护岩体。

（a）岩体可利用性及利用程度，如建基面的选择、开挖线的确定等。

（b）对于不满足工程要求但必须利用的岩体，从赋存环境和岩体结构等方面研究岩体改良，改善岩体力学性质，提高工程岩体稳定性，确保工程安全。

（c）研究如何从设计、施工、运营各阶段保护岩体，使岩体适应变化后的赋存环境并达到相对稳定状态，确保工程岩体的稳定性。

1.3.2.2 专门研究内容（特殊研究内容）

针对特殊岩体或岩体工程的特殊需求，往往需要在基本研究的基础上，进一步开展专门研究。比如特殊条件下岩体力学性质研究（疲劳、损伤、断裂等）、流变特征与时间效应研究、软岩的水-岩相互作用研究、岩体水力学研究（两场耦合或多场耦合）、岩体动力学研究及其它特殊内容。

1.3.2.3 技术手段与研究方法的研究

为了更好地（更快速、更准确、更便利）获得岩体的相关特征、研究岩体的各类性质和作用规律，必须使用合适的技术手段和研究方法，因此，研究方法与技术手段也是岩体力学研究的重要方面，如现有研究方法和技术手段的改进、其它学科先进方法和技术的引进、新技术与新方法的探索。

（1）现场结构面探测技术研究

岩体结构是岩体的重要方面，对于具体岩体工程，只有通过大量结构面信息，方能掌握结构面的地质统计规律，进而掌握岩体结构和岩体的基本特征。然而，传统方法已不能胜任获取大量甚至海量结构面信息的需求，必须探索结构面现场测量的新方法和技术，以快速、准确地获取结构自然属性相关的信息（产状、间距、迹长、表面形态、充填特征及厚度、张开度等）。结构面探测新技术研究领域包括：遥感、摄影及结构面解译、三维激光扫描及结构面解译、三维地震成像和三维地震CT成像等地球物理勘探与结构面解译、钻孔电视及结构面解译等。

（2）岩体力学测试方法研究

测试与试验研究法是岩体力学理论发展和工程应用的基础。试验结果可为岩体变形破坏分析和稳定性分析提供必需的计算参数，而且某些试验成果（如应力场测试、位移监测、声发射监测、模型模拟试验）可直接用于变形和稳定性评价以及岩体力学中某些理论问题探讨。因此，必须重视并大力开展岩体力学试验研究工作，积极应用新技术，开展室内试验方法改进与试验设备研发，如刚性压力机、真三轴试验、高温高压试验、高压渗流、CT及层析技术、激光散斑、切层扫描、核磁共振、振动三轴等；开展现场岩体力学试验方法与设备研发，如地球物理测试方法、原位试验方法等；开展地应力场和渗流场测试方法研究与设备研发；开展工程岩体变形破坏监测技术研究与设备研发，如自动化现场监测和监测数据的自动和远程传输；开展岩体力学模型试验研究，如实体模型试验、底面摩擦试验、离心模型试验等物理模型试验以及数值模型试验等的研究。

随着岩体力学的不断发展，涉及的测试和试验研究范围越来越宽。在常规试验和测试方法的基础上，岩体力学试验与测试方法正向宏观和微观两个方向发展，既有大地层的力学测试和地质构造的勘测，也有室内岩石的微观测定。

（3）岩体力学分析与计算方法研究

（a）信息处理技术研究和处理工具开发。岩体力学研究是基于大数据而开展的，对于一个具体的岩体工程，尤其大型岩体工程，往往包括各类大量信息，如结构面自然属性探测信息、赋存环境测试信息、物理力学性质指标参数测试成果以及工程岩体性态监测信息（应力重分布、变形、破坏）等。因此，必须通过这些庞杂的信息揭示信息背后蕴藏的岩体的本质和规律，这就要求研究大数据处理、分析和利用方法，如数据挖掘与数据可视化，开发专用处理工具（软件）。

（b）工程岩体稳定性分析与预测原理和方法研究。紧密跟踪当今科学发展，研究适用于岩体的计算分析方法，完善岩体力学理论，推动岩体力学发展。

（4）岩体力学工程应用技术研究

基于岩体基本特征和不同影响因素条件下的变化规律，研究合理有效的施工、支护、改良和加固技术。针对岩体特征和工程特征，选用适合的施工方法，如新奥法（NATM）、新意法（ADECO-RS）、TBM等；针对极特殊地质条件下的岩体，研究特殊的施工方法；针对岩体特征和工程特征，选用合适的支护和改良方法，研究满足要求的特殊方法。

1.3.3 研究方法

岩体力学是岩体与力学和其它相关学科深度融合的交叉科学，其服务对象的多样性、研究对象的复杂性、研究内容的广泛性，决定了工程岩体力学研究方法的多样性。根据研究手段和基础理论所属学科领域的不同，岩体力学研究方法主要有工程地质研究法、科学实验法、理论分析法以及基于这3种方法的综合分析法。

1.3.3.1 工程地质研究法

岩体地质特征是整个岩体力学研究的基础。岩体地质特征是岩体的基础，决定了岩体的力学性质和力学响应。岩体力学的工程地质研究法是研究岩体地质特征的基础方法，基于工程区岩体基本特征（岩石、岩体结构和赋存环境）的详细研究，获得岩体的基本信息及对岩体的本质认识，为岩体力学进一步研究提供基础，如岩体物理力学实验成果的解释与应用、地质模型的概化、力学介质类型的确定等。

工程地质研究方法包括地质学方法和工程地质勘查方法。地质学方法是基于矿物学、岩石学、地层学、构造地质学、地质力学和大陆动力学等地质学原理和方法，研究岩石、结构面和地应力场等相关的地质特征。工程地质勘查方法是综合采取各种勘查手段，获得岩体的地层岩性、结构面、地应力场、地下水等的基本特征与规律。

两种方法必须配合使用，方可全面查明岩体的基本地质特征（岩石、岩体结构、赋存环境）。如岩矿鉴定方法可了解岩石的类型、矿物组成、结构和构造等特征；地层学、构造地质学和工程勘查方法可了解岩石的岩相及岩层特征、岩体成因、空间分布规律以及各种结构面发育特征等；用地质力学方法及工程地质勘查方法，基于结构面发育和分布规律以及岩体变形破坏特征，了解研究区岩体的应力场状态；在岩体基本特征基础上，用水文地质学方法了解岩体渗流场特征。

1.3.3.2 科学实验法

科学实验是非常重要的一种岩体力学研究方法。科学实验目的是通过实验、测试和试验，定量获得岩体物理力学性质指标、岩体变形破坏特征与规律，为岩体变形和稳定性分析提供必要计算参数。实验方法包括赋存环境因素测试（如地应力、地下水和地热等的测量）、室内实验（岩石物理力学实验、结构面力学试验等）、岩体力学性质现场实验（原位试验及地球物理测试等）、岩体性态监测（工程岩体变形、位移监测等）、物理模型试验（光弹分析、相似材料模型、离心模型、底面摩擦试验等）、数值模型试验等。

模型试验和原位监测等实验成果还可直接用于评价岩体变形和稳定性。

1.3.3.3 理论分析法

（1）力学理论分析法

工程岩体力学的理论分析法是在工程地质研究和科学实验法研究的基础上，将岩体的工程地质信息抽象为岩体地质模型，确定准确的力学介质类型、合适的力学模型，选用恰当的本构模型[1]及其本构关系，基于恰当的力学理论[2]，考虑工程岩体的初值条件和边值条件，通过计算，给出工程岩体的应力和应变分布规律，分析破坏条件，预测工程岩体的变形和稳定性等，为岩体工程设计、施工提供定量依据。

对于连续介质岩体圆形地下工程和岩体地基问题以及层状介质岩体等经典问题，可通过求解微分方程组，得出应力、应变与破坏条件的解析解（理论解）。而绝大多数岩体工程问题不能获得解析解，此时应根据具体情况，采用相应计算方法，如块裂介质可采用刚体极限平衡法、块体理论和块体不连续变形分析DDA，其它介质可采用各类数值计算方法[3]，求解应力和应变分布的近似解，评价稳定性。

（2）数学方法

前已述及，某些岩体力学科学实验结果可以直接用于岩体稳定性评价，即不采用力学理论计算，而是利用合理的数学方法[4]，基于模型试验和现场岩体的应力和位

---

[1] 岩体力学常用本构模型：刚体模型、弹性模型、弹塑性模型、流变模型、断裂模型、损伤模型、渗透网络模型和拓扑模型等。

[2] 岩体力学常用经典力学：理论力学、材料力学、结构力学、弹性力学、弹塑性力学、流变力学、损伤力学、断裂力学、散体力学以及流体力学等。

[3] 岩体力学常用数值计算方法：有限单元法、有限差分法、边界单元法、离散单元法、结构单元法、无界元法、数值流形元法等，以及上述多种方法的耦合数值方法，如有限元与边界元的耦合等。针对块裂介质岩体的不连续变形分析DDA亦属数值计算。

[4] 岩体力学常用现代数学方法：模糊分析、概率分析、随机分析、灵敏度分析、趋势分析、可靠度分析、时间序列分析、灰色系统理论、神经网络、非线性科学、信息科学、系统科学理论和人工智能等。

移等的监测数值，评价或预测岩体的变形破坏规律和稳定性，这涉及对实验数据的分析与应用。基于现代数学的各类数据挖掘方法在岩体力学性质研究、岩体质量评价和岩体稳定性评价与预测等方面愈来愈受重视。

1.3.3.4　综合分析法

岩体力学理论研究和工程应用中的每个环节都涉及众多因素，包括地质、力学、工程和施工因素，甚至社会因素，一方面众多因素关系错综复杂且信息量大，另一方面上述因素多是非确定性的（难以定量、动态变化、有条件转化等），因此，任何单一方法所获得的结果都是不全面的，依此就做出评价结论的做法是极其危险的，即单一研究方法都不足以胜任完整的岩体力学研究。岩体力学研究应该是多种方法并用的综合分析法，即考虑多种影响因素、采用多种研究方法，进行综合分析和评价。

岩体力学研究必须坚持系统及其动态演化、多因素及其非确定性、理论与经验结合等科学思维，摆脱传统力学或其它经典科学中确定性分析法的禁锢，才能使研究结果更符合实际，也更可靠和更实用。

1.3.4　岩体力学工作流程

工程岩体力学研究不是简单的探测、试验和计算，而是一项系统工程，即一项为各类岩体工程服务的综合性极强的工作，它包括一整套工作流程[①]。

（1）岩体工程地质信息采集

通过现场岩体特性的描述和调查，详细收集岩体的工程地质信息，如岩性、岩体结构、赋存环境、岩体力学性质及其特征指标或参数，这是基础的基础。

（2）岩体地质模型及力学模型概化

首先，以岩体结构为纲，将地质信息抽象为地质模型；其次，针对地质模型，考虑具体工程的作用条件，研究变形破坏机制，确定恰当的力学介质，概化岩体力学模型；然后，基于岩体力学模型，确定相应本构关系，合理选用相应物理力学参数，为进一步求解做准备；最后，确定边值和初值条件，建立数学模型。

（3）岩体工程设计与稳定性综合评价

（a）岩体工程设计。基于工程需求和初步设计（布局、结构、开挖支护等），充分分析工程作用特点（作用力的性质、水平、方向及范围等）和工程运营及动态变化特征，综合考虑岩体力学模型，确定边界条件和初始条件，构建计算模型。

（b）稳定性综合评价。针对初步设计或修正设计，确定计算模型、计算参数和计算方法[②]，计算工程作用下工程岩体内应力、应变和变形的分布及其时空变化特

---

① 在我国，尤其以前，岩体力学工作由工程地质人员完成，岩体工程设计和稳定性由设计人员完成，岩体工程施工由施工人员完成。这种机构上的脱节，不仅造成一定的浪费，而且容易造成工程失事，限制了岩体力学的发展。

② 计算结果准确性的保障条件：准确的计算模型、合理的计算参数、合适的计算方法。

征，计算稳定性系数，并根据"力标准"或"位移标准"评价工程岩体的稳定程度，进一步根据岩体工程的安全要求（稳定性系数≥安全系数），评价岩体工程的安全程度。

（c）岩体工程设计方案的确定及建议。岩体工程设计与稳定性评价往往需多次重复循环，即对不满足工程安全要求的设计方案进行变更，并对变更方案进行稳定性验算，如此反复，直到满足安全要求[①]。在此基础上，再从经济性和合理性全面考察，提出岩体工程安全性综合评价意见，确定岩体工程最终设计方案。

（4）岩体工程施工

对于许多岩体工程，岩体的地质力学条件完全自然满足要求的并不多见，而且在施工（尤其是不合理施工）过程中，岩体的赋存环境及工程特性均不同程度地改变，使原本稳定的岩体失稳。因此，岩体力学应该积极配合并指导施工，提出合理的施工程序和方法以尽量保持原岩的性态，并对不满足要求的部分岩体进行恰当和正确的改良措施。岩体性质保护以及岩体改良均需要以岩体力学理论为指导。

（5）岩体性态的监测

工程岩体性态监测是通过各种测试手段，对运营期间工程岩体进行长期观测，分析其在工程力作用下的力学性态和变化趋势，并进行预测。无论是为了保证工程安全，还是为了岩体力学的发展，工程岩体监测都十分必要。

（6）反馈分析

反馈分析是工程岩体力学工作的重要组成部分，它贯穿于整个岩体力学工作中的每一步或某几步之间。比如，岩体力学参数反分析、岩体工程地质信息的量化与更新、主要岩体响应模式的识别、设计方案的反复修改和施工措施的现场调整等。

1.4 岩体力学的发展与展望

1.4.1 岩体力学的历史沿革

早在数千年前，人类就开始采矿、兴修水利工程等，涉及一些朴素的岩体力学，但岩体力学真正成为一门独立的学科，还是近几十年的事，因此说岩体力学还是一门年轻的发展中学科。纵观岩体力学的发展历史，大致分为如下几个阶段。

1.4.1.1 萌芽阶段（20世纪初）

在研究 Alps 山地层时，地质学家就注意到地球内存在某种巨大的力而使大陆抬升并形成山链；矿业工程师和隧道专家在隧道里发现岩爆和底鼓等现象。针对这些现象，1867年，德国隧道专家 Franz Rziha 首次指出岩体中存在水平"残余力"。

1912年，瑞士地质学家 Albert Heim（海姆）通过对大型越岭隧道的观察和分析，首次提出"地应力"的概念，并提出著名的 Heim 假说，认为地下岩石处于一种

---

① 通过变更设计仍不能达到安全要求时，必须考虑更改岩体利用范围或者岩体改良。

静水压力状态，垂直压力与水平压力均等于单位面积内上覆岩体的重量，即

$$\sigma_V = \sigma_H = \gamma Z \tag{1.4-1}$$

式中，σ_V、σ_H——地壳内某一点的垂直应力分量和水平应力分量，MPa；

   γ——上覆岩体的平均容重，MN/m^3；

   Z——地壳内某一点到地面的垂直埋深（或上覆岩体厚度），m。

1926年，苏联学者 A. H. Динник（金尼克）对 Heim 假说进行了修正，认为只有垂直压力等于上覆岩体的自重，水平压力与垂直压力不相等，基于弹性理论之泊松效应，他得到

$$\left.\begin{array}{l} \sigma_V = \gamma Z \\ \sigma_H = \lambda \gamma Z \\ \lambda = \mu / (1 - \mu) \end{array}\right\} \tag{1.4-2}$$

式中，λ——侧压力系数；

   μ——上覆岩体的泊松比。

当侧压力系数 $\lambda=1$，即为 Heim 假说所指的静水压力状态。由此可见，Heim 假说是 Динник 地应力分布中 $\lambda=1$ 的特例[1,2]。

地应力的发现是岩体力学发展史上的第一次重大突破[3]。一般以地应力的发现作为岩体力学发展的开端。

1.4.1.2 经验岩体力学阶段（20世纪初～20世纪20年代）

20世纪初，开始用材料力学、结构力学和土力学等来分析岩石地下工程，并基于生产经验提出地压理论[4]。1907年，苏联学者 M. M. Лротодъяконов（普罗托吉雅柯诺夫）提出了自然平衡拱学说（普氏理论）[5]，该理论认为，地下工程开挖后，自然塌落成抛物线拱形，作用在支架上的压力等于冒落拱内岩石的重量，仅是上覆岩体重量的一部分，据此确定支护结构上的荷载大小及分布方式，这是地下工程支

---

 ① 侧压力系数的另一计算公式为 William John Macquorn Rankine 于1857年提出的土压力理论，Rankine 土压力理论是基于松散介质理论的，认为侧压力系数为 $\lambda=\tan^2(\pi/4-\varphi/2)$。Rankine 土压力理论适用于土体，一般认为不适用于岩体。

 ② 由于当时地下工程埋深都不大，因而人们曾一度认为式(1.4-2)所表达的地应力理论都是正确的，但随着开挖深度的增大，逐渐认识到也不完全正确。如当达到一定深度后，Heim 假说可能反倒是合适的。

 ③ 对于地质学家和工程师来说，足足花了数十年时间才真正认识至 Rziha 和 Heim 观点的重要性。

 ④ 以普氏理论和秦氏理论为代表的古典地压理论（围岩压力理论）是基于当时的支护型式和施工技术水平而发展起来的。由于当时的掘进技术和支护所需的时间较长，支护结构与围岩不能及时紧密相贴，致使围岩最终往往部分破坏、塌落。事实上，围岩塌落并非形成地压的唯一来源，也非所有地下空间均存在塌落拱；围岩与支护结构间并不完全是荷载-结构问题，许多情况下，围岩与支护结构共同形成一个承载系统；维持岩体工程稳定的最根本途径是发挥围岩的作用。因此，靠假定的松散地层压力来进行支护设计不完全符合实际。虽然今天看来，古典地压理论并不完全合适，但它们在一定时期发挥了重要的作用，而且对于松散介质中地下工程还是适用的。

 ⑤ 普罗托吉雅柯诺夫提出的以岩石坚固性系数（普氏系数）f 为定量指标的围岩分类方法以及基于此分类的地下工程设计，被广泛应用至今，尤其是矿业工程领域。

护设计的前提条件。Karl von Terzaghi（泰沙基）基于现场实验，对塌落拱理论进行了补充，1946年提出了冒落拱理论（泰沙基理论）。泰沙基理论与普氏理论基本相同，区别仅在于泰氏理论认为塌落拱的形状是矩形而非抛物线形。

1916年，美国学者Young & stock撰文讨论了煤田等采矿问题和力学性质（硐室周边应力及一些实践问题），随后开展了应力、岩石变形与弹性以及廊道和硐室边墙收敛测量技术研究。

1920年，瑞士联邦铁路局在阿尔卑斯山南部刚修建的Riton隧道发生严重破坏，查明原因后重建，并在北部Amsteg隧道中首次进行了隧道压力和变形测试。

1.4.1.3　经典理论岩体力学阶段（20世纪30年代～20世纪60年代）

该阶段开始将连续介质力学引入岩体力学中，以固体力学为理论基础、以材料基本力学性质为出发点，研究和分析岩体的稳定性问题。1926年，J. Schmidt（施密特）引入弹性力学理论并与Heim观点结合，对岩石力学的理论作了首次尝试。20世纪30年代，苏联学者P. H. Савин（萨文）采用无限大平板孔附近应力集中问题的弹性解析解，分析了岩石地下工程围岩的应力重分布规律。1938年，智利地质学家Richard Fenner（芬纳）等在Schmidt研究成果的基础上，用弹塑性理论分析圆形硐室围岩压力，导出著名的Fenner公式（或Fenner-Talobre公式）；1951年，Hermann Kastner（卡斯特纳）对之进行了修正，得到Kastner公式。陈宗基在土体流变研究的基础上，1959年率先在三峡工程平硐围岩中开展岩石流变试验，推动了岩石流变研究。这些研究工作和研究成果极大地丰富了岩体力学理论，推动了岩体力学的发展。K. B. Руллененит（鲁滨涅特）全面系统总结了这方面的研究成果，20世纪50年代，撰写了应用连续介质理论求解岩体力学问题的系统著作《岩石力学引论》。

该阶段产生了以法国学者J. Talobre（塔罗勃）为代表的"工程岩石力学学派"，该学派强调基于连续介质力学理论并从工程观点来研究岩石力学，偏重于岩石的工程特征，注重弹塑性理论在岩体中的应用研究，将不均匀且非连续岩体概化为均匀而连续的力学介质，小试块试验与原位测试并举。Talobre对该学派的学术思想和成果进行了全面总结，1957年，Talobre著书《岩石力学》，标志着岩体力学已成为一门独立的学科。1969年，英国学者John Conrad Jaeger（耶格）又以此观点撰写了国际闻名的著作《岩石力学基础》。

本阶段以独立的岩石作为研究对象，简单测定岩石物理力学性质及干湿和冻融造成的强度减损，并参照材料质量优劣标准来评价岩石。在实际工程的地基、边坡和硐室稳定性评价时，仍把岩体看成岩石材料，采用连续介质力学方法和理论，尤其直接引用较多土力学的方法和手段。虽然该阶段已认识到地应力的存在，甚至小范围使用"岩体"术语，但概念是模糊的，并未真正认识到岩体的特殊性和复杂性，实践问题的解决仍主要靠经验，正因如此，该阶段岩体力学发展非常缓慢。

1.4.1.4 裂隙岩体力学阶段(20世纪50年代～20世纪70年代)

二次世界大战后，随着工程建设的发展，人们逐渐认识到直接引用连续介质力学已不能胜任实际规模更大且地质条件更复杂的岩体力学问题。1950年是全面开展岩体力学系统研究的开端，此后，一些矿业学院、学会和研究中心对岩体的研究日趋活跃，学校也改变工程地质教学方法和内容，以适应石油和矿业的需求。

1951年6月，Josef Stini（斯梯尼）创立了"奥地利地球物理与工程地质学会"，同时与Leopold Müller（缪勒）一起成立了"地质力学研究组"。同年，在奥地利萨尔茨堡举办的首届地质力学讨论会上，形成了"奥地利学派"。奥地利学派承袭了20世纪20年代德国学者Hans Cloos（克罗斯）创立的"地质力学理论"，深化了"岩体"的概念，强调岩体中不连续面的存在，重视不连续面对工程稳定性的影响和控制作用，反对将岩体视为连续介质而简单利用连续介质力学研究岩体；主张只有通过现场试验才能获得岩体的真实特性，否认小岩块试验。L. Müller全面总结了该学派的学术思想，并将其归纳为岩体力学地质定理[1]，1974年，L. Müller主编的《岩石力学》全面反映了该学派的研究方向、方法和成果。奥地利学派是当时最活跃的岩体力学研究中心，开创了裂隙岩体研究的先河，形成了别具一格的研究特色，逐渐认识到岩体的本质，对断层和裂隙的描述和确定远比常规方法精确（她也正以此闻名），产生了广泛影响，对岩体力学的发展做出了重要贡献[2]。

在1962年10月召开的第13届地质力学讨论会上，成立了国际岩石力学学会（ISRM）[3]，L. Müller担任第一任主席，这是岩体力学发展史上的大事，至此，岩体

---

[1] 奥地利学派的岩体力学地质定理

◎对于岩体的工程性质，岩体内部断裂系统的强度的影响大于岩石材料本身的强度，岩体力学本质上是不连续体力学。

◎岩体强度是不同结合程度的多块体残余强度，受岩体内所含不连续面强度的制约。

◎岩体变形取决于组成岩体单元的活动性，主要由其弱面位移产生。

◎岩体的机械强度、变形和应力分布取决于岩体内弱面的特征。

◎岩体的技术性质取决于其存在状态，碎裂岩体力学性质的各向异性可以通过结构面空间特征统计及其力学效应分析推求，地应力和地下水是两个控制性因素。

[2] 奥地利学派（萨尔茨堡学派）的主要贡献

◎研究工程岩体稳定性必须了解原岩应力和开挖后的力学强度的变化。

◎节理裂隙等不连续面是影响岩石工程稳定性的主要因素，认为岩体是各向异性的不连续体，不连续面将岩体分割为岩块；岩体强度等于其残余强度，并取决于岩块啮合程度；岩体变形主要是岩块移动而非岩块基质本身变形所致。

◎注重岩石工程施工过程中应力、位移和稳定性态监测，重视支护与围岩的共同作用并应充分利用围岩的自承能力。

◎提出了地下工程施工的新理念——新奥法（NATM，New Austria Tunneling Method），NATM是现代信息化施工的雏形。

[3] 中国于1985年成立了"中国岩石力学与工程学会"（CSRME），该学会是全国岩石力学与岩土工程科技工作者的学术性群众团体，涉及水利水电、地质矿业、铁道交通、国防工程、灾害控制、环境保护等专业领域。截至2017年，学会下设6个工作委员会、11个专业委员会和9个分会、23个地方学会。学会主办《岩石力学与工程学报》、《地下空间与工程学报》、《岩石力学与岩土工程学报》英文版、《岩石力学与工程动态》四种期刊。

力学研究已获得动力。法国 Malpasset 坝溃坝和意大利 Vajont 水库漫坝等惨痛事件，使人们逐渐认识到必须把岩体力学的进一步发展当作所有大坝设计者的最迫切任务，从而真正认识到裂隙岩体研究的重要性，推动了岩体力学的迅速发展，岩体力学研究也因此取得了重大进展。

20世纪70年代，以地质力学理论为基础的裂隙岩体力学研究进入了新阶段，岩体是地质体的一部分，它位于一定的地质环境中，在断层、节理等切割下形成一定结构的观点已得到普遍承认。1973年，南非学者 Zdzisław T. Bieniawski 提出了地下工程围岩分级体系（RMR 系统）。1974年，挪威学者 Nick Barton 等基于200多个隧道工程实例，提出了围岩分级体系（Q 系统）。基于地质力学观点，中国工程地质学家、构造地质学家与地质力学家谷德振院士（学部委员）提出了"岩体工程地质力学"学说，1979年著书《岩体工程地质力学基础》，对岩体工程地质力学的理论和研究成果进行了全面的总结，严密定义了结构面、结构体和岩体结构的概念，详细研究了结构面与地质环境的关系、结构面的发育特征和规律以及结构面的力学性质和力学效应，通过岩体结构分析，看起来杂乱无章的岩体显示出其力学作用的有规律可循，根据岩体结构类型，坚持具体问题具体分析，分门别类地开展岩体力学研究，极大地推动了我国乃至全世界岩体力学的发展。

该阶段逐渐认识到岩体的本质，明确认识到岩体不是一般材料，而是发育着各类不连续面的地质体（即裂隙化或节理化岩体），以裂隙岩体基本力学性质为中心研究课题，岩体力学是一种地质介质力学。认识到岩体是裂隙体（尤其岩体结构的提出）是岩体力学发展的第二次重大突破，极大地推动了岩体力学的发展。

但该阶段仍有许多不足。如对于岩体力学性质的结构面效应以及岩体本构规律的认识还不够；虽认识到结构面的重要性且强调尺寸效应，但计算方法受限（仍采用连续介质力学开展岩体力学问题计算，只不过重视岩体力学性质的尺寸效应）；不分具体情况过分强调结构面而反对用连续介质力学分析和认识岩体，这在一定程度上阻碍了岩体力学的发展；过分依赖经验而忽视理论的指导作用。

1.4.1.5　现代岩体力学阶段（20世纪80年代以来）

20世纪70年代末至80年代初以来，得益于现代数学、力学和计算机科学等学科的迅速发展以及重大工程建设的需求，许多学科已渗透到岩体力学领域，新兴的科学理论用于岩体力学，并不断开创新领域，大大促进了岩体力学的发展，岩体力学的理论、计算方法、科学实验和工程实践等方面均取得了进步。

（1）现代科学理论的引入

20世纪80年代以来，随着计算机科学的发展，数学、物理学、力学、信息科学等取得长足进步，一些老理论和方法因能通过计算实现而焕发出新生命，而且涌现了许多新理论和方法。岩体力学积极引入新理论和方法，促进自身发展和进步。

在力学方面，流变学、损伤力学、断裂力学和非连续介质力学逐渐引入岩体力学，成为岩体力学的研究热点。在现代数学和信息科学方面，系统论、控制论、信息论、分形几何、模糊数学、数据挖掘、灰色理论、神经网络、专家系统、人工智能等在岩体力学中得到广泛应用。在现代非线性科学方面，耗散结构论、协同论、分叉和混沌理论、系统论、控制论、分形几何等非线性科学理论，开始引入到岩体力学，以认识复杂的岩体和解释各种复杂的力学行为。

（2）实验技术

为满足岩体力学理论研究的需求，在相关领域科学技术进步的基础上，岩体力学科学实验仪器设备和技术方法得到了飞速发展，如刚性压力机（伺服）、岩石声发射、真三轴伺服试验机、水−力−热耦合试验机、高温−高压综合试验机、大型模拟试验台、地应力测试系列方法及配套设备、钻孔电视、三维激光扫描等，为查明岩体地质特征、反映岩体基本力学性质、揭示岩体复杂力学响应及演化特征奠定了坚实的基础，为推动岩体力学发展做出了重大贡献。

（3）岩体力学计算

20世纪60~70年代，随着计算机科学的进步，FEM（Finite Element Method, 有限单元法）和FDM（Finite Difference Method, 有限差分法）等数值计算方法开始出现，岩体力学界也开始引入FEM，解决地下工程中围岩与支护结构共同作用，以期获得该类问题的弹性或弹塑性解答。1971年，美国工程院院士和英国皇家工程院院士Peter A. Cundall提出了DEM（Discrete Element Method, 离散单元法）[①]，用于解决岩体力学中不连续块体运动问题。由于受到当时"奥地利学派"的影响，本阶段FEM等数值计算方法在岩体力学计算中的应用和发展受到严重干扰，也在一定程度上阻碍了岩体力学的发展。

20世纪80年代初，数值计算发展很快，FEM、FDM、BEM（Boundary Element Method, 边界单元法）及其混合模型在各领域得到广泛应用，岩体力学也开始将数值计算作为主要计算分析手段。1988年，美籍华裔数学家和岩石力学家石根华博士针对岩体力学提出了DDA（Discontinuous Deformation Analysis, 不连续变形分析），这是继DEM后的又一重要岩体力学计算工具。

20世纪90年代，数值计算分析在岩体力学研究和工程实践中扎根，FEM、FDM、DEM等方法在岩体力学计算分析中取得了进步，开发了众多适用于岩体力学的专用数值计算软件，如FLAC/FLAC³ᴰ、UDEC/3DEC、PFC²ᴰ/PFC³ᴰ等。同时，岩体力学专家和数学家合作创造了一系列新的计算方法，如1991年，石根华博士提出了NMM（Numerical Manifold Method, 数值流形元法），该方法兼具FEM和DDA的功能。

此后，数值计算方法不断改进，岩体力学计算功能不断完善，比如考虑岩体复杂赋存环境的多场耦合及其复杂力学行为等。

数值计算方法的引入以及岩体力学数值计算方法的提出和不断完善，为岩体力学理论研究和工程实践提供了有力的计算工具，极大地推动了岩体力学的发展。

---

① P. A. Cundall 与加拿大 Itasca 公司合作，开发了基于 DEM 的商业软件 UDEC 和 3DEC。
在 DEM 的基础上，P. A. Cundall 与 O. D. L. Strack 一起，于 1978—1979 年提出了适合于颗粒流的离散单元法，同样由 Itasca 公司开发商业软件 PFC2D 和 PFC3D。

（4）岩体力学理论

20世纪80年代以来，随着工程建设的深入，尤其是其它学科先进理论的引入以及岩体力学科学实验和计算方法的长足进步，岩体力学理论逐渐成熟和完善。

目前已经获得对于本质的认识，岩体由岩石和岩体结构组成并赋存于一定地质环境之中，岩体力学研究必须重视岩体结构和赋存环境及其力学效应，既不能完全套用传统连续介质力学理论，也不能完全采用传统地质力学，而必须把岩体视为系统，基于系统论来认识和研究岩体及其力学响应和演化。基于系统论等现代科学理论认识和研究岩体是岩体力学发展史上第三次重大突破。

在总结既有研究成果的基础上，孙广忠提出了"岩体结构控制论"观点[1]，1988年，著书《岩体结构力学》，系统总结了基于岩体结构控制论的岩体力学理论、原理和方法。

基于岩体结构及赋存环境的复杂性和多变性导致岩体力学研究对象和目标存在显著"不确定性"，80年代提出了不确定性理论，并且得到计算机和其它学科理论与技术的支持，岩体力学非确定性分析得以实现并逐渐被接受。于学馥教授在岩石记忆等研究成果的基础上，在岩体力学非确定性方面做出重要贡献，20世纪90年代以来，撰写了基于现代信息技术和非确定性分析的系列岩体力学著作。

1980年，Evert Hoek 和 Edwin Thomas Brown 提出了适用于地下工程的经验性岩体破坏准则（Hoek-Brown 准则，简称 H-B 准则），岩体力学从此拥有了专属破坏准则。1988年，他们将 H-B 准则推广到边坡和地面岩体工程。2002年，E. Hoek 针对原 Hoek-Brown 准则存在的问题进行了修订，提出了修正准则，即广义 Hoek-Brown准则，同时提出了地质强度因子GSI，使 Hoek-Brown 准则使用更加方便。

1.4.2　展望

在岩体工程实践中发展起来的岩体力学，经过近100年的发展，在服务岩体工程并解决大量相关岩体力学问题的同时，自身理论也得到了长足发展。

岩体力学还是一门十分年轻的学科，加之岩体力学全过程研究各环节互相脱节（体制问题），自身发展速度远没跟上岩体工程实践的需求，理论尚不完善、方法尚不成熟、认识尚待深入，一些老课题还没有完全解决，现有理论和技术还不能完美地解决岩体工程建设中的问题，"声誉高、信誉低"的窘境依然存在。

基于国民经济发展的需求，使得大批重大岩体工程开工建设。比如"一带一

---

① 岩体结构控制论的基本观点

◎岩体是已经遭受过变形和破坏，由一定岩石成分组成的、具有一定结构并赋存于一定地质环境中的地质体。

◎在结构面控制下，岩体形成有自己独特的不连续结构（割裂结构），岩体结构控制着岩体的变形、强度、破坏方式和机制等力学性质，岩体结构的控制作用远大于岩石材料。

◎岩体结构控制论是岩体力学的基础理论，岩体结构分析是岩体力学的基本方法。

◎岩体赋存于一定的地质环境中，赋存环境条件可改变岩体结构力学效应和岩体力学性能。

◎在岩体结构、岩石和环境应力条件控制下，岩体具有多种力学介质和力学模型，岩体力学是由多种力学介质和力学模型构成的力学体系。

路"倡议中的基础设施互联互通、资源与能源开发以及交通运输等，均将涉及大量前所未有的岩体工程。一方面，这些重大岩体工程的规模越来越大，向"长、大、深、高"方向发展，如水电工程建设中，高度超过300 m的大坝[①]、跨度超过30 m的高边坡地下厂房[②]、高度大于300 m的边坡[③]等；采矿工程中，高度达到300~500 m的露天采坑[④]、大面积露天采场[⑤]、深度超过1000 m的地下采矿[⑥]；交通运输中，海底隧道[⑦]、深埋长大越岭隧道[⑧]及特殊岩层中修建的隧道等。另一方面，这些重大岩体工程所处赋存环境更为特殊（如高地应力、高地温、富水或饱水等），岩体特征更为复杂（如断裂破碎带、节理密集带、特殊软岩等）。因此，必将涌现许多新的岩体力学问题，如高地应力条件下的岩爆和软岩大变形、涌水突泥、断层破碎带及特殊岩体条件下的工程稳定性等，这些问题必须依靠岩体力学来解决。

综上所述，不仅一些老课题还没能完全解决，而且许多新课题已不断涌现，岩体力学遇到了前所未有的严峻挑战。岩体力学必须积极迎接挑战，在现有理论和方法的基础上，积极引入新理论、革新科学思维、深化研究方法、研发新设备，努力解决岩体工程实践中的众多岩体力学难题，进而在服务岩体工程实践的同时，使自身理论得到进一步发展并日臻完善。

---

① 苏联 Rogun 坝的坝高达 335 m，为目前最高的大坝。

② 向家坝水电站地下厂房的边墙高达 88.7 m、跨度达 33.4 m、长度 255 m，目前为边墙国内最高、跨度世界第一的地下厂房。其它领域（如地下车库、储油库、储气库及国防地下工程）等跨度可达 50~100 m，甚至更大。

③ 如龙滩水电站进水口边坡高达 435 m。怒江上规划的众多水电站将会有高度更大的工程边坡。

④ 我国太钢峨口铁矿最终边坡垂直高度达 720 m；新西兰某露天矿边坡垂直高度达 1000 m，为目前高度最大的露天矿坑。

⑤ 澳大利亚大型露天矿的矿坑边界面积达 10~20 km²，为目前面积最大的露天矿坑。

⑥ Mponeng 金矿地下开采深度普遍超过 3500 m，2011 年底突破 3900 m，正在向 4350 m 深度进发，为目前深度最大的地下采场。目前，该地下巷道总长达 370 km，地下温度最高可达 65.6 ℃。

⑦ 已建的超长海底隧道有：连接英国和法国的英吉利海峡隧道（50 km）、日本青函跨海隧道（53.85 km）；拟建的超长海底隧道有：穿越白令海峡的美俄海峡隧道（90 km）、穿越直布罗陀海峡的欧非大陆海底隧道（60 km）、穿越对马海峡和西对马海峡的日韩海底隧道（250 km）。

⑧ 目前，世界上最长的铁路隧道为位于瑞士中部阿尔卑斯山区的哥达高速铁路隧道，全长 57 km，该隧道始建于 1995 年、2010 年全隧贯通；最长的公路隧道为挪威洛达尔隧道，全长 24.5 km。中国已建的最长铁路隧道为青藏铁路新关角隧道，全长 32.645 km；第二为兰渝线西秦岭隧道，全长 27.848 km；第三为石太客专太行山隧道，27.839 km；第四为兰新线乌鞘岭隧道，20.050 km；拟建的最长铁路隧道为成昆铁路复线阳糯雪山隧道，全长 54 km。中国已建的最长公路隧道为秦岭终南山隧道，全长 18.02 km（中国第一、亚洲第一、世界第二）。

2 岩石及其基本特征

> **本章知识点**
> **(重点▲,难点★)**
>
> 岩石的物质组成,包括矿物的成分、结构及物理性质
> 岩石的结构特征,包括岩石结构要素▲
> 岩石结构类型、岩石构造类型
> 岩石的物理性质,包括密度▲、水理▲★
> 热力学、弹性波传播特征▲
> 其它岩石地质特征对岩石物理性质的综合影响▲

2.1 概述

岩石是岩体的三大组成要素之一。从物质组成上讲,岩石是岩体的物质基础,岩体是由一种岩石或具有成生联系的多种岩石的集合体。作为岩体的固相基质,岩石直接或间接决定着岩体的特征和性质,一方面,岩石的力学性质本身代表岩体力学性质的一个方面(完整岩体);另一方面,受力作用下岩石的变形和破坏特征控制着岩体结构面的发育特征和分布规律,进而影响到岩体的力学性质。因此,岩体力学十分注重岩石的研究[①],岩石是整个岩体力学研究的基础[②]。

岩石(rock)是地壳中由造岩元素经地质作用形成的具有一定结构构造特征和变化规律的矿物集合体。岩石的研究包括地质特征和物理性质两个方面。地质特征包括物质组成、结构特征和构造特征等,不同成岩环境和地质条件下生成的岩石具有不同的地质特征。物理性质包括密度特征、水理性质、热力学性质、光学性质、

[①] 在岩体力学的发展过程中,从事岩体力学的人员来自不同的学科领域,带来了各自关于"岩石"的习惯术语,如岩石(rock)、完整岩石(intact rock)、岩块(block / rock block)、单元岩块(unit rock block)、岩石材料(rock material)、岩样(rock specimen)。尽管称谓不同,但对其解释大体一致。

[②] 岩体力学对岩石的理解
◆岩石是组成岩体的固相基质(solid matrix),是岩体的组成要素之一;
◆岩石是在地质过程中形成的矿物集合体,具有特定的物质、结构和构造;
◆岩石是一种强联结地质材料,颗粒间强联结是岩石区别于土并赋予岩石良好性能的根本原因;
◆岩石内部无宏观破裂面,一定尺度范围内,岩石是连续、均质、各向同性(或正交各向同性)介质,但进行岩石的工程性质试验研究时,必须考虑尺寸效应问题;
◆岩石地质特征决定了岩石的物理力学性质,岩石学研究是岩体力学的基础。

电学性质、磁学性质、声学性质和力学性质等。岩石的地质特征是基础，从本质上决定着物理性质；岩石的物理性质是表现，综合反映了岩石的地质特征。

鉴于为岩体工程服务的极强目的性和针对性，岩体力学仍然主要基于地质学（矿物学、岩石学）方法来研究岩石的地质特征[①]和物理性质，但更侧重于从工程需要出发，强调在岩石地质特征和基本物理性质的基础上，重点研究对工程有影响的物理性质和力学性质[②]。岩体力学对岩石物理性质的研究重点是密度、水理性质和弹性传播规律等及其影响因素，特殊情况下考虑岩石热力学性质等其它物理性质；岩石力学性质是岩体力学对岩石研究的重点所在，研究岩石在各种外力作用下的基本力学性质及其指标以及变形和破坏的基本特征、变化规律和影响因素等。

本章重点学习岩石的地质特征和物理性质，岩石的力学性质将在第5章介绍。

2.2 岩石的物质组成

2.2.1 矿物的基本概念

岩石是由矿物及其集合体组合而成，但与土一样，岩石也是固、液、气三相体系。针对岩体力学对岩石的研究重点，岩石中的气相物质对岩石工程地质性能影响很小，岩体力学一般不予考虑[③]。岩石的液相成分主要是水，包括自由水和矿物水（吸附水、层间水、沸石水、结晶水、结构水），岩体力学通常将自由水归入赋存环境研究范畴、将矿物水归入矿物研究范畴。岩石中的固体物质占绝对优势，相对重要地决定着岩石的物理性质、力学性质和工程地质性质。因此，岩体力学研究岩石的物质组成时，着重研究其固相成分——矿物。

矿物（mineral）是各种地质作用下化学元素在地壳中形成的天然物质。矿物是组成岩石的重要物质基础，岩石是这些矿物或矿物集合体组合而成的固态物质。每种矿物具有一定的化学成分和晶体结构，化学组成和晶体结构是矿物的基本特征，是决定矿物各种性质（几何形态、物理性质、化学性质）的根本因素。因此，应从化学成分和结构特征两方面认识和研究矿物，并以此为基础研究矿物的性质。

自然界矿物种类极多，目前已发现5000余种天然矿物，常见约50~60种，主要矿物仅20~30余种。构成岩石主要成分的矿物称为造岩矿物（rock-forming mineral），如斜长石、正长石、石英、辉石（普通辉石为主）、角闪石（普通角闪石为主）、橄榄石、方解石、白云石、云母类、磁铁矿、赤铁矿、褐铁矿、黄铁矿、黏土矿物（蒙脱石、伊利石、高岭石、绿泥石等）、滑石、石膏等，它们在岩石中的含量

---

① "岩石学"中，岩石地质特征的主要研究内容包括：物质组成、结构特征、构造特征、分布规律、形成条件、演化过程及分类命名等。

② 严格意义上，力学性质也属于物理性质。岩体力学特地将力学性质从物理性质中独立出来，以强调力学性质这一主题。

③ 在某些特殊领域（如煤气、天然气等）以及可能造成特殊工程地质问题时（如瓦斯突出或爆炸），需单独考虑气体。

随岩石种类不同而异。这些造岩矿物中，有7种造岩矿物（斜长石、正长石、石英、辉石、角闪石、橄榄石、方解石）最重要，整个地壳几乎由这7种主要造岩矿物构成（表2.2-1）。

表2.2-1　地壳中矿物的含量

矿物	体积百分比(%)	矿物	体积百分比(%)	矿物	体积百分比(%)
斜长石	39.0	角闪石	5.0	云母类	5.0
钾长石	12.0	橄榄石	3.0	磁铁矿	1.5
石英	12.0	方解石	1.5	黏土矿物类	4.6
辉石	11.0	白云石	0.5	其他	4.9

2.2.2　特殊矿物

矿物研究的意义在于：矿物稳定性是岩石抗风化能力的重要因素；矿物是组成岩石的物质基础，在一定程度上影响岩石的强度；黏土矿物和易溶矿物等特殊矿物使岩石的工程地质性质削弱或复杂化。岩体力学仍基于岩石学方法研究矿物，包括矿物的分类及特征（化学组成、结构、性质等），见附录C，本章着重介绍特殊矿物。

2.2.2.1　黏土矿物

黏土矿物（clay minerals）是一类细分散的（≤2 μm）含水铝硅酸盐矿物的总称，包括晶质黏土矿物（层状结构、层链状结构）和非晶质黏土矿物等。

（1）化学成分

从化学成分上，黏土矿物主要含有 SiO_2、Al_2O_3、H_2O，还有少量 Fe、碱金属（K、Na为主）和碱土金属（Ca、Mg为主）。

（2）内部结构

在内部结构上，黏土矿物按"基本单元→单元片→单元层→矿物"方式构成。

基本单元主要包括硅氧四面体和铝氧八面体，硅氧四面体由1个 Si^{4+} 等距配上4个 O^{2-}（羟基）组成，铝氧八面体由1个 Al^{3+} 与6个 O^{2-} 组成。

单元片是基本单元中 O^{2-}（底氧或顶氧）为角顶相互连接成不同形状（岛状、环状、单链、双链、架状）的硅氧四面体层片（硅片）和铝氧八面体层片（铝片）。

单元层（晶片）是硅片和铝片按不同比例结合而成，包括1:1型、2:1型、2:1:1型。1:1型晶片是1个硅片与1个铝片结合而成，晶片共有5层原子面（3层氧或羟基面及其间分别所夹的1层硅面和1层铝面），如高岭石族。2:1型晶片是2个硅片夹1个铝片结合而成，晶片共有7层原子面（4层氧面、2层硅面、1层铝面），如伊利石族、蒙脱石族、蛭石族和海泡石族等。2:1:1型晶片是2:1型晶片再加上1个八面体水镁片（或水铝片）而构成的单元层，如绿泥石族矿物。2:1型最多、2:1:1型次之、1:1型较少。

单元层堆叠便组成黏土矿物。当晶片重叠时，相邻晶片间的层间域充填水或阳离子。绝大多数黏土矿物为层状结构，且多呈鳞片状，部分呈假六方片状（如结晶良好的高岭石）；少数呈管状（如埃洛石等）；海泡石和坡缕石具链层状结构并呈纤维状形态。

黏土矿物中普遍存在类质同象（或同晶替代）现象，最普遍的是中心离子被低价离子所替代，如四面体中的 Si^{4+} 被 Al^{3+} 替代、八面体中 Al^{3+} 被 Mg^{2+} 等替代，从而黏土矿物以永久带负电荷为主要特征，具有吸附阳离子的能力。

（3）黏土矿物的基本特征

黏土矿物的晶体结构与晶体化学特点决定了它们的性质。

（a）离子交换性与吸附性

黏土矿物具有吸着某些阳离子和阴离子并保持交换状态的特性。一般交换性阳离子是 Ca^{2+}、Mg^{2+}、H^+、K^+、$(NH_4)^+$ 和 Na^+，常见的交换性阴离子是 $[SO_4]^{2-}$、Cl^-、$[PO_4]^{3+}$ 和 $[NO_3]^-$。高岭石的阳离子交换容量最低（5～15 mg/100 g），而蒙脱石、蛭石的阳离子交换容量最高（100～150 mg/100 g）。阳离子交换性的产生原因是破键和同晶替代引起的不饱和电荷需通过吸附阳离子而取得平衡，阴离子交换则是晶格外的羟基离子的交代作用。

（b）黏土-水系统特点

黏土矿物中的水以吸附水、层间水和结构水的形式存在。结构水只有在高温下结构破坏时才失去，但吸附水、层间水及沸石水都是低温水，经低温（100～150 ℃）加热后就可脱出，同时蒙皂石族矿物失水后还可复水。黏土矿物与水作用可产生的膨胀性、分散性、凝聚性、黏性、触变性和可塑性等。

（c）黏土矿物与有机质的反应特点

有些黏土矿物与有机质反应形成有机复合体，如蒙脱石中可交换的钙或钠被有机离子取代后形成有机复合体，使层间距离增大，从原有亲水疏油转变为亲油疏水。蛭石、高岭石和埃洛石等也能与有机质形成复合体。

（d）粒径小

黏土矿物极细小，一般<0.01 mm，其大小和形态需用电子显微镜才能测定。

（4）黏土矿物类型及其特征

（a）细分散层状结构硅酸盐黏土矿物

本类黏土矿物种类很多，根据结构和性质，分为4组：高岭石族、蒙蛭族、伊利石族和绿泥石族。

高岭石族是结构最简单（1:1型）的一类黏土矿物，包括高岭石、珍珠陶土、迪恺石、埃落石等。以高岭石（$Al_4[Si_4O_{10}](OH)_8$）为例，相邻单元层之间通过氢键连接，层间连接力较强，层间距离不变（0.72 nm），不易吸水膨胀（膨胀率5%）。单元片（硅片和铝片）没有或极少发生同晶替代，电荷数较少，其负电性来源于晶体外表面的断键和晶体边面 OH^- 在碱性及中性条件下的离解。胶体特性较弱，颗粒大小虽为胶体范围，但与其它黏土矿物相比，颗粒稍大（有效粒径0.2～2 μm）且为片状，故总表面积相对较小，可塑性、黏结性、黏着性和吸水性相对较弱。

蒙蛭族是2:1型结构的一类黏土矿物，包括蒙脱石、绿脱石、拜来石和蛭石等，结构通式为 $Al_4[Si_8O_{20}](OH)_4 \cdot nH_2O$。单元层的顶层和底层都是硅片，晶层叠置构成矿物时，晶层间只有极小的分子力，水易进入晶层之间，晶间距因吸水扩张、失水收缩，间距 0.96～2.14 nm，具较大的膨胀性。同晶替代普遍，蒙脱石的同晶替代主要发生在铝片中（一般 Mg^+ 替代 Al^{3+}），蛭石主要发生在硅片中。蒙脱石颗粒细微且呈鳞片状（直径 0.01～1 μm），颗粒总表面积大，易解离且分散度高，可塑性、黏结性、黏着性和吸附性都特别显著，干燥后强度较高。蛭石颗粒较蒙脱石大，呈形似云母的片状（有时细如土壤状），表面积较蒙脱石小，蛭石片经过高温焙烧其体积可迅速膨胀 6～20 倍。

伊利石族是 2:1 型结构的一类富钾黏土矿物（$KAl_2[(SiAl)_4O_{10}] \cdot (OH)_2 \cdot nH_2O$），以伊利石为代表。因晶片间碱金属离子的位置被 H^+ 和 H_2O 所占据，故晶片间阳离子数不等于 1，实质为水化了的层状结构硅酸盐矿物（故又称为水化云母）。晶片间吸附有 K^+，它受相邻晶片负电荷吸附而被牢固地束缚在六角形网中，层间有很强的键连效果和连接力，水分不易进入而膨胀性差。同晶替代普遍，硅片中部分 Si^{4+} 被 Al^{3+} 替代（部分被 K^+ 所中和）、铝片中部分 Al^{3+} 被 Mg^{2+} 和 Fe^{3+} 替代，阳离子交换量、颗粒大小、可塑性、黏结性、黏着性和吸水性介于高岭石和蒙脱石之间。

绿泥石族（$(Fe, Mg, Al)_{12}[(Si, Al)_8O_{20}](OH)_{16}$）是富含镁铁及少量铬的一类黏土矿物，以绿泥石为代表。其晶层结构为 2:1:1 型，即 2 层硅片间夹 1 层铝片后，再加 1 层八面体水镁片或水铝片。同晶替代较普遍，硅片、铝片和水镁片中都不同程度存在，除 Al^{3+}、Mg^{2+}、Fe^{3+} 外，有时也含少量 Cr^{2+}、Mn^{4+}、Ni^{4+}、Cu^{2+}、Li^+ 等。矿物颗粒较小，可塑性、黏结性、黏着性和吸水性居中。

（b）层链状硅酸盐黏土矿物

本类黏土矿物不常见，仅发育于不同沉积环境中（海相沉积物、湖相沉积物、热矿床、干旱地区土壤等），常见矿物有坡缕石和海泡石。两者均为层链状结构含水富镁硅酸盐黏土矿物。矿物具 2:1 型结构，在每个 2:1 单位结构层中，四面体晶片角顶隔一定距离方向颠倒，形成层链状，充填沸石水和结晶水。两者的区别在于坡缕石为双链、而海泡石为三链，而且坡缕石中 Al^{3+} 置换部分 Mg^{2+} 和 Si^{4+} 而成含水富镁铝黏土矿物、而海泡石为含水富镁黏土矿物。

（c）非硅酸盐黏土矿物

这是一类结构简单、水化程度不高的铁锰铝硅的氧化物及其水合物，包括氧化铁（针铁矿、赤铁矿）、氧化铝和水铝英石等。针铁矿一般晶体很小（大者带黄色、小者带棕色），常呈针状，天然针铁矿中部分 Fe^{3+} 被 Al^{3+} 替代，一般含 Al^{3+} 替代的针铁矿的结晶程度较差。赤铁矿常呈六角形的板状，存在于高温、潮湿、风化程度很深的红色土壤中。氧化铝分布在热带和亚热带高度风化的酸性土壤中。水铝英石（$xAl_2O_3 \cdot ySiO_2 \cdot nH_2O$）是由氧化硅、氧化铝和水组成的非晶质硅酸盐矿物。

（5）成因与分布

按成因，包括自生黏土矿物和他生黏土矿物。

黏土矿物的来源随岩石类型不同而异，包括风化作用、热液–温泉水作用、沉积-成岩作用等。从主要类型黏土矿物的成因来看，高岭石是在雨量充沛、排水良好和酸性水中形成的，为热带和亚热带的典型产物；蒙脱石由火山玻璃蚀变而来，常见于碱性土壤中，在埋藏成岩作用中将转变成伊利石；伊利石是数量最多的黏土矿物，也是深埋页岩的主要组分，大部分来源于先成页岩且常与绿泥石共生。

黏土矿物常分布于黏土岩、风化壳和各类结构面蚀变带。黏土岩（俗称泥页岩）主要由黏土矿物组成，黏土岩中的黏土矿物与其它矿物颗粒同时沉积并固结成岩。在漫长成岩作用后，黏土矿物可发生陈化而失去胶体活性，但与水的长期作用又可使其活动性复苏，故黏土岩为软弱岩石。火成岩表部的黏土矿物主要由原生铝硅酸盐矿物风化而成。在岩体结构面尤其是软弱夹层中充填物质中也含有大量的黏土矿物（表2.2-2）。

表2.2-2 我国部分水利水电工程区的软弱夹层及其黏土矿物成分

位置	工程名称	岩层时代	特征	主要黏土矿物
湖北	长江葛洲坝	白垩纪	砂岩中的黏土岩夹层	伊利石、蒙脱石、高岭石、绿泥石
甘肃	黄河八盘峡	白垩纪	砂岩中的页岩夹层	伊利石、高岭石
河南	黄河小浪底	三叠纪	砂岩中的黏土夹层	伊利石、高岭石
河南	湍河青山	太古代	大理岩中多期火成岩脉接触面	皂石
河北	南泮河朱庄	震旦纪	石英砂岩中的页岩夹层	伊利石、蒙脱石
河北	南泮河朱庄	震旦纪	结构面中的次生充填物	伊利石、蒙脱石
江西	陡水上犹江	泥盆纪	石英砂岩中的板岩夹层	伊利石、高岭石
湖南	酉水凤滩	前震旦纪	砂岩中的板岩夹层	蒙脱石、伊利石、高岭石
湖南	沅水立强溪	前震旦纪	砂岩中的板岩夹层	伊利石、蒙脱石、高岭石
浙江	曹娥江长沼	侏罗纪	凝灰岩中的破碎夹层	伊利石、蒙脱石、高岭石
贵州	乌江乌江渡	三叠纲	石灰岩中的层间夹层	伊利石、蒙脱石、高岭石
贵州	乌江乌江渡	三叠纪	石灰岩中的层间夹层	伊利石、蒙脱石、高岭石
四川	乌江彭水	奥陶纪	石灰岩和白云岩中的页岩夹层	伊利石、蒙脱石、高岭石
四川	大渡河铜街子	二叠纪	玄武岩中的凝灰岩夹层	绿鳞石、高岭石

不同类型黏土矿物具有不同的物理力学性质，而且不论何种黏土矿物，也不论存在于何种岩石中，由于颗粒细小且具胶体特性，与水发生活跃的物理化学作用，从而具有复杂多变的性质，黏土矿物破坏了岩石和岩体的完整性，降低并控制着岩石的力学性质，成为重大工程的主要工程地质问题，对于软弱夹层有重要意义。

2.2.2.2 敏感性矿物

（1）水敏性矿物

（a）吸水性

部分矿物因其成分和内部结构决定了它具有一定的吸收水分的能力，或吸附于矿物表面，或进入矿物结构内部（层间水），或静电吸水（沸石水）等。如黏土矿物，因具有层片结构且呈极细小的扁平颗粒，能吸附大量的水且水易进入结构层之间，因而大多数黏土矿物都具有较强的吸水性，黏土矿物吸水性由弱到强的次序为：高岭石＜伊利石（水云母）＜蒙脱石。

矿物吸水后物理性质常发生一定程度的变化。大多数黏土矿物吸水后会体积膨胀、具可塑性，而失水后体积收缩、质地变硬，尤其阳离子交换容量较大的蒙脱石和海泡石等，如海泡石吸水量非常大，吸水后十分柔软、失水后又变得非常坚硬。此外，石盐和光卤石等矿物还具有吸水潮解的性质。

（b）可溶性

水是分布最广的天然溶剂，水分子具有偶极性，极易发生解离作用($H_2O \rightarrow H^+ + (OH)^-$)，致使水介质的介电常数很高，25℃时达79.45（25℃时强酸为95.7）。因此，水对许多矿物（尤其离子化合物类）有很强的破坏能力。

矿物与水溶液作用时，发生两种相反的作用，一方面矿物表面的质点因本身的振动和水分子的吸引，离开矿物表面进入或扩散到水中，使矿物分解而溶于水中；另一方面已溶解入水中的质点与尚未溶解的固体表面相碰撞并被吸引重回表面，导致矿物重新结晶长大。当单位时间内从固体矿物表面进入溶液的离子数与由溶液回到矿物上的离子数相等时，溶解和结晶处于暂时动态平衡状态，矿物不再溶解。

矿物在液态水中的溶解能力称为矿物的可溶性（solubility），常用溶解度或溶度积来表征。根据矿物在20℃纯水中的溶解度，分为易溶矿物、可溶矿物、微溶矿物和难溶矿物（表2.2-3），其中，易溶矿物和可溶矿物统称可溶性矿物，微溶矿物和难溶矿物统称难溶性矿物。事实上，任何矿物总会或多或少地溶于水，不存在绝对不溶解的矿物。矿物在水中溶解部分是完全离解的，溶解多少即离解多少。

表 2.2-3　矿物可溶性及其溶解度

可溶性	可溶性矿物		难溶性矿物	
	易溶	可溶	微溶	难溶
溶解度（g/100g）	≥10	1～10	0.01～1	<0.01

由于化学组成和内部结构的不同，不同矿物的溶解能力不同，甚至差别极大，如常温常压下，石盐在纯水中的溶解度为363 g/L，而石英为0.006 g/L（表2.2-4）。一般而言，具有共价键和金属键的矿物和由电价高且半径小的阳离子所组成的化合物或单质矿物水溶解度小，而由电价低且半径大的阳离子组成的离子键矿物、含$(OH)^-$和H_2O的矿物溶解度大。因此，在常温常压下，卤化物、硫酸盐、硝酸盐、碳酸盐以及含有$(OH)^-$和H_2O分子的矿物较易溶解于水中（卤化物＞硫酸盐＞硝酸盐＞碳酸盐）；大部分自然元素矿物、硫化物、氧化物以及硅酸盐矿物则难溶于水。同种化学成分的晶质矿物的溶解度小于非晶质矿物，以SiO_2为例，石英的溶解度为0.006 g/L，蛋白石为0.12 g/L，两者相差20倍。

表2.2-4 常见矿物的溶解度

矿物	溶解度 (g/100g)	矿物	溶解度 (g/100g)	矿物	溶解度 (g/100g)	矿物	溶解度 (g/100g)
方铅矿 Pb_8	27.5	辉铋矿 Bi_2S_3	96.0	石膏 $CaSO_4 \cdot 2H_2O$	4.6	菱锰矿 $MnCO_3$	10.2
闪锌矿 ZnS	23.8	辰砂 HgS	52.4	铅矾 $PbSO_4$	7.8	重晶石 $BaSO_4$	10.0
纤维锌矿 ZnS	21.6	硫镉矿 CdS	27.8	毒重石 $BaCO_3$	8.8	磷灰岩 $Ca_5[PO_4]_3F$	60.4
辉铜矿 Cu_2S	48.0	黄锡矿 SnS	25.0	方解石 $CaCO_3$	8.4	石盐 $NaCl$	363
铜蓝 CuS	36.1	磁黄铁矿 FeS	17.2	文石 $CaCO_3$	8.2	蛋白石 $SiO_2 \cdot 2H_2O$	0.12
辉银矿 Ag_2S	49.2	萤石 CaF_2	10.5	菱镁矿 $MgCO_3$	5.1	石英 SiO_2	0.006
辉锑矿 Sb_2S_3	92.8	氟镁石 MgF_2	8.2	菱铁矿 $FeCO_3$	10.5		

（2）酸敏性矿物

部分矿物与酸作用会发生化学反应。如硫化物矿物在中性水的溶解度很小或极难溶解，但在酸性水溶液及氧化条件下的溶解度显著增大，致使许多金属硫化物矿物在氧化带中形成易溶于水的硫酸盐，并使水溶液呈酸性，后者又可进一步加速矿物的溶解；大部分自然元素矿物易溶于硝酸，石墨和金刚石不溶于任何酸；大部分氧化物矿物都可在盐酸中溶解；所有碳酸盐矿物都溶于酸并且放出 CO_2 气体；硅酸盐矿物不溶于一般矿物酸，但大部分易被氢氟酸（HF）分解并生成硅氟酸（H_2SiF_6），其中尤以钾、钠及钙的硅酸盐矿物反应最为强烈。

部分矿物与酸发生反应的过程中，有时会产生化学沉淀或酸蚀后释放出微粒。含铁高的矿物与盐酸作用产生 $Fe(OH)_3$ 沉淀物（若为 Fe^{2+} 离子，Fe^{2+} 在 pH<9 时不沉淀，但可在氧化条件下变为 Fe^{3+} 离子，在 pH 值近于 2.2 时就沉淀出 $Fe(OH)_3$；含铁绿泥石矿物与 HCl 作用时，多为 Si 离子游离出来而形成非晶质的 SiO_2 凝胶体；硫化物在硝酸中溶解并总有游离的硫析出；含钙量高的矿物（如钙沸石、钙长石等）与氢氟酸（HF）作用产生氟化钙沉淀物；部分含钙、锌、钍及稀土的硅酸盐矿物可在盐酸和硫酸中溶解，并析出胶状二氧化硅（$SiO_2 \cdot nH_2O$）。

（3）碱敏性矿物

某些黏土矿物（蒙脱石、高岭石等）、长石和石英等，一般难溶于酸。但当pH>9.2，OH^- 存在加剧了这些矿物的表面离子交换或离子附加反应等作用，矿物开始溶蚀、松动、崩解和分散，析出 Si 离子和 Al 离子，产生硅酸盐沉淀和硅凝胶体。就黏土矿物晶体中氧化硅和氧化铝表面的反应势而言，pH=12时要比 pH=9 时大 1000 倍。

（4）速敏性矿物

速敏矿物是指因流体流速过高，致使水化膨胀产生的细分散的黏土矿物以及固结差的微粒高岭石、毛发状伊利石等发生运移而沉淀。

（5）其它敏感性矿物

如硫酸盐矿物（石青、重晶石、天青石）、黄铁矿及岩盐等，由于温度和压力的变化引起溶解和再沉淀，或者是侵入滤液与地层流体学特性的差异将会发生有害反应，从而引起结垢。

2.2.2.3 易氧化矿物

矿物的可氧化性（oxidability）是指矿物与氧或其它氧化剂发生相互作用而解体并形成新矿物的性质。矿物的氧化是比较普遍的现象，金属硫化物、含变价元素的氧化物及含氧盐等矿物的氧化性最为显著。

当矿物中含有低氧化态的变价元素时，在氧化条件下，这些元素便由低氧化态（低价）变为高氧化态（高价）。这种离子电价的改变，将引起离子半径、配位数以及化学键力的变化，最终导致矿物结构的改变或者瓦解，被解离的离子或进入溶液中或重新组合形成新的矿物。因此，含有低氧化态的变价元素是矿物可被氧化的内在原因。如黄铁矿受氧化的反应为：$2FeS_2 + 7O_2 + 2H_2O \rightarrow 2Fe[SO_4] + 2H_2SO_4$；此时生成物硫酸亚铁仍不稳定，还可进一步与氧反应：$4Fe[SO_4] + 2H_2SO_4 + O_2 \rightarrow 2Fe_2[SO_4]_3 + 2H_2O$；生成的硫酸盐溶液还可起到氧化剂作用，参与对硫化物的氧化作用：$FeS_2 + Fe_2[SO_4]_3 \rightarrow 3Fe[SO_4] + 2S\downarrow$；生成的硫酸铁还极易水解形成氢氧化铁：$Fe[SO_4] + 6H_2O \rightarrow 2Fe(OH)_3\downarrow + H_2SO_4$，呈胶体凝聚于地表。由此可见，氧除了自身作为氧化剂外，在与矿物的反应中还可衍生出新的氧化剂，参与对矿物的氧化作用。

自然界中硫化物矿物是易氧化矿物。不同硫化物矿物的氧化速率不同，由快到慢依次为：$Fe[AsS]$（毒砂）> FeS_2（黄铁矿）> $CuFeS_2$（黄铜矿）> ZnS（闪锌矿）> PbS（方铅矿）> Cu_2S（辉铜矿）。单一硫化物的氧化速率较慢；而当多种硫化物（方铅矿、闪锌矿等与黄铁矿）同时存在时，氧化速度要提高8~20倍。

矿物的氧化不仅影响着矿物的稳定性和在水中的溶解度，而且遭受氧化后，矿物表面性质常发生改变。

2.2.2.4 不稳定矿物

（1）矿物稳定性

如前所述，在一定条件下生成的每种矿物都有一定的化学组成，矿物中的原子、离子或分子，通过化学键作用处于暂时的相对平衡状态。当与空气、水及各种溶液相接触等环境条件变化时，矿物会发生相应变化（溶解、水解、氧化、碳酸盐化或重碳酸盐化），甚至生成新的矿物。由于各种矿物的化学组成、键性及结构各不相同，变化难易程度不同，或稳定性不同。矿物的稳定性是指矿物在一定热动力条件变化范围内能保持自身特征的性质。通常所指的矿物稳定性是指矿物的抗风化性能，即矿物在风化过程中变化的难易程度。

（2）矿物稳定性影响因素

矿物抗风化稳定性取决于化学成分的活动性、结晶特征和形成条件。

从化学成分迁移活动性来看，化学成分迁移活动性越强，矿物的抗风化稳定性越低。Cl^-和SO_4^{2-}抗风化能力最强，K^+、Na^+、Ca^{2+}、Mg^{2+}次之，SiO_2再次，最后是Fe_2O_3和Al_2O_3，而低价铁则易氧化。

从矿物结晶特征来看，如在硅酸盐类矿物中，同等大小的结晶颗粒，各种结晶结构抗风化能力由大到小的顺序为：岛状和架状 > 链状 > 层状。

从矿物的生成条件来看，由岩浆中生成得越早的矿物，生成时的条件与地表风化带的条件相差越大，其抗风化稳定性越低；反之，矿物的结晶生成条件越接近地表条件，则在风化环境中的抗风化能力越强。如黄铁矿、橄榄石、霞石和基性斜长石等矿物是在高温高压的条件下结晶而成的，与它后来所处的地表温度和压力条件相差很大，故容易风化；反之，石英、锆石和白云母等造岩矿物形成的温度和压力条件与后来地表的温度和压力条件差距较小，故难以风化。

（3）矿物抗风化稳定性

根据上述3方面影响因素，把矿物的抗风化稳定性分为极稳定、稳定、较稳定和不稳定共4类（表2.2-5）。

表2.2-5　主要造岩矿物的稳定性

稳定性	矿物名称	低铁	结晶结构	生成顺序	风化过程及风化产物
极稳定	石英	无	岛状	最后	一般不被破坏
	锆石	无	岛状	先	基本上不被破坏
	白云母	无	层状	最后	基本不被破坏，或部分K^+、Si转移。 形成水云母
稳定	正长石	无	架状	后	K^+、Na^+、Ca^{2+}全部转移，Si部分转移。 形成高岭石、绢云母、铝土矿蛋白石等
	钠长石	无	架状	后	
较稳定	酸性斜长石	无	架状	中	
	角闪石	有	双链	中	Ca^{2+}、Na^+、Mg^{2+}全部转移，Fe、Si部分转移，Al基本不转移。 形成绿泥石、方解石、褐铁矿、蒙脱石等
	辉石	有	单链	先	
	黑云母	有	层状	中	K^+全部转移，Mg^{2+}、Fe^{3+}、Si部分转移。 形成绿泥石、水云母、铝铁矿、高岭石
不稳定	基性斜长石	无	架状	最先	Na^+、Ca^{2+}全部转移，Si部分转移。 形成高岭石、绢云母、铝土矿及蛋白石等
	霞石	无	架状	先	Na^+全部转移，Al^{3+}、Si基本不转移。 形成高岭石、沸石、娟云母等
	橄榄石	有	架状	先	Mg^{2+}、Fe^{3+}部分转移，Si基本不转移。 形成蛇纹石、滑石、褐铁矿等
	黄铁矿	有	/	/	易氧化。 形成褐铁矿

不稳定矿物是指易溶、或易氧化、或易碳酸盐化、或重碳酸盐化的矿物，如橄榄石、辉石、角闪石、基性斜长石、白云石、方解石和硫化物类矿物等。较稳定矿物是指水解速率低、轻微氧化、较易碳酸盐化或重碳酸盐化的矿物，如白云母、钾长石、中酸性斜长石、黑云母、伊利石、磁铁矿、帘石、磷灰岩、榍石、十字石和石榴子石等。稳定矿物是指难溶、难分解、难氧化的矿物，如石英、金红石、锆石、电气石、高岭石以及 Fe^{3+}、Mn^{4+}、Al^{3+} 等的氧化物或氢氧化物等矿物。一般而言，铁镁质矿物稳定性差，长英质矿物稳定性强。

矿物的风化稳定性直接影响岩石的抗风化能力，矿物的风化变异使岩石颗粒的联结遭到破坏，并且产生次生黏土矿物或其它不利的化合物，从而使岩石和岩体的工程地质性能降低。一般情况下，沉积岩主要由风化产物组成，大多为原来岩石中难风化的碎屑岩或在风化或沉积过程中新生成的化学沉积物，故其抗风化能力一般较强。在火成岩中，喷出岩较侵入岩的抗风化能力强，如基性和超基性岩石主要由不稳定的橄榄石、辉石及基性斜长石组成，故易风化；酸性岩石主要由稳定的石英、钾长石、酸性斜长石及少量暗色矿物（多为黑云母）组成，故其抗风化能力较强；中性岩则居于二者之间。变质岩的抗风化能力与岩浆岩相似。

2.3 岩石的结构

形成于一定地质环境中的岩石，不仅具有一定的物质组成（矿物）特征，也具有特定的结构构造特征。在地质学中，岩石结构（rock texture）是指岩石中矿物颗粒的结晶程度、大小和形状及其彼此间的组合方式；岩石构造（rock structure）是岩石中矿物集合体之间、各个组成部分之间或矿物集合体与其它组成部分之间的相互关系。岩石的结构和构造分别从内部微观结构和外部宏观形貌两方面描述了岩石的结构特征，共同反映了岩石生成时的地质环境，也决定了岩石的物理性质和力学性质，通常作为岩石分类的基本依据。

岩体力学中，通常将岩石构造纳入岩体结构中；而对于岩石结构，除岩石学所研究的内容外，更关注岩石中空隙的发育特征。因此，岩体力学所研究的岩石结构是岩石中矿物颗粒的基本特征、颗粒间的联结特征及内部空隙发育和分布特征。颗粒的基本特征包括颗粒的大小、形状和排列特征，颗粒间的联结特征包括联结类型及联结强度，空隙特征包括空隙（孔隙、微裂隙）的发育和分布特征。

2.3.1 颗粒的基本特征

2.3.1.1 颗粒大小（size）

大多数岩石都是由大小不同的矿物晶粒组成，即使玻璃质火山岩以及某些化学沉积和碎屑沉积中由胶体矿物组成的岩石，虽然它们的基本组成单元是极微小的非晶质质点，但也会随着自然条件的发展，不断发生去玻璃化作用及胶体陈化而逐渐形成雏晶，进一步发展并形成细小的微晶。

在自然条件下，岩石颗粒大小的变化范围很广，如沉积岩中矿物颗粒的粒径为$1.0\times10^{-5}\sim1.0\times10^{2}\,mm$，变化可达7个数量级之多。

颗粒大小对表面积的影响可用比表面积来表征。比表面积（Specific surface area）指岩石中所有矿物表面积与岩石体积之比。颗粒越大，比表面积越小（图2.3-1）。

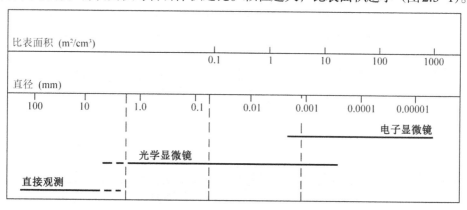

图2.3-1　沉积岩的矿物颗粒大小分布及比表面积

颗粒大小一方面决定了颗粒边界总量和表面能，另一方面决定了颗粒排列方式，进而影响着颗粒之间的联结强度，影响着岩石的物理性质、力学性质及工程地质特征。一般而言，当物质成分相同时，颗粒越小（呈细晶、微晶、隐晶结构），则表面能越高、颗粒边界总量越大、颗粒越容易呈随机排列，因而颗粒间联结强度相对较高，岩石的物理力学性质相对较优。

2.3.1.2　颗粒形状（shape）

如前所述，组成岩石的矿物颗粒具有不同的形状，如粒状、片状、板状、针状和棒状等。颗粒形状与矿物形状和成岩过程有关，火成岩、变质岩和结晶沉积岩中，颗粒形状常与矿物晶形存在某种联系；碎屑沉积岩中，由于介质的搬运，颗粒的棱角被磨蚀而具有一定的圆度。

与颗粒大小一样，颗粒形状也是颗粒排列方式的控制因素之一，进而间接控制着岩石的物理力学性质。详见后叙。

2.3.1.3　颗粒排列（arrangement）

（1）颗粒排列方式

岩石中颗粒的排列方式有随机排列和定向排列两类。

（a）随机排列

随机排列是岩石内颗粒方位完全是随机的排列方式，一般出现在成岩初期。

（b）定向排列

定向排列是颗粒在岩石内呈现某种优势方位的排列方式。颗粒定向排列在岩石中是很普遍的现象，无论在岩石的生成过程中、还是在生成以后，受周围环境特点的影响，某些颗粒产生定向排列。

岩浆岩颗粒多呈随机排列，但在岩浆侵入体边缘相带和火山熔岩中，早期析出的矿物晶体和捕虏体在未凝固岩浆流动过程中容易产生定向排列，并最终表现出流动构造。

沉积岩中颗粒优势定向排列广泛存在，主要有3种形式：片状、板状、针状和棒状等不等维颗粒在静水中的缓慢沉积而形成定向排列；河床相中的扁平砾石在流水作用下而形成优势定向排列；成岩过程中，上覆沉积物的单向固结作用提高了已沉积的不等维矿物的优势定向程度。

变质岩形成过程中也会产生颗粒优势定向排列，主要有4种形式：细长晶体因基质流动而发生机械转动并形成定向排列（图2.3-2(a)）；晶体内部滑动并发生塑性变形成定向排列（图2.3-2(b)）；某些晶粒在一定方向上的优势生长而产生的定向排列（图2.3-2(c)）；优势成核作用（即在结晶过程中在某些限定方向上形成核）产生的定向排列（图2.3-2(d)）。

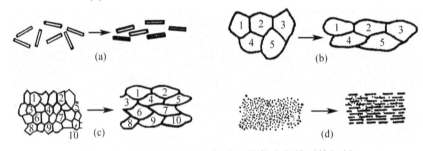

图2.3-2　变质岩中矿物颗粒产生优势定向排列的机制

（2）颗粒排列方式的影响因素

岩石颗粒是否呈优势定向排列，主要取决于颗粒的大小和形状。从颗粒大小上，小粒径颗粒多呈随机排列；大颗粒易于产生定向排列。从颗粒形状上，粒状矿物主要呈随机排列，但有时也产生定向排列（其优势取决于晶格的顺服因素）；片状矿物和柱状矿物等容易产生定向排列，优势定向方位主要取决于颗粒的形状因素。

（3）颗粒排列方式的意义

颗粒排列方式是岩石重要的结构特征，是决定岩石物理力学性质的重要因素。颗粒随机排列的岩石，物理力学性质一般较优，而且表现出各向同性特征。颗粒定向排列的岩石，颗粒优势定向排列导致岩石性质的各向异性，而且优势定向必将在岩石中产生相应的弱面，劣化岩石的物理力学性质。

2.3.2　颗粒间的联结特征

颗粒间牢固联结是岩石的一种重要结构特征，是岩石区别于土并具有优良工程地质性能（如较高的强度、较低的渗透性）的主要原因。不同岩石具有不同的联结性质和联结程度，岩石工程地质性能也因此表现出的差异。

从岩体力学观点，颗粒间的联结特征主要指联结方式和联结程度两方面。

2.3.2.1 联结方式（联结性质）

按联结性质，岩石颗粒间有3类联结方式：结晶联结、胶结联结和水胶联结。

（1）结晶联结

结晶联结（crystalline bond）是指相同或不同矿物成分通过结晶作用相互嵌含在一起的结构联结。火成岩、大部分变质岩及部分沉积岩（化学岩）都具结晶联结。

结晶作用通过共同原子或粒子团使晶体颗粒紧密接触，故结晶联结的联结强度（联结牢固程度）很强，结晶类岩石的强度一般较大、脆性度高且具弹性变形特点。

因受颗粒基本特征及其力学性质的影响，结晶联结岩石的联结强度及力学性能具有一定的差异。对于火成岩，等粒结晶结构一般比非等粒结晶结构的强度大，抗风化能力强；在等粒结构中，细粒结构比粗粒结构强度高；在斑状结构中，细粒结构比玻璃基质的强度高；具斑晶的粗粒酸性深成岩的强度最低，细粒微晶而无玻璃质的基性喷出岩强度最高。对于结晶变质岩，如石英岩、大理石等，情况与火成岩类似。对于沉积岩，如结晶化学沉积岩，主要以可溶性结晶联结为主，一般也以等粒细晶岩石的强度最高，但由于其抗水性差，能在水溶液的长期作用下溶解于水。

（2）胶结联结

胶结联结（cementation bond）是指颗粒间通过胶结物联结在一起的结构联结。沉积碎屑岩和部分黏土岩都属于胶结联结。岩石的胶结作用与胶结物成分和胶结方式有关。

（a）胶结物

岩石胶结物主要有4类：硅质胶结物、铁质胶结物、钙质胶结物和泥质胶结物。硅质胶结物包括蛋白石、玉髓和石英等，铁质胶结物包括菱铁矿、赤铁矿、褐铁矿、黄铁矿和磁铁矿等，钙质胶结物包括方解石、白云石、石膏和硬石膏等，泥质胶结物主要是各类黏土矿物。

硅质胶结物和铁质胶结物的胶结作用最强，颗粒间联结强度大，所以硅质胶结和铁质胶结岩石的强度较高，但铁质胶结岩石在碱性环境下不稳定。钙质胶结物和泥质胶结物的胶结作用较弱，故钙质胶结和黏土胶结岩石的强度一般较低、抗水能力较差，而且钙质胶结岩石在酸性作用下不稳定。

（b）胶结方式

根据颗粒与胶结物之间的联结方式，可将胶结分为3类：基质式胶结、填充式胶结和接触式胶结（图2.3-3）。基质式胶结是颗粒完全被胶结物包围且颗粒间彼此互不接触的胶结；填充式胶结是颗粒彼此接触而胶结物完全充填于颗粒孔隙中的胶结；接触式胶结是颗粒彼此接触而胶结物仅存在于颗粒接触点周围的胶结，它是在某种特定条件下形成的，如在干旱地区的砂层中，毛管水溶液沿颗粒接触点沉淀而成，或在地下水对具有填充式胶结的碎屑岩溶蚀而成。

基质式胶结岩石的各种性质主要取决于胶结物的特性；充填式胶结岩石的强度和透水性质主要取决于胶结物的性质及其填充程度；接触式胶结岩石的胶结不牢

固，岩石强度低，透水性强。

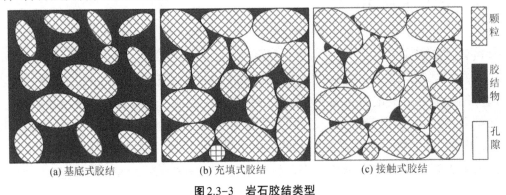

(a) 基底式胶结　　　　　(b) 充填式胶结　　　　　(c) 接触式胶结

图2.3-3　岩石胶结类型

（3）水胶联结

水胶联结（hydrogel bond，亦称结合水联结）是指通过结合水膜将颗粒结合在一起的结构联结。它是土状物（未成岩前的细颗粒、风化后的细颗粒）和黏土岩的主要联结形式。水胶联结的联结作用最差，只有当水分减少而结合水膜变薄时才有一定的强度，这正是黏土岩在某种程度上具有黏土性质的根本原因所在。

各类联结的联结强度不同，结晶联结的联结强度最高，水胶联结最低，胶结联结居于二者之间并与胶结物成分和胶结类型有关。

2.3.2.2　联结程度

岩石结构联结强度不仅取决于联结方式（结晶、胶结、水胶），也与各类联结的联结程度有关，同种类型联结的联结强度随联结程度增高而增高。即使是结晶联结或者是硅质胶结联结，但若联结程度较差，岩石的联结牢固程度仍然可能很差；反之，若联结程度较高，可在一定范围内提高岩石的物理力学性能。

岩石之所以具有不同的联结程度，是两种相反趋向（退化和进化）所致。在进化过程中，岩石的联结程度表现出差异（主要体现在碎屑沉积岩中），由于成岩程度不同而造成联结程度的差异，这与岩石生成时代有一定联系，如侏罗纪、白垩纪、古近纪和新近纪的红层，因生成年代较新、成岩程度低，联结程度一般较差；而古生代碎屑岩的成岩作用深，联结程度一般较高。在地壳深部形成的岩石具有很高或较高的联结程度，当其露于地表后，因本身抗风化能力的差异性，在不同自然环境中，经受不同程度风化作用，不同程度上减弱了既有联结程度，甚至成为结构联结完全丧失的松散碎屑物质，此即联结程度的退化而表现出联结程度的差异。

综上所述，岩石颗粒间的联结性质和联结程度决定了岩石结构联结强度，进而直接或间接地控制着岩石的物理性质和力学性质。

2.3.3 空隙发育特征

2.3.3.1 空隙的成因及类型

建造和长期改造作用，其内包含着不同数量、不同成因的粒间孔隙（pore）和微裂隙（microfissure），因此，岩石是一种有较多缺陷的天然材料。

孔隙存在于岩石颗粒之间，其成因多样，有的产生于岩石建造阶段，如尚未被胶结物完全充填的碎屑岩的粒间孔隙、结晶岩的晶粒间残留孔隙、火山熔岩的气孔等；有的产生于岩石改造过程中，如岩石中可溶性矿物被溶蚀而形成的溶孔等。

微裂隙也是在建造或改造过程中形成，前者如颗粒边界本身和晶格缺陷，后者包括因温度及压力变化而产生的解理面，或沿颗粒边界乃至贯穿颗粒所产生的微裂纹等[1]。岩石中的微裂隙一般非常细小，肉眼难以直接观察。

由此可见，与土相比较，岩石的空隙非常复杂，不仅包括孔隙，也包括微裂隙；岩石空隙之间有些互相连通，有些互不连通，导致与外界的水力联系复杂化。

岩石中的孔隙和微裂隙往往难以单独分开，故岩体力学将孔隙和微裂隙统称为空隙（void）。不与外界大气相通的空隙称为闭型空隙（closed void）；与外界连通的空隙称为开型空隙（open void），根据开启程度，开型空隙分为大开型空隙和小开型空隙。

2.3.3.2 岩石的空隙性指标

（1）空隙率

岩石空隙性常用空隙率或空隙比来表示[2]，也可用其它物理指标间接表示[3]。

空隙率（voidage，亦称空隙度）是指岩石中空隙体积与岩石体积的比值，即

$$n = \frac{V_v}{V} \times 100\% \qquad (2.3-1)$$

式中，n——总空隙率，常用百分数表示；

V_v——总空隙的体积；

V——岩石的体积。

根据空隙类型，岩石空隙率分为总空隙率、总开型空隙率、大开型空隙率、小

---

① 颗粒边界是指矿物颗粒的边界。晶体或晶粒内部各粒子都是由各种化学键（金属键、共价键（原子键、分子键）、离子键）相联结，因晶粒表面电价不平衡而使矿物表面具有一定的结合力，但这种结合力比起矿物内部的键联结力要小得多，因此，晶粒边界相对软弱。晶格缺陷是由于晶体外原子侵入、化学比例不合适、原子重新毛病等所产生的物理缺陷，晶格缺陷是导致岩石塑性变形的重要原因。微裂纹是指发育于矿物内部及颗粒之间的多呈闭合状态的破裂迹线。微裂纹主要与构造应力有关，有时也温度变化、风化等作用有关，微裂纹常具有一定的方向性。

② 岩石空隙率（空隙度）与空隙比的关系与土的孔隙率和孔隙比的关系相同。岩体力学中多采用空隙率，较少采用空隙比。

③ 除空隙率外，密度、吸水率等其它指标，也可间接反映岩石的空隙性。

开型空隙率和闭型空隙率[①]，按下列公式计算：

$$n_o = \frac{V_{Vo}}{V} \times 100\%$$

$$n_{ol} = \frac{V_{Vol}}{V} \times 100\%$$

$$n_{os} = \frac{V_{Vos}}{V} \times 100\%$$

$$n_c = \frac{V_{Vc}}{V} \times 100\%$$

(2.3-2)

式中，n_o、n_{ol}、n_{os}——总开型空隙率、大开型空隙率、小开型空隙率，%；

n_c——闭型空隙率，%；

V_{Vo}、V_{Vol}、V_{Vos}——总开型空隙体积、大开型空隙体积和小开型空隙体积；

V_{Vc}——闭型空隙体积；

V——岩石的体积。

岩石空隙性指标之间的关系为

$$n = n_c + n_o$$
$$n_o = n_{ol} + n_{os}$$

(2.3-3)

（2）空隙率的测定

岩石空隙率等指标一般不能实测，只能通过压汞试验和不同条件下的岩石吸水试验来确定（吸水试验详见本章2.4.2.2节）。

大开型空隙率n_{ol}可由大气压条件下的吸水试验获得；总开型空隙率n_o和小开型空隙率n_{os}需在真空（或15 MPa高压）条件下的吸水试验获得；闭型空隙率n_c则是在获得总空隙率n和总开型空隙率n_o的基础上，由式(2.3-3)计算而得；由于岩石中空隙（尤其孔隙）之间多不连通，吸水试验和压汞试验不能获得总空隙率n，此时需粉碎待测岩石为颗粒并测得其颗粒密度，并由下式计算而得

$$n = \left(1 - \rho_d / \rho_s\right) \times 100\%$$

(2.3-4)

式中，ρ_d——岩石的干密度，kg/m³或g/cm³；

ρ_s——岩石的颗粒密度，kg/m³或g/cm³。

（3）岩石空隙性的影响因素

与土相比，岩石的空隙率一般不大。但因形成条件（成因、时代）不同及后期变化（改造、埋深）不同，岩石空隙率变化很大（表2.3-1），新鲜结晶岩类的空隙率一般<3%，沉积岩的空隙率为1%～10%（部分砾岩和充填胶结较差的砂岩的空隙率可达10%～20%，甚至更大）；岩石空隙率随风化程度的加剧而相应增加，最高可达30%左右。

---

① 在岩体力学中，岩石空隙率一般指总空隙率，即式(2.3-1)。其它空隙率应做特殊说明。

表2.3-1　常见岩石的空隙率及吸水率

岩石名称	$n(\%)$	$\omega_\mathrm{a}(\%)$	岩石名称	$n(\%)$	$\omega_\mathrm{a}(\%)$	岩石名称	$n(\%)$	$\omega_\mathrm{a}(\%)$
花岗岩	0.5～1.5		安山岩	10.0～15.0	0.29	石英岩	0.1～0.5	0.10～1.45
粗玄岩	0.1～0.5		大理岩	0.5～2.0	0.10～0.80	板岩	0.1～0.5	0.10～0.95
辉长岩	0.1～0.2		片麻岩	0.5～1.5	0.10～3.15	页岩	10.0～30.0	1.80～3.00
玄武岩	0.1～1.0	0.31～2.69	白云岩	1.0～5.0		砂岩	5.0～25.0	0.20～12.19
流纹岩	4.0～6.0		石灰岩	5.0～20.0	0.10～4.45			

2.3.3.3　微裂隙的研究

岩体力学极为关注岩石的微裂隙，但上述空隙性指标不能满足详细研究微裂隙发育情况并表征微裂隙发育程度的要求。目前，岩石微裂隙研究主要有以下方法。

（1）薄片观察

在配有费氏台的显微镜下，直接观察岩石薄片，研究微裂隙的特征和分布，并进行数理统计分析。若用有机染料对薄片染色，微裂隙将显示得更为清晰。

（2）利用压缩曲线求微裂隙率

P. Morlier指出，岩样加荷过程中，压力－体积变化曲线的开始段为上凹形，然后逐渐趋于直线（图2.3-4）。将直线段下延与横轴交点，横坐标的值即为该岩石的微裂隙度 n_f。

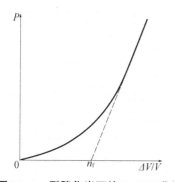

图2.3-4　裂隙化岩石的 $P\text{-}\Delta V/V$ 曲线

表2.3-2　主要造岩矿物的弹性波平均速度

岩石名称	纵波速度 (m/s)	横波速度 (m/s)
石　英	6000	4100
正长石	5700	3300
斜长石	6300	3500
黑云母	5100	3000
方解石	6700	3400
白云母	5800	3400
角闪石	7200	4000
辉　石	7200	4200
橄榄石	8400	5200
磁铁矿	7400	4200

（3）利用弹性波速度

C. Tourenq, D. Fourmaintraux 和 A. Denis认为，无裂隙岩石的弹性性质应接近于组成该岩石的各种矿物弹性性质按其百分含量的加权平均。因此，可根据各种矿物弹性波速度（表2.3-2）及其百分含量，计算该岩石的理论弹性波速度值。

如果岩石含有微裂隙，则实测弹性波速度将低于理论值，且裂隙化程度越高，相差越大。他们建议用质量指数来表征岩石的微裂隙化程度，质量指数（quality index）指实测纵波速度V_p与理论纵波速度V_{p0}的比值，即

$$IQ = \frac{V_{Pr}}{V_{P0}} \times 100\% \qquad (2.3-5)$$

式中，IQ——质量指数；

$\quad V_{Pr}$——实测纵波速度，m/s；

$\quad V_{P0}$——理论纵波速度，m/s；

质量指数IQ越小，岩石的裂隙化程度越高。

此外，C. Toureng认为，实测的岩石横波速度（V_S）与纵波速度（V_P）的比值可以表征岩石裂隙化程度（表2.3-3）。

表2.3-3　弹性波速度表征的岩石裂隙化程度

V_S/V_P	<0.6	0.6～0.7	>0.7
岩石裂隙化程度	基本无裂隙化	裂隙化	强烈裂隙化

（4）直接抗拉强度与间接抗拉强度的比较

C. Tourenq & A. Denis认为岩石直接拉伸试验中，岩石所能承受的极限拉伸荷载σ_t随裂隙发育程度的提高而显著下降；而巴西劈裂试验等间接拉伸试验中，岩石所直接承受是压力，极限拉伸荷载σ_{tb}对裂隙发育程度不太敏感，故σ_t/σ_{tb}可表征岩石裂隙化程度（表2.3-4）。

表2.3-4　岩石抗拉强度表征的岩石裂隙化程度

σ_t/σ_{tb}	>0.8	0.8～0.2	<0.2
岩石裂隙化程度	无裂隙化	中等裂隙化	强烈裂隙化

（5）不同方向的径向渗透试验结果的比较

测定一个厚壁圆筒筒壁渗透性能时，若受压水由内向外，筒壁岩石中的微裂隙张开，渗透性将提高；受压水由外向内时，切向压应力使岩石微裂隙闭合，渗透性能将降低。因此，两种状况的渗透试验结果可反映岩石微裂隙化程度。J. Bernaix建议，内水压力和外水压力分别采用0.1 MPa和5.0 MPa，二者渗透系数的比值作为表征微裂隙化程度的指标，即

$$S = \frac{K_{-0.5}}{K_{+5.0}} \qquad (2.3-6)$$

式中，$K_{-0.1}$——0.1MPa内压力作用下的渗透系数，m/s；

$\quad K_{+5.0}$——5.0MPa外压力作用下的渗透系数，m/s。

S值越大，则微裂隙越发育。S值接近于1时，表明岩石为完整岩石。

2.3.3.4 岩石空隙的作用与研究意义

岩石空隙的发育程度与所经受的构造作用和风化作用程度密切相关，但总体而言，岩石的空隙比土小得多。空隙性是岩石的重要结构特征之一，它控制着岩石的物理力学性质。一方面，空隙对岩石的强度、变形等力学性质以及渗透性、密度、吸水性的影响较大，其它条件相同时，空隙越发育，岩石物理力学性质越差、岩石强度越低、密度越小、塑性变形和渗透性越大。另一方面，空隙又为各种风化营力进入岩石内部进而劣化岩石创造了条件，从而大大恶化岩石甚至岩体的工程性能，以地下水作用为例，空隙增强了岩石与外界水体的水力联系，可溶性矿物的溶解导致空隙加大甚至原有结构破坏，黏土矿物吸水导致岩石软化或膨胀等，均在一定程度上降低了岩石物理力学性质。

尽管岩石微裂隙很细小，但它对岩石物理力学性质的影响却很大。微裂隙的存在将大大降低岩石的强度，增大岩石的变形，尤其是对脆性岩石强度的影响极大。根据Griffith强度理论，由于微裂隙的存在，当岩石受力时，在微裂隙尖端部位易产生应力集中，使微裂隙沿其尖端逐渐扩展，导致岩石在比完全无微裂隙时所承受的拉应力或压应力低得多的情况下破坏，所以微裂隙是影响岩石力学性质的决定因素。其次，微裂隙的方向性可导致岩石的各向异性。此外，微裂隙能在循环加荷时引起滞后现象，而且还能改变岩石中弹性波速度、电阻率和热传导率等。微裂隙对岩石性质的影响，在低围压时很明显，随着围压的增高，微裂隙被压密而闭合，对岩石性质的影响相对减弱。总之，必须重视对岩石微裂隙的研究。

2.3.4 各类岩石的结构特征

由于成岩环境以及所经历地质作用的不同，对于不同种类岩石甚至同类岩石，颗粒的大小、颗粒间的排列方式、颗粒间的联结特征、空隙发育特征等的组合方式不同，决定了各类岩石具有不同的结构特征。

2.3.4.1 火成岩的结构

岩浆岩的结构是指岩浆岩中矿物的结晶程度、颗粒大小、晶体形态、自形程度以及它们之间的相互关系。

（1）按结晶程度的结构分类

根据岩石中矿物的结晶程度及结晶质矿物与非晶质矿物的比例，岩浆岩的结构分为全晶质结构、半晶质结构和玻璃质结构[①]。

---

① 玻璃质结构及半晶质结构是不稳定的，随着时间的推移，常会缓慢地发生脱玻化作用而重结晶。脱玻化初期可形成一些极细小的雏晶（按雏晶的形态可分为球雏晶、发雏晶、串珠雏晶、针雏晶、棒雏晶及羽雏晶等），雏晶进一步重结晶，可形成骸晶或微晶，骸晶和微晶已具结晶物质的性质，但晶体轮廓不完整。由长石、石英质骸晶和微晶组成的隐晶质集合体，粒度细小、形状不规则且晶粒之间的界限模糊，称为霏细结构（felsitic texture）。

（a）全晶质结构

全晶质结构（holocrystalline texture）是岩石全部由矿物晶体组成而不含玻璃质的结构，是岩浆在温度和压力较高且缓慢冷却条件下从容结晶而形成，深成侵入岩一般具有全晶质结构，如辉长岩、花岗岩和花岗闪长岩等。

（b）半晶质结构

半晶质结构（hemicrystalline texture）是岩石中既有矿物晶体又有非晶质玻璃存在的结构。喷出岩或超浅成侵入岩边部多具此结构，如安山岩。

（c）玻璃质结构

玻璃质结构（Vitrous texture）是岩石几乎全由天然玻璃质组成的结构。玻璃质是岩浆在快速冷却条件下形成的过冷熔融体，是硬化了的岩浆，矿物没有结晶，其内质点做不规则排列，岩石断面光滑且具玻璃光泽。玻璃质结构是快速冷却形成的喷出岩所特有的结构，见于喷出岩和超浅层次火山岩中。

（2）按颗粒大小的结构分类

根据组成岩石的矿物晶体的绝对大小与相对大小，岩浆岩结构分为等粒结构和不等粒结构。

（a）等粒结构

等粒结构（equigranular texture）是岩石中主要矿物颗粒大小相近的结构。按粒径的绝对大小，进一步分为显晶质结构和隐晶质结构。

显晶质结构（phanerocrystalline texture）是岩石中矿物颗粒在肉眼或放大镜下可以分辨的结构。按粒径大小，进一步细分为粗粒结构（主要矿物颗粒的粒径大于5 mm）、中粒结构（主要矿物颗粒的粒径为1～5 mm）、细粒结构（主要矿物颗粒的粒径小于0.1 mm）。

隐晶质结构（cryptocrystalline texture）是矿物颗粒细小而不能用肉眼和放大镜分辨的结构。其中，通过显微镜能分辨其矿物晶粒大小和形态的结构称为显微晶质结构（如由石英、长石微晶组成的霏细结构）；显微镜下也不能分辨出矿物晶粒大小的结构称为显微隐晶质结构（如各种雏晶结构，在单偏光下仅见雏晶形态、但无光性反应）。隐晶质结构岩石是在岩浆很快冷却条件下形成的，常为喷出岩所具有的结构，岩石断面粗糙。

（b）不等粒结构

不等粒结构（incryptocrystalline texture）是岩石主要矿物的粒度明显不同的结构。按粒径的相对大小，细分为连续不等粒结构、斑状结构和似斑状结构。

连续不等粒结构（seriate texture）是指同种矿物晶粒大小不同并形成一个连续不等的粒径序列的结构。

斑状结构（porphyritic texture）是岩石由粒径大小明显不同的两类矿物组成且大颗粒散布在小颗粒中的结构，其中大颗粒称为斑晶（显晶质），小颗粒称为基质（通常为微晶、隐晶质或玻璃质）。斑状结构为浅成岩或喷出岩所具有，主要是由于矿物的结晶时间先后不一造成的，在地下深处，温度和压力较高，部分物质首先结晶而生成斑晶，随着岩浆的继续上升到浅处或喷出地表时，尚未结晶的物质因温度下降较快，迅速冷却而形成微晶、隐晶或玻璃质。

似斑状结构（porphyroid texture）的形态与斑状结构相似，但晶粒大小相差悬殊，基质为显晶质（粗粒、中粒或细粒）且斑晶与基质的成分基本相同。似斑状结构常出现在中深成侵入岩中，斑晶和基质在相同或相似的物理化学条件下形成。似斑状结构常过渡为连续不等粒结构。

（3）其它分类

按晶粒自形程度，分为自形粒状结构、半自形粒状结构、他形粒状结构。按颗粒间相互关系，分为反应边结构、蠕虫状结构、条纹结构、环带结构、文象结构和包含结构。

此外，对各类岩石来说，还有许多自身特殊的结构，如花岗结构、二长结构、安山结构、粗面结构和辉绿结构等。

2.3.4.2 沉积岩的结构

沉积岩约占地球表面的75%。沉积岩的成分包括矿物和胶结物，矿物有原生矿物（石英、长石和云母等）和次生矿物（方解石、白云石、石膏和黏土矿物等）。

（1）碎屑结构

碎屑结构是碎屑沉积岩所特有的结构，它由碎屑物被胶结起来而形成。按颗粒大小和形状分为砾状结构、竹叶状结构和砂状结构。

（a）砾状结构与角砾状结构

砾状结构的颗粒直径大于2 mm，磨圆度较好，无棱角。若磨圆度较差，具有明显棱角，则称角砾状结构。

（b）竹叶状结构

竹叶状结构是指刚沉积的石灰岩，因水浪打击，冲刷而成碎屑（其形态多呈扁平状），再被同类沉积物胶结而成。

（c）砂状结构

按颗粒直径，砂状结构可细分为粗砂结构（0.5～2 mm）、中砂结构（0.1～0.5 mm）、细砂结构（0.05～0.1 mm）和粉砂结构（0.005～0.05 mm）。

（2）泥质结构

泥质结构的颗粒直径小于0.005 mm，是黏土岩类岩石所具有的结构。

（3）结晶结构

结晶结构是化学岩所具有的结构，它是物质从真溶液或胶体溶液中沉淀时的结晶作用以及非晶质、隐晶质的重结晶作用和交代作用所产生的，如石灰岩和白云岩是由许多细小的方解石和白云石晶体集合而成的。

（4）生物结构

生物结构是生物化学岩所具有的结构，它由生物遗体及其碎片组成，如生物介壳结构和珊瑚结构等。

2.3.4.3 变质岩的结构

变质过程中，原岩的成分、结构和构造被改变，形成新的成分、结构和构造。变质岩中，除石英、长石、云母和方解石等常见造岩矿物外，还有滑石、绿泥石、蛇纹石和石榴石等变质岩特有矿物。

（1）变晶结构

变晶结构（crystalloblastic texture）是指岩石在变质作用过程中由重结晶和变质结晶等作用方式形成的结构。变质岩的变晶结构与岩浆岩的结晶结构都主要由矿物晶粒组成，但变晶结构是在固态作用下重结晶和重组合的产物，各种矿物几乎同时结晶，故变晶结构岩石为全晶质（极少为隐晶质）而无玻璃质，矿物自型程度变化大（多为他形或半自形、少数变斑晶自形程度较高），矿物颗粒排列紧密、晶体彼此互相镶嵌或包裹，矿物自形程度仅体现结晶能力（结晶能力越强自形越好）而不反映结晶先后顺序，岩石中柱状、针状、片状和放射状矿物较发育且常定向分布。

变晶结构是变质岩最重要的结构。根据矿物粒度、结晶习性、晶体形状及相互关系，变晶结构可划分为不同类型。

按变晶矿物颗粒的绝对大小，分为粗粒变晶结构（平均粒径>3 mm）、中粒变晶结构（1~3 mm）、细粒变晶结构（0.1~1 mm）和显微变晶结构（<0.1 mm）。一般来说，岩性相似的原岩，变质时温度越高，变晶矿物粒度也越粗；在相同变质条件下，原岩成分较单纯者重结晶后变晶矿物粒度较粗，成分复杂者重结晶后变晶粒度比较细；对变质作用敏感组分高的原岩（如黏土岩），变质后变晶粒度常较粗。按变晶矿物颗粒的相对大小，分为等粒变晶结构、不等粒变晶结构、斑状变晶结构（变斑状结构）。按变晶矿物的结晶习性和形状，分为粒状变晶结构（不等粒粒状、等粒粒状、镶嵌粒状、缝合粒状）、鳞片状变晶结构和纤维状变晶结构。按变晶矿物颗粒间的相互关系（包裹和交生），分为包含变晶结构、筛状变晶结构和残缕结构。

（2）变余结构

变余结构（relict texture）是变质过程中因变质程度较浅和重结晶不完全而导致原岩矿物部分被保留下来的结构，有时亦称残余结构。变余结构是一种过渡型结构，一般见于变质轻微的变质岩中。

若原岩为岩浆岩，常见变余斑状结构、变余辉绿结构和变余花岗结构等，如中性或酸性喷出岩变质后，基质已重结晶成绿泥石、阳起石和石英，定向排列并具片理构造，而钠长石斑晶仍可辨认，从而显示出变余斑状构造。

若原岩为沉积岩，常见变余砾状结构和变余砂状结构，变余泥状结构较少，因为对于砾岩和砂岩等粒度较粗的碎屑岩，在变质作用过程中，化学成因的胶结物比较容易重结晶或发生反应生成绢云母和绿泥石等变质矿物，而砾石和砂粒不易发生变化，基本形态常被保留，泥质岩的结构特征只在较微变质的板岩及角岩化泥岩中才能被部分保留下来（变余泥质结构），同时变质程度加深会使片状矿物发育，从而使变余泥质结构逐渐消失。

（3）碎裂结构

碎裂结构（cataclastic texture）是当温度和压力不高而受应力较强时脆性岩石及其组成矿物发生破裂、错动或磨损等现象而形成的结构。碎裂结构是动力变质岩的典型特征，主要出现在构造破碎带内。

按破碎程度由弱到强，碎裂结构依次分为压碎角砾结构、碎裂结构、碎斑结构、糜棱结构和千糜结构。压碎角砾结构是破碎作用轻微时形成的碎裂结构，岩石受应力发生破碎，但碎基（细小的碎粒、碎粉）含量<10%，其余为直径大小不等的碎块或构造角砾。碎裂结构是碎裂作用稍强所形成的结构，碎基含量达10%～50%，但仍以较大的碎块为主。碎斑结构是碎裂作用较强时形成的碎裂结构，在较强应力作用下，岩石强烈破碎，大部分变为碎基，只残存少部分颗粒较大的碎块（碎斑），如同"斑晶"散布于碎基之中。糜棱结构是碎裂作用很强时形成的碎裂结构，岩石在强应力作用下几乎全被破碎成微粒或粉末状，整体呈条带状或条痕状，有时可残存少量有变形、圆化或旋转迹象的"眼球"状碎斑。千糜结构是岩石遭受极强应力作用下碎裂为细粉的同时伴随轻微重结晶而形成的结构，形成细小的绢云母和绿泥石矿物，并呈明显的流状定向排列。

（4）交代结构

交代结构（metasomatic texture）是指因交代作用使原岩矿物部分或全部被取代消失并同时形成新矿物的结构，包括交代残余结构、交代蚕食结构、交代假象结构、交代穿孔结构、交代蠕虫结构、交代净边结构、交代条纹结构和交代斑状结构等。在交代过程中，有物质成分的交换和结构的改组。

2.4 岩石的物理性质

2.4.1 岩石的密度

岩石的颗粒密度、密度（块体密度）和容重是选择建筑材料、研究岩石风化、计算岩体变形及应力分布特征以及评价岩体稳定性所必需的计算指标。此外，密度也是对重力测量结果进行地形校正和中间层校正不可缺少的基本参数。

2.4.1.1 颗粒密度

岩石的颗粒密度（grain density）是指岩石中固体颗粒质量 m_s 与固体颗粒体积 V_s 的比值，即

$$\rho_s = \frac{m_s}{V_s} \tag{2.4-1}$$

式中，ρ_s——岩石颗粒密度，kg/m^3 或 g/cm^3；

m_s——岩石颗粒质量，kg 或 g；

V_s——岩石颗粒体积，m^3 或 cm^3。

岩石的颗粒密度一般为 $2.65 \times 10^3 \mathrm{kg/m^3}$ 左右，最大达 $3.1 \times 10^3 \sim 3.4 \times 10^3 \mathrm{kg/m^3}$（表2.4–1）。

表2.4–1 常见岩石的颗粒密度及块体密度

岩石名称	颗粒密度 $\rho_s (10^3 \mathrm{kg/m^3})$	岩石密度 $\rho (10^3 \mathrm{kg/m^3})$	岩石名称	颗粒密度 $\rho_s (10^3 \mathrm{kg/m^3})$	岩石密度 $\rho (10^3 \mathrm{kg/m^3})$
花岗岩	2.50～2.84	2.30～2.80	石英片岩	2.60～2.80	2.10～2.70
闪长岩	2.60～3.10	2.52～2.96	绿泥片岩	2.80～2.90	2.10～2.85
辉长岩	2.70～3.20	2.55～2.98	石英岩	2.63～2.84	2.50～2.75
辉绿岩	2.60～3.10	2.53～2.97	蛇纹岩	2.50～2.80	2.40～2.70
玢岩	2.60～2.90	2.40～2.87	大理岩	2.70～2.87	2.60～2.70
流纹岩	2.60～2.80	2.60	板岩	2.70～2.84	2.30～2.80
安山岩	2.60～2.90	2.50～2.85	砾岩	2.60～2.80	1.90～2.30
玄武岩	2.60～3.30	2.60～3.10	砂岩	2.65～2.75	2.61～2.70
橄榄岩	2.90～3.40		页岩	2.63～2.73	2.30～2.60
粗面岩	2.40～2.70	2.30～2.67	石灰岩	2.48～2.76	2.30～2.60
凝灰岩	2.50～2.70	0.75～1.40	泥质灰岩	2.70～2.80	2.30～2.70
片麻岩	2.60～3.10		白云岩	2.60～2.90	2.10～2.70

要获得岩石的颗粒密度，首先要将岩石粉碎成岩粉，然后按土工试验中颗粒密度相同的测试方法进行测定。

岩石颗粒密度的实质是组成岩石所有颗粒的平均密度，故其大小取决于矿物种类及其密度和相对含量。含重矿物较多的岩石，其颗粒密度也较大；反之亦然。以岩浆岩为例，因铁镁等深色矿物密度较大，故基性岩和超基性岩的颗粒密度一般都高于酸性岩。

2.4.1.2 块体密度

岩石密度是指岩石的块体密度（bulk density），根据含水状态，分为干密度、天然密度及饱和密度。通常所说的岩石密度是天然块体密度。

干密度（dry density）是干燥状态下单位体积的岩石质量，即

$$\rho_d = \frac{m_s}{V} \tag{2.4-2}$$

式中，ρ_d——岩石干密度，$\mathrm{kg/m^3}$ 或 $\mathrm{g/cm^3}$；

　　　m_s——岩石颗粒质量，kg 或 g；

　　　V——岩石体积，$\mathrm{m^3}$ 或 $\mathrm{cm^3}$。

天然密度（density）是天然状态下单位体积岩石的质量，即

$$\rho = \frac{m}{V} \tag{2.4-3}$$

式中，ρ——岩石的密度（天然密度），kg/m^3或g/cm^3；

  m——岩石质量，kg或g；

  V——岩石体积，m^3或cm^3。

饱和密度（saturated density）是饱水状态下单位体积岩石的质量，即

$$\rho_{sat} = \frac{m_{sat}}{V} \tag{2.4-4}$$

式中，ρ_{sat}——岩石的饱水密度，kg/m^3或g/cm^3；

  m_{sat}——饱水状态下的岩石质量，kg或g；

  V——岩石的体积，m^3或cm^3。

岩石的密度一般为$2.5×10^3\,kg/m^3$左右（表2.4-1）。

根据岩石的性质和试样形态，可选用量程法、水中法和蜡封法测定岩石的密度。

岩石密度取决于岩石颗粒密度、空隙度以及空隙的充填和含水状况，岩石的干密度和饱水密度取决于颗粒密度和空隙发育程度，满足如下关系

$$\left. \begin{array}{l} \rho = (1+\omega)\rho_s \\ \rho_d = (1-n)\rho_s \\ \rho_{sat} = \rho_s - n(\rho_s - \rho_w) \end{array} \right\} \tag{2.4-5}$$

当矿物组成相同时，岩石密度随空隙的增多而减小，空隙率很小的致密岩石，干密度与天然密度差别不大，并与ρ_s接近，即$\rho_d=\rho=\rho_{sat}=\rho_s$。

2.4.1.3 容重（重度）

岩石的容重（unit weight，亦称重度）是单位体积岩石的重量，包括干容重、天然容重和饱水容重，其值通常由其相应密度（式(2.4-5)）换算，即

$$\left. \begin{array}{l} \gamma = \dfrac{W}{V} = \rho g \\[2mm] \gamma_d = \dfrac{W_s}{V} = \rho_d g \\[2mm] \rho_{sat} = \dfrac{W_{sat}}{V} = \rho_{sat} g \end{array} \right\} \tag{2.4-6}$$

式中，γ、γ_d、γ_{sat}——岩石的容重（天然容重）、干容重、饱水容重，kN/m^3；

  W、W_s、W_{sat}——岩石的重量、固体颗粒重量、饱水重量，kN；

  V——岩石体积，m^3；

  g——重力加速度。

2.4.1.4 相对密度与比重

岩石的相对密度（relative density）是岩石颗粒密度与4℃时纯水密度之比，即

$$d = \frac{\rho_s}{\rho_w}$$ (2.4-7)

式中，d——岩石的相对密度，无单位；

ρ_w——4 ℃纯水的密度，kg/m^3或g/cm^3；

ρ_s——岩石颗粒密度，kg/m^3或g/cm^3。

岩石的比重（specific gravity）是岩石固体颗粒重量与4 ℃同体积纯水重量的比值，即

$$G_s = \frac{W_s}{V_s \gamma_w}$$ (2.4-8)

式中，G_s——岩石的比重，无单位；

W_s——岩石固体颗粒的重量，kN；

V_s——岩石颗粒体积，m^3；

γ_w——4℃时纯水的容重，kN/m^3。

相对密度d、比重G_s与颗粒密度ρ_s三者在数值上是相等的[1]。

2.4.2 岩石的水理性质

岩石的水理性质（hydrological properties）是岩石与水相互作用时所表现出来的性质，包括含水性、吸水性、透水性、可溶性、软化性、抗冻性、崩解性和膨胀性等[2]。

2.4.2.1 含水性

岩石的含水性是指天然状态下岩石的含水状况，用含水率来表征。

岩石的含水率（water content）是天然状态下岩石中水的质量与固体颗粒质量之比，即

$$\omega = \frac{m_w}{m_s} \times 100\%$$ (2.4-9)

式中，ω——岩石的含水率，%；

m_w——天然状态下岩石中水的质量，kg或g；

m_s——岩石颗粒的质量，kg或g。

通常情况下，岩石的含水率较低，故岩体力学一般不研究岩石的含水率。

2.4.2.2 吸水性

岩石的吸水性（sorptivity, water absorption）指岩石在一定条件下吸收水的能

---

① 相对密度G_s和比重d在本质上是相同的，以前多用"比重"的说法，现在多用"相对密度"。相对密度（或比重）无单位，颗粒密度有单位（kg/m^3或g/cm^3）。

② 岩石的水理性质有"广义"和"狭义"两种理解。广义的岩石水理性质是指水与岩石相互作用所表现出的所有性质，包括含水性、吸水性、透水性、可溶性、软化性、抗冻性、崩解性和膨胀性等；狭义的岩石水理性质是指岩石与水相互作用并导致岩石自身特征发生改变的性质，包括可溶性、软化性、抗冻性、崩解性和膨胀性。本书取"广义"。

力，常用吸水率、饱水率和饱水系数等指标来表征。

吸水率（water absorption）是在一般大气压下岩石吸入水的质量与岩石固体颗粒质量之百分比，即

$$\omega_a = \frac{m_{w1}}{m_s} \times 100\%$$ （2.4-10）

式中，ω_a——岩石的吸水率，%；

m_{w1}——一般大气压下岩石吸入水的质量，kg或g；

m_s——岩石固体颗粒的质量，kg或g。

饱和吸水率（saturated water absorption，简称饱水率）是指岩石在高压（15MPa）或真空条件下吸入水的质量与岩石颗粒质量 m_s 之百分比，即

$$\omega_{sat} = \frac{m_{w2}}{m_s} \times 100\%$$ （2.4-11）

式中，ω_{sat}——岩石的饱水率，%；

m_{w2}——在高压（15MPa）或真空条件下吸入水的质量，kg或g；

m_s——岩石固体颗粒的质量，kg或g。

饱水系数（saturation coefficient of rock）是吸水率与饱水率的比值，即

$$K_s = \frac{\omega_a}{\omega_{sat}} = \frac{m_{w1}}{m_{w2}}$$ （2.4-12）

式中，K_s——岩石的饱水系数；

其它符号意义同上。

吸水性指标 ω_a、ω_{sat} 和 K_s 可通过各种状态的岩石吸水试验获得。

岩石吸水性取决于岩石内空隙发育特征（空隙的数量、空隙间连通情况及水力联系）和外部环境（测试条件），吸水率随空隙率增大而增大（式(2.4-13)、图2.4-1）。常见岩石的吸水率见表2.3-1。

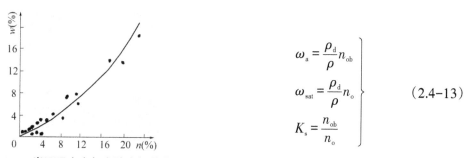

$$\left. \begin{array}{l} \omega_a = \dfrac{\rho_d}{\rho} n_{ob} \\[2mm] \omega_{sat} = \dfrac{\rho_d}{\rho} n_o \\[2mm] K_s = \dfrac{n_{ob}}{n_o} \end{array} \right\}$$ （2.4-13）

图2.4-1　岩石吸水率与空隙率相关曲线

吸水性指标是反映岩石物理性质的重要指标，不仅是岩石内空隙总体发育情况的宏观反映[①]，也可用于评价岩石的质量优劣、抗冻性和抗风化能力。

---

① 有时也将岩石吸水率 ω_a 称为孔隙指数 i，即 $i = \omega_a$。

2.4.2.3 透水性

在一定水力梯度或压差下，岩石能被水透过的性质称为透水性（permeability）。一般认为，与在土中渗流一样，水在岩石中的流动服从线性渗流规律（Darcy 定律），即

$$Q = KAJ = KA\frac{\Delta H}{L} \tag{2.4-14}$$

$$v_L = \frac{Q}{A} = KJ \tag{2.4-15}$$

式中，Q——流量（单位时间内的流量），m³/s；

K——渗透系数，m/s 或 cm/s[①]；

A——过水断面面积，m²；

J——渗透路径 L 方向的水力梯度（亦称水力坡降或水力坡度），$J=\Delta H/L$；

ΔH——沿程水头损失，$\Delta H = H_1 - H_2$，m 或 cm；

L——渗径长度，m 或 cm；

v_L——渗径方向的渗流速度，m/s 或 cm/s。

岩石透水性用渗透系数或渗透率来表征。渗透系数（permeability coefficient）也称水力传导系数（hydraulic conductivity），反映了水（或其它流体）通过岩石空隙骨架的难易程度；渗透率（permeability）亦称内在渗透系数（intrinsic permeability），反映了岩石自身固有的渗透能力。

由式(2.4-14)和式(2.4-15)可知，渗透系数是单位水力梯度(J=1)条件下的单位流量$q(q=Q/A)$或者渗流速度v_L。岩石的渗透系数由岩石的空隙特征（大小、数量、排列及连通状况）和水的特征（密度、黏滞状态、温度等）决定，即

$$K = k\frac{\gamma_w}{\mu_w} = k\frac{\rho_w g}{\mu_w} \tag{2.4-16}$$

式中，k——岩石的渗透率，m² 或 D（Darcy，达西）[②]；

ρ_w——水的密度，kg/m³；

γ_w——水的容重，N/m³；

μ_w——水的动力黏滞系数，Pa·s 或 P（泊）[③]；

其它符号意义同上。

式(2.4-16)中，动力黏滞系数μ_w和密度ρ_w（或容重γ_w）表征了水的特征；渗透

---

① 实际应用中，渗透系数单位常用cm/s。

② 实际应用中，多采用 μm²（即 D）甚至 10^{-3} μm²（即 mD）。1.0 D = 0.97×10^{-12} m² ≈ 1.0×10^{-12} m²= 1 μm²。

③ 动力黏滞系数的单位：国际单位制（SI：m-kg- s）下为 Pa.s；高斯单位制/混合单位制（CGS：cm-g-s）下为 P（泊）。

两者的换算关系为：1 Pa·s = 10 P。【1 Pa·s = 1 (N/m²)·s = 10 (Dyn/cm²)·s =10 P = 10 kg/(m·s)】

流体黏滞系数包括动力黏滞系数μ和运动黏滞系数ν，二者的关系为$\mu=\rho\nu$。

运动黏滞系数ν的单位是m²/s，习惯上将"1 cm²/s"称为"1斯托克斯"。

率k表征了岩石自身空隙的特征，即渗透率表示岩石本身固有的渗透能力，与流体性质无关，而仅与颗粒或空隙的形状、大小与排列方式有关，随空隙率增大而增大（图2.4-2）。因此，许多领域均使用渗透率作为岩石渗透性分级指标（表2.4-2）。

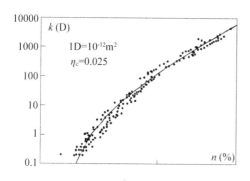

图2.4-2 某砂岩渗透率与空隙度的关系

表2.4-2 岩石渗透率分级及渗透性评价

级别	渗透率k(mD)	渗透性评价
1	>1000	极好
2	100～1000	好
3	10～100	较好
4	1～10	较差
5	<1	差

岩石的渗透系数一般都很小（表2.4-3），新鲜致密岩石的渗透系数一般均小于10^{-7}cm/s量级（不透水），但当其微裂隙发育时，渗透系数急剧增大，可比新鲜岩石大4～6个量级，有时甚至更大，这进一步说明空隙性对岩石渗透性的影响。

表2.4-3 部分岩石的渗透系数

岩石	空隙情况	渗透系数K(cm/s)	岩石	空隙情况	渗透系数K(cm/s)
花岗岩	较致密、微裂隙	$(1.1～95)×10^{-12}$	砂岩	较致密	$(1.0～2500)×10^{-13}$
	含微裂隙	$(1.1～2.5)×10^{-11}$		空隙较发育	$5.5×10^{-6}$
	微裂隙、部分粗裂隙	$(2.8～70)×10^{-8}$	页岩	微裂隙发育	$(20～800)×10^{-10}$
石灰岩	致密	$(3.0～600)×10^{-12}$		微裂隙发育	$(1.0～500)×10^{-10}$
	微裂隙、孔隙	$(2.0～3000)×10^{-9}$	安山玢岩	微裂隙	$8.0×10^{-11}$
	空隙较发育	$(9.0～30)×10^{-5}$	玄武岩	致密	$<1.0×10^{-13}$
片麻岩	致密	$<1.0×10^{-13}$	辉绿岩	致密	$<1.0×10^{-13}$
	微裂隙	$(9.0～40)×10^{-8}$	流纹岩	致密	$<1.0×10^{-13}$
	微裂隙发育	$(2.0～30)×10^{-6}$	石英岩	微裂隙	$(1.2～1.8)×10^{-10}$

岩石的渗透系数和渗透率可透过室内岩石渗透试验确定，岩石渗透试验与土渗透试验类似，只是试验采用的压力差比土渗透试验大得多。

2.4.2.4 可溶性

岩石在水溶液中被溶解的性质称为可溶性。在适宜条件下，岩石中可溶性矿物溶解于水，减少了岩石的固相成分，增大了空隙的比例，使岩石的结构变松、力学性能降低、渗透性提高。此外，芒硝和石膏的水合作用还可使岩石体积增大，影响岩石的性质。

岩石的可溶性取决于组成岩石的矿物及其溶解能力、岩石结构及外部制约条件。

（1）矿物的成分与结构

岩石或多或少地含有可溶性矿物，甚至某些岩石全部或主要由可溶性矿物组成，如盐岩 $NaCl$、石膏 $CaSO_4 \cdot 2H_2O$、芒硝 $Na_2SO_4 \cdot 10H_2O$、石灰岩 $CaCO_3$ 等。岩石溶解的实质是矿物的溶解。由前可知，矿物的可溶性由其化学成分和结构特征共同决定，不同矿物具有不同的溶解性（表2.2-4），因此岩石内所含矿物种类及含量决定着岩石的可溶性，盐类矿物溶解性由弱到强依次为：碳酸盐类岩石 < 硫酸盐类岩石 < 卤盐类岩石。

虽然碳酸盐类岩石溶解度低于硫酸盐类岩石和卤盐类岩石，但因其分布广且厚度大，其可溶性研究是碳酸岩广布地区的工程地质的一项重要内容。碳酸盐类岩石的溶解性主要取决于 CaO/MgO，该比值越高，岩石溶解度越高。几类典型碳酸岩中，石灰岩的主要成分为方解石 $Ca[CO_3]$；碳酸盐岩主要是方解石和白云石 $CaMg[CO_3]_2$，其次是 SiO_2、Fe_2O_3、Al_2O_3 及黏土物质；白云岩的主要成分为白云石；硅质灰岩含有燧石结核或条带；泥灰岩主要为黏土矿物与方解石的混合物。因此，一般情况下，碳酸岩溶解性由易到难的顺序依次是石灰岩、白云岩、硅质灰岩和泥灰岩。

（2）岩石结构

（a）颗粒的大小

一般来说，其它条件相同时，晶粒越小，岩石的相对溶解度越大，以白云岩为例，微粒的（$CaO/MgO=2.15$）相对溶解度为 0.82，细粒的（$CaO/MgO=2.11$）为 0.74，中粒的（$CaO/MgO=2.02$）为 0.65。

（b）颗粒间的联结特征

其它条件相同时，胶结类岩石比结晶联结类岩石易于溶解；胶结类岩石的溶解性又与胶结方式和胶结物类型有关，其中钙质胶结岩石易溶于水。

（c）岩石的空隙发育特征

空隙发育特征影响岩石的吸水性和透水性，对岩石的可溶性也有一定程度的影响。一般而言，微裂隙对岩石可溶性的影响大于粒间孔隙。

（d）岩石结构类型

岩石结构类型不同，溶解度不同。鲕状结构、隐晶质和细晶质岩石的溶解度常高于粗晶质岩石，但粗粒结构易于使水流渗透，在一定程度上促进了溶解作用；不等粒结构岩石的相对溶解度大于等粒结构岩石。

（3）外部制约条件

外部制约条件主要指水的溶蚀力、水循环交替程度和岩石所含其它成分等。

（a）水的溶蚀力

水溶液的温度、压力、CO_2 分压、矿化度、pH值和 E_h 值等环境条件决定了水溶液的溶蚀力，故它们也是矿物溶解度的重要影响因素。

纯水的溶解能力较弱微，只有当 CO_2 加入时，水的溶解能力才有所提高，所以水中CO_2含量[①]影响着水的溶蚀力。大气中CO_2分压越大，水中CO_2越高（表2.4-4），水的溶蚀力越强，反之亦然。例如，常温常压时，方解石的溶解度为0.053 g/L，CO_2分压达0.1 MPa时为0.45 g/L，分压达1.0 MPa时为2.2 g/L。

表2.4-4　水中CO_2含量

	温度（℃）	0	10	20	30
CO_2含量（mg/kg）	大气CO_2的分压力为0.0003atm	1.02	0.70	0.52	0.39
	大气CO_2的分压力为1atm	3347	2319	1689	1250

温度对水溶蚀力的影响体现在化学反应速度和CO_2含量两个方面。水的离解度随温度升高而增加，即水温越高，矿物的溶解度越大[②]，如石英的溶解度在常温常压时为0.006 g/L，100 ℃时为0.062 g/L。水中CO_2含量与水温和大气CO_2分压力有关（表2.4-4），水温高，CO_2含量少，水的溶蚀力弱，反之亦然。

压力影响着水溶液中CO_2的分压力，压力越高，CO_2分压越低、CO_2含量越低，水的溶蚀力就低，因此，增大压力使反应向体积减小的方向进行，阻止岩石中大部分矿物的溶解，这也是水的溶蚀力随深度增大而降低的原因。

组成岩石的矿物具有不同的酸碱敏感性，因此水的酸碱度不同，影响着岩石中不同矿物的酸碱反应，进而影响到岩石的溶解特征。

水溶液的化学成分（如矿化度）、氧化还原电位（E_h值）以及岩石中所含元素类型影响着水溶液与矿物反应的化学平衡，包括氧化–还原和离子交换等，但关系复杂且因矿物而异，此处不予赘述。

（b）水的流动性

水循环和交替程度弱时，水质很容易达到饱和状态，抑制了岩石的溶解；相反，若水流动性快（即水循环和交替程度强），降低水溶液的浓度，使不同浓度的饱和水溶液相混合产生混合溶蚀作用，增强了岩石的溶蚀效果。

此外，水流动过程中，沿途温度或压力会发生变化，这影响到岩石矿物的溶解，同时温度和压力的变化会使水中CO_2含量发生相应改变，不仅导致岩石的溶解，也会造成已溶解物质（如碳酸钙）的重新沉积。

2.4.2.5　软化性

当岩石空隙发育以及含有较多亲水性或可溶性矿物时，浸水后，颗粒间的联结因浸水而被削弱，或者可溶性成分被溶解，引起岩石软化，强度降低。岩石浸水后强度降低的性质称为软化性（softening）。

岩石的软化性常用软化系数来表征。软化系数（softening coefficient）是岩石饱水状态的单轴抗压强度与其干燥状态的单轴抗压强度的比值，即

[①] 水中CO_2的来源主要有3类：大气中的、有机成因的和无机成因的。

[②] 但也有例外，如常压下石膏的溶解度，0 ℃时为1.76 g/L，40 ℃时为2.12 g/L（最大值），100 ℃时为1.67 g/L；硬石膏和方解石等的溶解度也随温度升高而降低。

$$K_R = \frac{R_c}{\sigma_c} \qquad\qquad (2.4\text{-}17)$$

式中，K_R——岩石的软化系数；

R_c——饱水状态下岩石的单轴抗压强度，MPa；

σ_c——干燥状态下岩石的单轴抗压强度，MPa。

部分岩石的软化系数见表2.4-5。通常情况下，岩石的饱和抗压强度均比干燥抗压强度小（即$K_R<1$），故严格意义上，岩石都不同程度地具有软化性。K_R越小，岩石的软化性越强。$K_R>0.75$的岩石软化性弱，而$K_R<0.75$的岩石软化性较强[①]。

表2.4-5 常见岩石的软化系数

岩石类型	岩 石 名 称	K_R	岩石类型	岩 石 名 称	K_R
岩浆岩	花岗岩	0.72～0.97	沉积岩	火山集块岩	0.60～0.80
	闪长岩	0.60～0.80		火山角砾岩	0.57～0.95
	闪长玢岩	0.78～0.81		安山凝灰岩	0.61～0.74
	辉绿岩	0.33～0.90		凝灰岩	0.52～0.86
	流纹岩	0.75～0.95		砾岩	0.50～0.96
	安山岩	0.81～0.91		石英砂岩	0.65～0.97
	玄武岩	0.30～0.95		泥质砂岩、粉砂岩	0.21～0.75
变质岩	片麻岩	0.75～0.97		泥岩	0.40～0.60
	石英片岩及角闪片岩	0.44～0.97		页岩	0.24～0.74
	云母片岩及绿泥石片岩	0.53～0.60		石灰岩	0.70～0.94
	千枚岩	0.67～0.96		泥灰岩	0.44～0.54
	硅质板岩	0.75～0.79			
	泥质板岩	0.39～0.52			
	石英岩	0.94～0.96			

岩石的软化性取决于岩石的矿物组成、联结特征和空隙特征。当岩石中含较多亲水性矿物或可溶性矿物、大开型空隙较多以及联结强度较弱时，软化性较强，软化系数较小，如黏土岩、泥质胶结的砂岩、砾岩和泥灰岩等，软化系数一般为0.4～0.6甚至更低；而结晶类岩石，软化系数相对较高。

2.4.2.6 崩解性

水岩作用中的水化作用可使岩石的结构联结削弱甚至完全丧失，岩石局部解体甚至完全变成松散物质。岩石与水相互作用时失去结构联结并变成松散物质的性质称为崩解性（slaking durability, disintegration）。

岩石的崩解性一般用耐崩解指数来表征。耐崩解指数（durability index，亦称耐

[①] 软化系数也可间接评价岩石抗风化性和抗冻性。$K_R>0.75$的岩石，抗水、抗风化和抗冻能力强，具有较好的物理力学性质。

久性指数）是干湿循环后残余固体物烘干质量与岩样初始烘干质量之比，即

$$I_{di} = \frac{m_{si}}{m_0} \times 100\% \qquad (2.4\text{-}18)$$

式中，I_{di}——第 i 次干湿循环的耐久性指数，%；

$\qquad m_{si}$——第 i 次干湿循环后残余固体烘干质量，g；

$\qquad m_0$——岩石试样初始烘干质量，g。

一般以第 2 次干湿循环的试验结果 I_{d2} 作为耐崩解指数，即

$$I_{d2} = \frac{m_{s2}}{m_0} \times 100\% \qquad (2.4\text{-}19)$$

式中，I_{d2}——岩石的耐崩解指数（第 2 次干湿循环的耐久性指数），%；

$\qquad m_{s2}$——第 2 次干湿循环后残余固体烘干质量，g。

根据耐久性指数，岩石耐崩解性分为 6 级（表 2.4-6）。

表 2.4-6　岩石耐崩解性评价标准（Gamble J C, 1971）

级别	1	2	3	4	5	6
I_{d1}（%）	<60	60·-85	85·~95	95~98	98~99	>99
I_{d2}（%）	<30	30~60	60~85	85~95	95~98	>98
耐崩解性	很低	低	中等	中高	高	很高

岩石耐崩解指数通过耐崩解试验（干湿循环试验）确定。选用 10 块代表性岩石试样，每块试件约 40~60 g，磨去棱角而成近球粒状。将试样放进带筛（筛眼直径 2 mm）的圆筒内，在 105 ℃ 下烘至恒重，再将圆筒支承在水槽上并向槽中注入蒸馏水（20 ℃），水面达到低于圆筒轴 20 mm 位置，用 20 r/min 的均匀速度转动圆筒，历时 10 min 后取下圆筒，再烘干称重，如此完成一次干湿循环试验，计算本次耐崩解指数 I_{d1}。重复上述步骤，完成第 2 次干湿循环试验，计算 I_{d2}。以 I_{d2} 作为评价岩石崩解性的耐崩解指数[①]。

岩石崩解性与物质成分、结构特征（空隙发育和结构联结特征）及水的特征（含水率、水温）等有关。可溶性矿物含量越高、空隙率越大、颗粒联结强度越低，岩石越容易崩解。显然，水胶联结和弱胶结联接的岩石均易于崩解。J. C. Gamble（1971）研究表明，岩石耐崩解指数与密度成正比、与含水率成反比。

2.4.2.7　膨胀性

岩石的膨胀性（expansivity）是指岩石浸水后体积增大的性质。含黏土矿物的软质岩石，经水化作用后，在黏土矿物的晶格内部或细分散颗粒的周围产生水化膜

---

① 对于松软岩石及耐崩解性低的岩石，在岩石质量等级划分时，应综合考虑崩解物的塑性指数、颗粒成分和耐崩解性指数。

根据需要，可进行更多次干湿循环，如 5 次。但 I_{d2} 是标准，需进行多次干湿循环试验时，除获得 I_{di} 外，也需提供 I_{d2}。

（结合水溶剂膜），水化膜增进了在相邻颗粒间产生楔劈效应，当楔劈作用力大于结构联结力，岩石就会膨胀；含绢云母和石墨等片状矿物的岩石，水可能渗进片状层之间，同样会产生楔劈效应，也会引起岩石体积的增大。

在膨胀性岩石地区的工程，在可能发生水岩相互作用的情况下，必须开展岩石膨胀性评价，为岩体工程的稳定性评价和工程支护设计提供必要的计算参数。

（1）膨胀性指标

岩石的膨胀性一般用膨胀压力（expansion pressure）和膨胀率（expansion ratio）来表征。这些膨胀性指标从不同角度反映了岩石遇水膨胀的特性。

（a）膨胀率

岩石的膨胀率包括自由膨胀率和侧限膨胀率。自由膨胀率是指岩石试件在无任何约束条件下浸水后所产生的膨胀变形量与试件原尺寸的比值，包括轴向自由膨胀率和径向自由膨胀率

$$\left.\begin{array}{l} V_{\mathrm{H}} = \dfrac{H_1 - H_0}{H_0} \times 100\% \\[3mm] V_{\mathrm{D}} = \dfrac{D_1 - D_0}{D_0} \times 100\% \end{array}\right\} \tag{2.4-20}$$

式中，V_{H}、V_{D}——岩石的轴向自由膨胀率和径向自由膨胀率，%；

H_0、H_1——浸水前后试件的高度，mm；

D_0、D_1——浸水前后试件的直径，mm。

侧限膨胀率是指岩石试件在侧向约束条件下浸水后的轴向变形量与原高度之比，即

$$V_{\mathrm{HP}} = \frac{H_{1\mathrm{P}} - H_0}{H_0} \times 100\% \tag{2.4-21}$$

式中，V_{HP}——岩石的侧限膨胀率，%；

$H_{1\mathrm{P}}$——侧限条件下浸水膨胀变形后试件的高度，mm；

其它符号意义同上。

（b）膨胀压力

膨胀压力是指岩石试件在侧限条件下浸水后使试件体积保持不变所需的最大压力。

（c）侧限膨胀压力与膨胀率

在某些情况下，完全按照自由膨胀率（或侧限膨胀率）和最大膨胀压力进行工程设计往往是不现实的。此时，可进行允许适当膨胀变形和膨胀压力的岩体工程设计，为此开展侧限条件下的岩石膨胀变形与膨胀压力试验，获得侧向约束条件下的膨胀压力-轴向膨胀变形关系曲线，为工程设计提供针对性资料。

（2）指标测定

上述膨胀性指标可通过岩石室内膨胀试验来确定。自由膨胀率由自由膨胀率试验仪完成；侧限膨胀率可由侧限膨胀率试验仪完成；膨胀压力由膨胀压力仪完成。

实际试验中，侧限膨胀率和膨胀压力可采用平衡加压法、压力恢复法和加压膨

胀法等联合测定。

（a）平衡加压法

侧限膨胀试验过程中不断加压，使试样体积始终保持不变，所测得的最大应力即为岩石的膨胀力；然后逐级减压，直至荷载退至0，测其最大膨胀变形量，膨胀变形量与试样原始厚度的比值即为岩石的膨胀率（侧限膨胀率）。

（b）压力恢复法

在试样浸水后，使其在有侧限的条件下进行自由膨胀；然后，再逐级加压，待膨胀稳定后，测定该级膨胀压力下的侧限膨胀率；最后加压使其恢复至浸水前厚度，对应的压应力即为岩石的膨胀力。

（c）加压膨胀法

在浸水前预先加一级大于试样膨胀力的压应力，等受压变形稳定后，再将试样浸水膨胀并让其完全饱和，逐级减压并测定不同压力下的膨胀率，膨胀率为0时的压应力即为膨胀压力，压应力为0时的膨胀率即为侧限膨胀率。

这3种膨胀试验方法均可获得膨胀压力-膨胀率曲线，但三者的初始条件不同，测试结果有一定程度的相异，压力恢复法结果比平衡加压法大20%~40%，甚至1~4倍，由于平衡加压法能保持岩石的原始结构，是等容过程做功，测出的膨胀力能较真实地反映岩石原始结构的膨胀势能，试验结果比较符合实际情况，故许多部门和试验规程都采用平衡加压法。

（3）影响因素

岩石的膨胀性取决于黏土矿物和片状矿物的含量、结构联结强度以及外压力的大小等。黏土矿物含量越高、岩石联结强度越弱、外压力越小，岩石膨胀性越强。

2.4.2.8 抗冻性

岩石浸水后，当温度达到0℃以下时，空隙中的水将冻结，其体积增大9%，对岩石产生较大的膨胀力[1]；另一方面，由于岩石中各种矿物的膨胀系数不同且变冷时不同层中温度的强烈不均匀性，当温度变化时，矿物发生不均匀胀缩，产生内部应力。因此，反复冻融使岩石结构破坏，导致骨架部分减少、岩石强度降低。岩石抵抗冻融破坏的性质称为抗冻性（freezing resistance）。

（1）抗冻性指标

岩石抗冻性可用冻融系数、强度损失率和质量损失率来表征[2]。

（a）冻融系数

冻融系数（coefficient of freezing-thawing）是指岩石试件经反复冻融试验后的干抗压强度与冻融前干抗压强度的比值，即

---

[1] 研究表明，冻结时岩石中产生的破坏应力取决于冰的生成速度及其与局部应力消散难易程度之间的关系，自由生长的冰晶向四周的伸展压力是其下限（约0.05 MPa），而完全封闭体系中的冻结压力，在-22℃时可达200 MPa。

[2] 也有使用"抗冻系数"这一指标作为岩石抗冻指标，但对其定义并不统一，有两种定义：一是指本书的"冻融系数"，一是指本书的"强度损失率"。

$$R_{\mathrm{d}} = \frac{\sigma_{\mathrm{c2}}}{\sigma_{\mathrm{c1}}} \times 100\% \qquad (2.4\text{-}22)$$

式中，R_{d}——抗冻系数，%；

σ_{c1}——冻融前岩石的干抗压强度，MPa；

σ_{c2}——反复冻融循环后岩石的干抗压强度，MPa。

一般认为，$R_{\mathrm{d}}>75\%$时，岩石的抗冻性高。

（b）强度损失率

强度损失率（loss rate of compressive strength）是饱水岩石试件反复冻融循环前后抗压强度之差与冻融前抗压强度的比值，以百分数表示，即

$$R_{\mathrm{S}} = \frac{\sigma_{\mathrm{c1}} - \sigma_{\mathrm{c2}}}{\sigma_{\mathrm{c1}}} \times 100\% \qquad (2.4\text{-}23)$$

式中，R_{s}——岩石的强度损失率，%；

其它符号意义同上。

一般认为，$R_{\mathrm{s}}<25\%$时，岩石的抗冻性高。

（c）质量损失率

质量损失率（loss rate of quality）是指在冻融条件下，岩石冻融前后的干质量之差与冻融前干质量的比值，以百分数表示，即

$$R_{\mathrm{m}} = \frac{m_{\mathrm{d1}} - m_{\mathrm{d2}}}{m_{\mathrm{d1}}} \times 100\% \qquad (2.4\text{-}24)$$

式中，R_{m}——岩石质量损失率，%；

m_{d1}——冻融前岩石的干质量，kg 或 g；

m_{d2}——冻融后岩石的干质量，kg 或 g。

一般认为，$R_{\mathrm{m}}<2\%$时，岩石的抗冻性高。

（d）其它指标

岩石的抗冻性也可用岩石的吸水率、饱水系数、软化系数等指标间接评价。一般认为，$\omega_{\mathrm{a}}<5\%$、$K_{\mathrm{sat}}<0.8$、$R_{\mathrm{d}}>75\%$的岩石是抗冻性高的岩石。

（2）指标测定

岩石的抗冻系数、强度损失率和质量损失率通过岩石冻融循环试验获得。冻融循环试验要求饱水岩石试件在-25 ℃ ～ +25 ℃条件下反复冻结和融化25次[①]，并根据前后单轴抗压强度和质量，计算获得相应指标。对于吸水率小于5%的岩石，可不开展抗冻性试验。

（3）影响因素

岩石的抗冻性主要取决于岩石物质组成（亲水性和可溶性矿物的含量）、岩石结构特征（开型空隙发育情况、联结强度）和含水率。开型空隙越多、亲水性和可溶

___

① 温度范围及冻融循环次数可根据气候条件、工程要求和研究需求调整，循环次数可按25的倍数加大，如100次或更多。

性矿物含量越高，则岩石的抗冻性能越低，反之越高。

2.4.3 岩石的热力学性质

与其它固体材料一样，岩石内部或岩石与外界之间具有热交换（或热传递）能力，岩石的热交换方式有热传导、热对流和热辐射等，其中，热辐射仅发生在地表面，热对流发生在地下水渗流带内，而热传导是岩石最主要的热交换方式，控制着几乎整个地壳岩石的热交换。

地壳热交换过程中的温度变化会导致岩石力学性质变化，进而影响到岩体的力学性质，产生独特的岩体力学问题。深埋地下工程（隧道、隧洞、井巷）、高寒地区岩体工程、热异常地区岩体工程、地热开发、高放核废料地质处置、石质文物保护等，均将涉及岩石的热力学性质，包括热容性、热导性和热胀性。

2.4.3.1 热容性

岩石内部及与外界热交换过程中吸收热能的性质称为热容性（heat capacity）。

根据热力学第一定律，热传导过程中，外界传给岩石的热量 ΔQ 与消耗在岩石内部的热能改变（温度上升）ΔE 和引起岩石膨胀所做功 A 平衡，即 $\Delta Q = \Delta E + A$。岩石膨胀消耗的热能与内能改变消耗的热能相比是微小的，此时传给岩石的热量主要用于岩石升温上，故若设岩石温度由 T_1 升高至 T_2 所需的热量为 ΔQ，则有

$$\Delta Q = cm\Delta T = cm(T_2 - T_1) \tag{2.4-25}$$

式中，ΔQ——热传导过程中岩石吸收（或释放）的热量，J 或 cal[①]；

m——岩石的质量，kg；

T_1、T_2、ΔT——起始温度、终止温度、温度变化量，K 或 ℃；

c——岩石的比热容，J/(kg·K) 或 Cal/(g·℃)。

比热容是岩石热容性的重要表征指标，反映岩石吸热或散热能力。比热容（specific heat capacity，亦称比热容量、简称比热）是指使单位质量岩石的温度升高 1K 所需的热量。比热容越大，岩石吸热或散热能力越强。常见岩石的比热见表 2.4-7。

岩石比热可用 DSC（differential scanning calorimetry，差示扫描量热法）测定。

岩石比热取决于物质组成（包括有机质含量）、空隙发育特征和含水状态。

不同矿物具有不同的比热（表 C.2-2），因此矿物成分及其含量不同的岩石，其比热有一定的差异；但常见矿物的比热多为 700～1200 J/(kg·K)，因此不含有机质的干燥岩石，其比热也大致处于该范围，并随岩石密度增加而减小（表 2.4-7）。

有机质的比热大致为 800～2100 J/(kg·K)，大于矿物的比热，故富含有机质的岩石（如泥炭等），其比热将增大。

---

① 15℃时和 1 个标准大气压下的 1kg 水温度升高 1℃所需的热量为 1C。1C（大卡）=1000cal（小卡）=4180J。

表 2.4-7　岩石的热力学性质(0～50℃)

岩石	密度 g/cm³	温度 ℃	比热容 c Cal/(g·℃)	温度 ℃	热导率 k 10⁻³cal/(cm·s·℃)	温度 ℃	热扩散率 λ 10⁻³cm²/s
玄武岩	2.84～2.89	50	0.211～0.212	50	3.84～4.14	50	6.38～6.83
辉绿岩	3.01	50	0.188	25	5.53	20	9.46
闪长岩	2.92			25	4.87	20	9.47
花岗岩	2.50～2.72	50	0.188～0.233	50	5.19～7.35	50	10.29～14.31
花岗闪长岩	2.62～2.76	20	0.200～0.300	20	3.91～5.56	20	5.03～9.06
正长岩	2.80			50	5.25		
蛇纹岩				20	3.40～5.20		
片麻岩	2.70～2.73	50	0.183～0.208	50	6.16～7.03	50	11.34～14.07
片麻岩(平行片理)	2.64			50	7.00		
片麻岩(垂直片理)	2.64			50	4.98		
大理岩	2.69			25	6.90		
石英岩	2.68	50	0.188	50	14.76	50	29.52
硬石膏	2.65～2.91			50	9.80～14.50	50	17.00～25.70
黏土泥灰岩	2.43～2.64	50	0.186～0.243	50	4.14～6.15	50	8.01～11.68
白云岩	2.53～2.72	50	0.220～0.239	50	6.01～9.06	50	10.75～14.97
灰岩	2.41～2.67	50	0.197～0.227	50	4.05～6.40	50	8.24～12.15
钙质泥灰岩	2.43～2.62	50	0.200～0.227	50	4.40～5.74	50	9.04～9.64
致密灰岩	2.58～2.66	50	0.197～0.220	50	5.58～8.38	50	10.78～15.21
泥灰岩	2.59～2.67	50	0.217～0.221	50	5.55～7.71	50	9.89～13.82
黏土板岩	2.62～2.83	50	0.205	50	3.45～8.79	50	6.42～15.15
盐岩	2.08～2.28			50	10.70～13.70	50	25.20～33.80
砂岩	2.35～2.97	50	0.182～0.256	50	5.20～12.18	50	10.9～423.62
板岩	2.70			25	6.20		
板岩(垂直层理)	2.76			25	4.51		

　　水的比热为4190 J/(kg·K)，比岩石比热大得多，故含水岩石的比热增大并满足

$$c_{wet} = c_w \omega + c(1 - \omega) \tag{2.4-26}$$

式中，c_{wet}——含水状态下岩石的比热，J/(kg·K)或 Cal/(g·℃)；

　　　　c——干燥状态下岩石的比热，J/(kg·K)或 Cal/(g·℃)；

　　　　c_w——水的比热，C_w = 4190 J/(kg·K)或 Cal/(g·℃)；

　　　　ω——含水率，用小数表示。

2.4.3.2　热导性

岩石传导热量的能力称为岩石的热导性（thermal conductivity）。

根据热力学第二定律，物体内热量通过传导作用不断从高温向低温流动，使内部温度均匀化。热传导过程中，时间t内沿路径s方向通过某断面的热量Q满足

$$Q = -kA\frac{\mathrm{d}T}{\mathrm{d}s}t \qquad (2.4\text{-}27)$$

式中，k——热导率（导热系数），W/(m·K) 或 W/(m·℃)；

　　　　Q——热传递过程中通过的热量，J 或 cal；

　　　　A——热量通过断面的面积，m²；

　　　　T——温度，K 或 ℃；

　　　　s——热量传递路径，m；

　　　　$\mathrm{d}T/\mathrm{d}s$——温度梯度，K/m 或 ℃/m；

　　　　t——热传导持续时间，s。

热导率（coefficient of thermal conductivity，亦称导热系数）是指单位温度梯度、单位时间内、经单位导热面所传递的热量。热导率是表征岩石热导性的重要热力学指标，反映了岩石导热能力的大小。热导率越大，岩石导热性越强，即岩石与外界之间或不同岩石之间传热能力越强。部分岩石的热导率见表2.4-7。

岩石的热导率通常在室内采用非稳定法测定。

岩石的热导率取决于岩石的矿物组成、结构、含水状态及温度。常温下岩石热导率为1.61～6.07 W/(m·K)。需注意，对于多数沉积岩和变质岩，其热导性具有明显的各向异性，平行层面方向的热导率比垂直层面的热导率高出10%～30%。

2.4.3.3　热扩散性

热量在不同岩石之间传导过程中，岩石内部通过热扩散方式进行传导。岩石内部热量传导称为热扩散（heat diffusion）。

$$L = \sqrt{\lambda t} \qquad (2.4\text{-}28)$$

式中，L——岩石内部热量扩散距离，cm；

　　　　λ——岩石的热扩散率，m²/s 或 cm²/s；

　　　　t——热扩散持续时间，s。

热扩散率（thermal diffusivity，亦称热扩散系数）描述了岩石的热惯性，反映了岩石内部热量扩散能力（或温度趋向均匀能力）。热扩散速率越大，即热惯性越小，岩石内部达到与周围环境热平衡状态的速度越快，从温度角度来看，岩石对温度变化的反应越快，温度传播越迅速。部分岩石的热扩散率见表2.4-7。

热导率k与热扩散率λ的关系为

$$k = \rho c\lambda \qquad (2.4\text{-}29)$$

式中，k——岩石的热导率，W/(m·K)或W/(m·℃)或cal/(m·s·℃)；

$\quad\quad$ λ——岩石的热扩散率，m²/s或cm²/s；

$\quad\quad$ ρ——岩石的密度，kg/m³或g/cm³；

$\quad\quad$ c——岩石的比热，J/(kg·K)或cal/(g·℃)。

式(2.4-29)中，ρc为单位体积的热容（即体积比热s），$s=\rho c$。

2.4.3.4 热胀性

在内部不同部分之间或与外界的热交换过程中，岩石体积随着内部温度变化而变化，温度升高时岩石体积膨胀，温度降低时岩石体积收缩。岩石体积随温度变化而变化的性质称为热胀性（thermal expansibility）。

（1）热胀性指标

岩石热膨胀产生变形的能力用热膨胀系数（coefficient of thermal expansion）来表征，包括线膨胀系数和体膨胀系数。

线膨胀系数指温度升高1℃所引起的线性伸长量与其在0℃时长度的比值，即

$$\alpha = \frac{1}{\Delta T} \cdot \frac{\Delta L}{L_0} \tag{2.4-30}$$

式中，α——线膨胀系数，K⁻¹或℃⁻¹；

$\quad\quad$ L_0、ΔL——初始长度及其变化量，m；

$\quad\quad$ ΔT——温度变化量，K或℃。

体膨胀系数指温度升高1℃所引起的体积增长量与其在0℃时体积的比值，即

$$\beta = \frac{1}{\Delta T} \cdot \frac{\Delta V}{V_0} \tag{2.4-31}$$

式中，β——体膨胀系数，K⁻¹或℃⁻¹；

$\quad\quad$ V_0、ΔV——初始体积和体积变化量，m³；

$\quad\quad$ 其它符号意义同上。

岩石热胀性一般不大，线膨胀系数为$(5\sim30)\times10^{-6}$/K（表2.4-8）。体膨胀系数大致为线膨胀系数的3倍。

表2.4-8 岩石的变形参数及热应力效应

岩石类型	弹性模量E（GPa）	线膨胀系数α（10⁻⁵/℃）	热应力系数β_E（MPa/℃）	岩石类型	弹性模量E（GPa）	线膨胀系数α（10⁻⁵/℃）	热应力系数β_E（MPa/℃）
辉长岩	60～90	0.5～1.0	0.4～0.5	石英岩	20～40	1.0～2.0	0.4
辉绿岩	30～40	1.0～2.0	0.4～0.5	页岩	40	0.9～1.5	0.4～0.6
粗花岗岩	10～80	0.6～6.0	0.4～0.6	石灰岩	40	0.6～3.0	0.2～1.0
片麻岩	30～60	0.8～3.0	0.4～0.9	白云岩	20～40	1.0～2.0	0.4

（2）热胀性影响因素

岩石热胀性与矿物成分与其含量、岩石结构构造和外部约束条件有关。

不同矿物具有不同的热胀性，显然不同岩石的热胀性存在差异。结构构造特征不同的岩石，其热胀性不同，而且对于定向排列结构和层状构造岩石，热导性存在各向异性。

外部约束条件也影响岩石的热胀性。一方面，岩石热胀性随外部压力增加而减弱；另一方面，由于外在约束以及内部各部分之间的相互约束，温度改变时，岩石不能完全自由胀缩，从而在岩石内部产生热应力（亦称温度应力），即

$$\sigma_{thermal} = E\alpha\Delta T \qquad\qquad (2.4\text{-}32)$$

式中，$\sigma_{thermal}$——热膨胀过程中，由于外部约束而产生的热应力，MPa；

α——岩石的线膨胀系数，K^{-1} 或 $℃^{-1}$；

E——岩石的弹性模量，MPa；

ΔT——温度变化量，K 或 ℃。

热应力随约束程度增大而增大，温度高处发生压缩，温度低处发生拉伸形变。线膨胀系数、弹性模量和泊松比随温度变化而变化，热应力与初始温度及温度变化量有关。

2.4.4 岩石的弹性波传播特征

岩石具有传播弹性波（如地震波和声波）的能力。岩石弹性波传播能力用波速来表征，包括纵波速度 V_p 和纵波速度 V_s。

岩石弹性波速度一般采用室内超声波脉冲法（100～2000 kHz）测定，也可采用声脉冲法（12～20 kHz）和共振法（1～100 kHz）。由下式确定纵波速度和横波速度，

$$\left.\begin{array}{c} V_{Pr} = \dfrac{L}{t_P} \\[2mm] V_{Sr} = \dfrac{L}{t_S} \end{array}\right\} \qquad\qquad (2.4\text{-}33)$$

式中，V_{Pr}、V_{Sr}——岩石的纵波速度、横波速度，m/s；

L——岩石试样的长度，m；

t_P、t_S——纵波初至时间、横波初至时间，s。

表2.4-9为部分岩石的声波速度。

根据弹性波理论，弹性波速度由传播介质的密度和弹性参数（体积模量和剪切模量，或弹性模量和泊松比）决定。研究表明，弹性波速度随密度增大而增大（表2.4-9），二者具有如下经验关系

$$V_{Pr} = 1.88\rho_r + 0.35 \qquad\qquad (2.4\text{-}34)$$

式中，V_{Pr}——岩石的纵波速度，km/s；

ρ_r——岩石的密度，g/cm^3。

表2.4-9 部分岩石的弹性波速度及动力变形参数

岩石名称	密度ρ(g/cm³)	纵波速度V_P(m/s)	横波速度V_s(m/s)	动弹性模量E_d(GPa)	动泊松比μ_d
玄武岩	2.60～3.30	4570～7500	3050～4500	53.1～162.8	0.10～0.22
安山岩	2.70～3.10	4200～5600	2500～3300	41.4～83.3	0.22～0.23
闪长岩	2.52～2.70	5700～6450	2793～3800	52.8～96.2	0.23～0.34
花岗岩	2.52～2.96	4500～6500	2370～3800	37.0～106.0	0.24～0.31
辉长岩	2.55～2.98	3000～6560	3200～4000	63.4～114.8	0.20～0.21
纯橄榄岩	3.28	6500～7980	4080～4800	128.3～183.8	0.17～0.22
石英粗面岩	2.30～2.77	3000～5300	1800～3100	18.2～66.0	0.22～0.24
辉绿岩	2.53～2.97	5200～5800	3100～3500	59.5～88.3	0.21～0.22
流纹岩	1.97～2.61	4800～6900	2900～4100	40.2～107.7	0.21～0.23
石英岩	2.56～2.96	3030～5610	1800～3200	20.4～76.3	0.23～0.26
片岩	2.65～3.00	5800～6420	3500～3800	78.8～106.6	0.21～0.23
片麻岩	2.50～3.30	6000～6700	3500～4000	76.0～129.1	0.22～0.24
板岩	2.55～2.60	3650～4450	2160～2860	29.3～48.8	0.15～0.23
大理岩	2.68～2.72	5800～7300	3500～4700	79.7～137.7	0.15～0.21
千枚岩	2.71～2.86	2800～5200	1800～3200	20.2～70.0	0.15～0.20
砂岩	2.61～2.70	1500～4000	915～2400	5.3～37.9	0.20～0.22
页岩	2.30～2.65	1330～3970	780～2300	3.4～35.0	0.23～0.25
石灰岩	2.30～2.90	2500～6000	1450～3500	12.1～88.3	0.24～0.2
硅质灰岩	2.81～2.90	4400～4800	2600～3000	46.8～61.7	0.18～0.23
泥质灰岩	2.25～2.35	2000～3500	1200～2200	7.9～26.6	0.17～0.22
白云岩	2.80～3.00	2500～6000	1500～3600	15.4～94.8	0.22
砾岩	1.70～2.90	1500～2500	900～1500	3.4～16.0	0.19～0.22
混凝土	2.40～2.70	2000～4560	1250～2760	8.85～49.8	0.18～0.21

无论岩石的密度，还是弹性参数，均受岩石的物质组成、结构特征和含水状况等影响，故这些因素共同决定着岩石的弹性波传播特征[①]。

———————————

① 弹性波传播特征是岩石综合特征的反映，岩体力学常采用弹性波来反映岩石和岩体的特征。

2.4.5 其它性质

2.4.5.1 硬度

岩石抵抗外力侵入的能力称为硬度（hardness），亦称坚固性。岩石的硬度取决于矿物的硬度及其相对含量以及岩石的结构特征。

（1）岩石硬度的指标

岩石硬度用硬度系数表征。根据不同测试方法，岩石硬度系数有多种表示方法，如施密特硬度和普氏硬度等。施氏硬度是用回弹仪（施密特锤）测得的回弹值，用 R_e 表示；普氏硬度亦称岩石坚固性系数或普氏系数，由岩石压缩试验确定，用 f 表示，即

$$f = \frac{\sigma_c}{10} \tag{2.4-35}$$

式中，f——岩石坚固性系数（普氏系数）；

σ_c——岩石单轴抗压强度，MPa。

硬度系数（回弹值 R_e 或坚固性系数 f）综合反映了岩石抵抗外力的性态，硬度系数越大，岩石越坚硬或坚固，凿岩（挖掘、爆破、钻进）越困难（表2.4-10）。

表2.4-10 基于坚固性系数的岩石硬度分级

坚固程度	级别	f	代表性岩石
最坚固	I	20.0	最坚固、致密、有韧性的石英岩、玄武岩和其他各种特别坚固的岩石
很坚固	II	15.0	很坚固的花岗岩、石英斑岩、硅质片岩,较坚固的石英岩,最坚固的砂岩和石灰岩
坚固	III	10.0	致密的花岗岩,很坚固的砂岩和石灰岩,石英矿脉,坚固的砾岩,很坚固的铁矿石
	IIIa	8.0	坚固的砂岩、石灰岩、大理岩、白云岩、黄铁矿,不坚固的花岗岩
比较坚固	IV	6.0	一般的砂岩、铁矿石
	IVa	5.0	砂质页岩,页岩质砂岩
中等坚固	V	4.0	坚固的泥质页岩,不坚固的砂岩和石灰岩,软砾石
	Va	3.0	各种不坚固的页岩,致密的泥灰岩
比较软	VI	2.0	软弱页岩,很软的石灰岩,白垩,盐岩,石膏,无烟煤,破碎的砂岩和石质土壤
	VIa	1.5	碎石质土壤,破碎的页岩,黏结成块的砾石、碎石,坚固的煤,硬化的黏土
软	VII	1.0	软致密黏土,较软的烟煤,坚固的冲击土层,黏土质土壤
	VIIa	0.8	软砂质黏土、砾石,黄土
土状	VIII	0.6	腐殖土,泥煤,软砂质土壤,湿砂
松散状	IX	0.5	砂,山砾堆积,细砾石,松土,开采下来的煤
流沙状	X	0.3	流沙,沼泽土壤,含水黄土及其他含水土壤

（2）硬度与强度

岩石硬度与强度都是岩石抵抗外力而显现出来的性态，但两者不同。首先，概念不同，硬度是抵抗外力而不被侵入的能力，强度是抵抗外力而维持自身稳定的能力。其次，应用领域不同，硬度用于岩石钻掘及施工领域，强度用于稳定性评价。

另一方面，硬度和强度都是岩石对外力的响应，故二者必然有一定的关系。普氏硬度（坚固性系数 f）本身就是用强度定义的（式（2.4-35）），岩石回弹值 R_e 与岩石强度具有很好的对应关系，即

$$R_e = 1158.749 \frac{\lg \sigma_c - 1.01}{\gamma_d} \tag{2.4-36}$$

式中，σ_c——岩石单轴抗压强度，MPa；

γ_d——岩石干容重，kN/m^3；

R_e——岩石回弹值。

2.4.5.2 碎胀性与压实性

（1）碎胀性

岩石破碎后较破碎前的体积增大的性质称为碎胀性（broken expand）。碎胀系数指岩石破碎后处于干燥状态下的体积与破碎前处于整体状态下的体积之比，即

$$k_\rho = \frac{V_h}{V_0} \tag{2.4-37}$$

式中，k_ρ——岩石的碎胀系数；

V_0、V_h——破碎前后岩石的体积，m^3。

部分岩石的碎胀系数见表2.4-11。在无试验资料时，岩石碎胀系数一般取1.4。

表2.4-11 部分岩石的碎胀系数和残余碎胀系数

岩石类型	碎胀系数 k_ρ	残余碎胀系数 k_ρ'	岩石类型	碎胀系数 k_ρ	残余碎胀系数 k_ρ'
砂	1.06～1.15	1.01～1.03	黏土页岩	1.4	1.10
黏土	<1.2	1.03～1.07	沙质页岩	1.6～1.8	1.1～1.15
碎煤	<1.2	1.05	硬砂岩	1.5～1.8	—

（2）压实性

破碎后的岩石在外力作用下随时间能被逐步重新压实的性质称为压实性。残余碎胀系数（亦称压实系数）指破碎后的岩石经过一段时间压实后的体积与破碎前体积之比，即

$$k_\rho' = \frac{V_h'}{V_0} \tag{2.4-38}$$

式中，k_ρ'——岩石的残余碎胀系数；

V_h'——压实后的体积，m^3；

其它符号意义同上。

碎胀系数和压实系数多用在地下工程掘进和地下采矿工程。如利用直接顶岩层的厚度和碎胀系数，计算工作面矿体采出后直接顶垮落形成的堆积体积和高度，计算随后老顶结构失稳造成工作面顶板来压和充填程度，研究采空区地表沉陷和采空区上覆岩层稳定性，制订崩塌采空区处理对策等。路基碎石垫层的设计必须使用岩石压实性指标。

3 岩体结构

本章知识点
（重点▲，难点★）

结构面的分类（地质成因、力学成因、力学属性）▲

结构面的分级（相对、绝对）及其工程意义▲

结构面的自然属性（产状、组数、规模、密度、表面形态、张开度、面壁强度、充填特征、含水状态、渗流特征）▲★

结构面的自然属性的描述测量与统计分析▲

结构体及其基本特征

岩体结构基本类型及其特征▲

3.1 概述

作为岩体的组成要素之一，岩体结构是岩体地质特征的重要方面，也是控制岩体力学性质的重要因素，无论岩体的地质特征，还是力学性质，均表现出 4 大基本特征，即不连续性、非均质性、各向异性和有条件转化性，而这些基本特征无不与岩体结构密切相关。岩体结构是岩体区别于其它材料（包括岩石）的根本原因。

岩体结构是岩体力学的核心基础和关键。岩体力学研究必须建立在岩体结构基础之上，针对具体的研究对象和服务对象，基于岩体结构类型及其特征，分析各类岩体的潜在力学性质及力学响应（受外力作用下内部应力传播规律、变形破坏机理及特征等），进而评价岩体（或工程岩体）的稳定性，并预测其发展演化趋势。

岩体结构包括结构面和结构体两个方面，尤其结构面更是岩体结构的重要方面。一方面，结构面的基本地质特征控制着结构体的特征，如结构体的规模和形态等，进而间接影响到岩体的特征；另一方面，结构面的力学性质在一定条件下代表了岩体力学性质的一个方面，直接控制着岩体的力学性质和变形破坏特征。总之，结构面直接或间接控制着岩体结构的特征，进而控制着岩体的力学性质。在此意义上，结构面基本特征是岩体结构研究的重点所在，包括结构面地质特征（发育特征、分布规律和组合规律）、基本力学性质和力学效应等。

本章将学习岩体结构的基本地质特征，包括结构面的成因、类型、分级及基本特征（产状、组数、规模、密度、表面形态、面壁强度、张开程度、充填特征、渗流状况等）、结构体的基本特征和岩体结构的基本类型及特征。结构面的基本力学性质将在第6章介绍，结构面及岩体结构的力学效应将在第7章综合介绍。

3.2 结构面及其分类

3.2.1 结构面的概念

岩体在形成及此后的多期次改造过程中，其内部发育了众多不同成因、规模和性质的地质界面，即结构面。岩体力学中，结构面（structure plane）是岩体内已经开裂和易于开裂的所有地质界面。

结构面包括物质分异面和不连续面[①]。物质分异面（differentiation plane of materials）是岩体建造过程中生成的结构面，如层面、层理、沉积间断面、岩性接触面和片理等；不连续面（discontinuity）是改造过程中产生的结构面，如劈理、节理、断层及裂隙等。

对于结构面概念中"面"应从两个方面来理解。首先，结构面不同于一般几何意义上的"面"，结构面具有地质实体的概念，它由2个表面及所夹物质组成，如断层由上下2个面与充填于其间的断层岩和水组成，软弱结构面由2个面及其间软弱物质和水组成，即使节理和裂隙等硬性结构面也是由两个面及面间水和气组成，因此结构面本质上是具有一定物质且有一定厚度的"带"。

其次，在力学作用上，结构面在一定程度上具有面的作用机理，如在横向延伸方向上，受力时具有"面"的作用特征（如沿面的滑移），可抽象为几何意义上的"面"；而垂向上，因有一定厚度的充填物质，受力时表现一定程度的压缩变形，这与几何面显著不同。

结构面标志着岩体的薄弱界面，是岩体中没有或仅有较低抗拉强度的力学不连续面的总称。由于结构面的存在，岩体的不连续性和非均匀性增强，强度大为降低，性质更加复杂。结构面对岩体的影响程度又因结构面的类型、规模、特征及组合不同而异。

3.2.2 结构面的地质成因及类型

根据结构面的地质成因，结构面可分为3种类型：原生结构面、构造结构面和次生结构面（表3.2-1）。

3.2.2.1 原生结构面

原生结构面是指成岩过程中形成的结构面。原生结构面的特征与岩体成因相关，根据岩体成因，原生结构面分为沉积结构面、火成结构面和变质结构面。

---

① 在国外，结构面被称为不连续面(discontinuity)，近年来，有开始流行使用"structure plane"代替"discontinuity"的趋势。

（1）沉积结构面

沉积结构面是在沉积岩成岩作用过程中形成的各类地质界面，如层理、层面、沉积间断面（不整合面、假整合面）和原生软弱夹层等，它们都是物质分异面，其产状一般与岩层产状一致。这些原生沉积结构面的特征能反映出沉积环境，标志着沉积岩的岩性和岩相变化，反映了成层条件。如海相沉积产生结构面延展性强，分布稳定；陆相及滨海相沉积相易于尖灭（透镜体、扁豆体等），生成的结构面分布不稳定且延展性差。

沉积结构面的产状一般与岩层状一致。层面一般结合良好，层面多具泥裂、波痕、交错层理和缝合线等典型特征。沉积间断面一般规模较大，常见古风化残积物。原生软弱夹层是在沉积过程中所形成的，两侧相对坚硬岩石中所夹有的相对软弱层带（页岩、黏土岩等），在后期构造运动及地下水作用下极易进一步软化和泥化，力学性质大为降低。

表 3.2-1　结构面的地质成因类型及其特征（据张咸恭（1979）修改）

成因类型	地质类型	主要地质特征			工程地质评价
		产状	分布	性质	
原生结构面	沉积结构面	层理、层面 原生软弱夹层 沉积间断面（不整合面、假整合面）	产状与岩层产状一致，随岩层变化而变化，为层间结构面	一般呈层状分布、延展性强；海相地层中分布稳定，陆相地层中易尖	层理、层面平整，结合良好；不整合面及沉积间断多由碎屑泥质物质构成，且不平整；沉积间断面中常有古风化残积物；层面、原生软弱夹层易经后期构造运动形成层间错动带	层间软弱物质在构造和地下水作用下易软化、泥化，强度降低，影响岩体稳定性；国内外较大的坝基滑动及滑坡多由该类结构面造成
	火成结构面	各种流动构造面（流层、流线、流面） 侵入体-围岩接触面 岩脉岩墙接触面 原生冷凝节理面 挤压带、蚀变带	岩脉接触面分布受构造结构面控制，而原生节理受岩体接触面控制	接触面延伸较远，比较稳定，而原生节理往往比较短小密集	接触面可呈混熔接触和破碎接触两种型式，原生节理一般为张裂，较粗糙不平	一般不造成大规模的岩体破坏，但有时与构造断裂配合也可形成岩体滑动
	变质结构面	片理 板理 千枚理 片岩软弱夹层 片麻理	产状与岩层或构造方向一致，或受其控制	片理短小，分布极密，片岩软弱夹层延伸较远，具固定层次	面平直光滑，片理在岩层深部往往闭合成隐蔽结构面，片岩软弱夹层含片状矿物（黑云母、绿泥石、滑石等），呈鳞片状	在浅变质岩（如千枚岩等）路堑边坡常见塌方。片岩夹层有时对工程及地下硐室稳定有影响

成因类型	地质类型	主要地质特征			工程地质评价
		产状	分布	性质	
构造结构面	劈理		短小	密集的破裂面	影响局部地段岩体的完整性和强度
	节理	张节理常垂直于岩层走向、陡倾，剪节理斜交岩层走向、倾角随岩层倾变陡而变缓	在走向及纵深上延伸范围有限；张节理延续性弱，剪节理延伸较长	张节理面粗糙、参差不齐、宽窄不一；剪节理平直光滑，有的面见擦痕镜面，常有各种泥膜（高岭石、绿泥石、滑石、石墨等），一般紧闭但易于滑动	影响局部地段岩体的完整性和强度，可构成岩体稳定性影响边界
	断层(压、张、扭)羽状裂隙	产状与构造线呈一定关系；多为剪切作用形成，也有脆性张裂形成	规模悬殊，或深切岩石圈，或仅数十米；张性断层较短，扭性延伸较远，压性断裂规模巨大，但有时为横张断层切割成不连续状	张断裂不平整，常具次生充填，呈锯齿状，剪扭断裂较平直且伴生羽状裂隙，压性断裂具多种带状分布的构造岩(断层泥/糜棱岩、断层角砾/断层角砾岩、压碎岩等)，构造岩后期常被侵染或胶结	对岩体稳定影响很大，是岩体稳定性主要影响边界，在许多岩体破坏过程中，大都有构造结构面的配合作用。此外常造成边坡及地下工程塌方和冒顶
	层间错动及破碎带	层间错动与岩层产状一致	层状分布，延展性强，有时呈透镜状或尖灭。受原生软弱岩层或原生夹层(沉积作用、岩浆作用、变质作用)	带内物质破碎，呈鳞片状，含条带状泥质物	对岩体稳定影响很大
次生结构面	卸荷裂隙	受地形及原生结构面控制，多与临空面有关，近似与临面面平行或小角度相交	延展性不强，多为曲折不连续状，多发育于地表一定范围内(20~40 m)，也见深度大的卸荷裂隙最大水平深度可达200~300 m)	面粗糙，常张开，充填的气、水、泥质碎屑，宽窄不一，多变化	对天然及人工边坡造成危害，有时对坝基及浅埋隧洞等工程造成影响，施工中一般已作清除处理
	风化裂隙风化夹层	一般沿原生夹层和原有结构面发育	短小密集，延展性差，仅限于地表一定深度，在风化带内延展性强	充填物松散、破碎，含泥	
	泥化夹层次生夹泥层	与岩层产状一致	沿软弱岩层表部发育，延展性强	泥质物多呈塑态甚至流态，强度低；各段泥化程度不一，视地下水和其它作用而定	
	爆破裂隙		有一定延伸性，视爆破力而定，一般多呈弧状分布	多为张性，松散、破碎，其状态受各类结构面和岩性控制	

（2）火成结构面

火成结构面是岩浆侵入和喷溢冷凝过程中形成的各类地质界面，如岩浆岩的各类流动构造（流理、流面、流线）、各种岩性接触带（侵入体与围岩接触带、岩脉岩墙接触带、各期岩浆接触带）、各种蚀变带、挤压破碎带及原生节理（玄武岩柱状节理）等。接触带是物质分异面，一般延伸较远；原生节理延展性不强，但常密集发育，且多与接触面平行或正交，面粗糙且较不平整，多发育在浅成侵入岩体或喷出岩体内，多以特殊节理或柱状节理形式产生，节理面偶有软弱物质；蚀变带和挤压带通常是岩体中薄弱部位。

火成结构面的产状受侵入体与围岩接触带控制，如流动构造的产状与受接触面控制，原生节理多与接触面平行或正交。

（3）变质结构面

变质结构面是变质作用过程中所形成的各类结构面，如片理、片麻理、板理、千枚理和原生片岩软弱夹层等。按变质作用，变质结构面可分为残留结构面和重结晶结构面。残留结构面主要是指原岩（主要为沉积岩）变质后绢云母和绿泥石等鳞片状矿物在原有结构面上富集并呈定向排列而形成的结构面，如千枚岩的千枚理和板岩的板理等。重结晶结构面主要发生在深度变质和重结晶作用下片状矿物富集并呈现定向排列而形成的结构面，如片理、片麻理和原生片岩软弱夹层等，重结晶结构面改变了原岩面貌，常控制着岩体的物理力学性质。

变质结构面的产状与岩层基本一致，延展性较差，但一般密集发育。片理是最常见的变质结构面，其面常光滑且呈波浪状。片麻理常较粗糙并呈凹凸不平状；原生片岩软弱夹层主要为片状矿物的富集带，力学性质较差（尤其遇水后）。

各种类型的原生结构面多紧密结合且有不同程度的联结力，仅当风化或卸荷后沿层面剥离或开裂，力学性能将大为降低。

3.2.2.2　构造结构面

构造结构面是岩体在改造过程中受构造应力作用而产生的各种破裂面或破碎带，如劈理、节理、断层和层间错动等。

在岩体的改造过程中，每期构造运动都可能产生不同级序的断裂，从而在岩体中产生了复杂的断裂系统，结构面产状的空间分布取决于构造应力场与岩性条件，它们的力学成因、规模、发育历史及次生变化影响并制约着岩体的特征。节理在走向及纵深延展范围有限，小者数厘米，大者一般不超百米；张节理面粗糙，参差不齐、宽窄不一，延展性较差；剪节理一般平直光滑，延展性相对较好，面上有擦痕和各种泥质膜（高岭石、绿泥石和滑石等），故尽管多呈闭合状态但易于滑动而性质较差。断层规模较大且相差悬殊，有的深切岩石圈、有的与大节理相若，延展性较好，一般具多期活动特征，面（带）内含断层岩（断层泥/糜棱岩、断层角砾/断层角砾岩、压碎岩和碎块岩等）。层间错动带是层状（或似层状）岩体或原生软弱夹层在构造应力和地下水作用下产生的泥化软弱夹层，产状与原岩基本一致。

构造结构面是岩体中分布最广泛的一类结构面，部分胶结（愈合），绝大部分都脱开，其力学成因、规模、发育历史及次生变化影响并制约着岩体的特征。

3.2.2.3　次生结构面

次生结构面（亦称浅表生结构面）是岩体在外营力（风化、卸荷、地下水、应力变化和人工爆破等）作用下而形成于的结构面，如卸荷裂隙、风化裂隙、风化夹层、次生泥化夹层和爆破裂隙等。

次生结构面往往受原生结构面和构造结构面控制，或在这两类结构面基础上发展起来的，其共同特点是局限于岩体表层，规模小，数量多，多呈无序性、不平整和不连续状态。卸荷裂隙是因表部剥蚀卸荷造成局部应力释放和调整所产生的结构面，一般发育在有临空条件的岩体内（尤其是深切河谷），其显著特征是与临空面近于平行且局限于岩体表层（一般数十米深，部分地区可达 300 m 左右），如河谷岸坡内顺坡向裂隙、谷底的近水平裂隙等，具拉张性质，延展性差，面粗糙且多呈锯齿状，多含泥质碎屑充填物。风化裂隙一般仅限于地表风化带内，常沿原生结构面和构造结构面叠加发育，新生风化裂隙短小密集、延展性差、方向紊乱。风化夹层是原生夹层或构造软弱夹层（如层间错动带）经风化（囊状风化）而发育的。次生泥化夹层是原生软弱夹层或构造软弱夹层在地下水作用使夹层内松软物质泥化而成，泥化程度因地下水作用强度而异，性质差。爆破裂隙是工程爆破产生的一类次生结构面，一般延展范围有限且多呈弧状分布。

3.2.3　结构面的力学成因及类型

由材料力学或弹塑性力学可知，在一定应力范围内，材料的破坏机制包括拉张和剪切两种类型，并产生相应的宏观破裂面。因此，从力学机理上，结构面也可分为拉张型结构面和剪切型结构面。

3.2.3.1　拉张结构面

拉张结构面（亦称张性结构面）是由拉应力作用产生的结构面，如羽状张裂面、纵张破裂面和横张破裂面等。羽状张裂面是剪性断裂过程中派生力偶所形成的张裂面，其张开度在邻近主干断裂一端较大且沿延伸方向迅速变窄乃至尖灭。纵张破裂面常发生在背斜轴部，走向与背斜轴近平行，上宽下窄。横张裂面与褶皱轴近正交，其形成机理与单向压缩条件下沿轴向发展的劈裂相似。

一般而言，张性结构面具有张开度大、连续性差、形态不规则、面粗糙、起伏度大及破碎带较宽等特征，易被充填，导水性强。

3.2.3.2　剪切结构面

剪切结构面（亦称剪性结构面）是剪应力产生的结构面，如逆断层、平移断层、大多数正断层及剪切节理等。剪切结构面光滑且较平直，延展性好，面具擦痕镜面等。

3.2.4 结构面的力学属性及类型

因结构面性状不同，尤其充填物类型的不同，在相同力场作用下，相同成因类型结构面可以表现出不同的特点，为此可把结构面分为软弱结构面和硬性结构面。

3.2.4.1 软弱结构面

软弱结构面是指结构面内充填物的性质较两壁岩石软弱的结构面，如发育有断层泥的断层、夹泥裂隙以及由绿泥石、蛇纹石、滑石或黏土矿物充填的裂隙等。它对岩体的工程性质起着首要的控制作用，常作为工程岩体变形与破坏的边界条件，如岩质边坡失稳和坝基滑动等工程失事多沿它们发生，因而软弱结构面是结构面研究中的重点所在。

3.2.4.2 硬性结构面

硬性结构面是无充填物或充填物性质优于两侧岩石的结构面。这类结构面对岩体力学性质仅起局部控制作用或不起控制作用，如石英岩脉充填的断裂和发育有糜棱岩的断层带，其抗破坏能力多优于围岩。

3.2.5 结构面的规模与分级

3.2.5.1 结构面规模

结构面的规模大小不仅影响岩体的力学性质，而且影响工程岩体的力学作用及稳定性。结构面规模可从三维尺寸方面加以描述，包括横向延伸长度、纵向切割深度及垂直面方向的宽度（或厚度）。岩体中各种结构面都是在长期地质作用下形成的，用以描述结构面特征的各种参数都具有内在的联系，如就延伸长的断层和延伸短的断层而言，前者的宽度比后者大，断层岩的组合也更复杂等。

结构面规模是表征结构面特征的最直观的参数。结构面规模不同，其它自然特性和力学作用不同，而且对工程的影响也不同。因此，对结构面规模及其对岩体稳定性所起作用的分级研究，有助于在实际工作中区别主次，抓住起主导作用的结构面，纲举目张，便于对具体稳定性问题得到正确认识。

3.2.5.2 结构面规模的绝对分级

（1）分级

根据结构面走向延展长度、宽度和纵深切割深度的绝对大小，结构面划分为5级（表3.2-2）。

表 3.2-2　结构面分级及其特性

级序	分级依据	力学属性	力学效应	地质构造特征	对岩体稳定性的作用
I	结构面延展长,几公里至几十公里以上,贯通岩体,破碎带宽达数米至数十米	软弱结构面;构成独立的力学模型－软弱夹层	形成岩体力学作用边界;岩体变形和破坏的控制边界;构成岩体力学介质单元	较大的断层,区域性断裂破碎带	关系工程所在区域的稳定性,直接影响工程岩体的稳定性,工程具体部位出现这种巨大规模的破碎带是威胁甚大的病害地段
II	延展规模与研究的岩体相若,破碎带宽度比较窄,几厘米至数米	属于软弱结构面	形成块裂体边界;控制岩体变形破坏方式;构成次级应力场边界	小断层,原生软弱夹层,层间错动面,等	影响着工程的总体布局,控制着岩体稳定性,是岩体力学作用的边界
III	延展长度短,十几米至几十米,无破碎带,面内不夹泥,有的具有泥膜	多数属于硬性结构面,少数属于软弱结构面	参与块裂岩体切割;划分II级岩体结构类型的重要依据;构成次级地应力场边界	不夹泥,大节理或小断层,开裂的层面	直接影响着工程岩体的稳定性,也可构成力学作用的边界,制约着岩体的破坏方式,而且II、III级结构面彼此组合,往往构成可能的滑移体,威胁着工程的安全和废存
IV	延展短,未错动,不夹泥,有的呈弱结合状态	硬性结构面	划分II级岩体结构类型的主要依据;是岩体力学性质、结构效应的基础;有的为次级应力场边界	节理、劈理、层面、次生裂隙、片理	控制着岩体的强度,其发育程度、特性及组合影响着岩体的工程地质特性和受力后的变形破坏方式
V	结构面小,且连续性差	硬性结构面	岩体内形成应力集中;岩块力学性质结构效应基础	不连续的小节理,隐节理,层面,片理面	影响岩体的强度及破坏方式

I 级结构面一般指对区域构造起控制作用的断裂带,包括地壳内或区域内的区域性断层(不同构造单元边界断裂)或大断层。一般延伸数公里～数十公里甚至数百公里,宽达数米至数十米甚至数百米,在纵深方向一般可以至少切穿1个构造层。

II 级结构面指延展性强而宽度有限的结构面,包括不整合面、假整合面、大断层、层间错动带和原生软弱夹层等。II 级结构面常在同一构造层中展布,可能切穿多个时代的地层,其规模贯穿整个工程岩体,延伸长度一般数百米～数千米,破碎带宽度一般数十厘米～数米。

III 级结构面一般为局部性断裂构造,包括规模较小的断层以及规模较大的节理、层面和层间错动带等。因其规模有限,III 级结构面多发育在同一地质时代的地层中、有的仅发育在同一岩性层中,长度数十米～数百米、宽度数厘米～1 m。

IV 级结构面是指延展性较差且无明显宽度的结构面,主要包括节理、规模较小的小断层、层面、裂隙以及较发育的片理和劈理等。该级结构面长度一般数米～数

3 岩体结构

十米，大者20～30 m、小者数厘米。Ⅳ级结构面在岩体内十分发育，其发育和分布特征不仅受高级序结构面控制，而且受岩性控制。Ⅳ级结构面通常不切穿高级序结构面、也不穿过所在岩性层。总体而言，Ⅳ级结构面在同岩性层内呈现一定规律分布，如近等密度发育[①]。

Ⅴ级结构面指延展性极差且无宽度之别的细小结构面，主要包括微小的节理、隐节理、隐微裂隙以及不发育的片理、线理、劈理等。其规模极小、连续性极差，常包含在岩块内。

（2）不同级序结构面的控制作用

综上所述，不同级序结构面对岩体力学性质的影响及在工程岩体稳定性中所起的作用不同（表3.2-2）。

Ⅰ级结构面属软弱结构面。因具有较大规模，有些还具有现代活动性，控制着工程所在区域的地壳稳定性，而且多作为独立的力学介质单元直接影响工程岩体的稳定性，工程具体部位出现这种巨大规模的破碎带是威胁甚大的病害地段，故一般工程应尽量避开，如不能避开，应做专题研究并做好工程对策。

Ⅱ级结构面属软弱结构面。它是岩体力学作用的边界，常控制山体稳定性，或与其它结构面组合控制岩体稳定性。影响工程布局，岩体工程应避开或采取必要的工程对策。

Ⅲ级结构面少数属于软弱结构面、多数属于硬性结构面。Ⅲ级结构面直接影响着工程岩体的稳定性，也可构成力学作用的边界，制约着岩体的破坏方式。Ⅲ级结构面可与Ⅱ级结构面组合（其组合构成可能滑移块体的边界面及块体形态与规模），往往构成可能的滑移体，威胁着工程的安全、决定着工程的废存。

Ⅳ级结构面属硬性结构面。它构成岩块的边界，破坏了岩体的完整性，因此Ⅳ级结构面的发育情况直接反映了岩体的完整性。Ⅳ级结构面的发育程度、特性及组合决定着岩体结构特征，影响着岩体的力学性质和受力后的变形破坏方式。

Ⅴ级结构面属硬性结构面。它主要影响所在岩块的强度及破坏方式。

总之，各级结构面所引起的作用并非孤立的，而是互相影响和制约的，故对任何地段的岩体进行评价时，都必须落实到具体部位，具体情况具体分析。

3.2.5.3　结构面规模的相对分级

结构面绝对长度固然重要，但结构面与整个岩体或与工程建筑物范围的相对大小更为重要。相同规模的结构面对不同规模的工程起着不同的控制作用（图3.2-1），当工程的尺寸远大于结构面规模时，结构面只起到切割岩体并破坏完整性的作用，而不起控制边界作用；当工程规模远小于结构面规模时，结构面既不起切割作用，也不起边界控制作用；当工程规模与结构规模相当且与结构面组合有一定关系时，结构面及其组合明显起着边界控制作用，并控制着岩体的破坏方式。

[①] 有时虽然岩性相同，但岩层厚度不同，Ⅳ级结构面的发育密度也会有显著变化。如沉积岩中，一般岩层越薄，结构面越密集。

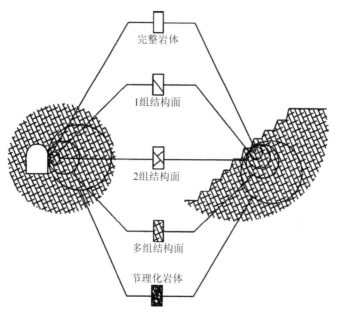

图3.2-1 岩体力学性质与岩体结构及尺寸

根据结构面规模与工程建筑的相对大小，结构面可分为细小、中等和大型三级（表3.2-3）。

表3.2-3 相对于工程结构的结构面规模分级

工程名称	尺寸	影响带直径（m）	结构面长度（m）		
			细小	中等	大型
平　硐	$d=3$	10	0～0.2	0.2～2	>2
小型基础	$b=3$	10	0～0.2	0.2～2	>2
隧　洞	$d=30$	10	0～0.2	0.2～2	>2
斜　坡	$h=100$	100	0～2	2～20	>20
硐　室	$h=40$	>100	0～2	2～20	>20
小型水坝	$h=40$	>100	0～2.5	2.5～25	>25
大型水坝	$h=100$	300	0～2.5	2.5～25	>25
高斜坡	$h=300$	300	0～6	6～60	>60

3.2.6 结构面研究方法与内容

由于结构面的成因不同，而且经历过不同时期和不同性质构造运动和浅表生演化，岩体结构面具有千差万别的自然特征，进而决定着岩体的物理力学性质和工程特性，因此对结构面自然特征进行定量研究是工程岩体力学的基础工作和关键。定量描述获得结构面自然特征的参数是进行岩体结构类型划分所必需的基本资料，而且有的可直接用于工程岩体稳定分析，有的可用于估计岩体稳定分析必需的其它参数，并作为指导岩体现场试验的布置、成果解释和外推的基本依据。

3.2.6.1 研究方法与重点

各级结构面具有不同的规模和控制作用，其研究重点和研究方法也相应不同。

（1）高级序结构面（实测型结构面）

对于具体岩体工程，一般Ⅲ级以上的高级序结构面虽然控制作用显著，但其数量较少（甚至没有）且规律性强，容易研究清楚。因此，可基于现场测绘以及室内外试验，开展专题性研究，查明其各种特征及物理力学性质，并按其产状及具体部位，直接表示在相应比例尺工程地质图上。

（2）低级序结构面（统计型结构面）

Ⅳ和Ⅴ级结构面（尤其Ⅳ级结构面）是岩体内主要发育的结构面，其发育和分布规律直接影响着岩体结构，是岩体力学中结构面研究的重点、难点和关键，但其类型多样、数量众多且规律复杂，分布规律不太容易搞清楚。因此，不可能对工程区所有Ⅳ级结构面逐条实测，只能在野外有明显露头地点进行实测（抽样），然后通过统计分析，获得其统计规律（地质统计规律），以此反映其在岩体空间的发育和分布规律，其结果不能反映在工程地质图，一般通过结构面编录图等特殊展示，或将结果转化为结构面组合模型并反映在岩体结构图。

结构面特征的定量描述多在岩体天然露头或人工露头（边坡、基坑、地下硐室侧壁和掌子面等工程开挖面）上进行，也可在钻孔岩心上进行，还可通过间接手段在钻孔内进行或采用地面摄影测量等方法。其中，最直接也是最可行的方法是各种露头上的直接测量。

结构面量测通常有测线法（scan line）和统计窗法（window）两种（图3.2-2）。测线法是在露头上布置一条测线，测量并统计仅交于该测线上的所有结构面；统计窗法是在露头上布置具有一定长度和宽度的窗口，测量该窗口内的所有结构面。

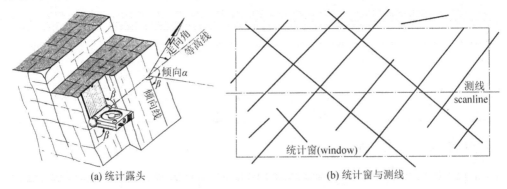

(a) 统计露头　　　　　　　　　(b) 统计窗与测线

图3.2-2　结构面统计

3.2.6.2 研究内容

结构面测量的根本目的是通过测量和统计分析，查明工程区结构面性质、规模、产状、形态和发育程度等基本特征。国际岩石力学学会实验室和现场试验标准化委员会在《对岩体中结构面定量描述的推荐方法》中规定了结构面自然特征的10方面内容，包括产状（orientation）、组数（sets）、间距（spacing）、连续性（persistence）、粗糙度（roughness）、张开度（apture）、充填特征（filling）、面壁强度（wall strength）、渗流特征（seepage）和块体大小（block size）。

10项研究内容中，块体大小可归于结构体的基本特征，其它9个方面为结构面的基本特征。下节将从这9个方面介绍结构面的自然特征及其研究方法。

3.3 结构面的自然特征

3.3.1 产状

结构面产状与工程建筑物方位间关系关乎工程岩体稳定性和建筑物安危，是工程布局和设计的主要依据，而且结构面产状也反映了岩体演化历史和当前的应力状态，对研究岩体的演化机制和演化趋势极为有用。因此，岩体力学和工程地质学中非常注重对结构面产状的研究。

结构面产状（orientation）即结构面在空间的分布状态，用走向、倾向和倾角表示[1]。结构面产状一般利用罗盘或测斜仪测量，当结构面规模较大，或需测结构面数量较多，或在磁异常区而不宜采用罗盘时，可采用摄影测量法或其它方式。测得的大量结构面资料，可以用直方图、玫瑰花图、极点图、密度图和赤平投影图表示，以便开展结构面其它特征的分析和应用。

在岩体块体分析以及岩体工程设计和计算中，经常涉及结构面产状与工程作用力的关系及其计算。此时，用结构面法向矢量来表示产状更为方便。若假定结构面为平直面，且规定z轴正向竖直向上、y轴正向为N、x轴正向指E（图3.3-1），则结构面产状与其向上单位法向矢量的关系如下，

$$\left.\begin{array}{l} n_x = \sin\alpha\sin\beta \\ n_y = \sin\alpha\cos\beta \\ n_z = \cos\alpha \end{array}\right\} \qquad (3.3-1)$$

式中，α、β——分别为结构面的倾角和倾向，（°）；

n_x、n_y、n_z——分别结构面向上单位法向矢量$\hat{n}$的分量。

若按上述规定取定坐标系，且已知某结构面上任意点的坐标（x_0, y_0, z_0），则该结构面的空间方程为

$$n_x x + n_y y + n_z z - D = 0 \qquad (3.3-2)$$

式中，D——结构面所在平面到坐标原点的距离，$D=n_x x_0 + n_y y_0 + n_z z_0$；

n_x、n_y、n_z——分别结构面向上单位法向矢量$\hat{n}$的分量。

---

[1] 产状表达方式有两种，即"走向+倾向+倾角"和"倾向+倾角"，如60°NW∠45°与330°∠45°表达结果相同。注意不同行业有不同表达习惯，或前者、或后者，切不可混用两种表达方式。

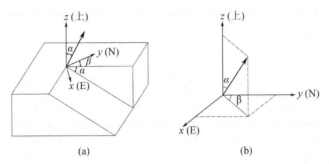

图 3.3-1　结构面空间方位（产状）表示方法

3.3.2　组数

结构面组数（sets）指岩体中交叉分布且产状相近结构面的组数。

结构面组数常与其它参数调查同时进行（图 3.3-2），但因其是调查区面积的函数，故调查点应尽可能均匀分布在工程岩体的整个范围内。

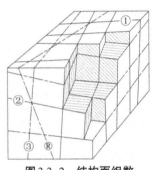

图 3.3-2　结构面组数

结构面组数的划分原则不同，分出的组数多少往往不同，如可按走向分组，按走向和倾向同时分组，按走向、倾向和倾角三要素分组，此外还可同时考虑其长度和成因等。

结构面组数是决定被切割块体形状的主要因素，而且与间距一起决定了块体的大小，从而决定了岩体的结构类型，进而控制着岩体的力学性质和工程岩体的稳定性。

3.3.3　连续性

如图 3.3-3，结构面的连续性（persistence）指在一个暴露面上能见到的结构面迹线的长度，亦称延展性或延续性。可用绝对连续性和相对连续性来表示。

（1）绝对连续性

结构面绝对连续性给出了有关结构面面积延伸或贯穿长度的粗略数值范围（见 3.2.5 节），是工程岩体稳定性分析的重要参数，特别是当结构面构成岩质边坡和坝基的可能失稳岩体边界时。

结构面绝对延续性应直接在露头上进行测量，对走向和倾向方向分别测量。

测量面的选择十分重要，直接关系到成果的代表性，故尽可能选择垂直于结构面走向的岩面开展倾向连续性测量，测量过程中要注意结构面末端类型，注意区别超出露头、终止于露头和终止于露头中其它结构面的结构面（图 3.3-1(b)）。

结构面连续性测量统计较为困难，其中不确定因素较多。当露头比连续结构面的面积和长度小时，只能估计其连续性，记录出露的结构面倾斜长度和走向长度，用概率统计方法，通过岩体沿某一给定平面粗略计算其连续性，但这并不都是可能的。此外，测量时对结构面成因类型进行研究对分析其连续性是有益的。

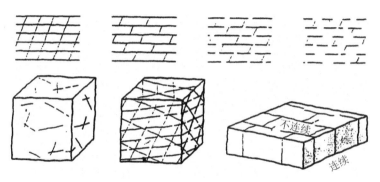

图3.3-3　结构面连续性

根据在露头上对结构面可追索的长度（迹长），可参照表3.3-1对其延续性进行描述，并按表3.2-2进行分级。

表3.3-1　结构面连续性的描述（据ISRM）

连续性描述	连续性很差	连续性差	连续性中等	连续性好	连续性很好
迹长（m）	<1	1～3	3～10	10～30	>30

（2）相对连续性

在岩体工程所涉及的工程岩体范围内，有的结构面连续发育甚至贯穿整个工程岩体，有的结构面断续发育，各段虽有切割但整体并不切穿岩体。根据结构面迹长与工程范围的关系，结构面分为非贯通性结构面、半贯通性结构面和贯通性结构面三类（图3.3-4）。非贯通性结构面较短，不能贯通岩体，但其存在将降低岩体强度，增大岩体变形；半贯通性结构面有一定长度，但不能贯通整个岩体；贯通性结构面长度贯通整个岩体，对岩体有较大影响，是构成岩体的边界，常控制岩体破坏。

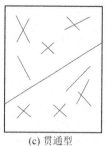

(a) 非贯通型　　　　　(b) 半贯通型　　　　　(c) 贯通型

图3.3-4　结构面贯通类型

结构面在其延伸方向的连续状态即为结构面的相对连续性，可用线连续性系数和面连续性系数表示[①]。

线连续性系数（亦称线连通率，简称连通率）是沿结构面延伸方向的测线上结构面长度之和与整个测线长度之比值（图3.3-5），即

---

① 面连通率在岩体力学计算上更为方便；但面连通率通常不可直接获得。研究表明，面连通率较线连通率大20%～30%左右。

$$K_{\mathrm{L}} = \frac{\sum L_{ji}}{L} = \frac{\sum L_{ji}}{\sum L_{ji} + \sum L_{rj}} \qquad (3.3\text{-}3)$$

式中，K_{L}——线连续性系数（连通率）；

　　　L_{ji}——测线上各段结构面的长度（迹长）；

　　　L_{rj}——测线上各段完整岩石（岩桥，rock bridge）的长度；

　　　L——测线长度。

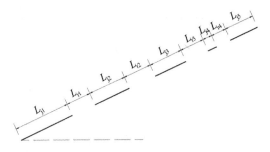

图 3.3-5　结构面线连续性

$K_{\mathrm{L}}=0\sim1$，其值越大，表明结构面的延续性越好。当 $K_{\mathrm{L}}=1.0$ 时，即为贯通性结构面；当 $K_{\mathrm{L}}=0$ 时，岩体是完整的。

面连续性系数（亦称面连通率或切割度）指结构面所在断面上结构面面积与该断面总面积的比值，即

$$K_{\mathrm{A}} = \frac{\sum a_{ji}}{A} = \frac{\sum a_{ji}}{\sum a_{ji} + \quad a_{rj}} \qquad (3.3\text{-}4)$$

式中，K_{A}——面连续性系数（面连通率）；

　　　a_{ji}——测面上结构面各段的面积；

　　　a_{rj}——测面上各段完整岩石（岩桥）的面积；

　　　A——测面的总面积。

面连续性系数亦称切割度，并用 X_{e} 表示（图 3.3-6）。

面连续性系数（面连通率或切割度）真实地反映了结构面对岩体的切割程度（图 3.3-6）。当 $0<K_{\mathrm{A}}=X_{\mathrm{e}}<1$，表明该结构面部分切割岩体；当 $K_{\mathrm{A}}=X_{\mathrm{e}}=1$，结构面完全切割岩体（贯通）；当 $K_{\mathrm{A}}=X_{\mathrm{e}}=0$，岩体完整。

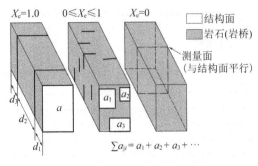

图 3.3-6　结构面的平面分布及切割度

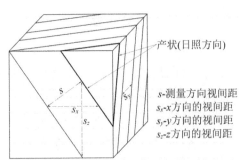

图 3.3-7　结构面间距

3.3.4 发育程度

结构面发育程度即通常所指的结构面密度，它反映了岩体内结构面发育的密集程度或岩体完整性（岩体被切割程度），它是岩体结构的重要指标，也是岩体质量评价和岩体力学参数选取的重要依据，而且它决定了结构体大小以及工程岩体稳定性。表征结构面发育程度的指标很多，如间距、裂隙率、体积节理数、岩石质量指标和岩体完整性系数等[①]。

3.3.4.1 结构面间距

结构面间距（spacing）是指同组结构面法线方向上的平均距离。它是表征岩体内结构面发育密集程度的重要指标，反映了岩体的完整程度和岩石块体大小。

根据 ISRM 的推荐，结构面间距按表 3.3-2 进行分级描述，并可用直方图、间距频数曲线图和密度图来表示。

表 3.3-2　结构面间距（据 ISRM）

描述	极窄	很窄	窄	中等	宽	很宽	极宽
间距 s (mm)	< 0.02	0.02～0.06	0.06～0.2	0.2～0.6	0.6～2	2～6	> 6

按定义测量结构面间距时，要求测线沿结构面法向方向布置，但在实际结构面测量时，受露头条件限制，往往不能满足该要求。为此，如图 3.3-7，可测其水平测线上的水平距离，再根据结构面产状和露头平面产状的关系，按下式换算

$$s = L_{\mathrm{H}} \sin\theta \sin\alpha \tag{3.3-5}$$

式中，s——某组结构面的间距，m；

L_{H}——某组结构面在测线上的水平距离，m；

α，β——结构面的倾角和倾向，（°）；

α'，β'——测线所在露头平面的倾角和倾向，（°）；

θ——结构面走向与测线方位间的夹角，可由 β 和 β' 确定。

3.3.4.2 裂隙率

国内多采用裂隙率（裂隙度）来表征结构面的密集程度和岩体的完整性，包括线裂隙率、面裂隙率和体裂隙率，以线裂隙率最常用。

（1）线裂隙率

线裂隙率指沿测线上单位长度的结构面数量，用 η_{l} 表示，即

$$\eta_{\mathrm{l}} = \frac{n}{L} \tag{3.3-6}$$

式中，η_{l}——线裂隙率，条/m；

---

① ISRM 推荐以结构面间距作为评价结构面发育程度的指标。

n——测线上结构面条数，条；

L——测线长度，m。

若岩体中有多组结构面，当已知每组结构面的间距时，则可由各组结构面间距及产状，确定在所测的测线上的裂隙率，

$$\eta_1 = \sum_{i=1}^{m} \frac{1}{s_{Hi}} \tag{3.3-7}$$

式中，m——测线上结构面组数；

s_{Hi}——第 i 组结构面的间距（由式(3.3-5)确定），m；

按线裂隙率，结构面密集程度划分如表3.3-3。

表3.3-3　结构面线裂隙率

结构面密集程度	疏	密	非常密	压碎（或糜棱化）
η_1 (条/m)	<1	1~10	10~100	100~1000

（2）面裂隙率

面裂隙率指测量面内所有结构面面积之和与整个测量面面积的比值，即

$$\eta_2 = \frac{A_j}{A} = \frac{\sum_{i=1}^{n} A_{ji}}{A} \tag{3.3-8}$$

式中，η_2——面裂隙率；

A_{ji}——测量面上各条结构面的面积，m²；

A_j——测量面上结构面的总面积，m²；

A——测量面的面积，m²；

n——与测量面相交的结构面条数，条。

（3）体裂隙率

体裂隙率指测量单元体中所有结构面体积之和与整个测量单元体体积的比值，即

$$\eta_3 = \frac{\sum_{i=1}^{n} V_{ji}}{V} \tag{3.3-9}$$

式中，η_3——面裂隙率；

V_{ji}——测量单元体内各结构面的体积，m³；

V——测量单元体的总体积，m³；

n——单元体内结构面数量，条。

3.3.4.3　体积节理数

体积节理数（Volumetric Joint Count）是单位体积内结构面的数量，用 J_v 表示。

当能开展三维测量时，获得3个正交测量面内测线上的线裂隙率 η_{1i}（或通过3个测量面上各组结构面的间距按式(3.3-5)和式(3.3-7)换算），则有

$$J_v = \sum_{i=1}^{3} \eta_{1i} \qquad (3.3-10)$$

式中，J_v——体积节理数，条/m³；

　　η_{1i}——各组结构面的线裂隙率，条/m。

当不具备三维测量条件而只能采用统计窗和测线法时，若结构面均匀分布，则统计窗面积内和测线单位长度上实测结构面数乘以系数 K 即得 J_v，

$$J_v = K \cdot n \qquad (3.3-11)$$

式中，J_v——体积节理数，条/m³；

　　n——统计窗内（或测线上）结构面的数量，条；

　　K——系数，统计窗 K=1.15～1.35，测线法 K=1.65～3.0（一般取 K=2.0）。

表3.3-4　体积节理数与岩体完整性

岩体完整性	完整	较完整	较破碎	破碎	极破碎
J_v	≤3	3～10	10～20	20～35	>35

3.3.4.4　岩石质量指标

美国学者 D. U. Deere（1964）提出用 RQD（rock quality designation，岩石质量指标）来描述结构面的发育程度，其定义为直径54 mm（2.125英寸）的双管金刚石钻头获得的岩芯中，单块长度大于10 cm的岩芯长度之和与本回次岩芯总长度之比，即

$$RQD = \frac{\sum l_{i(\geq 10cm)}}{L} \times 100\% \qquad (3.3-12)$$

式中，$L_{i(\geq 10cm)}$——长度大于等于10cm的各段岩心的长度[①]，cm；

　　L——钻进长度，cm。

RQD 与岩体完整性之间的关系见表3.3-5。

表3.3-5　岩石质量指标 RQD 及岩体质量

RQD（%）	0(5)～25	25～50	50～75	75～90	90～100
岩体完整性（岩体质量）	极差	差	中等	好	极好

当无钻孔资料时，也可用以下方法间接获得。

（1）假想钻孔法

在地下硐室洞壁、边坡面或其它露头表面，按要求方向布置测线作为假想钻孔，累计测线相邻结构面间距（视间距）>10 cm的间距值，用式(3.3-12)计算 RQD。

（2）其它指标换算法

Deere 研究认为，RQD 与线裂隙率 η_1 间呈线性关系，据此可由线裂隙率求得 RQD，如 Priest & Hudson（1976）建议

---

① 也有认为，>10cm者，才纳入 RQD 的计算。

$$RQD = 100e^{-01\eta_1}(1 + 0.1\eta_1) \times 100\% \tag{3.3-13}$$

当η_1=6～16时，用下列线性关系求得RQD，且与实际非常接近，

$$RQD = (110.4 - 3.68\eta_1) \times 100\% \tag{3.3-14}$$

A. Palmstron研究后，认为RQD与J_v存在线性关系，即

$$RQD = (1.15 - 0.033J_v) \times 100\% \tag{3.3-15}$$

当J_v<4.5，RQD=100%；J_v>30，RQD=0%。

也可通过岩体完整性系数K_v或其它指标求取RQD，如在秦岭隧道围岩中，有

$$RQD = (0.759K_v + 0.177) \times 100\% \tag{3.3-16}$$

3.3.4.5　块度模数和块度指数

RQD以10 cm为界限只将完整岩芯长度二分，有过于粗略之虞，并不能很好反映结构面发育特征及其对岩体的影响。如RQD相同的岩体，其块度可以是大于10 cm的任意尺寸，可10～20 cm，也可>60 cm，甚至>100 cm，而这些状况下的RQD虽然相同，岩体完整性存在极大差别；此外，含较薄软弱夹层时，RQD可能较大，但性质却较差。为此，基于RQD的思路，有学者提出其它指标来反映结构面密度，如块度模数、块度系数和块度指标等。

陈德基（1978）提出用块度模数来反映岩体内结构面的发育程度，即

$$M_k = A_k \cdot \frac{A_1 + 2A_2 + 3A_3 + 4A_4 + 5A_5}{100} \tag{3.3-17}$$

式中，M_k——岩体的块度模数；

A_1～A_5——分别为由0.01～1.0 m²各级块度所占百分数；

A_k——裂隙性状系数，根据裂隙充填及胶结程度选定。

刘克远（1990）针对块度模数的局限性[①]，提出了岩体块度系数J_{cm}，

$$J_{cm} = 10C_{r10} + 20C_{r20} + 60C_{r60} \tag{3.3-18}$$

式中，J_{cm}——岩体的块度系数；

C_{r10}、C_{r20}、C_{r60}——岩芯长度10～20 cm、20～60 cm和>60 cm的岩芯获得率，%。

胡卸文等基于块度模数提出了块度指数（RBI），即

$$RBI = 3C_{r3} + 10C_{r10} + 20C_{r20} + 50C_{r50} + 100C_{r100} \tag{3.3-19}$$

式中，RBI——块度指数；

C_{r10}、C_{r20}、C_{r100}——岩芯长度10～20 cm、20～60 cm和>100 cm的岩芯获得率，%。

RBI与RQD之间具有较好的对应关系，即

$$RBI = 0.873e^{0.041RQD} \quad (r = 0.961) \tag{3.3-20}$$

---

① 块度模数是基于地表露头或平硐硐壁量测各级块度出露的面积后，再按公式计算而得，这对于仅有钻孔揭示的岩体就不适用，而且A_k的选取带有主观性，普遍适用性受到限制。

3.3.4.6 岩体完整性系数

结构面影响到弹性波在岩体内的传播特征，因此，通过含有结构面的岩体波速与完整岩石波速的比较，可反映岩体内结构面的发育程度或岩体完整性。

岩体完整性系数是指岩体纵波速度与完整岩石纵波速度比值的平方[①]，即

$$K_v = \left(\frac{V_{pm}}{V_{pr}}\right)^2 \qquad (3.3-21)$$

式中，K_v——岩体完整性系数；

V_{pr}、V_{pm}——分别为完整岩石的纵波速度和岩体的纵波速度，m/s 或 km/s。

表 3.3-6　岩体完整性系数

岩体完整性	完整	较完整	较破碎	破碎	极破碎
K_v	>0.75	0.75～0.55	0.55～0.35	0.35～0.15	<0.15

3.3.4.7 其它指标

结构面的存在必然影响到岩体的物理力学性质，因此，也可通过岩体力学指标本身或岩体力学指标与岩石力学指标的比较，来间接反映结构面发育密度，多采用比值来表征[②]。

（1）现场岩体实测弹性模量与室内岩石弹性模量比（E_m/E_r）

岩体的弹模总小于由室内完整岩石测得的弹模，E_m/E_r 表示了岩体弹性模量从完整岩石的弹性模量降低并达到的程度，是结构面密度的重要指标，反映了结构面的频度和紧密度。

（2）现场岩体的变形模量和弹性模量比（E_0/E）

野外岩体现场试验中，W_e 和 W_0 分别反映了岩体的可恢复变形和总变形，同种岩石在不同地质条件下有不同的 E 和 E_0 值，而且相互间差别较大。而对于同一试件来说，总有 $E > E_0$。因此，E_0/E 反映了岩体的完整程度，比值越大，岩体越完整。

（3）岩体静弹性模量与动弹性模量比（E_s/E_d）

虽然地震波在岩体中传播受到结构面的影响而显示出较完整岩石低的速度，但由于地震波脉冲极为短暂且是一种极低应力水平的脉冲，致使所观察到的现象完全是弹性的，故岩体的动弹模总高于静弹模。一般而言，结构面越发育，E_s/E_d 越小。

此外，岩体变形量比（如 W_e/W_0 或 W_p/W_0）[③]也反映了结构面发育程度。

---

① 也有人称之为龟裂系数。

② 各种模量比或变形量比实质反映了岩体的完整程度，与岩石特性关系不大。因为不同的试验方法、在不同压力水平下求得的指标不同，因此不论使用何种比值，均必须指明指标获取所采用的试验方法和对应的压力水平。

③ 岩体的残余变形与总变形之比称为变形系数，即 $D = W_p/W_0$。

3.3.5 形态

结构面形态（shape）是指结构面表面相对于其平均平面的凹凸不平程度[①]。结构面表面形态可用多种方式表征或描述，如起伏度、粗糙度系数和啮合度等。

3.3.5.1 起伏度与粗糙度

结构面表面形态分为两级，第一级为起伏度（undulation degree），表征结构面表面的宏观特征；第二级为粗糙度（roughness），反映结构面的细部特征（图3.3-8(a)）。

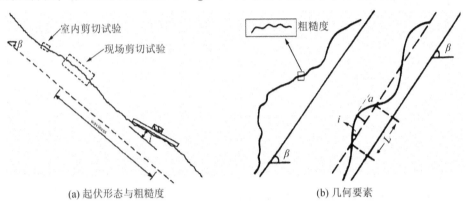

(a) 起伏形态与粗糙度   (b) 几何要素

图 3.3-8　结构面的起伏形态

（1）起伏形态

结构面起伏形态（或起伏度）可用起伏差或起伏角来表示。

起伏差系指结构面波峰（或波谷）与平均平面的高差（图3.3-8(b)），用 a 表示。

起伏角指结构面与平均平面的夹角，由起伏差 a 与波长 L 计算（图3.3-8(b)），即

$$i = \tan^{-1}\left(\frac{2a}{L}\right) \tag{3.3-22}$$

式中，i——结构面起伏角，（°）；

　　　a——结构面的起伏差；

　　　L——结构面的波长。

根据起伏角的大小，结构面的起伏形态分为3种，即平直型（$i=0$）、波浪型（$i=20\sim30°$）和台阶型（$i>30°$）。

（2）粗糙度

根据结构面局部特征，其粗糙程度分为3级，即光滑、平坦、粗糙。

N.R.Barton 提出用结构面粗糙度系数（JRC）来定量描述结构面粗糙度的方法。他把结构面从最光滑到最粗糙结构面分为10级，$JRC=0\sim20$。通过直接量测结果绘制结构面形态剖面图，并与 Barton 给出的标准粗糙度剖面图（图3.3-9）对比，即可确定某具体结构面的 JRC 值。

[①] ISRM 称之为粗糙程度(roughness)。

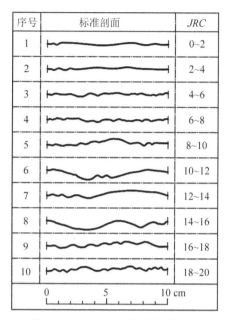

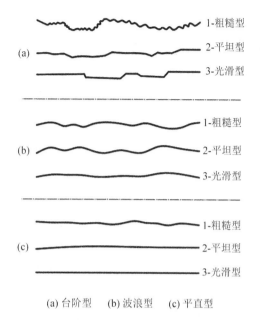

序号	标准剖面	JRC
1		0~2
2		2~4
3		4~6
4		6~8
5		8~10
6		10~12
7		12~14
8		14~16
9		16~18
10		18~20

0　　　5　　　10 cm

图3.3-9　确定JRC值的典型剖面

(a)
1-粗糙型
2-平坦型
3-光滑型

(b)
1-粗糙型
2-平坦型
3-光滑型

(c)
1-粗糙型
2-平坦型
3-光滑型

(a) 台阶型　　(b) 波浪型　　(c) 平直型

图3.3-10　结构面粗糙程度典型剖面

对于长度大于10 cm时，Barton & Bandis（1982）提出JRC的修正值，即

$$JRC_n = JRC_0 \left(\frac{L_n}{L_0}\right)^{-0.02JRC_0} \tag{3.3-23}$$

式中，L_0、L_n——标准长度和现场块体的长度，cm，L_0=10 cm；

　　　JRC_0、JRC_n——标准长度（L_0=10 cm）时和实际长度的JRC。

（3）表面形态描述

综合起伏角（或起伏差）和粗糙度，结构面可用起伏角和粗糙度两级来表征，首先按起伏形态分为3种类型（即平直型、波浪型和台阶型），每类起伏形态的结构面又包括3种粗糙度（粗糙、平坦和光滑），于是，可将结构面的粗糙程度分为9种类型（图3.3-10）。

结构面形态是决定结构面力学性质（尤其抗剪强度）的重要因素，起伏度改变岩体滑动方向，多影响现场大型试验的力学强度；粗糙度直接影响抗剪强度，尤其小型试验时，见图3.3-8(a)。

3.3.5.2　啮合度

结构面的起伏形态也可用啮合度（JMC）来表征，如图3.3-11。

需注意，在测量结构面粗糙度时，当已知工程作用力或岩体可能滑动方向，结构面粗糙度统计方向应与之一致，否则需用三维方向来表示。

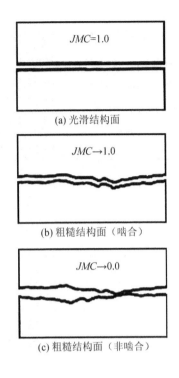

大部分岩石强度平均离散度(MPa)

图3.3-11 结构面啮合程度(JMC)   图3.3-12 JCS与回弹数R_e和γ

3.3.6 结构面壁抗压强度

结构面壁抗压强度（wall strength）是其两侧岩壁的等效抗压强度，用JCS（joint compressive strength）来表示，它是影响结构面抗剪强度和变形的重要因素。

JCS主要取决于岩石类型和风化程度。对于未风化结构面，可利用岩石的常规单轴抗压试验或点荷载试验求得。当两壁岩石风化时，风化程度在垂直于侧壁的方向上变化很大，两壁岩石强度较内部岩石的强度低得多。此时可用手工指标试验和回弹试验求得（图3.3-12、表3.3-7）。

结构面壁抗压强度可通过回弹试验，由图3.3-12获取，或按式(3.3-24)计算，即

$$JCS = 10^{0.000863\gamma_d R_e + 1.01} \qquad (3.3-24)$$

式中，JCS——结构面壁抗压强度，MPa；

γ_d——岩石的干密度，kN/m³；

R_e——回弹值。

当长度大于10 cm时，Barton & Bandis（1982）提出JCS的修正值，即

$$JCS_n = JCS_0 \left(\frac{L_n}{L_0} \right)^{-0.03 JCS_0} \qquad (3.3-25)$$

式中，JCS_0、JCS_n——标准长度（$L_0=10$ cm）时和实际长度的JCS，MPa；

L_0、L_n——标准长度和现场块体的长度，cm，$L_0=10$ cm。

手工指标试验采用简单工具对结构面壁岩石强度进行测试，从而粗略获得抗压强度（表3.3-7）。手工指标试验获得的成果虽然很粗糙，但试验是在现场进行的，不受取样限制，且可大量测定，故为不容忽视的方法，尤其是在研究工作初期更显出其优越性。

表3.3-7 岩壁手工指标与单轴抗压强度

等级	描述	野外鉴定	σ_c (MPa)
R_0	极软的岩石	用拇指指甲可以刻痕	0.25～1.0
R_1	非常软的岩石	用地质锤坚决打击下粉碎，用小刀能剥落	1.0～5.0
R_2	软岩石	小刀难剥落，地质锤坚决打击产生浅坑	5.0～25
R_3	中等坚硬岩石	小刀不能刻痕或剥落，地质锤坚决打击，标本破坏	25～50
R_4	坚硬岩石	标本需地质锤几次打击才破坏	50～100
R_5	非常坚硬岩石	标本需地质锤多次打击才破坏	100～250
R_6	极坚硬岩石	标本只能用地质锤打掉一小块	> 250

3.3.7 张开度

张开度（aperture）指结构面两壁间张开的垂直距离。除水和空气之外，壁间无充填物（图3.3-13）。

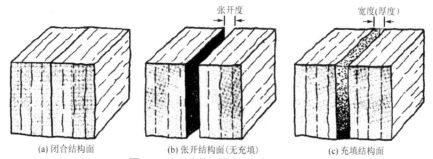

(a) 闭合结构面　　(b) 张开结构面(无充填)　　(c) 充填结构面

图3.3-13　结构面的张开度和宽度

张开度可用厚薄规（塞尺）和刻尺直接进行量测，并用表3.3-8中所列界限值进行描述。也可通过水的渗透试验和物探方法间接测定，钻孔中结构面的张开度可用潜望镜、钻孔电视、钻孔照相或整体取芯法来进行量测。

表3.3-8　结构面的张开度(据ISRM)

描述	闭合结构面			裂开结构面			张开结构面		
	很紧密	紧密	不紧密	窄	中等	宽	很宽	极宽	洞穴式
张开度（mm）	< 0.10	0.10～0.25	0.25～0.50	0.5～2.5	2.5～10	> 10	10～100	100～1000	> 1000

结构面张开度通常不大，一般小于1 mm。但某些情况下产生的裂隙，可能有较大的张开度，如发生过剪切位移的波状和粗糙结构面以及河谷侵蚀或冰川后退而发

生拉伸作用形成的张性裂隙等。

张开度对岩体的变形和水力学性质影响很大，对岩体强度也有一定的影响。

3.3.8 充填特征

结构面充填特征（filling）指结构面两壁间充填状态及充填物性质。有的结构面壁间没有充填物，有的则充填有外来物质。前者多处于闭合状态，岩块之间为刚性接触，其强度与侧壁岩石的力学性质和结构面形态有关，故称硬性结构面；后者多充填外来物质，按力学作用属于软弱结构面。结构面充填物质的定量研究包括充填物的物理性状和厚度。

（1）充填物的物理性状

充填物的物理性状指充填物的成分、结构、物理水理性质和力学性质等。

充填物成分有碎屑物质（如黏土和粗糙碎土）和化学沉淀物（如方解石、石英和石膏等），前者只起机械充填作用，后者可对结构面产生不同程度的胶结愈合作用，结构面愈合后，岩体力学性质有所改善，但程度随胶结物质成分不同而异，如硅质、钙质、铁质及部分岩脉充填联结的结构面，其强度通常不低于两壁岩石的强度；而对于黏土质或可溶盐类充填的结构面，强度较低且易变。

充填物的粒度成分也影响其力学性质，充填物中粗颗粒含量愈高，力学性能愈好。

对充填物的力学性质定量研究，一般采用现场研究与室内试验相结合的方法进行。现场研究包括简易的手工指标试验（表3.3-9）和仪器试验。

表3.3-9　结构面软弱充填物手工指标试验

等级	描述	野外鉴定	σ_c (MPa)
S_1	非常软的黏土	用拳容易侵入数英寸	<0.025
S_2	软黏土	用拇指容易侵入数英寸	0.025～0.05
S_3	坚固黏土	用拇指适当使劲可侵入数英寸	0.05～0.10
S_4	硬黏土	用拇指容易压出坑,但用大力气才能侵入	0.10～0.25
S_5	非常硬的黏土	用拇指指甲容易刻痕	0.25～0.50
S_6	坚硬黏土	用拇指指甲难以刻痕	>0.50

（2）充填物的厚度

充填物往往以正常式或敷膜式充填于结构面中，按其绝对厚度可分为薄膜（厚度<1mm）、薄层（厚度与起伏差相若）和厚层（数十厘米至数米厚并大于起伏差）。充填物厚度可在岩石露头和钻孔中直接量测统计，但应对不同类型充填物分别统计，并同粗糙程度量测同时进行。

填充物的绝对厚度固然重要，但它与结构面起伏差的相对厚度更具有意义。当其厚度小于起伏差时，结构面的力学特征虽因有填充物而降低，但主要是受结构面粗糙度和侧壁岩石强度控制，在剪切过程中将出现爬坡和啃断现象；当其厚度大于起伏差时，结构面的抗剪强度几乎完全由填充物强度控制。

3.3.9 渗流

结构面是岩体中地下水流动的主要通道，研究结构面中是否存在渗流及渗流量，对于分析水文地质试验资料，评价岩体水力学性质，评价结构面力学性质和岩体中有效应力的改变，以及预测岩体稳定性和施工困难性等均有意义。

在岩体边坡和硐室中进行结构面量测时，可按表3.3-10进行渗流等级分类描述，更详细的内容请参阅岩体水力学和水文地质学。

表3.3-10　岩体中结构面渗流描述

等级	无充结构面	充填结构面
I	结构面非常致密和干燥,沿着它不能出现水流	充填物是强固结和干燥的,无明显水流
II	结构面干燥,无水流痕迹	充填物潮湿,但无自由水出现
III	结构面干燥,但无水流痕迹(锈斑等)	充填物潮湿,偶有水流
IV	结构面潮湿,但无自由水	充填物出现冲刷痕迹,有连续水流(估计 L/min)
V	结构面偶有水流,但无连续水流	充填物被水冲出原地,大量的水沿冲刷沟流动(估计 L/min,并描述水压,即高、中、低)
VI	结构面出现连续水流(估计流量 L/min 并描述水压,即高、中、低)	充填物完全冲走,承逐很高的水压,尤其是在初始暴露时(估计 L/min,描述水压)

3.4　特殊结构面

3.4.1　软弱夹层

软弱夹层（weak interlayer）是岩体中的在岩性上较相邻岩层显著减弱、厚度超过接触面的起伏差但厚度明显小于相邻岩层的薄岩层或透镜体。

软弱夹层实质上是具有一定厚度的软弱结构面，与相邻岩层相比，具有明显的低强度、高压缩性和一些特有的软弱性质。虽然软弱夹层的数量上只占岩体中很小的比例，但却是岩体中最弱部位，常为工程的隐患，如由于它的存在，使得在大部分由很高强度的岩石所组成的岩体中出现了工程地质性能很低的部位，甚至仅与软泥相当，所以对软弱夹层的研究具有重要意义。

在成因上，软弱夹层有原生沉积的、沉积浅变质的、层间错动的、断层搓碎的、次生充填的、地下水泥化的和次生风化的，如破碎夹层、破碎夹泥层、蒙脱石化围岩蚀变带、基性岩体中的裂隙泥化带和泥化夹层等。

在软弱化夹层中，工程地质性能最差、危害性最大的是那些黏粒和黏土矿物含量较高且遇水发生泥化的泥化夹层。

3.4.1.1 泥化夹层的形成

泥质岩石经一系列地质作用而变成塑泥的过程称为泥化（argillization）。含泥质的原生软弱夹层经过泥化而形成泥化夹层。泥化夹层的形成需具有一定的物质基础，同时还与构造作用和地下水活动等有密切关系。

（1）形成泥化夹层的物质基础

泥化夹层是由软硬相间的岩层组合和原生黏土质软弱夹层演变而成的。

从岩层组合来看，它多发生在上下坚硬而中间相对软弱的岩层组合条件下，如我国下白垩统河流相红色碎屑岩建造中相对坚硬的砂岩、粉砂岩和黏土质粉砂岩所夹相对软弱的黏土岩或粉砂质黏土岩；奥陶系海相石灰岩建造中厚层灰岩所夹薄层泥岩或页岩；板溪群中石英岩所夹泥质板岩；震旦系大理岩与岩浆岩的接触变质等，其中的软弱薄层多易发展为泥化夹层。

从原生软弱岩层的岩性来看，必须含较多的黏粒（通常>30%）和黏土矿物成分，黏粒含量愈高、黏土矿物中蒙脱石比例愈大，则愈易泥化，泥化后的性质愈劣。

（2）形成泥化夹层的构造作用

构造作用从根本上改变了原岩的结构并且产生各种破裂面，一方面破坏了原生软弱夹层自身的完整性，另一方面为地下水流入软弱夹层提供了通道，同时使软弱夹层中细粒成分增多，促使其向黏土退化。构造运动中，层间错动（图3.4-1）是非常重要的因素，它破坏了层面间原有的联结，使原软弱层的颗粒联结在相对坚硬岩层的碾磨下受到严重甚至彻底的破坏，为软弱层的泥化提供了重要条件。如下白垩统红色岩系砂岩和粉砂岩中的多层黏土岩夹层，受多期层间错动产生了明显的构造分带，上部为剪切节理带，下部为鳞片状劈理带，其下为泥化带（图3.4-2、图3.4-3）。

(a) 原始地层　　　　　(b) 褶皱引起的层间错动　　　(c) 剧烈褶皱引起剧烈层间错动

图3.4-1　层间错动示意图

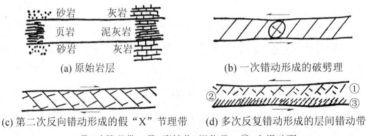

(a) 原始岩层　　　　　　　　　　(b) 一次错动形成的破劈理

(c) 第二次反向错动形成的假"X"节理带　　(d) 多次反复错动形成的层间错动带

① 破劈理带　② 糜棱化-泥化带　③ 主滑动面

图3.4-2　层间错动形成过程示意图

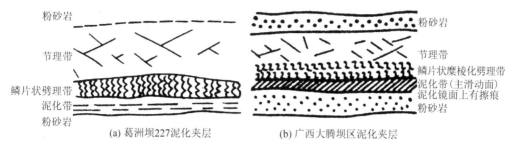

图 3.4-3 泥化夹层地质结构

（3）地下水的作用

已被层间错动碾成细粒集合体的粒土层，在地下水的长期浸泡下，发生盐类物质溶解、离子交换、形成水化膜等，从而使颗粒进一步分散，强度降低，含水量增大至塑限以上，处于塑态而泥化。

此外，软弱夹层的应力状态与其泥化也有密切的关系。当软弱夹层在岩体天然应力场中处于挤压状态，其上有较高的正应力，地下水的渗入以及黏土矿物的泥化均需克服正应力的作用，泥化受到限制。

综上所述，泥化夹层是在原生软弱结构面的基础上，由内外动力地质综合作用而形成的一种次生软弱结构面，软弱相间的岩层组合及黏土质原生软弱夹层是其形成的物质基础，构造作用（尤其是层间错动）是其形成的主导因素，地下水活动是其形成的必要条件，应力状态对其有重要影响。

3.4.1.2　泥化夹层的特性

泥化夹层在物质成分、结构、产状、厚度、物理性质和力学性状等方面均与原岩有较大区别。

泥化夹层中黏粒含量较原岩增多，最高可达 70%；在矿物成分和化学成分上，矿物的组成与原岩基本一致，但蒙脱石、伊利石和高岭石等黏土矿物成分增多，可溶盐含量降低，Fe、Al、Si 的游离氧化物含量增加，烧失量增大。

泥化夹层的结构由原岩的超固结和胶结式结构变成了泥质散体结构或泥质定向结构。

由于大多数泥化夹层是由原生软弱夹层发展的，其分布受到原生软弱层的控制，故它们的产状完全一致。

泥化夹层发生在软硬相间的岩层组合和原生软弱夹层的条件下，故它通常被限制在相对坚硬岩层之间发育，其厚度一般为 1～50 mm。当原生软弱层较薄（<30～50 mm）时，泥化夹层的厚度与原软弱层厚度一致；若原生软弱层较厚（>100 mm），泥化带或发育在软弱层内部，或发育在软岩层与硬岩层的界面，厚度仅为 30～50 mm。

泥化夹层的干密度较原岩小，一般 ρ_d<2.0 g/cm³；天然含水率超过塑限，介于塑限与流限之间，天然状态下处于塑态；具有一定的膨胀性，膨胀量和膨胀力与矿物类型及有机质含量有关，如黏粒为水云母且有机质含量较低的泥化夹层，膨胀率小

于1%，而黏粒以蒙脱石为主且有机质含量低的泥化夹层，膨胀率为1%～4%。

泥化夹层的力学性状较原岩大为降低，仅与软泥或松软土相若，表现为变形量大（多属中-高压缩土）；强度低（摩擦系数$f<0.2～0.3$）。因其结构松散，抗冲蚀能力低，容易产生渗透变形，早期以化学管涌为主，后期以机械管涌为主。

3.4.2　断层带

断层岩是原岩经过动力变质作用（断裂作用）形成的一类特殊岩石，其结构是在断层形成过程中产生的。除区域性大断裂外，一般工程岩体中断层的宽度均较小，故将断层连同断层岩作为一类特殊结构面，这是岩体力学的重要研究课题。

3.4.2.1　断层岩的工程地质分类

国内工程地质界多把断层岩分为断层泥、糜棱岩、断层角砾岩、压碎岩、碎块岩和片状岩等类型。由于这种分类未考虑联结类型这一控制岩土工程性质的根本因素，所分出的岩石类型缺乏独立的工程地质性质，加之分类命名无定量标志，故特推荐新的分类方案（图3.4-4）。

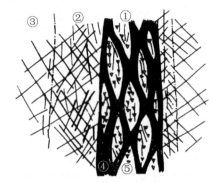

联结力		岩石类型	颗粒组成		备 注
			粒径（mm）	含量（%）	
无联结力		断层破碎带③	>200		影响带②③
		断层碎块带②	20～200		
有联结力	松散	断层角砾⑤	0.5～20	>50	断层带①
		断层泥④	<0.5	>50	
	固结	断层角砾岩④	>0.5	>50	断层带①
		糜棱岩⑤	<0.5	>50	

图3.4-4　断层的结构示意图

3.4.2.2　断层岩的工程地质特征

断层岩的特征取决于多种因素，如原岩的类型和性质、断层形成时的应力场状态、断层的形成深度（温度、压力）和断层的演化历史等，它们均可单独或综合地决定断层岩的特征。综合矿物学、岩石学、构造地质学和工程地质学等学科对断层岩的研究成果，断层岩主要具有如下工程地质特征。

（1）带状分布和宽度有限是断层岩最直观特征，空间分布不稳定是其重要特点。除一些长期活动的区域性大断裂的断层带宽度较大外，工程中常见断层的断层带均较小，一般为数十厘米至数米。断层岩类型常随断层力学性质而异，在断层中分布很不均一，不同断层或同一断层的不同分段，断层岩的类型也不相同。

（2）同原岩相比，断层岩的结构、构造及性质发生很大变化。断层岩多呈碎裂或松散结构，性质与土相似，渗透系数比原岩大，变模小，由于断层岩中颗粒排列多具方向性，因而力学性质表现出明显的各向异性。在后期演化中出现了新的矿物，特别是黏土矿物，断层岩的软弱性和亲水性更为增大。

（3）外动力地质作用是影响断层岩性质的重要因素。断层岩多属于开放系统，外营力在断层带中比在围岩中活跃得多，因而断层岩一般较围岩风化程度深。风化变异以及地下水的机械作用和胶凝作用是断层岩中黏土矿物的重要来源，地下水的化学沉积又是使断层岩胶结的重要因素。人类工程活动也会使断层岩的特性发生变化，如硐室开挖后，断层泥的密度在岩体松动圈内呈有规律的变化，其它物理性质也与其所处岩体状态密切相关（表3.4-1～表3.4-3）。

表3.4-1 龙羊峡花岗岩中断层泥的物理性质与其状态关系

断层	断层泥所处状态		颗粒密度（g/cm³）	含水量（%）	密度（g/cm³）	干密度（g/cm³）	孔隙比
F18	强风化带		2.72	7.89	1.76	1.63	0.669
	弱风化带		2.72	9.86	2.23	2.03	0.340
	微风化或新鲜	暴露5天	2.72	24.7	1.84	1.48	0.837
		围压下	2.72	9.86	2.23	2.03	0.340
T66	强风化带		2.80	7.22	1.57	1.46	0.918
	弱风化带		2.80	14.8	2.08	1.87	0.547
	微风化或新鲜	暴露3天	2.80	46.9	1.71	1.16	1.410
		围压下	2.80	14.8	2.08	1.81	0.545
F120	强风化带		2.76	19.3	1.77	1.48	0.865
	弱风化带		2.72	11.38	2.22	1.99	0.367
F215	微风化或新鲜	暴露4月	2.72	86.9	1.66	0.89	2.060
		围压下	2.72	6.55	2.10	1.97	0.380

表3.4-2 几个工程中断层泥的物理性质指标

工程名称	断层	围岩	ρ_s (g/cm³)	ω (%)	ρ (g/cm³)	ρ_d (g/cm³)	e	K_{sat} (%)	W_L (%)	W_P (%)	I_P (%)
龙羊峡	F18	花岗岩	2.72	7.60	2.29	2.13	0.277	74.6	28.9	16.2	12.7
	F73	花岗岩	2.73	15.10	2.10	1.83	0.492	83.6	59.0	31.0	28.0
	f6	花岗岩	2.76	12.80	2.20	1.95	0.420	84.1	40.8	20.8	20.0
	F215	花岗岩	2.73	14.9	1.95	1.70	0.609	66.8	61.2	35.0	26.2
安康	F18	绿片岩	2.99	18.6	2.27	1.91	0.463	111.8	29.8	17.2	12.6
	f10	绿片岩		10.6	2.16	1.98	0.402	72.5	25.7	15.3	10.4
湍河	F4	大理岩		30.0		1.46			57.0	38.0	19.0
		大理岩	2.80		1.54			44.0	29.0	15.0	
葛洲坝	308夹层	黏土岩	2.67～2.74	34～40.7	1.74～1.85	1.18～1.37	0.95～1.09	95～100.0	55～71.8	30～41.0	22～34.7
	202夹层	黏土岩	2.71～2.74	21.2～24.9	2.12	1.75	0.57	100	31～33.0	16～19.0	14.0

表 3.4-3　断层泥抗剪强度对比表

类　型	c（MPa）	φ（°）	备　注
坚硬岩体(花岗岩、大理岩、砂岩等)	1.669	55.352	全国56个水电工程，113组现场抗剪试验成果统计平均值
无充填节理、层面	0.127	32.201	
破碎带、破碎夹泥	0.144	24.702	
断层泥(泥化夹层、充泥裂隙)	0.033	14.036	
龙羊峡F73断层夹泥	0.078	3.719	室内试验，$\omega_L<\omega<\omega_P$
湍河坝址F4断层泥	0.006	12.407	三轴试验，长期试验
安康坝址F18断层泥	0.022	19.809	三轴试验
龙羊峡下更新统超固结土	0.043	29.925	室内试验综合

3.4.2.3　断层泥

　　断层泥是见于一些断层中的一种由磨碎的围岩形成的黏土状产物，它是断层岩中性质最差者。同糜棱岩的区别在于，断层泥是松散的，而糜棱岩是胶结的，糜棱岩进一步风化可形成断层泥。

　　由于断层泥的颗粒细，含有大量黏土矿物，以水胶联结为主，因而易变形，强度低（表3.4-3），其性质与黏性土相若。断层泥同黏性土性质的最突出的差别在于断层泥空间分布的不均一性，厚度变化大，厚度可以从不足一毫米到数十厘米。此外，断层泥的颗粒组成和矿物成分等也较黏性土不均一。

　　初生断层泥一般分布在断层原始剪切面上，但在后期岩体天然应力场作用下，为达到应力平衡，软弱的断层泥受压常发生塑性迁移，使断层泥的空间分布更为不均；而且断层泥常被挤入剪切面两侧的裂隙中。

3.5　结构体

3.5.1　结构体的概念

　　岩体被不同性质、产状和规模的结构面交叉切割并围限成众多块体。岩体内由结构面切割并围限的块体称为结构体（structure block）或简称块体（block）。

　　结构体是结构面切割和围限所致，因此结构体与结构面之间存在相互依存的关系，结构体的形状和大小等特征完全受结构面特征控制，如结构体的形态与结构面组数和密度相关，结构面组数越多，则结构体形状越复杂；结构体大小与结构面间距、组数和延续性密切相关，结构面间距越大，组数越少，延续性越差，则结构体块度也越大；结构体级序与结构面级序密切相关。

3.5.2　结构体的形状

　　岩体被各级各类结构面切割成的结构体，虽然它们形状复杂多样，但结构面组合的规律性决定结构体形状也具有一定的规律。

结构体形状与结构面组数有关，结构面组数又与其力学类型有关，在一个小区域内，软弱结构面很少超过3组，坚硬结构面可多达5~6组。与此相应，结构体形状多样（图3.5-1），如板状结构体、柱状结构体、六面体结构体和四面体状结构体等。

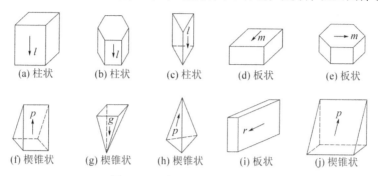

图 3.5-1　结构体形状典型类型

按力学作用功能，结构体形状可归纳为柱状结构体、楔锥状结构体和板状结构体三类。不同形状的结构体具有不同的变形破坏方式及稳定性，其中柱状结构体（图3.5-1(a)、(b)、(c)）和楔锥状结构体（图3.5-1(f)、(g)、(h)、(j)）的各向尺寸接近相等或相若，其力学作用以压碎、滚动和滑动为主；板状结构体（图3.5-1(d)、(e)、(i)）的厚度与延伸长度之比小于1~15，其力学作用主要为弯曲和溃屈。

结构体形状还与构造运动强度和岩石类型有关。如挽近形成的玄武岩和流纹岩等火山岩体的结构体多呈柱状；花岗岩和闪长岩等块状岩体由原生节理切割成短柱状或块状结构体；薄层及中厚层砂岩-页岩互层状岩体的结构体多为板状，而厚层砂岩、灰岩及剧烈构造运动作用下的古老岩层多为各种形状结构体的组合。

3.5.3　结构体规模及分级

3.5.3.1　块体尺寸

块体尺寸（block size）指岩体中被交叉结构面分割并围限的岩石块体的大小。块体尺寸间接反映了岩体内结构面的发育特征，其形状和大小取决于结构面的间距、组数和延续性等，是结构面特征参数的函数。

国际岩石力学学会建议采用直接测量典型岩块平均尺度来描述，或根据单位体积岩体中结构面数量（即体积裂隙系数J_v）来表示（表3.5-1）。

表 3.5-1　岩块尺寸描述（据ISRM）

J_v（条/m³）	<1	1~3	3~10	10~30	>30	>60
描　述	很大的块体	大块体	中等块体	小块体	很小的块体	碎石

3.5.3.2　结构体分级

按结构面规模，结构体划分为4级，即地体或地块、山体、块体和岩块。

（1）地体

地体（或地块）是在区域范围内由I级结构面（尤其是深大断裂带）相互组合切割而成的结构体。

地体中，Ⅱ级结构面普遍发育，它是不均质的各向异性不连续介质，其稳定性问题实际上是区域稳定性问题，一般个体工程总在其范围内的某一具体部位。

（2）山体

山体是在地体内由Ⅱ级结构面或Ⅱ级结构面与I、Ⅲ级结构面相互组合而切割并围限的结构体。

山体是由不同工程地质岩组所成的。其中，Ⅲ级结构面很多，Ⅳ、Ⅴ级结构面极多。一般具体工程位于山体之中，有的亦可延伸或跨越相邻的山体内。山体的稳定性实际上是工程总体布局的稳定性问题。

（3）地块

地块是地体和山体之中由Ⅲ级结构面或Ⅲ级结构面与I、Ⅱ、Ⅳ级结构面组合而切割包围的结构体。

地块往往由一个特性相近且无软弱结构面相隔的相邻工程地质岩组所组成，在其中发育着Ⅳ、Ⅴ级结构面，偶见不贯通的Ⅲ级结构面。地块的块度大小不一，数十立方米至数万立方米不等。块体及相邻块体的稳定性实际上是工程岩体稳定性。

（4）岩块

岩块是存在于块体中由Ⅳ级结构面或Ⅳ级结构面相互组合切割围限的结构体。一般岩性较单一，其中仅存在Ⅴ级结构面，偶有Ⅳ级结构面延伸入但不切穿。这种结构体实质为完整岩石块体，其物理力学性质就是岩石的物理力学性质。

工程岩体所指结构体多为Ⅲ、Ⅳ级结构面所围限的结构体，即块体和岩块。

3.6 岩体结构

3.6.1 岩体结构单元

结构面和结构体是从岩体中抽象出的两个具有地质实体特征的概念，二者具有各自物质组成和力学特征，在岩体力学作用上具有各自不同且不能相互代替的力学功能。两者又都可分为若干类型，各自的特征不同，如软弱结构面或硬性结构以及软质岩石或坚硬岩石，岩体特征也随之改变。此外，结构面和结构体在岩体内存在的形式不同，便形成不同类型的岩体结构及相应的力学特征和力学作用。因此，结构面和结构体是表征岩体特征不可缺少的两个要素，是岩体结构表征的充分必要条件，即结构面是结构体共同作为岩体结构要素（或岩体结构单元）。

岩体结构（rock mass structure）是结构面和结构体在岩体内的排列与组合。不同的岩体结构要素（如不同性质、自然属性和力学性态的结构面，不同强度、规模和形状的结构体）以及二者不同的排列与组合，岩体便具有不同结构特征，岩体的性质也因此而不同。

　　岩体结构是岩体基本特征之一，是岩体区别于岩石或其它固体材料并具不连续性的本质特征，控制着岩体的变形和破坏等力学性质和稳定性。因此，岩体结构是岩体力学中地质基础研究的核心内容，也是整个岩体力学研究的基础。岩体结构研究的根本任务就是发现岩体结构的规律，将之进行科学分类，进一步掌握和运用岩体结构规律，认识岩体的基本特征，分析工程岩体稳定性，指导岩体工程的设计和施工。

　　结构面的级序性和结构体的级序性决定了岩体结构必然有级序。级序与规模相对应，高级序岩体结构单元的规模大、低级序岩体结构单元的规模小。因此，不论研究岩体结构还是其结构单元，均需明确级序的概念，进而认识岩体结构及其单元的规律对岩体力学性质和力学作用的控制。

3.6.2　岩体结构类型

3.6.2.1　分类目的

　　岩体力学的终极目标是研究岩体的力学性质及工程岩体的稳定性。岩体自身结构（结构面特征、结构体特征及其排列组合特征）是岩体力学性质及受力后的变形破坏的内在依据，即岩体变形破坏的条件、方式和规模都受岩体结构控制。因此，从岩体结构这个根本出发，探求岩体的特性，反映各类岩体的本质并符合实际情况，指导岩体工程地质分类并更好地服务于岩体工程。这就要求根据岩体不同结构的特点，进行岩体结构类型划分，分门别类地深入探讨各类岩体的特性及对工程作用的不同响应。

3.6.2.2　分类依据

　　由于岩体结构不同以及由此引起的岩体特性不一，所反映的力学性能则有很大差别。岩体结构类型划分就是在对结构面、结构体自然特征及其组合状况研究的基础上进一步的概括，所以，岩体结构类型划分应反映岩体结构的特性，基于结构面和结构体的形成过程和基本特征的研究，充分考虑岩石组合特征和构造变形程度，分析岩体的不连续性和不均匀性[①]，根据结构面发育程度和特性、结构体组合排列和接触状态，进行结构类型划分。

3.6.2.3　类型

　　（1）谷德振的岩体结构类型划分

　　谷德振以岩体的特性以及反映这些特性的结构特征为基本依据，包括岩体完整

---

　　① 岩石组合、岩性变化、不同方向上各类各级结构面发育的程度和结构面特性的差异，造成了岩体的不连续性和不均一性。各种结构面的存在破坏了岩体的完整性，使得岩体在受力后呈现出显明的不连续性，应力在传递过程中凡遇到任何不连续界面时都要产生曲折的绕行或产生应力的局部集中，也起着对地下水运动的控制作用等。

性、强度、地质条件、结构面特征、结构体特征、水文地质特征等，将岩体结构分为4大类、8亚类（图3.6-1、表3.6-1）。各类岩体结构具有不同的地质背景、结构面特征、结构体特征、水文地质特征和变形破坏特征。

该分类中，以块状与层状为主要类型，也是自然界岩体常见类型；其它类型属于次要类型，多见于岩体相对破碎的节理密集带或断层破碎带。

各类岩体结构的岩体的评价要点及岩体力学介质类型见表3.6-1。

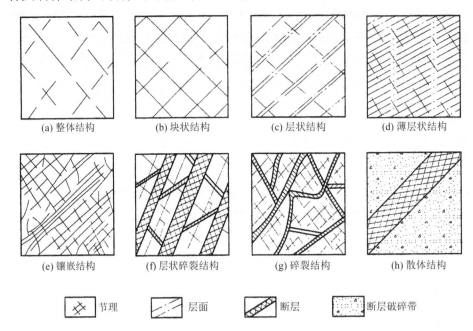

(a) 整体结构　　(b) 块状结构　　(c) 层状结构　　(d) 薄层状结构

(e) 镶嵌结构　　(f) 层状碎裂结构　　(g) 碎裂结构　　(h) 散体结构

节理　　层面　　断层　　断层破碎带

图3.6-1　岩体结构图示

表3.6-1　岩体结构类型（据谷德振（1979）修改）

岩体结构		地质背景	结构面	结构体	水文地质	岩体变形破坏	评价要点	岩体力学介质
整体块状结构	整体结构	岩性单一，构造变形轻微的巨厚层岩体。	一般不超过3组，延展性差，多闭合，多无充填。间距$d>1m$，$K_v>0.75$。	巨块状	地下水作用不明显。	硬脆岩石中的深埋硐室可能出现岩爆，一般沿裂隙端部产生。在半坚硬岩石或软弱岩石可能产生塑性变形。	埋深大或处在地震危险区的地下工程的围岩中，初始应力大，可能产生岩爆或大变形。	连续
	块状结构	岩性较单一，构造作用轻微的厚层沉积岩和变质岩火成岩侵入体。	结构面一般2~3组，延展性差，多呈闭合状态，层间有一定结合力。$d=0.5~1m$，$K_v=0.35~0.75$。	块状菱形块	裂隙水甚弱，沿结构面可渗水、滴水，主要表现对半坚硬岩石的软化。	压缩变形小且取决于结构面规模、数量和方位和结构体强度。剪切滑移受面抗剪强度及岩块刚度、形状、大小制约，滑移面多迁就既有结构面。	结构面的分布与特性，尤其Ⅱ、Ⅲ级结构面及其组合的块体的规模、形状和方位；深埋或地震区地下工程中隐微结构面可导致岩爆。	连续、不连续（板裂）

岩体结构	地质背景	结构面	结构体	水文地质	岩体变形破坏	评价要点	岩体力学介质
层状结构	层状结构	受构造破坏轻或较轻中厚层的岩体(>30cm)	结构面2~3组,以层面为主,有时也有软弱夹层或层间错动面,延展性较好,层面结合较差。$d=0.3\sim0.5m$,$K_v=0.3\sim0.6$。	层状柱状厚板状	因岩层组合和变位程度不同,有不同的水文地质结构、地下水赋存和水动力条件不同。注意渗透压力引起的问题,且地下水的软化和泥化作用明显。	受岩石组合、结构面控制。压缩取决于岩性、岩层变位、结构面发育情况,缓倾和陡倾岩层可出现弯曲。剪切滑移受结构面(尤其层面和软弱夹层)强度及其变位制约。	岩石组合;同特征及结合力;岩层产状;注意软弱夹层、层间错动带和Ⅱ、Ⅲ级结构面的组合;水文地质结构、水动力条件。	不连续(板裂)
	薄层状结构	层厚<30cm的岩体,在构造作用下发生强烈褶曲和层间错动。	层理、片理发育,原生软弱夹层、层间错动和小断层不时出现,结构面多为泥膜、碎屑和泥质物质填满。$d<0.3m$,$K_v<0.4$。	组合板状薄板状。	同上。	受整体特性控制,特别是软弱破碎岩层可能出现压缩、挤出和底鼓等。硐室顶部和边墙易弯曲。剪切滑移受结构面抗剪强度和薄板体的强度控制。	层间结合状态,软弱夹层的褶曲、坚硬岩层的破裂及其变化;地下水对软弱岩层的软化和泥化;块体、组合块体及其稳定性。	不连续(板裂)
碎裂结构	镶嵌结构	一般发育于脆硬岩体中,结构面组数多,密度大。	结构面规模较小,但组数多、密度大,延展性差,闭合无充填或充填少量碎屑。$d<0.5m$(常为cm),$K_v<0.35$。	形态不一、大小不同、棱角显著、彼此咬合。	本身即为统一含水体,虽导水性不强,但渗水亦有一定的渗透压力。	变形与结构体大小、形态和强度有关。结构面强度、结构体彼此镶嵌能力起决定作用。崩落、坍塌由表及里发展。	结构面组数及特征;地下水渗透特性和工程岩体的风化条件和振动状态;Ⅱ、Ⅲ级结构面及其组合关系,软弱结构面特征、块体稳定性。	似连续(碎裂)
	层状碎裂结构	受构造裂隙切割的层状岩体。	层面、软弱夹层、层间错动面为主,构造节理甚发育。$d<1m$,$K_v>0.4$。	碎块状、板状、短柱状等。	层状水文地质结构,软弱破碎带两侧地下水呈带状渗流,软弱结构面(包括破碎带)软化和泥化显著。	变形破坏受控于软弱破碎带,具坍塌、滑移条件,有压缩变形的可能。	控制性软弱结构面的方位、规模、物质、强度;相对完整岩体的骨架作用;地下水赋存条件及其作用。	不连续(碎裂)
	碎裂结构	岩性复杂,构造破碎较强烈;弱风化带。	延展性差,密度大,相互交切,多被充填。$d<0.5m$,$K_v<0.3$。	碎屑和大小、形态不同的岩块。	地下水各方面作用均显著:软化、泥化、机械管涌、化学管涌。	整体强度低,坍塌、滑移、压缩均可产生。塑性强,变形时间效应明显。岩体变形破坏受结构同规模、数量、特性及其组合特征决定。	软弱结构面的方位、规模、数量、特征及其组合特征;水理性质、地下水赋存条件和作用;变形的时效特征;组合块体对初始变形的控制作用。	不连续、似连续(碎裂)

续表 3.6-1

岩体结构	地质背景	结构面	结构体	水文地质	岩体变形破坏	评价要点	岩体力学介质
散体结构	散体结构	构造破碎带、强烈的风化带。节理、劈理密集，破碎带呈块状夹泥或泥包块的松软状态。$K_v<0.2$。	岩屑碎屑岩粉碎片(块)泥。	破碎带隔水，地下水沿破碎带两侧富集。带内物质软化、泥化、崩解、机械和化学管涌。	工程地质特性差，显著塑性变形，变形时效性强。基础沉降，边坡塑性挤出、坍塌滑移，硐室坍塌、鼓胀。变形破坏受破碎带物质及强度控制。	构造岩和风化岩的破碎特征、物质组成、物理力学性质、水理性质等；断层破碎带的多期活动性和新构造应力场。	似连续(散体)

（2）岩体工程领域中的岩体结构分类

具体到各岩体工程领域，均结合各自工程的特点及关注的重点，以谷德振岩体结构分类方案（表 3.6-1）为基础，提出具体的岩体结构分类，如水利工程和水力发电工程中的岩体结构分类（表 3.6-2）。

表 3.6-2　水利水电领域岩体结构分类(GB 50287、GB 50487)

类型	亚类	岩体结构特征
块状结构	整体状结构	岩体完整，呈巨块状，结构面不发育，间距大于 100 cm。
	块状结构	岩体较完整，呈块状，结构面轻度发育，间距一般 50～100 cm。
	次块状结构	岩体较完整，呈次块状，结构面中等发育，间距一般 30～50 cm。
层状结构	巨厚层状结构	岩体完整，呈巨厚层状，结构面不发育，间距大于 100 cm。
	厚层状结构	岩体较完整，呈厚层状，结构面轻度发育，间距一般 50～100 cm。
	中厚层状结构	岩体较完整，呈中厚层状，结构面中等发育，间距一般 30～50 cm。
	互层状结构	岩体较完整或完整性差，呈互层状，结构面较发育或发育，间距一般 10～30 cm。
	薄层状结构	岩体完整性差，呈薄层状，结构面发育，间距一般小于 10 cm。
镶嵌结构	镶嵌结构	岩体完整性差，岩块嵌合紧密～较紧密，结构面较发育～很发育，间距一般 10～30 cm。
碎裂结构	块裂结构	岩体完整性差，岩块间有岩屑和泥质物充填，嵌合中等紧密～较紧密，结构面较发育～很发育，间距一般 10～30 cm。
	碎裂结构	岩体较破碎，岩块间有岩屑和泥质物充填，嵌合较松弛～松弛，结构面很发育，间距一般小于 10 cm。
散体结构	碎块状结构	岩体破碎，岩块夹岩屑和泥质物，嵌合松弛。
	碎屑状结构	岩体极破碎，岩屑或泥质物夹岩块，嵌合松弛。

4　赋存环境

4

赋存
环境

本章知识点
（重点▲，难点★）

岩体赋存环境的研究意义
地应力场研究历史、地应力场的成因、影响因素▲
区域地应力场的基本规律▲
地应力场的研究方法（地质力学法★、理论法、岩体变形破坏特征法（地质标志）▲、
　　　测量法、数值法（模拟、拟合）、数学法（回归、拟合））
岩体渗流场的基本特征▲
地温场的基本特征

4.1　概述

105

　　赋存环境（environment）是岩体存在所依赖的地质环境，包括地应力场、渗流场、地温场及其它地球物理场[①]。赋存环境是岩体组成要素之一，是岩体区别于其它固体材料（包括岩石）的根本原因。赋存环境是岩体力学研究的难点，也是灵魂。

　　岩体必须始终依存于其赋存环境而存在。脱离了赋存环境，便不能称作岩体，只能称作岩石或岩块；赋存环境发生变化，岩体也发生变化，岩体随赋存环境的变化而演化。

　　赋存环境不仅决定着岩体的地质特征，而且控制着岩体的力学性质。首先，赋存环境是岩体组成要素之一，岩体是由岩石、岩体结构和赋存环境共同组成的。无论是建造阶段还是改造阶段，岩体必定始终赋存于与其相适应的地应力场、渗流场和地热场之中，因此，赋存环境是岩体基本地质特征的重要方面，岩体必须始终依存于其赋存环境而存在，脱离了赋存环境，便不能称作岩体（仅是岩石或岩块，或含宏观面的岩块集合体）。其次，赋存环境决定着岩体其它方面的地质特征，如岩石基本特征（岩性岩相、岩石成分、岩石结构、成层条件、岩层展布等）和岩体结构特征（结构面成因类型、发育特征、分布特征、岩体结构类型）及其时空变化规律均受控于其赋存环境。在此意义上，岩体基本地质特征反映了岩体的环境，由基本

　　[①] 一般情况下，岩体力学着重研究地应力场、渗流场和地温场；仅在特殊情况下，才研究其它地球物理场甚至化学场。

地质特征可推断岩体的形成环境和演化过程。最后，赋存环境控制着岩体的力学性质，相同岩石和岩体结构的岩体，其力学介质类型、力学属性以及受力后的力学响应（变形破坏特征与稳定性）均依赋存环境不同而有所差别，岩体力学性质依赋存环境不同而不同、随赋存环境变化而变化。

在认识和研究赋存环境时，必须注意其双重性特征。工程岩体范围内和域外均存在地应力、地下水和地热，工程岩体域内的地应力、地下水和地热可在一定程度上视为其组成部分，是存储于所研究岩体内部的一种内应力，而域外的地应力、地下水和地热可视为赋存环境，是所研究岩体的边界条件和初始条件。

在认识和研究赋存环境时，还必须注意其可变性特征。岩体赋存环境是活动的和多变的。构造运动是赋存环境改变的重要原因，其强烈性、多期性和区域性决定了它对赋存环境改变往往十分巨大；外动力地质作用（风化、剥蚀、卸荷等）对地表一定范围的赋存环境产生一定程度的区域性影响；人类工程活动（如边坡开挖、地下硐室开挖）也会在一定范围和一定程度上改变岩体的赋存环境。总之，受构造运动、外动力地质作用和人类工程活动的共同作用和影响，岩体赋存环境必然处于不断变化之中，进而导致岩体地质特征和力学性质的相应变化，赋存环境的活动性和多变性决定了岩体的复杂性。

4.2 地应力场

4.2.1 地应力场的研究意义

4.2.1.1 地应力场研究历史

地壳中存在地应力是客观事实，它是在不断变化的应力效应作用下产生和保存的。真正认识到岩体中存在地应力只是近百年的事，1867年，德国隧道专家Franz Rziha首次指出岩体中存在水平"残余力"，但真正将地应力与地质工程联系起来，首推瑞士地质学家A. Heim，他通过大型越岭隧道围岩工作状态的观察和研究（1905—1912年），于1912年首次提出"地应力"的概念，并提出了几乎统治了半个世纪的Heim假说，即垂直应力分量与水平应力分量相等（式(1.4-1)）。随着工程实践和研究的深入，逐渐认识到Heim假说的局限性，并对之进行修正。苏联地质学家A. H. Динник（1926）从弹性理论出发，认为地应力的垂直分量为上覆岩体自重，水平分量与岩体侧胀有关，取决于泊松效应（式(1.4-2)）。同期其他一些学者也都认为地应力只与重力有关，并且主要关心的也是如何利用相关数学公式来定量计算地应力，即地应力以垂直应力为主，其它分量与垂直应力不等，不同学者研究的不同点在于侧压力系数不同而已。20世纪20年代，我国地质学家李四光就指出："在构造应力的作用仅影响地壳上层一定厚度的情况下，水平应力分量的重要性远远超过垂直应力分量。"虽然这些假说并不能反映地应力场的普遍规律，但提出了岩体中地应力存在的客观事实，对地应力研究起了重大作用。

随着工程的发展，大量的地应力实测资料证实了岩体中地应力存在的事实，并且探明了地壳一定深度范围内应力场的分布特征。20世纪50年代，N. Hast首先在斯堪的纳维亚半岛开展了地应力测量，发现地壳上部最大主应力几乎处处是水平的或接近水平的，而且最大水平主应力一般为垂直应力的1～2倍甚至更多，某些地表处测得的最大水平应力高达7 MPa，这从根本上动摇了静水压力理论和以垂直应力为主的地应力观点。

在能对原岩应力进行直接测量之前，一直认为地应力仅仅是由重力引起的。后来的进一步研究（尤其是地应力实测）表明，重力作用和构造运动是地应力的主要原因，尤其以水平方向的构造运动对地应力形成影响最大。现今地应力状态主要由最近一次构造运动所控制，但也与历史上的构造运动有关。由于地质历史过程中经历了多期强度各异的构造运动，各次构造运动的应力场经过多次叠加、牵引和改造，加之地应力场还受到其它多种因素的影响，造成地应力状态的复杂性和多变性，即使同一区域内不同点的地应力状态也可能很不相同，地应力是一个随时间和空间而变化的相对稳定的非稳定应力场。

4.2.1.2　地应力场的研究意义

传统的岩体工程设计和施工是基于工程经验而进行的。当工程规模小或接近地表时，经验类比法往往有效。但随着工程规模不断扩大、深度不断向地下延伸，特别是大型地下矿山、地下厂房、高坝大库、深埋大断面地下硐室和高陡岩质边坡等的出现，经验法越来越不能胜任甚至失效，根据经验而进行的设计和施工往往造成各种岩体失稳和破坏，使开挖作业无法进行，经常导致严重工程事故及由此引起的人员伤亡和财产损失。

为了对各种岩体工程进行科学合理的设计和施工，必须充分研究稳定性的各种影响因素，只有详细了解其影响因素，并通过计算分析，才能做出安全、经济、合理的设计。

在诸多因素中，地应力场状态是最重要和最根本因素之一，其中，地应力场是岩体赋存环境最重要方面。地应力场状态决定了岩石基本特征与展布规律、岩体结构特征及结构面力学效应的显著程度、岩体内应力传播规律等，从而控制着岩体力学性质和力学响应，影响着岩体稳定性，并且地应力也是推动岩体演化的根本作用力。对于采矿、水利水电、土木建筑、交通（公路、铁路）和国防等各种地表或地下岩体工程，天然地应力与工程作用力叠加后的地应力是工程岩体变形破坏的根本作用力。因此，无论是天然岩体，还是工程岩体，地应力均是确定岩体力学性质和力学属性，分析力学响应和稳定性，实现合理布局、设计和开挖的必要前提。以地下工程为例，只有掌握了工程区内的地应力状态，才能根据相关理论（如弹性力学、弹塑性力学或块体相关理论），合理确定其总体布局（位置、轴向）、断面形态与尺寸及工程施工（工艺、工序、支护等），最大限度地减小因应力集中而导致的过大变形或破坏，保证地下工程的稳定性[①]。

对于各类岩体工程而言，工程岩体的复杂性和工程形状的多样性致使利用理论解析方法进行工程设计和稳定性计算分析往往不可能。但随着计算机技术以及各种数值计算方法的发展和不断完善，岩体工程迅速接近其它工程领域，可以开展定量设计和计算分析。岩体工程的定量计算分析比其它工程要复杂得多，其根本点在于工程地质条件和岩体性质的不确定性以及岩体受力后应力状态具有应力路径性，岩体开挖的力学效应不仅取决于当时应力状态，也取决于受载历史过程中的全部应力状态。由于许多岩体工程是多步骤的开挖过程，前面的每次开挖均对后期开挖产生影响，施工工艺和开挖顺序不同，都有各自不同的最终力学效应，即最终不同的稳定状态。因此，只有采用系统工程、数理统计理论，通过大量计算分析，比较各种不同开挖与支护（方法、过程、步骤、顺序）的应力和应变的动态变化过程，采用动态的优化设计，才能确定既保证安全又经济合理的设计方案。所有的计算分析都必须在已知地应力状态的前提下进行，如果对工程区域的实际应力状态不了解，则任何计算和分析都将失去真实性和实用价值。

4.2.2　地应力的成因

地球经历过多次各种动力运动过程并始终处于不断运动与变化之中，各种动力作用使地壳内产生内应力效应。存在于地壳内的各种应力称为地应力（geostress / crust stress）。地应力场（crust stress field）是地壳内应力状态随空间点的变化[②]。

未受人类工程活动扰动的地应力场称为天然应力场（亦称原岩应力场、初始应力场），人类工程活动导致天然应力重分布后的应力场称为工程岩体应力场（亦称二次应力场、次生应力场、感生应力场）。

4.2.2.1　地应力的成因

产生地应力的原因十分复杂且至今尚不十分清楚。多年来的实测和理论分析表明，地应力的形成主要与地球的各种动力运动过程有关，包括板块边界受压、地幔热对流、地球内应力，地心引力、地球旋转、岩浆侵入和地壳非均匀扩容、温度不均匀分布、水压梯度和地表剥蚀等，其他物理化学变化也可引起相应的地应力。

（1）大陆板块边界受压引起的应力场

在受印度洋板块和太平洋板块的推挤（推挤速度为每年数厘米）和西伯利亚板块和菲律宾板块的约束等其联合作用下，中国大陆板块发生 NE-SW 向挤压变形，产生相应的水平受压应力场，主应力迹线如图 4.2-1，奠定了我国区域地应力场的基本面貌，促成了中国山脉的形成，控制了我国地震的分布。

[①] 实际工程走向、断面形态和大小的设计还要考虑工程的实际条件和需求、经济条件、施工条件及其它因素。

[②] 工程岩体的研究范围往往有限，因此，在岩体力学领域，地应力场可理解为一定范围内各点地应力状态的总和。地应力场状态包括地应力各分量的大小、方向、性质和变化速率等特征。

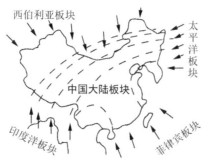

图 4.2-1　中国大陆板块主应力迹线

（2）地幔热对流引起的应力场

地幔由硅镁质组成，温度很高、具可塑性，并可上下对流和蠕动。地幔上升流到达地幔顶部时，分为 2 股方向相反的平流，平流与另一对流圈的反向平流相遇时，一起转为下降流并回到地幔深处，从而形成一个封闭的循环体系。

地幔热对流引起地壳下面的切向应力（水平应力），如孟加拉湾—贝加尔湖最低重力槽是一个因地幔热对流引起的带状拉伸区，我国西昌—攀枝花—昆明裂谷位于该带状区，该裂谷区有一个以西藏中部为中心的上升流的大对流环；华北—山西地堑也有一个下降流。这些地区均有较大的水平构造应力。

（3）由地心引力引起的应力场

地心引力引起的应力称为自重应力，其值等于上覆岩层的重量，即

$$\left.\begin{array}{l}\sigma_V = \gamma Z \\ \sigma_H = \lambda \sigma_V\end{array}\right\} \tag{4.2-1}$$

式中，σ_V、σ_H——自重应力的垂直分量和水平分量，MPa；

　　　γ——上覆岩层的容重，MN/m^3；

　　　λ——侧压力系数[①]；

　　　Z——埋深，m。

重力应力为垂直方向的应力分量，它是地壳中所有各点垂直应力的主要组成部分，但是垂直应力一般并不完全等于自重应力，因为板块移动、岩浆对流和侵入、岩体非均匀扩容、温度不均和水压梯度均会引起垂直方向应力变化。

（4）岩浆侵入引起的应力场

岩浆侵入挤压、冷凝收缩和成岩均在周围地层中产生相应的应力。熔融状态的岩浆处于静水压力状态，对周围施加各个方向相等的均匀压力，但炽热岩浆侵入后即逐渐冷凝收缩，并从接触界面处逐渐向内部发展。不同的热膨胀系数及热力学过程会使侵入岩浆自身及其周围岩体应力产生复杂的变化过程。

[①] 不同学者基于不同理论给出了不同的侧压力系数取值，如 W. J. Rankine（1857）基于松散介质理论，认为 $\lambda = \tan^2(\pi/4 - \varphi/2)$，其中 φ 为内摩擦角；Albert Heim（1912）基于静水压力，认为 $\lambda = 1$；А. Н. Динник（1926）基于弹性力学，认为 $\lambda = \mu/(1-\mu)$，其中 μ 为泊松比。 由于 Rankine 理论是基于松散介质，更适用于土体；Динник 基于弹性连续介质，适用于岩体及地壳一定深度范围内推广活动重应力场。在地壳较深部位的自重应力场甚至地应力场可能满足 Heim 假说。

岩浆侵入引起的应力场是一种局部应力场。

（5）地温梯度引起的应力场

由第2章可知，温度升高将引起岩石的热膨胀、而温度降低导致岩石收缩。随着深度增加，地温将按一定的地温梯度升高，因此不同深度因温度差异，引起岩石不均匀的热膨胀，进而导致地壳内产生相应的温度应力，详见4.4节。

此外，局部寒热不均导致收缩和膨胀，也在岩体内产生局部应力。如大型侵入体、岩流或小型岩脉、岩浆熔流都使周围岩石受热膨胀和冷却收缩，在岩体内部形成一些成岩裂隙（如玄武岩的柱状节理），在岩体及其周围保留部分残余热应力。

（6）地表剥蚀产生的应力场

地壳上升部分岩体因为风化、侵蚀和雨水冲刷搬运而产生剥蚀作用。剥蚀后，岩体内的颗粒结构变化和应力松弛赶不上这种变化，导致岩体内仍然存在着比由地层厚度所引起的自重应力还要大得多的水平应力值。因此，在某些地区，大的水平应力除与构造应力有关外，还和地表剥蚀有关。

4.2.2.2 地应力的存在形式

岩体建造和改造过程中，上述各种成因导致地应力的形成、改造、积累与释放，最终均以岩体为载体而存在于岩体之中，形成现今地应力场。与其成因对应，地应力的存在形式多样，但总体上可分为两类，即固有应力和非固有应力[1]。

（1）固有应力

固有应力（inherent stress）是岩石颗粒之间及矿物内部质点之间存在的相互作用力[2]。岩石内的固有应力包括质点引力和残余应力。一方面，由第2章可知，组成岩体基质的岩石是由矿物颗粒组成的，而矿物又是由内部质点以不同方式组合而成的，岩石颗粒之间及矿物内部质点之间必须存在相互作用力，使岩石及矿物内部质点处于平衡状态，从而使岩石矿物保持一定的结构和形状。另一方面，地壳遭受高温高压引起岩石变形时，因岩石内部各部分变形不均匀[3]而产生的应力，即使卸载，其变形也不能完全恢复（即残余变形），应力以残余应力形式积聚并封闭于岩石之内并处于平衡状态。

无论岩石各部分间的引力，还是残余应力，都是封闭于岩石及其矿物之内。正因如此，固有应力亦称封闭应力或冻结应力。只有破坏岩石的封闭条件，固有应力才释放出来，因此，岩石的固有应力必须通过单轴压缩试验或破裂试验测得。

---

① 有时分别称为内应力和外应力（机械应力）。固有应力与非固有应力的根本区别在于，前者不依赖于外力而存在；而后者依赖外荷载而存在，外力随外力卸载而释放。

② 力学中，固有应力是指不受外力作用而保持物体内部平衡的应力。力学中，在分析和研究物体应力时，一般不研究固有内力。地应力场研究与分析中，亦不考虑固有应力。

③ 根据作用范围，不均匀变形包括3类：一是岩石内部各部分（颗粒）因相互摩擦导致部分变形受阻而造成的宏观不均匀变形，二是矿物（多为晶质或隐晶质）之间的不均匀变形；三是晶格畸变使矿物晶体中部分粒子偏离其平衡位置而造成的不均匀变形。与之对应，这种内应力分别为宏观内应力、微观内应力和晶格畸变内应力。

（2）非固有应力

非固有应力是指岩体内依赖于外力作用而存在的应力，其基本特征是依外力存在而存在、随外力卸除而消失。地应力场中的非固有应力包括温度应力、自重应力和构造应力。由于温度应力仅为同深度自重应力的1/9，加之一般工程埋深相对较浅，故多不考虑岩体的温度应力[1]。地应力场分析中，通常情况下，重点考察自重应力和构造应力。

总之，一定时期和一定地区内的地应力场是各种起源综合作用的结果，有着不同的存在形式。岩体力学研究和地应力场分析中，一般不考虑固有应力和温度应力，认为天然应力场是由构造应力场和自重应力场叠加成的构造残余应力场[2]。

4.2.2.3 自重应力

自重应力（亦称重力应力）是地壳上部岩体因地心引力作用产生的应力。岩体自重应力在空间有规律的分布状态称为自重应力场。

自重应力场是地心引力和上覆岩体自重引起的，故可根据岩体的特征，采用一定的理论计算其应力分量。如式（4.2-1），自重应力场的垂直应力 σ_v 等于上覆岩体的自重，而水平应力 σ_H 由 σ_v 引起的，是 σ_v 的函数。不同学者用不同理论给出了不同关系，如 Heim 认为 $\sigma_H = \sigma_v$，而 W. J. Rankine 和 A. H. Динник 等认为 $\sigma_H = \lambda \sigma_v$，并且通常情况下 $\lambda \neq 1$，并根据不同理论分别求得相应的侧压力系数，Динник 理论基于弹性理论及泊松效应，得到 $\lambda = \mu/(1-\mu)$；Rankine 理论基于松散介质理论，得到侧压力系数 $\lambda = \tan^2(\pi/4 - \varphi/2)$。由于 Rankine 理论是基于松散介质，不适用于岩体，故此处仅介绍基于 Динник 方法的自重应力理论计算。

（1）不同介质条件下的自重应力

（a）均质各向同性连续介质岩体

对于均匀、各向同性且连续的弹性介质岩体，为计算仅受重力作用时内部任意点（埋深为 Z）的应力状态，如图 4.2-2(a)，将其视为空间半无限体（即上部以地面为界，下部及侧面无界），并抽象为平面应变问题。

根据弹性力学理论，其应力平衡方程、物理方程和边界条件分别为

$$\left. \begin{array}{l} \dfrac{\partial \sigma_x}{\partial x} + \dfrac{\partial \tau_{xz}}{\partial z} = 0 \\[2mm] \dfrac{\partial \tau_{xz}}{\partial x} + \dfrac{\partial \sigma_z}{\partial z} - \gamma = 0 \\[2mm] \dfrac{\partial^2 (\sigma_x + \sigma_z)}{\partial x^2 + \partial z^2} = 0 \end{array} \right\} \qquad (4.2-2)$$

---

[1] 地应力场研究中，一般不单独考虑温度应力场。但对某些特殊工程或有特殊要求时，需要考虑温度应力场，如高放废物地质处置、深埋地下工程、深部地下采矿等。

[2] 构造残余应力场中所指"残余应力"与前述一般力学关于固有应力中所指"残余应力"的概念不同。后者是指即使外力卸除也不能释放；前者是"残留于岩体"，当外力卸除时，立即或经过一段时间会释放。

$$\left.\begin{array}{l} \varepsilon_x = \dfrac{1}{E}\left[\sigma_x - \mu(\sigma_y + \sigma_z)\right] \\[2mm] \varepsilon_y = \dfrac{1}{E}\left[\sigma_y - \mu(\sigma_z + \sigma_x)\right] \\[2mm] \varepsilon_z = \dfrac{1}{E}\left[\sigma_z - \mu(\sigma_x + \sigma_y)\right] \end{array}\right\} \tag{4.2-3}$$

$$\left.\begin{array}{l} \sigma_{z(z=0)} = 0 \\[1mm] \tau_{xz(z=0)} = \tau_{yz(z=0)} = 0 \\[1mm] \tau_{xy(x\to\infty,\,y\to\infty)} = 0 \\[1mm] \varepsilon_{x(z\to\infty)} = \varepsilon_{y(z\to\infty)} = 0 \end{array}\right\} \tag{4.2-4}$$

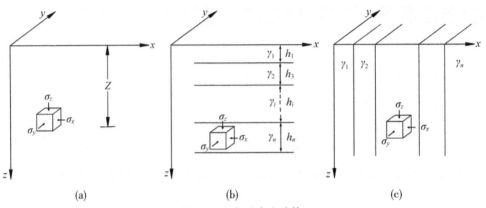

图 4.2-2　自重应力计算

联立求解式(4.2-2)～式(4.2-4)，求得

$$\left.\begin{array}{l} \sigma_z = \gamma Z = \sigma_v \\[2mm] \sigma_x = \sigma_y = \dfrac{\mu}{1-\mu}\sigma_z = \lambda\sigma_z \\[2mm] \tau_{xz} = \tau_{yz} = \tau_{xy} = 0 \end{array}\right\} \tag{4.2-5}$$

式中，σ_x、σ_y、σ_z——分别为 x、y、z 方向的正应力，MPa；

τ_{xy}、τ_{yz}、τ_{zx}——分别为平面 xy、yz 和 xz 的剪应力，MPa；

γ——上覆岩体的容重，MN/m³；

Z——研究点的埋深（该点到地面的垂直深度），m；

μ——岩石的泊松比；

λ——侧压力系数，$\lambda = \mu/(1-\mu)$。

（b）水平层状岩体

对于水平层状岩体，如图 4.2-2(b)，有 $\varepsilon_x = \varepsilon_y = 0$，由式(4.2-2)和式(4.2-3)，得

$$\left.\begin{array}{l} \sigma_z = \displaystyle\sum_{i=1}^{n}(\gamma_i h_i) \\[3mm] \sigma_x = \sigma_y = \lambda\dfrac{E}{E}\sigma_z \end{array}\right\} \tag{4.2-6}$$

式中，$E_{//}$、$E_{\perp}$——分别为平行和垂直于层面方向的弹性模量，MPa；

γ_i——各层的容重，MN/m^3；

h_i——各层的厚度，m；

其它符号意义同上。

（c）直立层状岩体

对于铅直成层岩体，如图4.2-2(c)，取y轴为岩层走向方向，此时有$\varepsilon_z=\varepsilon_y=0$，由式(4.2-2)和式(4.2-3)，得

$$\left.\begin{array}{l} \sigma_z = \gamma Z \\ \sigma_x = \lambda \dfrac{E}{E'} \sigma_z \\ \sigma_y = \lambda \sigma_z \end{array}\right\} \tag{4.2-7}$$

（2）自重应力场的基本特征

由上可知，天然自重应力场的特点为：水平应力（σ_x、σ_y）和垂直应力（σ_z）均为压应力；水平应力小于垂直应力；垂直应力只与上覆岩体密度和深度有关、而水平应力还同时与岩体的弹性参数（E、μ）有关；结构面影响岩体自重应力分布。

在地壳浅部，岩体处于弹性状态，岩石泊松比$\mu=0.2\sim0.3$，$\lambda=\mu/(1-\mu)<1$，此时$\sigma_x<\sigma_z$；在地壳深部，岩体转入塑性状态，$\mu=0.5$，$\lambda=1$，此时$\sigma_x=\sigma_y=\sigma_z$（静水压力状态）。由此可见，Heim假说是$\lambda=1$的特例，而且在地壳深部可能是正确的。

4.2.2.4　构造应力

地壳浅表层水平应力大于垂直应力的事实，以及褶曲带、岩层扭转部、断层附近、褶皱核部等构造部位均有应力剧烈变化的现象，均表明岩体内不仅只有自重应力，而且还有构造应力存在。构造应力是指由于地质构造作用在岩体内产生的应力，它是岩体在构造运动中积累或剩余的一种分布力。构造应力在空间的分布状态称为构造应力场。

（1）构造应力场的组成

（a）原始构造应力

地壳中的地质构造运动使局部岩层处于构造应力场中，每次构造运动都会在地壳中留下相应的构造形迹，如节理、断层和褶皱等（图4.2-3）。有的地区构造应力在这些构造形迹附近非常强烈且关系密切，如乌克兰顿巴斯煤田，构造复杂区内天然应力垂直分量σ_v远大于γZ；构造形迹多处σ_v超过γZ约20%；没有构造形迹的矿区，σ_v等于γZ。

（b）残余构造应力

有的地区虽有构造运动形迹，但构造应力不明显或不存在，天然应力基本属于自重应力。如俄罗斯乌拉尔的维索笠戈尔和科奇卡尔矿床，测定的天然应力基本符合重力应力场的分布规律，沿矿体走向的水平应力比垂直应力小10%～30%，有的水平应力竟比按式(4.2-5)计算值大3.9～4.9 MPa，并未发现水平应力在某个方向占

明显优势。其原因是，虽然经过古时期的构造运动使岩体变形，以弹性应变能方式依存于岩体中而形成构造应力，但漫长地质年代的松弛使应力减小，每次新的构造运动都将引起上次构造运动产生的构造应力的释放[1]；地貌的变动也会引起应力释放，从而使原始构造应力大为降低。这种经过部分释放而显著降低的构造应力称为残余构造应力，它是由于构造运动残留于岩体内部的应力。各地区原始构造应力的松弛与释放程度很不相同，故残余构造应力的地区差异极大。

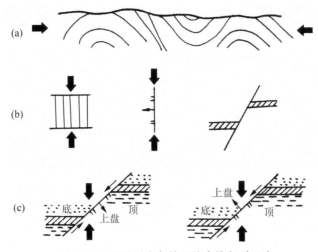

图4.2-3　几种受力条件下的岩体断裂形式

（c）现代构造应力

现代构造应力是现今正在形成某种构造体系和构造形式的应力，它是导致当今地震和最新地壳变形的应力。实测资料表明，某些地区的构造应力与构造形迹无关，但与现代构造运动密切相关。如哈萨克斯坦杰卡甘矿床，天然应力以水平应力为主，方向不垂直于构造线走向，而沿构造线走向；又如科拉半岛水平应力是垂直应力的19倍，且地表以5～50 mm/a的速率上升。M. B. 格索夫斯基指出，现代构造运动强烈地区的水平应力可达(98±49)MPa，而活动较弱地区仅为(9.8±4.9)MPa。由此可见，在这些地区不能用古老构造形迹来说明现代构造应力场，必须注重研究现代构造应力场。

（2）构造应力场的基本特征

构造应力有压应力，亦可能有拉应力；以水平应力为主时，一般水平应力比垂直应力大；分布很不均匀，常以地壳浅部为主；褶皱、断层和节理等各种构造形迹相伴而生，共同形成一个构造体系。

4.2.2.5　地应力的双重性

地应力场的双重性特征包括两个方面，一是指岩体组成，二是指研究范围。

---

① 新的构造运动使岩体变形破坏，除岩体中保存残余变形外，储存在岩体内的能量将全部释放，构造应力也随之部分或全部消失，如地震时绝大部分应变能得到释放。后期构造运动强度不超过前期构造运动强度，则前期构造运动形成的地应力场很难被后期构造运动所改变，只能对它有些影响。

（1）固有应力与非固有应力

在建造过程中，除上覆岩体重量形成自重应力之外，伴随岩石中矿物形成和改造的先后差异，在矿物内部积累了封闭应力。在改造过程中，构造作用使岩体遭受构造变形而贮存了构造形变应力，也有部分封闭应力（如重结晶等）；后期剥蚀作用使构造形变应力和自重应力部分释放，同时部分保存；在风化过程中，封闭应力仍封闭于岩石及矿物之内，但部分随风化而释放。总之，现今地应力（或天然应力、初始应力）是岩体经过建造和改造综合作用而存在于岩体内的残余应力，包括自重应力、构造应力和封闭应力，冻结应力是岩体的一个组成部分，残余应力是岩体的赋存环境。

（2）岩体边界内与边界外

地应力必须以岩体为载体存在于岩体之中，此时可将地应力看作岩体的组成部分。由于地应力存在于整个地球岩体之中，对于工程所涉及的岩体仅是地球的极小部分，它被周围岩体围限，也即岩体被各种形式的地应力"包围"，该部分岩体内部原岩地应力是其组成部分，而周围岩体内的地应力便为其赋存环境，是该岩体的初始条件和边界条件。

4.2.3 岩体天然应力的分布规律

根据矿山地压的需要，1951年N. Hast开始了地应力测量，这一课题的研究已扩展到五大洲许多地区，取得了许多有价值的资料。然而就测点的深度而言，虽然最深测点已达3000 m，但绝大部分测点是位于地面以下1000 m深度以上的范围内。就平面位置而言，测点分布还很稀疏且很不均匀。因此，相对于岩体天然应力状态的复杂性来说，目前已有的测量成果，还难以确切地说明地壳表层应力状态。

尽管如此，对既有资料进行总结，还是可以看出若干规律，对进一步研究地应力具有十分重要的指导意义。

4.2.3.1 地应力场是三维非均匀应力场

测量结果表明，绝大部分地区的地应力场是非均匀应力场，3个主应力大小不等，具有明显的各向异性；地应力主要为压应力，很少出现拉应力；地应力场主要为水平应力场（其中2个主应力与水平面夹角小于30°），少数为非水平应力场[①]。

虽然有些实测值与其局部偏离，但总的说来符合上述规律，特别是地壳深部。

4.2.3.2 铅直应力随深度呈线性增长

G. Herget通过总结全球地应力的铅直分量，发现在地壳深度25～2700 m的范围内，铅直应力随深度而增长（图4.2-4(a)），即

---

① 地应力的3个主应力方向并非是绝对水平或垂直，根据与水平面和垂直面的夹角，可分为水平应力场和非水平应力，水平地应力场中2个主应力与水平面夹角小于30°、1个与垂直轴夹角大于60°，非水平应力场中1个主应力与垂直轴的夹角小于45°、2个与水平面的夹角为0~45°。

$$\sigma_V = (0.0266 \pm 0.0028)Z + (1.9 \pm 1.26) \tag{4.2-8}$$

式中，σ_V——铅直应力，MPa；

Z——测点深度，m。

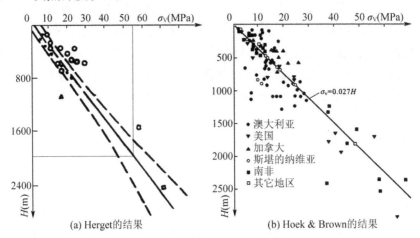

图 4.2-4　垂直应力随深度变化特征

对其求导，得到垂直应力随深度的变化率 $d\sigma_V/dZ=$（0.0266±0.0028）MN/m³。这表明，垂直应力随深度的增长率大致与岩石平均容重（27 kN/m³）相当。E. Hoek & E. T. Brown 通过总结全球范围内的地应力实测资料，也得到了相同的结论（图4.2-4(b)）。

事实上，σ_V 的绝对量值及表层垂直应力分布比较复杂。不同地区测量结果有一定的偏差，如在一些现代上升地区，实测 σ_V 显著大于 γZ，而另一些地区的 σ_V 又远小于 γZ，甚至有些地区还出现负值（即拉应力）。造成偏差的原因，除测量误差外，板块移动、岩浆对流、扩容和不均匀膨胀等也都可能引起垂直应力分布的异常。

4.2.3.3　水平应力分布比较复杂

（1）水平应力具有强烈的方向性（各向异性）

地应力的两个水平应力分量不相等，一般 $\sigma_{H,max}/\sigma_{H,min}=1.4\sim3.3$。由表4.2-1可见，水平应力的各向异性因地区而不同，地质构造简单、地形平缓的地区，二者差别不大；而构造复杂地区，特别是现代构造活动强烈地区，二者差别很大。

表 4.2-1　不同地区两个水平应力分量间的关系

实测地点	统计数目	σ_{Hx}/σ_{Hy} 不同范围的比例 (%)			
		1.00～0.75	0.75～0.50	0.50～0.25	0.25～0.00
斯堪的那维亚等地	51	14	67	13	0
北　美	222	22	46	23	9
中　国	25	12	56	24	8
中国华北地区	18	6	61	22	11

（2）水平应力随深度增加而增大

地壳内水平应力随深度增加而增大。在地壳较浅部，水平应力随深度增加的速度较垂直应力变化快；在较深部，水平应力的增大率较垂直应力为小（图4.2-5(a)）。

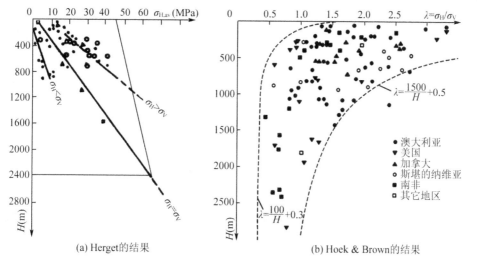

图4.2-5　水平应力随深度的变化

如O. Stephansson等根据实测结果，给出了芬诺斯堪底亚古陆的较浅部位水平应力随深度的变化趋势

$$\left.\begin{array}{l}\sigma_{\mathrm{H,max}} = 0.0444H + 6.4 \\ \sigma_{\mathrm{H,min}} = 0.0329H + 0.8\end{array}\right\} \qquad (4.2-9)$$

式中，$\sigma_{\mathrm{H,max}}$、$\sigma_{\mathrm{H,min}}$——最大和最小水平主应力，MPa；

H——深度，m。

与式(4.2-8)对比，式(4.2-9)的系数要大些，表明地壳浅部的水平应力随深度的增加较垂直应力快；同时常数项也大些，表明表层存在显著的水平应力。

（3）水平应力普遍大于垂直应力

最大水平主应力普遍大于垂直应力（表4.2-2）。一般最大水平应力与铅直应力的比值$\sigma_{\mathrm{H,max}}/\sigma_{\mathrm{V}}$=0.5～5.5，很多情况下比值大于2.0，最大可达30或更大。平均水平应力与铅直应力的比值$\sigma_{\mathrm{H,av}}/\sigma_{\mathrm{V}}$=0.5～5.0，大多数为0.8～1.5，这表明浅层地壳的平均水平应力也普遍大于垂直应力。

表4.2-2　世界各地平均水平应力与垂直应力间的关系

国家	$\sigma_{\mathrm{H,av}}/\sigma_{\mathrm{V}}$不同区间的比例(%)			$\sigma_{\mathrm{H,max}}/\sigma_{\mathrm{V}}$	国家	$\sigma_{\mathrm{H,av}}/\sigma_{\mathrm{V}}$ (%)			$\sigma_{\mathrm{H,max}}/\sigma_{\mathrm{V}}$
	<0.8	0.8～1.2	>1.2			<0.8	0.8～1.2	>1.2	
中国	32	40	28	2.09	瑞典	0	0	100	4.09
澳大利亚	0	22	78	2.95	南非	41	24	35	2.50
加拿大	0	0	100	2.56	苏联	51	29	20	4.30
美国	18	41	41	3.29	其它地区	37.5	37.5	25	1.96
挪威	17	17	66	3.56					

垂直应力多数情况下为最小主应力，少数情况为中间主应力，个别情况下为最大主应力，这也表明，水平方向构造运动对地壳浅层应力的形成起控制作用。

N. Hast研究发现，在深度1000 m范围内，最大主应力σ_1和最小主应力σ_3之差近似为一常数[①]，即$\sigma_1-\sigma_3=2\tau_{max}=20$ MPa（即$\tau_{max}=10$ MPa）。在地应力稳定地区τ_{max}可达12 MPa，而在非稳定且岩石完整的地区，局部可达20 MPa。

（4）$\sigma_{H,av}/\sigma_V$随深度增加而减小

对比式（4.2-8）和式（4.2-9）的系数，水平应力随深度的增加速率大于垂直应力。一般用$\sigma_{H,av}/\sigma_V$（即平均侧压力系数）来表示水平应力和垂直应力随深度的变化特征。大多数地区$\sigma_{H,av}/\sigma_V$随深度增加而减小，但在不同地区，变化速率不尽相同（图4.2-5(b)）。E. Hoek & E. T. Brown根据实测结果（图4.2-5(b)），得到回归关系

$$\frac{100}{H}+0.3 \leqslant \frac{\sigma_{H,av}}{\sigma_V} \leqslant \frac{1500}{H}+0.5 \tag{4.2-10}$$

由图4.2-3(b)，当埋深较小时，$\sigma_{H,av}/\sigma_V$的值较为分散且水平应力多大于垂直应力；埋深较大时，该比值分散程度随深度而逐渐缩小（0.5~2.0），并向1.0集中[②]。

水平应力等于垂直应力时的深度称为临界深度，临界深度以下可能处于静水压力状态，不同地区的临界深度不同。

4.2.3.4　区域应力场决定局部应力场

现今的地应力场主要是构造残余应力场，其状态与当前构造运动和剥蚀作用有关，而与地质历史过程中曾经有过的应力场无必然联系。如许多地台区至少有超过10 km的上覆岩层，现今地面上垂直应力应该大于300 MPa，但由于上覆岩层的剥蚀，使得现今地壳浅层$\sigma_V<10$ MPa，显然卸荷释放的地应力近300 MPa。尽管残余应力很低，但仍保留着原构造应力场的格局，残余应力并没有释放殆尽，而且有一部分向深部转移，在一定深度内形成地应力集中区。这一现象在河谷两侧的岩体中地应力分布有明显显示（图4.2-6），对于地应力及岩体力学研究具有重要意义。

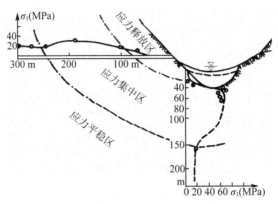

图4.2-6　二滩坝址区地应力特征

① 这一现象对认识浅层地壳的变形和破坏意义重大。
② 这表明在地壳深部可能处于静水压力状态，Heim的静水压力假说可能是成立的。

4.2.3.5 地应力场是相对稳定的非稳定应力场

（1）空间变化特征

地壳浅层岩体中绝大部分应力场是以水平应力为主的不等压空间应力场，具明显的各向异性特征，而且受地质条件等诸多因素影响，3个主应力的大小和方向随空间位置而变化，是一个非均匀应力场。

从小范围（如矿区、水利工程枢纽区）来看，地应力的量值和方向变化较大，变化幅度可达25%~50%。小区域内地应力场的均匀性主要取决于地质条件和地形条件，岩性变化剧烈、地形变化幅度较大的区域，不同点地应力差别较大；某些广阔地区，地应力变化较小，水平主应力方向有一定规律。因此，相对平坦的地区和离地表较深处的地应力测量结果，可以代表该地区应力场特点。

在一个相当大的区域内，地应力变化不大并显示出一定的规律性，尤其最大主应力方向相对稳定，现阶段区域地应力场多与本区域控制性变形场一致。如我国华北地区地应力的主导方向为近NW~E-W，而西北地区则为近S-N或者NNE~NE（图4.2-1）。

（2）时间变化特征

地应力的大小和方向随时间而不断变化（演化），是一个非稳定应力场。地应力场演化特征由其所在构造区域和所处构造时期有关。

在地壳运动弱的地区或地壳运动平稳期，地应力状态变化时快时慢，应力状态变化小，不易被觉察[1]，如瑞典北部梅尔贝格特矿区，现今地应力场与20亿年前的应力方向完全相同。在地壳运动强烈地区或强烈期（尤其地震活动期），变化十分明显。以唐山地区为例，1976年7月28日7.8级地震前后该区地应力发生重大变化，根据顺义区吴雄寺测点震前和震后资料，震前（1971—1973年）τ_{max}由0.65 MPa积累至1.10 MPa，震后（1976—1977年）由0.95 MPa释放到0.30 MPa，主应力方向也在震前和震后发生明显改变，1年后恢复到震前状态。此外，喀尔巴阡山和高加索等地区的测量结果表明，应力轴方向每隔6~12年发生一次较大变化。

总之，地应力场是一个相对稳定的非稳定场[2]，地应力的大小和方向随时间和空间而变化。地应力研究时，既要了解其大小和方向在空间上的分布特征，也需研究它们在时间延续上的变化特征。

4.2.4 地应力的影响因素

（1）地质构造

地质构造对地应力的影响主要表现在影响应力的分布和传递方面。在均匀应力场中，断裂构造对地应力量值和方向的影响是局部的。在同一地质构造单元内，被

---

[1] 就人类工程活动而言，构造运动平稳期地应力的量值和方向在时间上的变化，可以不予考虑。

[2] 就人类工程活动的时间与构造形迹的形成时间相比，可近似地、相对地将应力场视为不随时间变化的应力场，但应考虑空间变化。

断层或其他大结构面切割的各个大块体中的地应力量值和方向均较一致，而靠近断裂或其他分离面附近，特别是拐弯处、交叉处及两端，因应力集中，其量值和方向有较大变化。在活动断层附近和地震地区，地应力量值和方向都有较大变化。

（2）岩体力学性质

基于能量积累观点，地应力是能量积累与释放的结果。地应力的上限必然受到岩体强度的限制。因此，岩体力学性质对地应力的影响十分明显。J. C. Jaeger 曾提出"地应力与岩石抗压强度成正比"的概念。但是如果以弹性模量 E 为主要因素来探索二者的关系，则更具有重要意义。从实测资料来看二者的关系，如对于弹性模量大于 50 GPa 以上的岩体，最大主应力 σ_1 一般为 10～30 MPa，而 $E=10$ GPa 以下的岩体，最大主应力很少超过 10 MPa。

根据李光煜和白世伟等的统计资料，当 E 分别为 2 GPa 和 100 GPa 时，地应力分别为 3 MPa 和 30 MPa，即 E 相差 50 倍时，地应力却相差 10 倍，表明相同的地质构造环境中，地应力量值是岩性因素的函数。由此可见，弹性模量较大的岩体有利于地应力的积累，地震和岩爆容易发生在这些部位；而塑性岩体容易产生变形，不利于应力积累。岩性软硬程度不同或重度不同的岩体，会造成自重应力分布不均匀以及出现塑性状态深度不等的现象，尤其软硬相交和软硬相间互层状岩体，会由变形不均匀而产生附加应力。

（3）地下水（渗流场）

地下水对地应力的影响非常明易，尤其深层岩体中，水对地应力的影响非常显著。岩体自身包含有节理和裂隙，而节理和裂隙中又往往含有水，形成裂隙水压力并与岩石骨架承受的应力共同组成岩体的地应力。详见 4.3 节。

三峡库区茅坪填 800 m 深孔孔隙压力测量结果表明，孔隙压力大体相当于静水压力（各测段的误差仅为 0.01～0.03 MPa）。如果钻孔深 120 m，地下水位离孔口高程为 20 m，则孔隙压力近似为 1.0 MPa。

（4）地温

温度对地应力的影响表现在两个方面，即地温梯度和岩体局部温度变化。地温按照一定梯度随深度增加而增加，从而因不同深度热膨胀不同而产生热应力。岩体局部寒热不均而产生收缩和膨胀，导致岩体内部产生应力。详见 4.4 节。

类似于静水压力场，温度应力场也可与自重应力场进行代数叠加。

（5）地形地貌

地形地貌对地应力的影响是复杂的。苏联托克托尔贝脂河谷地区左右岸地应力完全不同，左岸垂直应力 $\sigma_V=2.0～12.0$ MPa、水平应力 $\sigma_H=5.7～13.3$ MPa，而右岸分别为 2.8～7.2 MPa 和 3.0～5.6 MPa；从谷坡表面到山体内部分为 3 个不同应力带，依次为应力降低带→应力升高带→应力平衡带，平衡带内侧压系数 $\lambda=0.95～1.24$。

（6）剥蚀作用

剥蚀前，岩体内存在一定量值的铅垂应力和水平应力；剥蚀后，垂直应力降低较多，但有一部分来不及释放，仍保留了原来的应力量值，这导致了岩体内存在着比现有地层厚度所引起的自重应力大得多的应力值。

（7）人类工程活动

人类工程活动在一定范围和一定程度上改变天然地应力场。工程活动使工程体周边岩体失去原有平衡状态而产生相应的变形甚至破坏，局部变形破坏又改变邻近岩体的相对平衡关系，从而引起一定范围岩体内应力、应变及能量的调整，以达到新的平衡，形成新的应力场[1]。人类工程活动使一定范围内天然应力的大小、方向和性质发生改变的作用称为应力重分布（redistribution of geostress），发生应力重分布范围内的岩体即为工程岩体，工程岩体内的应力场就是工程岩体应力场（亦称次生应力场、感生应力场）。

工程岩体应力场实质是工程作用产生的附加应力与天然应力场的叠加，其范围一般有限（工程岩体范围内），并取决于工程规模。工程岩体应力场特征与天然应力场、岩体力学属性及工程活动特征（工程体形状、方位、规模及扰动程度等）相关。事实上，工程岩体的稳定性就是工程岩体与工程岩体应力场之间适应程度的体现，工程岩体应力场是导致工程岩体变形破坏的主要原因，也是决定工程岩体稳定性的主要因素。

本章主要讨论岩体的天然应力场，工程岩体应力场详见第10章～第12章。

4.2.5 地应力场研究方法

4.2.5.1 力学理论分析法

天然地应力场的理论计算就是基于一定的力学理论，如弹性力学或弹塑性力学，按照岩体条件和地形条件，建立相应的力学模型（平衡微分方程、几何方程、物理方程），确定边界条件，通过求解上述微分方程组，获得地应力场的理论解。

对于地形变化平缓、岩体较均匀、构造应力弱的地区，可以采用力学理论法计算或估算岩体的天然地应力场（自重应力场），如4.2.3.2节，自重应力场可以用力学理论来计算，见式(4.2-5)～式(4.2-7)。尤其在工程初期，或者对地应力精度要求不高时，该方法是有用的。此外，该方法也可为地应力实测提供参考。

此外，在获得相关参数时，地温梯度引起的温度应力可根据热力学计算，见式(4.4-2)。

理论分析法受到诸多限制，比如当复杂地形、岩性多样和结构面发育（尤其断层）等情况下，力学理论法得不到解答。此外，该方法不能计算构造应力。

4.2.5.2 构造地质学方法（地质力学方法）

地质学方法是地应力场分析的基本方法。该方法以地质力学为理论基础，利用构造运动过程中产生的各种构造形迹，分析产生这些构造形迹的力源（即地应力

---

① 工程活动对原岩应力场的影响或改变是综合性的，如通过对地形地貌的改变、对渗流场的改变、对地热场的改变、加载和卸载（类似于剥蚀）等，从而导致天然地应力场的相应改变。

场)。地质力学认为，一定应力场作用必然产生与之匹配的断层、节理和褶皱等构造形迹（图4.2-3、图4.2-7），任何一种构造形迹的特征都必然反映着一定性质的构造应力作用。因此，可根据各构造形迹的地质信息，如类型（断层、节理、褶皱）、力学性质（张、压、拉）及产状等，推断其形成时原始构造应力的方向和相对大小。

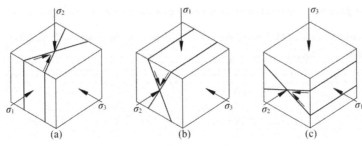

图4.2-7　地质构造与应力场

岩体受过多期构造应力作用，每期构造运动均产生相应构造形迹，现今岩体内的构造形迹是多期构造应力的产物。因此，利用地质力学方法分析岩体演化及古构造应力场时，一定要注意构造形迹的期次问题，如节理的分期与配套[①]。一般利用节理（也可包括断层、甚至岩石内的微裂隙）并参考褶皱，根据同期构造应力产生的节理组之间的交切关系[②]和配套关系，分析构造应力的期次及其分量相对大小。

利用地质力学方法分析构造应力场时，可用平面图示（图4.2-3）或立体图示（图4.2-7），也可用赤平极射投影图示（图4.2-8）。

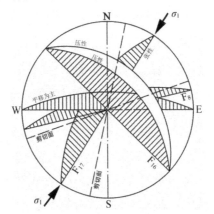

图4.2-8　某矿区地应力场与区域构造体系

地质分析法是地应力场分析的基础，能推断古构造应力场的期次，粗略确定主

[①] 分期是将研究区构造结构面按先后顺序组合成一定序列，以便从时间、空间和形成力学上研究它们的发育史和产出规律。

配套是在统一应力场中形成的各种构造结构面的组合关系，即同期构造应力作用下的所胡构造结构面，如一对X节理及其共生张节理联合组成一套节理。配套是分期的依据。

[②] 交切关系表现为节理组之间的错开、限制、互切、追踪。后期节理错开前期节理；被限制节理晚于限制节理；互切节理同期形成；追踪节理顺早期节理发育并常伴有一定程度的改造。

节理组是指同一次构造作用的统一构造应力场中形成的力学性质相同、产状基本一致的一组节理。

节理系是指同一次构造作用的统一构造应力场中形成的两个或以上的节理组，如X共轭节理组、X节理及其伴生张节理。

应力方向，给出主应力相对大小（不能确定绝对量值）。虽然该方法不能精确确定地应力场状态，但其分析结果可以指导其它研究方法的选用和实施，并用以解释和检验其它方法的分析结果，在分析和研究区域地应力场方面有其优越性。

4.2.5.3 震源机制解

大震前后应力场变化过程与矛盾比变化过程和地震活动变化过程是一致的，地震活动则是应力场变化产生的一种破裂效应。因此，利用地震波P波初动符号的四象限分布，解出地震震源的2个节面解和2个主应力轴方向与小震综合断层面解（图4.2-9），分析P波初动符号矛盾比的变化所反映的应力变化，进而确定天然应力场主应力方向和相对大小等基本特征。

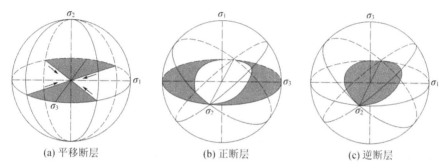

|(a) 平移断层|(b) 正断层|(c) 逆断层|

图4.2-9 震源机制解与地应力场状态

利用震源机制解，再根据地震波在频率域的波谱特征，还可以得出地震时错动面及应力降等参数。

4.2.5.4 岩体变形破坏标志法

地应力测量十分昂贵，一般情况下不开展地应力实测工作。因此，在勘探初期，利用勘探工程揭露的特征现象，很可能收集到一些对判断该地区地应力高低有用的资料，对勘探区地应力做出定性判断，对决定是否需要地应力测量大有裨益。

4.2.5.4.1 高地应力

（1）高地应力的定量标准

（a）绝对量值标准

绝对量值标准是直接用地应力大小进行的地应力分级，通常认为岩体内的最大主应力$\sigma_1 \geq 20$ MPa者为高地应力[1]，$\sigma_1 > 30$ MPa者为极高地应力。

（b）相对量值标准

从岩体受力后的力学性状来看，不同岩石具有不同弹性模量及弹性极限，因而具有不同的储能性能。一方面，天然地应力大小与该地区岩体变形特性有关，岩质坚硬，则存储弹性应变能越多，地应力越大。另一方面，在相同应力作用下，不同岩体的变形破坏特征呈现出明显不同的表现形式，有的处于弹性变形、有的处于塑

---

[1] 也有认为$\sigma_1 = 18 \sim 30$ MPa者为高地应力。

性变形，有的发生强烈的脆性破坏、有的则出现大的延性。因此，对于具体岩体的力学性态而言，高地应力是一个相对概念，是相对于岩体或岩石的强度而言的。

在高地应力相对量值划分标准方面，有不同的方法，包括岩体强度比和应力比等，其中强度比应用最多，广泛用于岩体质量分级和岩体稳定性评价。

强度比（亦称强度应力比）[1]是指研究区组成岩体的岩石的单轴抗压强度与最大主应力的比值，即

$$R_s = \frac{\sigma_c}{\sigma_1} \qquad (4.2-11)$$

式中，R_s——岩体强度比（强度应力比）；

$\quad\sigma_c$——岩石的单轴抗压强度，MPa；

$\quad\sigma_1$——最大主应力，MPa。

根据强度比R_s，可判定某地区的天然应力是否属于高地应力（表4.2-3）。

表4.2-3　基于强度比的部分高地应力判定标准

标准	极高地应力	高地应力	一般地应力
法国隧道协会	<2	2～4	>4
日本新奥法指南	<2	2～6	>6
日本仲野分级	<2	2～4	>4
工程岩体质量分级标准(GB50218)	<4	2～7	>7

应力比是用实测应力与计算所得自重应力的比值。可以用应力量值比、也可用主应力不变量比。

应力量值比是实测最大主应力与计算垂直自重应力比，即

$$R_z = \frac{\sigma_1}{\gamma H} \qquad (4.2-12)$$

式中，R_z——岩体应力比；

$\quad\sigma_1$——实测的最大主应力，MPa；

$\quad\gamma$——测点处上覆岩体的平均容重，MN/m³；

$\quad H$——测点处的垂直埋深，m。

当$R_z>1$，则为高地应力。

薛玺成（1987）提出了用主应力不变量比来判定高地应力的方法，即实测地应力的第一不变量与自重应力第一不变量的比值，

$$R_1 = \frac{I}{I_0} \qquad (4.2-13)$$

式中，R_1——主应力不变量比；

$\quad I$——实测应力的主应力第一不变量，$I=\sigma_1+\sigma_2+\sigma_3=\sigma_x+\sigma_y+\sigma_z$，MPa；

----

① 在具体岩体工程中，岩体的强度比可以有具体称谓，如地下工程中称为"围岩强度比"。

I_0——按式(4.2-6)计算的自重应力的第一应力不变量，$I=\sigma_{x0}+\sigma_{y0}+\sigma_{z0}$，MPa；

根据主应力不变量比，可判定地应力高低情况（表4.2-4）。

表4.2-4 基于强度比的部分高地应力判定标准

地应力情况	高地应力	较高地应力	一般地应力
R_I	≥2.0	2.0～1.5	1.5～1.0

（2）高地应力的定性标准（地质标志）

依据岩体的力学性质，在不同应力条件下发生不同变形破坏特征，因此，对处于一定应力场状态下的岩体，应力状态的改变（包括工程开挖导致的应力状态改变）将导致岩体发生不同的变形破坏（表4.2-5），特别是与岩爆和大变形有关。前者发生在坚硬完整岩体中，后者发生在软弱岩体（或土质地层）中。于是，可以根据岩体或工程岩体的变形破坏特征，判定原岩应力场中地应力量值的相对高低。

表4.2-5 主地应力岩体中工程开挖的主要现象(GB50218-2014)

应力情况	σ_c/σ_{max}	主要地质现象	
		硬质岩	软质岩
高地应力	4～7	开挖过程中可能出现岩爆,洞壁岩体有剥落,新生裂缝较多,成洞性较差	时有岩芯饼化现象;开挖工程中洞壁位移显著,持续时间长,成洞性差
		基坑有时有剥落现象,成形性一般尚好	基坑有隆起现象,成形性较差
极高地应力	<4	开挖过程中时有岩爆发生,有岩块弹出,洞室岩体发生剥落,新生裂缝多,成洞性差	常有岩芯饼化现象;开挖工程中洞壁有剥落,位移极为显著,甚至发生大位移,持续时间长;不易成洞
		基坑有剥落现象,成形性差	基坑发生显著隆起或剥离,不易成形

（a）饼状岩芯

在一些高地应力区的坚硬岩体中施钻时，常发现取得的岩芯会裂成0.5～3.0 cm厚的圆饼，圆饼截面基本上与岩芯轴垂直，表面起伏不平，略扭曲。这种现象在我国金川、大冶、白云鄂博、大同等矿区及二滩坝址区均存在。以二滩为例，在正长岩体中112个钻孔有40个出现饼状岩芯。饼状岩芯地区的地应力测量表明，岩体中天然应力均较高。

L. Obert和D. E. Steperson用试验验证方法获得饼状岩芯现象（表4.2-6、图4.2-10）。

表4.2-6 试件力学特征及饼化条件

岩石名称	σ_c（MPa）	σ_t（MPa）	K_1（MPa）	K_2
石灰岩（L）	62.0	4.8	40.0	0.61
砂岩（S）	100.0	4.4	59.0	0.59
大理岩（Mv）	97.9	1.9	54.2	0.68
大理岩（Mm）	118.3	7.8	79.6	0.89
花岗岩（G）	160.6	4.2	67.9	0.81

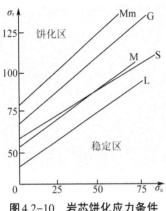

图4.2-10 岩芯饼化应力条件

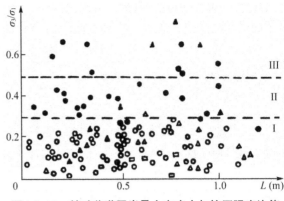

图4.2-11 某矿巷道围岩最大主应力与抗压强度比值

Obert 和 Steperson 认为，岩芯饼化主要与地应力差有关，垂直于钻进行方向应力愈大，愈易饼化，而轴向应力愈大，愈不易饼化，其原因是在钻进过程中，卸荷引起剪胀破裂；岩芯饼化的地应力条件受岩石抗拉强度的影响大于抗压强度的影响。

根据分析，他们得出岩芯饼化条件，即

$$\sigma_r = K_1 + K_2 \sigma_a \tag{4.2-14}$$

式中，σ_r——围压；

$\qquad \sigma_a$——轴压；

$\qquad K_1$、K_2——系数，见表4.2-6。

（b）岩爆、剥落、岩体锤击有哑声

因高地应力的存在，地下硐室施工中，岩体中积蓄的弹性应变能突然释放，岩体出现瞬时脆性破坏，发出响声并抛出岩块和岩片，这种现象称为岩爆（rock burst）。

根据岩爆破坏剧烈程度和规模大小，通常分为剥落、岩射、岩爆等不同等级。苏联学者多尔恰尼夫等对西平磷灰矿岩爆统计分析结果（图4.2-11）表明，硐室围岩产生岩爆的条件是

$$\sigma_0 \geqslant \frac{\sigma_c}{2} \tag{4.2-15}$$

式中，σ_0——初始地应力，MPa。

$\qquad \sigma_c$——岩石单轴抗压强度，MPa。

有时由于高地应力，在硐室开挖后形成胀破裂，锤击时出现哑声现象，这些都是高地应力区硐室围岩的特征破坏形式。

（c）隧洞、巷道和钻孔缩径

当硐室或孔壁应力超过软弱岩体的强度时，将产生流变或柔性剪切破坏，发生隧洞、巷道和钻孔的缩径现象，其条件是 $\sigma_0 = c\cos\varphi/(1-\sin\varphi)$。

$$\sigma_0 = \frac{c\cos\varphi}{1 - \sin\varphi} \tag{4.2-16}$$

式中，c——岩石的内聚力，MPa。

φ——岩石的内摩擦角，(°)。

（d）巷道变形破坏具有相同的方向或形式

地应力具有方向性且是三向不等的压应力场，故当巷道变形和破坏具有相近的方向或类似的形式时，很可能与高地应力有关。一般情况下，破坏巷道的轴向多与最大主应力垂直。

（e）边坡上台阶错动

由于边坡开挖，地应力卸荷后，边坡岩体将发生卸荷回弹。若岩层层间抗剪强度较高，回弹变形将是连续的（图4.2-12(a)），人们不易觉察和观测；若边坡内存在软弱夹层的强度低，变形大，当开挖到夹层界面时，下部岩石变形小，基本不动，而上部变形大，岩层沿软弱夹层错动回弹，形成错距为Δl的台阶（图4.2-12(b)）。

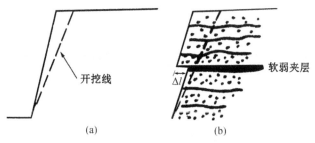

图4.2-12　基坑边坡变形

（f）现场指标比室内指标偏高

三轴试验结果表明，岩石声波速度和弹模等参数与环境应力水平密切相关。E和V_p均随围压σ_3增加而增加，而当σ_3一定时，随轴向压σ_1增加而增加。若获得现场钻孔测试结果和室内试件的三轴试验或单轴试验结果，通过相关对比，可大致估算地应力大小。

一般而言，由于结构面的存在，野外试验结果均比室内结果小。当出现相反情况时，表明岩体地应力较高，使结构面和岩石中微裂隙闭合，线弹性增强，结构面效应减弱，抗变形和抗破坏的能力增强（图4.2-13(c)）；而在该高地应力区取样进行的室内试验，由于地应力的释放，岩石微裂隙张开，变形模量和强度参数减小（图4.2-13(a)）。

在对比时，若现场原位试验是在钻孔和硐室中进行，应考虑应力集中现象，作适当修正。

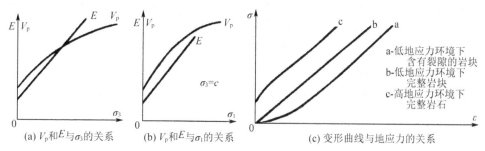

a-低地应力环境下
　含有裂隙的岩块
b-低地应力环境下
　完整岩块
c-高地应力环境下
　完整岩石

(a) V_p和E与σ_3的关系　　(b) V_p和E与σ_1的关系　　(c) 变形曲线与地应力的关系

图4.2-13　岩体现场变形曲线与地应力的关系

除上述所列标志外，高地应力区的地质标志还有不透水性，如凡发生岩爆、岩芯饼化的地区，$\omega<0.01$ L/(min.m.m)；由于围压解除，表层岩体密集微裂隙发育，致使岩体易风化成碎块等。

4.2.5.4.2 低地应力状态的地质标志

（a）塌方

地下工程中，开挖时频繁发生塌方或掉块，常预示着该地区为低地应力区。

（b）严重渗水

如果在地下硐室内有两组结构面，而追踪这两组结构面都有渗水时，表明该地区是低地应力区。如果仅一组结构面渗水，其它结构面不渗水，表明该地区 σ_1 方向与出水线方向一致，并不能说明该地区是低地应力区，只能说明两个水平主应力的应力差较大。

（c）节理面夹泥

节理面夹泥，表明它位于卸荷带内，夹泥是由地表渗透水带下去的，这是节理的表现，高地应力区的地表水无法下渗。

（d）岩体松动

岩脉内岩块松动或强风化。

（e）结构面内次生矿物

若两组节理与断层均有该现象，可以肯定它位于卸荷带内，处于低地应力状态。若仅有1组存在有这种现象，则该地区最大主应力方向与这组节理平行，最小主应力较小。

4.2.5.5 地应力测量

重力作用和构造运动是引起地应力的主要原因，其中尤以水平方向构造运动对地应力的形成影响最大。当前应力状态主要由最近一次构造运动所控制，但也与历史上的构造运动有关。由于亿万年来，地球经历了无数次大大小小的构造运动，各次构造运动的应力场也经过多次的叠加、牵引和改造，加之地应力场还受到其他多种因素的影响，因而造成了地应力状态的复杂性和多变性。即使在同一工程区域，不同点的地应力状态也可能很不相同。对于如此复杂的地应力场，仅靠地质力学分析和力学理论计算等方法，不可能全面且准确地分析研究区的地应力状态（大小、方向），准确了解一个地区的地应力状态的唯一方法只能是地应力实测，地应力测量结果是总体地应力场（包括自重应力和构造应力）。

天然地应力的测量就是确定拟研究区岩体及其周围区域未受工程活动扰动的三向应力状态，通常通过研究区范围内逐点测量来实现。岩体中一点的应力状态可由所选坐标系中的6个应力分量（σ_x, σ_y, σ_z, τ_{xy}, τ_{yz}, τ_{zx}）来表征。坐标系一般取大地坐标系，也可根据需要和方便任意选择坐标系，必要时通过应力转轴公式转换到大地坐标系下。由6个应力分量的大小和方向可进一步3个主应力（σ_1, σ_2, σ_3）的大小和方向，主应力大小和方向是唯一的，不随所取坐标系不同而不同。

依据所选用测量方法的不同，每个测点所涉及的岩石规模不同（从数立方厘米～数千方），但无论涉及规模大小，对于整体岩体而言，仍被视为一点，所测得的应力状态代表研究区该点的应力状态。由于地应力场的复杂性和多变性，欲较准确测定某区的地应力，必须开展足够数量的"点"测量，且测点必须均匀分布或满足要求，才能基于地应力实测并借助数理统计和数值分析等手段，进一步开展整个研究区地应力场的分析。

为了进行地应力测量，通常需要事先开挖一些平硐以便人员和设备进入测点。然而，硐室一经开挖，其周边岩体中的应力状态就受到了扰动，影响测量结果的准确性，甚至导致测量结果错误（所测仅为硐室周边一定深度的围岩应力，而非天然地应力）。为此，通常从硐室表面向岩体中打小孔甚至原岩应力区，在小孔内进行地应力测量。小孔对原岩应力状态扰动较小甚至可忽略不计，从而保证了所测结果能代表天然地应力场。

自 N. Hast 首次开展地应力测量以来，地应力测量方法及设备得到不断发展，目前主要测量方法有数十种之多。当前对地应力测量方法的分类没有统一标准，如根据测量手段，分为构造法、变形法、电磁法、地震法和放射性法；根据测量原理，分为应力恢复法、应力解除法、应变恢复法、应变解除法、水压致裂法、声发射法、X 射线法和重力法等。大多数人根据测量的基本原理，将地应力测量分为直接测量法和间接测量法。

直接测量法是由测量仪器直接测量和记录各种应力量，如补偿应力、恢复应力和平衡应力，并由这些应力量和原岩应力的相互关系，通过计算获得原岩应力值。在计算过程中并不涉及不同物理量的换算，不需要知道岩石物理力学性质和应力应变关系。扁千斤顶法、刚性包体应力计法、水压致裂法和声发射法等均属直接测量法。其中，水压致裂法在目前的应用最为广泛，声发射法次之。

间接测量法不是直接测量应力量，而是借助某些传感元件或某些介质，测量和记录岩体中某些与应力相关的间接物理量的变化，如岩体变形或应变、岩体密度、渗透性、吸水性、电阻、电容变化和弹性波传播速度变化等，然后由这些间接物理量，通过相关公式计算岩体中的应力值。因此，在间接测量法中，为了计算应力值，首先必须确定岩体的某些物理力学性质以及所测物理量和应力的相互关系。间接测量法有套孔应力解除法（即全应力解除法，包括孔径变形法、孔底应变法、孔壁应变法、空心包体应变法和实心包体应变法）、局部应力解除法（切槽解除法、不行钻孔法、中心钻孔法等）、松弛应变测量法（微分应变曲线法、非弹性应变恢复法）、孔壁崩落法和地球物理探测法等，其中较为成熟且普遍采用的方法是套孔应力解除法。

4.2.5.6 数理统计

地应力场的数学回归分析是基于地应力实测（或者数值模拟）结果，根据各测点的地应力值的大小及其位置坐标（尤其是埋深），分析研究区天然地应力各分量与埋深的关系，如式(4.2-8)～式(4.2-10)。

回归方法只是对地应力各分量的简单分析，测点数量越多，回归效果越好，越能反映研究区地应力场特征。若地应力测量数据较少或测点分布较为集中，该方法往往不能很好地反映地应力场的统计规律。

此外，该方法不能很好地反映研究区地应力场与岩体条件的关系，当岩体条件复杂以及地形地貌条件复杂时，该方法很难获得理想效果。

4.2.5.7　数值计算法

由于地应力测量多基于弹性力学理论，但实际岩体不一定完全满足其适用条件，故测量结果可能与实际应力场有一定差异；不同地应力测量方法及其原理不同，测量结果之间也不尽相同；地应力实测费时且费用较高、周期长，一般工程不使用，即使大型工程也开展较少，仅在关键部位开展地应力测量；由于测点较少、数据离散、代表性不强等，工程区地应力场状态仍不可能通过该方法完全查明。总之，可在上述研究成果的基础上，基于地应力测量结果，采用数值计算法，拟合出研究区全域天然应力场，从而比较清楚而全面掌握工程区天然应力场状态，开展地应力分布基本规律性研究，并且可以将拟合出的全域天然应力场作为初始条件和边界条件，开展工程设计及岩体稳定性分析，为工程设计和施工提供参考依据。

地应力场数值计算法是根据岩体的一些基础信息（岩体结构特征、岩体力学性质、岩体介质类型）以及若干点地应力测量成果（或岩体变形测量成果），通过数值计算，计算研究区天然应力场或岩体的其它基本参数（弹性模量等）。天然应力场数值拟合法包括位移反分析法和应力拟合法两大类。

（1）地应力场的位移反分析法

位移反分析法基于工程区部分位移（变形）实测结果，通过数值计算，反演岩体天然应力场的方法。根据计算原理，位移反分析法分为正算法和逆算法。

（a）逆算法

逆算法是基于弹性力学基本方程，以硐室或边坡等开挖卸荷引起的工程岩体位移为基本参数，通过有限元等数值方法，推求初始应力场，并且可获得部分其它力学参数（如弹性模量）。逆算法类似于弹性力学的位移解法，需要推导与一般应力分析所采用的方程相逆的表达式（所有方程均需用位移表达）。由于所有方程均用位移表达，在应力分析时为未知的某些量（如位移、应变）可由相应量测直接得到，而另一些为已知的量（如弹性模量）却变成未知量。在大多数实际工程中，现场测量值数量超过了未知参数的个数，导致求解时方程数多于未知量个数，从而需要用合适的求极值技术来求解（如在最小二乘法意义下可得到唯一确定的解）。逆算法只需一次计算即可由位移测值反求地应力分量，甚至可求解弹性模量，计算工作量较小，可得到唯一确定解。但对于三维情况或特殊材料模式及其待定参数都必须重新推导，建立相应的反算模式，推导过程复杂，有些问题根本不能用方程式解出，故应用范围受到限制。

（b）正算法

正算法（直接法）直接利用一般固体力学公式，先根据确定的岩体条件、地形条件和工程条件，建立数值计算模型并假定一组参数（如岩体物理力学参数、地应力参数、几何尺寸参数、荷载条件参数等），进行正算，将求得的位移值所对应点的实测位移值进行比较，比较时选择一个目标函数作为两者贴近程度的标准。多次重复以上两部分计算，不断修改待分析参数，使目标函数取得极值（即达到最优化），这时所假设的参数即为反分析所寻求的结果，从而获得天然应力场。直接法不需推导反演方程，可方便地进行各种复杂问题（如材料非线性，节理断层岩体等）的力学反演。该方法的关键是提高计算位移值与实测位移值最大拟合程度、寻求待定参数的取值方法、提高计算效率。

（2）地应力场的应力拟合法

应力拟合法是基于对区域地应力场产生条件的规律性认识，基于研究区岩体基本条件，建立数值计算模型，根据少量地应力实测资料，通过数值计算，使相关点地应力的计算结果与实测结果达到最优拟合，从而求得工程区域的天然应力场。

与位移反分析正算法相同，应力拟合法也属直接算法，应力拟合法是使计算应力与实测应力达到最佳拟合，而位移反分析正算法是使计算位移与实测位移达到最佳拟合。因此，应力拟合法也是根据确定的岩体条件、地形条件和工程条件，建立模型，并假定一组参数进行正算，将求得的应力状态所对应点的应力状态进行比较，根据拟合程度确定是否需要重复计算，最终确定研究区全域地应力场。

应力拟合法具有位移反分析正算法同样的优点和缺点。为了提高计算效率，人们提出了数学模型回归、函数反分析和边界荷载反分析等方法，主要集中在初始参数的合理选取和边界荷载条件的确定。

4.3 渗流场

4.3.1 岩体空隙结构类型与岩体渗流场

4.3.1.1 渗流场

处于一定渗流环境中也是岩体的重要特征。地壳中流体包括流体（地下水、石油）和气体（天然气等）。一般岩体工程重点考虑地下水及其影响。因此，岩体力学中，渗流场（seepage field）是指地下水在岩体空间内的分布特征。

按其成因、存在方式、埋藏条件和赋存状态，地下水可分为不同类型。按成因地下水分为凝结水和渗透水；按赋存方式分为吸附水和重力水；按赋存条件分为孔隙水、裂隙水和喀斯特水；按赋存状态分为饱气带水、潜水和承压水。

作为岩体的赋存环境因素之一，地下水影响着岩体的变形破坏和岩体工程的稳定性。如大约90%的自然边坡和人工边坡破坏、竖井中60%的灾害、膨胀岩引起的灾害及地质工程中的涌水等均与地下水的活动有关。所以，地下水在岩体中赋存规律与运动规律及其对工程岩体稳定性的影响是非常重要和急需解决的重大课题。

4.3.1.2　岩体空隙的结构类型

按岩体空隙形成的机理，岩体的空隙结构分为原生空隙结构和次生空隙结构；根据岩体空隙的表现形式，岩体空隙结构分为准孔隙结构、裂隙网络结构、孔隙–裂隙双重结构、孔洞–裂隙双重结构和溶隙–管道（或暗河）双重结构等；根据岩体结构面的连续性，可将岩体划分为连续介质、等效连续介质及非连续介质。

（1）多孔介质质点与多孔连续介质

包含在多孔介质的表征性体积单元（简称表征体元RVE）内的所有流体质点与固体颗粒的总和称为多孔介质质点。由连续分布的多孔介质质点组成的介质称为多孔连续介质。在岩体水力学研究时，若RVE内有充分多的孔隙（或裂隙）和流体质点，而这个RVE相对所研究的工程区域而言充分小，此时可按连续介质方法研究工程岩体的力学及水力学问题；否则，用非连续介质方法研究。

（2）裂隙网络介质

由结构面（如节理、断层等）个体在空间上相互交叉形成的网络状空隙结构构成的含水介质称为裂隙网络介质。其中，由相互贯通且裂隙中的水流为连续分布的裂隙构成的网络称为连通裂隙网络；由互不连通或存在阻水裂隙且裂隙中的水流为断续分布的裂隙构成的网络称为非连通裂隙网络。

（3）双重介质

由裂隙（如节理、断层等）和其间的孔隙岩块构成的空隙结构，裂隙导水（渗流具有定向性）而孔隙岩块储水（渗流具有均质各向同性），这种含水介质称为狭义双重介质，即Barenblatt（1960）提出的双重介质。

由稀疏大裂隙（如断层）和其间的密集裂隙岩块构成的空隙结构，裂隙导水（渗流具有定向性，控制区域渗流），密集裂隙岩块储水及导水（渗流具有非均质各向异性，控制局部渗流），这种含水介质称为广义双重介质。

（4）岩溶管道网络介质

由岩溶溶蚀管道个体在空间上相互交叉形成的网络状空隙结构含水介质称为岩溶管道网络介质。该类介质中的水流基本上符合层流条件。

（5）溶隙—管道介质

由稀疏大岩溶管道（或暗河）和溶蚀网络构成的空隙结构，岩溶管道（或暗河）中水流为紊流（具有定向性，控制区域流），溶隙网络中水流符合层流条件（渗流具有非均质各向异性，控制局部渗流），这种含水介质称为溶隙–管道介质。

4.3.1.3　岩体渗流场的双重性特征

在工程岩体力学中，研究地下水时必须明确地下水具有双重性特点。

地下水在岩体中有吸附水（或束缚水）和重力水（自由水）两种赋存方式，前者包括岩石微裂隙之内的水以及矿物内部的水，它们作为岩体的组成成分，影响或改变岩体的力学性能；后者是结构面内能够自由流动的水，是岩体的赋存环境，它可改变岩体的应力状态。所以，岩体内的地下水既是岩体的赋存环境，又是岩体的组成成分；在力学作用上，地下水既可使岩体力学性质发生增减变化，又可作为岩体应力的组成成分，这便是地下水的双重性。

另一方面，对于岩体工程而言，一定范围内的工程岩体赋存于更大范围岩体之内，从渗流场来说，工程岩体之外的地下水是工程岩体的赋存环境，作为工程岩体内地下水的外部边界条件。

4.3.2 岩体渗流特征

岩体的渗透特性及渗流作用下所表现出的力学性质称为岩体水力学性质，包括地下水渗透性、地下水作用及其对岩体力学性质的影响，但主要是渗透性。

4.3.2.1 岩体与土体渗流的区别

对于岩体来说，较之结构面，岩石中的空隙和微裂隙可忽略不计，因此，岩体内地下水主要是裂隙水，显然，岩体内地下水的赋存状态和渗流特征与土体有很大差别，也决定了岩体地下水分析和研究有着不同的方法。

土体的结构疏松，以孔隙为主（除黄土具有孔隙与裂隙双重介质特征外），孔隙大小取决于岩性和土颗粒堆积方式。一般来说，黏土的孔隙度最大，但孔径小，透水能力差，一般作为弱透水层或隔水层；砂土随颗粒增大，孔隙度大，渗透性好。土体的渗流特点：① 土体渗透性大小取决于岩性，土体中颗粒愈细，渗透性愈差；② 土体可看作多孔连续介质；③ 土体渗透性一般具有均质（或非均质）各向同性（黄土为各向异性）特点；④ 土体渗流符合达西渗流定律。

岩体以裂隙渗流为主，其渗流特点为：① 岩体渗透性大小取决于岩体中结构面的性质及岩块的岩性；② 岩体渗流以裂隙导水、微裂隙和岩石孔隙储水为特色；③ 岩体裂隙网络渗流具有定向性；④ 岩体一般看作非连续介质（对密集裂隙可看作等效连续介质）；⑤ 岩体的渗流具有高度的非均质性和各向异性；⑥ 一般岩体中的渗流符合达西渗流定律，但岩溶管道流属紊流不符合达西定律；⑦ 岩体渗流受应力场影响明显；⑧ 复杂裂隙系统中的渗流，在裂隙交叉处具有"偏流效应"，即裂隙水流经大小不等裂隙交叉处时，水流偏向宽大裂隙一侧流动。

4.3.2.2 岩体的渗流特征

岩体中的地下水主要在裂隙中流动，岩体渗透性实质上是裂隙水力学问题。由于岩体中结构面具有方向性，使得岩体呈各向异性特点，加之岩体中的地应力也具方向性，故岩体的渗透系数就存在各向异性，从而支配着地下水在岩体中活动规律。

一门新的学科——岩体水力学已经形成，它是岩体力学与渗透力学互相渗透而建立和发展的一门应用性边缘学科，它研究岩体和水耦合作用时，岩体再变形和再破坏规律，并应用这些规律解决工程实践中的地质工程问题。其基础课题是地下水的渗透规律、地下水的作用规律和地下水对岩体力学性质的影响等，核心研究内容为岩体和水之间的耦合作用规律，如岩体与水耦合的本构关系、岩体水力学参数与岩体力学参数之间的耦合关系以及软化作用，研究范围是与水力作用密切相关的坝基和坝肩渗透、坝基变形与破坏、边坡稳定性、地下硐室围岩稳定性、施工涌水和排水等问题。

与传统水文地质学相比，无论是基本观念，还是试验方法与资料分析均有显著不同，岩体水力学具有较强的工程特色，中心研究问题不是水资源评价，而是岩体力学作用，即地下水的运动规律及力学效应。

岩体渗透性也是采用渗透率和渗透系数来描述。岩体渗流不同于孔隙介质中的多孔渗流，而是近于管道流或裂隙流，主要取决于岩体系统中结构面的连通性、粗糙度和张开度，甚至与地应力场和温度场均有很大的关系。正因岩体渗流主要受结构面特征的影响，加之结构面具有强烈方向性和显著不连续性，故简单使用渗透率或渗透系数已不足以描述岩体介质各个方向上渗透性能不同的本质规律，而需采用渗透率张量或渗透系数张量。岩体空间内不同点的渗透系数张量（或渗透率张量）构成了岩体系统内介质的渗透系数张量场（或渗透率张量场）。

根据平行板模型，岩体内结构张开度（隙宽）为 e 的单裂隙的渗透系数 K 和渗透率 k 分别为

$$K = \frac{ge^2}{12\nu} = \frac{\rho ge^2}{12\mu} \tag{4.3-1}$$

$$k = \frac{e^2}{12} \tag{4.3-2}$$

式中，K——单裂隙的渗透系数；

$\quad\quad k$——单裂隙的渗透率；

$\quad\quad e$——裂隙宽度（张开度）；

$\quad\quad \mu$、ν——流体的动力黏滞系数和运动黏滞系数，见第50页。

对于含多组且每组有多条结构面的岩体系统，渗透系数张量和渗透率张量分别为

$$[K] = \sum_{i=1}^{m} \frac{ge_i^3}{12s_i\nu} \begin{bmatrix} 1-n_x^2 & -n_xn_y & -n_zn_x \\ -n_yn_x & 1-n_y^2 & -n_yn_z \\ -n_zn_x & -n_zn_y & 1-n_z^2 \end{bmatrix} \tag{4.3-3}$$

$$[k] = \sum_{i=1}^{m} \frac{e_i^3}{12s_i} \begin{bmatrix} 1-n_x^2 & -n_xn_y & -n_zn_x \\ -n_yn_x & 1-n_y^2 & -n_yn_z \\ -n_zn_x & -n_zn_y & 1-n_z^2 \end{bmatrix} \tag{4.3-4}$$

式中，$[K]$——裂隙系统的渗透系数张量；

$\quad\quad [k]$——裂隙系统的渗透率张量；

$\quad\quad m$——结构面组数；

s_i——第i组结构面的平均间距，i=1，…，m；

e_i——第i组结构面的平均宽度（张开度），i=1，…，m；

n_x、n_y、n_z——裂隙外法线与x、y、z轴夹角的方向余弦，由式(3.3-1)确定；

其它符号意义同前。

4.3.2.3 岩体渗透张特性量的确定

如上所述，表征岩体渗透性的参数是定向渗透系数或渗透率，即渗透系数张量或渗透率张量，其实质是确定结构面的渗透性。因此，确定其渗透系数张量或渗透率张量有两种方法，其一为现场结构面统计，其二为现场抽水试验或压水试验。

（1）结构面统计

根据岩体系统渗透张量计算公式，即式(4.3-1)～式(4.3-4)，在现场开展详细的结构面统计，确定结构面的组数，求出各组结构面的平均间距和张开度，代入式(4.3-1)～式(4.3-4)，即可获得测区岩体的渗透系数张量和渗透率张量。

当然，在具体运用时，可直接用现场统计计算的结构面组数、平均间距和平均张开度，也可以用在现场调查统计基础上的结构面模拟（如Monte-Carlo模拟）结果计算的结构面特征几何参数值。

（2）现场抽水试验或压水试验

抽水试验和压水试验是水文地质学中获取水文地质参数的常用传统方法。不过它们是基于连续介质的（即多孔介质），显然，除非岩体非常破碎，这些传统方法不能用于测定岩体的渗透性。若对这些传统方法进行适当改进，使之能反映渗透性的各向异性特征，便可用于测定岩体的渗透系数。如在传统抽水试验和压水试验中，采用三联水力传感器即可达此目的，该传感器最早由C. Louis（刘让）于1974年发明，故使用此设备的压水试验称为Louis试验。

此外，三段压水试验、交叉孔压水试验和Schneebeli层状岩体渗透张量测试法也可获得岩体系统的渗透系数张量和渗透率张量。

4.3.3 岩体渗流场的影响因素

4.3.3.1 结构面

岩体内结构面发育特征极大地影响着地下水的渗流特征。由式(4.3-1)～式(4.3-4)不难看出，结构面的张开度、间距和组数决定了渗透性的大小，岩体系统的渗透系数和渗透率随结构面张开度的增大而增大，随间距的增大而减小，随组数增多而增大。式(4.3-1)～式(4.3-3)表明，结构面产状决定了岩体系统渗透具有各向异性的特征，而且随着结构面组数的增多，各向异性减弱。

总之，岩体的空隙是地下水赋存场所和运移通道，岩体空隙的分布形状、大小、连通性以及空隙的类型等，影响着岩体的渗流特性。

4.3.3.2　地下水性质

式(4.3-1)和式(4.3-3)表明，地下水的性质也影响岩体系统渗流场特征，渗透系数张量与地下水的运动黏滞系数成反比。

4.3.3.3　地应力场

岩体系统中地下水通过结构面流动，而结构面对变形十分敏感，故岩体系统的渗透性受地应力场的影响非常显著。研究表明，应力场的变化将改变结构面的张开度，进而影响到渗透系数和渗透率，如Bernaix（1978）开展的片麻岩渗透系数与应力关系试验（图4.3-1）表明，当应力变化范围为5MPa时，岩体渗透系数变化达100倍。

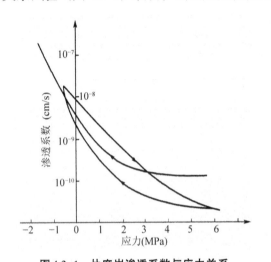

图4.3-1　片麻岩渗透系数与应力关系

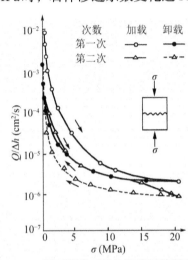

图4.3-2　循环荷载对结构面渗透性影响

试验表明，水压力变化明显改变了结构面的张开度，进而影响着地下水的流速和流体压力在结构面内的分布。如图4.3-2，结构面中的水流通量 $Q/\Delta h$ 随其所受正应力的增大而快速降低，而且应力-渗流关系具有回滞现象，岩体渗透能力随着加载-卸载次数增加而降低，但3～4个加载-卸载循环后，因结构面受法向力而闭合，渗流基本保持稳定。

许多学者提出了不同的经验公式，来描述地应力场对渗流场的影响。

Snow（1966）认为

$$K = K_0 + \frac{K_n e^2}{s}(\sigma_0 - \sigma) \tag{4.3-5}$$

式中，σ_0、σ——初始法向应力和考虑法向应力；

　　　　K_0、K——初始应力 σ_0 下的渗透系数和法向应力 σ 下的渗透系数；

　　　　K_n——结构面的法向刚度，见6.2节；

　　　　e、s——结构面的张开度和间距，m。

Louis（1974）基于试验，认为

$$K = K_0 \cdot \exp(-\alpha\sigma')$$ (4.3-6)

式中，σ'——有效应力（法向应力）；

α——系数。

孙广忠等（1988）认为，岩体渗透系数与法向应力的关系为

$$K = K_0 \cdot \exp\left(-\frac{2\sigma}{K_n}\right)$$ (4.3-7)

式中，σ——法向应力；

K_0——附加应力 $\sigma=0$ 时的渗透系数；

K_n——结构面的法向刚度。

综上所述，岩体渗透系数随应力增加而降低。随着岩体埋深增加，结构面密度和张开度都相应减小，故渗透性必随深度增加而降低。另一方面，人类工程活动对岩体内地应力场的改变，也将影响岩体渗透性能，如地下工程的开挖引起围岩应力调整，岩体内某些产状的结构面因应力释放而张开度增大，渗透性能增大；相反，水库的修建改变了结构面中的应力水平，也影响到岩体的渗透性能。

值得注意的是，岩体渗透性因应力状态而发生改变，渗透系数增大或降低，渗透性能的改变也会反过来影响岩体中的应力分布，进而影响岩体的强度和变形等力学性质，这就是所谓的"应力场-渗流场两场耦合"。

4.3.4　渗流场对岩体的作用

4.3.4.1　地下水对岩体的物理作用

（1）润滑作用

地下水在岩体的结构面边界上产生润滑作用，使结构面的摩阻力减小和作用在该结构面上的剪应力效应增强，结果沿结构面诱发岩体的剪切运动。这个过程在斜坡受降水入渗使得地下水位上升到滑动面以上时尤其显著。地下水对岩体产生的润滑作用反映在力学上，就是使岩体的摩擦角减小。

（2）软化和泥化作用

地下水对岩体的软化和泥化作用主要表现在对岩体结构面中充填物的物理性状的改变上，结构面中充填物随含水量的变化，发生由固态向塑态甚至液态转化的弱化效应。软化和泥化作用使岩体的力学性能降低，内聚力和摩擦角值减小。软化和泥化一般易于在断层带发生。

（3）结合水的强化作用

处于非饱和带的岩体，其中的地下水处于负压状态，此时的地下水不是重力水，而是结合水。按照有效应力原理，非饱和岩体中的有效应力大于岩体的总应力，地下水的作用是强化了岩体的力学性能，即增加了岩体的强度。

束缚在矿物表面的水分子通过其吸引力将矿物颗粒拉近且拉紧而起到联结作用

——水胶联结。这种联结作用一方面在薄膜水处于最大分子含水量时最大，而大于最大分子含水量时则逐渐减小，在水分减少的同时，水中游离的可溶盐和胶体逐渐浓缩、凝结和结晶，发挥了联结作用，代替了水胶联结，其联结力远大于水胶联结。

（4）水楔作用——楔劈效应

当两个矿物颗粒靠近且又有水分子补充到其表面时，矿物颗粒利用其表面能吸着力把水分子拉向自己周围。在两个颗粒接触处，由于吸着力作用，水分子便拼命地向两个颗粒间的缝隙内挤入，这种现象称为水楔作用。

在外荷载压力小于吸着力时，水分子便挤入两颗粒之间，使其间距增大，从而使岩体体积膨胀，岩体处于不可变形状态时便产生了膨胀压力。此外，水楔作用也使水胶联结代替了胶结联结及可溶盐结晶联结，产生了润滑作用。

4.3.4.2　地下水对岩体的化学作用

地下水对岩体的化学作用主要是指地下水与岩体之间的离子交换、溶解作用（黄土湿陷及岩溶）、水化作用（膨胀岩的膨胀）、水解作用、溶蚀作用、氧化还原作用、沉淀作用和超渗透作用等。

（1）离子交换作用

离子交换是由物理力和化学力吸附到岩体颗粒上的离子和分子与地下水的一种交换过程。能够进行离子交换的物质是高岭石、蒙脱石、伊利石、绿泥石、蛭石、沸石、氧化铁以及有机物等黏土矿物，因为这些矿物中大的比表面上存在着胶体物质。地下水与岩体之间的离子交换经常是：富含 Ca^{2+} 或 Mg^{2+} 的地下淡水在流经富含钠离子的岩土体时，地下水中的 Ca^{2+} 或 Mg^{2+} 置换了土体内的 Na^+，一方面水中 Na^+ 的富集使天然地下水软化，另一方面新形成的富含 Ca^{2+} 和 Mg^{2+} 的黏土增加了孔隙度及渗透性能。地下水与岩体之间的离子交换改变了岩土体结构，从而影响岩体的力学性质。

（2）溶解作用和溶蚀作用

溶解和溶蚀作用在地下水化学的演化中起着重要作用，地下水中的各种离子大多由溶解和溶蚀作用产生。天然的大气降水在渗入土壤带、包气带或渗滤带时，溶解了大量的气体，如 N_2、Ar、O_2、H_2、He、CO_2、NH_3、CH_4 和 H_2S 等，弥补了地下水的弱酸性，增加了地下水的侵蚀性。这些具有侵蚀性的地下水对可溶性岩石如石灰岩、白云岩、石膏、岩盐以及钾盐等产生溶蚀作用，使岩体产生化学潜蚀，产生溶蚀裂隙、溶蚀空隙及溶洞等，增大了岩体的空隙率及渗透性。

（3）水化作用

水化作用是水渗透到矿物结晶格架中或水分子附着到可溶性岩石的离子上，使岩石结构发生微观、细观及宏观的改变，减小岩体的内聚力。岩石风化作用就是由地下水与岩体间的水化作用引起；膨胀岩的水化作用使其发生大的体应变。

（4）水解作用

水解作用是地下水与岩体（实质上是岩土物质中的离子）之间发生的一种反应。若岩土物质中的阳离子与地下水发生水解作用，则使地下水中的氢离子（H^+）

浓度增加，增大了水的酸度，即 $M^++H_2O=MOH+H^+$；若岩石中的阴离子与地下水发生水解作用时，则使地下水中的氢氧根离子(OH^-)浓度增加，增大了水的碱度，即 $X^-+H_2O=HX+OH^-$。水解作用改变着地下水的pH值，也使岩体物质发生改变，从而影响岩体的力学性质。

（5）氧化还原作用

氧化还原作用是一种电子从一个原子转移到另一个原子的化学反应。氧化过程是被氧化的物质丢失自由电子的过程，而还原过程则是被还原的物质获得电子的过程。氧化和还原过程必须一起出现，并相互弥补。

氧化作用发生在潜水面以上的包气带，氧气（O_2）可从空气和CO_2中源源不断地获得。在潜水面以下的饱水带O_2耗尽，同样O_2在水中的溶解度（在20℃时为6.6 cm³/L）比在空气中的溶解度（在20℃时为200 cm³/L）小得多，故氧化作用随着深度而逐渐减弱，而还原作用随深度而逐渐增强。地下水与岩土体之间常发生的氧化过程有：硫化物的氧化产生Fe_2O_3和H_2SO_4，碳酸盐岩的溶蚀产生CO_2。

地下水与岩体之间发生的氧化还原作用，既改变着岩体中的矿物组成，又改变着地下水的化学组分及侵蚀性，从而影响岩体的力学特性。

地下水对岩体的上述各种化学作用大多是同时进行的，化学作用进行的速度一般很慢。地下水对岩体产生的化学作用主要是改变岩体的矿物组成，改变其结构性而影响岩体的力学性能。

4.3.4.3 地下水对岩体的力学作用

地下水主要通过静水压力和动水压力（孔隙）对岩体施加影响。前者减小岩体的有效应力，从而降低岩体的强度，在裂隙岩体中的空隙静水压力可使裂隙产生扩容变形；后者对岩体产生切向力以降低岩体的抗剪强度。

（1）静水压力

（a）孔隙静水压力

对于多孔连续介质（土体、破碎岩体），当空隙部分充满水而部分未充满水时，未充满的空隙中地下水将对多孔连续介质的骨架施加空隙静水压力，使岩土体有效应力增加，即

$$\sigma_\alpha = \sigma + u \tag{4.3-8}$$

式中，σ_α、σ、u——分别为有效应力、总应力和空隙静水压力。

而当所有空隙均充满水时，地下水对骨架施加空隙水压力，使有效应力减小，即

$$\sigma_\alpha = \sigma - u \tag{4.3-9}$$

（b）裂隙静水压力

对于岩体中张开结构面，当其充水时，会产生静水压力，其值由裂隙中水柱高确定，即

$$\sigma_{\mathrm{w}} = \gamma_{\mathrm{w}} h \tag{4.3-10}$$

式中，σ_{w}——静水压力；

      γ_{w}——地下水的容重；

      h——结构面中地下水柱高。

    静水压力使岩体中结构面上有效法向应力降低，从而使结构面上的摩擦阻力降低。结构面上受到地下水作用，水头高为 H，当受不透水层阻挡时，可形成静水压力 σ_{w}，于是，结构面上的应力发生了变化，即

$$\left.\begin{aligned}\sigma'_n = \sigma'_\alpha &= \frac{(\sigma_1 - \sigma_{\mathrm{w}}) + (\sigma_3 - \sigma_{\mathrm{w}})}{2} - \frac{(\sigma_1 - \sigma_{\mathrm{w}}) - (\sigma_3 - \sigma_{\mathrm{w}})}{2}\cos 2\alpha = \sigma_n - \sigma_{\mathrm{w}} \\ \tau'_\alpha &= \frac{(\sigma_1 - \sigma_{\mathrm{w}}) - (\sigma_3 - \sigma_{\mathrm{w}})}{2}\sin 2\alpha = \tau_\alpha\end{aligned}\right\} \tag{4.3-11}$$

    可见，结构面上的剪应力不变，而由于有效接触应力减小了 σ_{w}，导致抗剪强度减小量为，

$$\begin{aligned}\Delta\tau = \tau - \tau_{\mathrm{w}} &= [\sigma_n \tan\varphi + c] - [(\sigma_n - \sigma_{\mathrm{w}})\tan\varphi_{\mathrm{w}} + c_{\mathrm{w}}] \\ &= [\sigma_n(\tan\varphi - \tan\varphi_{\mathrm{w}}) + \sigma_{\mathrm{w}}\tan\varphi_{\mathrm{w}}] + [c - c_{\mathrm{w}}]\end{aligned} \tag{4.3-12}$$

式中，c_{w}、φ_{w}——浸水状态下结构面的内聚力和内摩擦角。

    （2）动水压力

    地下水在松散破碎岩体及软弱夹层中运动时，对颗粒施加动力压力（体积力），即

$$\sigma_{\mathrm{wd}} = \frac{1}{2} e\gamma J \tag{4.3-13}$$

式中，σ_{wd}——动水压力；

      J——地下水的水力坡度；

      e——结构面张开度；

      其它符号意义同上。

    总之，地下水在岩体裂隙或断层的赋存和渗流过程中，对结构面壁同时施加静水压力和动力压力两种。静水压力属于面力，垂直于结构面，使裂隙产生垂向变形、有增大结构面张开度的趋势；同时使结构面上的有效应力降低。动水压力平行于结构面的动水压力，使裂隙产生切向变形；同时结构面的细粒物质产生移动，甚至被携出岩土体之外，产生机械潜蚀而使岩土体破坏，导致管涌。

    综上所述，水压力使岩体中的应力状态发生了改变，降低了岩体抗剪强度，但其滑动力并未降低，故其稳定性随之降低。在不同类型的工程岩体中，水压力的作用方式不同。如在坝基中，水压力主要起浮托作用；而在边坡中，水压力将引起边坡的倾倒、滑动；在硐室工程中，水压力是塌方和冒顶等的重要因素。

4.4　地温场

4.4.1　地温场特征

4.4.1.1　地热与地温

地壳内的地热（geotherm）主要来源于岩石中放射性同位素的热核反应、地幔顶部岩层的热对流、地幔岩浆侵入的热交换以及太阳的热辐射等。根据地球表层5000 m深度范围内15 ℃以上的岩石和液体的初步估算，总含热量约为$14.5×10^{25}$ J，相当于$4.95×10^{15}$ t标准煤。地球或地壳内地热的分布状态称为地热场（geotherm field）。

地热受诸多因素的共同影响，地壳内不同地区、不同深度的岩体具有不同的温度。地层内岩体的温度称为地温（geotemperature），地温的空间分布状态称为地温场（geotemperature field），地温场是热能通过导热率不同的岩石在地壳上的表现。

4.4.1.2　地温梯度

受大地构造特征、地壳运动、岩浆活动和岩性等诸多因素的影响，地壳内温度的空间分布不均匀。

地温随埋深增加而有规律地增加。如中国华北平原某钻井1000 m深的地温为46.8 ℃，2100 m的地温为84.5 ℃；另一钻井，深度5000 m时温度为180 ℃。根据各种资料推断，地壳底部和地幔上部温度约1100～1300 ℃，地核约2000～5000 ℃。

地热的特征常用热流密度表示，有

$$Q = kG \tag{4.4-1}$$

式中，Q——地热的热流密度，J/s。

　　k——岩石的热导率，J/(m·s·℃)或cal/(cm·s·℃)；

　　G——地温梯度，$G=\mathrm{d}T/\mathrm{d}Z$，℃/m[①]。

表2.4-7为常见岩石0～50 ℃的热力学指标。

地温梯度表征了地温随深度的变化率。地温梯度一般为1.0～3.0 ℃/hm（即深度增加100 m，地温增加1.0～3.0 ℃），多数地区地温梯度为3.0 ℃/hm左右，地热异常区的地温梯度更大。

4.4.1.3　变温带与恒温带

根据地温随深度变化特征，地壳内地温面分为变温带和恒温带，变温带与恒温带间的分界面为中性面（图4.4-1）。

---

① 地温梯度的单位通常用℃/hm。

变温带位于地表及地下浅层，其地温受太阳辐射控制，具有日、年、世纪的周期性变化，日变化影响深度仅1～2 m，年变化深度可达20～40 m，世纪变化可达80～100 m。变温带以下为恒温带，该带内地温不受太阳辐射的影响，并不是指其地温为常数。

恒温带的温度随深度而增加，但受岩性和地质构造影响。构造作用反映在热流密度上，构造活动性越大的地区，热流密度越高，如古老地台区热流密度一般为 $4.6×10^{-6}～5.5×10^{-6}$ J/(cm²·s)；而年轻构造活动带的热流密度值可高达 $8.4×10^{-6}～10.5×10^{-6}$ J/(cm²·s)。岩性对地温的影响反映在岩石的热导率上。一般地，组成古老结晶基底的岩石的热导率比年轻构造区褶皱带岩石要高，故地台区的地温梯度常为30～50 ℃/km，而在一些现代活火山地区可高达20 ℃/hm（即200 ℃/km）。

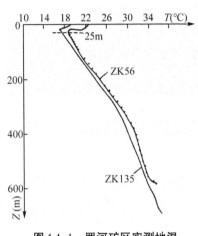

图4.4-1　罗河矿区实测地温

4.4.2　地温场的影响因素

地温场是非均匀场，其空间分布特征直接或间接受大地构造性质、基底起伏、岩浆活动、岩性、盖层褶皱、断层和地下水活动等因素的影响。

4.2.2.1　大地构造性质

在地温场诸多影响因素中，大地构造性质（如地壳稳定程度及地壳厚度）起主导作用，并从区域上控制着地温场的分布特征。不同构造部位的地温场特征往往有明显差异，如稳定的古老地台区具有较低的地温，而中新生代裂谷区则具有较高的地温。因此，大地构造性质及其所处构造部位是决定区域地温场特征基本背景最重要的控制因素。

地幔上隆产生地区性地壳拉张和裂陷，地壳厚度减薄而地壳受地幔更强烈的烘烤，而且地幔物质上涌和侵入至地壳。因此，地壳越薄，区域内越容易有较高地温。

4.2.2.2　岩浆活动及花岗岩分布

岩浆活动对现今地温场的影响包括两个方面。一方面，岩浆侵入或喷出的地质时代越新，所保留的余热就越多，高温岩浆余热对现今地温场的影响就越强烈，并且有可能形成地热高异常区；另一方面，岩浆侵入体的规模和几何形状以及围岩的产状和热物理性质等，对侵入体的冷却性质和速度有很大的影响。火山岩对地温的影响并不太，而侵入岩对地温的影响比较明显。

4.4.2.3　岩性的影响

地层中高热阻率和导热性差的岩石具有较高的地温梯度，低热阻率和导热性良的岩层具有较低的地温梯度。碎屑岩中，泥岩的热导率较低，砂岩次之，故泥岩段的地温梯度往往高于砂岩段。岩石热导率随地层埋深和年龄增加而加大，较老的致密岩石热导率高，热阻率小；上覆沉积层，特别是新生界的半固结的或松散的沉积物，热导率低，热阻率大。因此，地温梯度也因之随埋深增大而下降，而且深部热流便向地层较高处聚集。

岩石热导率具有明显的各向异性，平行层面（或片理、麻理、页理面）的导热性好，热阻率小。

岩性差异导致了纵向上不同组段或平面上不同区域的地温及地温梯度明显变化。均匀岩层的地温随深度变化曲线为较平滑，地温梯度为常值；物理性质差异较大时，地温梯度有明显变化，地温随深度变化曲线多为折线，曲线转折处对应岩性分界面。

4.2.2.4 基底起伏

大量地温实测资料表明，基底起伏形态对地温场有控制作用。由于岩石热物理性质侧向不均匀性，来自地球内部的均匀热量在地壳上部实行再分配，从而引起隆起和凹陷中不同的地温状况。基底岩体热导率往往高于盖层，故深部热流将向基底隆起处聚集，使其具有高热流和高地温的特征。在平面上地温分布与基底起伏密切相关，盖层平均地温梯度随基底埋深加大而减小。

4.2.2.5 褶皱的影响

由于岩石热导率随地质年龄增加而加大，背斜顶部上覆岩体较新，故深部热流向顶部岩体聚集，致使该部位地温较高且地温梯度较大。当岩层褶皱变形且倾角较大时，由于平行层面的导热性好且热阻率小，热流将偏向地层上倾方向，造成背斜使热流聚敛而向斜使热流分散的影响。因此，正向褶皱构造上部存在较高热流值、较大地温梯度和等温面上升的现象，负向褶皱上部的情况则与之相反。总之，褶皱构造对地温场有显著影响，地温和地温梯度由背斜两翼向其轴部或核部增高。

4.2.2.6 断层分布的影响

断裂发生时，岩层错断将产生大量的能量，或在断裂过程中，由于机械摩擦将产生部分能量。如果能量不能及时传导，地温将升高，此时可使两盘岩石熔化，并因温度升高而使孔隙水压力亦相应上升。同时，断裂是构造活动的部位，地幔物质表现活跃，断裂也是深部地热向上部地层中传送的良好通道。

4.4.2.7 地下水的影响

地下水以热对流传导方式与周围岩石进行热交换，对地温场将产生局部或区域影响，影响程度取决于地貌特征、构造发育程度、含水层分布及其水动力学特征。地下水运动存在两种相反的热传导效应，一种是在受冷水源补给的地下水强径流区，水流动过程中与围岩进行热交换，不断地把热量带走，对围岩起着冷却作用，使地温降低，地温场出现负异常；另一种是从地壳较深岩层中排泄出来的热水对其径流区周围的岩石加热，自身变冷，而使地温升高，地温场呈正异常。

总之，受岩性和构造作用等的综合影响，不同地区的热流密度、岩石的热导率和地温梯度不同。而同一地区，热流密度值基本上为一常数，如罗河矿区两个钻孔（ZK56、ZK135）的热流密度值分别为7.9×10^{-6} J/(cm²s)和7.6×10^{-6} J/(cm²s)，基本上相等，但岩石热导率的差异导致地温梯度有所不同。

4.4.3 地温场对岩体的影响

地温在岩体力学研究中的意义虽不像地应力和地下水那样明显，但它对岩体力学性质的影响不容忽视，尤其对一些深埋地下工程和高热区岩体工程。显然，在研究岩体力学作用时，必须了解岩体内地温状态及其对岩体的作用。

（1）温度对岩石物理力学性质的影响

对地表岩体，温度影响着岩石的物理化学作用，即风化作用和岩石力学性质退化作用。在化学作用上，岩石温度与地下水发生热交换，改变着水温，进而影响了水岩作用的速率和强度，如岩石溶解和水化等作用，进一步影响着岩石的成分和结构特征。这种作用需与水一道，通过水热作用进行反应。

在物理作用上，地温变化直接影响着岩石的结构，甚至导致岩石成分的改变，如高温熔融和变质等，从而影响着岩石的力学性质和力学性态。与化学作用需要有地下水的参与不同，地温对岩石的物理作用不需其它因素而单独起作用。

（2）温度对岩体应力状态的影响

由于地温梯度引起地层不同深度岩体中地温分布不均，导致岩石发生不均匀膨胀，从而引起地层中的温度应力（或热应力），即

$$\sigma_{\mathrm{T}} = \alpha E G Z \qquad (4.4-2)$$

式中，σ_{T}——岩体内的温度应力，MPa；

$\qquad \alpha$——线膨胀系数，℃$^{-1}$；

$\qquad E$——岩石的弹性模量，MPa；

$\qquad G$——地温梯度，℃/m；

$\qquad Z$——埋深，m。

由此可见，地温梯度变化引起的温度应力随深度Z的增加而增加。热应力随深度的变化率称为地温应力梯度（dσ_{T}/dZ）。若地温梯度G=3 ℃/hm，岩石线膨胀系数约为$\alpha = 10^{-5}$、弹性模量E=10 GPa，则一般地区岩体内的热应力梯度达0.003 MPa/m。

若上覆岩体平均容重γ=27 MN/m³，热力学参数仍取上述值，则由式(4.2-1)和式(4.4-2)可知，相同深度处地温梯度引起的热应力仅为自重应力垂向分量的1/9左右，这也是一般岩体工程（尤其浅部岩体工程）不考虑温度应力的原因。

温度应力为压应力。地温升高时，岩石膨胀，温度应力升高；反之，岩石则相

对收缩，温度应力降低。因此，一方面，岩体内岩石的热胀冷缩（尤其冷缩）使岩石发生破裂，导致岩体内结构面的产生，改变岩体完整性，这种作用可视为地温对岩体物理风化的另一方面；另一方面，地温变化使岩体产生加荷–卸荷，改变着岩体内的应力状态。一般来说，温度变化1 ℃，岩体内可产生0.4～0.5 MPa的地应力变化。按表2.4-8给出实测的一些岩石变形参数与热应力效应来计算，地表年温度变化可引起20～30 MPa的地应力变化。

5 岩石的力学性质

5.1 概述

5.1.1 基本概念

5.1.1.1 变形与破坏

物体在外力作用下发生变形，内部产生相应的应力和应变（图5.1–1）。物体为抵抗外力作用而维持自身完整和稳定所表现出来的性质称为力学性质（mechanic property），包括变形、强度和破坏等。变形（deformation）指物体在外力作用下发生的形态变化，包括体积变化和形状改变[1]。破坏（failure）是当外力达到极限值时材料或物体失稳的现象[2]。强度（strength）是材料受力及变形过程中某种状态对应的

---

[1] 广义上的变形包括形态变化和位置改变，前者包括体积变化和形状改变，属小变形；后者包括刚体平移与转动，属大变形。研究岩石等材料的力学性质时，不考虑刚体位移，仅研究形状改变和体积变化。因此，岩体力学中，研究岩石力学性质时，仅考虑体变和形变；而研究岩体的变形和破坏时，必须考虑大变形，甚至大变形更是主要的变形。

材料变形的体变和形变均是小变形，故可用应变来刻画；大变形难以用应变来表征，多直接用位移量表示。

[2] 岩体力学中，岩石或岩体破坏不一定是完全丧失承载力而失稳，而包括两个方面的含义，一是应力值达到或超过某种允许极限应力值（强度），二是变形达到或超过允许变形。

极限应力值。强度是一个相对概念，不同状态对应不同的强度（图5.1-1），如比例极限（弹性强度）σ_b、屈服极限（屈服强度）σ_y、极限强度（峰值强度）σ_c和残余强度σ_r等。

材料一经受到外力，即发生变形，内部产生相应的应力[1]。在整个受力过程中，变形持续发生且连续变化，即受力材料的变形是一个连续过程。外力不断增大过程中，内部各点的应力状态不断调整和变化。在某时刻，内部局部点的应力状态[2]达到某种强度条件而率先破坏，然后相邻点应力状态随外力变化达到强度条件，当若干相邻点相继满足强度条件[3]而形成贯通面时，发生破坏。在此意义上，破坏是随外力不断增加而累进性发展的。总之，受力材料的变形是一个连续过程，破坏只是其中的某种特定状态（如σ_b、σ_y和σ_c等所对应的"破坏"）。为了方便，常人为地将之分为变形阶段和破坏阶段，分别研究变形特征、破坏特征和强度特征。

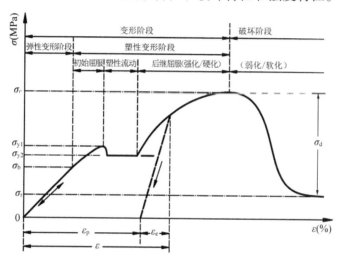

图5.1-1　材料单轴压缩(或拉伸)变形全过程曲线示意图

5.1.1.2　变形

（1）弹性与塑性

弹性（elasticity）是指在一定应力范围内，受力物体所产生的变形能够随外力卸除而全部恢复的性质，包括形状的恢复和大小的恢复。具有弹性性质的物体称为弹性介质（elastic medium），所产生的变形称为弹性变形（elastic deformation）。有些材

---

[1] 受力物体内部各点应力状态的总和即为该材料的应力场。材料内各点应力状态随外力而变化的过程即为其应力场的演化。

[2] 一点的应力状态是该点所有截面应力情况的总和。应力状态描述应指明其分量的大小和方向。一点的应力状态的3类表达方式：过该点指定截面上的正应力和剪应力（σ_a，τ_a），八面体应力是其特例；六面体微元的6个应力分量（σ_x，σ_y，σ_z，τ_x，τ_{yz}，τ_{zx}），主应力（σ_1，σ_2，σ_3），主应力是六面体微元应力分量的特例。

[3] 强度条件（亦称破坏条件）是指材料破坏时的应力状态各分量之间的关系。破坏条件通常用主应力状态分量表达成一定函数关系。屈服条件也是一种强度条件。岩石强度条件见5.8节；结构面强度条件见第6章；岩体破坏条件见第7章。

料大部分弹性变形随外力卸载而立即恢复，但还有一部分需经一段时间才缓慢恢复。卸载后弹性变形恢复滞后于应力恢复的现象称为弹性滞后效应或简称弹性后效（elastic hysteresis）。

塑性（plasticity）是指应力超过一定范围后材料所产生变形不能随外力卸除而恢复的性质。不能恢复的变形称为塑性变形，或称永久变形或残余变形（residual deformation）。外力作用下只发生塑性变形或在一定应力范围只发生塑性变形的物体称为塑性介质。

有些材料在应力较小时发生弹性变形而显示出弹性介质特征，当应力超过弹性极限后，主要发生塑性变形甚至只发生塑性变形（塑性流动）而显示出塑性特征。这类材料通常称为弹塑性介质，并可细分为理想弹塑性和线性强化弹塑性等。

（2）瞬时变形与流变

弹性变形和塑性变形均能很快（瞬时）完成，均属与时间无关的瞬时变形，即弹性变形和塑性变形具有瞬时性（instantaneity）。有些材料的变形不能在"瞬时"完成，而随时间持续增长；有时外力也不能瞬时自行卸除，需经较长时间才能卸除。研究这种材料，除应力和应变外，还需考虑时间相关性（time dependent）。外部条件不变的条件下，受力物体的应力或应变随时间而变化的性质称为流变性（rheology）或黏性（viscosity）。具黏性的物体为黏性介质（viscous medium）。

流变的宏观表现包括蠕变和松弛。蠕变（creep）是指在大小和方向都保持不变的恒定外力作用下，材料的变形随时间不断增长的现象，即 $d\sigma/dt=0$ 且 $d\varepsilon/dt>0$。松弛（relaxation）是指物体变形保持恒定而内部应力随时间增长而逐渐减小的现象，即 $d\varepsilon/dt=0$ 且 $d\sigma/dt\leqslant0$。

材料均不同程度地具有流变性，因此，对于一个较长时间的完整受力过程中而言，初期瞬时变形之后，即转入长时间的流变阶段。换言之，总的变形包括弹性变形、塑性变形和流变。在需要分析或研究时间相关性时，常将拟研究物体视为黏弹塑性介质，并视塑性变形贡献程度不同，细分为黏弹性、黏塑性和黏弹塑性等。

（3）体变与形变

受力材料的变形包括体积变化和形状变化两部分。体积变化用正应变（ε_x，ε_y，ε_z）、主应变（ε_1，ε_2，ε_3）、体积应变 ε_v 来表示（$\varepsilon_v = \varepsilon_x + \varepsilon_y + \varepsilon_z$）并用体积模量来表征其与应力状态的关系；形状变化用剪应变（γ_{xy}，γ_{yz}，γ_{zx}）来表示，并用剪切模量来表征其与应力状态的关系。

5.1.1.3 破坏

（1）破坏的微观机制——拉张与剪切

材料破坏是受力材料内部应力状态达到材料破坏条件所致。内部应力状态可分解为球应力和偏应力状态。球应力引起全部的体积变化，偏应力引起全部形状变化。从微观机理角度，材料破坏包括拉张破坏和剪切破坏两种基本微观机制[1]。

（2）破坏的宏观形式——脆性与延性

根据受力材料破裂时总变形大小，将材料破坏分为脆性破坏和延性破坏两类宏观表现形式。脆性（brittle）是指物体受力后在变形很小时就发生破裂并丧失承载力的性质；延性（ductile）是指物体能承受较大塑性变形而不丧失承载力的性质。

岩体力学中，通常用延性度或脆性度来区分岩石或岩体的宏观破坏形式。延性度（degree of ductility）是材料达到破坏时的总应变值（%），包括弹性应变和塑性应变。一般情况下，当延性度小于3%时称脆性破坏，大于5%时称延性破坏，3%～5%时为过渡性破坏。

脆性度（degree of brittle）为单轴试验曲线中的应力降与抗压强度的比值，即

$$\chi = \frac{\sigma_d}{\sigma_c} = \frac{\sigma_c - \sigma_r}{\sigma_c} \tag{5.1-1}$$

式中，χ——脆性度；

σ_c——峰值强度（极限强度），MPa；

σ_r——残余强度，MPa；

σ_d－应力降（峰值强度与残余强度之差），$\sigma_d = \sigma_c - \sigma_r$，MPa。

脆性和延性不是材料的属性，而是破坏时的宏观表现。受力材料表现出何种破坏形式固然与其自身特性有关，但更取决于温度、应力水平和应变率等环境条件。材料宏观破坏形式并非一成不变，在一定条件下可以发生脆性与延性的转化。

5.1.2 岩石的力学介质类型与力学性质

5.1.2.1 岩石的力学介质特征

由第2章可知，岩石是由矿物颗粒联结而成的。矿物（尤其晶质矿物）具有显著的各向异性，岩石颗粒大小差异且排列方式不一，内部空隙分布具有不均匀性，尤其有大量微裂隙的存在，而且岩石受到各种内外地质营力的作用。因此，在严格意义上，岩石是一种不连续、非均质和各向异性的介质。但在岩体尺度上，岩石通常被视为均质连续介质，而且一般情况下也不考虑岩石力学性质的各向异性，但对于层状岩体，必要时也应关注其各向异性，将其视为正交各向同性介质。

5.1.2.2 岩石力学性质的固有性和潜在性

与其它固体材料一样，岩石受力后发生相应变形，当应力达到强度时发生破坏。认识和研究岩石力学性质时，需考虑岩石力学性质的固有性和潜在性。

岩石的力学性质是岩石的固有性质，由岩石成分和内部结构共同决定。不同物质和结构的岩石具有不同的力学性质，如坚硬致密岩石的抗变形和抗破坏能力强，

---

[1] 单轴压缩作用也能导致材料破坏是由于压应力诱发拉应力，或与其它力组合成剪力所致。

呈现显著的弹性变形和脆性破坏，具有强度高、模量大和流变弱的特征；而松软岩石则抗变形能力弱，表现出显著的塑性变形和延性破坏特征，强度低、模量小，具有显著的流变性。

岩石的力学性质是潜在的，必须也只有在外力作用下才表现出来。作用力的性质和大小不同，岩石将表现出不同的力学性质，如在单向拉伸、单向压缩、纯剪和三向应力状态下，均有相应不同的力学性质；高应力状态下的力学性质不同于低应力状态。外力加载方式不同，岩石也将表现出不同的力学性质，如快速加载与慢速加载时岩石表现出不同力学性质，快速加载时的强度较大；单调加载与循环加载时力学性质也有差异。

5.1.2.3　岩石力学性质的特殊性

经典力学研究的一般固体材料属于人工材料，岩体力学研究的岩石属于天然材料。两者都是材料，因此，岩石的力学性质与一般固体材料的力学性质总体上相似，如受力岩石的变形也表现出弹性变形与塑性变形等。因此，采用一般固体材料相同的方法来研究岩石的力学性质。

岩石这类天然材料不同于人工材料，主要表现在结构上，因而岩石具有不同于一般固体材料的力学性质，即岩石力学性质具有特殊性。如岩石属于摩擦性材料、具有各向异性和尺寸效应、具有压硬性、球应力能导致岩石屈服而偏应力能导致体积变化以及变形过程中的扩容性等，致使固体力学的一些经典理论并不完全适合岩石，更不适合岩体。

5.2　单轴压缩状态下岩石的力学性质

5.2.1　单轴压缩试验及成果表示

（1）单轴压缩试验及应力-应变曲线

为研究单轴压缩作用下的力学性质，用标准岩石试件[①]，在刚性压力机[②]上按一定时间间隔分级施加轴向压力（图5.2-1），随外力不断增加，试件将发生变形（纵向缩短、横向伸长），并随轴向压力增加而增长，直至试件完全破坏（图5.2-2）。

测量各级压力 P 并计算应力 $\sigma_1, \sigma_2, \sigma_3, \cdots$，测量对应轴向应变 $\varepsilon_{a1}, \varepsilon_{a2}, \varepsilon_{a3}, \cdots$ 及横

---

① 试件形状可以是圆柱形或方柱形，试件的高径比（圆柱试件的长度与直径之比或方柱试件长度与端面边长之比）为2。

② 普通压力机因刚度不够，加载过程中，压力机加载系统贮存的应变能大于试件系统的应变能，试件进入非稳定扩展阶段，抗变形能力降低，而加载系统所施加荷载未做相应改变，对试件产生冲击，发生突然破坏。因此，普通压力机只能得到峰值前的变形曲线，而不能得到全过程试验曲线。刚性压力机克服了这种缺陷，能获得全过程变形曲线。

向应变 $\varepsilon_{c1}, \varepsilon_{c2}, \varepsilon_{c3}, \cdots$，计算相应体积应变 $\varepsilon_{v1}, \varepsilon_{v2}, \varepsilon_{v3}, \cdots$[①]，得到 3 条单向压缩全过程应力-应变曲线，即应力-轴向应变曲线（σ-ε_a）、应力-横向应变曲线（σ-ε_c）、应力-体积应变曲线（σ-ε_v）[②]，见图 5.2-3。

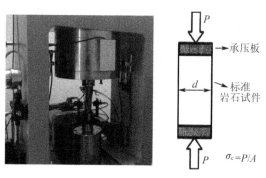

图 5.2-1　岩石单轴压缩试验示意图

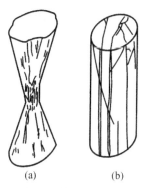

图 5.2-2　岩石单轴压缩破坏形态示意图

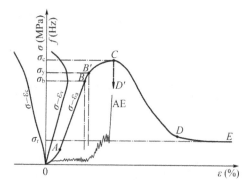

图 5.2-3　岩石单轴压缩 σ-ε 全过程曲线

（2）岩石单轴压缩试验的加载方式

由于岩石结构十分复杂，尤其微裂隙的控制作用，岩石的力学性质就是微裂隙受力后的力学性状。为研究岩石对不同压缩条件的响应并反映受力过程中微裂隙的行为，可采用多种轴压施加方式，包括简单加载和循环加载。

简单加载（亦称单调加载）是以一定的加载速率逐级施加轴向荷载直到试验结束，如图 5.2-3。

循环加载分为逐级循环加载和反复循环加载两种。逐级循环加载是在试验过程中，当荷载加到一定值时，将荷载全部卸除，然后又加载至高于卸载点的压力值，然后再卸载，如此不断地逐级循环加载和卸载（图 5.2-4）。反复循环加载是指在试验过程中，当荷载加至峰值前某压力时卸载，然后又加载至该压力水平，如此不断地反复循环（图 5.2-5）。

---

① $\varepsilon_v = \varepsilon_x + \varepsilon_y + \varepsilon_z = \varepsilon_1 + \varepsilon_2 + \varepsilon_3$。计算时应注意各应变分量的正负符号。岩体力学中规定：压缩为正、拉伸为负。因此，对于单轴压缩，体积应变为 $\varepsilon_v = \varepsilon_a - 2|\varepsilon_c|$。

② σ-ε_a 曲线的应用最广泛。故通常所说 σ-ε 曲线，若未加说明，则默认是 σ-ε_a 曲线。其它两类应力-应变曲线需明确说明。

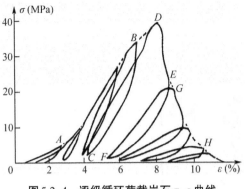

图 5.2-4 逐级循环荷载岩石 σ-ε 曲线

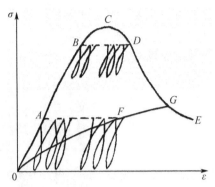

图 5.2-5 反复循环荷载岩石 σ-ε 曲线

5.2.2 单调加载条件下的力学性质

5.2.2.1 变形阶段

根据单轴压缩条件下岩石的 3 种应力-应变曲线的变形全过程线（图 5.2-3），单轴压缩全过程分为 5 个阶段。

（1）压密阶段

曲线上 OA 段。该阶段岩石中原有空隙（尤其微裂隙）在轴向荷载作用下逐渐被压缩而闭合，试件体积减小。本阶段表现为塑性变形，σ-ε 曲线上凹，斜率随 σ 增大而增大，表明微裂隙的压密开始较快，随后逐渐减慢，岩石刚度增大。

微裂隙化岩石的压密阶段表现较明显，致密岩石很难划分出该阶段。

（2）弹性变形阶段

曲线上 AB 段。随着法向荷载的进一步增大，微裂隙进一步闭合，孔隙被压缩，原有微裂隙基本没有新的发展，也无新的微裂隙产生，表现为弹性变形，σ-ε 曲线近于直线，即线性弹性变形，服从 Hooke 定律 $\sigma=E\varepsilon$。B 点对应的应力值即为弹性极限（elastic limit），用 σ_b 表示。对于坚硬岩石（如花岗岩），弹性极限大致为峰值强度的 50%。

该阶段自身为弹性，但若将微裂隙压密阶段（OA 段）的塑性变形也考虑进去，则卸载后变形不完全恢复，加载与卸载曲线不重合。

（3）微裂隙发生和稳定发展阶段

曲线上之 BB' 段。应力超过弹性极限后，原有微裂隙开始发展并产生新的微裂隙（声发射频度明显增大），随着 σ 增大，微裂隙开始稳定扩展，表现为应变增加速率大于应力增加速率。σ-ε 曲线斜率逐渐降低而呈下凹形，σ-ε_v 曲线斜率逐渐增大直至与 σ 轴平行。该阶段上界应力值为屈服极限（yield strength），用 σ_y 表示。

该阶段表现为塑性变形，整个试件由压缩转为扩张，导致体积增大，即扩容。

（4）微裂隙加速扩展阶段

曲线之 $B'C$ 段。在应力超过屈服极限并逐渐增大的过程中，岩石内部微裂隙加速扩展，并局部出现宏观裂隙，当裂隙扩展为贯通破裂面时，即发生破坏（对应于曲线上 C 点）。在这一过程中，变形增大很快，σ-ε 曲线斜率迅速减小，体积膨胀加剧，σ-ε_v 曲线向相反方向变化。与 C 点对应的峰值应力即为岩石的单轴极限抗压强度（compressive ultimate strength），用 σ_c 表示。

（5）破坏后阶段

曲线上 C 点以后阶段。由于普通压力机自身刚度不够，当岩石承受较大荷载之后，岩石的破坏控制不了普通压力机所积蓄的变形能，岩石和压力机储蓄的能量便迅速释放，岩石试件在瞬间破坏（图 5.2-3 中 CD′ 线），得不到峰值后变形曲线。改用刚性压力机，通过控制应变速率，有效地控制了岩石的破坏进程，从而可获得峰值后阶段的变形曲线，与峰值前的曲线共同组成全过程应力–应变曲线。在应力达到峰值点时，虽内部产生宏观贯通面，但试件仍呈整体。随着应变的继续发展，岩石开始软化，裂隙在外力作用下分叉并相互滑移，应力值显著降低（图中 D 点）；随后变形急剧增加、而应力值降低到某一稳定值（DE 段），E 点所对应的应力值称为岩石的残余强度（residual strength），用 σ_r 表示。残余强度的存在表明岩石并未完全丧失承载力，而仍保持较小的承载力。

5.2.2.2 变形特征

（1）峰值前的变形特征

该阶段的 σ-ε 曲线可通过普通压力机获得。由于不同的岩石，其成分、结构的不同，不仅其物理性质有差异，而且力学性质也不同。

L. Müller 对 28 类岩石作了系统的试验研究，并将单轴受压条件下的岩石变形曲线分为 6 种类型，对应于弹性、弹–塑性、塑–弹性、塑–弹–塑性、塑–弹–黏性和弹–黏性。在不考虑与时间相关的黏性变形的情况下，岩石变形曲线有 4 种类型，即直线型（弹性）、下凹型（弹–塑性）、上凹型（塑–弹性）和 S 型（塑–弹–塑性）共 4 种基本类型（图 5.2-6）。

直线型 σ-ε 曲线的斜率较大，弹性极限和屈服极限十分靠近，且很快达到峰值。若在曲线上任一点卸载，变形可完全恢复，表明岩石的变形主要为弹性变形，反映岩石内部质点（分子、原子、离子）组成的空间格架受力后发生的压密和歪斜。σ-ε 曲线的斜率即为岩石的固有弹性模量。微裂隙较少的石英岩、玄武岩、硅质岩、白云岩和辉绿岩等坚硬致密细粒结晶岩多属此类型。

下凹型 σ-ε 曲线无明显阶段性，变形随压力的增大而不断增大，斜率却逐渐降低，卸载后大部分变形不可恢复，表现为弹–塑性变形。该类变形反映了岩石内矿物晶格之间，黏土矿物聚片之间的相对滑移。岩盐和饱水的半坚硬泥岩等，在加载速率较低时多呈这种变形类型。

上凹型的 σ-ε 曲线无明显阶段性，应变和曲线的斜率随轴向应力增大而增大，至一定应力值后，曲线近于直线，卸载后大部分变形不可恢复，表现为塑–弹性变形。反映了岩石中微裂隙和孔隙在压力作用下的闭合变形以及随后岩石材料的变形。含较多微裂隙和孔隙的较坚硬岩石（如砂岩、花岗岩等）多具这种变形特征。

S型曲线可视为上凹型、直线型和下凹型曲线的复合类型。具有较多晶间或晶内微裂隙（如矿物间的界面和缝隙以及矿物内部的解理等）的中细粒结构岩石，如花岗岩、大理岩和砂岩等大多数岩石均为这类变形。反映了在单向受压条件下，岩石内部微裂隙先后经历了裂纹压缩闭合、岩石材料（固体颗粒）弹性变形、裂纹稳定扩展和裂纹加速扩展并形成宏观裂隙的几个变形阶段。

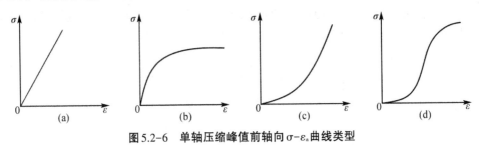

图5.2-6　单轴压缩峰值前轴向 σ-ε_a 曲线类型

（2）峰值后的变形特征

刚性压力机获得的岩石全过程 σ-ε 曲线可以有效地研究岩石峰值后的力学行为。研究表明，峰值前至峰值点是微裂隙发展为宏观裂隙的过程，在峰值点时岩石内部只出现了宏观破裂，其承载力大幅度降低，但并未完全丧失（即没完全破坏）。图5.2-3中 C 点以后的 CE 段反映了岩石出现宏观裂隙之后随变形发展直至完全破坏的过程。

Waversik 指出，岩石在峰值前的变形阶段具有大致相同的性质，但破坏后的性质却不同（图5.2-7）。根据岩石的性质、结构及加载速率的不同，峰值后曲线主要表现为稳定破裂传播和非稳定破裂传播两种类型（图5.2-7、图5.2-8）。

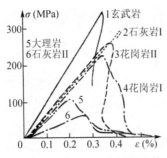

图5.2-7　岩石 σ-ε 全过程曲线

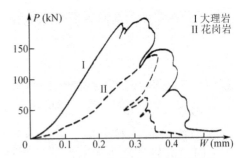

图5.2-8　岩石荷载-位移全过程曲线

对于强度相对较低的岩石，如大理岩、白云岩、页岩和红砂岩等，当刚性压力机施加的外力达到岩石抗压强度时，试件虽已破裂，但其中所贮存的变形能并不能使破裂继续扩展，只有压力机继续对试件做功才能使其进一步破裂，同时由于试件的有效面积随破裂而减小，才使得试件的承载力有相应地降低，但仍能保持一定的残余强度。从图5.2-8可以看出，由于宏观裂隙的产生，峰值后的 P-W 曲线呈现不光滑的反坡形，每产生一次宏观裂隙，曲线上就出现一次循环和一个鼓包，直至曲线降落至几乎呈水平，呈稳定破裂传播型，属延性—脆性破坏（σ-ε 曲线见图5.2-7

之4～6、图5.2-8之Ⅰ）。

对于硬脆岩石，如闪长岩和花岗岩等，当刚性压力机施加的压力达到或超过σ_c后，随着试件的破裂，尽管压力机不再对其做功，但试件所存的能量也能使裂隙继续扩展，岩石承载力不断降低，并最终导致整个试件的彻底破坏，呈非稳定破裂传播型（图5.2-7之1～3、图5.2-8之Ⅱ）。这种类型的特点是岩石变形自动发展，即在峰值点之后，存储在试验系统中的形变能就可进一步导致岩石的继续破坏直至彻底丧失承载力，只有从试件中引出所贮存的能量，方可使变形停止。这种类型的破坏，强度降低很快且降低幅度很大，表现为突发式脆性破坏，并伴有高频声发射。

5.2.3 循环加载条件下的力学性质

5.2.3.1 逐级循环加载

在刚性压力机上以不同σ值多次加载和卸载[①]，使岩石反复被压缩和相对拉张，直到破坏。记录并计算整个过程中的应力和应变，最终得到逐级循环单轴受压条件下的$\sigma\text{-}\varepsilon$曲线（图5.2-4）。

由图5.2-4可以看出，逐级循环受力过程中，岩石的总应变ε_0包括弹性应变ε_e和塑性应变ε_p，其中，弹性变形在卸载后能恢复，而塑性变形不可恢复，属永久性变形或残余变形（图5.2-9、图5.1-1）。

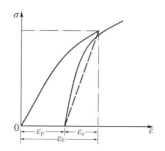

图5.2-9 加载、卸载与回滞环

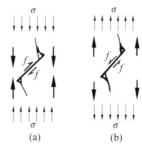

图5.2-10 微裂纹面上的摩擦力方向

试验表明，岩石的变形具有一定的弹性后效（弹性滞后效应）。应力卸除过程中，已发生的大部分弹性变形立即恢复（瞬时弹性变形），但部分弹性变形需经过一定时间才能恢复（滞后弹性变形）。瞬时弹性变形是岩石固体颗粒被压缩而发生的变形，属体积变形。对于弹性后效显著的岩石，弹性后效主要与岩石内闭合微裂隙之间的摩擦有关（图5.2-10），由于岩石在加载与卸载时的变形方向不同，微裂隙间做反向移动需克服裂隙间的摩擦，克服摩擦力需要一定时间，所以卸载初期阶段的曲线较陡而后期变缓，从而表现出弹性后效，发生滞后弹性变形。滞后弹性变形主要导致岩石体积变化，也引起一定的形状变化。

岩石塑性变形主要是矿物晶格之间或黏土矿物聚片体之间相对滑移所致，这种

[①] 峰值前每次重新加载的最高应力值高于前次，峰值后反之。卸载时，为保证试验系统的稳定性，应力不能卸载至0。

滑移是不可逆的，故塑性变形不可恢复。由于滞后弹性变形和塑性变形，使得岩石σ-ε曲线上任一点的卸载曲线与其本次的加载曲线不重合，而且也与重新加载曲线不重合，无论是峰值前还是峰值后，甚至弹性极限前，均是如此（图5.2-4）。卸载曲线与重新加载曲线构成的封闭环称为回滞环（hysteresis circle）。

在整个应力逐级循环过程中，岩石力学性质在峰值前与峰值后有所不同。如图5.2-4，峰值前的塑性变形总量不断增加，但每次循环中的塑性变形增量却逐渐减小，表现为每次卸载曲线和加载曲线的斜率要比上次卸载和加载曲线斜率大，表明峰值前循环次数越多，岩石越接近于弹性体；在峰值后某应力点卸载，部分变形也可恢复，但卸载曲线斜率随加载次数而逐渐降低，每次重新加载的最高应力值低于前次最高应力，最后维持在一定的应力水平（即残余强度），这反映出峰值后岩石的刚度随破裂程度的增加而降低。总之，逐级循环试验表明，岩石在峰值前表现为应变强化或硬化（strain-hardening）、峰值后表现应变弱化或软化（strain-softening），即岩石具有强化材料（或强化/软化材料）的特征。

峰值前，当重新加载的荷载回升到开始卸载点的值时，曲线并不按该次重新加载曲线的斜率趋势上升，而是按初级加载曲线上升；峰值后也类似，重新加载曲线的最高点逐渐降低。将每一次加、卸载的最高点连起来，即得到与单调加载时相同的岩石σ-ε全过程曲线（图5.2-4），表明受力历程并未改变岩石变形的基本力学性状。岩石具有记忆自己固有性质的能力称为岩石记忆。

5.2.3.2 反复循环加载

图5.2-5中，$OABCDE$曲线为单调加载条件下的岩石全过程σ-ε曲线。如果从B点开始，改为反复循环加载，即在同一应力水平反复循环加载和卸载，则其变形不断增长，σ-ε曲线为图5.2-5中$OABDE$，即σ-ε曲线不经过峰值点而由B点直接到D点，并继续沿DE发展下去。由此可见，在反复循环荷载下，岩石会在比峰值应力σ_c低的应力水平下破坏。岩石因反复循环荷载作用而在低于峰值强度的应力水平下破坏的现象称为疲劳破坏（fatigue failure）。岩石发生疲劳破坏时循环荷载的应力称为疲劳强度（fatigue strength）。

岩石的疲劳强度不是一个定值，它与循环荷载的持续时间（即循环次数）有关。若持续时间足够长，则疲劳强度越小；反之亦然。试验表明，存在一个极限应力水平，当反复循环荷载的最大应力低于该极限应力水平时，应变在循环荷载作用下达到一定值之后，无论其应力延续时间多长，应变也不再增长，岩石也不发生疲劳破坏，如图5.2-5中自A点施加反复循环荷载，变形增长至F点以后不再增长。图中OFG线即为各级循环荷载下岩石变形稳定时的应力和最终应变曲线。

5.2.4 岩石力学性质指标

5.2.4.1 变形参数

（1）变形模量

由前可知，岩石具有弹塑性变形特征（图5.2-4、图5.2-5、图5.2-10）。在压力作用下的总变形包含有弹性变形和塑性变形，即 $W_0=W_e+W_p$，用应变表示为 $\varepsilon_0=\varepsilon_e+\varepsilon_p$。

变形模量（modulus of deformation）为 $\sigma\text{-}\varepsilon$ 曲线上任一点的应力与应变之比，即

$$E_0=\frac{\sigma}{\varepsilon_0}=\frac{\sigma}{\varepsilon_e+\varepsilon_p}\qquad(5.2\text{-}1)$$

式中，E_0——岩石的变形模量，MPa[1]；

σ——$\sigma\text{-}\varepsilon$ 曲线上任一点的轴向应力，MPa；

ε_0、ε_e、ε_p——$\sigma\text{-}\varepsilon$ 曲线上对应于应力取值的轴向总应变、弹性应变、塑性应变。

E_0 反映了变形过程中，应力与总应变的关系[2]。常见岩石的变形模量见表5.2-1。

表5.2-1 常见岩石的力学参数

岩石	E_0 (GPa)	E (GPa)	μ	σ_c (MPa)	σ_t (MPa)	c (MPa)	φ (°)
花岗岩	20～60	50～100	0.20～0.3	100～250	7～25	14～50	45～60
流纹岩	20～80	50～100	0.10～0.25	180～300	15～30	10～50	45～60
闪长岩	70～100	70～150	0.10～0.30	180～300	15～30	15～50	53～55
安山岩	50～100	50～120	0.20～0.30	100～250	10～20	10～40	45～50
辉长岩	70～110	70～150	0.12～0.20	180～300	15～30	10～50	50～55
辉绿岩	80～110	80～150	0.10～0.25	200～350	15～35	25～60	55～60
玄武岩	60～100	60～120	0.10～0.35	150～300	10～30	20～60	50～55
石英岩	60～200	60～200	0.10～0.25	150～300	10～30	30～60	50～60
片麻岩	10～80	10～10	0.22～0.35	50～200	5～20	3～5	30～50
千枚岩	2～50	10～80	0.20～0.40	100～100	1～10	1～20	20～65
片岩	2～50	10～80	0.2～0.4	/	/	/	/
板岩	20～50	20～80	0.20～0.30	100～200	7～20	2～20	45～60
页岩	10～25	20～80	0.20～0.30	10～100	2～10	3～20	15～30
砂岩	5～80	10～100	0.20～0.30	20～170	4～25	8～40	35～50
砾岩	5～80	20～80	0.20～0.30	10～150	2～15	10～50	35～50
石灰岩	10～80	50～100	0.20～0.35	80～250	5～25	10～50	35～50
白云岩	40～80	40～80	0.20～0.35	80～250	15～25	15～30	35～50
大理岩	10～90	10～90	0.20～0.35	100～250	7～200	20～60	38～50

[1] 岩体工程中，岩石和岩体的变形模量的单位多用GPa。弹性模量也是如此。

[2] 因 $\sigma\text{-}\varepsilon$ 曲线具有非线性特征，不同应力级（曲线上的应力点）对应的变形模量不同。因此，根据 $\sigma\text{-}\varepsilon$ 曲线确定变形模量时，应指明取值的应力级，如峰值 σ_c 或半峰值 $\sigma_c/2$。

（2）弹性模量

弹性模量（elastic modulus）是弹性范围内轴向应力与轴向应变之比，即

$$E = \frac{\sigma}{\varepsilon_a} \tag{5.2-2}$$

式中，E——岩石的弹性模量，MPa；

σ——直线型 σ-ε 曲线上任一点的轴向应力，MPa。

ε_a——直线型 σ-ε 曲线上任一点的轴向应变（轴向弹性应变），$\varepsilon_a = \varepsilon_e$。

若为直线型 σ-ε 曲线，岩石弹性模量为该直线的斜率。

弹性模量刻画了岩石变形过程中的弹性变形行为，当变形过程中无塑性变形时，变形模量与弹性模量相等。

实际试验中的 σ-ε 曲线很少呈直线型。此时，可通过试验得到的 σ-ε 曲线确定3种弹性模量，即初始弹性模量、切线弹性模量和割线弹性模量（图5.2-11）。

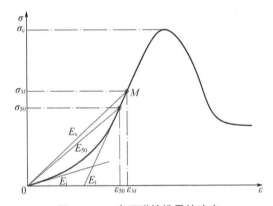

图5.2-11　岩石弹性模量的确定

初始弹性模量（简称初始模量）是 σ-ε 曲线原点处切线的斜率，即

$$E_i = \frac{d\sigma}{d\varepsilon}\bigg|_{\varepsilon = 0} \tag{5.2-3}$$

切线模量是 σ-ε 曲线上直线段的斜率，即

$$E_t = \frac{d\sigma}{d\varepsilon}\bigg|_{\varepsilon = \varepsilon_A} = \frac{\sigma_{t_2} - \sigma_{t_1}}{\varepsilon_{t_2} - \varepsilon_{t_1}} \tag{5.2-4}$$

割线模量是 σ-ε 曲线上任意点 M 与坐标原点连线的斜率，即

$$E_s = \frac{\sigma_M}{\varepsilon_M} \tag{5.2-5}$$

上述3个模量的意义不同，E_i 反映了张开裂纹的闭合刚度，E_t 反映了岩石颗粒的压缩变形，E_s 实质为某一应力级的变形模量。

相同岩石 E_t、E_s、E_i 的大小依岩性不同而差异极大。当岩石为坚硬致密的各向同性弹性体时，三者大致相等；当 σ-ε 曲线不呈直线时，三者量值一般互不相等，对于细粒岩浆岩，E_i 最大，$E_s = E_t = 0.9E_i$；孔隙较大、呈塑-弹-塑性变形的岩石，$E_t > E_s >$

E_t，E_s/E_t反映了岩石内微裂隙的发育程度。

总之，岩石的弹性模量反映了岩石压缩作用下的应力应变关系，但不同σ-ε曲线形式以及不同变形阶段，其值不同。直线型曲线，其斜率即为弹性模量。上凹型曲线，可取曲线上起始直线段的斜率为其弹性模量[①]。下凹型曲线，岩石具有弹性后效而存在回滞环，二者斜率不同且卸载曲线与曲线初始段也不同，故宜分别给出加载模量和卸载模量。S形曲线，则应分别给出E_i、E_s和E_t。

考虑到目前国内和国际上岩石双指标分类原则，岩体工程中通常采用σ-ε曲线上$\sigma_c/2$应力级的割线模量E_{50}来代表岩石的弹性模量，作为衡量岩石变形的统一标准，即

$$E_{50} = \frac{\sigma_{50}}{\varepsilon_{50}} \qquad (5.2\text{-}6)$$

常见岩石的弹性模量见表5.2-1。

（3）泊松比

单向受压条件下横向应变与纵向应变之比即为泊松比（poisson's ratio），即

$$\mu = \frac{\varepsilon_c}{\varepsilon_a} \qquad (5.2\text{-}7)$$

式中，μ——岩石的泊松比；

ε_c、ε_a——某级压力下的横向应变和轴向应变。

计算中，ε_a和ε_c取σ-ε曲线上直线段的平均轴向应变和平均横向应变。实际工作中，常采用σ-ε_a曲线上$\sigma_c/2$应力级所对应的横向应变和轴向应变来计算岩石的泊松比，即

$$\mu = \mu_{50} = \frac{\varepsilon_{c(50)}}{\varepsilon_{a(50)}} \qquad (5.2\text{-}7)$$

式中，μ_{50}——$0.5\sigma_c$压力级下的泊松比；

$\varepsilon_{c(50)}$、$\varepsilon_{a(50)}$——$0.5\sigma_c$压力级下的横向应变和轴向应变。

常见岩石的泊松比见表5.2-1。

（4）其它变形参数

除E、μ外，岩石变形参数也可有其它指标，如（K，G）、（λ，ν），它们之间的关系为

$$\left. \begin{array}{l} K = \dfrac{E}{3(1-2\mu)} \\[3mm] G = \dfrac{E}{2(1+\mu)} \end{array} \right\} \qquad (5.2\text{-}8)$$

[①] 试验表明，起始段的斜率大致与卸载曲线斜率相当，故往往可取卸载曲线的斜率为弹性模量，这就是工程中通常采用E_{50}作为岩石弹性模量的原因。

$$\left.\begin{array}{l} \lambda = \dfrac{E\mu}{(1+\mu)(1-2\mu)} \\[3mm] \nu = G = \dfrac{E}{2(1+\mu)} \end{array}\right\} \qquad (5.2-9)$$

式中，K、G——体积模量和剪切模量；

　　　　λ、ν——Lamé常数。

上述3组弹性变形参数（E，μ）、（K，G）、（λ，ν）通常按组使用，且在不同场合有各自的方便。（E，μ）和（λ，ν）是弹性理论引入的概念，故只适用于岩石的弹性变形阶段，当岩石内部出现宏观裂隙时，便失去意义（即泊松比失效）。（K，G）刻画的是外力作用下岩石的体积化和形状变化，不仅适用于弹性变形，同样适用于塑性变形，但塑性变形阶段，式(5.2-8)不再成立。

5.2.4.2　强度参数

（1）单轴抗压强度试验

如前所述，岩石的强度是指岩石变形过程中特定状态（性态）对应的极限应力值，如弹性极限、屈服强度、峰值强度和残余强度等。因此，各特征点的应力值即为对应的特征强度，即

$$[\sigma] = \frac{P}{A} \qquad (5.2-10)$$

式中，$[\sigma]$——相应特征点对应的压缩强度，MPa；

　　　　P——相应特征点的压力，MN；

　　　　A——试件横断面（圆形或方形）的面积，m²。

按上式计算不同特征点的应力值，即可获得该岩石相应的特征强度值，如弹性强度（弹性/比例极限）σ_b、屈服强度σ_y、峰值强度σ_c、残余强度σ_r，见图5.2-3。

工程实践更关注岩石的极限承载能力，常用峰值强度代表岩石的抗压强度，因此，通常所说岩石抗压强度是指其峰值强度，即岩石抗压强度是岩石受压破坏时的平均轴向应力，即

$$\sigma_c = \frac{P_c}{A} \qquad (5.2-11)$$

式中，σ_c——岩石单轴抗压强度（抗压强度）[①]，MPa；

　　　　P_c——试件破坏时的压力，MN；

　　　　A——试件初始横断面积，m²。

（2）其它方法

（a）强度准则法

岩石破坏是外力作用下内部应力状态达到强度极限所致，故可基于岩石强度准

[①] 岩石单轴抗压强度有时也用R表示。为了符号一致性起见，本教材采用σ_c表示。

则（详见5.8节），利用已获得的其它指标，估算单轴抗压强度。

如在获得岩石抗剪强度指标的情况下，利用Mohr-Coulomb准则，估算岩石单轴抗压强度，即

$$\sigma_c = \frac{2c\cos\varphi}{1-\sin\varphi} \tag{5.2-12}$$

式中，σ_c——岩石的单轴抗压强度，MPa；

c——岩石的内聚力，MPa；

φ——岩石的内摩擦角，（°）。

（b）点荷载指数与回弹数估计法

室内单轴抗压强度试验要求能获得标准试件，某些情况下，因岩体破碎或岩性软弱而不易取得满足单轴压缩试验要求的完整岩石试件，此时可用点荷载试验或回弹试验获得的相关参数，利用经验关系，估计岩石单轴抗压强度。

利用岩石回弹试验（详见3.3.6节）获得的回弹数R_e，可初步估计岩石的抗压强度，即

$$\sigma_c = 10^{0.000863\gamma_d R_e + 1.01} \tag{5.2.13}$$

式中，σ_c——岩石的抗压强度，MPa；

γ_d——岩石的干密度，kN/m³；

R_e——回弹值。

利用岩石点荷载试验（详见5.3.2.3节），可以估算岩石的抗压强度。不同学者得到不同的经验关系，如

$$\sigma_c = kI_{s(50)} \tag{5.2-14}$$

式中，σ_c——岩石的单轴抗压强度，MPa；

$I_{s(50)}$——岩石点荷载指数标准值，详见5.3.2.2节；

k——系数，$k=20\sim25$。

《工程岩体质量分级》（GB50218-2014）中提出，岩石单轴抗压强度与点荷载指数间的经验关系为

$$\sigma_c = 22.82 I_{s(50)}^{0.75} \tag{5.2-15}$$

5.3 单向拉伸状态下岩石的力学性质

5.3.1 岩石拉伸变形特征

采用直接拉伸试验（图5.3-1），可获得岩石单向拉伸作用下的$\sigma-\varepsilon$曲线（图5.3-2），并依此确定拉伸条件下的变形参数（弹性模量和泊松比）和抗拉强度。

岩石一般具有较高的脆性，抗拉伸作用的能力很低，破坏前的总应变量较小。

与单轴压缩相比，岩石在拉应力较低且总应变较小时，就会发生破坏（图5.3-2）。

大多数岩石拉伸变形性能与单轴压缩变形颇为相似（图5.3-2）。变形曲线的起始段都近于直线，两者初始模量非常接近。随拉应力的增加，模量连续减小，应力为峰值拉应力50%时的拉伸切线模量一般低于相应压缩切线模量。拉伸条件下泊松比随应力水平的提高而减小，变化范围颇大，低应力下可大于0.5，而高应力水平时可低至0.1或更小。

若压缩卸载后继之以拉伸，或拉伸卸载后继之以压缩，得到连续的$\sigma-\varepsilon$曲线（图5.3-3）。从曲线上可看出，若拉伸和压缩的最高应力的绝对值相等，经过压缩加载→压缩卸载→拉伸加载→拉伸卸载→压缩再加载→压缩再卸载之后，曲线又回到坐标原点，表明经历拉伸和压缩的完整循环后，完全清除了残余应变。

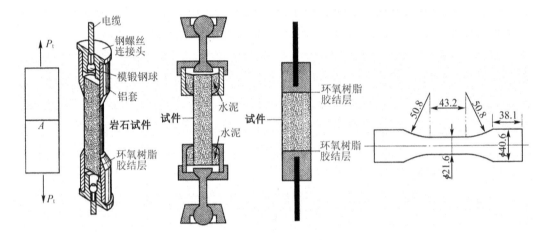

图5.3-1　岩石直接拉伸试验

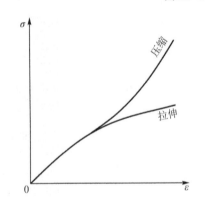

图5.3-2　岩石单轴压缩和拉伸之$\sigma-\varepsilon$曲线

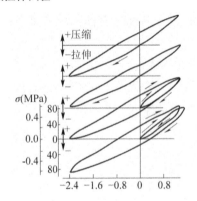

图5.3-3　连续拉、压过程中的$\sigma-\varepsilon$曲线

5.3.2　岩石拉伸强度

岩石在单向受拉条件下拉断时的极限拉应力值称为抗拉强度（tensile strength）。拉张断裂是岩体破坏的机制之一，所以岩石抗拉强度对于研究岩体的破坏具有重要意义，是评价岩体稳定性的一个重要指标，但它较小且在工程中常视为不受拉材

料，仅在岩石作为受拉材料时，才考虑其抗拉强度。

5.3.2.1　直接拉伸试验

直接拉伸法是将圆柱形试件粘在金属套帽上，用拉杆与试验机连接进行拉伸至岩样断裂（图5.3-1）。根据断裂时的拉应力求出岩石的抗拉强度，即

$$\sigma_t = \frac{P_t}{A} \tag{5.3-1}$$

式中，σ_t——岩石的抗拉强度，MPa；

$\quad\quad P_t$——拉断的最大拉力，MN；

$\quad\quad A$——初始横截面积，m^2。

拉断破坏后的破裂面应与拉力垂直，否则就说明岩石不是完全拉断的，所测值不是真正的抗拉强度。

5.3.2.2　限制性拉伸试验

为克服直接拉伸试验的不足，可采用限制性拉伸试验。限制性拉伸试验是利用端部和中间直径不同圆柱试件在液压作用下发生拉伸破坏而测定岩石抗拉强度（图5.3-4）。

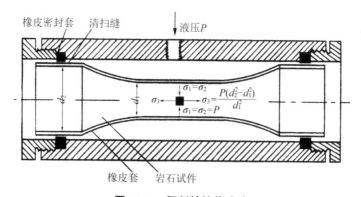

图5.3-4　限制性拉伸试验

由于两端直径大于中间，两者横截面积的差异导致试件中间产生拉伸应力，当液压达到一定值时，产生的拉应力达到岩石抗拉强度而发生拉张破坏。抗拉强度为

$$\sigma_t = \frac{d_2^2 - d_1^2}{d_1^2} p \tag{5.3-2}$$

式中，σ_t——岩石的抗拉强度，MPa；

$\quad\quad p$——液压，MPa；

$\quad\quad d_1$、d_2——中部和端部的直径，mm。

5.3.2.3　间接试验法

由于采用直接拉伸法在试件制作和实验技术方面均存在一定的难度，故目前多

采用巴西劈裂法、弯曲法和点荷载法等间接方法来测定岩石抗拉强度。

（1）劈裂法

劈裂法又称巴西试验法，把经过加工的圆板状（或正方形柱状）岩石试件横置于压力机的承压板上，并在试件上下与承压板间各置一根硬质钢丝垫条，然后加压使试件受压，直至它沿直径方向发生裂开破坏（图5.3-1）。加垫条的目的是为了把压力机施加的压力变为一对线布荷载，并使试件中产生垂直于上下荷载作用的张应力，故上下垫条必须严格位于通过试件垂直的对称轴面内。

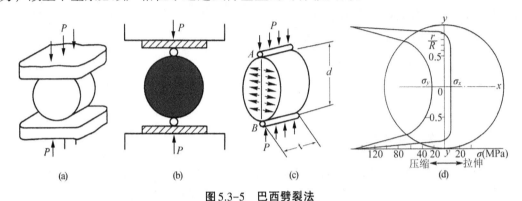

图5.3-5　巴西劈裂法

巴西劈裂法确定的岩石抗拉强度为

$$\sigma_t = \frac{2P}{\pi D t} \tag{5.3-3}$$

式中，P——试件破坏时的竖向总力，MN；

　　　D——圆柱形板状的直径或正方形板状的边长，m；

　　　t——试件的厚度，m。

（2）三点弯曲法

利用梁的三点弯曲理论，开展岩石弯曲试验（图5.3-6），确定岩石抗拉强度。

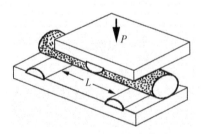

图5.3-6　岩石的三点弯曲试验

在压力P作用下，梁中性面上部受压、下部受拉，当拉应力超过拉伸强度时，梁下部边缘处开始出现拉张断裂，出现弯曲拉张断裂时试件所能随的最大应力为岩石的抗弯曲强度。对于圆截面和方截面柱状岩石试件，抗弯折强度分别为

$$\sigma_{buckling} = \frac{8PL}{\pi D^3} \tag{5.3-4}$$

$$\sigma_{\text{buckling}} = \frac{3PL}{2a^2b} \qquad\qquad (5.3-5)$$

式中，P——试件上部所受最大压力，MN；

D——圆形截面的直径，m；

a、b——方形截面的高度和宽度，m。

（3）点荷载试验法

点荷载试验利用球端圆台状加载器对试件加压，直至试件破坏（图5.3-7）。

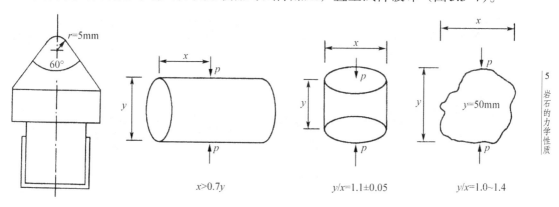

图5.3-7 岩石拉伸试验

测量并记录试件破坏时的极限压力 P 和加载点间的距离 D，计算点荷载强度指数 I_s（Index of strength），即

$$I_s = \frac{P}{D^2} \qquad\qquad (5.3-6)$$

点荷载试验需在长度至少为1.4倍直径的岩芯上进行，但实际上存在着强度的尺寸效应和形状效应，因此，必须予以修正，把结果转换为常规尺寸的强度。如当使用直径为10~70 mm的岩芯进行试验时，发现点荷载强度相差2~3倍，可见尺寸标准化的必要性。一般规定，点荷载指标为50 mm直径岩芯的点荷载强度 $I_{s(50)}$ 为标准值。

《工程岩体质量分级（GB50218）》规定 $I_{s(50)}$ 的修正关系为，

$$\left.\begin{aligned}
I_{s(50)} &= I_s \cdot K_d \cdot K_{Dd} \\
K_d &= 0.4905d^{0.4426} \\
K_{Dd} &= 0.3161e^{1.1515[D/b + \log(D/b)]}
\end{aligned}\right\} \qquad (5.3-7)$$

式中，d——规则试件（圆柱状试件）的直径，mm；

D、b——不规则试件断面的长与宽，mm；

K_d、K_{Dd}——尺寸修正系数和形状修正系数。

对于规则试件，$K_{Dd}=1$；对于不规则试件，$K_d=1$。

ISRM 推荐的修正关系为

$$\left.\begin{array}{l} I_{s(50)} = kI_s \\ k = 0.2717 + 0.01457D \quad (\forall\, D \leqslant 55\text{mm}) \\ k = 0.7540 + 0.0058D \quad (\forall\, D > 55\text{mm}) \end{array}\right\} \tag{5.3-8}$$

式中，D——试件直径，mm。

点荷载试验是从不规则岩块压缩试验演变而来的，其破坏通常也是由拉伸引起的，故与抗拉强度存在一定的联系。因此可通过经验关系，换算出抗拉强度，即

$$\sigma_t = kI_{s(50)} \tag{5.3-9}$$

式中，k——系数。

一般情况下，$k=0.96$。可见，岩石的点荷载指数与其直接抗拉强度大致相等，也证明点荷载情况下岩石的破坏的拉应力引起的。

此外，利用点荷载指数也可用于估算岩石的抗压强度，见式(5.2-15)。

（4）由抗压强度估算

与岩石的抗压强度相比，岩石的抗拉强度较小，多小于 2 MPa。在实际应用中，当缺少实际抗拉强度试验资料时，常直接由抗压强度估算，即

$$\sigma_t = k\sigma_c \tag{5.3-10}$$

式中，k——系数，一般取 $k=0.02\sim0.10$。

5.3.2.4 强度理论法

如在获得岩石抗剪强度指标的情况下，利用 Mohr-Coulomb 准则，估算岩石单轴抗拉强度，即

$$\sigma_t = \frac{2c\cos\varphi}{1+\sin\varphi} \tag{5.3-11}$$

式中，c——岩石的内聚力，MPa；

φ——岩石的内摩擦角，(°)。

5.4 剪切状态下岩石的力学性质

5.4.1 剪切试验

在剪力作用下，岩石产生切向变形。当剪应力超过其抗剪强度时，岩石内出现剪裂面而发生剪裂破坏。

根据试验仪器与试验原理，岩石剪切试验分为非限制性剪切试验和限制性剪切试验。非限制性剪切试验包括单面剪切试验、双面剪切试验、冲击剪切试验和扭转剪切试验等（图5.4-1），限制性剪切试验包括各种直接剪切（图5.4-2）及现场便携剪切试验（图5.4-3）等。两者的区别在于有无法向力（正应力），限制性剪切试验要求有与剪切力垂直的正应力，故限制性剪切试验有时被称为压剪试验。

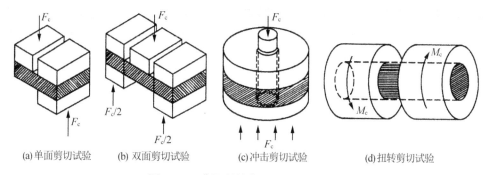

(a)单面剪切试验　　(b)双面剪切试验　　(c)冲击剪切试验　　(d)扭转剪切试验

图 5.4-1　非限制性岩石剪切试验

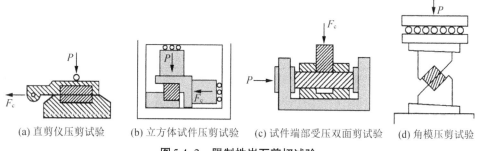

(a)直剪仪压剪试验　(b)立方体试件压剪试验　(c)试件端部受压双面剪试验　(d)角模压剪试验

图 5.4-2　限制性岩石剪切试验

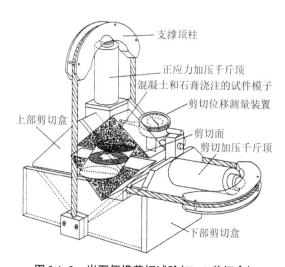

支撑顶柱

正应力加压千斤顶

混凝土和石膏浇注的试件模子

剪切位移测量装置

上部剪切盒

剪切面

剪切加压千斤顶

下部剪切盒

图 5.4-3　岩石便携剪切试验(Hoek 剪切盒)

　　根据研究目的之不同，剪切试验分为抗剪断试验、抗切试验和摩擦试验，其原理见图5.4-4。

　　不同剪切试验方法的试验原理以及所获试验资料不完全相同，因此，试验成果反映岩石剪切性能的侧重点不同。如非限制性剪切（抗切试验），一般不能获得剪切变形曲线，无法计算剪切变形模量，而且由于没有施加法向应力，只能获得岩石的抗切强度（内聚力）、不能获得内摩擦系数；角模压剪试验的好处是只需施加1个力，但计算复杂且一般不易获得变形曲线；便携剪切试验（Hoek盒剪切试验）对试件要求不高（不需要专门制作成标准形状的试件）、可以在现场开展、可以通过变形。因此，应根据试验要求、试验条件选取相应试验方法。一般室内采用直接剪切试验、现场采用Hoek盒剪切试验。

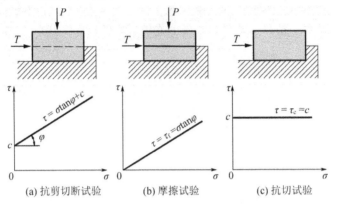

图 5.4-4　岩石剪切试验类型及强度曲线

在恒定法向荷载作用下，在剪切试验机上逐级施加剪力，记录对应剪切位移，计算相应的剪应力和剪切应变，获得该级法向荷载条件下的剪力-剪切位移曲线（T-u_s）、剪应力-剪切位移曲线（τ-u_s）、剪应力-应变曲线（τ-γ）等剪切变形曲线[①]，综合各级法向荷载的剪切试验曲线，得到不同法向荷载作用下的岩石剪切变形曲线（图5.4-5），以此研究岩石的剪切变形破坏特征，获得剪切相关的力学指标，如剪切变形参数（G）和抗剪强度参数（c、φ）。

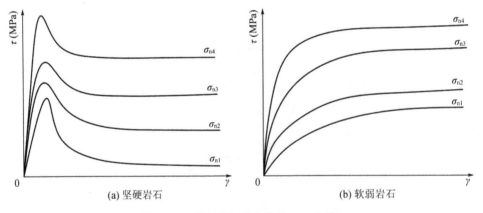

图 5.4-5　岩石剪切试验曲线（τ-γ曲线）

5.4.2　剪切变形破坏特征

由图5.4-5可见，岩石剪切变形曲线（τ-γ曲线）与单轴压缩曲线相似，初始段近于直线，当剪应力增大到一定阶段，曲线下凹，开始屈服。

岩石的剪切变形和剪切强度与岩性有关。坚硬岩石剪切过程中有峰值和残余

[①] 根据研究需要，可同时测量剪切过程中的法向位移 u_n 并计算正应变 ε，做出不同法向应力下的 τ-u_n 曲线或 τ-ε 曲线，与 τ-u_s 曲线或 τ-γ 曲线共同研究剪切过程中岩石的变形特征，如剪胀特性等。

值，阶段明显，有显著的强化和弱化特征，图5.4-5(a)；软弱岩石无明显的峰值与残余值，表现出剪应力达到一定值后具有显著的塑性流动特征，图5.4-5(b)。

如图5.4-5，岩石的剪切变形和强度与正应力有关。法向应力越大，剪切曲线初始直线段斜率越大、长度越长，反之亦然。法向应力越大，岩石的剪切强度[τ]越高，表现为峰值强度和残余强度均随法向应力的增大而增大。

5.4.3 剪切条件下的力学参数

5.4.3.1 剪切模量

表征岩石剪切变形的指标是剪切弹性模量（或称刚性模量）。剪切模量（shear modulus）是指 τ-γ 曲线上直线段的斜率，即

$$G = \frac{\tau}{\gamma} \tag{5.4-1}$$

式中，G——剪切模量，MPa；

τ——直线段上任一点的剪应力，MPa；

γ——与 τ 对应的剪应变。

根据弹性力学理论，在弹性变形阶段，岩石的剪切模量与弹性模量和泊松比之间具有理论关系，即式(5.2-8)中第2式。

5.4.3.2 剪切强度参数

岩石的剪切强度指岩石在一定条件下能抵抗的最大剪应力，常以剪断时剪切面上的剪应力表示。由前可知，岩石的剪切强度不是定值，它随作用面上法向应力增大而增大，是法向应力的函数。

为此，若获得不同法向应力下的剪切曲线（图5.4-5），则可得各级正应力 σ_{ni} 及其对应的峰值剪切应力 τ_{pi}、屈服剪应力 τ_{yi} 和残余剪切应力 τ_{ri}，即可得该组岩石的剪切强度曲线（图5.4-4、图5.4-6）。

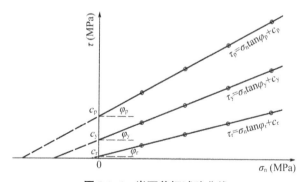

图5.4-6 岩石剪切试验曲线

利用试验获得的 τ-σ 图，基于最小二乘法回归，拟合得到抗剪强度关系，并获得岩石的抗剪强度参数，即

$$\tau = \sigma_n \tan\varphi + c \tag{5.4-2}$$

式中，σ_n、τ——正应力及对应剪切曲线的特征剪应力，MPa；

c——内聚力（或黏聚力、黏结强度），MPa；

φ——内摩擦角，(°)。

岩石抗剪强度参数（c、φ）可直接通过图中回归曲线与τ轴的截距和与σ_n轴的夹角确定，也可由线性回归直接计算得出。

根据所取对应于法向应力的剪应力的性质，如屈服剪应力、峰值剪应力、残余剪应力，可分别得到不同剪切强度及其参数（图5.4-6），即屈服抗剪强度参数（c_y，φ_y）、峰值抗剪强度参数（c_p，φ_p）、残余抗剪强度参数（c_r，φ_r）。若未加说明，通常所说的抗剪强度参数是峰值抗剪强度参数。

由式(5.4-3)可知，岩石的剪切强度由内聚力和内摩擦力两部分组成。在岩石受剪过程中，二者同时存在并起作用，只是二者存在的部分不同，前者存在于岩石的连续部分，后者存在于紧密接触的微裂隙部位。

相较于单轴压缩试验和拉伸试验，岩石抗剪切试验较为困难，因此，在有单轴抗压强度试验和拉伸试验、而未开展抗剪切试验的情况下，可利用获得的抗压强度和抗拉强度，基于Mohr-Coulomb强度准则，估算岩石的抗剪强度参数，即

$$\left. \begin{array}{l} c = \dfrac{\sqrt{\sigma_c \sigma_t}}{2} \\[3mm] \varphi = \sin^{-1}\left(\dfrac{\sigma_c - \sigma_t}{\sigma_c + \sigma_t}\right) \end{array} \right\} \tag{5.4-3}$$

此外，岩石的抗剪强度参数还可由三轴试验确定（见5.5节），或者由三轴试验、单轴压缩试验和拉伸试验共同确定，详见5.8.4.1节。

5.5　三向压力作用下岩石的力学性质

5.5.1　三轴试验

岩体处于三向应力状态，因此单向受力条件下的岩石试验成果不足以满足岩体力学性质研究和工程设计的要求，为此必须研究岩石在三向受力条件下的力学性质。

三向应力是指单元体上同时作用3个相互垂直的应力，一般规定$\sigma_1 \geqslant \sigma_2 \geqslant \sigma_3$。

如图5.5-1，按3个应力的组合方式，三向应力状态包括等压三轴状态或静水压力状态（$\sigma_1=\sigma_2=\sigma_3$）、等围压三轴状态或常规三轴状态（$\sigma_1>\sigma_2=\sigma_3$）和真三轴状态（$\sigma_1>\sigma_2>\sigma_3$），与之对应的试验分别称为等压三轴试验、常规三轴试验和真三轴试验。

真三轴试验是20世纪60年代末才开始研究，其原理是使岩石在三个彼此正交方向上受不同大小的力，以获得$\sigma_1>\sigma_2>\sigma_3$的应力状态，并研究这种应力状态下岩石的强度和变形特征，重点研究中间主应力的影响作用。

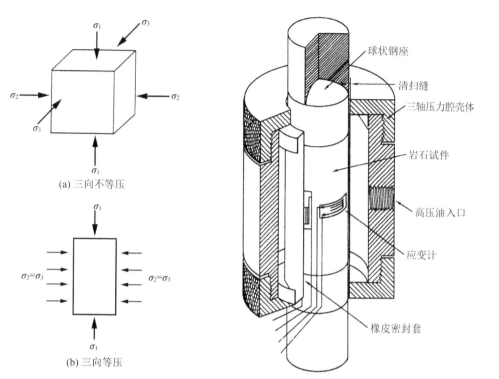

(a) 三向不等压

(b) 三向等压

图 5.5-1 三轴试验加载图示

球状钢座

清扫缝

三轴压力腔壳体

岩石试件

高压油入口

应变计

橡皮密封套

图 5.5-2 常规三轴试验仪器

此外，为了研究岩石在各种复杂条件下的力学性质，还有高温高压三轴试验、振动三轴试验、三轴渗透试验等。

一般情况下，多采用常规三轴试验（图 5.5-2）。

5.5.2 不同三向应力状态下的变形与破坏特征

通过一组三轴试验，得到反映三向受力条件下的岩石力学特征曲线，如应力差与轴向应变曲线（σ_{1-3}-ε_a）[1]、极限强度与围压曲线（σ_1-σ_3 或 σ_{1p}-σ_3）[2]、应力差与围压曲线（σ_{1-3}-σ_3）和 Mohr 包络线等，进一步利用这些试验曲线，研究岩石在三向受力条件下的力学性质，如岩石在围压条件下的应力-应变关系、围压条件下的破坏方式及破坏机制、围压对极限强度的影响和莫尔包络线等。

5.5.2.1 等围压三向应力

（1）围压条件下的应力-应变曲线

围压条件下的岩石 σ_{1-3}-ε_a 曲线与单轴压缩条件下的 σ-ε_a 曲线类似。为了研究方便，可作必要的简化并划分为 4 个阶段（图 5.5-3(a)）。OA 段为弹性变形阶段，与 A 点对应的应力为屈服强度；AB 段为塑性变形阶段或局部破坏阶段，应力达到 B 点时岩石破坏，B 点对应的应力称为破裂应力；BC 段为应力下降阶段，B、C 两点间的应

---

[1] 应力差是指任意两个主应力的差值，一般用最大主应力和最小主应力的差值，即 σ_{1-3}＝σ_1－σ_3。

[2] 三向应力下的极限强度是指一定围压条件下的最大主应力 σ_1，有时用 σ_{1p} 表示。

力差称为应力降；C 点以后为摩擦阶段，岩石已破裂，其作用力全由破裂面的摩擦力维持，C 点以后的应力称为残余强度或摩擦强度。

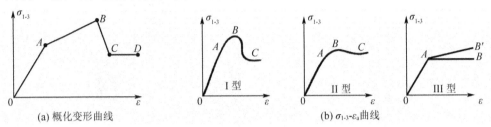

图5.5-3　岩石三轴试验曲线特征及类型

图5.5-3(a)是对围压条件下的曲线的理想化，实际岩石的变形曲线不一定各阶段都表现出来，根据岩性和围压的不同，变形曲线可有3种类型（图5.5-3(b)）。

Ⅰ型之初始段呈斜率较大的直线，屈服点不明显，当应力达 B 点应力时，岩石突然破坏。BC 段应力降大，斜率陡。大部分岩石在低围压时，或花岗岩和石英岩等致密坚硬岩石在较高围压时，多呈这种类型，但极高围压下不呈这种类型。

Ⅲ型岩石弹性变形阶段较短且斜率较小，A 点后发生塑性变形直至破坏，破坏时无明显应力降，应力几乎保持不变或有缓慢增加，岩石破坏是渐进过程。围压较低时的泥岩或泥灰岩等松软岩、围压较高时的大多数岩石、极高围压下几乎所有岩石，均呈此类型。

Ⅱ型是Ⅰ型和Ⅲ型之间的过渡类型，各变形阶段一般都表现出来。一般岩石在中等围压时多呈这种类型。

（2）变形特征

岩石在不同围压下的变形特征依岩石类型而异。高强度坚硬致密岩石变形曲线的斜率受围压影响很小，由图5.5-4(a)，当围压由34.5 MPa 变到138 MPa，3条曲线直线段的斜率相等且基本未变，即弹性模量并不因围压的增高而明显改变，而基本保持常数，表现为常刚度变形。砂岩、白云岩和大理岩等较软弱岩石的 σ_{1-3}-ε_a 曲线直线段的斜率随围压增加而明显增大（图5.5-4(b)），表现为变刚度变形，表明岩石原有的空隙在围压作用下压缩闭合而使岩石刚度增大。

对于上述任何岩石，随着围压的提高，破坏前的总应变量增大以及塑性应变在总应中所占的比例增加（图5.5-4(b)、图5.5-5(a)）。当围压达到一定水平时，以塑性应变为主的总应变可达到5%以上，即随着 σ_3 的增加，岩石由弹性变形向塑性变形转变。

（3）破坏方式

岩石具有脆性破坏和延性破坏两种基本破坏方式。岩石在力的作用下应变很小时就发生破坏的性质称为脆性（brittleness）。岩石脆性破坏主要是岩石内部微裂隙的发生和发展引起岩石体积发生膨胀，由弹性变形直接发展为急速的破坏，同时伴有高频声发射，破坏后应力降较大。具有大量永久性变形而不破坏的性质称为延性（ductility）。岩石延性破坏（或延性流动）是岩石在紧随弹性变形之后就产生塑性变形，或直接就发生塑性变形而导致岩石的破坏，破坏时的应力降很小，或有时在应力作用下应变持续不断增长而不出现破裂，即只有屈服而无破裂的延性流动。

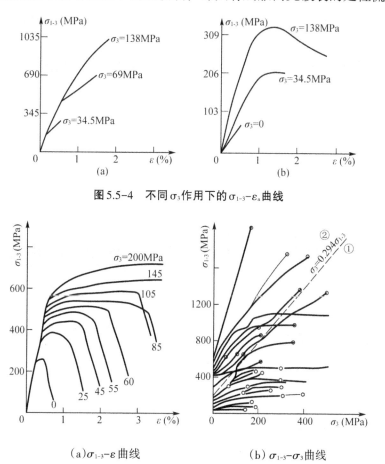

图5.5-4　不同σ_3作用下的σ_{1-3}-ε_a曲线

（a）σ_{1-3}-ε曲线　　（b）σ_{1-3}-σ_3曲线

图5.5-5　白云岩三轴试验曲线

　　岩石受力后的破坏方式与岩性、温度和围压有关。岩性对破坏方式的控制已在前面讨论，温度的影响将稍后讨论，此处重点讨论围压的影响。

　　由图5.5-4和图5.5-5(a)，破坏前的总应变（延性度）随围压增加而增大。当围压较小时（如$\sigma_3 < 60$ MPa），屈服点不明显，达到峰值时延性度小于3%，应力达到峰值后，岩石迅速破坏，破坏后的应力降大，表现为脆性破坏。当围压较大时（如$\sigma_3 = 85 \sim 105$ MPa），岩石在弹性变形后发生较大塑性变形（延性度3%～5%），然后才破坏，破坏后的应力降较小，表现为过渡类型破坏。随着σ_3的进一步增长，如$\sigma_3 > 145$ MPa，岩石屈服后发生很大的塑性变形，延性度大于5%，随着变形的发展，应力几乎保持不变或缓慢增长，无明显应力降，表现为延性破坏。总之，在围压条件下，岩石的物态和破坏方式随围压而转化。

　　岩石由脆性破坏转化为延性破坏的围压称为转化压力。转化压力的大小因岩性不同而异，一般为其抗压强度的1/2～1/3，如新鲜坚硬致密的辉长岩及花岗岩，在围压高达140 MPa时，仍呈脆性破坏；而白云岩的转化压力约为110 MPa，大理岩约为50 MPa，空隙发育的砂岩约为25 MPa，含水的泥岩在单轴压缩条件下就出现延性破坏，其转化压力为0。Mogi（茂木清夫）收集了大量硅酸盐岩石的试验资料，绘制了σ_{1-3}-σ_3关系图（图5.5-5(b)），发现脆性破坏与延性破坏之间存在着一条比较明显的界线，即$\sigma_3 = 0.294\sigma_{1-3}$。

（4）强度特征

由图5.5-4和图5.5-5，围压对岩石极限强度有显著的影响，二者多呈直线关系。表现在随围压σ_3的增大，岩石三轴极限强度σ_1也增大，但其增大速率却依岩性的不同而异。由图5.5-4，脆性破坏岩石的极限强度随围压的增长很快，而延性破坏岩石的极限强度随围压增长缓慢。

5.5.2.2　真三轴状态

（1）中间主应力对岩石强度的影响

Mogi（茂木清夫）通过大量真三轴试验，将岩石三轴极限强度σ_1作为σ_2和σ_3的函数（图5.5-6），认为σ_2对极限应力σ_1的影响要比σ_3小得多。张金铸对69个中细砂岩的试验表明，对任意给定的σ_3，由于σ_2的增加，可在一定应力变化区内使岩石破坏应力值σ_1增大，但增长程度要比σ_3的影响小；而当超过这一特定区间后，反而随着σ_2的增加而降低（图5.5-7）。这个区间的大小，与岩石的本身性质有关。二者的结论在是否存在一个使σ_1降低的区间问题上还有矛盾，但均说明对于任意σ_3，在一定范围内，σ_1均随σ_2的增加而增加，但增加速率较小，而且对于完整岩石，σ_2的影响远比σ_3的影响小。

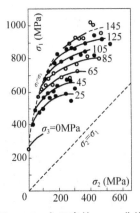

图5.5-6　白云岩的σ_1-σ_2曲线

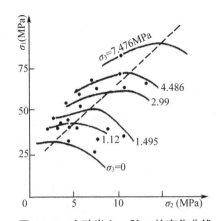

图5.5-7　中砂岩之σ_1随σ_2的变化曲线

σ_2对包含微裂隙的各向异性岩石的三轴极限强度的影响是明显的。图5.5-8是Mogi对绿色片岩进行的研究，根据片理与σ_1的夹角θ和与σ_2的夹角ω，试验分4种情况：第一种情况为$\theta=30°$且$\omega=0°$（即片理走向与σ_2平行），第二种情况为$\theta=30°$且$\omega=45°$，第三种情况为$\theta=30°$且$\omega=90°$（片理方向与σ_2方向垂直），第四种情况为片理走向与σ_1垂直，即$\theta=90°$。

试验结果表明，第一种情况下，σ_2对破坏应力基本没有影响（图5.5-8(a)）；第二种情况下，σ_2的影响也不大；第三种情况下，σ_2对σ_1的影响最大（图5.5-8(b)）；第四种情况时，σ_2的影响介于第二、三种情况之间（图5.5-8(c)）。

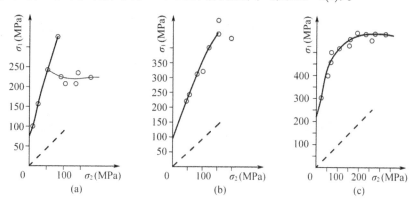

图5.5-8 σ_2对片岩极限强度σ_{1p}的影响

综上所述，中间主应力对岩石的三轴极限强度和变形有一定的影响，但其影响比σ_3小得多[①]。但对各向异性的岩石，当弱面走向垂直于中间主应力时，σ_2对岩石的强度的影响可达20%。

（2）中间主应力对岩石破坏方式的影响

试验表明，在低围压真三轴条件下，岩石的破坏可分为剪裂和拉裂两种类型。当$\sigma_2/\sigma_3 > 4$时，主要为剪裂破坏，破裂面与σ_1的夹角$\theta=22°$；当$\sigma_2/\sigma_3 > 8$时，主要为拉裂破坏，$\theta=0°$；而当$4 \leqslant \sigma_2/\sigma_3 \leqslant 8$时，表现为拉裂和剪裂的过渡类型。由此可见，随着$\sigma_2$由$\sigma_2=\sigma_3$向$\sigma_2=\sigma_1$发展，即应力状态由三轴不等压转化为类似于两向应力的双轴状态，延性增长。

5.5.2.3 三向均匀压缩

依据岩性的不同，均匀三向压缩条件（或静水压力状态，$\sigma_1=\sigma_2=\sigma_3$）下，岩石的变形曲线主要有两种类型（图5.5-9）。

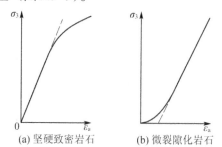

图5.5-9 岩石在三向等压条件下的压缩曲线

对于花岗岩和石英岩等致密坚硬岩石，如图5.5-9(a)，应变和围压在很大范围内（如$\sigma_3=130$ MPa）都近于直线，表明岩石坚硬致密几乎不具孔隙；而当围压很大时

---

① 因此，在一般情况下，不考虑中间主应力σ_2影响的Mohr破坏准则对岩石是适用的。

才逐渐屈服，曲线才变弯曲，但斜率变化较慢。

对于具孔隙和微裂隙的岩石，如图5.5-9(b)，σ_3-ε_a曲线在低围压下，斜率较低且上凹，反映了原有孔隙的闭合；围压增高至一定值时，近似于直线。孔隙闭合所需的压力随岩性不同而异，坚硬岩石所需的闭合压力较大。将图5.5-9(b)中直线段下延交于ε_a轴所得的n_f即为岩石空隙率，n_f小于一般孔隙率测试法的值，故可认为它反映了岩石的微裂隙[1]。

5.5.3 三向应力状态下的力学参数

5.5.3.1 变形参数

在静水压力状态下，岩石发生体积压缩变形[2]。体积变化用其体积模量表示。

体积模量为岩石的静水压力与其体积应变之比，即

$$K = \frac{\sigma_m}{\varepsilon_v} \qquad (5.5\text{-}1)$$

式中，K——岩石的体积模量，MPa；

σ_m——静水压力状态时的应力，MPa；

ε_v——与σ_m对应的体积应变。

在弹性阶段，体积模量与弹性参数（E、μ）间具有理论关系，即式(5.2-8)第1式。

5.5.3.2 强度参数（三轴极限强度）

三轴极限强度是指某围压下岩石能够承受的极限轴向应力。

（1）基于岩石力学试验

（a）定义

岩石三轴极限强度是一定围压条件下破坏时的极限轴压，可通过三轴试验获得，即

$$\sigma_{1p} = \frac{P_p}{A} \qquad (5.5\text{-}2)$$

式中，σ_{1p}——某围压下岩石三轴极限强度[3]，MPa；

P_p——某围压下岩石破裂时最大轴向力，MN；

A——试件的面积，m²。

（b）σ_{1p}的确定方法

由上可知，岩石三轴极限强度σ_{1p}随围压而变化，即σ_{1p}不是定值，不同围压下

---

[1] 见2.3.3.3节及图2.3-4。

[2] 经典力学认为，静水压力只引起物体的体积变化，而且体变是弹性的。但岩石类天然材料，静水压力作用下不仅发生体变，也发生形变。描述形变的剪切模量G见式(5.4-1)和式(5.2-8)第2式。

[3] 在不引起歧义的情况下，三轴极限强度可用σ_1表示。

的 σ_{1p} 值不同。为确定岩石的三轴极限强度 σ_{1p}，可基于三轴试验[①]，并选用两种等效的处理方法（图5.5-10）。

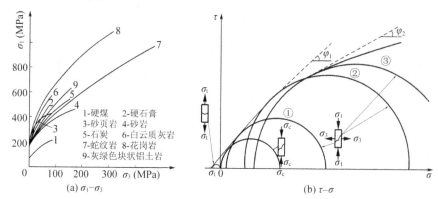

图5.5-10　岩石三轴试验成果表示及相关参数确定

a）主应力拟合法

将 σ_{1p} 视为围压（σ_3，σ_2）的函数，利用试验结果，拟合相应的函数关系式，即

$$\sigma_{1p} = f(\sigma_2, \sigma_3) \tag{5.5-3}$$

若忽略中间主应力 σ_2 的影响（$\sigma_2 = \sigma_3$），如图5.5-10(a)，函数关系式为

$$\sigma_{1p} = f(\sigma_3) \tag{5.5-4}$$

函数关系可以是线性的，也可以是非线性的（如双曲线型、抛物线型等）。

b）应力圆包络线拟合法

如图5.5-10(b)，在 τ-σ 坐标系中绘制所有试验资料的Mohr圆及其包络线，拟合包络线的函数关系式，即

$$\tau = f(\sigma) \tag{5.5-5}$$

包络线的函数关系可以是线性的，也可以是非线性的（如双曲线型、抛物线型等）。利用确定的包络线函数关系，即可确定不同围压下的三轴极限强度。

（c）拟合方程的具体形式及系数确定

a）线性（低围压）

当围压 σ_3 较低时，大多数岩石的 σ_3-σ_{1p} 和 τ-σ 都呈线性关系（图5.5-10），即

$$\sigma_{1p} = k\sigma_3 + b \tag{5.5-6}$$

$$\tau = k' \tan\varphi + b' \tag{5.5-7}$$

式(5.5-7)即为式(5.4-2)，即 $k' = \sigma_n$、$b' = c$。

式(5.5-6)中，系数为

---

① 单轴压缩、单轴拉伸、纯剪试验等试验结果，都可视为特殊的三向应力状态而纳入资料整理中。其中，单轴压缩破坏时，$\sigma_1 = \sigma_c$、$\sigma_2 = \sigma_3 = 0$；单轴拉伸破坏时，$\sigma_3 = -\sigma_t$、$\sigma_2 = \sigma_1 = 0$；纯剪破坏时，$\sigma_3 = -\tau$、$\sigma_2 = 0$、$\sigma_1 = \tau$。

$$k = \frac{1 + \sin\varphi}{1 - \sin\varphi}$$
$$b = \frac{2c\cos\varphi}{1 - \sin\varphi} = \sigma_c \qquad\qquad (5.5\text{-}8)$$

b）非线性（高围压）

当围压 σ_3 较高时，大多数岩石的 $\sigma_3 - \sigma_{1p}$ 和 $\tau - \sigma$ 都将偏离直线而呈非线性。若用图 5.5-10(b) 所示的应力圆包缝线拟合法确定包络线方程的 c、φ，可以有两种方法。一是将包络线与 τ 轴交点处的截距定为 c、交点处包络线切线与 σ 轴的夹角定为 φ；二是根据实际围压的 Mohr 圆与包络线切点处的外切线与 τ 轴的截距定为 c、切点处的外切线与 σ 轴的夹角定为 φ。实践中，多采用第一种方法。

Bieniawski（1963）也推荐了一种处理方法，即

$$\frac{\tau_m}{\sigma_c} = b\left(\frac{\sigma_m}{\sigma_c}\right)^c + \frac{\tau_0}{\sigma_c} \qquad\qquad (5.5\text{-}9)$$

式中，τ_m——最大剪应力，$\tau_m = (\sigma_1 - \sigma_3)/2$；

σ_m——平均法向应力，$\sigma_m = (\sigma_1 + \sigma_3)/2$；

b、c、τ_0——常数，实践中，近似有 $\tau_0 = \sigma_t$。

Brook 基于多种岩石的回归分析，认为最佳拟合关系为

$$\frac{\tau_m}{\sigma_c} = A\left(\frac{\sigma_m}{\sigma_c}\right)^n \qquad\qquad (5.5\text{-}10)$$

式中，A、n——常数，取值见表 5.5-1。

其它符号意义同式(5.5-9)。

表 5.5-1　式(5.5-11)中系数取值

岩石	泥岩	石灰岩	砂岩	花岗岩	全部岩石
n	0.715	0.733	0.790	0.840	0.779
$A = (0.5)^{1-n}$	0.821	0.831	0.865	0.895	0.858

若采用主应力法来拟合非线性情况（图 5.5-10(a)），也可采用经验法。Bieniawski（1963）推荐的方法为

$$\frac{\sigma_{1p}}{\sigma_c} = n\left(\frac{\sigma_3}{\sigma_c}\right)^a + 1 \qquad\qquad (5.5\text{-}11)$$

式中，σ_{1p}——某围压下岩石三轴极限强度，MPa；

σ_3——围压，MPa；

σ_c——单轴抗压强度，MPa；

a、n——常数。

Bieniawski 建议，$a = 0.75$；苏长岩 $n = 5.0$、石英岩 $n = 4.5$、砂岩 $n = 4.0$、泥岩 $n = 3.0$。

（2）利用岩石强度准则确定三轴极限强度

岩石强度准则就是根据岩石破坏时内部应力状态而建立的，因此可利用这些强度准则确定不同围压下的三轴极限强度。如根据Mohr-Coulomb准则，某围压σ_3时岩石三轴极限强度为

$$\sigma_{1p} = \frac{1+\sin\varphi}{1-\sin\varphi}\sigma_3 + \frac{2c\cos\varphi}{1-\sin\varphi} \qquad (5.5-12)$$

$$\sigma_{1p} = \frac{\sigma_c}{\sigma_t}\sigma_3 + \sigma_c \qquad (5.5-13)$$

5.6 岩石的流变

大量试验和工程实践都证明，岩石具有流变性（rheology），特别是蠕变现象。某些对蠕变敏感的岩石或者受高温高压影响的岩石，流变现象更为常见。这些岩石中，建筑物的破坏往往不是由于周围岩石的强度不够，而是因为岩石还未达到破坏就发生蠕变，过大的变形使建筑物破坏。因此，仅按岩石强度对这类岩石中的建筑物进行设计是很不安全的，应该考虑岩石蠕变的影响。

本节重点讨论岩石的蠕变特性。

5.6.1 岩石蠕变试验

对一岩石试件，在控制应变速率$\mathrm{d}\varepsilon/\mathrm{d}t < 10^{-6}/\mathrm{s}$条件下，施以某一恒定荷载，测定不同时刻的应变值或变形值，并对应地绘在$\varepsilon(t)$-t或$u_n(t)$-t图上，得到该恒定荷载下岩石的蠕变曲线（图5.6-1）。若施加的恒定荷载为剪力，则得到剪切蠕变曲线为$\gamma(t)$-t或$u_s(t)$-t。

5.6.2 岩石蠕变特征

5.6.2.1 蠕变的阶段

通过岩石典型蠕变曲线可以看出，岩石在恒定荷载下的蠕变过程可划分为以下4个阶段（图5.6-1）。

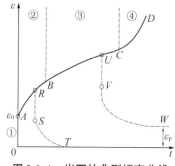

图5.6-1 岩石的典型蠕变曲线

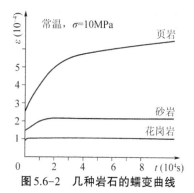

图5.6-2 几种岩石的蠕变曲线

（1）瞬时变形阶段

荷载加上后立即发生变形的阶段（图5.6-1中A点以下段），其变形为瞬时变形（包括弹性变形和塑性变形），记为ε_0。

（2）初始蠕变或阻尼蠕变阶段

应变在最初随时间增长较快，但其增长速率随时间逐渐降低（图5.6-1之AB段），记为$\varepsilon(t)$。若在本阶段某一点R卸载，应变沿RST降至0，其中RS段为瞬时应变恢复段，ST段应变随时间逐渐恢复至0（即弹性后效）。

（3）等速蠕变阶段

应变随时间呈近直线增长，增长速率为常数（图5.6-1之BC段），记为$\varepsilon_m=Mt$。若在本阶段内U点卸载，应变沿UVW恢复，其中UV段为瞬时应变恢复段，VW段为弹性后效段，应变不能恢复至0，仍保留有永久应变ε_p。

（4）加速蠕变阶段

应变及应变速率均随时间增长而增大（图5.6-1中CD段），表明变形加快直至破坏，记为$\varepsilon_T(t)$。

5.6.2.2　岩石的实际蠕变曲线及影响因素

图5.6-1是岩石蠕变概化曲线，岩石的实际蠕变不一定都表现出上述4个阶段，可缺少其中的某些阶段，尤其是等速蠕变阶段，只有蠕变过程中岩石结构的软化和硬化达到平衡，蠕变速率才相等并出现等速蠕变阶段。这与岩石的类型、恒定荷载的大小和温度的高低等因素有关（图5.6-2～图5.6-4）。

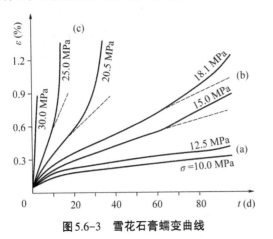

图5.6-3　雪花石膏蠕变曲线

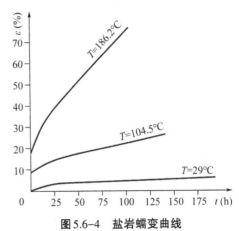

图5.6-4　盐岩蠕变曲线

相同恒定荷载作用下，不同岩石的蠕变特征不同，岩性越软弱越容易发生蠕变。如图5.6-2，花岗岩仅发生瞬时变形，基本上不发生蠕变，而页岩在继瞬时变形后的蠕变则相当明显，砂岩介于二者之间。

不同恒压下，相同岩性的岩石，其蠕变特征因恒压大小而不同（图5.6-3），根据恒载大小，分为趋稳蠕变和非趋稳蠕变。趋稳蠕变是在较小恒定荷载下，变形随时间增长，但变形速率递减，最终趋于稳定（图5.6-3中a组曲线），变形包括瞬时变形、初始蠕变和等速蠕变共3个阶段。非趋稳蠕变是当岩石所受的恒定荷载超过某极限，变形随时间不断增大而最终导致破坏（图5.6-3之b组和c组曲线）。对于非趋稳蠕变，当恒定荷载超过长期强度且较小时，包括瞬时变形、初始蠕变、等速蠕变和加速蠕变共4个阶段（b组曲线）；而当这种恒定荷载较大时，则无等速蠕变阶段，即仅包括瞬时蠕变、初始蠕变和加速蠕变共3个阶段（c组曲线）。

温度对岩石蠕变也有很大的影响，随着温度的升高，总应变与等速蠕变阶段的应变速率都明显增加（图5.6-4），但岩性不同时应变速率增加幅度不同。

5.6.2.3 岩石蠕变的经验公式

通过蠕变模型建立蠕变方程，再根据实际蠕变曲线对这些方程加以修正，得到岩石蠕变的经验公式或半经验公式，进而定量研究岩石的蠕变特征。如前所述，岩石的蠕变变形包括瞬时变形、初始变形、等速蠕变和加速蠕变等阶段，故在长期荷载作用下，蠕变变形 ε 可以表示为

$$\varepsilon = \varepsilon_0 + \varepsilon(t) + Mt + \varepsilon_T(t) \tag{5.6-1}$$

根据不同条件的试验，分别用不同形式的函数，确定上式中各阶段蠕变的具体表达式及其系数，从而获得经验蠕变公式。

不同学者提出了较多的经验公式，但目前绝大部分经验公式是表示前阶段蠕变的，至今还未找到表达加速蠕变的简单公式。对于前两阶段蠕变，经验蠕变公式主要有以下3种。

（1）幂函数

幂函数形式的岩石蠕变经验公式为

$$\varepsilon = At^n \tag{5.6-2}$$

式中，A，n——岩石材料常数，取决于应力水平、温度和材料结构，$0<n<1$。

通过对大理岩蠕变的研究，Singh得出第一阶段和第二阶段的轴向应变分别为

$$\left.\begin{array}{l} \varepsilon^{(1)} = 0.4395 \times 10^{-4} t^{0.4929} \\ \varepsilon^{(2)} = (1.817t - 8.022) \times 10^{-5} \end{array}\right\} \tag{5.6-3}$$

（2）指数函数

Evans对花岗岩、砂岩和板岩的研究，提出了指数函数形式的经验公式，即

$$\varepsilon = A\left(1 - e^{B - C^{-t^{0.4}}}\right) \tag{5.6-4}$$

式中，A、B、C——常数。

Hardy给出了初始蠕变阶段的蠕变方程，即

$$\varepsilon^{(1)} = A\left(1 - e^{-Ct^n}\right) \tag{5.6-5}$$

（3）对数函数

对石灰岩、滑石、页岩和其他许多矿物晶体蠕变特性的研究，Griggs得出了对

数型蠕变公式，即

$$\varepsilon = \varepsilon_0 + B \lg t + Dt \tag{5.6-6}$$

式中，B、D——常数，其值取决于应力。

Hobbs 对一组煤系地层中的岩石（如粉砂岩、页岩、泥岩、石灰岩）和强度为 61～206MPa 的砂岩做了蠕变试验，得出第一阶段和第二阶段蠕变经验公式为

$$\varepsilon = \sigma/E_c + g\sigma^f t + K\sigma \lg(t+1) \tag{5.6-7}$$

式中，E_c——平均增量模量；

σ——应力；

g、K、f——岩石材料常数。

Roberstson 根据 Kelvin 模型并通过实际试验曲线校正，得出岩石在恒定荷载下的蠕变经验公式为

$$\varepsilon = \varepsilon_0 + A \ln t \tag{5.6-8}$$

式中，ε_0——瞬时蠕变；

A——蠕变系数，单向压缩时，$A = (\sigma/E)^{\eta_c}$；三向压缩时，$A = [0.5(\sigma_1 - \sigma_3)/G]^{\eta_c}$；

E、G——弹性模量及剪切模量；

n_c——蠕变指数，低应力时取 1～2，高应力时取 2～3。

Farmer 根据岩石在不同应力条件下的 A 值，将岩石划分为 3 类（表 5.6-1）。

表 5.6-1 不同应力条件下岩石的 A 值

岩石类型		弹性模量 E (10^4MPa)	σ=10MPa, n_c=1.5	σ=50MPa, n_c=1.7	σ=100MPa, n_c=1.85
I	准弹性	12.0	7.6×10^{-7}	1.8×10^{-6}	2.2×10^{-6}
		10.0	1.0×10^{-6}	2.4×10^{-6}	2.9×10^{-6}
		8.0	1.4×10^{-6}	3.5×10^{-6}	4.3×10^{-6}
II	半弹性	6.0	2.1×10^{-6}	5.8×10^{-6}	7.4×10^{-6}
		4.0	4.0×10^{-6}	1.2×10^{-6}	1.5×10^{-6}
III	非弹性	2.0	1.1×10^{-5}	3.8×10^{-5}	5.3×10^{-5}
		0.5	8.9×10^{-5}	1.6×10^{-4}	2.5×10^{-3}

I 类为准弹性岩石，主要为坚硬岩石（花岗岩、玄武岩、石英岩等），在工程条件下一般不发生蠕变。II 类为半弹性岩石，主要是大多数沉积岩，既有弹性变形又有蠕变。III 类为非弹性岩石，包括一些软弱页岩、泥灰岩、片岩等，在应力不大时也产生蠕变，修筑在此类岩石中的岩体工程必须考虑蠕变的影响。

5.6.3 岩石蠕变的特征指标

5.6.3.1 长期强度

（1）概念

如图 5.6-3，随着恒定荷载的加大，岩石由趋稳蠕变（曲线 a）转为非趋稳蠕变（曲线 b），即由不破坏转为经蠕变而破坏。因此，在曲线 a 和 b 曲线之间，一定存在一个临界值，当所受的长期应力小于该临界值时，蠕变趋于稳定，岩石不会破坏；而大于该临界应力值时，岩石经蠕变最后发展为破坏。该临界应力值称为极限长期强度（简称长期强度，亦第三屈服值），以 σ_∞ 或 τ_∞ 表示。岩石的长期强度（σ_∞ 或 τ_∞）为其流动性的另一重要表征指标，在物理意义上，岩石所受的应力越大，达到破坏所需的时间越短；而应力越小，达到破坏需要的时间越长；如果如应力小于临界值时，无论应力时间多长，岩石也不破坏。

岩石长期强度需通过蠕变试验确定。取一组试样，在每一试件上施加不同的恒定应力，获得一组不同应力下的蠕变曲线（压缩蠕变或剪切蠕变），据此求得岩石的长期强度（σ_∞、τ_∞）。

岩石长期强度是很有作用的力学指标，当评价永久性或寿命长的岩体工程的稳定性时，应以长期强度而不是瞬时强度作为计算指标。

（2）σ_∞ 的求法

（a）强度曲线法

根据蠕变试验（图 5.6-3 和图 5.6-5(a)），取各级应力 σ_i 下蠕变破坏对应的时间 t_i，作 σ-t 曲线（长期强度曲线），曲线的水平渐近线对应的应力值即为长期强度。

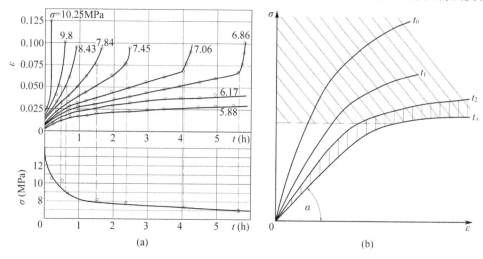

(a)

(b)

图 5.6-5 岩石应力-应变等时曲线

长期强度曲线可用指数型经验公式进行拟合

$$\sigma_t = \sigma_\infty + (\sigma_0 - \sigma_\infty)\exp(-\alpha t) \tag{5.6-8}$$

式中，σ_0——$t=0$时的强度；

α——曲试验确定的经验常数。

（b）应力-应变曲线法

如图5.6-3和图5.6-5(a)，取相应于不同时间（$t=0$，$t=t_1$，…，$t=t_n$）的应力值σ_i和应变值ε_i，则可得出对应于不同时刻的一系列的应力应变等时曲线（图5.6-5），曲线簇前段呈线性，线性段的斜率即为弹性模量E，模量随时间的增大而减小。曲线簇后段呈弯曲形，t越大，则曲线越趋于平缓。依此变化趋势，可以绘得一条$t=\infty$的平行于横轴ε的直线，该线与纵轴σ相交的应力值即为极限长期强度σ_∞。若施加的荷载超过极限长期强度，岩石将由蠕变发展至破坏，如图中阴影部分。

（3）τ_∞的求法

τ_∞可按σ_∞相同的方法（图5.6-5）求得。如果要求表征τ_∞的极限长期内摩擦角φ_∞及内聚力c_∞，则至少需4组试件（每组6个以上试件），使其各组试件之间受不同的法向应力，而组内各试件法向应力相同而剪应力不同。这样从而求得4个不同法向应力下的极限剪切强度τ_∞。进一步绘制σ与τ_∞的关系曲线，求得φ_∞和c_∞（图5.6-6）。

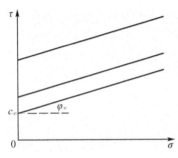

图5.6-6 岩石强度包线随时间变化

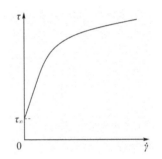

图5.6-7 剪应力-剪应变率曲线

5.6.3.2 黏滞系数

岩石的应力-应变速率[$\sigma(t)$-$d\varepsilon/dt$或$\tau(t)$-$d\gamma/dt$]曲线反映了岩石的流动特性，通过它可求得表征岩石的黏滞系数（coefficient of viscosity）。

由图5.6-3，虽然应力不变，但岩石蠕变过程中的应变速率在不断变化，每一条蠕变曲线（ε-t或γ-t）都有一个最小应变率$(d\varepsilon/dt)_{min}$或$(d\gamma/dt)_{min}$。对于具有等速蠕变阶段的蠕变曲线，其最小应变速率即为等速蠕变阶段的应变率（即ε-t或γ-t曲线上等速蠕变阶段直线的斜率）；而对于不具等速蠕变阶段的曲线，其最小应变率为初始蠕变与加速蠕变转换处的斜率。

以各蠕变曲线的最小应变率作为横坐标、以相对应的应力为纵坐标，绘制应力-应变速率曲线（图5.6-7）。根据τ-$(d\gamma/dt)$曲线的直线段，求得岩石的粘滞系数η，即

$$\eta = \frac{\tau}{\gamma} \tag{5.6-9}$$

式中，τ——τ-$\dot{\gamma}$曲线的直线部分上任一点的剪应力，Pa；

$\dot{\gamma}$——剪应变率（dγ/dt），s^{-1}；

η——黏滞系数，$N \cdot s/m^2$或$Pa \cdot s$或P。

黏滞系数η是表征岩石蠕变和流动特性的指标。常温常压下，饱水软弱泥岩$\eta=1.0 \times 10^{12} \sim 1.0 \times 10^{13}$ Pa·s，坚硬石英岩砂岩$\eta=1.0 \times 10^{15} \sim 1.0 \times 10^{16}$ Pa·s。

5.7 岩石力学性质的影响因素

5.7.1 岩石的地质特征

5.7.1.1 岩石的矿物成分

岩石的力学性质首先取决于其矿物成分，尤其当矿物颗粒间联结牢固程度较弱时，组成岩石的矿物颗粒的强度越高，则岩石的强度也越高，反之则越低。对于联结较弱的岩石，其强度随石英含量的增加而增加（图5.7-1），随黏土矿物含量的增加而降低；σ_c对矿物强度的敏感性强于σ_t。

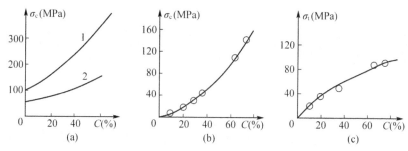

图 5.7-1　岩石强度与石英含量的关系

除黏土矿物外，岩石中绿色含水蚀变矿物（绿泥石、滑石和蛇纹石等）、盐类矿物、易风化矿物以及解理发育而易劈裂的云母类矿物等含量增加，也将劣化岩石的力学性质，故应特别重视这些矿物的存在。

5.7.1.2 岩石的结构特征

（1）颗粒大小

矿物颗粒大小决定了表面能和颗粒边界总量，影响颗粒的排列和粒间联结，并进而影响岩石的变形性及抗破坏能力和抗风化能力。一方面，颗粒边界是晶体内部位错的集中部位，是岩石潜在弱化点，容易发生和发展裂纹，故矿物颗粒越小，总边界越长，从而对岩石力学性质有一定的弱化作用；另一方面，颗粒越小，其粒间联结面积越大，对岩石力学性质又有一定的增强作用。在这两种相反作用中，往往后者是主要的。此外，颗粒越小，越不容易产生优势定向排列，对岩石力学性质又有强化作用。因此，当矿物成分相同时，细粒岩石的力学性能一般总优于粗粒岩石（表5.7-1、表5.7-2），如致密结构岩石比花岗结构岩石的强度高出许多，细粒花岗岩的抗压强度是粗粒花岗岩的1～2倍，致密结晶石灰岩的抗压强度甚至比由粗大的方解石晶粒组成大理岩高出2～3倍。

表 5.7-1　石英砂岩粒度与力学性质

粒度	粗粒	中粒	细粒	粉粒
σ_c (MPa)	35.0	45.0	52.0	60.0
E (GPa)	2.0	3.6	10.0	12.1

表 5.7-2　石英砂岩胶结物与力学性质

石英粒度	粗粒			中粒			细粒		
胶结物	泥质	钙质	硅质	泥质	钙质	硅质	泥质	钙质	硅质
σ_c (MPa)	6～11	50	88～165	10～31	52	100～180	11～40	60	122～210
E (GPa)	1.5～2.0	5.1	11.0～20.0	1.9～2.8	5.8	13.1～21.0	2.0～3.6	11.9	16.0～33.0

（2）颗粒排列方式

岩石颗粒的排列方式影响着岩石的各向异性程度。随机排列时，岩石均质好且呈各向同性；定向排列时，呈各向异性，进而导致岩石力学性质的各向异性。一般情况下，平行于层理、片理和微裂隙方向的弹性模量$E_{//}$最大、而平行于这些微面方向的弹性模量$E_\perp$最小，沉积岩的$E_\perp/E_{//}=1.08\sim2.05$、变质岩的$E_\perp/E_{//}=2.0$左右；平行上述弱面方向的强度（包括抗压强度和抗拉强度）一般大于垂直方向。

（3）结构连接

颗粒间的联结特征是影响岩石力学性质的重要方面。当粒间联结程度较高时，可在一定范围内改善岩石的力学性质；而其联结较弱时，岩石的力学性质很差。因此，当矿物成分一定时，结晶类岩石的强度高，脆性度大，多具弹性变形；水胶类岩石的力学性质很弱，近似于土；胶结类岩石的力学性质则视胶结物成分和胶结类型而异（表5.7-2、表5.7-3），硅质、铁质、钙质和黏土质胶结的岩石的力学性质依次减弱，如中等强度灰岩中，硅质灰岩的强度很高，而泥质灰岩的强度很低。

表 5.7-3　细粒石英砂岩胶结类型与力学性质

胶结类型	基质式	充填式	接触式
σ_c (MPa)	80.0	56.0	28.0
E (GPa)	8.50	6.00	4.82

事实上，岩石力学性质是由矿物成分、颗粒大小及其联结物共同决定，它们对力学性质的影响则依联结特征不同而异，随着联结牢固程度增强，矿物成分和颗粒特征的地位逐渐减弱。当联结较弱时，岩石的力学性质主要取决于矿物成分自身力学性质以及颗粒大小、形状和排列；而当联结较强时，力学性质主要取决于粒间联结特征，矿物本身强度的高低一般不能直接反映岩石的强度，如黑色矿物的强度低于浅色矿物，但火成岩的强度却随黑色矿物含量的增加而增大，基性和超基性岩的

强度高于酸性岩。因此，从这种意义上说，岩石的力学性质首先取决于粒间联结特征，其次才是矿物成分和颗粒特征。

（4）空隙发育特征

空隙是岩石的重要结构特征，极大地影响着岩石力学性质。其它条件相同时，岩石力学性质随空隙度增大而减弱（图5.7-2），随干密度增大而增强（图5.7-3）。

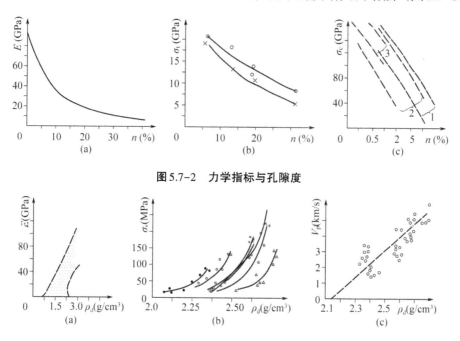

图5.7-2　力学指标与孔隙度

图5.7-3　力学指标与干密度

微裂隙是岩石力学性质的主要影响因素。受力岩石的一系列力学行为主要是微裂隙的行为，如岩石的变形与破坏主要是微裂隙的压密闭合、扩展、相互搭接、归并、形成宏观破裂面，微裂隙面的相互摩擦是导致弹性滞后的根本原因。微裂隙对拉伸破坏的影响更为显著，故岩石直接拉伸强度一般小于间接拉伸强度。

5.7.2　环境因素

5.7.2.1　含水状况

水可与岩石发生各种物理化学作用（详见4.3.4节），在很大程度上影响着岩石的力学性质。一般来说，水的存在使岩石力学性质降低，主要表现在随着含水量的增加，弹性模量和抗压强度逐渐降低，泊松比逐渐增大（图5.7-4）。软化系数（式（2.4-17））是表征岩石力学性质湿度效应的综合指标。

5.7.2.2　温度

如图5.7-5，随着温度升高，岩石弹性模量和强度降低，延性增强，脆性-延性转化压力降低，屈服点降低，而且岩性越坚硬，温度增加对其力学性质劣化作用越明显[①]。相反，若温度降低，如降到0℃以下，一般均能提高岩石的弹性模量和强度。

温度发生周期性变化可对岩石矿物晶粒间的连接造成损伤，从而使其力学性质降低，此时可用岩石的抗冻系数来反映，详见2.4.2.8节。

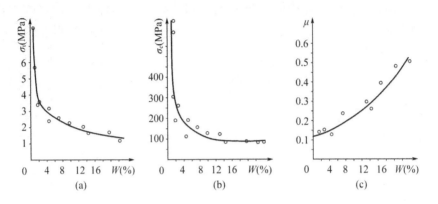

图5.7-4　含水量对砖红色黏土岩力学性质的影响

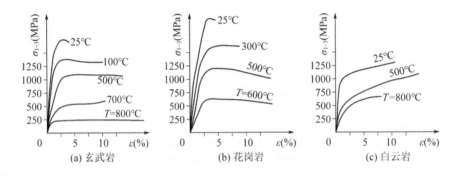

图5.7-5　温度对高压(σ_3=500MPa)岩石变形的影响

5.7.2.3　风化

风化作用是一种复杂的外动力地质作用，涉及内因（原岩的成因、成分和结构构造等）与外因（气温、大气、水和生物等）的综合作用。新鲜岩石的力学性质与风化岩石的力学性质有较大区别，特别是当岩石风化程度很深时，岩石力学性质明显降低，而实际工程又常常不可避免涉及风化岩石。不同程度的风化对岩石力学性质的影响程度不同，或者说不同风化程度的岩石具有不同的力学性质，这直接决定着岩体工程的开挖深度和防护对策。事实上，并非所有风化岩石都不能用，那些因风化程度强烈而物理力学性质差的岩石需要挖除，而风化程度较轻微、力学性质尚可的部分岩石，在充分研究其力学性质及对稳定性影响的基础上，可以利用（应该尽可能利用）。因此，必须研究和认识风化对岩石力学性质的影响。

风化使矿物成分和岩石结构发生变化。受水解、水化、氧化-还原等作用后，原

---

① 从工程角度来看，除某些特殊工程，一般不需要研究岩石力学性质的温度效应。因为，若按3℃/hm的地温梯度，3000 m浓度处的地温为90℃，该温度不至于对岩石的力学性质产生显著影响。

生矿物逐渐为次生矿物代替，尤其是黏土矿物的产生，而且随着风化程度加深，黏土矿物逐渐增多；同时黏土矿物更容易富集在结构面上，降低结构面的力学性质。另一方面，风化破坏岩石的原有联结，使岩块碎裂化，进一步破坏了岩体完整体，随着岩石原有结构联结的削弱以至丧失，坚硬岩石变为半坚硬岩石甚至松软土。总之，风化改变了岩石的成分和结构，影响岩石的物理力学性质，如透水性加大、抗水性降低、亲水性（膨胀性、崩解性、软化性）增强、力学性质显著降低。

5.7.3　作用力特点

岩石的力学性质是岩石本身所固有的抵抗外力作用并维持自身完整的能力，故严格意义上它不依赖于外力而变，但岩石的力学性质是潜在的，只有在外力作用下才能表现出来，不同特点的作用力使岩石表现出不同的性质，影响着岩石的力学性质。

5.7.3.1　应力性质

应力性质（拉、应、剪）不同，无论岩石的变形性还是抗破坏性方面均有不同的反应，尤其对于拉应力和压应力的反应不同。

当应力水平极低时，拉伸和压缩两种情况的初始模量基本相等；随着应力水平的提高，拉伸时的弹性模量则低于压缩时的弹性模量（图5.3-2），而且两种情况下的泊松比也有颇大差异，压缩比拉伸条件下的泊松比为大。

不同性质作用力条件，岩石强度相差悬殊，一般有 $\sigma_{1p} > \sigma_c > \tau > \sigma_t$。

三向受压条件下的岩石力学性质主要反映在围压对岩石破坏前的总应变、塑性应变和弹性应变在总应变中的比例、破坏性质的转化、变形模量和强度值的影响，围压越高、延性增强、变形加大、极限强度增大、模量越高。

5.7.3.2　应力水平

应力水平不同，岩石所表现出的力学性质常有明显差异。应力-应变曲线在不同区段有不同的斜率，这反映了应力大小对弹性模量的影响。随荷载 σ_1 的增大，岩石的弹性模量和体积模量增大、而变形模量和剪切模量减小（图5.7-6），泊松比增加（图5.7-7）。

随着正应力的增大，岩石内摩擦角逐渐减小、而内聚力逐渐增大（剪切曲线多呈双曲线，斜率随法向应力 σ_n 增大而降低）。抗压强度随 σ_3 增加而增加，在 σ_2 增加过程中，抗压强度先增后减。屈服极限随 σ_2 增加而升高，而与 σ_3 无关。

5.7.3.3　加载方式

单调、逐级循环和反复循环等不同加载方式下，岩石的力学表现不同。在反复循环加载条件下，岩石能在比极限强度低得多的情况下发生疲劳破坏（图5.2-5）。

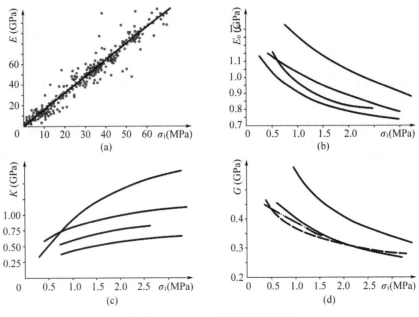

图5.7-6 应力水平对模量的影响

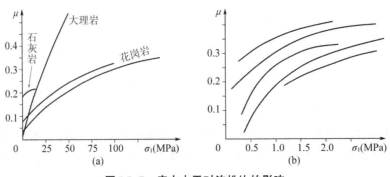

图5.7-7 应力水平对泊松比的影响

5.7.3.4 加载速率

压缩试验时，加载速率可以用应力速率 $d\sigma/dt$ 或应变速率 $d\varepsilon/dt$ 来表示，并且常按岩石受力时的应变速率来划分荷载的动态性质，$d\varepsilon/dt > 10^{-1}$/s 量级的荷载称为动载；$d\varepsilon/dt < 10^{-1}$/s 量级称为静载，其中 $d\varepsilon/dt < 10^{-6}$/s 的试验专门称为蠕变试验。故通常的静载试验是指应变速率在 10^{-6}/s～10^{-1}/s 的试验。

随着加载速率的提高，岩石弹性模量和强度都有不同程度的提高（图5.7-8、图5.7-9），而泊松比降低、脆性增强。这里重点讨论对强度的影响。

岩石的抗压强度和抗拉强度均随加载速率的增加而增大，但加载速率在同一数量级范围内变化时对强度影响不大（图5.7-8，图5.7-9），大致与加载速率的对数呈线性增长关系。这种影响在岩石的弹性变形阶段不明显，一旦进入裂隙扩展阶段，则表现出加载速率大导致强度增大的特点。

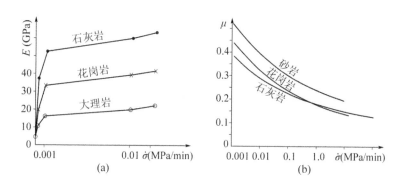

图 5.7-8　加载速率对岩石变形参数的影响

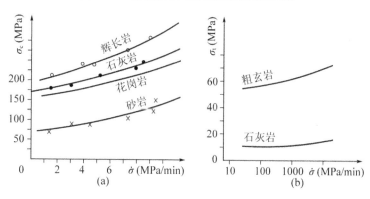

图 5.7-9　加载速率对岩石强度的影响

不同性质的岩石对加载速率的敏感程度不同（图 5.7-8～图 5.7-10），对大多数岩石而言，当由静载（$d\varepsilon/dt < 10^{-1}/s$）变为动载（$d\varepsilon/dt > 10^{-1}/s$）时，强度急剧上升。

空隙率不同的岩石对加载速率的敏感程度也不同，空隙率越大，抗压强度随加载速率的变化量越小（图 5.7-11）。

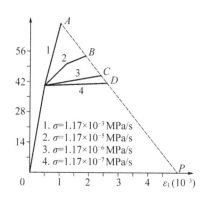

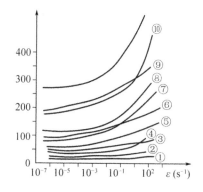

图 5.7-10　各种应力速率下印第安灰岩 σ-ε 曲线　　图 5.7-11　不同岩石的 σ_c 随应变率变化

加载速率对岩石力学性质的上述影响主要是岩石内普遍存在微裂隙所致，微裂隙的扩展可在毫秒级时间内完成，但其相互搭连、归并而成为宏观破裂则需要相对长的时间。故若加载速率大，微裂隙来不及相互搭连和归并，没有得到应有的发展，从而造成应变滞后于应力增量，岩石强度提高。

正是由于岩石的力学性质对加载速率相当敏感，在不同加载速率下得到的模量和强度可能相差很大。为了便于对比，对试验中的加载速率做出统一的规定，如拉伸试验的加载速率为0.01～0.1 MPa/s，压缩试验的加载速率为0.1～1.0 MPa/s。

5.7.3.5 应力延续时间

应力延续时间的长短对岩石变形和破坏的影响很大，这种影响称为岩石力学性质的时间效应。由前可知，无论是单调加载还是反复加载，如果延续时间相当长，岩石发生蠕变或疲劳破坏，使岩石在低于极限强度的条件下发生破坏。

5.7.4 试件条件

岩石试件的形状、尺寸和端部条件影响受力岩石内部应力分布状态，进而影响岩石的力学性质。

5.7.4.1 试件几何特征

（1）外表面平整与光滑程度（表面效应）

试件表面越平整、光滑，表面附近越不易产生局部应力集中，应力分布越均匀，测试结果越能反映真实情况。

（2）试件形状（形状效应）

不同几何形态的试件，受力后试件内部应力分布特征不同，尤其是应力集中和应力分布不均匀程度，直接影响到岩石力学性质测试结果。

一般而言，圆柱形试件的强度高于棱柱试件，六棱柱、四棱柱和三棱柱试件的强度依次降低（图5.7-12）。这是因为棱柱试件应力集中而断面上应力分布不均匀所致，棱角越尖，则应力集中越显著。

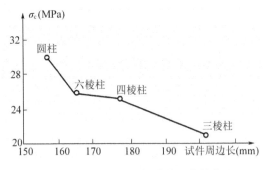

图5.7-12　抗压强度与试件形状的关系

（3）试件尺寸（尺寸效应）

（a）岩石强度的尺寸效应

岩石试件的尺寸越大，则强度越低，反之亦然，这种现象称为岩石力学性质的尺寸效应，这是由于试件内部分布着各种微裂隙，它们是岩石破坏的重要诱因，试件尺寸越大，可能包含的就裂隙越多，破坏概率也越大，因而强度降低。

当横截面积相同的柱状试件，一定尺寸范围内，抗压强度随试件长度增加而降低。当试件长度相同时，单轴抗压强度随试件直径或边长增大而减小（图5.7-13）。

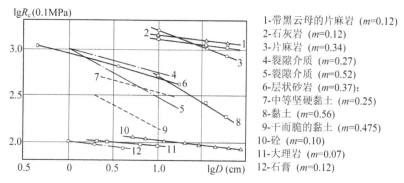

图5.7-13 抗压强度与试件直径的关系

1-带黑云母的片麻岩 (m=0.12)
2-石灰岩 (m=0.12)
3-片麻岩 (m=0.34)
4-裂隙介质 (m=0.27)
5-裂隙介质 (m=0.52)
6-层状砂岩 (m=0.37)；
7-中等坚硬黏土 (m=0.25)
8-黏土 (m=0.56)
9-干而脆的黏土 (m=0.475)
10-砼 (m=0.10)
11-大理岩 (m=0.07)
12-石膏 (m=0.12)

试件直径（边长）和长度对岩石强度的综合影响通常采用高径比 R_{LD}（即试件长度 L 与直径或边长 D 的比值）来反映。一般来说，岩石试件的强度随高径比增大而降低，试验表明，高径比小于2时，影响特别显著；当 R_{LD}=2～3时，试件内部应力分布比较均匀，强度趋于稳定（图5.7-14）。高径比大于3时，可能会引起试样的弯曲，并增加试样加工与试验难度，故很少使用。

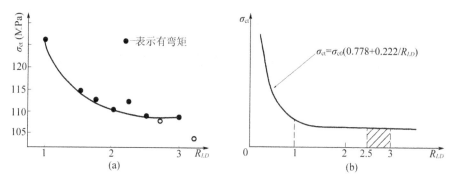

图5.7-14 岩石单轴抗压强度与试件高径比的关系

总之，岩石强度具有显著的尺寸效应，试件尺寸、高度、直径（边长）及高径比均影响岩石力学性质试验值。因此，为了减少试件尺寸的影响以及统一试验方法，应对试件尺寸做出规定。ISRM建议，单轴抗压强度试验的岩石试件直径为54.4 mm、高径比为2.5～3.0；我国相关试验规程规定，岩石试件直径为50 mm、高径比为2.0。

（b）岩石强度尺寸效应校正

实际上，试样尺寸并不能总是按要求获得标准试件，此时应对试验结果进行校正，用校正值作为岩石的强度。

当不满足高径比要求时，应进行高径比校正，即

$$\sigma_{c0} = K_{LD}\sigma_{ct} \tag{5.7-1}$$

式中，K_{LD}——高径比修正系数；

σ_{ct}——实际试件（直径或边长为 D_t）的单轴抗压强度测试值，MPa；

σ_{c0}——标准试件（直径或边长为 D_0）的单轴抗压强度，MPa；

其它符号意义同上。

高径比修正系数目前尚不统一，主要有美国公式、英国公式和普氏公式等。

Hobbs（1964）和Szalavin（1974）为英国煤岩基推荐的校正公式中，高径比校正系数为

$$K_{LD} = \frac{1}{0.848 + 0.304/R_{LD}} \qquad (5.7\text{-}2)$$

式中，R_{LD}——高径比，$R_{LD} = L/D$；

  L——试件长度（高度），mm；

  D——试件直径（或边长），mm。

美国试验材料学会推荐的高径比校正系数（图5.7-14(b)）为

$$K_{LD} = \frac{1}{0.778 + 0.222/R_{LD}} \qquad (5.7\text{-}3)$$

Protokodykonv（1969）时根据苏联经验推荐的高径比校正系数为

$$K_{LD} = \frac{1}{0.875 + 0.250/R_{LD}} \qquad (5.7\text{-}4)$$

注意，美国校正系数以$R_{LD} = 1$为标准，而另两个校正系数以$R_{LD} = 2$为标准。我国水利水电部门采用Protokodykonv校正系数。

当满足高径比要求，而不是标准直径时，可进行直径校正。Hoek & Brown（1980）提出了直径校正公式，即

$$\left.\begin{aligned} \sigma_{c0} &= K_D \sigma_{ct} \\ K_D &= (D_t/D_0)^m \end{aligned}\right\} \qquad (5.7\text{-}5)$$

式中，K_D——直径修正系数；

  D_t——实际试件的直径（边长），mm；

  D_0——标准试件的直径（边长），mm；

  m——与岩石破裂度成正比的系数，一般为0.1～0.5。

Hoek & Brown（1980）建议，若标准直径为50 mm（$D_0 = 50$ mm），则$m = 0.18$。图5.7-13中也给出了部分岩石的m取值。

5.7.4.2 端部条件（端面效应）

（1）端面平行度

试件两端面平行度也影响试件横截面上应力分布的均匀程度，从而影响试验结果。因为如果两端面不平行，导致试件与加压板不能密切接触而处于偏心或局部受力状态，产生局部应力集中，降低岩石强度。

（2）端面光滑度

试件与承压板的接触面一方面代表了有效应力受力面积，另一方面，中心处的应力大于边缘。若端面绝对光滑，试件与上下两加压板之间无摩擦力，加压时，则岩石受单向力作用，将在压应力诱发的横向拉应力作用下发生劈裂破坏（图5.2-2(b)

及图5.7-15(c)、(d)）；事实上，试件端面与加压板间摩擦力客观存在，试件端部附近应力状态不是单向的（摩擦力类似于围压），也不是均匀的（只有在距端部一定长度的断面应力才会趋于均匀（高径比至少大于2）），而是处于复杂应力状态，致使试件端部侧向变形受阻，发生剪裂破坏（图5.2-2(a)及5.7-15(a)、(b)）。

总之，端部约束效应的存在使岩石试件的应力状态、破坏强度和破坏形式受到影响，如图5.7-15，石灰岩试件与加压板直接接触时，发生剪切破坏（斜裂面或 X 裂面），σ_c=79.3 MPa；而试件端面加润滑剂时，试件发生劈裂破坏，σ_c=38.1 MPa。

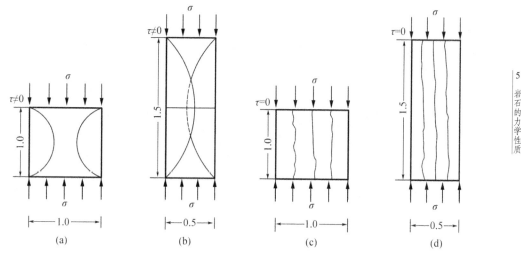

图5.7-15 不同端部条件下岩石单轴压缩的破坏与强度

综上所述，试件条件极大地影响着岩石力学性质的发挥。故此，ISRM 对岩石试件建议如下：（a）采用圆柱形试件；（b）高径比 R_{LD}=2.5～3.0；（c）试件端面必须修整光滑至 0.02 mm；（d）试验时加一个不小于试件直径的垫片并加以润滑；（e）端面彼此平行并垂直于轴线，误差 < 0.02 rad；（f）试件侧面应光滑，无明显的不规则，试件整个长度上的直径差≤0.3 mm。

5.8 岩石的强度理论

5.8.1 强度理论与破坏准则

强度理论（strength theory）是研究物体或材料在各种应力状态下的破坏机理与强度准则的理论。强度准则（strength criterion）（亦称破坏判据（failure criterion））是表征材料破坏条件的应力状态与强度参数间的关系。因此，强度准则是从受力材料内部各点的应力状态和材料强度两方面来建立的，也可以从应变状态和材料最大允许应变来建立。

岩石也是一种材料，只不过其特征较一般固体材料特殊而已。岩石强度理论是研究具有一定强度的岩石产生破坏时的应力状态，或者某种应力状态下岩石的破坏特征。由于岩石的成因复杂、成分多样、结构各异且处于不同地质环境，从而具有不同的力学性质和变形破坏特征，而且不同的受力（外加荷载）状态也影响其力学性质的发挥。因此，岩石强度理论是在既有强度理论的基础上，通过对大量岩石试验成果的分析和归纳而建立的，用以反映岩石的破坏机理和强度特征。

5.8.2　一点的应力状态

强度准则是基于受力材料内一点的应力状态与该点处的材料强度特性，据以判断该点的破坏状况；综合所有点的应力状态及对应强度特征，即可获得整个材料的破坏状态[1]。因此，要建立强度准则，首先要确定受力材料内部一点的应力状态。

一点的应力状态有两种表达方法，即微元体表示法和斜截面表示法（图5.8-1）。

斜截面表示法是根据其定义的原始方法，物体内某点处的合应力为 p，与经过该点的某截面（外法线为 n）的夹角为 α，则该点的应力状态可用其在该截面上的正应力和剪应力分量 $(\sigma_\alpha, \tau_\alpha)$ 来表示[2]。

微元体表示法是应力状态的常用表达方法，在物体内任一点处取1个微六面体，单元体6个面上应力代表该点的应力状态。一点的应力状态有3个主应力（σ_x，σ_y，σ_z）和6个剪应力（τ_{xy}，τ_{yz}，τ_{zx}，τ_{zy}，τ_{yx}，τ_{xz}），因此一点的应力状态是具有张量性质的物理量，具有9个分量。根据剪应力互等定律（$\tau_{xy}=\tau_{yx}$，$\tau_{yz}=\tau_{zy}$，$\tau_{zx}=\tau_{xz}$），故一点的应力状态可用6个独立分量表示[3]。

一点的应力状态也常用主应力（σ_1，σ_2，σ_3）表示。主应力表达形式是上述两种方法的特例，可以通过对上述两种方法变换（坐标变换）得到。

对于同一点的应力状态而言，上述3种表达方法效果相同，而且可以相互转换，可根据实际需要选择具体表达方法。以平面问题为例，如图5.8-2，在坐标系 xOy 中，一点的应力状态为 $(\sigma_x, \sigma_y, \tau_{xy})$，斜截面与 σ_x 作用面的夹角为 α。

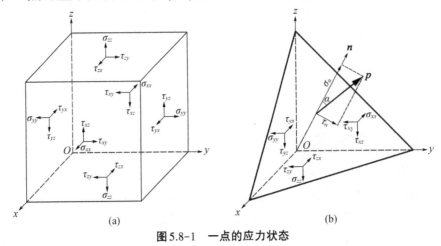

(a)　　　　　　　　　　　　(b)

图5.8-1　一点的应力状态

① 一点的应力状态是通过该点所有截面上的应力状况的总和。受力后材料内部所有点的应力状态即为该受力材料的应力场。

② 用该方法表示一点的应力状态时，必须同时指明该点应力分量和截面法向方向。

③ 一点的应力状态属张量（二阶），记为 σ_{ij}，其分量可表示为3×3矩阵形式。

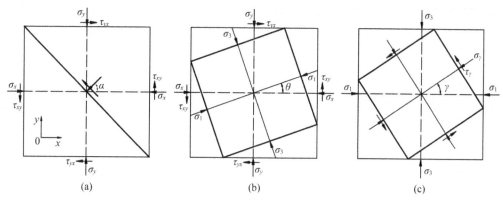

图 5.8-2　一点的应力状态及 Mohr 圆

三种应力状态表达方式间的关系[①]为

$$\left. \begin{array}{l} \sigma_\alpha = \dfrac{\sigma_x + \sigma_y}{2} + \dfrac{\sigma_x - \sigma_y}{2}\cos 2\alpha - \tau_{xy}\sin 2\alpha \\[3mm] \tau_\alpha = \dfrac{\sigma_x - \sigma_y}{2}\sin 2\alpha + \tau_{xy}\sin 2\alpha \end{array} \right\} \qquad (5.8\text{-}1)$$

$$\left. \begin{array}{l} \sigma_1 = \dfrac{\sigma_x + \sigma_y}{2} + \sqrt{\left(\dfrac{\sigma_x - \sigma_y}{2}\right)^2 + \tau_{xy}^2} \\[5mm] \sigma_3 = \dfrac{\sigma_x + \sigma_y}{2} - \sqrt{\left(\dfrac{\sigma_x - \sigma_y}{2}\right)^2 + \tau_{xy}^2} \\[5mm] \theta = \dfrac{1}{2}\tan^{-1}\left(\dfrac{2\tau_{xy}}{\sigma_x - \sigma_y}\right) \end{array} \right\} \qquad (5.8\text{-}2)$$

$$\left. \begin{array}{l} \sigma_\gamma = \dfrac{\sigma_1 + \sigma_3}{2} + \dfrac{\sigma_1 - \sigma_3}{2}\cos 2\gamma \\[3mm] \tau_\gamma = \dfrac{\sigma_1 - \sigma_3}{2}\sin 2\gamma \end{array} \right\} \qquad (5.8\text{-}3)$$

式中，α——斜截面与 σ_x 作用面的夹角（即 σ_x 与斜截面法向的夹角）；

　　　γ——斜截面与 σ_1 作用面的夹角（即 σ_1 与斜截面法向的夹角）；

　　　σ_x、σ_y、τ_{xy}——坐标系 xOy 下的应力分量；

　　　σ_α、τ_α——法向与 σ_x 作用面夹角为 α 的截面上的应力分量；

　　　σ_γ、τ_γ——法向与 σ_1 作用面夹角为 γ 的截面上的应力分量；

　　　σ_1、σ_3——主应力；

　　　θ——最大主应力 σ_1 与 σ_x 的夹角。

上述应力状态可用 Mohr 圆表示。如图 5.8-3(a)，Mohr 应力圆周上任一点的坐标 $(\sigma_\alpha, \tau_\alpha)$ 代表与 σ_x 作用面外法向呈 α 角的斜面上应力的大小，即该点的纵坐标代表该面上的剪应力 τ_α，横坐标值代表法向应力 σ_α。随着 α 的变化，圆周上各个点的应

[①] 式(5.8-1)~式(5.8-3)中，应力符号是按材料力学的规定，若按弹性力学的规定，3 式中的剪应力应反号。

力代表了物体中一点各个面上的应力。

Mohr圆可以表示多种应力状态。如图5.8-3(b)，根据试验所得极限状态的主应力，可以绘制一系列与极限状态对应的Mohr应力圆。同一岩石在不同受力状态下达到破坏时的强度极限是不同的，其大小顺序一般符合如下规律：三向等压强度 > 三向不等压强度 > 双向受压强度 > 单向受压强充 > 纯剪强度 > 单向拉伸强度。

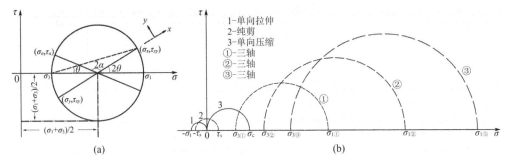

图5.8-3　不同应力状态的Mohr圆

若为三向应力状态，已知一点应力状态的三个应力（$\sigma_1, \sigma_2, \sigma_3$），也可按此方法做出任意方向平面上的应力圆（图5.8-4(a)）。图中σ_1、σ_3确定大圆反映了平行于中间主应力σ_2的各个面的剪应力和法向应力，同理，σ_1、σ_2和σ_2、σ_3所确定的两个小于分别表示平行于σ_3和σ_1的各个面上的应力状态，对于那些不平行于三个主应力轴的平面的法向应力和剪应力，则位于图中阴影部分。

如果已知法线与主应力σ_1、σ_2、σ_3方向分别成α、β、γ夹角的平面，则该平面上的应力状态所对应的M点在图5.8-4(a)中的位置可由几何作图法确定。如图5.8-4(b)，通过B点作直线BJ交莫尔应力圆C_2于J点（$\angle CBJ=\alpha$），再作直线BK交莫尔应力圆C_3于K点（$\angle ABK=\gamma$），然后分别以O_2和O_3为圆心、O_2K和O_3J为半径作圆弧L_1和L_2，二者交点即为M点。其中，O_1、O_2及O_3分别为莫尔应力圆C_1、C_2、C_3的圆心。

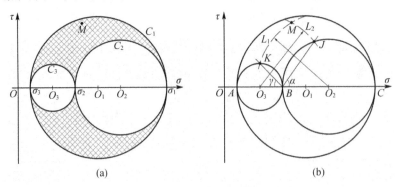

图5.8-4　三向应力状态下的Mohr圆

5.8.3　岩石的破坏机制与类型

由于岩石成分和结构的复杂性，加之环境和受力条件的不同，岩石变形破坏类型多样。从变形形式上看，有弹性变形和塑性变形（包括塑性流动），甚至还存在流变；从破坏形式上看，有脆性破坏和延性破坏。但就其变形破坏的内在机理，可归纳为拉张和剪切两类。由于变形破坏机理的不同，这两类机理的变形破坏具有不同的力学性质、变形破坏特征和强度特征。因此，岩石强度理论和破坏判据的建立必须考虑岩石的变形破坏机理，在选用破坏准则时也必须分清其破坏机理。

5.8.4　基于剪切破坏机理的强度准则

5.8.4.1　Mohr强度理论

（1）Mohr强度理论的基本思想

Mohr强度理论是建立在试验数据统计分析基础之上的经验强度理论。该理论认为，岩石不是在简单应力状态下发生破坏，而是在不同正应力和剪应力组合下才丧失承载能力，即当作用于岩石某个特定面上的正应力和剪应力达到一定值时[1]，随即发生破坏。也就是说，岩石受力后，当内部某平面上的剪应力τ达到或超过该面上的极限剪应力值$[\tau]$时，岩石就破坏，即破坏准则为

$$\tau \geqslant [\tau] \tag{5.8-4}$$

式中，τ——受力岩石内部某截面上的剪应力；

　　　$[\tau]$——截面上的抗剪切强度。

当满足上式（即$\tau \geqslant [\tau]$），岩石发生剪切破坏；当$\tau < [\tau]$，岩石不发生剪切破坏。

式（5.8-4）中，某截面上的剪应力τ由应力状态计算得到（见式(5.8-1)～式(5.8-3)）；而该截面的抗剪切强度$[\tau]$由试验确定（即由下述Mohr包络线确定）。

（2）Mohr强度线（Mohr包络线）

为确定岩石的抗剪强度$[\tau]$，可根据试验（包括单轴压缩试验（$\sigma_3=0$）、单轴拉伸试验（$\sigma_1=0$）、纯剪试验和三轴试验）所得极限状态的大小主应力，在τ-σ坐标系中绘制一系列与极限状态对应的Mohr应力圆（如图5.8-3(b)）。破坏面上的正应力和剪应力，在极限应力圆中仅为1个点（σ_α，τ_α）。同种岩石的系列极限圆上破坏点的轨迹线称为Mohr强度线（亦称Mohr包络线），见图5.8-5。

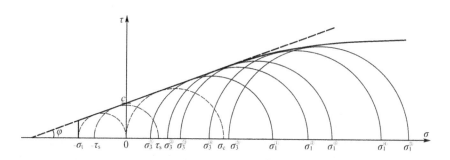

图5.8-5　不同受力状态的Mohr圆

---

[1] Mohr强度理论的假设：岩石的强度与中间主应力σ_2无关，岩石宏观破裂面基本平行于σ_2作用方向。该面与最大主应力作用面的夹角不是45°。

如果获得了某种岩石的强度包络线，即可对该岩石的破坏进行评价。如果受力后岩石内某个特定作用面上的应力状态 $(\sigma_\alpha, \tau_\alpha)$ 落在Mohr包络线上（或强度包络线之外），则岩石将沿该面产生宏观剪切破裂面而破坏；而当落在Mohr包络线之下，则岩石不沿该面破坏。若用极限应力圆（主应力状态），当主应力 (σ_1, σ_3) 确定的Mohr圆与Mohr包络线相切（或超出强度包络线），岩石发生剪切破坏；若Mohr应力圆全在Mohr包络线之下，则不发生破坏。

岩石的不均匀性使得试验结果有一定的离散性，且包络线一般是不光滑曲线。但由图5.8-5，强度包络线与正应力有关（即某截面上的抗剪强度 $[\tau]$ 与正应力 σ 有关），在正应力较小时，岩石强度包络线斜率较陡；随着正应力的增大，强度包络线逐渐向下偏离，斜率变缓。因此，强度包络线可表示为抗剪强度 $[\tau]$ 与正应力 σ 有关的函数关系，即

$$\tau \geqslant [\tau] = f(\sigma) \tag{5.8-5}$$

式中，σ、τ——受力材料内部某截面上的应力状态 $(\sigma_\alpha, \tau_\alpha)$；

$[\tau]$——截面上法向应力 σ_α 作用下的抗剪强度。

在具体应用时，通常根据试验所得强度包络线的实际形态（如图5.8-5所示），对其拟合，获得式(5.8-5)所表达的包络线的具体近似数学函数关系，如直线、双折线、双曲线、抛物线和摆线等，从而得到相应曲线形态的Mohr强度准则。

（3）抛物线型强度曲线

对于泥岩和页岩等岩性软弱的岩石，其强度曲线多为抛物线型（图5.8-6）。根据抛物线方程，得到抛物线型Mohr准则为

$$[\tau]^2 = n(\sigma + \sigma_t) \tag{5.8-6}$$

式中，σ——截面上应力状态 $(\sigma_\alpha, \tau_\alpha)$ 中的法向应力（正应力）；

$[\tau]$——法向应力作用下截面的极限剪应力（剪切强度）；

σ_t——抗拉强度；

n——待定系数。

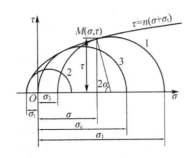

图5.8-6　抛物线型强度曲线

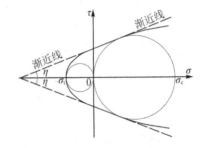

图5.8-7　双曲线型强度曲线

该式是针对应力状态的截面表达形式 (σ, τ) 写出的，若用主应力形式 (σ_3, σ_1)，则为

$$\left([\sigma_1] - \sigma_3\right)^2 = 2n\left([\sigma_1] - \sigma_3\right) + 4n\sigma_t - n^2 \tag{5.8-7}$$

式中，σ_3——应力状态（σ_3，σ_1）中的围压；

$\quad$ $[\sigma_1]$——围压 σ_3 作用下的极限强度；

$\quad$ 其它符号意义同上。

式(5.8-6)和式(5.8-7)中，待定系数 n 可由试验所得的强度包络曲线拟合确定，也可由下式近似确定

$$n = \sigma_c + 2\sigma_t \pm 2\sqrt{\sigma_t(\sigma_c + \sigma_t)} \tag{5.8-8}$$

（4）双曲线型强度曲线

对于砂岩和灰岩等较为坚硬的岩石，其强度曲线近于双曲线型（图5.8-7）。根据双曲线方程，得双曲线型Mohr强度条件

$$[\tau]^2 = (\sigma + \sigma_t)^2 \tan \eta + \sigma_t(\sigma + \sigma_t) \tag{5.8-9}$$

式中，$\tan \eta = \dfrac{1}{2}\sqrt{\dfrac{\sigma_c}{\sigma_t} - 3}$。

$\quad$ 其它符号意义同上。

由式(5.8-9)，当 $\sigma_c/\sigma_t < 3$ 时，$\tan\eta$ 为虚值（η 为包络线渐近线的倾角），故双曲线强度曲线不适用于 $\sigma_c/\sigma_t < 3$ 的情况。

（5）直线型强度曲线（Mohr-Coulomb 准则）

（a）Mohr-Coulomb 准则的表达式及图示

为了简化强度包络线的表达形式，Mohr 提出采用 Coulomb-Navier 理论公式[1]表达的直线型强度包络线，通常称为 Mohr-Coulomb（简称 M-C 准则），其表达式为

$$[\tau] = \sigma \tan \varphi + c \tag{5.8-10}$$

式中，c——内聚力（黏聚力），MPa；

$\quad$ φ——内摩擦角，（°）。

若用主应力描述的应力状态，则 Mohr-Coulomb 准则可表达以下等价形式[2]

$$[\sigma_1] = \frac{1 + \sin\varphi}{1 - \sin\varphi}\sigma_3 + \frac{2c\cos\varphi}{1 - \sin\varphi} \tag{5.8-11}$$

$$[\sigma_1] = \sigma_3 \tan^2\left(\frac{\pi}{4} + \frac{\varphi}{2}\right) + 2c\tan\left(\frac{\pi}{4} + \frac{\varphi}{2}\right) \tag{5.8-12}$$

$$[\sigma_1] = \frac{\sqrt{1+f^2}+f}{\sqrt{1+f^2}-f}\sigma_3 + \frac{2c}{\sqrt{1+f^2}-f} \tag{5.8-13}$$

---

① Navier(1883)在 Coulomb(1773)最大剪应力理论基础上，对包括岩石在内的脆性材料进行了试验研究后，认为岩石等发生剪切破坏时，破坏面上的剪应力等于岩石本身的内聚力和作用于该面上由法向应力产生的摩擦力之和（即 $\tau = c + \sigma f$）。后人称之为 Coulomb-Navier 准则，或简称 Coulomb 准则。

② 这些等价方程只是形式上的不同，可通过三角函数间的关系，互相变换得到。式(5.8-13)中，f 为内摩擦系数，$f = \tan\varphi$。

两种表达方式（截面表达法、主应力表达法）的M-C准则见图5.8-8。

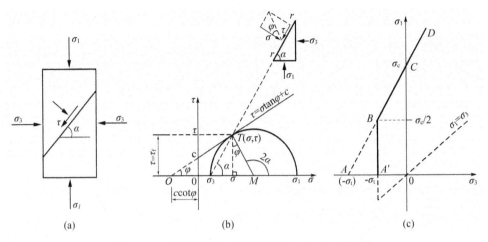

图5.8-8　直线型Mohr包络线（Mohr-Coulomb准则）

（b）剪切破坏角

某截面在应力状态（σ_α，τ_α）下发生剪切破坏时，必然引起破裂面的相对滑动，但因法向正应力σ_α产生摩擦阻力，故在破坏面上的有效剪应力$\tau_{\alpha(\text{eff})}=\tau_\alpha-f\sigma_\alpha$，于是由式（5.8-1），有效剪应力为

$$\tau_{\alpha(\text{eff})} = \tau_\alpha - f\sigma_\alpha = \left[\frac{1}{2}(\sigma_1-\sigma_3)\sin 2\alpha\right] - f\left[\frac{1}{2}(\sigma_1+\sigma_3)+\frac{1}{2}(\sigma_1-\sigma_3)\cos 2\alpha\right] \tag{5.8-14}$$

对该式求导，可确定最大有效剪应力所在面的产状，由$\mathrm{d}\tau_{\alpha(\text{eff})}/\mathrm{d}\alpha=0$，得

$$f = -\frac{1}{\tan 2\alpha} = -\cot 2\alpha = -\tan\left(\frac{\pi}{2}-2\alpha\right) = \tan\left(2\alpha-\frac{\pi}{2}\right) \tag{5.8-15}$$

由于$f=\tan\varphi$，于是剪切破坏角[1]为

$$\alpha = \frac{\pi}{4} + \frac{\varphi}{2} \tag{5.8-16}$$

该式所确定的剪切破坏角（$\alpha = 45°+\varphi/2$）与已为试验所证实。

该式表明，不同的岩石，因内摩擦角φ不同，故破坏角α也相应不同。

（c）Mohr-Coulomb准则的应用

在获得直线型强度包络线及抗剪强度参数（c，φ）的情况下，可由M-C准则，分别令$\sigma_3=0$和$\sigma_1=0$，近似估计岩石的单轴抗压强度σ_c和抗拉强度σ_t，即

$$\left.\begin{array}{l} \sigma_c = \dfrac{2c\cos\varphi}{1-\sin\varphi} = 2c\tan\left(\dfrac{\pi}{4}+\dfrac{\varphi}{2}\right) \\[3mm] \sigma_t = \dfrac{2c\cos\varphi}{1+\sin\varphi} = 2c\cot\left(\dfrac{\pi}{4}+\dfrac{\varphi}{2}\right) \end{array}\right\} \tag{5.8-17}$$

它们分别为σ_1-σ_3坐标系中强度线与坐标轴的交点（图5.8-8(c)中的C和A）。从图5.8-4～图5.8-7可知，岩石抗拉强度实际上并非沿趋势线或渐近线向反方向延

① 剪切破坏角是指破坏面法向与σ_1的夹角。在数值上等于破坏面与σ_3的夹角。

伸，图5.8-8中A点处σ_3轴的截距也不是岩石的真实抗拉强度。总之，式(5.8-17)所确定的抗拉强度只具有几何意义，并不能反映岩石的真实抗拉强度。

事实上，式(5.8-14)推导时有1个隐含条件，即$\sigma_\alpha>0$，同时由式(5.8-15)知，$\pi/2<2\alpha<\pi$，且满足

$$\left.\begin{aligned} \sin 2\alpha &= \frac{1}{\sqrt{1+f^2}} = \cos\varphi \\ \cos 2\alpha &= -\frac{f}{\sqrt{1+f^2}} = -\sin\varphi \end{aligned}\right\} \tag{5.8-18}$$

将式(5.8-18)代入式(5.8-1)，并联立式(5.8-11)，得到M-C准则成立的条件为

$$\sigma_1 > \frac{1}{2}\sigma_c \tag{5.8-19}$$

由此可见，强度曲线仅为图5.8-8(c)中BCD部分代表有效准则。

由实验知，当$\sigma_3<0$（拉应力）时，可能会在垂直于σ_3平面内发生拉伸破裂，尤其是在单向拉伸中（$\sigma_1=0$，$\sigma_3<0$），拉应力达到岩石的抗拉强度σ_t时，岩石发生拉伸断裂，但这种断裂行为完全不同于剪切破裂，而适用于剪切的M-C准则则没有描述拉伸的情况。据此，Paul提出了统一准则，即

$$\left.\begin{aligned} [\sigma_1] &= \frac{1+\sin\varphi}{1-\sin\varphi}\sigma_3 + \frac{2c\cos\varphi}{1-\sin\varphi} & (\sigma_1 > \sigma_c/2) \\ \sigma_3 &= -\sigma_t & (\sigma_1 \leqslant \sigma_c/2) \end{aligned}\right\} \tag{5.8-20}$$

强度曲线为图5.8-8(c)中的曲线$A'BCD$。

由图5.8-8(c)，在由式(5.8-20)给出的M-C准则条件下，岩石发生4种方式破裂：

当$0<\sigma_1\leqslant\sigma_c/2$时（$\sigma_3=-\sigma_t$），岩石属单轴拉伸断裂；

当$\sigma_c/2<\sigma_1<\sigma_c$时（$-\sigma_t<\sigma_3<0$），岩石属双轴拉伸断裂；

当$\sigma_1=\sigma_c$时（$\sigma_3=0$），岩石属单轴压缩破裂；

当$\sigma_1>\sigma_c$时（$\sigma_3>0$），岩石属双轴压缩破裂。

（d）Mohr-Coulomb准则中抗剪强度参数（c，φ）的获得

由M-C准则，岩石剪切破坏时的极限剪应力（剪切强度）由正应力（围压）以及强度参数确定，由此，一定应力状态下（（σ_α，τ_α)或（σ_1，σ_3)），岩石的强度由其强度参数（c，φ）决定，故只要有了强度抗剪强度参数，破坏准则即可确定。可根据具体情况，采用两种方法确定强度参数（c，φ）。

一种方法是利用三轴试验（可包括单轴压缩试验和单轴拉伸试验）成果。首先，将M-C准则改为如下形式，

$$\sigma_1 = k\sigma_3 + b \tag{5.8-21}$$

式中，k、b——待定系数。

对试验结果基于最小二乘法原理，按上式回归并求得系数k和b。强度参数为

$$c = \frac{b}{2\sqrt{k}} \left.\begin{array}{l}\\ \\ \end{array}\right\}$$

$$\varphi = \arcsin\left(\frac{k-1}{k+1}\right) \tag{5.8-22}$$

第二种方法是当仅有单轴抗强度和单轴抗拉强度时，利用式(5.8-17)，反求抗剪强度参数，即有

$$c = \frac{\sqrt{\sigma_{\mathrm{c}}\sigma_{\mathrm{t}}}}{2} \left.\begin{array}{l}\\ \\ \end{array}\right\}$$

$$\varphi = \arcsin\left(\frac{\sigma_{\mathrm{c}} - \sigma_{\mathrm{t}}}{\sigma_{\mathrm{c}} + \sigma_{\mathrm{t}}}\right) \tag{5.8-23}$$

而且，此时的 M-C 准则可改写为

$$\sigma_1 = \frac{\sigma_{\mathrm{c}}}{\sigma_{\mathrm{t}}}\sigma_3 + \sigma_{\mathrm{c}} \tag{5.8-24}$$

（6）Mohr 准则的评述

综上所述，Mohr 强度理论实质是剪应力强度理论。一般认为该理论比较全面地反映了岩石的强度特征，它适用于塑性材料，也适用于脆性材料的剪切破坏。同时反映了岩石抗拉强度远小于抗压强度这一特性，并能解释岩石在三向等拉时会破坏，而在三向等压时不会破坏（曲线在受压区不闭合），这已为试验所证明。因此，莫尔理论被广泛地用于实践。

Mohr 理论的最大缺点是没有考虑中间主应力 σ_2 对强度的影响。而 σ_2 对强度的影响已为试验所征实，正如第 5.5.2.4 所述，尽管 σ_2 对岩石的影响不如 σ_3 显著，但影响确实存在（大约 10%～15% 左右），特别是对各向异性岩石。

Mohr 理论还指出，岩石破坏时的剪切破坏角为 45°+φ/2，对大多数岩石，在压缩时其破坏角与此结论近似。在拉伸条件下，破坏面一般垂直于拉应力方向，实际上是张破裂，与压缩条件下的剪切破坏属两种不同的破坏机理。另外，在多轴拉伸条件下，岩石产生剪切破坏，破裂面上法向压力为负值时，破坏面趋于分离，内摩擦的概念失去意义，故 Mohr 理论在拉应力区的适用程度值得讨论。

对于 Mohr-Coulomb 准则，因其强度曲线为直线型，方程简单，在岩土力学中得到广泛应用。使用时应注意，M-C 准则适用于法向应力（或围压）不太高的情况，高围压（或高法向应力）时，强度曲线会向下偏离直线，此时不宜采用直线型的 Mohr 准则，而应采用双曲线型或抛物线型的 Mohr 准则；同时，M-C 准则对于拉应力区也应慎重。

5.8.4.2 Drucker-Prager 准则

在 Mises 屈服条件的基础上，考虑平均应力 p（即 σ_{m}）或 I_1，Drucker & Prager（1952）对 Mises 屈服条件推广，得到 Drucker-Prager 准则（简称 D-P 准则），即

$$\left.\begin{array}{l} \alpha I_1 + \sqrt{J_2} - k = 0 \\[3mm] \alpha = \dfrac{\sin\varphi}{\sqrt{3\left(3 + \sin^2\varphi\right)}} \\[5mm] k = \dfrac{\sqrt{3}\,c\cos\varphi}{\sqrt{3 + \sin^2\varphi}} \end{array}\right\}$$ （5.8-25）

式中，I_1——主应力第一不变量，$I_1 = 3\sigma_m = \sigma_1 + \sigma_2 + \sigma_3 = \sigma_x + \sigma_y + \sigma_z$；

J_2——偏应力第二不变量，$J_2 = [(\sigma_1 - \sigma_2)^2 + (\sigma_2 - \sigma_3)^2 + (\sigma_3 - \sigma_1)^2]/6$；

α、k——系数；

c——岩石或岩体的内聚力；

φ——岩石或岩体的内摩擦角；

其它符号意义同上。

Drucker-Prager 准则不仅考虑了中间主应力 σ_2 的影响，克服了 M-C 准则未计 σ_2 的不足，也考虑了静水压力的作用和岩石材料的压硬性，修正了经典 Mises 准则（静水压力不屈服、无压硬性），是岩土力学中计算中广泛应用的强度准则之一。

5.8.5　基于拉张机理的岩石强度准则

5.8.5.1　最大正应力理论

最大正应力理论亦称 Rankine 理论。该理论认为，材料的破坏只取决于绝对值最大的正应力，只要有 1 个主应力达到材料的极限强度时，材料就破坏，即

$$(\sigma_1^2 - \sigma_*^2)(\sigma_2^2 - \sigma_*^2)(\sigma_3^2 - \sigma_*^2) = 0 \qquad (5.8\text{-}26)$$

式中，σ_1、σ_2、σ_3——主应力，不分顺序；

σ_*——岩石的极限强度（由试验确定），可以是单轴抗压强度 σ_c 或抗拉强度 σ_t。

该理论只适用于岩石单向应力状态，或者脆性岩石在某些应力状态中受拉的情况（如两向应力状态），一般不适用于复杂应力状态。

5.8.5.2　最大正应变理论

最大正应变理论认为，材料的破坏取决于最大正应变，当内部某点任一方向的正应变达到材料极限正应变（压缩或拉伸）时，材料就发生破坏。其强度条件为

$$\varepsilon_{max} = \varepsilon_*$$

式中，ε_*——岩石的极限应变（由试验确定）；

ε_{max}——最大正应变（由广义虎克定律推求）。

对于岩石而言，张破裂是侧向应变 ε_3 超过极限值 ε_* 所致。因此，由广义虎克定律可知，当 $\sigma_3 < \mu(\sigma_1 + \sigma_2)$ 时，$\varepsilon_3 < 0$（即张应变），强度条件为

$$\sigma_3 - \mu(\sigma_1 + \sigma_2) = -E\varepsilon_*$$

极限应变 ε_* 由岩石试验确定。当为单向拉伸时，$\varepsilon_* = \varepsilon_t = -\sigma_t/E$；当为单向压缩时，$\varepsilon_3 = \mu\varepsilon_1$，故 $\varepsilon_* = -\mu\sigma_c/E$。于是，拉伸性张裂破坏和压缩性张裂破坏两种机理下的岩石强度准则分别为

拉伸性张裂破坏：

$$[\sigma_1] = \frac{\sigma_3 - \mu\sigma_2 + \sigma_t}{\mu} \qquad (5.8\text{-}27)$$

压缩性张裂破坏：

$$[\sigma_1] = \frac{\sigma_3 - \mu\sigma_2}{\mu} + \sigma_c \qquad (5.8\text{-}28)$$

当岩石的受力状态满足以上判据时，即 $\sigma_1 \geqslant [\sigma_1]$ 时，岩石就发生张性破裂。

该理论适用于无围压或低围压的脆性岩石，不适用于塑性岩石。

5.8.5.3 Griffith 强度准则

A. A. Griffith（1920）在研究"为什么玻璃等脆性材料的实际抗拉强度比由分子理论确推算的强度低得多"后，提出了脆性断裂理论（Griffith 理论），该理论奠定了断裂力学的基石。大约在 20 世纪 70 年代末—80 年代初，Griffith 理论被引入岩体力学领域，用以从理论上解释岩石内部微裂隙扩展及岩石破坏的微观机理。

（1）Griffith 理论的基本思想

Griffith 认为，任何材料内部都存在各种缺陷（称为 Griffith 裂隙——微裂隙），当材料处于复杂应力状态下，正是由于这些微裂纹的存在，改变了材料内部的应力状态，产生裂纹的扩展、连接和贯通，最终导致材料的破坏。Griffith 理论的基本观点可归纳为以下 2 点。

（a）脆性材料中裂纹的存在是裂纹开裂、扩展乃至试件破坏的首要条件。在脆性材料内部存在着许多微裂纹，在外力作用下，微裂纹尖端附近产生很大的拉应力集中，当所聚焦的能量达到一定值时，裂纹开始扩展。岩石内部含有大量微裂隙，是一种含有初始缺陷的脆性介质，因此受力条件下的破坏起因于内部微裂纹的扩展。

（b）最终扩展方向将与最大主应力平行。根据理论分析，随着外力逐渐增大，裂纹将沿着与最大拉应力成直角的方向扩展。如图 5.8-9(a)，裂纹尖端附近（图中 P-P' 与裂纹交点）为最大拉应力，裂纹将沿与 P 和 P' 垂直方向扩展（图中①），并逐渐向最大主应力过渡（即平行于最大主应力）的方向扩展（图中②）。该分析结论很好地解释了岩石单轴压缩作用下劈裂破坏才是岩石破坏本质的现象。

（2）Griffith 准则

Griffith 强度准则最初是能量观点建立的，后来又从应力状态建立了应力准则。

（a）能量型 Griffith 准则

Griffith 认为，当作用在裂纹尖端处的有效应力达到形成新裂纹所需的能量时，裂纹就开始扩展，即

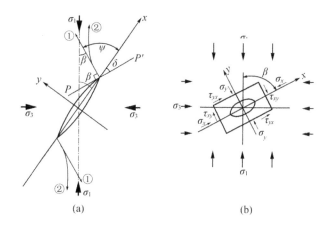

图5.8-9　材料内部微裂纹受力状态与扩展方向

$$\sigma_t = \sqrt{\frac{2\rho E}{\pi c}} \qquad (5.8\text{-}29)$$

式中，σ_t——裂纹尖端附近所作用的最大拉应力；

　　　　ρ——裂纹的比表面能；

　　　　c——裂纹长半轴的长度；

　　　　E——岩石的弹性模量。

（b）应力型Griffith准则

如图5.8-9(b)，根据弹性力学中关于椭圆孔口的应力解，并基于裂纹尖端附近应力状态及局部抗拉强度，得到用主应力表示的Griffith强度准则为

$$\left.\begin{array}{ll} \sigma_3 = -\sigma_t & (\text{当}\,\sigma_1 + 3\sigma_3 \leqslant 0) \\[2mm] \dfrac{(\sigma_1 - \sigma_3)^2}{\sigma_1 + \sigma_3} = 8\sigma_t & (\text{当}\,\sigma_1 + 3\sigma_3 > 0) \end{array}\right\} \qquad (5.8\text{-}30)$$

若裂纹尖端应力状态用截面应力形式（$\sigma_\alpha, \tau_\alpha$）表示，则$\sigma_1 + 3\sigma_3 > 0$时的Griffith强度准则为

$$\tau^2 = 4\sigma_t(\sigma + \sigma_t) \qquad (5.8\text{-}31)$$

图5.8-10(a)、(b)分别为两种形式的Griffith强度准则的图示。

当岩石内的微裂纹随机分布时，其中有1组将最优先扩展。根据理论推导，最优先扩展微裂纹的角度为

$$\left.\begin{array}{ll} \beta = 0 & (\text{当}\,\sigma_1 + 3\sigma_3 \leqslant 0) \\[2mm] \beta = \dfrac{1}{2}\cos^{-1}\left[\dfrac{\sigma_1 - \sigma_3}{2(\sigma_1 + \sigma_3)}\right] & (\text{当}\,\sigma_1 + 3\sigma_3 > 0) \end{array}\right\} \qquad (5.8\text{-}32)$$

式中，β——最优先扩展裂纹的长轴与最大主应力σ_1的夹角，见图5.8-9。

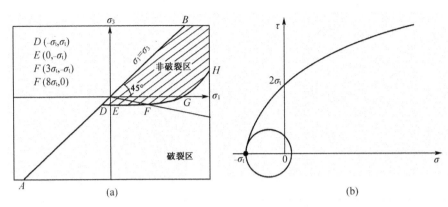

图5.8-10 Griffith准则图解

该组微裂纹扩展的方式是在尖端附近产生新裂纹，新裂纹的方向为

$$\psi = 2\beta \tag{5.8-33}$$

式中，ψ——扩展产生的新裂纹方向与原裂纹长轴的夹角。

新微裂纹生成后，内部应力场将产生局部调整，或在新的应力状态下按上述规律继续扩展（期间可能与其它微裂纹搭接），最终产生平行于最大主应力的贯通性裂隙（图5.8-9a），导致岩石产生劈裂式破坏（图5.2-2）。

（3）修正的Griffith准则

前面所建立的Griffith准则，假定岩石中既有微裂隙为张裂隙，未考虑裂隙面接触产生摩擦力的情况，因此，无论是受拉应力或者受压应力，都是在裂纹张开而不闭合条件下才成立。但实际上岩石承受压力时裂纹趋于闭合。闭合之后的裂纹面上将产生摩擦力，可阻碍裂隙的发展，提高岩石的强度。故 Moclintok 等（1962）认为，当裂纹在压力作用下闭合时，闭合后的裂纹在全长均匀接触，并能传递正应力和剪应力。由于裂纹均匀闭合，故正应力在端部不引起应力集中，只有剪应力才能引起端部的应力集中。于是，假定在二向应力条件下裂纹面呈纯剪破坏，由图5.8-11，得强度条件为

$$\sigma_1 = \frac{\sqrt{1+f^2}+f}{\sqrt{1+f^2}-f}\sigma_3 + \frac{4\sigma_t}{\sqrt{1+f^2}-f} \tag{5.8-34}$$

$$\sigma_1 = \frac{\sqrt{1+f^2}+f}{\sqrt{1+f^2}-f}\sigma_3 + \sigma_c \tag{5.8-35}$$

式中，f——裂纹闭合的摩擦系数，$f=\tan\varphi$。

σ_t、σ_c——岩石的单轴抗强度和抗压强度。

式(5.8-34)和式(5.8-35)与用抗拉σ_t和抗压强度σ_c表示的Mohr-Coulomb准则相似，仍为直线型，而且此处的f为裂纹闭合的摩擦系数。

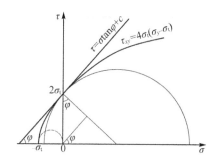

图 5.8-11　闭合裂纹强度条件

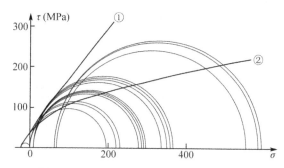

图 5.8-12　Griffith 和修正的 Griffith 包络线

（4）对 Griffith 准则的评述

Griffith 强度理论从微观结构上成功解释了岩石破裂的内在机理，也较好地解释了纯拉伸条件下岩石的劈裂破坏。

Griffith 强度准则是用分段函数表示的，在 σ_1-σ_3 坐标系中为分段曲线（图 5.8-10a），在 τ-σ 坐标系中为抛物线（图 5.8-10(b)）。

τ-σ 坐标系中，Griffith 准则的曲线形态与抛物线型 Mohr 强度包络线虽然相似，但前者的强度小于后者。Hoek & Brown 以及其他一些学者的研究也得出类似的结论。E. Hoek 和 J. W. Brown 曾用石英岩的三轴试验对 Griffith 和修正的 Griffith 理论进行了验证。试验结果表明，在拉应力范围内，两种理论的强度包络线与 Mohr 极限应力圆较为吻合；而在压应力区，无论 Griffith 包络线还是修正的 Griffith 包络线，与 Mohr 极限应力圆均有较大的偏离（图 5.8-12）。

按 Griffith 准则，由式（5.8-30），岩石单压强度为抗拉强度的 8 倍，即 $\sigma_c=8\sigma_t$；按修正 Griffith 准则，由式（5.8-34）和式（5.8-35），抗拉强度为抗压强度的 $[(1+f^2)^{1/2}-f]/4$ 倍。可见，无论 Griffith 准则，还是修正 Griffith 准则，用于估计岩石抗压强度和抗拉强度与实际情况出入较大。因此，J. C. Jaeger 在讨论岩石破坏准则时曾指出："作为一个数学模型，Griffith 理论对于研究岩石中裂纹的影响是极有用的，但它基本上仅仅是一个数学模型"。

6 结构面的力学性质

法向应力作用下结构面力学性质(变形、本构关系、法向刚度、变形破坏机制)▲

剪切应力作用下结构面力学性质(变形破坏特征、本构关系、剪切刚度,强度准则、强度参数)▲

剪切应力作用下不同特征结构面力学性质(表面形态、充填特征、连续性)▲★

三向应力状态下结构面力学性质(强度准则、影响因素)▲★

结构面黏滑(概念、特征、机制、影响因素)

6.1 概述

岩体结构是岩体的重要组成要素，决定了岩体基本地质特征，也控制着岩体的力学性质（岩体结构控制论）。就岩体力学性质的岩体结构效应而言，结构体的力学性质可归于岩石的研究范畴，因此，结构面的力学性质以及在外力作用下的力学响应是决定岩体力学性质的重要因素。

与岩石（结构体）力学性质一样，结构面的力学性质也具有固有性和潜在性，在不同外力（单向压缩、拉伸、剪切、三向应力）作用时有不同的表现。如在法向压缩作用下，硬性结构面产生闭合、软弱结构面通过其内软弱物质的横向塑性挤出达到压缩闭合；拉伸应力作用下，结构面拉张而开裂（结构面不抗拉）；剪切作用下，硬性结构面以两壁错动方式产生摩擦滑动、软弱结构面则表现为剪切滑移；三向应力作用下，结构面的变形破坏行为较为复杂，可能沿结构面剪切滑动，也可能与结构面滑动无关。

结构面的力学性质主要由其基本地质特征决定，如产状、表面形态、张开度、连续性、充填特征、含水状态和面壁岩石强度等。这些特征不同的结构面，在相同的应力状态下，具有不同的力学性质，包括变形破坏机制和强度准则。

结构面是岩体的基本特征，结构面的基本力学性质不仅是岩体力学性质研究的基础，控制着岩体的力学性质；同时，结构面力学性质还代表着岩体力学性质的一个方面，当岩体完全沿结构面剪切滑移破坏时，结构面的强度就是岩体的强度。

总之，必须在详细掌握结构面基本地质特征（第2章）的基础上，针对结构面的具体特征，分析其基本力学性质，并结合可能的受力条件及应力状态，研究结构面在不同应力状态下的力学响应、变形破坏特征与机制以及强度准则，为进一步研究岩体力学性质和分析工程岩体稳定性奠定基础。

6.2 法向应力作用下结构面的力学性质

6.2.1 坚硬结构面法向闭合变形

6.2.1.1 单调加载压缩作用下结构面法向闭合变形

图 6.2-1 为 R. E. Goodman 用花岗闪长岩试件研究结构面力学性质所得的曲线。曲线 A 为完整的圆柱状岩石试件（d=4.45 cm、h=9.14 cm）在第三循环加载阶段的压缩曲线（第一循环阶段表现出明显的滞后效应和非弹性，第三阶段产生了理想的弹性压缩曲线）。再将该试件横放，并用点荷从其中间割开，得到一条平行端面的粗糙起伏张裂面（人工模拟结构面），重新将试件垂直放正，并使张裂面嵌合（嵌合型结构面），照前述方法，得到此种情况下的压缩曲线 B。前两步结束时，应保证整个试件表面和割缝均无破坏现象。最后将该试件割缝以上岩块旋转一定角度，使其成非嵌合接触（即点接触，平均张开度 e=1.27 mm），再循环施压，在荷载尚未达到上述两次的水平时，试件已经破坏（P 点），依其趋势用外插法得到非嵌合结构面的试件的压缩曲线 C。

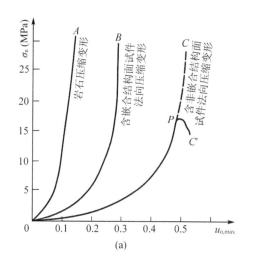
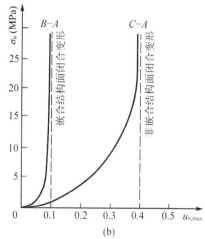

图 6.2-1　硬性结构面压缩曲线(Goodman, 1976)

曲线 B 和 C 既包括岩石变形成分，又包括结构面（嵌合或非嵌合）变形，若从中扣除岩石变形成分，即得到结构面的法向变形，如图 6.2-1(b)中曲线 B-A 和 C-A 分别反映了嵌合结构面和非嵌合结构面的压缩性态。

如图 6.2-1，单调加载压应力作用下，结构法向压缩闭合变形具有以下特征：

（1）在压应力较低时，变形较大，结构面闭合迅速增长。当法向应力 σ_n=1.0 MPa，含结构面试件的变形是不含结构面同类岩石试件变形的 5～30 倍[1]，表明初始段的变形主要为结构面压缩闭合所致。

（2）随着法向应力的增大，变形增量逐渐减小，曲线逐渐变陡，当应力达到一定程度时，曲线斜率变为常数，并与完整岩石的压缩曲线平行。这说明应力达到一定值时[2]，结构面已经完全闭合，结构面已不对试件压缩变形起作用，试件变形仅为岩石变形贡献。

（3）结构面压缩闭合变形曲线大致以 $u_{n,max}$ 为渐近线（图 6.2-1(b)），而且结构面闭合变形曲线的形状与结构面类型和两壁岩石性质无关[3]。

（4）结构面的最大闭合量 $u_{n,max}$ 始终小于结构面的张开度 e，即 $u_{n,max}<e$。因为结构面有着不同的表面形态，一般总是凹凸不平，故无论法向应力多高（不至于产生两壁岩石破坏），不可能 100%接触，根据试验研究结果，闭合量一般能达到张开度的 40%～70%。总之，结构面最大法向闭合量与结构面类型、形态、蚀变程度及张开程度等因素有关，可认为结构面法向闭合变形量是张开度的函数，即

$$u_{n,max}=f(e)<e \qquad (6.2-1)$$

式中，$u_{n,max}$——结构面最大法向闭合变形量，mm；

e——结构面的张开度，mm。

综上所述，坚硬结构面的法向压缩闭合变形曲线是以 $u_{n,max}$ 为渐近线的上凹型非线性曲线。受压初期通常为数点接触，实际接触的有效面积近于零。随着法向应力的增加，因弹性变形、压碎作用和张裂作用而使接触面积增大，产生了新的接触面，结构面开始迅速闭合。当法向应力增加到一定程度，结构面完全闭合（闭合量小于其张开度），此后的变形为岩石的压缩变形。

6.2.1.2　循环加载作用下结构面法向变形特征

如果分别对不含结构面和含结构面的试件连续施加一定的法向压缩荷载后，逐渐卸载，则可得到结构面闭合应力-变形曲线（图 6.2-2、图 6.2-3）。

由这些曲线可知，结构面在循环荷载下的压缩变形有如下特点：

（1）结构面的法向压缩变形曲线仍为以 $u_n=u_{n,max}$ 为渐近线的非线性曲线。

（2）每次循环荷载下结构面法向变形曲线的形状均相似，且特征与加荷方式及其应力大小无关。

（3）卸载后有不可恢复的残余变形（即松胀变形）[4]，残余变形量随循环次数增

---

[1] 除结构面特征外，两者比值的大小还与结构面蚀变程度有关。

[2] 试验研究表明，当法向应力大约为 $\sigma_c/3$ 时开始，含结构面岩块的变形以结构闭合变形为主转为以岩块弹性变形为主。

[3] 研究表明，若两壁岩石是弹性的，则坚硬结构面闭合变形也是弹性的；若岩石材料是黏性的，则结构面闭合变形也是黏性的，但这种黏性变形成分包括在岩石的黏性变形之内。因此，坚硬结构面的闭合可视为弹性变形。

[4] 残余变形反映的是结构面的闭合变形，与结构面的基本特征有关，如 e、JRC、JCS 等。

加而减小，也进一步证明受压初期结构面闭合迅速，随着法向应力增加（或循环次数增多），结构面逐渐压密闭合，以至完全闭合而达最大闭合量。

（4）随着循环次数增多，压缩变形曲线逐渐变陡，且曲线整体左移，每次循环下的结构面法向变形均显示出滞后效应和非弹性特征。

（5）与不含结构面的岩石试件卸载曲线的斜率相比，结构面卸载曲线的斜率大。

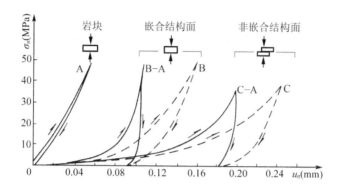

图 6.2-2　含结构面的石灰岩试件法向加、卸载变形曲线（bandis 等，1983）

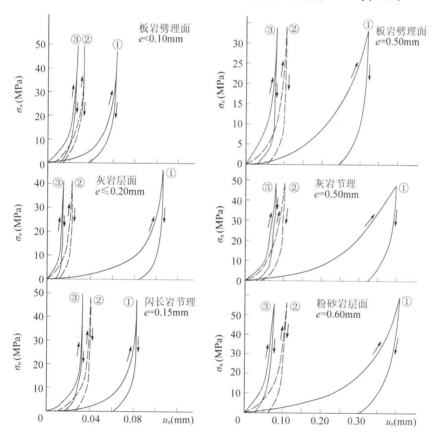

图 6.2-3　不同风化程度的几类含结构面岩石试件循环荷载作用下法向变形曲线

6.2.1.3 反向加载（拉伸）

图6.2-4表示了结构面法向受压后、再施加反向拉应力条件下的变形全貌。由图可见，若结构面受有初始压应力σ_0，增大受压时，曲线向右侧发展；若结构面受拉，曲线沿纵坐标左侧向下与横坐标相交，表明拉应力与初始应力相抵消；拉应力继续加大至抗拉强度σ_t时，结构面失去抗拉能力，曲线迅速回至横坐标；以后张开而不承受拉力，曲线沿横坐标向左延伸。

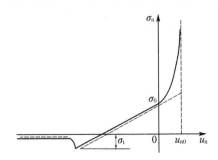

图6.2-4 结构面法向应力-应变关系曲线

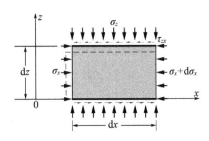

图6.2-5 软弱夹层压缩挤出变形力学模型

6.2.2 软弱结构面的法向压缩挤出变形

软弱结构面中最重要的是软弱夹层，软弱夹层的法向压缩变形在地基、边坡和地下硐室工程中均存在。软弱结构面含有一定厚度t_0的充填物质（尤其软弱物质），因此，在法向应力作用下，结构面法向压缩变形的实质是该软弱物质的材料压缩变形，计算该层变形即可获得结构面的法向变形。为了简化计算，将空间问题作为平面应变问题，如图6.2-5，取岩体临空面为坐标原点，软弱夹层的稳定条件为

$$\frac{\mathrm{d}\sigma_x}{\mathrm{d}x} = \frac{2\tau}{t} = \frac{2(\sigma_z \tan\varphi + c)}{t} \tag{6.2-2}$$

式中，t——变形稳定后的夹层厚度，$t=\mathrm{d}z$。

c、φ——软弱夹层与邻层界面的抗剪强度参数。

当获得应力状态（即σ_z和σ_x的关系已知）时，即可定解，求出稳定厚度t。

若夹层变形前的原始厚度为t_0，则压缩变形为

$$u_n = t_0 - t \tag{6.2-3}$$

式中，t_0、t——软弱结构面初始厚度和压缩变形稳定后的厚度；

u_n——软弱结构面的最大法向变形量。

6.2.3 结构面法向作用下的本构关系

为了反映结构面在法向荷载作用下的力学性质与变形过程，需要研究结构面的压缩变形与应力的关系，即结构面法向变形的本构方程。目前，这方面的研究尚不深入，仍主要基于试验获得。

（1）Goodman模型

R. E. Goodman于1974年讨论了法向荷载作用下结构面闭合的本构关系，他假设张开结构面无抗拉强度且最大可能压缩闭合量$u_{n,max}$必须小于结构面张开度e，基于结构面压缩试验，认为结构面法向变形满足双曲线方程（图6.2-6），即

$$\frac{\sigma_n - \sigma_{n0}}{\sigma_{n0}} = A\left(\frac{u_n}{u_{n,max} - u_n}\right)^t \tag{6.2-4}$$

式中，σ_{n0}、σ_n——作用于试件上的初始应力、总应力，MPa；

$\quad\quad u_n$——总应力σ_n作用下对应的变形，cm；

$\quad\quad u_{n,max}$——结构面的最大可能闭合量，$u_{n,max} = f(e) \leqslant e$；

$\quad\quad A$、t——与结构面几何特征和岩石力学性质有关的系数。

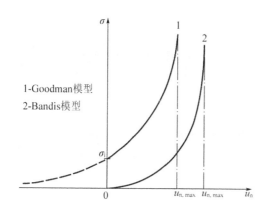

图6.2-6　坚硬结构面法向闭合变形　　　　　　图6.2-7　法向刚度的确定

对图6.2-1的情况，Goodman拟合出嵌合结构面和非嵌合结构面的方程分别为

$$\left.\begin{array}{l} u_n = 0.018 \ln \sigma_n + 0.037 \\ u_n = 0.078 \ln \sigma_n + 0.030 \end{array}\right\} \tag{6.2-5}$$

联立式(6.2-4)和(6.2-5)，任选$\sigma_{n,max}=0.471$ MPa，可知，对于嵌合结构面，$u_{n,max}=0.1$ mm、$A=3.00$、$t=0.605$；对非嵌合结构面，$u_{n,max}=0.387$ mm、$A=5.59$、$t=0.609$。

（2）Bandis模型

在研究了大量试验的基础上，Bandis等（1983）得到法向压缩条件下结构面压缩变形的理想曲线（图6.2-6），提出了结构面法向压缩条件下的本构方程，即

$$\sigma_n = K_{ni} u_n \frac{u_{n,max}}{u_{n,max} - u_n} \tag{6.2-6}$$

式中，K_{ni}——结构面初始法向刚度，MPa/cm；

$\quad\quad$其它符号意义同上。

（3）孙广忠模型

孙广忠（1988）提出了指数型结构面压缩本构方程，即

$$u_n = u_{n,max}\left(1 - e^{-\sigma_n/K_n}\right) \qquad (6.2\text{-}7)$$

6.2.4 结构面法向变形参数（法向刚度）

6.2.4.1 法向刚度的概念

在分析结构面法向力作用下的变形特征及本构关系时，可以使用其变形曲线的斜率来描述不同结构面的变形特征。

法向刚度（normal stiffness）是法向应力 σ_n 和法向位移 u_n 曲线的斜率（图 6.2-7），即

$$K_n = \frac{d\sigma_n}{du_n} \qquad (6.2\text{-}8)$$

式中，K_n——结构面的法向刚度，MPa/cm；

其它符号意义同上。

由于结构面压缩变形曲线是非线性曲线，不同点的斜率不同。因此，通常采用初始点斜率，即初始法向刚度 K_{ni}。

对于软弱夹层，不同夹层厚度不同，相互间不能直接比较，故宜采用单位法向刚度来评价。单位法向刚度是单位厚度软弱结构面的法向刚度，即

$$K_{n0} = \frac{d\sigma_n}{du_n/t_0} = K_n \cdot t_0 \qquad (6.2\text{-}9)$$

式中，K_{n0}——软弱结构面的单位法向刚度；

t_0——软弱结构面的初始厚度，取与 u_n 相同单位的值；

其它符号意义同上。

6.2.4.2 法向刚度的取值

法向刚度是反映结构面法向变形的重要参数，也是岩体力学性质参数估算及岩体力学计算不可或缺的指标之一。

结构面的 K_n 是基于定义（式(6.2-8)）并根据室内试验或现场试验成果来确定。

（1）室内试验法

Goodman 通过室内结构面试验，在获得其本构的同时，提出结构面法向刚度为

$$K_n = K_{ni}\left(\frac{K_{ni}u_{n,max} + \sigma_n}{K_{ni}u_{n,max}}\right)^2 \qquad (6.2\text{-}10)$$

Bandis 提出的结构面法向刚度计算公式为

$$K_n = K_{ni}\left(1 - \frac{\sigma_n}{K_{ni}u_{n,max} + \sigma_n}\right)^{-2} \qquad (6.2\text{-}11)$$

两式均表明，结构面法向刚度均随法向应力变化而变化，与初始法向刚度、法

向应力和最大张开度有关。关于初始法向刚度，Bandis认为它与结构面的表面形态、张开度和面壁岩石强度有关，即

$$K_{ni} = -7.15 + 1.75JRC + 0.02JCS/e \qquad (6.2\text{-}12)$$

式中，JRC、JCS、e——结构面的粗糙度系数、面壁岩石抗压强度和张开度。

（2）现场试验

现场试验法是通过岩体现场压缩试验，通过中心孔承压板法（图6.2-8），在制备好的试件上打垂直中心孔，在孔内安装多点位移计（其中两个紧靠结构面上下壁，同时试件顶和孔底各布置1个参考点）。然后逐级施加法向应力，记录应力级 σ_{ni} 下各点的法向位移，通过结构面两侧的位移计算结构面法向变形 u_{ni}，绘制各位移计的变形曲线（σ_{ni}-u_{ni}），计算法向刚度，即

$$K_n = \frac{\Delta \sigma_n}{\Delta u_n} = \frac{\sigma_{ni} - \sigma_{n(i-1)}}{u_{ni} - u_{n(i-1)}} \qquad (6.2\text{-}13)$$

式中，σ_{ni}、$\sigma_{n(i-1)}$——第 i 级法向应力及其前一级法向应力；

u_{ni}、$u_{n(i-1)}$——第 i 级法向应力及其前一级法向应力对应的压缩量；

其它符号意义同上。

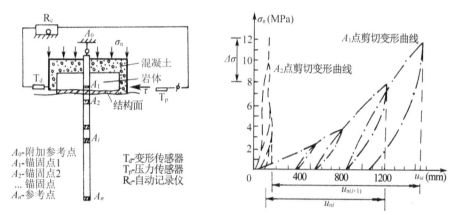

图6.2-8　结构面法向刚度和切向刚度的现场试验法

部分结构面的法向刚度见表6.2-1和表6.2-2。

表6.2-1　同种结构面的法向刚度

结构面特征	K_n (MPa/cm)	K_s (MPa/cm)	c (MPa)	φ (°)
充填黏土的断层，岩壁风化	15	5	0	33
充填黏土的断层、岩壁轻微风化	18	8	0	37
新鲜花岗片麻岩不连续结构面	20	10	0	40
玄武岩与角砾岩接触带	20	8	0	45
致密玄武岩水平不连续结构面	20	7	0	38
玄武岩张开节理面	20	8	0	45
玄武岩不连续面	12.7	4.5	0	/

表6.2-2　结构面直剪试验结果（郭志，1996）

岩组	结构类型	未浸水抗剪强度参数		浸水抗剪强度参数		2.4MPa下的刚度	
		c (MPa)	φ (°)	c (MPa)	φ (°)	K_n (MPa/cm)	K_s (MPa/cm)
绢英岩	平直、粗糙，有陡坎	0.15～0.20	40～41	0.14～0.16	36～38	43～62	62～90
	起伏不平、粗糙，有陡坎	0.20～0.27	42～44	0.17～0.23	38～39	34～82	41～99
	波状起伏、粗糙	0.12～0.15	39～40	0.11～0.13	36～37	22～54	46～67
	平直、粗糙	0.07～0.11	38～39	0.08～0.09	35～36	22～46	22～46
绢英化花岗岩	平直、粗糙，有陡坎	0.25～0.35	40～42	0.26～0.30	38～39	42～136	48～108
	起伏大、粗糙，有陡坎	0.35～0.50	43～48	0.30～0.43	40～41	35～78	67～113
	波状起伏、粗糙	0.15～0.23	39～40	0.13～0.27	37～38	38～58	38～63
	平直、粗糙	0.09～0.15	38～40	0.08～0.13	36～37	21～143	45～58
花岗岩	平直、粗糙，有陡坎	0.30～0.44	40～45	0.30～0.34	38～41	11～147	72～112
	起伏大、粗糙，有陡坎	0.35～0.55	44～48	0.36～0.44	40～41	61～169	59～120
	波状起伏、粗糙	0.25～0.35	40～41	0.21～0.30	38～41	70～84	48～84
	平直、粗糙	0.15～0.20	39～41	0.15～0.17	37～40	51～90	46～65

6.3　剪切应力作用下结构面的力学性质

6.3.1　剪切作用下结构面的基本力学性质

6.3.1.1　变形破坏特征

结构面切向变形表现为块体沿结构面错动或滑移，其位移量往往较大，因此，不能用应力-应变曲线（τ-γ曲线）和剪切模量（G），而只能用剪应力-剪切位移曲线（τ-u_s曲线）和剪切刚度（K_s）来表征其剪切变形规律。

结构面剪切变形与岩石剪切变形相似，并与结构面特征（粗糙度、延续性、充填特征等）、法向应力水平以及两壁岩石性质有关（图6.3-1、图6.3-2）。

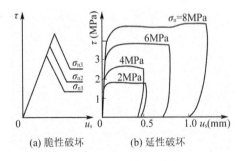

图6.3-1　硬性结构面剪切变形曲线

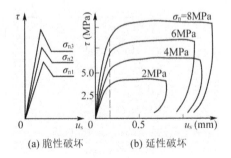

图6.3-2　软弱结构面剪切变形曲线

无论硬性结构面，还是软弱结构面，剪切变形曲线（τ-u_s曲线）可大致分为两段（图6.3-3），低剪切应力作用下切向变形具弹性特征，初始段近似为直线，而在高剪切应力作用下具塑性流动特征（图6.3-1、图6.3-2），产生流动变形的剪切力水平比结构体的要低得多且取决于正应力大小及结构面特征。

两壁岩石性质不同，结构面剪切破坏类型不同。若两壁岩石为脆性岩石，则结构面剪切变形为脆性变形[①]，具有一定的峰值，尔后呈现塑性流动（图6.3-1(a)、图6.3-2(a)）；若两壁为延性岩石，结构面错动变形亦表现为延性，无明显峰值，直接进入塑性流动（图6.3-1(b)、图6.3-2(b)）。

结构面充填特征和力学属性不同，致切向应力作用下的剪切变形特征不同。硬性结构面表现为错动，不同正应力作用下的τ-u_s曲线的直线段的斜率（即剪切刚度系数K_s）保持为常数（图6.3-1），表现为常刚度变形。而软弱结构面表现为滑移，τ-u_s曲线初始段直线的斜率（即剪切刚度）随法向应力增大而增大（图6.3-2），表现为变刚度变形。结构面的切向刚度具有明显的尺寸效应，相同法向应力作用下，剪切刚度随被剪切结构面的规模增大而降低（图6.3-4）。

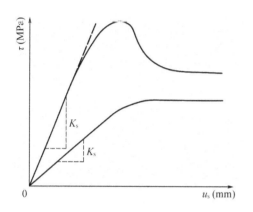

6

结构面的力学性质

219

图6.3-3　结构面剪切刚度的确定　　图6.3-4　结构面剪切刚度与正应力和规模

随着法向正应力增大，结构面剪切的脆性越强表现为峰值剪切强度增大、硬性结构面峰值强度与残余强度差值增大，而且软弱结构面初始段斜率增大（图6.3-2）。

6.3.1.2　剪切变形本构关系与变形参数

（1）剪切本构关系

结构面的τ-u_s可抽象为2个阶段（图6.3-3），即弹性阶段和塑性阶段，故其本构关系可简化为

$$u_s = \begin{cases} \tau/K_s & (\tau < \tau_0) \\ \infty & (\tau \geqslant \tau_0) \end{cases} \qquad (6.3\text{-}1a)$$

　　[①] 对于软弱结构面，当其充填物厚度大于起伏度时，如果含较多大颗粒时，也表现出一定的脆性破坏特征。

$$\tau = \begin{cases} K_s u_s & (u_s < u_{s0}) \\ \tau_0 & (u_s \geq u_{s0}) \end{cases} \tag{6.3-1b}$$

式中，τ_0——结构面弹性极限剪应力，$\tau_0 = \sigma_n \tan\varphi_j + c_j$；

$\quad\quad c_j$、φ_j——结构面的抗剪强度参数；

$\quad\quad K_s$——结构面的切向刚度（剪切刚度），MPa/cm；

$\quad\quad u_s$——切向位移；

$\quad\quad u_{s0}$——τ_0对应点的切向位移。

更一般地，结构面$\tau\text{-}u_s$曲线可用曲线形式来拟合，如Kalhaway（1975）通过大量试验，发现结构面峰值前的剪切变形曲线也可用双曲线来拟合，即

$$\tau = K_s u_s = \left(\frac{\tau_{ult}}{\tau_{ult} + K_{si} u_s} K_{si} \right) u_s \tag{6.3-2}$$

式中，K_{si}——结构面的初始剪切刚度（曲线原点处的切线斜率），MPa/cm；

$\quad\quad \tau_{ult}$——极限剪应力（曲线水平渐近线在τ轴上的截距），MPa；

$\quad\quad$其它符号意义同上。

由于软弱结构面剪切变形过程中塑性变形量大，加之流动法则与岩石材料不同，故不能用应变速率表征，而只能用变形速率（图6.3-5）。因此，由图6.3-5b，本构方程为

$$\frac{du_s}{dt} = \frac{\tau - \tau_i}{\eta_k} \tag{6.3-3}$$

式中，du_s/dt——剪切变形率，m/s；

$\quad\quad u_s$——切向位移，m；

$\quad\quad t$——时间，s；

$\quad\quad \eta_k$——黏滞刚度系数，Pa·s/m；

$\quad\quad \tau_i$——流动变形的起始剪应力，MPa。

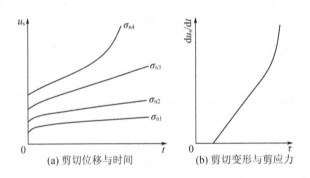

图6.3-5　软弱结构面的剪切流动变形特征

由于滑动过程中块体本身不变形，由初始条件$u_s|_{t=0}=0$，并对上式积分，得全量形式的本构方程为

$$u_s = \frac{\tau - \tau_i}{\eta_k} \cdot t \tag{6.3-4a}$$

$$\tau - \tau_i = \frac{\eta_k}{t} u_s \tag{6.3-4b}$$

（1）剪切变形参数（切向刚度）

（a）剪切刚度的概念

剪切刚度或切向刚度（shear stiffness）是 τ-u_s 曲线任一点的斜率，

$$K_s = \frac{\mathrm{d}\tau}{\mathrm{d}u_s} \tag{6.3-5}$$

式中，K_s——结构面的切向刚度（剪切刚度），MPa/cm[①]；

$\quad\quad\tau$——τ-u_s 曲线上所求剪切刚度点的剪应力值，MPa；

$\quad\quad u_s$——τ-u_s 曲线上与所取 τ 值对应的剪切位移，cm。

剪切刚度是反映结构面切向变形性质的重要参数，是岩体力学参数估算和岩体稳定评价必不可少的指标。常见岩体结构面的剪切刚度见表6.2-1、表6.2-2。

剪切刚度一般可通过室内试验和现场剪切试验确定。工程岩体稳定性评价中，常用 τ-u_s 曲线屈服点以前的斜率来求剪切刚度系数。

（b）室内剪切试验确定剪切刚度

通过结构面室内剪切试验，获得不同正应力下的剪切曲线（τ-u_s 曲线），进而通过获得的剪切曲线，根据情况，利用剪切刚度的定义计算其剪切刚度 K_s。

若剪切曲线起始段为直线，则由定义（式(6.3-4)），剪切刚度为

$$K_s = \frac{\mathrm{d}\tau}{\mathrm{d}u_s} = \frac{\tau}{u_s} \tag{6.3-6}$$

若起始段不是直线，可根据曲线形状，采用恰当的形式拟合，然后获取所需剪应力点的剪切刚度[②]。

Kalhaway（1975）通过大量试验，用拟合双曲线起始段的本构关系（式(6.3-2)），并得到剪切刚度为

$$K_s = \frac{\tau_{ult}}{\tau_{ult} + K_{si} u_s} K_{si} \tag{6.3-7}$$

式中，K_{si}——结构面的初始剪切刚度（τ-u_s 曲线原点处的切线斜率），MPa/cm；

$\quad\quad\tau_{ult}$——极限剪应力（曲线水平渐近线在 τ 轴的截距，即屈服剪应力），MPa。

Goodman（1974）研究后认为，结构面剪切刚度为

$$K_s = K_{si} \left(1 - \frac{\tau}{\tau_{ult}} \right) \tag{6.3-8}$$

---

① 剪切刚度的国际单位为 Pa/m，工程中常用 MPa/cm。计算时或应用该值应注意单位换算。

② 剪切曲线初始段为非直线时，给定剪切刚度必须指明取值点的剪应力大小。

（c）现场剪切试验确定剪切刚度

现场结构面剪切试验装置如图6.2-8。试验时先施加预定的法向荷载（计算法向应力），待法向变形稳定后，分级施加水平向剪力T_i（计算剪应力τ_i），用剪切位移的变形传感器T_d或自动记录仪R_c记录各级剪应力下的剪切变形u_{si}，绘制该预定法向应力下剪切曲线，根据剪切刚度的定义，计算某预定法应力下该结构面的剪切刚度K_s，计算方法与上述室内剪切试验相同。

此外，Barton（1977）和Choubey（1977）根据大量试验资料的总结和分析，并考虑到尺寸效应，提出了结构面K_s的经验公式（图6.3-4），即

$$K_s = \frac{100}{L}\sigma_n \tan\left[JRC\lg\left(\frac{JCS}{\sigma_n}\right) + \varphi_r\right] \tag{6.3-9}$$

式中，JRC、JCS——结构面的粗糙度系数和面壁岩石抗压强度，见3.3节；

　　　　φ_r——结构面的残余内摩擦角，（°）；

　　　　L——被剪切结构面的长度，cm。

6.3.1.3　剪切变形破坏的表现形式

结构面切向变形的实质为结构面两侧结构体之间的相互摩擦滑动。按作用于结构面上法向应力的大小和结构面滑动的表现，摩擦滑动作用分为稳滑和粘滑两类。稳滑（steady slip）指结构面在剪切力作用下平稳地滑动，表现为剪应力和剪位移有规律地持续且连续地变化。粘滑（stick-slip）是结构面剪切滑动过程中，剪应力和剪位移并不总是稳定变化，剪应力时常出现断续的张弛、剪位移时常发生急跃的现象，表现为岩石沿表面突然向前滑动、锁住，然后又开始滑动，如此反复进行。

剪切作用下，结构面剪切滑动的具体表现形式（稳滑、粘滑）取决于众多因素，如结构面的表面形态（起伏形态、粗糙度）、充填特征（充填物质类型、厚度、性状）、两壁岩石的特征、含水状态、温度和作用力特征（法向应力大小、剪切力大小及加载速度）等。如在法向应力较小时，结构面剪切通常表现为稳滑；而法向应力较大时，结构面剪切表现为粘滑。

结构面稳滑主要用于边坡稳定分析及塌方等工程实践，粘滑主要用于大地构造研究中，如地震。粘滑详见6.5节。

6.3.1.4　剪切机制的模式

从剪切机制上看，结构面剪切可进一步细分为4种模式（图6.3-6），即表面摩擦、楔效应摩擦、转动摩擦和滚动摩擦[①]。具体结构面剪切机制的模式依结构面地质特征不同而不同。

---

　　① 结构面的剪切主要是表面摩擦和楔效应摩擦；转动摩擦和滚动摩擦有较大块体的参与，可视为结构体的运动。因此，研究结构面剪切特征时，重点考虑表面摩擦模式和楔效应模式，而一般不考虑转动摩擦模式和滚动摩擦模式。

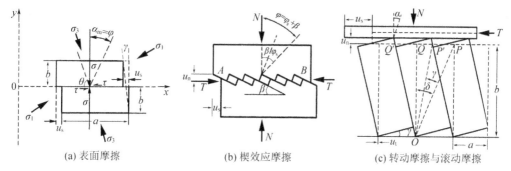

|（a）表面摩擦|（b）楔效应摩擦|（c）转动摩擦与滚动摩擦|

图6.3-6　结构面剪切机制的模式

（1）表面摩擦

对于平直型结构面，在切向应力作用下发生的剪切变形是结构面两侧块体表面之间摩擦，即表面摩擦，见图6.3-6(a)。此种情况下的结构面力学性质（剪切变形特征、抗剪强度特征）主要取决于结构面的粗糙程度，结构面的黏聚状态与含水状态、两壁岩石性质、法向应力大小等因素也有一定的影响。详见6.3.2.1节。

（2）楔效应摩擦

对于锯齿状或波状结构面，无论是规则的、还是不规则的，在剪切作用下，均以楔效应摩擦模式发生剪切变形和破坏。如图6.3-6(b)，当受到剪力 T 时，块体局部沿锯齿面滑移，但总体滑动方向仍为 BA 方向。因此，楔效应摩擦时，局部沿结构面（锯齿）滑移，同时也有剪断锯齿的趋势，以保证总体滑动方向。详见6.3.2.2节。

（3）转动摩擦

对于含有块状充填物的软弱结构面，或者节理切割成碎块体的节理密集带，当沿这些面（或带）剪切时，剪切位移的实质是结构面（带）内的块状物或碎块体的转动。如图6.3-6(c)，假设被剪而发生转动的碎块为矩形块，在法向力 N 和剪切力 T 作用下，以其一边为轴转动，最终会发生翻倒。当矩形块转动角度（倾斜角）α 小于翻倒角 δ，不会翻倒，而 $\alpha > \delta$ 时，矩形块即翻倒。

对于一组矩形块，如图6.3-6(c)，当它们因转动而彼此平行且彼此有相互位移，如果 $\alpha = \delta$，则碎块转动处于极限平衡状态，此时该结构面的整体内摩擦角 $\varphi > \delta$。一旦转动开始并破坏后，矩形块体产生切应变 γ。在破坏情况下，若块体分开，整体内摩擦角为

$$\varphi = \delta - \gamma \tag{6.3-10}$$

式中，φ——结构面整体内摩擦角，(°)；

　　　δ——翻倒角，(°)；

　　　γ——矩形块体产生切应变，(°)。

若彼此接触，整体内摩擦角为

$$\varphi = \delta + \gamma \tag{6.3-11}$$

（4）滚动摩擦

在转动摩擦中（图6.3-6(c)），当碎块的翻倒角减小 δ 时，其内摩擦角也将减

小。如碎块的剖面为有 n 个边的规则多边形时，其翻倒角为 $\delta=180°/n$。如果碎块边数增加，则走向于一个圆球，$\delta \to 0$。此时可视该碎块为圆球质点，其抗翻倒的阻力就是其滚动摩擦，共整体内摩擦角为

$$\varphi_R = \tan^{-1}\left(\frac{T}{N}\right) \tag{6.3-12}$$

式中，φ_R——结构面整体滚动摩擦角，($°$)；

N、T——法向力与水平剪切力，MN。

6.3.1.5 剪切强度准则与抗剪强度参数

（1）结构面剪切强度准则

结构面剪切破坏仍然服从 Mohr-Coulomb 准则，即

$$\tau_j = \sigma_n \tan \varphi_j + c_j \tag{6.3-13}$$

式中，φ_j——结构面整体内摩擦角，($°$)；

c_j——结构面整体内聚力，MPa；

σ_n——法向应力，MPa；

τ_j——法向应力 σ_n 作用下结构面的剪切强度。

如后文将看到的那样，不同情形时，如不同表面形态等，结构面抗剪强度准则有不同的具体形式，但均是以式(6.3-13)为基础，其本质均是该式的变种。

（2）抗剪强度参数

结构面抗剪强度[①]是通过结构面剪切试验（室内、现场）来确定。结构面抗剪强度参数取值原理和方法与岩石抗剪强度参数相同，见图5.4-6。基于各预定法向应力作用下的结构面剪切曲线（图6.3-1和图6.3-2），从 τ-u_s 曲线获得各级法向应力 σ_{ni} 及其对应的特征剪切应力值（比例极限 τ_{ei}、屈服极限 τ_{yi}、峰值极限 τ_{pi} 和残余极限 τ_{ri}），利用对应的法向应力和特征剪应力做出相应的 τ_j-σ_n 图，从而利用该图求出结构面抗剪强度参数（c_j、φ_j），或直接根据对应的法向应力和特征剪应力，利用最小二乘法求出结构面抗剪强度参数值。结构面抗剪强度参数同样也包括屈服强度参数、峰值强度参数和残余强度参数。

与岩石抗剪强度参数相比，结构面的抗剪强度参数小得多。结构面的内摩擦角小于岩石的内摩擦角，并取决于结构面的形态、充填特征和两壁岩石的特征等；结构面的内聚力远小于岩石的内聚力，并取决于结构面充填物质，结构面的内聚力有时接近于0。

---

① 结构面不具备抗拉特性。压缩条件下，压缩至一定程度后，结构面完全闭合，强度由岩石抗压强度反映。因此，通常所说的结构面强度就是指结构面的抗剪强度。

6.3.2 不同起伏形态结构面的剪切特征

6.3.2.1 平直硬性结构面

平直型无充填的硬性结构面的剪切机制是表面摩擦，其力学性质主要取决于两壁岩石性质、结构面粗糙度、黏聚状态、干湿程度与法向应力大小。

（1）不同粗糙程度的平直型结构面

（a）平直光滑型结构面

对于平直光滑型结构面，在较低法向应力 σ_n 作用下，其剪应力-剪位移曲线如图6.3-7(a)所示，剪应力随剪位移增长至最大值后保持常量，剪切峰值强度等于残余强度。而且在剪切过程中，垂直位移大体为零，不发生压缩或剪胀。

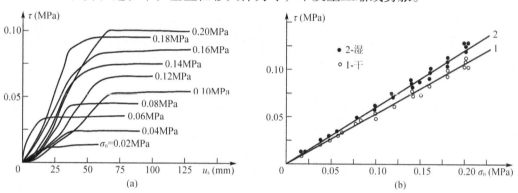

图6.3-7 平直平坦型结构面的剪切变形

平直型结构面抗剪强度 τ_j 为

$$\tau_j = \sigma_n \tan \varphi_j \tag{6.3-14}$$

（b）平直粗糙型结构面

对于平直型粗糙结构面，整个剪切过程中剪应力随位移增大而增大，并出现峰值 τ_p，尔后产生应力降，出现残余强度 τ_r，并维持不变（图6.3-8），抗剪强度为

$$\begin{cases} \tau_{jp} = \sigma_n \tan \varphi_{jp} + c_{jp} \\ \tau_{jr} = \sigma_n \tan \varphi_{jr} \end{cases} \tag{6.3-15}$$

式中，τ_{jp}、c_{jp}、φ_{jp}——结构面峰值抗剪强度及其抗剪强度参数；

τ_{jr}、φ_{jr}——结构面残余抗剪强度及其抗剪强度参数（$c_{jr}=0$）。

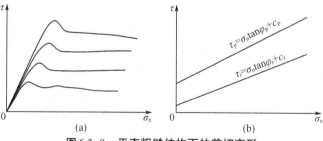

图6.3-8 平直粗糙结构面的剪切变形

一般地，φ_{jr}略小于φ_{jp}，τ-σ关系见图6.3-8(b)。

总之，粗糙度不同，平直型结构面在切向作用下的力学性质差异较大。粗糙度愈大，τ_j-u_s出现峰值愈明显，剪切强度愈大；反之，τ_j-u_s无明显峰值，剪切强度相对较小，且$c_j=0$。如切开的平坦面，$\varphi_j=25\sim32°$；而磨光的光滑面，$\varphi_j=12\sim22°$。

（2）含水状况与黏聚状

一般情况下，对于平直光滑结构面，干湿状态对结构面摩擦角的影响要比两壁岩石的矿物成分的影响大。对于切开平直面，干比湿的摩擦角约大3°（图6.3-7）；而磨光面在湿润情况下的φ_j反而比干的大，相差可达10°。

（3）法向应力大小

当其它条件相同时，结构面抗剪强度与其法向正应力有关。如图6.3-7和图6.3-8，抗剪强度$[\tau_j]$随法向应力σ_n增大而增大。

图6.3-8表明，法向应力较小时，剪切过程中，主要表现为继初始段后的塑性流动；而随着法向应力的增大，初始剪切变形后出现明显的峰值，然后出现塑性流动，而且法向应力越大，峰值越明显，峰值强度与残余强度的差值越大。这表明，法向正应力较低时，平直型结构面剪切变形表现为稳滑；法向应力较大时，则表现为粘滑。

6.3.2.2 波状结构面

波状结构面（包括锯齿形结构面）在较小正应力作用下发生剪胀，在法向正应力较大时发生剪断。下面以锯齿形波状结构面为例，讨论其剪切作用下的力学性质。

（1）规则的波状结构面

（a）基本特征与剪胀

如图6.3-9(a)，结构面的起伏差为h，起伏角（爬坡角）为i，对应的下坡角为i'，受外力为N和S（对应法向应力σ_n和切向应力τ）。

结构面滑动过程中，不仅产生切向位移u_s，也有法向位移u_n（图6.3-9b）。在剪切滑动作用下结构面总体张开，岩体体积膨胀的现象称为剪胀（shear dilation）。剪胀是岩体扩容的重要方面。剪胀量为u_n，剪胀角为i，显然有

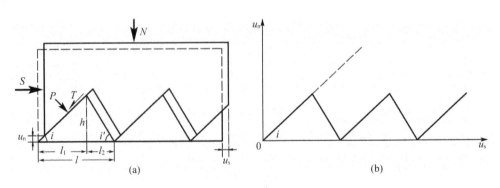

图6.3-9　结构面剪切破坏分析

$$\tan i = \frac{u_{\mathrm{n}}}{u_{\mathrm{s}}} \tag{6.3-16}$$

（b）Patton模型

结构面滑动时，强度条件满足

$$\tau_{\mathrm{j}} = \sigma_{\mathrm{n}} \tan \varphi_{\mathrm{j}} + c_{\mathrm{j}} \tag{6.3-17}$$

若正应力较小时，且两侧岩石比较坚硬，岩体沿结构面爬坡滑动，而一经滑动，下坡角一侧便"空化"而不受力，正应力全由爬坡面所承担。此时由平衡条件，得

$$\tau_{\mathrm{j}} = \sigma_{n} \tan \varphi_{\mathrm{j}} + c_{\mathrm{j}} = \sigma_{n} \tan(\varphi_{\mathrm{u}} + i) + \frac{c_{\mathrm{u}}}{\sin i (\cos i - \sin i \tan \varphi_{\mathrm{u}})(\cot i + \cot i')} \tag{6.3-18}$$

式中，c_{u}、φ_{u}——结构面的基本内聚力和基本内摩擦角；

c_{j}、φ_{j}——结构面的总体内聚力和总体内摩擦角。

若为光滑波状结构面，即 $c_{\mathrm{u}}=0$，式（6.3-18）为

$$\tau_{\mathrm{j}} = \sigma_{n} \tan(\varphi_{\mathrm{u}} + i) \tag{6.3-19}$$

该式是由 F. D. Patton（1966）提出的，故亦称 Patton 公式。

由 Patton 公式可见，在正应力较小时，由于结构面上凸起体的存在，发生了爬坡效应（剪胀效应），结构面的总体内摩擦角 φ_{j} 比基本内摩擦角 φ_{u} 增大了一个爬坡角 i（图6.3-11），即

$$\varphi_{\mathrm{j}} = \varphi_{\mathrm{u}} + i \tag{6.3-20}$$

随着法向应力的增加，凸起体本身爬坡变得困难。若不考虑凸起体在爬坡剪胀过程中的磨损，当法向应力达到某极限值（咬合应力 σ_{M}），剪应力超过凸起体部分岩石的剪切强度时，凸起体自身在剪应力作用下被剪断，此时满足

$$\tau_{\mathrm{b}} = \sigma_{\mathrm{n}} \tan \varphi_{\mathrm{b}} + c_{\mathrm{b}} \tag{6.3-21}$$

式中，φ_{b}、c_{b}——凸起体（岩石）的抗剪强度参数。

由式(6.3-19)和式(6.3-21)，可求得发生剪断所需的咬合应力 σ_{M}，即

$$\sigma_{\mathrm{M}} = \frac{c_{\mathrm{b}}}{\tan(\varphi_{\mathrm{u}} + i) - \tan \varphi_{\mathrm{b}}} \tag{6.3-22}$$

该式说明，爬坡角 i 越大，发生剪断所需的法向应力越小。研究表明，当 $i=55°\sim65°$ 时，即使 $\sigma_{\mathrm{n}}=0$，也会在剪应力作用发生剪断，而不发生爬坡。

当 $\sigma_{\mathrm{n}}<\sigma_{\mathrm{M}}$ 时，结构面以爬坡方式发生剪胀变形；而 $\sigma_{\mathrm{n}}>\sigma_{\mathrm{M}}$ 时，将以凸起体啃断作用发生剪断破坏，其强度受岩块的强度控制，凸起体一经剪断，将形成新的结构面（图6.3-10、图6.3-11），此时的强度即为残余强度（图6.3-11、图6.3-12），即

$$\tau_{\mathrm{jr}} = \sigma_{\mathrm{n}} \tan \varphi_{\mathrm{jr}} + c_{\mathrm{jr}} \tag{6.3-23}$$

式中，φ_{jr}、c_{jr}——结构面的残余抗剪强度参数。

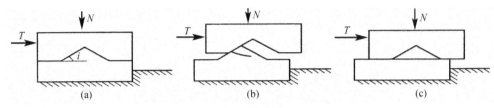

图 6.3-10　起伏结构面剪切效应（爬坡、剪断）

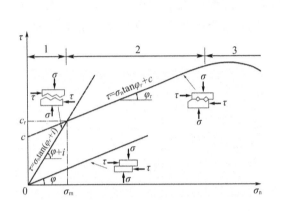

图 6.3-11　凸起体受剪后不同阶段的力学效应　　图 6.3-12　不同起伏角的 τ-σ_n 曲线图

总之，具有爬坡角 i 的结构面，其抗剪强度为

$$\begin{cases} \tau_j = \sigma_n \tan(\varphi_u + i) & (\sigma_n < \sigma_M) \\ \tau_j = \sigma_n \tan \varphi_r + c_r & (\sigma_n \geqslant \sigma_M) \end{cases} \tag{6.3-24}$$

（c）Ladanyi-Archambault 模型

式（6.3-24）的强度线乃是极端情况，实际上由于结构面上应力的不均匀分布，凸起体在应力达到最大强度之前早已部分磨损破坏。Ladanyi & Archambault（1970）对此进行了详细分析，认为在该进程中，结构面抗剪强度满足

$$\tau_j = \frac{(1 - a_s)\sigma_n(V' + \tan \varphi_u) + a_s(\sigma_n \tan \varphi_b + c_b)}{1 - (1 - a_s)V' \tan \varphi_u} \tag{6.3-25}$$

式中，a_s——剪断率（剪坏部分的面积与结构面总面积之比）；

V'——剪胀率（剪切时垂直位移与水平位移之比），$V' = u_n/u_s$；

其它符号意义同上。

实际工作中，剪断率 a_s 和剪胀率 V' 较难确定。为此，Ladanyi 等进行了大量的粗糙岩面剪切试验，获得如下经验公式

$$\left. \begin{aligned} a_s &= 1 - \left(1 - \frac{\sigma_n}{JCS}\right)^L \\ V' &= \left(1 - \frac{\sigma_n}{JCS}\right)^K \tan i \end{aligned} \right\} \tag{6.3-26}$$

式中，i——起伏角（爬坡角），$i = \tan^{-1}(u_n/u_s)$；

JCS——面壁岩石的抗压强度；

K、L——系数，对于粗糙结构面，$K=4$、$L=1.5$。

对于规则的锯齿状结构面，$V'=u_n/u_s=\tan i$，即式（6.3-25）为

$$\tau_j = \frac{(1-a_s)\sigma_n(\tan i + \tan \varphi_u) + a_s(\sigma_n \tan \varphi_b + c_b)}{1-(1-a_s)\tan i \tan \varphi_u} \qquad (6.3\text{-}27)$$

由式(6.3-25)式(6.3-27)，当法向应力很低时，凸起体基本不被剪断，$a_s \to 0$ 且 $V'=u_n/u_s=\tan i$，其强度公式即为 Patton 公式（式(6.3-19)或式(6.3-24)的第1式）；当法向应力很高时，结构面凸起体全部被剪断，$a_s \to 1$ 且 $V'=u_n/u_s=0$，其强度为结构面的残余强度（即式(6.3-23)或式(6.3-24)第2式）。因此，式(6.3-25)或式(6.3-27)是以式(6.3-24)所确定的两条相交直线为渐近线的曲线（图6.3-13）。

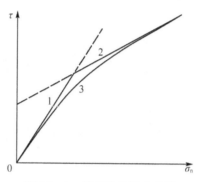

图6.3-13 峰值抗剪强度曲线

此外，Fairhurst 建议，用抛物线方程来表示图6.3-13中的曲线3，即

$$\tau_j = JCS \frac{\sqrt{1+n}-1}{n}\left(1+n\frac{\sigma_n}{\sigma_t}\right) \qquad (6.3\text{-}28)$$

式中，n——结构面壁岩石抗压强度与抗拉强度之比，即 $n=JCS/\sigma_t$。

对于硬质岩石，可近似取 $n=1$。

（2）不规则波状结构面

对于不规则波状起伏结构面或锯齿状结构，虽然也会因爬坡效应而发生剪胀，但由于情况复杂，不能简单用爬坡角 i 来加以描述。为此，N. R. Barton（1973）提出用剪胀角来予以表征。剪胀角（angle of dilatancy）是结构面剪切时剪切位移的轨迹线与水平线的夹角（图6.3-14），即

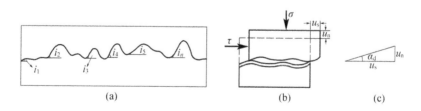

图6.3-14 凸起体受剪后不同阶段的力学效应

$$\alpha_d = \tan^{-1}\left(u_n/u_s\right) \tag{6.3-29}$$

式中，α_d——剪胀角，亦称峰值剪胀角；

u_n、u_s——剪切时的法向位移和切向位移。

剪切过程中，破坏瞬间的剪应力已达峰值抗剪强度，大量有效的爬坡角 i 均对剪切运动起作用，位于结构面的上部岩体将沿着与平均平面成 α_d 角度的运动，此时的 α_d 即为峰值剪胀角[1]。

同规则波状结构面一样，当法向应力较小时，不规则波状结构面剪切时发生剪胀。对于相同粗糙度的不规则波状结构面，随着法向应力的增大，沿凸起体爬坡更困难，并使凸起体岩石被部分或全部磨碎或剪断，岩石强度越小，越是如此，从而使剪胀量 u_n 和剪胀角 α_d 也随之减小。H. J. Schneider 通过试验，发现该过程中，α_d 与 σ_n 有如下关系

$$\alpha_d = \alpha_{d0} \cdot e^{-k_i \sigma_n} \tag{6.3-30}$$

式中，α_{d0}——法向应力 $\sigma_n = 0$ 时的剪胀角；

k_i——与岩石材料强度有关的系数，而与结构面形态关系不大。

（3）不规则结构面抗剪强度的一般准则（JCS-JRC 模型）

N. R. Barton（1973）通过对 8 种不同粗糙程度结构面的研究，得出抗剪强度与剪胀角之间的关系为

$$\tau_j = \sigma_n \tan(1.78\alpha_d + 32.88°) \tag{6.3-31}$$

该式说明粗糙结构面的抗剪强度 τ 是剪胀角 α_d 的函数（图 6.3-15）。大量试验表明，一般结构面的基本内摩擦角 $\varphi_u = 25° \sim 35°$，因此，式中右边第 2 项应当就是结构面的基本内摩擦角，而第 1 项的系数为 $(90 - \varphi_u)/\varphi_u$、并取整数 2，于是 Barton 进一步将上式改写为

$$\tau_j = \sigma_n \tan\left(\frac{90° - \varphi_u}{\varphi_u} \cdot \alpha_d + \varphi_u\right) \approx \sigma_n \tan(2\alpha_d + \varphi_u) \tag{6.3-32}$$

式（6.3-23）和式（6.3-24）中 α_d 并不是一个常数，它不仅与剪切前凸起体的形状和结构面的粗糙度有关，而且与岩石材料的强度和法向应力大小有关。

在其它条件相同的情况下，剪胀作用随法向应力 σ_n 的增加而降低，随材料强度的降低而降低。Barton 用模拟结构面进行试验，研究了最粗糙结构面的 α_d 与 σ_n/σ_c 的关系（图 5.3-16），得到

$$\alpha_d = 10 \times \lg\left(\frac{\sigma_c}{\sigma_n}\right) \tag{6.3-33}$$

于是，由式（6.3-32）和式（6.3-33），可得最粗糙结构面的抗剪强度为

---

[1] 爬坡角 i 与剪胀角 α_d 的区别与联系：爬坡角 i 由自然结构面的状态所决定，是岩体结构现象，可以通过地质研究查明；而 α_d 是试验中试件的变形现象，不进行试验是不得而知的。从峰值剪胀角的形成机理来说，由于是大量有效爬坡角作用的结果，故一般说来，它们是相等的，即 $\alpha_d = i$。

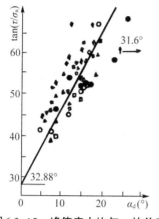

图6.3-15 峰值应力比与α_d的关系

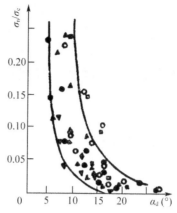

图6.3-16 α_d与σ_n/σ_c的关系

$$\tau_j = \sigma_n \tan\left[20 \times \lg\left(\frac{\sigma_c}{\sigma_n}\right) + \varphi_u\right] \tag{6.3-34}$$

式(6.3-34)是以α_d作为可能的最大峰值剪胀角考虑的,即假定在正应力为零的条件下,最粗糙面剪切过程中的剪胀角,式中对数项的系数20代表了最粗糙的情况。若结构面极光滑时,$\alpha_d=0$,显然该系数为0。故该系数表示剪切面的粗糙状况,即前述之结构面粗糙度系数JRC,其值为0～20。另外,剪切发生在结构面上,由于风化作用,结构面壁上及其附近岩石的强度往往较深部为低,故在式(6.3-34)中的对数项中,应以结构面壁的抗压强度JCS取代岩石的抗压强度σ_c。于是由式(6.3-34)可得预测结构面抗剪强度的一般准则,即

231

$$\tau_j = \sigma_n \tan\left[JRC \lg\left(\frac{JCS}{\sigma_n}\right) + \varphi_u\right] \tag{6.3-35}$$

若能精确测定JRC、JCS和φ_u这3个指标,即可根据不同的σ_n值计算出相应的τ_j值,从而得到峰值强度包络线,并确定表征结构面性质的内聚力和内摩擦角。

结构面的JRC和两壁岩石的JCS的测定,在第3章中已作过介绍。结构面基本内摩擦角φ_u(即平直型锯开面的摩擦角),是通过未风化岩石平直切开结构面进行残余剪切试验而获得;对于风化岩石来说,由于结构面的摩擦系数减小,前述测定的φ_u值偏高,可用倾斜试验[①]确定。在实际工作中,当结构面处于较高有效法向应力时,基本摩擦角φ_u与残余摩擦角φ_r大致相等;但若法向应力较小,厚度不足1.0mm的结构面风化表面在峰值强度之后,往往能继续对残余强度起控制作用,此时,式(6.3-35)中φ_u应以φ_r代替。N. R. Barton根据倾斜试验,得到φ_u与φ_r之间的关系为

$$\varphi_r = \varphi_u - 20\left(1 - \frac{r_e}{R_e}\right) \tag{6.3-36}$$

---

① 倾斜试验是将试件从中部锯成两半,洗去岩粉并风干后,将其合在一起使试件缓慢地逐渐加大其倾斜度,直到开始滑动,此时的倾角即为φ_u。对于各种岩石,进行试验的试件数量要在10块以上,而每一块要进行几次试验,最后求其平均值。

式中，r_e、R_e——分别为湿结构面和干的且未风化结构面的回弹值。

实践证明，在低或中等法向应力作用下，在一般工程建设所遇到的问题中，采用式(6.3-35)能得到比较精确的结果。但法向应力较高或三向应力条件下，有效法向应力σ_n提高到接近σ_c时，该式将产生一个不断增大的误差。因此，宜用三向应力状态下的应力差$\sigma_{1-3}(=\sigma_1-\sigma_3)$取代式(6.3-34)中的$\sigma_c$或式(6.3-35)中的$JCS$，于是得

$$\tau_j = \sigma_n \tan\left[JRC \lg\left(\frac{\sigma_1 - \sigma_3}{\sigma_n}\right) + \varphi_u\right] \tag{6.3-37}$$

式(6.3-35)或式(6.3-37)称为JCS-JRC模型，或称Barton模型。

（4）关于Barton模型与Ladanyi模型的讨论

关于Barton模型（即式(6.3-37)）与Ladanyi模型（即式(6.3-27)），有人比较过两者间的差别，如图6.3-17。由图可知，当法向应力较低时，$JRC=20$时的Barton模型与Ladanyi模型基本一致。随着法向应力增高，两者差别开始显著，因为当$\sigma_n/JCS \to 1$，Barton模型变为$\tau_j=\tau_u$，而Ladanyi模型变为$\tau_j=\tau_b$，即高应力条件下，Barton模型比Ladanyi模型保守。总之，低应力条件下，它们相近，高应力条件下有较大差别。

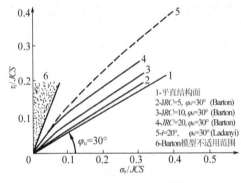

图6.3-17　α_d与σ_n/σ_c的关系

6.3.2.3　台阶状结构面

在实际问题中，如边坡岩体的破坏方式可能为软弱结构面向下滑动，若它被断层错断成台阶状时（图6.3-18），阻止下滑块体的阻力由结构面段的抗剪强度τ_j和完整岩石段沿层面方向的抗剪强度τ_b两部分组成，即

$$\tau_j(a+b) = \tau_u \cdot a + \tau_b \cdot b \tag{6.3-38}$$

式中，τ_j、τ_u、τ_b——总体抗剪强度、结构面基本抗剪强度、岩石抗剪强度；

　　　　a、b——结构面段的长度、岩石段的长度。

由前可知，假设结构面和岩石剪切破坏均服从Mohr-Coulomb准则，即

$$\left.\begin{array}{l} \tau_u = \sigma_n \tan\varphi_u + c_u \\ \tau_b = \sigma_n \tan\varphi_b + c_b \end{array}\right\} \tag{6.3-39}$$

式中，c_b、φ_b——完整岩石的抗剪强度参数；

　　　　其它符号意义同前。

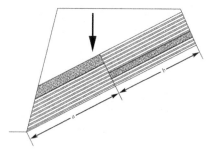
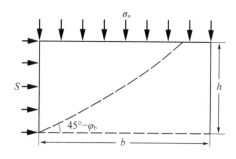

图6.3-18　台阶状结构面力学效应　　图6.3-19　台阶状结构面压切破坏力学模型

于是，由式（6.3-38）和式（6.3-39），得

$$\tau_j = K(\sigma_n \tan\varphi_u + c_u) + (1-K)(\sigma_n \tan\varphi_b + c_b) \tag{6.3-40a}$$

或者表示为

$$\tau_j = \sigma_n[K\tan\varphi_u + (1-K)\tan\varphi_b] + [Kc_u + (1-K)c_b] \tag{6.3-40b}$$

式中，K——结构面在整个剪切面上所占的比例，$K=a/(a+b)$。

因此，结构面的总体强度参数为

$$\left.\begin{array}{l} \tan\varphi_j = K\tan\varphi_u + (1-K)\tan\varphi_b \\ c_j = Kc_u + (1-K)c_b \end{array}\right\} \tag{6.3-41}$$

研究表明，岩石段发生剪切破坏时，破坏面与压应力的夹角为 $\pi/4+\varphi_b/2$。如图 6.3-19，如果当台阶宽度为 b、高度为 h，则从台阶根部被剪断而破坏的几何条件（必要条件）为

$$b < h \cdot \cot(\pi/4 - \varphi_b/2) \tag{6.3-42}$$

而台阶以压切方式破坏的几何条件（必要条件）为

$$b > h \cdot \cot(\pi/4 - \varphi_b/2) \tag{6.3-43}$$

图6.3-18中，完整岩体部分的被动压剪强度为

$$S = \frac{\sigma_n(\tan\varphi_b + \sin\varphi_b \tan\varphi_b - \cos\varphi_b) + 2c_b}{\cos\varphi_b - \tan\varphi_b + \sin\varphi_b \tan\varphi_b} \tag{6.3-44}$$

对于台阶数较多时，整个结构面强度为

$$\tau_j\left(\sum a_i + \sum b_i\right) = \tau_u \sum a_i + S\sum h_i \tag{6.3-45}$$

由式（6.3-45）和（6.3-46），整理得

$$\left.\begin{array}{l} \tan\varphi_j = \dfrac{1}{\sum a_i + \sum b_i}\left[\sum a_i \cdot \tan\varphi_u + \sum b_i \cdot \dfrac{\tan\varphi_b + \sin\varphi_b \tan\varphi_b - \cos\varphi_b}{\cos\varphi_b - \tan\varphi_b + \sin\varphi_b \tan\varphi_b}\right] \\[4mm] c_j = \dfrac{1}{\sum a_i + \sum b_i}\left[\sum a_i \cdot c_u + \sum b_i \cdot \dfrac{2c_b}{\cos\varphi_b - \tan\varphi_b + \sin\varphi_b \tan\varphi_b}\right] \end{array}\right\} \tag{6.3-46}$$

6.3.3 不同连续性的结构面

沿非贯通性结构面剪切时，可认为剪切面所通过的结构面和未贯通的"岩桥"都起抗剪作用，若整个剪切面上的应力均匀分布，则1条连续性系数为 K 的结构面的总体抗剪强度为

$$\tau = K(\sigma_n \tan \varphi_u + c_u) + (1 - K)(\sigma_n \tan \varphi_b + c_b) \tag{6.3-47}$$

式中，K——结构面连续性系数。

整理得

$$\left. \begin{array}{l} \tan \varphi_j = K \tan \varphi_u + (1 - K) \tan \varphi_b \\ c_j = K c_u + (1 - K) c_b \end{array} \right\} \tag{6.3-48}$$

应指出，式(6.3-48)对实际情况做了简化处理。按该式计算非贯通断续结构面的抗剪强度要比贯通裂隙的抗剪强度高。但实际远非如此简单，因为裂隙试件整个剪切面上的应力分布不均匀，剪切破坏过程又是一个复杂的过程。剪切面上应力分布不均匀表现在：岩桥受力部分所受正应力一般较裂隙大；试件受剪时，由于岩桥的架空作用及对相对位移的阻挡，使裂隙的 c_u 和 φ_u 没有充分发挥出来；在裂隙尖端受力时，尖端附近很大的应力集中使原有裂隙扩展。因此，处于裂隙尖端部分岩桥的抗剪强度和没有裂隙岩石的抗剪强度并不一致。如图6.3-20，试件A的连续部分与试件B的剪切面积相等，在相同法向应力受剪时，A的抗剪强度较B为低，说明了裂隙端部的力学效应。因此 L. Müller 指出，在某些情况下，非贯通断续裂隙系统的抗剪强度比连续的裂隙系统抗剪强度小。

试验还表明，非贯通裂隙在剪切作用下的变形、破坏过程是很复杂的，它往往要经过线性变形→裂隙端部产生裂纹→张裂纹扩展的过程。同时在两条张裂纹之间产生两条压扭性裂纹（试件上部沿压扭裂纹面上爬，出现剪胀现象），爬坡至一定高度，啃断棱角直到裂隙全部贯通，试件整体破坏。

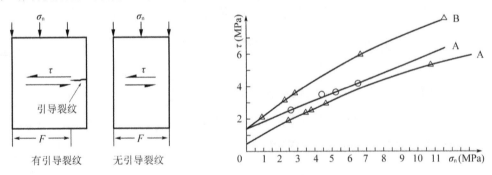

图6.3-20 剪切时裂纹端部效应

6.3.4 不同充填特征的结构面

含充填物的软弱结构面的切向滑移与结构面充填物的成分、结构和厚度有关。

6.3.4.1 充填物的物质成分

软弱结构面的抗剪强度随充填物黏土含量增加而降低，随碎屑成分和颗粒增大而增加（图6.3-21、表6.3-1）。

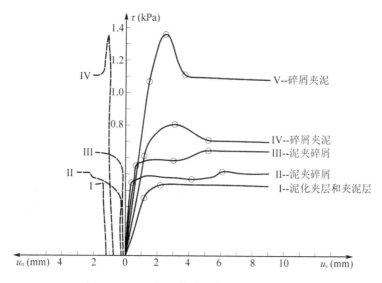

图6.3-21 不同颗粒成分夹层的$\tau - u_s$曲线

表6.3-1 夹层物质成分对结构面抗剪强度的影响

夹层特性	内聚力c (kPa)	摩擦系数f	内摩擦角φ (°)
泥化夹层和夹泥层	5～20	0.15～0.25	8.53～14.04
碎屑夹泥层	20～40	0.30～0.40	16.70～21.80
碎屑夹层	0～1	0.50～0.60	26.57～30.96
含铁锰质角砾碎屑夹层	30～150	0.65～0.85	33.02～40.36

当充填物为不夹泥的薄层角砾时，结构面强度不但不降低，反较干净的硬性结构面强度高。如对林县岗山灰岩直剪试验取得的层面摩擦系数$f=0.65$，而夹薄层灰岩碎屑的结构面强度竟高达$f=0.84$，夹这种物质的结构面显然已不属软弱结构面。

综上所述，随着充填物中黏粒的减少和碎屑颗粒含量的增高，软弱夹层的剪切曲线由塑性变形向脆性变形转化（图6.3-21），反映了剪切机理随颗粒不同而异。

6.3.4.2 充填物的结构

目前就充填物结构对结构面力学性质的影响研究得不够，但对于软弱夹层中最重要的构造泥化夹层，却有大量的关于其结构特征及其力学效应的资料。泥化带与上下相邻部位黏土岩软化带和黏土岩的关系及其物理性质的变化如图6.3-22所示。

从微观结构来看，泥化带可分为定向亚带和非定向亚带。定向亚带通常包含着两个或两个以上的主错动面，厚度不等，薄者数十微米、厚者200～300μm，其中黏土团粒沿构造错动方向呈平行定向排列。非定向亚带常呈边-面、面-面松散片架接触的似海绵状结构，粒间劈理和剪裂隙发育。

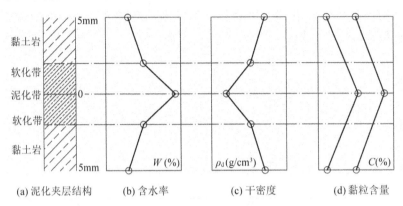

(a) 泥化夹层结构　(b) 含水率　(c) 干密度　(d) 黏粒含量

图 6.3-22　泥化夹层物理特性指标变化幅度

泥化带的上述结构特征对结构面力学性质的影响表现在两个方面。

（1）泥化带黏粒团之间主要通过厚的表面溶剂化层而间接接触，相互斥力较大，吸引力主要是键能较低的作用力，如分子引力和水分子（偶极）—阳离子—水分子（偶极），故结构连接较弱，在外力作用下易于屈服。

（2）研究表明，由于泥化错动面的粒团呈定向排列，残余强度是伴随着颗粒沿剪切位移方向重新定向排列产生的。因此，当剪切方向和原错动方向一致时，其强度接近或等于残余强度；而当剪切方向与原错动方向不一致时，剪切曲线带出现小的峰值，此时不宜再用残余强度来代表。

6.3.4.3　充填物的厚度和充填度

平直型无起伏差结构面的抗剪强度随着夹泥层的增厚迅速降低，当夹泥层厚度大于一定值后，结构面强度不再随厚度增大而降低（图6.3-23），取决于夹泥层的力学性质，对黏土质夹泥层来说，其临界厚度大约为0.5～2.0 mm。

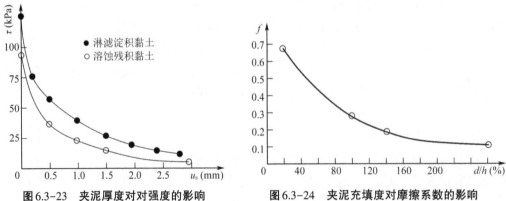

图 6.3-23　夹泥厚度对对强度的影响　　　**图 6.3-24　夹泥充填度对摩擦系数的影响**

起伏状软弱结构面的力学性质不仅与其充填物的绝对厚度有关，更主要受充填物厚度和结构面起伏差之间的关系控制，即受充填度 d/h 控制。一般情况下，充填度愈小，结构面的力学强度愈高，反之，随着充填度的增加，其力学强度逐渐降低（图6.3-24）。由图可以看出，当充填度小于100%时，充填度对结构面强度影响很大，摩擦系数随着充填度增大而迅速降低；当充填度大于200%时，结构面抗剪强度趋于稳定，此时结构面强度到达最低点，结构面强度取决于充填物质的强度。

总之，充填物厚度对结构面力学性质有着重要的影响。干净而无充填物的硬性结构面，其力学性质主要取决于上下盘的岩性及结构面的起伏差和粗糙度；厚度小于2mm呈薄膜状充填的结构面，由于充填物多为黏土质或次生蚀变矿物（如叶蜡石、滑石、蛇纹石、绿泥石、绿帘石、方解石及石膏等），结构面强度大为降低，特别是含水的蚀变矿物；夹泥层的厚度多小于起伏差，它对结构面强度有明显的减弱作用，但结构面强度还受上、下盘岩石成分及结构面起伏形态控制；充填物厚度略大于起伏差的薄层，结构面强度主要由充填物强度控制，但在法向正应力作用时塑性挤出量很小，切向作用下表现为滑移；厚度较大的厚层夹层，其破坏方式不仅沿其上、下软弱面滑移，且断层泥以塑性流动方式挤出，从而导致岩体大变形而破坏，它不仅是一种结构面，又是独立的力学介质单元，在岩体内属于一种特殊的力学模型（即软弱夹层）。

此外，若结构面中的充填物经过胶结，其力学性能得到改良，但其程度取决于胶结物成分。如泥质胶结的结构面，强度和水稳定性均不高；可溶盐胶结的结构面，干燥时有一定的强度，潮湿时（特别是渗透作用下）易溶蚀，强度易变且不稳定；硅质胶结的结构面，其力学性能稳定，强度高，有时甚至高于两壁岩石的强度。

6.4　三向应力作用下结构面的力学性质

上节讨论了岩体内1条结构面在法向正应力和剪应力作用下的剪切变形与破坏。实际上，岩体赋存于地应力场之内，受到三向应力作用，故需研究结构面在三向作用下的力学性质，为分析岩体力学性质奠定基础。

6.4.1　强度条件

如图6.4-1，假设岩体内含1条结构面AB，且受三向应力作用时，结构面法向与最大主应力σ_1的夹角为α（结构面与σ_1的夹角为β，$\alpha+\beta=\pi/2$）。该面上的应力为

$$\left.\begin{array}{l} \sigma_\alpha = \dfrac{\sigma_1 + \sigma_3}{2} + \dfrac{\sigma_1 - \sigma_3}{2}\cos 2\alpha \\[3mm] \tau_\alpha = \dfrac{\sigma_1 - \sigma_3}{2}\sin 2\alpha \end{array}\right\} \tag{6.4-1}$$

式中，α——σ_1与结构面法向的夹角（最大主平面与结构面的夹角）；

σ_1、σ_3——最大主应力和最小主应力；

σ_α、τ_α——结构面的正应力和剪应力。

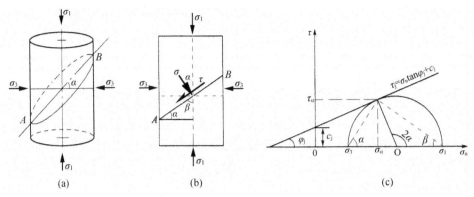

图 6.4-1　三向应力作用下单结构面的受力图及 Mohr 圆

结构面强度服从 Mohr-Coulomb 准则（式(6.3-13)）。于是，由式(6.4-1)和式(6.3-13)，沿该结构面产生剪切破坏的条件为

$$\sigma_1 - \sigma_3 = \frac{2(\sigma_3 \tan\varphi_j + c_j)}{(1 - \tan\varphi_j \cot\alpha)\sin 2\alpha} \tag{6.4-2}$$

式中，c_j、φ_j——结构面的抗剪强度参数。

式(6.4-2)也可表示为

$$[\sigma_1] = \sigma_3 \cdot \frac{\sin(2\alpha - \varphi_j) + \sin\varphi_j}{\sin(2\alpha - \varphi_j) - \sin\varphi_j} + c_j \cdot \frac{2\cos\varphi_j}{\sin(2\alpha - \varphi_j) - \sin\varphi_j} \tag{6.4-3}$$

式(6.4-2)或式(6.4-3)由 Jaeger（1960）提出，故称 Jaeger 准则。

当作用在结构面上的主应力满足该条件时，结构面上的应力处于极限平衡状态。当 $\sigma_1 \geq [\sigma_1]$ 或 $\tau_\alpha \geq [\tau_\alpha]$ 时，即发生沿结构面的滑动；否则，不沿结构面滑动。

由此可见，三向应力作用下，结构面的极限强度 $[\sigma_1]$ 是结构面抗剪强度参数 c_j 和 φ_j、结构面法向与 σ_1 的夹角 α 以及围压 σ_3 共同决定的。

6.4.2　破坏方式及强度

由上可知，三向应力状态下，是否满足 $\sigma_1 \geq [\sigma_1]$ 或 $\tau_\alpha \geq [\tau_\alpha]$ 而使结构面滑动，取决于结构面抗剪强度参数 c_j 和 φ_j、α、σ_3。由 Jaeger 模型可知，当 $\alpha = \pi/2$ 或 $\alpha = \varphi_j$ 时，$\sigma_1 \to \infty$，即欲使试件沿结构面破坏的条件是 $\sigma_1 \to \infty$，显然这不可能，亦即 $\alpha = \pi/2$ 和 $\alpha = \varphi_j$ 时，试件不可能沿结构面破坏。因此，必须 $\varphi_j \leq \alpha \leq \pi/2$，式(6.4-2)有意义。为求得最不利的夹角 α_0，可将式(6.4-2)对 α 求导，即求得满足取最小值 σ_{1min} 时的条件为

$$\tan 2\alpha_0 = -\frac{1}{\tan\varphi_j} = \tan(\pi/2 + \varphi_j) \tag{6.4-4a}$$

$$\alpha_0 = \pi/4 + \varphi_j/2 \tag{6.4-4b}$$

当 $\alpha = \alpha_0 = 45° + \varphi_j/2$ 时，整个试件强度最低，最易沿该结构面产生滑动。

将 $\alpha = \alpha_0 = 45° + \varphi_j/2$ 代入式(6.4-3)，得到试件完全沿结构面滑移时的最小极限强

度，即

$$[\sigma_{1\min}] = [\sigma_{1j}] = \sigma_3 \cdot \frac{1 + \sin\varphi_j}{1 - \sin\varphi_j} + c_j \cdot \frac{2\cos\varphi_j}{1 - \sin\varphi_j} \tag{6.4-5}$$

式(6.4-5)即为结构面的剪切强度，与式(6.3-13)本质上是一致的。

当结构面强度参数一定时（即图中结构面抗剪强度包络线不变），在某应力状态 (σ_1, σ_3) 下，试件的整体强度以及是否沿结构面滑动取决于结构面倾角 α（图6.4-2）。α 较小时（$\alpha < \alpha_1$），结构面应力状态 $(\sigma_\alpha, \tau_\alpha)$ 将降至结构面强度线之下，结构面不滑动；α 增大时（在 $\alpha_1 < \alpha < \alpha_2$ 范围内），应力状态 $(\sigma_\alpha, \tau_\alpha)$ 在结构面强度线之上（$\tau_\alpha > [\tau_j]$），产生结构面滑动；α 继续增大（$\alpha > \alpha_2$），结构面应力状态 $(\sigma_\alpha, \tau_\alpha)$ 也降至结构面强度线之下（$\tau_\alpha < [\tau_j]$），不会沿结构面滑动。

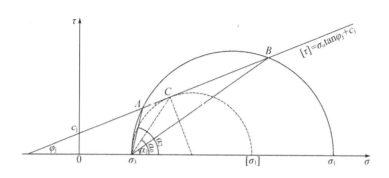

图6.4-2　三向应力作用下结构面

由图6.4-2及几何条件，可求得 α_1 和 α_2 分别为

$$\left.\begin{aligned}
\alpha_1 &= \frac{\varphi_j}{2} + \frac{1}{2}\sin^{-1}\left[\frac{2c_j\cos\varphi_j + (\sigma_1 + \sigma_3)\sin\varphi_j}{\sigma_1 - \sigma_3}\right] \\
\alpha_2 &= \frac{\varphi_j}{2} - \frac{1}{2}\sin^{-1}\left[\frac{2c_j\cos\varphi_j + (\sigma_1 + \sigma_3)\sin\varphi_j}{\sigma_1 - \sigma_3}\right] + \frac{\pi}{2}
\end{aligned}\right\} \tag{6.4-6}$$

总之，在三向应力状态下，结构面滑动的倾角条件是 $\alpha_1 < \alpha < \alpha_2$，且当 $\alpha = \alpha_0 = 45° + \varphi_j/2$ 时，强度最低；以 α_0 为基准，无论夹角 α 增大（但需 $\alpha < \alpha_2$）、还是减小（需 $\alpha > \alpha_1$），强度均会增大；而当 $\alpha < \alpha_1$ 或 $\alpha > \alpha_2$，均不会沿结构面滑动，见图6.4-2和图6.4-3。

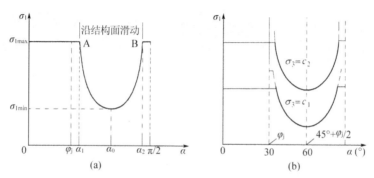

图6.4-3　三向应力作用下单结构面试件强度与破坏方式

6.5 结构面的粘滑

6.5.1 结构面粘滑及其研究意义

（1）结构面粘滑的概念

粘滑（stick-slip）是结构面剪切滑动过程中剪应力时常出现断续的张弛且剪位移时常发生急跃的现象。粘滑表现为岩石表面突然向前滑动、锁住，然后又开始滑动，如此反复进行。

（2）结构面粘滑的基本特征

自 1936 年 Bridgman 首次报道粘滑现象以来，J. C. Jaeger、J. D. Byerlee 和 C. H. Scholz 等相继做过研究。图 6.5-1 为花岗岩试件在侧压 274 MPa 和应变速率 10^{-5}/s 的粘滑现象的剪切曲线。轴向加压后，试件摩擦面起初被锁，随着变形增加，在应力差 σ_{1-3}<1000 MPa 内为弹性变形（oa 段），其后曲线稍有弯曲；当 σ_{1-3}=1400 MPa 时（图中点 b），试件突然而猛烈地在接触面上相对滑动，同时应力突然下降（bc 段），但应力并不降至零，而是达到一定数值即停止，试件重新锁住而不再滑动。若重新施加轴向荷载使试件按原速率变形，σ_{1-3} 达到 600 MPa 左右时，变形曲线（cd 段）仍是弹性，此后产生明显的非线性变化，至 σ_{1-3} 约为 800 MPa 时，又突然滑动，情况与前次相似。然后反复地进行。

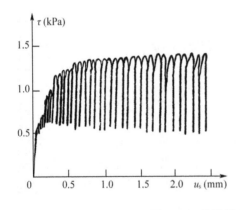
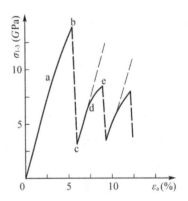

图 6.5-1　粘滑的变形曲线

（3）结构面粘滑的研究意义

结构面粘滑机制主要用于大地构造研究中，如地震问题。对于断层而言，稳滑表现为断层滑动，粘滑则表现为地震。如果断层（尤其现代活动断层）常呈粘滑运动形式，断层面在稳定剪切位移中突然发生快速滑动，产生地震；然后应力释放，断层面又被锁固在一起，直到某一时间再次发生突然滑动。因此，如何在一定程度上预测粘滑振荡的发生，是地震工作者与岩石力学工作者亟待解决的问题。

在工程条件下也可能发生粘滑，如日本吉中大之井等对花岗岩节理的直剪试验中发现，在湿润条件下，当法向应力 $\sigma_n < 0.06\ \mathrm{MPa}$ 时，粘滑很轻微或不出现粘滑，但当 $\sigma_n \geq 0.06\ \mathrm{MPa}$ 时，就开始出现粘滑现象。

6.5.2 结构面粘滑的机制

（1）松弛振荡

Jaeger 等在研究粗糙程度不同的岩石表面相互滑动特征时，发现极为光滑的表面在摩擦滑动时发生一种粘滑振荡，Jaeger 称之为粘滑松弛振荡，并用图 6.5-2 所示的模型来解释。他认为，由于动摩擦小于静摩擦，使得结构面突然向前滑动、锁住，然后又开始滑动，如此反复地进行，形成张弛、跳跃式的粘滑现象，在力学属性上为松弛振荡。

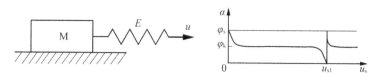

图 6.5-2　粘滑松弛振荡模型

（2）脆性破坏

粘滑不仅仅出现在磨光面上，粗糙结构面上（尤其是锯齿状或波状结构面）更为普遍。Byerlee 研究粗糙结构面的剪切时，常发现随着剪位移增加，粘滑会多次发生，且在各次粘滑中的粘滑速度和摩擦阻力降低幅度并不一定相同。结构面表面存在大量凸起体（一般都呈嵌合接触），如果正应力大到足以抑制上部块体沿凸起体爬坡时，剪应力会将凸起体剪断或使凸起体在相对面上犁槽。当凸起体一旦破碎或犁槽作用一旦发生，阻抗力即突然下降，就出现急跃式的滑动。经过小段位移后，凸起体又嵌合起来并阻止滑动，直到再次被破坏（图 6.5-3）。

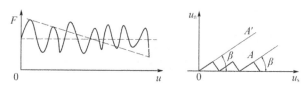

图 6.5-3　粘滑脆性破坏机制

（3）凸起体蠕动

C. H. Scholz 等认为，在结构面剪切过程中，如果使剪切停止一段时间后再进行剪切，则往往导致粘滑。Scholz 通过大量试验研究，发现在剪切停止时，蠕动凸起体嵌入到相对的结构面中，使接触面积增加，当继续加力至滑动时，随着滑动的开始，接触面积减小，导致摩阻力突然降低而产生粘滑。

6.5.3 结构面粘滑的影响因素

（1）两壁岩石的性质

含有方解石、白云石、滑石和蛇纹石等软弱矿物成分和其它超基性岩及含有大量碳酸盐矿物的岩石，不易发生粘滑。如在侧限压为300 MPa时，不含蛇纹石的橄榄岩发生了粘滑，而含3%蛇纹石的橄榄岩只发生稳滑。

孔隙率越低，越易于发生粘滑。孔隙率n=15%的石英砂岩和n=1%的石英岩滑动试验表明，前者只有在极高围压和大应变下才发生粘滑，而后者易于发生粘滑。

（2）结构面特征

结构面表面起伏形态越大，越容易发生粘滑，如台阶状结构面、锯齿状结构面、波状结构面、平直型结构面，产生粘滑的难度依次增加。结构面越粗糙，越容易产生粘滑。

粘滑试验表明，在一定条件下，硬性结构面试件发生了大幅度粘滑，而软弱结构面只发生稳滑或幅度很小的粘滑，充填断层泥的泥化夹层很少发生粘滑。

在硬性结构面剪切过程中，初始剪切阶段有产生粘滑的可能性；但一经剪切，只要岩石滑面发生极小的位移，断层泥就开始形成。断层泥的存在使摩擦系数减小，从而有阻止由稳滑向粘滑转变的作用。

水和孔隙压的存在减小了有效应力，从而减少了粘滑。研究表明，干试件表面比潮湿表面粘滑的可能性大，且在低应变率条件下，高的孔隙压使粘滑现象消失。

（3）温度

温度越低，粘滑越容易发生（图6.5-4）。Byerlee等发现，在一种花岗岩和一种橄榄岩中，当环境温度由25 ℃升高到300 ℃时，都产生了由粘滑向稳滑的转变。

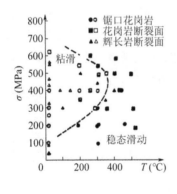

图6.5-4　稳滑与粘滑的温度范围

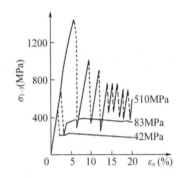

图6.5-5　不同围压下辉长岩的摩擦滑动

（4）加载条件

（a）应力水平

较低法向应力作用下只出现稳滑，法向应力增大到一定程度时就出现粘滑。法向应力愈大，则愈容易出现粘滑，且粘滑的振幅也愈大。

围压增高会使粘滑容易发生，且围压越高，粘滑振幅越大（图6.5-5）。围压的影响因岩石不同而异，如花岗岩、花岗闪长岩、辉长岩和纯橄榄岩等有上述规律，但石灰岩、大理岩和流纹岩等在围压达510 MPa时也不出现粘滑。Byerlee等在σ_3=75～672 MPa条件下，对厚度0.25～4.0 mm的断层泥的试验表明，低围压（σ_3=75 MPa）

时不发生粘滑，只有在高围压才出现。从低侧限稳滑转变为高围压粘滑的转变应力随断层泥厚度的增加而提高。石英和长石在围压高于0.15 MPa时呈强烈粘滑；伊利石、滑石和绿泥石在围压高于150 MPa时呈粘滑；蒙脱石及含自由水的矿物在600 MPa侧限压内只有稳滑。

（b）应变速率

研究发现，随着应变速率的降低，低应力的滑动由稳滑转为粘滑，高应力的粘滑的振幅变得更大。

7 岩体的力学性质

7.1 概述

岩体是由岩石（结构体）和结构面组成的不同于一般固体材料的一类特殊材料，其固有力学性质由岩石力学性质和结构面力学性质共同贡献，并综合取决于岩体内结构体和结构面的排列与组合特征。另一方面，岩石和结构面的力学性质均是岩体力学性质的一个方面（岩石代表着完整岩体、结构面代表着完全沿结构面破坏的岩体），两者均非常复杂且影响因素众多。为此，研究岩体力学性质时，应在分别研究岩石和结构面力学性质及其影响因素的基础上，根据两者在岩体系统中的贡献和作用，综合研究岩体的力学性质。此外，岩体力学性质的固有性和潜在性要求岩体力学性质研究应充分考虑其赋存环境，分析工程作用特点，综合确定荷载的性质、大小和加载方式。

岩体力学性质系指岩体为抵抗外力作用而维持自身完整和稳定所表现出来的性质。与其它固体材料一样，在不大的外力作用下，岩体首先发生变形，随着外力增加，变形量也随之增加，当外力增加到一定水平后，产生了破坏岩体完整性的贯通性结构面，或者沿已有贯通结构面发生不间断的破坏性位移，从而使岩体因应力或变形超过一定限度而发生岩体结构改组并丧失承载力，即岩体发生破坏。

岩体变形是指岩体在受力时，产生体积变化、形状改变和结构体间位置移动的总和。由此可见，岩体变形是结构体变形和结构面变形的总和。结构体变形包括岩石的弹性、塑性和黏性变形（如伸缩、弯曲、剪切、蠕变等）及结构体的滚动和转动变形等；结构面变形包括压缩闭合或挤出变形、错动或滑移流动变形。对于岩体的变形来说，岩石材料的变形属于小变形，因变形量小，应力分布和方向在变形过程中基本保持不变；而结构面变形属大变形，在整个变形过程中，变形量大，应力分布和方向在不断地改变。总之，结构面变形在岩体变形中占支配地位。

岩体强度是指岩体抵抗外力而不破坏的能力，根据受力性质的不同，包括抗压强度、抗拉强度、抗剪强度和三轴极限抗压强度等。因独特的结构（即割裂结构）特征，岩体被众多结构面交叉切割而形成各种岩体结构类型，岩体往往破碎，使得岩体强度特征十分复杂，它一方面取决于岩石材料的强度和结构面的强度，另一方面取决于岩体结构特征和赋存环境，尤其是结构面特征。一般而言，完整岩石强度和结构面强度均不代表普通意义上的岩体（即节理化岩体或裂隙化岩体）强度，至多代表岩体强度的两种极端，即分别代表节理化岩体的强度的上限和下限，在此意义上，岩体的强度介于完整岩石强度和结构面强度之间。

当岩体所受外力超过自身强度或外力引起的变形超过最大允许变形时，岩体就发生破坏。从地质发展和岩体变形历史来看，岩体是已遭受过多次破坏的地质体，其强度实际上是残余强度。岩体力学研究的岩体破坏，实质上是岩体的"再破坏"规律。在此意义上，岩体破坏是指已经遭受过变形和破坏的岩体，在外力作用下发生的岩体结构改组和结构联结丧失。岩体破坏中，既有岩石材料的破坏，也有岩体结构的破坏，而且较多是结构失稳引起的结构破坏，这是岩体破坏有别于其它材料破坏的一个显著特点。

与岩石一样，岩体的破坏机制也是张裂和剪裂，破坏形式也是脆性和延性，只是破坏形式的具体宏观表现更加复杂多样。在外力作用下，岩体或者沿其中既有贯通结构面滑动而破坏，或者部分受结构面控制且部分受岩石控制而破坏，或者基本不受结构面影响而产生新生贯通结构面而破坏。岩体工程中经常见到的岩体破坏现象依工程特点不同而形式多样，如块状岩质边坡中的块体滑动，层状岩体边坡中的溃曲、倾倒、弯折、崩塌和滑动等；地下工程中的冒顶、底隆、鼓帮和矿柱压裂等；地基的沉降与滑移等。

研究岩体的变形及抗破坏性能等力学性质，对于正确选择工程岩体与岩体工程共同工作的设计方案有重大意义。强度控制和变形控制是工程设计的基本准则，在岩体工程中，工程岩体的强度及变形均限制了工程的使用。当所受作用力超过工程岩体自身强度时，将发生失稳破坏；无论是局部的还是整体的变形都往往限制了工程的使用，尤其是工程本身刚度较大或者不允许变形的特殊工程，岩体变形更是控制稳定性的直接因素，外力作用产生的变形超过岩体最大允许变形时，将发生失稳破坏。对于那些本身刚度较大或不允许变形的岩体工程来说，稳定性的控制因素不是岩体强度而是岩体的变形。总之，工程岩体强度是指岩体工程稳定性允许的应力条件或应变条件，此时的应力和应变不一定达到岩体的实际破坏水平。

综上所述，岩体力学性质必然由结构体（岩石）和结构面两者的力学性质共同决定并表现出来。具体情况下两者对岩体力学性质的贡献则与岩体完整性等因素有关，但绝不能简单按照它们所占比例进行加权平均来表示。一般来说，结构面对岩体力学性质的影响远大于结构体。岩体中结构面千差万别，结构体特性也各不相同，故不同结构类型的岩体有着不同的力学性质，在其它条件相同时，岩体力学性质受岩体结构控制，赋存环境等因素也有重要影响。

7.2　法向作用下岩体的力学性质

7.2.1　单向压缩作用下岩体的变形

由于岩石材料和结构面的特征均不能单独反映岩体的特征，加之影响因素众多，故目前依然主要依靠岩体现场试验来研究岩体的力学性质。

岩体现场变形试验包括静力法和动力法，前者有承压板法、单轴压缩法、狭缝法（刻槽法）、协调变形法和钻孔弹模计法（钻孔变形计法、钻孔膨胀计法）；后者有声波法、超声波法和地震法等。目前应用较广的是承压板法和动力法。

7.2.1.1　承压板试验

承压板试验是通过承压板将荷载施加于待测岩面上而测定岩体变形的方法，试验可在平地上开展，也可在平硐中进行，试验装置如图7.2-1。在选择好的代表性岩体上，清除爆破影响深度内的破碎岩石并整平岩面，按试验要求安装千斤顶和各种测量仪表，按逐级循环加载方式逐级施加荷载（加载和卸载），记录每一次加载、卸载后岩体变形的稳定值，以压应力 p 为纵坐标、变形量 W 为横坐标，绘制如图7.2-2所示的岩体压缩变形曲线（p-W 曲线）。

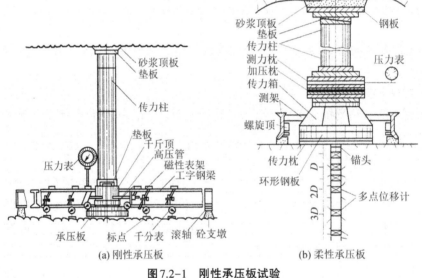

(a) 刚性承压板　　　(b) 柔性承压板

图7.2-1　刚性承压板试验

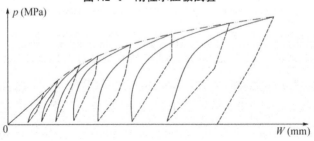

图7.2-2　岩体压力-变形曲线

7.2.1.2 岩体法向压缩变形特征

利用岩体现场压缩试验获得的 p-W 曲线，研究岩体的法向变形特征，并求取岩体的压缩变形参数。

岩体压缩变形曲线有直线型、上凹型、下凹型和复合型（图7.2-3）。

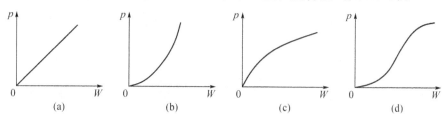

图7.2-3　岩体变形曲线类型

（1）直线型（A型）

直线型压缩变形曲线的方程为 $p=f(W)=K_nW$，$dp/dW=K_n=$const，它是经过原点的直线，反映岩体加压过程中变形随压力成正比增加。岩性均匀或裂隙分布均匀的岩体，多呈这种类型，如图7.2-3a。根据 p-W 曲线的斜率及加压曲线，分为两亚类型（图7.2-4）。

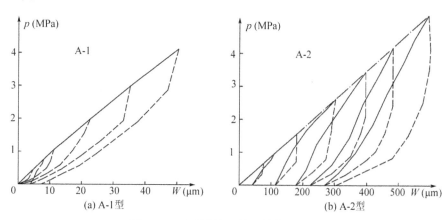

图7.2-4　直线型（A型）压缩变形曲线

（a）A-1型

p-W 曲线斜率陡，岩体法向刚度大；退压后，岩体变形几乎恢复到原点，以弹性变形为主（图7.2-4a）。较完整、坚硬和致密均匀的岩体多具此类变形特征。

（b）A-2型

p-W 曲线斜率较缓，岩体法向刚度很低；退压后岩体变形只能部分恢复，有明显的不可恢复变形和回滞环（图7.2-4b），p-W 曲线虽呈直线，但岩体变形不是完全弹性的。结构面分布比较均匀的岩体，可具此类压缩变形特征。

（2）上凹型（B型）

p-W 曲线方程为 $p=f(W)$，$dp/dW>0$，$d^2p/dW^2>0$，如图7.2-3b。层状及节理化岩体常具这种类型。根据其加压、退压曲线特征，划分为两亚类（图7.2-5）。

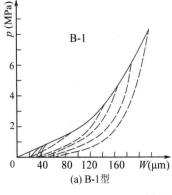

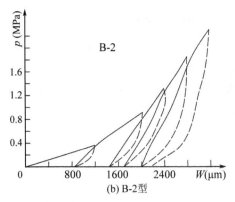

(a) B-1型   (b) B-2型

图7.2-5　上凹型变形曲线

（a）B-1型

每次加压曲线的斜率随着加压退压循环次数增加逐渐变大，即岩体刚度增大；各退压曲线比较缓且近于相互平行，大部分变形可以恢复，变形系数D随p增大而减小[①]，弹性变形逐渐增大（图7.2-5(a)）。在垂直于层状岩体层面方向加压条件下，由于一些夹层和层间空隙随压力增大而逐渐压密，而岩体结构之间未发生错动，故退压时具有较大弹性变形，故常表现出该类变形特征。

（b）B-2型

加压曲线斜率随压力增大而逐渐变大，即岩体刚度逐渐增大；各卸载曲线很陡，卸载后大部分变形不可恢复（图7.2-5(b)）。发育有具高角度结构面（相对于加压方向言）的节理化岩体被切割成各种形状的岩块，在压力作用下，如同楔子一样相互楔紧，退压后变形自然难以恢复，故常表现出该类变形特征。此外，若岩体中发育有层状软层且与加压方向正交时，软层固结后不可恢复变形量大，也可出现这种类型的曲线。

（3）下凹型（C型）

曲线方程为$p=f(W)$，$dp/dW>0$，$d^2p/dW^2<0$，如图7.2-3(c)。每次加压曲线在应力较小时近于平行，而应力较大时逐渐变缓，变形系数D随p增加而增加。

以下几种情况可能出现这种压缩变形类型。（a）由性质软弱岩石组成的岩体，如泥岩和风化岩等，曲线变缓反映了岩体中微裂隙逐渐扩展。（b）结构面很发育且具有泥质充填的岩体，刚度逐渐降低反映了岩体结构随压力增大而逐渐松动并向横向挤出。（c）深部埋藏有软弱岩层的岩体，受压层随压力p的增大而增厚，从而使深部软弱夹层产生压缩。

（4）复合型（D型）

p-W曲线呈阶梯状（图7.2-3(d)）。一般多发生在岩体裂隙发育不均的情况下，岩体受压时的力学行为十分复杂，包括岩石的压密、节理裂隙的闭合以及岩块沿节理的滑移和转动；同时，岩体受压的边界条件又随压力增大而改变（受压层深度随p

---

① 变形系数是指某级应力下的残余变形与总变形之比，即$D=W_r/W_0$。变形系数在一定程度上反映了岩体结构面发育情况。D值越大，说明岩体节理化程度越高，岩体越破碎。

增大而加深）。因此，当岩体结构不均匀时，变形曲线出现各种复杂形状并不奇怪，必须以正确概念来解释各种曲线所代表的物理含义，从而弄清岩体变形的机制。

7.2.1.3 岩体变形本构关系

图7.2-2～图7.2-5所示的岩体压缩曲线表明，压缩条件下岩体的变形非常复杂，加载与卸载条件下有着不同反应。将每级加卸载的最高应力点连接，即得到压缩变形的趋势线（或称宏观p-W曲线），见图7.2-6，据此反映加载条件下的变形特征。

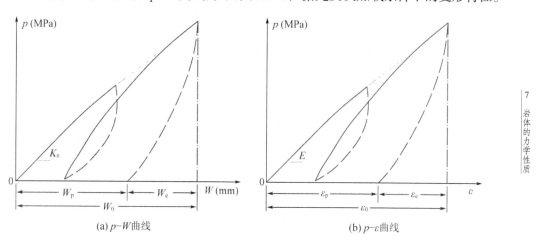

(a) p-W曲线　　　　　　　　　　(b) p-ε曲线

图7.2-6　岩体弹性变形及残余变形

（1）应力-变形关系

由图7.2-2～图7.2-6，压缩条件下岩体的本构方程可表示为

$$p = K_n W \tag{7.2-1}$$

式中，p——试件的压应力，MPa；

$\quad K_n$——对应压应力级下的岩体法向刚度，MPa/m；

$\quad W$——对应压应力级下的岩体压缩变形（总变形），m。

（2）应力-应变关系

在岩体力学的统一计算中，尤其变形不是非常大时，通常需要岩体的应力-应变关系，因此，在适当条件下，岩体的本构关系也可用应力-应变关系表达，即

$$p = E_e \varepsilon_e \tag{7.2-2}$$

式中，p——试件的压应力，MPa；

$\quad E_e$——岩体的弹性模量，MPa；

$\quad \varepsilon_e$——岩体的弹性应变。

还可表示为

$$p = E_0 \varepsilon_0 \tag{7.2-3}$$

式中，p——试件的压应力，MPa；

$\quad E_0$——岩体的变形模量，MPa；

ε_0——岩体的总应变。

式(7.2-1)~式(7.2-3)只是反映了变形的总体特征，岩体实际的本构关系非常复杂。

7.2.1.4 岩体变形参数

变形参数是分析岩体变形特征和计算应力状态下岩体变形的重要参数。利用现场岩体压缩试验获得的变形曲线，在分析变形特征的基础上，求取表征岩体压缩变形的特征参数，如变形模量、弹性模量、法向刚度和变形系数[①]。

7.2.1.4.1 法向刚度

岩体的法向刚度是岩体压缩曲线上任意点切线的斜率。因此，可根据p-W曲线，在获得本构关系的同时，确定法向刚度。由式(7.2-1)，有

$$K_n = \frac{dp}{dW} \tag{7.2-4}$$

多数情况下，p-W曲线是非线性的，不同点的斜率不同，即不同应力级对应不同的法向刚度。因此，计算和使用岩体法向刚度时，应明确取值对应的压力级。

岩体法向刚度通常取压缩变形曲线中弹性阶段（近似为直线）的斜率，即

$$K_n = \frac{dp}{dW} = \frac{\Delta p}{\Delta W_0} \tag{7.2-5}$$

对于岩质地基而言，式(7.2-4)或式(7.2-5)所确定的法向刚度就是Winkler原理中的基床反力系数（简称基床系数）K_v。通常采用直径为30cm的刚性承压板，获得基准基床系数。

7.2.1.4.2 变形模量和弹性模量

（1）岩体弹性模量和变形模量的概念

岩体单轴压缩时，每级荷载下的总变形W_0包括弹性变形W_e和残余变形W_p（图7.2-6a），即有$W_0 = W_e + W_p$。在变形不太大的情况下，可用应变表示（图7.2-6b），有$\varepsilon_0 = \varepsilon_e + \varepsilon_p$。

岩体弹性模量是岩体在无侧限时应力p与弹性应变ε_e之比，常用E表示[②]。变形模量是岩体在无侧限条件下应力p与总应变ε_0之比，用E_0表示。

（2）岩体弹性模量的现场试验取值法

这两个模量可通过岩体压缩试验获得。但注意到弹性模量和变形模量是定义在无侧限下的，而包括承压板试验在内的现场岩体压缩试验均有侧限（图7.2-1），因此不能直接利用p-W曲线获取岩体弹性模量和变形模量。为此，提出了多种现场压缩试验，以获得岩体模量。

---

① 在用承压板法求岩体的E_0、E_e、K_n、D等变形指标时，必须指明所求指标的压力级。若不是用承压板法，必须指明获取这些参数所采用的试验方法。

② 弹性模量有时也用其它符号表示，如E_e或E_s，目的是为了与某些量显式区别，如动弹性模量、变形模量等。如E表示模量的总称（不具体指代何种模量），而具体到弹性模量、变形模量、动弹性模量则分别为E_e、E_0、E_d表示。

（a）承压板法

a）刚性承压板

对于刚性承压板岩体压缩试验（图7.2-1a），通过岩体表面变形（总变形或弹性变形）来计算岩体的模量，即

$$
\left.\begin{aligned}
E_{0(m)} &= \omega\frac{(1-\mu_m^2)d}{W_0}\cdot p \\
E_{e(m)} &= \omega\frac{(1-\mu_m^2)d}{W_e}\cdot p
\end{aligned}\right\} \tag{7.2-6}
$$

式中，ω——刚性承压板形状系数，圆形时取0.785，方形时取0.886；

$\quad\quad\mu_m$——岩体的泊松比；

$\quad\quad d$——承压板的直径（圆形）或边长（方形），cm；

$\quad\quad p$——按承压板面积计算的压应力，MPa；

$\quad\quad W_0$、W_e——应力p对应的岩体总变形量和弹性变形量，cm；

$\quad\quad E_{0(m)}$、$E_{e(m)}$——岩体变形模量和弹性模量，MPa。

b）柔性承压板

对于柔性承压板岩体压缩试验（图7.2-1b），若采用岩体表面变形法，则岩体模量为

$$
E_{(m)} = 2\times\frac{(1-\mu_m^2)(r_1-r_2)}{W}\cdot p \tag{7.2-7a}
$$

式中，r_1、r_2——环形柔性承压板的有效外半径和内半径，cm；

$\quad\quad W$——柔性承压板中心岩体的表面的变形（可以是W_0或W_e），cm。

$\quad\quad E_{(m)}$——岩体的模量（依变形量取值不同而获得$E_{0(m)}$或$E_{e(m)}$），MPa。

若采用中心孔深部变形法（图7.2-1b），当仅有1个深部变形测点时，模量为

$$
\left.\begin{aligned}
E_{(m)} &= \frac{K_z}{W_z}\cdot p \\
K_z &= 2(1-\mu_m^2)\left(\sqrt{r_1^2+Z^2}-\sqrt{r_2^2+Z^2}\right)-(1+\mu_m)\left(\frac{Z^2}{\sqrt{r_1^2+Z^2}}-\frac{Z^2}{\sqrt{r_2^2+Z^2}}\right)
\end{aligned}\right\} \tag{7.2-7b}
$$

式中，Z——中心孔变形测点的深度，cm；

$\quad\quad W_z$——深度为Z处的岩体变形（可以是W_0或W_e），cm。

$\quad\quad K_z$——与承压板尺寸、测点深度和泊松比有关的系数。

若中心孔深部有2个不同深度的变形测点时，岩体模量为

$$
E_{(m)} = \frac{K_{z1}-K_{z2}}{W_{z1}-W_{z2}}\cdot p \tag{7.2-7c}
$$

式中，Z_1、Z_2——中心孔变形测点的深度，cm；

W_{z1}、W_{z1}——深度为 Z_1 和 Z_2 处的岩体变形（可以是 W_0 或 W_e），cm。

K_{z1}、K_{z1}——深度为 Z_1 和 Z_2 处的相应系数，由式（7.2-7b）确定。

（b）孔底承压板法

由于工程岩体表面附近岩体大多发生了不同程度的松动，表面承压板法测得的岩体模量偏低。为了消除表面松动的影响，可采用孔底（坑底）承压板法测定岩体的压缩变形曲线并计算相应的变形参数，测试原理和方法与表面承压板法相同，测试的变形参数一般高于表面承压板法。

（c）狭缝法（扁千斤顶法）

狭缝法是葡萄牙 LNEC 首创的 ISRM 推荐方法之一。在岩体表面（或试验平硐）开一条狭缝（槽），在槽内放置液压钢枕（扁千斤顶），用水泥砂浆填实钢枕与岩槽间的空隙，进行现场岩体压缩试验（图 7.2-7）。通过液压枕对狭缝两侧岩面施加压力，同时测量相应压力下岩体的变形，采用弹性力学理论计算岩体的弹性模量。

在选定的代表性试验点，根据液压钢枕尺寸开凿合适的狭缝，狭缝方向与受力方向垂直，在狭缝的中垂线上对称布置位移测量标点 A_1 和 A_2。该法的加载方式与承压板相同，可采用逐级单调加载或逐级循环加载。当钢枕加压时，岩体变形。利用测量组件测试各标点的绝对位移（或相对位移）。

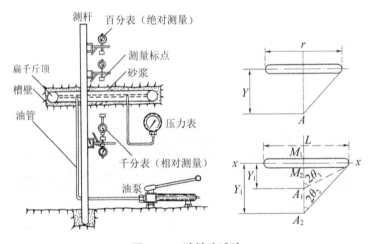

图 7.2-7　狭缝法试验

根据施加的压力和对应的位移，利用弹性力学理论计算岩体的弹性模量。若采用绝对位移，岩体模量为

$$\left.\begin{array}{l} E_{(m)} = \dfrac{pL(1-\mu_m)}{2u_A B} + \dfrac{2(1+\mu_m)B^2}{B^2+1} \\[2mm] B = \dfrac{2y + \sqrt{4y^2 + L^2}}{L} \end{array}\right\} \qquad (7.2\text{-}8)$$

式中，u_A——钢枕对称轴上标点 A 处（A_1 或 A_2）的绝对位移，m；

　　　$E_{(m)}$——模量[1]，MPa；

---

[1] 当 u_A 取总变形时，$E_{(m)}$ 为变形模量 $E_{0(m)}$；当 u_A 取弹性变形时，$E_{(m)}$ 为弹性模量 $E_{e(m)}$。

μ_{m}——岩体的泊松比；

p——狭缝壁上的压力，MPa；

L——狭缝长度，m；

y——测点距狭缝中心线的距离，m；

B——系数（与狭缝长度和测点位置有关）。

若采用相对位移，岩体模量为

$$\left.\begin{array}{c} E_{(\mathrm{m})} = \dfrac{pL}{2\Delta u}\left[(1-\mu_{\mathrm{m}})(\tan\theta_1 - \tan\theta_2) + (1+\mu_{\mathrm{m}})(\sin^2\theta_1 - \sin^2\theta_2)\right] \\[3mm] \theta_i = \dfrac{1}{2}\tan^{-1}\left(\dfrac{1}{2y_i}\right) \end{array}\right\} \qquad (7.2\text{-}9)$$

式中，Δu——钢枕对称轴上标点 A_1 与 A_2 间的相对位移，m；

θ_i——与测点 A_i 的位置有关的角度，(°)；

y_i——标点 A_i 至狭缝中轴线的距离。

（d）环向加荷法

环向加荷试验法是在试验岩体中钻（掘）圆形孔（洞）而开展的岩体变形试验，包括环向水压法（内水压力法）、径向千斤顶法和钻孔变形计法（钻孔膨胀计法）等（图7.2-8）。

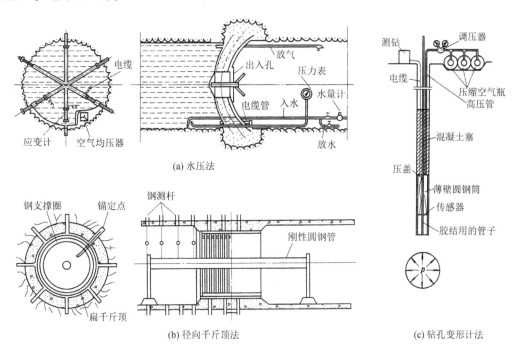

(a) 水压法

(b) 径向千斤顶法

(c) 钻孔变形计法

图7.2-8　环向压缩试验

3种试验方法的原理大致相同，资料处理方法相同。试验时，在孔（洞）内施加径向压力，同时测量孔洞的径向变形。根据测量结果，并利用弹性力学理论，计算岩体的弹性模量或变形模量，即

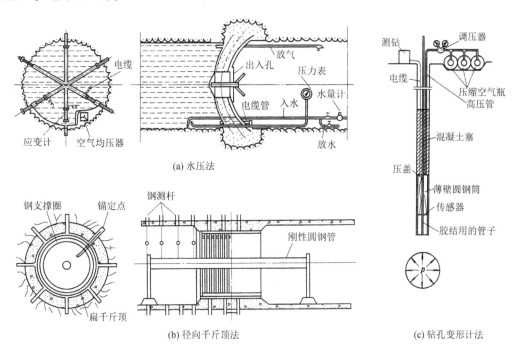

$$E_{(m)} = \frac{p(1 + \mu_m)r}{u_r} \qquad (7.2\text{-}10)$$

式中，u_r——岩面上径向变形（水压法取直径伸长量的一半），m；

r——孔（洞）半径，m；

p——作用在岩壁上的径向压力，MPa。

不同试验方法获得的模量有一定的差异，见表 7.2-1。

表 7.2-1　几种岩体压缩试验方法试验结果的对比

岩　体	$E_{e(m)}$ (GPa)				备注
	无侧限压缩 （室内，平均）	承压板法 （现场）	狭缝法 （现场）	钻孔千斤顶法 （现场）	
裂隙和成层的闪长片麻岩	80.00	3.72～5.84	/	4.29～7.25	Tehachapi 隧道
大到中等节理的花岗片麻岩	53.00	3.50～35.00	/	10.80～19.00	Dworshak 坝
大块的大理岩	48.50	12.20～19.10	12.60～21.00	9.50～12.00	Crestmore 矿

（3）动力法估算岩体弹性模量

当有岩体现场弹性波测试成果，可通过动力弹性模量折减而获得弹性模量，即

$$E_e = jE_d \qquad (7.2\text{-}11)$$

式中，E_e——岩体的静力弹性模量（即弹性模量）；

E_d——岩体的动力弹性模量；

j——折减系数。

折减系数 j 反映了岩体结构的特征，一般以岩体完整性系数作为折减依据，如表 7.2-2。

表 7.2-2　折减系数与完整性系数

岩体完整性系数 K_v	<0.65	0.65～0.70	0.70～0.80	0.80～0.90	0.90～1.00
折减系数 j	0.10～0.20	0.20～0.25	0.25～0.45	0.45～0.75	0.75～1.00

岩体的动力弹性模量是根据现场岩体弹性波测试，即

$$\left.\begin{array}{l} E_d = \dfrac{\rho V_s^2\left(3V_p^2 - 4V_s^2\right)}{V_p^2 - V_s^2} = \dfrac{\rho V_s^2(1 + \mu_d)(1 - 2\mu_d)}{1 - \mu_d} \\[3mm] \mu_d = \dfrac{V_p^2 - 2V_s^2}{2\left(V_p^2 - V_s^2\right)} \end{array}\right\} \qquad (7.2\text{-}12)$$

式中，E_d——岩体的动力弹性模量，Pa；

μ_d——岩体的动泊松比；

ρ——岩体的密度，kg/m³；

V_p、V_s——岩体的纵波速度和横波速度，m/s。

（4）岩体弹性模量的理论估算法

因岩体现场试验费用昂贵、周期长，一般只在重大工程中开展。因此，对于一般的岩体工程或重大工程的前期阶段，可采用一些简单易行的方法来估算岩体的模量。岩体变形参数估算方法有两类，包括理论计算法和经验公式法。

（a）理论估算法

理论法是建立在详细岩体地质特征研究基础之上，利用室内小试件试验资料，通过建立适当的地质力学模型，来估算岩体的模量。

如针对层状岩体，沿岩层垂直和平行方向建立 n-t 坐标系，概化为如图7.2-9所示的地质力学模型。假设各岩层的基本物理力学性质参数均已获得，在层间张开度忽略不计的情况下，由弹性力学理论，计算其弹性模量。

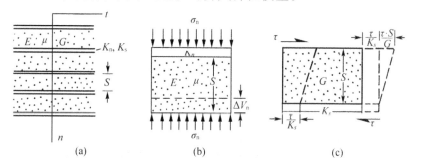

图7.2-9　层状岩体弹性模量计算的地质力学模型

如图7.2-9，若各岩层岩块物理力学性质相同，厚度均为 S。垂直层面方向加荷时的弹性模量和泊松比为

$$\left.\begin{array}{l} \dfrac{1}{E_{n(m)}} = \dfrac{1}{E_{(b)}} + \dfrac{1}{K_{n(j)}S} \\[2mm] \mu_{nt} = \dfrac{E_{n(m)}}{E_b} \end{array}\right\} \qquad (7.2\text{-}13)$$

式中，$E_{n(m)}$——垂直层面方向的弹性模量，MPa；

　　　$E_{(b)}$——岩石的弹性模量，MPa；

　　　$K_{n(j)}$——层面（结构面）的法向刚度，MPa/m；

　　　S——岩层的总厚度，m；

　　　μ_{nt}——垂直层面方向加荷时岩体的泊松比。

平行层面方向加荷时的弹性模量和泊松比为

$$\left.\begin{array}{l} E_{t(m)} = E_{(b)} \\[2mm] \mu_{tn} = \mu_{(b)} \end{array}\right\} \qquad (7.2\text{-}14)$$

式中，$E_{t(m)}$——垂直层面方向的弹性模量，MPa；

　　　$E_{(b)}$——岩石的弹性模量，MPa；

　　　$\mu_{(b)}$——岩石的泊松比；

　　　μ_{tn}——平行层面方向加荷时岩体的泊松比。

若各岩层厚度和力学性质不相同，岩体变形参数估算较为复杂。此时，采用当量变形模量方法来估算，先按式(7.2-13)估算出各层的模量，然后用各层厚度的加权平均，即

$$\frac{1}{E_{n(m)}} = \sum_{i=1}^{n} \left(E_{n(m)i} \frac{S_i}{S} \right)$$ (7.2-15)

式中，$E_{n(m)}$——垂直层面方向的整体弹性模量，MPa；

$E_{n(m)i}$——各层的弹性模量，MPa；

S——岩层的总厚度，m；

S_i——各岩层的厚度，m；

n——岩层的层数。

（b）岩体弹性模量的经验取值法

经验法是基于大量既有试验资料和岩体质量评价成果，根据已建立的岩体质量分级与变形参数间的经验关系，来估算岩体的变形参数。

a）Bienniawski 经验关系

通过对大量岩体变形模量的实测和研究，Bienniawski（1978）建立了岩体变形模量与岩体质量分级 RMR 值的经验关系；在此基础上，Serafim & Pereira（1983）根据收集的资料对经验关系进行了补充（图7.2-10）。完整的经验关系为

$$E_m = \begin{cases} 2RMR - 100 & (RMR > 55) \\ 10^{(RMR-10)/10} & (RMR \leqslant 55) \end{cases}$$ (7.2-16)

式中，E_m——岩体的变形模量，GPa；

RMR——RMR 系统岩体质量分级值。

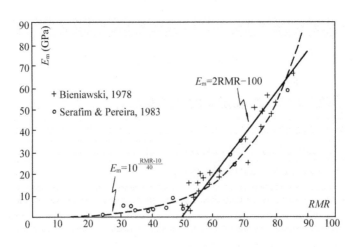

图7.2-10　岩体变形模量与 RMR 的关系

b）Bhasin & Barton 经验关系

基于岩体质量 Q 分级，挪威学者 Bhasin & Barton （1993）建立了岩体变形模量

E_m 与 Q、纵波速度 V_p 间的经验关系[①]，即

$$\left.\begin{array}{l} E_m = \dfrac{V_{pm} - 3500}{40} = 25 \lg Q \\ V_{pm} = 1000 \lg Q + 3500 \end{array}\right\} \qquad (7.2\text{-}17)$$

式中，E_m——岩体的变形模量，GPa；

　　　V_{pm}——岩体纵波速度，m/s；

　　　Q——Q 系统岩体质量分级值。

c）Hoek 经验关系

基于对 Hoek-Brown 准则（见 7.6.3 节）的详细研究，Hoek（2002）也提出岩体模量的经验关系，即

$$E_m = \left(1 - \dfrac{D}{2}\right)\left(\dfrac{\sigma_{ci}}{100}\right)^{0.5} 10^{\frac{GSI-10}{40}} \qquad (7.2\text{-}18)$$

式中，E_m——岩体的变形模量，GPa；

　　　D——扰动系数，见表 7.6-2；

　　　GSI——地质强度指标，见 7.6.3.2 节；

　　　σ_{ci}——完整岩石的单轴抗压强度，MPa。

注意使用式（7.2-18）的特殊规定，即当 $\sigma_{ci} > 100\ \text{MPa}$，则取 $\sigma_{ci} = 100\ \text{MPa}$。

7.2.2　单向压缩作用下岩体的破坏

7.2.2.1　单向应力作用下的岩体强度试验

单向作用下岩体的破坏特征可以通过单向抗压强度试验（图 7.2-11）和单向拉伸试验确定（图 7.2-12）。

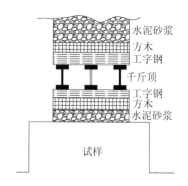

图 7.2-11　岩体单轴抗压强度试验

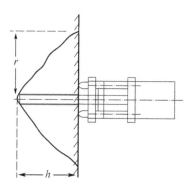

图 7.2-12　岩体抗拉强度试验

（1）单向压缩作用下的破坏特征

岩体强度在很大程度上取决于其内可见的和不可见的结构面，其影响是用实验室试验结果外推所无法反映的，故室内岩石试件实验，不论尺寸多大，均不能预测现场岩体的性状。而且现场岩体的抗压强度是岩体工程设计的重要问题，故必须进

[①] 该经验关系只适用于 $Q > 1$ 的岩体。

行适当的现场岩体单轴抗压试验，并以此作为室内岩块试验的延续。

如图7.2-11，现场岩体单轴抗压试验是在代表性地段的岩体上切割试件，对试件拟加压面用砼抹平并养护，在其上放置方木和工字钢梁组成垫层以使千斤顶施加的荷载能均匀地传递至试件，用千斤顶施加荷载直至岩体破坏（图7.2-13）。

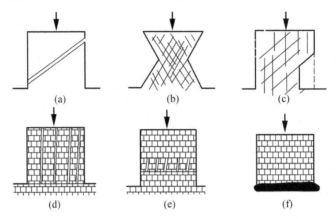

图7.2-13 野外原位压缩试验中岩体的破坏特征

（2）单向拉伸作用下的破坏特征

岩石的抗拉强度较低，尤其岩体内结构面的发育，通常认为岩体不抗拉，故一般不研究拉伸条件下的岩体力学性质。但对层状岩体工程，如直立层状岩质边坡、反倾层状岩质边坡、水平层状岩体中地下硐室的顶板（底板）以及直立层状岩质地下工程的边墙，在对它们开展稳定性评价、工程设计和工程对策制定时，往往又需要用到岩体抗拉强度。

拉伸条件下的岩体力学性质可用拉伸法获得。岩体拉伸试验基本方法是首先由岩体表面向深部钻孔至预定位置，然后将锚杆的杆件插入孔里，扩展锚杆的头部（图7.2-12），现施加拉力，使岩体呈锥体拉出，记录拉出过程中的拉力及对应表面位移，并记录最终拉出时的最大拉力。

7.2.2.2 单向作用下岩体强度参数的现场试验确定法

（1）单轴抗压强度法

如图7.2-11，由试件破坏时千斤顶施加的最大荷载和试件受载面即可求得岩体的单轴抗压强度，即

$$\sigma_{cm} = \frac{P}{A} \qquad (7.2-19)$$

式中，σ_{cm}——岩体的抗压强度，MPa；

P——岩体破坏时的法向荷载，MN；

A——试件受荷面积，m^2。

（2）单轴抗拉强度

如图7.2-12，抗拉强度由下式求得，即

$$\sigma_{tm} = \frac{F}{rhK} \qquad (7.2-20)$$

式中，σ_{tm}——岩体的抗拉强度，MPa；

$\qquad$ F——锚杆拉出所需的最大力，MN；

$\qquad$ r——破坏锥底的半径，m；

$\qquad$ h——破坏锥的高度，m；

$\qquad$ K——常数，有的采用 $1/K=1.2$。

现场试验表明，拉出锚杆所需最大力取决于下列因素：当锚杆夹紧岩石时，所需之力随着夹紧压力的增加而增加；所需之力随孔的深度增长而增加；所需之力随孔半径增加而线性地增长；覆盖层压力；结构面的方向。

7.2.2.2 单向作用下岩体强度参数的估算法

虽然现场强度试验比较真实地反映了岩体的强度和破坏特征，但是现场试验费用昂贵、费工费时，通常仅在大型工程中实施，并且作为室内试验的补充。由于岩体包括众多结构面，因此现场试验的代表性试件位置和尺寸的选择必须尽可能真实地反映岩体的特征，如 L. Müller 建议现场试验的试件的横断面应至少包含 100～200 条结构面，E. Hoek 建议试件尺寸应大约为结构面间距的 50～100 倍。虽然现场试验较室内尺寸大，一定程度上考虑到了尺寸效应，但尺寸还是不够大，不能全面反映结构面的影响与作用。为此，可考虑采用经验方法或者基于各种强度准则，来间接确定岩体的单轴抗压强度和抗拉强度。

用间接方法获得的岩体强度通常称为准抗压强度或准抗拉强度。

（1）室内试验与现场岩体特征测量（试验）综合选值法

考虑到岩体是由结构体（岩石）和结构面组成的，因此，可基于岩体的具体地质特征，根据岩石或结构面的力学性质等，来估算岩体的单轴强度。

一种方法是根据现场岩体的结构面发育特征（如完整性系数 K_v）和室内岩石的单轴抗压强度，估算岩体的单抗压强度，即

$$\left.\begin{array}{l} \sigma_{cm} = K_v \sigma_{cb} \\ \sigma_{tm} = K_v \sigma_{tb} \end{array}\right\} \qquad (7.2-21)$$

式中，σ_{cm}、σ_{tm}——岩体的单轴抗压强度和抗拉强度，MPa；

$\qquad$ σ_{cb}、σ_{tb}——岩石的单轴抗压强度和抗拉强度（室内试验），MPa；

$\qquad$ K_v——岩体完整性系数（现场测量）。

另一种方法是综合室内岩石试验和现场岩体的压缩变形试验，估算岩体的单轴抗压强度，即

$$\sigma_{cm} = E_{eb} \varepsilon_m \qquad (7.2-22)$$

式中，σ_{cm}——岩体的单轴抗压强度，MPa；

$\qquad$ E_{eb}——岩石的弹性模量（室内试验），MPa；

$\qquad$ ε_m——现场岩体压缩试验的最大应变。

（2）基于强度准则确定岩体的单轴强度

（a）Mohr–Coulomb 准则

如果获得岩体的综合抗剪强度参数 c_m 和 φ_m，则可由 Mohr–Coulomb 准则，估算岩体的单轴抗压强度和单轴抗拉强度，即

$$\left.\begin{array}{l} \sigma_{cm} = \dfrac{2c_m \cos \varphi_m}{1 - \sin \varphi_m} \\[3mm] \sigma_{tm} = \dfrac{2c_m \cos \varphi_m}{1 + \sin \varphi_m} \end{array}\right\} \qquad (7.2\text{–}23)$$

式中，c_m——岩体的内聚力，MPa；

φ_m——岩体的内摩擦角，（°）。

由式(6.4–2)，如果试件内含有 1 条法向与压力夹角为 α 的结构面，则岩体的单轴抗压强度和单轴抗拉强度为

$$\left.\begin{array}{l} \sigma_{cm} = c_j \cdot \dfrac{2 \cos \varphi_j}{\sin(2\alpha - \varphi_j) - \sin \varphi_j} \\[3mm] \sigma_{tm} = c_j \cdot \dfrac{2 \cos \varphi_j}{\sin(2\alpha - \varphi_j) + \sin \varphi_j} \end{array}\right\} \qquad (7.2\text{–}24)$$

式中，c_j——结构面的内聚力，MPa；

φ_j——结构面的内摩擦角，（°）；

α——结构面法向与压力的夹角或者结构面与拉力的夹角，（°）。

β——结构面与力的夹角，（°）。

（c）Hoek–Brown 准则

基于 Hoek–Brown 准则（见7.6.3节），岩体单轴强度参数可估算为，

$$\left.\begin{array}{l} \sigma_{cm} = \dfrac{\left(m_b + 4s - a(m_b - 8s)\right)\left(m_b/4 + s\right)^{a-1}}{2(1+a)(2+a)} \sigma_{ci} \\[3mm] \sigma_{tm} = \dfrac{m_b - \sqrt{m_b^2 + 4s}}{2} \sigma_{ci} \end{array}\right\} \qquad (7.2\text{–}25)$$

式中，m_b——Hoek 常数，取值见式(7.6–5)；

s、a——与岩体特征（岩体结构、岩性）有关的常数，取值见式(7.6–5)；

m_i——完整岩石的 Hoek 常数；

σ_{ci}——完整岩石单轴抗压强度，MPa；

D——扰动系数，见表7.6–2。

（d）Protodyakonov 法

Protodyakonov 提供的准岩体强度的公式为

$$\left.\begin{array}{l} \sigma_{cm} = k\sigma_{cb} \\ \sigma_{tm} = k\sigma_{cb} \end{array}\right\} \qquad (7.2\text{–}26)$$

式中，σ_{cb}——完整岩石单轴抗压强度，MPa；

k——系数，$k=(d+b)/(d+mb)$；

b——结构面间距；

d——立方体试件的宽度；

m——常数，依据取值方法和岩石强度而定，见表7.2-3。

表7.2-3　式(7.2-26)中系数取值

取值目的	不同岩石单轴抗压强度时的 m 值	
	$\sigma_{cb} > 75\text{MPa}$	$\sigma_{cb} < 75\text{MPa}$
抗压强度 σ_{cm}	2～5	5～10
抗拉强度 σ_{tm}	5～15	15～30

7.3　剪切作用下岩体的力学性质

7.3.1　现场岩体剪切试验

根据剪力方向及内部应力状态与岩体结构面的关系，岩体在剪切作用下的变形和破坏可分为完全沿既有贯通结构面剪切、部分沿结构面并部分切过岩石而发生剪切以及完全切过完整岩石发生剪切变形和破坏几种情况。剪切面与结构面之间的关系使得岩体在剪切作用下的力学性状十分复杂，为了更好地研究岩体的剪切特征，目前最好的方法仍是在现场岩体上直接进行测定。岩体现场剪切试验有多种方法，如直剪试验、钻孔扭转试验和直壁液压枕剪切试验等[①]，国内外最常用的是现场直剪试验。

如图7.3-1通过现场岩体直剪试验，可获得不同法向应力下的剪应力－剪位移曲线（$\tau-u_s$曲线）和剪应力－法向位移曲线（$\tau-u_n$曲线）。通过对这些资料的整理和分析，可得到各剪切阶段岩体的特征强度、抗剪强度曲线及抗剪强度参数等。

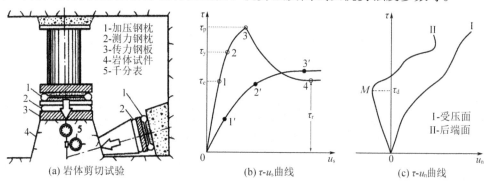

图7.3-1　岩体典型剪切试验曲线

---

① 现场三轴试验也在一定程度体现着岩体的剪切特征。拔锚试验（图7.2-12）主要用于评价岩体的抗拉强度，但也有人认为它的破坏机制属于剪切（主要是以破裂面呈锥形为特征）。因此，这两种现场试验也在某种程度上反映了岩体的剪切特征。

7.3.2 岩体的剪切变形破坏特征

7.3.2.1 剪切作用下的切向变形破坏特征

依岩体力学性质不同，$\tau-u_s$ 曲线可概括为脆性破坏型和延性破坏型两种类型（图 7.5-1b）。

（1）脆性型

当沿岩体中贯通的粗糙硬性结构面、不同程度愈合的结构面和由粗碎屑物质充填的结构面剪切时，或者剪切面部分通过完整岩石并部分沿既存结构面剪切时，以及完整岩体剪切时，多呈脆性破坏型（图 7.3-1b 之曲线 A）。在受剪力作用后的初期，试件受力后同基岩一起发生位移，此阶段的剪切位移 u_s 主要为基岩压缩产生的试件位移，而试件与基岩间的相对位移极小；卸荷后，位移基本可以恢复，其 $\tau-u_s$ 曲线近似于直线关系（曲线 A 之 0-1 段），点 1 对应的特征应力值为比例极限 τ_e。若继续施加剪力，此时试件底部产生沿剪切面的压缩，试件与基岩间产生相对位移，以致受压面一侧开始出现裂缝，并逐渐扩展。位移速率较上一阶段有所增加，$\tau-u_s$ 曲线逐渐偏离直线段，向横轴弯曲呈非线性（曲线 A 之 1-2 段），点 2 称为屈服点，相应的特征应力称为屈服极限 τ_y。剪应力继续增加，剪位移速率明显增大，试件沿所产生的断裂面滑移，相对位移大为增加，且与绝对位移几乎相等。剪应力达到峰值时，试件至此全部剪断，有时伴有响声，其 $\tau-u_s$ 曲线为图 7.5-1(b) 之 2-3 段，点 3 相应的特征应力称为峰值强度 τ_p。当剪应力超过峰值后，随着位移 u_s 的增加，剪应力逐步减小，直至最后达到某一定值（3-4 段），与点 4 相应的应力值即为残余强度 τ_r。

（2）延性型

对于软弱破碎岩体或沿软弱结构面剪切时，表现为延性破坏型（图 7.3-1b 之曲线 B），其 $\tau-u_s$ 曲线近似为抛物线或双曲线，显著特征是曲线分段不明显，各特征应力值较难确定。与脆性破坏型变形相比，延性破坏型初始直线段的斜率（即剪切刚度 K_s）和比例极限较小，无明显峰值和应力降，最终在剪应力维持不变的情况下，以一定的位移速率沿剪切面滑移（塑性流动）。

7.3.2.2 剪切过程中的法向变形

在大量原位直剪试验中，发现试件受压面和相对的另一面的法向变形有很大的不同（图 7.3-1c）。对受压面来说，在整个剪切过程中，一直是上抬的（曲线 I）；而与之相对的后端面，在试验初期，随着剪应力的加大，垂直位移缓慢向下而发生下沉，随着剪应力进一步加大，当剪应力达到某一数值后，由先前的下沉转为上抬，且垂直位移急剧上升，直至接近或达到岩体的极限状态（曲线 II）。由此说明，在剪切过程发生的剪胀变形。相应于试件后端由先前的下沉转为上抬的应力点即为剪胀点（图 7.3-1c 之 M 点），与之相对应的剪应力称为剪胀强度 τ_d。

总之，岩体在剪切过程中，具有 5 个表征其剪切变形特征的特征应力值，即比例极限 τ_e、屈服极限 τ_y、峰值强度 τ_p、残余强度 τ_r 和剪胀强度 τ_d。

7.3.3 剪切本构关系与剪切变形参数

7.3.3.1 剪切本构关系

岩体剪切本构关系反映了岩体剪切过程中的剪应力与剪位移（或剪应变）的关系，见图7.5-1(b)。岩体剪切本构关系的一般形式为，

$$\tau_m = K_s u_s \qquad\qquad (7.3-1)$$

式中，τ_m——岩体的剪应力，MPa；

$\quad\quad$ K_s——岩体的剪切刚度，MPa/m；

$\quad\quad$ u_s——剪切位移，m。

具体岩体的剪切本构方程往往是复杂的，可在剪切试验的基础上，根据 τ-u_s 曲线，拟合出相应的剪应力 τ 与剪切变形 u_s 的函数关系，即得到其本构关系。

7.3.3.2 剪切变形参数

（1）剪切刚度

岩体的剪切刚度是指 τ-u_s 曲线上任意点切线的斜率，即

$$K_s = \frac{\mathrm{d}\tau}{\mathrm{d}u_s} \qquad\qquad (7.3-2)$$

通常取 τ-u_s 曲线初始直线段的斜率作为岩体的剪切刚度。对于有初始直线段的 τ-u_s 曲线，剪切刚度的计算式(7.3-2)变为

$$K_s = \frac{\mathrm{d}\tau}{\mathrm{d}u_s} = \frac{\tau}{u_s} \qquad\qquad (7.3-3)$$

式中，K_{sm}——岩体的剪切刚度，MPa/m；

$\quad\quad$ τ——剪切曲线直线段任意点的剪应力，MPa；

$\quad\quad$ u_s——剪切曲线直线段上与 τ 对应的位移，m。

若无直线段或直线段不明显，则需由定义式(7.3-2)求相应剪应力点的斜率，即

$$K_s = \frac{\mathrm{d}\tau}{\mathrm{d}u_s} = \frac{\Delta\tau}{\Delta u_s} \qquad\qquad (7.3-4)$$

显然，非线性 τ-u_s 曲线时，剪切刚度不是固定值，它随剪应力而变化，故提供剪切刚度时，需指明其剪应力级。

（2）剪切模量

与岩体弹性模量或变形模量一样，岩体力学计算中，经常需要用到剪切模量。

当岩体剪切位移不大时，可通过剪切试验，利用剪切变形曲线（τ-u_s 曲线）得到 τ-γ 曲线，从而计算出剪切模量，即

$$G_m = \frac{\mathrm{d}\tau}{\mathrm{d}\gamma} \qquad\qquad (7.3-5)$$

式中，G_m——岩体的剪切模量，MPa；

$\quad\quad$ τ——剪应力-剪应变曲线上任意点的剪应力，MPa；

γ——剪应力-剪应变曲线上任意点的剪应变，rad。

对于有初始直线段或没有初始直线段，剪切模量的计算方法与剪切刚度相同。

岩体剪切模量可由理论方法估算。如图7.2-9所示层状岩体，由弹性力学理论，剪切模量为

$$\frac{1}{G_{n(m)}} = \frac{1}{G_{(b)}} + \frac{1}{K_{s(j)}S} \qquad (7.3-6)$$

式中，$G_{n(m)}$——垂直层面方向的剪切模量，MPa；

$G_{(b)}$——岩石的剪切模量，MPa；

$K_{s(j)}$——层面（结构面）的剪切刚度，MPa/m；

S——岩层的总厚度，m。

7.3.4 岩体的抗剪强度及参数选取

7.3.4.1 岩体抗剪强度试验与强度参数

岩体抗剪强度是指岩体抵抗剪切破坏的能力。在许多情况下的岩体力学计算中，岩体抗剪强度是必需的重要参数，如重力坝和拱坝的抗滑稳定性、边坡的滑动稳定性及地下结构物稳定性，都需要用到岩体抗剪强度。

岩体抗剪强度参数（c_m、φ_m）通过岩体剪切试验（图7.3-1）来获得。根据不同法向应力下的特征剪应力值，绘制相应的τ-σ_n曲线，并求得c_m和φ_m，也可用最小二乘法，直接计算求得c_m和φ_m。

在岩体工程中，往往根据不同需要，布置不同岩体直剪试验，如完整岩石的抗剪断试验、岩体沿结构面的摩擦试验和岩体的抗切试验（参见图5.4-4），从而获得不同条件下的强度参数，包括抗剪切断强度、摩擦强度和抗切强度。

抗剪断强度指在一定法向应力作用下，沿预定剪切面剪断岩体时的最大剪应力，其强度包络线为

$$\tau_m = \sigma_n \tan \varphi_m + c_m \qquad (7.3-7)$$

式中，τ_m——法向应力σ_n下的极限剪应力（抗剪断强度），MPa；

c_m、φ_m——岩体的抗剪（抗剪断）强度参数。

摩擦强度指在一定法向力作用下，沿岩体中既有平直光滑结构面或人工模拟结构面再次剪坏时的最大剪应力，其强度包络线为

$$\tau_{mf} = \sigma_n \tan \varphi_m \qquad (7.3-8)$$

式中，τ_{mf}——法向应力σ_n下沿结构面剪切时的极限摩擦力（摩擦强度），MPa。

抗切强度是指在无法向应力（即$\sigma_n=0$）时，沿设计剪切面剪断岩体时的最大剪应力，其强度线为

$$\tau_{mc} = c_m \qquad (7.3-9)$$

式中，τ_{mc}——无法向应力下岩体的极限剪切力（抗切强度或抗剪强度），MPa。

τ_m反映了完整岩石的内聚力和内摩擦力，是岩体抗剪强度的普遍情况。

τ_{mf}反映了在法向应力作用岩体的抗剪强度完全由其结构面的摩擦力贡献。注意对于粗糙结构面，其$c_m \neq 0$。τ_{mf}是评价重力坝抗滑稳定性的重要指标，在修建混凝土重力坝时，一个重要的问题就是确定砼/岩间的内摩擦角。

τ_{mc}反映了无法向应力作用下岩体的抗剪强度仅由其中岩石的内聚力提供。在评价完整性较好的陡立层状岩体形成的陡崖或边坡稳定性时，经常要用到τ_{mc}。

式(7.3-7)为岩体抗剪强度的一般表达式，式(7.3-8)和式(7.3-9)均为其特例，分别代表$c_{mc}=0$和$\sigma_n=0$时的特殊情况。因此，三者统称为岩体的抗剪强度，除非必要，不加以明确细分。由此可见，岩体抗剪强度是完整岩石抗剪强度和结构面抗剪强度两部分共同贡献的。

7.3.4.2 岩体抗剪强度参数的选取标准

（1）强度参数取值标准

工程实践中，工程岩体的强度是指工程结构稳定性（强度控制或变形控制）所允许的最大剪应力值，该值不一定达到岩体自身的实际极限抗剪强度。对于不同的工程，其工作状态和要求的差异，也需采用不同抗剪性状及其不同数值作为设计参数。因此，如何正确选择强度参数作为设计值是非常关键的问题。为此，必须对岩体破坏机理加以分析，并结合工程建筑物的工作状态和要求，确定选值标准，通过数理统计而获得强度参数。

根据工程区域的地质环境、岩体抗剪性状以及工程结构工作状态和要求，工程岩体强度参数选值标准（即抗剪强度准则）主要有比例极限准则、屈服极限准则、极限强度准则、残余强度准则、剪胀准则、长期强度准则、最大允许位移准则和剪切变形速率准则等。取不同特征剪应力及对应的法向正应力，得到不同特征剪切强度曲线（参见图5.4-6、图6.3-8b），从而确定不同取值标准的抗剪强度参数[①]。

（2）强度参数取值

实际工程设计中，脆性破坏型岩体常以比例极限准则确定的抗剪强度参数作为工程设计参数，而塑性破坏型岩体，则以屈服极限作为设计参数的取值标准。设计强度一般用折减法，即岩体的基本强度参数乘以折减系数和时间效应系数等。

（a）脆性破坏型岩体

对于脆性破坏型岩体，设计强度参数的折减方法为

$$\left. \begin{array}{l} [\tan\varphi_m] = \tan\varphi_m \times K_1 \times K_2 \\ [c_m] = 0 \end{array} \right\} \tag{7.3-10}$$

式中，$[\tan\varphi_m]$、$[c_m]$——设计强度参数；

[①] 必须注意，无论采用上述何种取值方法，都必须在试验结果的基础上，紧密地结合工程地质条件等，将工程岩体划分为工程地质区，然后经地质人员和工程设计人员共同讨论，分别提出各区计算设计参数指标。

φ_m——试验获取的内摩擦角，可以是极限强度 φ_p、屈服强度 φ_y 和比例极限 ω_b；

K_1——φ 值折减系数，对应 φ 分别取 φ_p、φ_y、ω_b 时，K_1 分别取 0.7、0.85、1.0；

K_2——φ 值时间效应系数，对应 φ 分别取 φ_p、φ_y、ω_b 时，K_2 分别取 0.9、0.9、1.0。

（b）延性破坏型岩体

对于延性破坏型岩体，设计强度参数折减方法为

$$\left.\begin{aligned} [\tan\varphi_m] &= \tan\varphi_m \times K_1 \times K_2 \\ [c_m] &= c_m \times K_3 \end{aligned}\right\} \tag{7.3-11}$$

式中，$[c_m]$、$[\tan\varphi_m]$——设计强度参数；

c_m、φ_m——抗剪强度参数的试验获得值，可以是极限强度、屈服强度和比例极限；

K_1——φ 值折减系数，对应 φ 分别取 φ_p、φ_y、ω_b 时，K_1 分别取 0.8、1.0、1.0；

K_2——φ 值时间效应系数，对应 φ 分别取 φ_p、φ_y、ω_b 时，K_2 分别取 0.9、0.9、1.0；

K_3——c 值折减系数，对应 c 分别取 c_p、c_y、c_b 时，K_3 分别取 0.2、0.5、1.0。

当未取得比例极限或屈服极限时，一般常用极限抗剪强度的算术平均值乘以折减系数作为设计值。根据三峡、丹江口、刘家峡和新安江等 50 个工现场试验成果的统计分析，在保证率为 95% 时，脆性破坏型岩体的比例极限与极限强度的算术平均值相比，摩擦系数之比约为 0.67，内聚力之比约为 0.29。它们可以作为两种类型岩体的折减系数，分别求得比例极限和屈服极限取值标准下的强度参数。

7.4 三向应力条件下岩体的力学性质

岩体工程（尤其地下岩石工程）的受力状态是三维的，故其三维力学性质非常重要。但因现场三轴试验技术上较为复杂，仅在非常必要时方才采用。

现场岩体三轴试验装置如图 7.4-1 所示，用千斤顶施加轴向荷载而用压力枕施加围压。根据岩体的应力场特征，可分别对两对横向压力枕施加荷载，从而实现等围压常规三轴试验和真三轴试验。

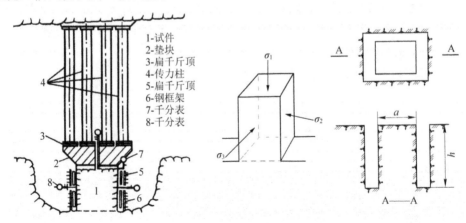

1-试件
2-垫块
3-扁千斤顶
4-传力柱
5-扁千斤顶
6-钢框架
7-千分表
8-千分表

图 7.4-1 原位岩体三轴试验

由于中间主应力对岩体力学性质有重要作用（尤其是结构面较多时），故真三轴试验是更能反映岩体在三向作用下的力学性质。当然，常规三轴试验的实用性更强。

岩体三轴试验曲线与单向压缩试验基本相同[①]，详见7.2.1节。

通过不同围压（σ_2、σ_3）下的极限强度（σ_{1p}），在τ-σ坐标系中绘制Mohr圆和强度包络线（参见图5.5-10）。利用得到的强度包络线，可获得不同围压下的极限强度，还可获得岩体的抗剪强度参数，参见5.5节。

7.5 岩体力学性质的影响因素

岩体力学性质是岩体在力的作用下所表现出来的性质，显然它是由岩体的内在特征决定的，在此意义上，影响岩体力学性质的因素应当只是岩体的内在特征。但岩体力学性质是潜在的，只有在力的作用下才能具体表现出来；而且用以表征岩体力学性质的诸指标，也只有在一定力源的作用下才能确定。所以，虽然在研究中企图用这些力学指标单纯地表示岩体力学性质，而且从定义和表达式上看，似乎这些指标仅取决于岩体的本身特点，但实际上并不能摆脱试验方法和试验条件的限制。

总之，岩体力学性质包括岩体的内在条件（岩石、岩体结构）和外部条件（地下水、地应力、地热）两个方面影响因素，是这些因素综合作用的结果。

7.5.1 岩石的影响

作为岩体组成要素之一，岩石基本力学性质本身即为岩体力学性质的一个方面，代表了一定条件下完整岩体的力学性质，决定了岩体抗变形和抗破坏能力的范围。当其它条件相同时，岩石强度越高，则岩体强度也较高；岩性软弱的岩体，即使内部不含结构面，力学性质也很差。以岩体弹性波速度为例，岩石密度越大，其波速越高（图7.5-1），岩体力学性质越优，反之亦然。

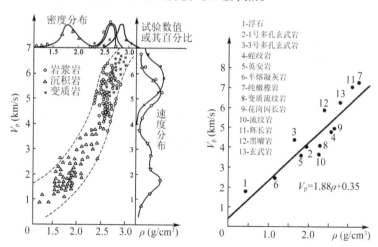

图 7.5-1　岩体纵波速度与岩石密度的关系

267

[①] 事实上，7.2节中各种现场压缩试验中，由于是在现场开展的，天然地应力场使得试件处于一定的围压（侧限）环境之中，故实际上承压板试验等现场压缩试验在一定程度上反映了三向应力的作用。

岩石的基本力学性质也影响结构面的力学行为，表现在以下方面。（1）岩石坚硬程度决定了结构面发育特征，一般地，岩性越软弱，则岩体内结构面相对越不发育，岩体力学性质主要取决于岩石的力学性质。（2）岩石为弹性，则结构面变形也表现弹性；岩石为黏性，结构面变形也为黏性[①]。（3）其它条件相同时，粗糙起伏的结构面的剪切变形取决于凸起体的岩性，凸起体岩石强度越高，越容易在岩体切向变形时出现爬坡，反之，则易发生啃断。

总之，岩石的力学性质是岩体力学性质的重要影响因素之一，它直接影响岩体的力学性质，或通过影响结构面行为间接影响岩体的力学性质。

7.5.2 岩体结构的影响—岩体结构效应

岩体结构是岩体的重要组成要素，也是岩体区别于其它固体材料的重要特征。由第6章业已清楚，岩体结构（尤其结构面）在岩体力学性质中起作至关重要的作用。结构面对岩体力学性质的影响称为岩体力学性质的结构面效应（或岩体结构效应），包括结构面产状、密度、形态、连续性、组数、组合、充填及结合特征等对岩体力学性质的影响。

7.5.2.1 结构面形态的力学效应

由6.3.2节已知，结构面形态（起伏形态和粗糙程度）不同，其力学性质不同，从而决定含不同表面形态结构面的岩体的力学性质不同。

结构面越粗糙，力学性质越优，岩体抗剪强度越高（图6.3-7、图6.3-8），而且粗糙结构面在剪切过程尚表现出显著的峰值强度和残余强度的特征（图6.3-8）。

结构面起伏度越大，岩体的力学性质越优。如图6.3-9～图6.3-16，岩体抗剪强度随起伏角（或爬坡角i，或剪胀角α_d）增大而增大，其中内摩擦角约增大i或α_d。随着起伏角的增大（当$i=90°$时即为台阶状结构面），岩体在剪切过程中表现出不同的力学行为，当i较小时，易于发生爬坡，岩石的贡献较弱；而当i较大时，爬坡较为困难，结构面凸起体部分（岩石）的贡献逐渐显现，岩体沿结构面滑动表现为啃断凸起体然后继续滑动，当$i=55°\sim65°$时，即使$\sigma_n=0$，也会在剪应力作用发生剪断。

7.5.2.2 结构面连续性的力学效应

结构面连续性是影响岩体力学的因素之一。结构面的延展性和连续性系数（或连通率）的不同，岩体的变形破坏方式和强度有较大的差别（图6.3-20、式（6.3-49）），主要体现在不同方向作用下结构面和岩桥的贡献，以及两者对岩体的变形破坏方式和强度的共同作用方式，详见6.3.3节。

7.5.2.3 结构面充填物性状的力学效应

结构面充填特征是影响岩体力学性质的主要因素之一。结构面是否含有充填物

---

① 在前面的讨论中，将结构面变形视为弹性变形，是将其黏性变形部分包含在岩石的黏性变形之内，这仅是技术上的处理。

以及所含充填特征决定着结构面的力学属性，进而影响岩体的力学性质和力学行为，表现在结构面充填物的成分、结构和充填程度对岩体的变形、强度和破坏方式的影响。一般情况下，硬性结构面多表现为弹性变形和脆性破坏、而软弱结构面常表现出塑性变形和延性破坏特征。

对于仅含硬性结构面而无软弱结构面的岩体，法向应力作用下主要表现为压缩闭合（图6.2-1～图6.2-3），法向结构面闭合特征主要取决于结构面的张开度和粗糙程度，详见6.2.1节。剪切作用下表现为剪切错动（图6.3-1），而且错动过程中常具有显著的表面楔效应摩擦（图6.3-6(b)），表现出爬坡与啃断作用，其显著程度与所含结构面的表面形态和连续性以及法向应力水平有关，详见6.3节。此外，含硬性结构面的岩体，尤其当结构面的起伏度和粗糙度较大时，容易产生粘滑，详见6.5节。

对于含软弱结构面的岩体，由于软弱结构面内的充填物大大降低了结构面的力学性能，进一步影响到的岩体力学性质。法向应力作用下表现为软弱结构面充填物的侧向挤出（图6.2-5），塑性侧向挤出特征取决于充填物的厚度和性状以及法向水平，详见6.2.2节。剪切应力作用下表现为岩体沿软弱结构面的剪切滑移（图6.3-2、图6.3-5），剪切滑移本质上是一种塑性流动，流动特征取决于充填物的成分，尤其是粗颗粒含量（图6.3-21）；剪切滑移一般无明显峰值强度而且强度取决于充填物的成分、结构、充填程度和性状（表6.3-1、图6.3-22～图6.3-24），详见6.3.4节。

7.5.2.4　结构面产状的力学效应

结构面产状影响着岩体的变形、强度和破坏机制，它反映了作用力（工程力）与结构面夹角改变时，岩体力学性质与力学作用的变化。在岩体力学和岩体工程中，若不分析结构面产状与工程作用力方向间的关系对破坏机制的影响，而采用同一破坏准则来处理，必然会导致错误的结论。

（1）结构面产状对岩体变形的影响

结构面产状对岩体变形的影响主要表现在岩体变形因结构面与作用方向之间的角度不同而不同（图7.5-2、图7.5-3），导致岩体变形的各向异性，结构面组数较少时（1～2组），这种影响越发显著。

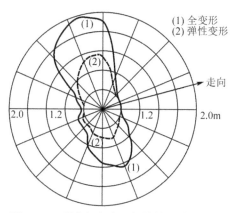

图7.5-2　硐室径向变形与结构面产状关系

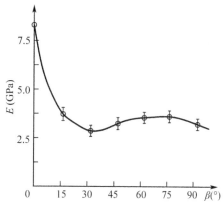

图7.5-3　弹性模量与结构面方向的关系

图7.5-2为泥质岩体变形与结构面方向的关系，无论总变形（实线）还是弹性变形（虚线），变形的最大值都发生在作用力与结构面垂直的方向上，而在平行方向上则最小。虽然总变形曲线和弹性变形曲线具有相似的形状，但弹性变形与总变形的比值却随方向而异，在结构面与作用力垂直方向上W_e/W_0值最小，反映了岩体总变形中，结构面的压密变形占很大比例；而在平行方向的总变形与弹性变形几乎相等，表明在平行结构面加压时（有侧限条件下），岩体变形主要为岩石材料变形。

岩体弹性模量具有显著的各向异性，与主要结构面不同夹角方向上的弹性模量差别明显，结构面延伸方向的弹性模量最大（图7.5-3）。

（2）结构面产状对岩体破坏机制的影响

由前述可知，含结构面的岩体在外力作用下可能有3种形式的破坏，即完全为岩石破坏、完全沿结构面破坏和部分沿结构面且部分为岩石破坏。前两者为岩体强度的两个极端，后者代表岩体的普遍情况。

岩体是否沿结构面破坏与结构面产状密切相关。Jaeger准则（式(6.4-2)或式(6.4-3)）表明，对于含1条结构面的岩体，只有当最大主应力与该结构面法向间的夹角α满足$\alpha=\alpha_1\sim\alpha_2$时，岩体才沿该结构面的产生滑动（图6.4-3）。如图7.5-4，单向受压时，结构面法线方向与作用力间的夹角α在0°→90°逐渐增大过程中，岩体破坏机制在逐渐转化（岩石压缩性拉张破裂→岩石共轭剪切破坏→沿结构面剪切破坏→沿结构面压缩性拉张破裂）。岩体破坏机制上述转化规律对应的结构面角度称为转化极点。Jaeger准则的理论转化极点为α_1和α_2（式(6.4-7)）。中科院岩土所的研究表明，岩体沿结构面破坏的转化极点为20°和55°，即当$\alpha<20°$时，岩体发生岩石共轭剪切破裂；当$20°<\alpha<55°$时，岩体沿结构面发生剪切滑移破裂；当$\alpha>55°$时，发生沿结构面压缩性拉张破裂。

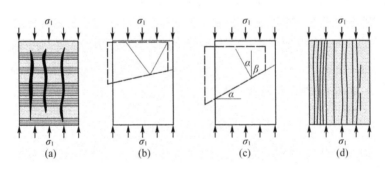

图7.5-4 结构面产状对岩体破坏方式的影响

（3）结构面产状对岩体强度的影响

（a）贯穿性结构面

如图7.5-5(a)，岩体破坏机制随夹角不同而转化，含1组结构面的岩体强度为

$$\sigma_{1m}=\begin{cases}\sigma_3\cdot\dfrac{1+\sin\varphi_b}{1-\sin\varphi_b}+c_b\cdot\dfrac{2\cos\varphi_b}{1-\sin\varphi_b} & (\alpha<\alpha_1)\\[3mm]\sigma_3\cdot\dfrac{\sin(2\alpha-\varphi_j)+\sin\varphi_j}{\sin(2\alpha-\varphi_j)-\sin\varphi_j}+c_j\cdot\dfrac{2\cos\varphi_j}{\sin(2\alpha-\varphi_j)-\sin\varphi_j} & (\alpha_1<\alpha<\alpha_2)\\[3mm]\sigma_3\cdot\dfrac{1-\mu_b}{\mu_b}+\sigma_{cb} & (\alpha>\alpha_2)\end{cases}\qquad(7.5\text{-}1)$$

式中，c_b、c_j——岩石和结构面的内聚力，MPa；

$\quad\quad\varphi_b$、φ_j——岩石和结构面的内摩擦角，（°）；

$\quad\quad\mu_b$——岩石的泊松比；

$\quad\quad\sigma_{cb}$——岩石的单轴抗压强度，MPa。

式(7.5-1)中的第1式为岩体破坏与结构面无关而全为岩石共轭剪切破坏时极限强度；第2式为岩体沿结构面剪切破坏时的极限强度；第3式为岩石的压缩性拉张破坏的极限强度，见图7.5-5(b)～图7.5-5(d)。显然，由该式可知，在一定围压条件下岩体的强度取决于所含结构面的产状及其与作用力的夹角。当$\alpha<\alpha_1$时，岩体产生共轭剪切，其强度最大（岩石强度）；在$\alpha_1<\alpha<\alpha_2$范围内，岩体破坏受结构面影响，强度降低，且当$\alpha=45°+\varphi_j/2$时，岩体强度最小（结构面强度）；在$\alpha>\alpha_2$时，岩体发生压缩性拉张破坏，其强度介于上述两者之间。总之，岩体的最大强度和最小强度分别为

$$\left.\begin{aligned}\sigma_{1m,max}=\sigma_{1b}=\sigma_3\cdot\frac{1+\sin\varphi_b}{1-\sin\varphi_b}+c_b\cdot\frac{2\cos\varphi_b}{1-\sin\varphi_b}\\[2mm]\sigma_{1m,min}=\sigma_{1j}=\sigma_3\cdot\frac{1+\sin\varphi_j}{1-\sin\varphi_j}+c_j\cdot\frac{2\cos\varphi_j}{1-\sin\varphi_j}\end{aligned}\right\}\qquad(7.5\text{-}2)$$

式中，σ_{1b}、σ_{1j}——岩石和结构面的极限强度，MPa。

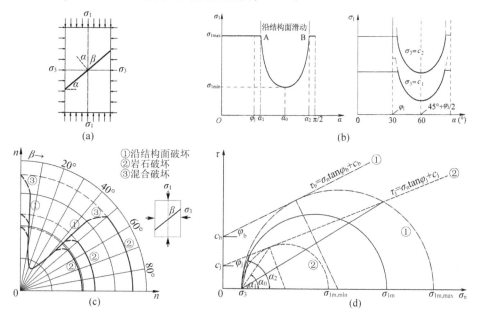

图7.5-5　结构面产状作用的力学模型

（b）非贯穿性结构面

考虑更为一般的情况，即结构面未切穿临空面（图7.5-6）。

结构面发挥作用的单宽面积为 b，完整岩石部分发挥抵抗力的单宽面积为 a。设在 σ_3 作用下完整岩块的强度为 σ_{1b}、结构面的强度为 σ_{1j}，此时岩体极限强度为

$$\sigma_{1m} = \frac{a}{a+b}\sigma_{1b} + \frac{b}{a+b}\sigma_{1j} \tag{7.5-3}$$

式中，σ_{1b}——岩石的极限强度，剪切和拉张分别为式(7.5-1)第1式和第3式；

σ_{1j}——结构面的极限强度，式(7.5-1)的第2式。

当 $b=0$ 时，$\tan\beta = b/h = 0$，结构面与 σ_1 平行，岩体极限强度 $\sigma_{1m} = \sigma_{1b}$，结构面不起作用；

当 $a=0$ 时，$\tan\beta \geq b/h$，结构面切穿临空面，岩体极限强度为 $\sigma_{1m} = \sigma_{1j}$，岩体沿结构面破坏；

当 $h=0$ 时，$\beta=90°$（$\alpha=0$），结构面与 σ_1 垂直时，岩体极限强度为 $\sigma_{1m} = \sigma_{1b}$，也完全为岩石的破坏；

当 $\sigma_3=0$ 时，$\sigma_1 = \sigma_c + c_j/[\sin\beta\cos(\varphi_j+\beta)]$，岩体单轴抗压强度与岩石和结构面强度均有关；

当 $\sigma_3=0$ 且 $\beta=0$ 时，结构面与 σ_1 平行，岩体强度等于完整岩块的单轴抗压强度，即 $\sigma_{1m} = \sigma_{cb}$。

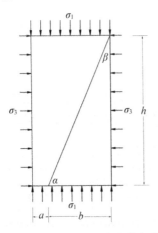

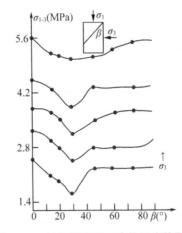

图7.5-6　非贯通结构面产状的力学效应　　图7.5-7　结构面产状对岩体强度的影响

综上所述，当发育1组结构面，岩体强度随结构面与主应力之间夹角的不同而不同，具有显著的各向异性。在围压一定时（包括 $\sigma_3=0$），随着结构面与 σ_1 的夹角 β 的增大（或结构面法向与 σ_1 的夹角 α 的减小），即由相互平行到正交的变化，岩体的强度呈现由大到小再大的变化规律。当夹角 β 达到某一角度时，岩体强度最低；而结构面与 σ_1 方向平行和正交时，岩体强度出现两个极高值，且平行时较相互垂直时的强度为高（图7.5-7）。岩体强度最低时 β 的具体大小，依岩性不同而异，如片岩和绿泥岩，β 分别约为60°和30°。

7.5.2.5　结构面组数的力学效应

根据以上原理，当岩体内含有两组结构面时，其强度是各组结构面影响的叠加。如图7.5-8(a)，当岩体中有j_1和j_2两组结构面时，其强度（用三轴极限强度比表示）为图中曲线①和曲线②叠加而成的abcde曲线。同样，当岩体中存在两组以上结构面时（图7.5-8(b)），各组结构面共同影响导致岩体强度大为降低，同时岩体各向异性大为减弱，也即结构面的组数愈多，则岩体愈具有各向同性的特征。

应指出，以上的叠加方法在说明岩体强度各向异性方面是有意义的，而在具体确定岩体强度大小时，对实际情况作了很大的简化。如果岩体中存在两组以上的结构面，问题立即复杂起来，因为两组结构面相交处的滑移会改变原来的连续性（使节理错开），从而改变一组或两组以上结构面的抗剪能力。这种几何上的变化，改变了各向异性程度、应力分布及强度性状，故有时两组以上结构面岩体的强度高于具单一结构面岩体的强度，在分析问题时应考虑到这一点。

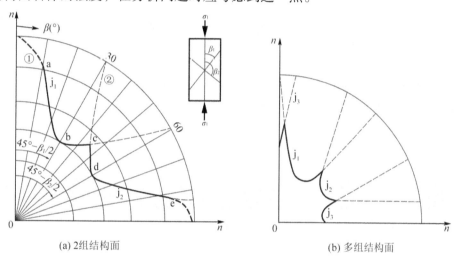

(a) 2组结构面　　　　　　　　　(b) 多组结构面

图7.5-8　结构面组数对岩体强度的影响

7.5.2.6　结构面密度的力学效应

其它条件相同的情况下，结构面数量越多，密度越大，则岩体变形也越大，同时强度越低。图7.5-9为结构面密度不同的岩体在单向压缩条件下的应力-应变曲线。由图可见，岩体的强度随结构面密度的增大而降低，但降低的速率是不等的。当J_v由1→25时，强度降低很快（接近50%），而$J_v>25$之后强度降低较慢。由于强度的降低率随着J_v的增大而减小，可见，岩体的强度并不会因结构面密度的增大而无限地降低，而是存在一个临界值。结构面密度大于这个值时，结构面对岩体强度和变形的影响就小，如图7.5-10所示。

Deere研究结果表明，当完整性系数K_v由1.0降为0.65时，岩体的模量比E_0/E_d降低；K_v由0.65继续下降，则E_0/E_d变化不大，相应于$K_v=0.65$的模量降低约14%，即当岩体中结构面密度达到一定程度时，岩体变形可达到岩石材料变形的1/0.14倍。此后，结构面密度再增大对岩体变形的影响不大。

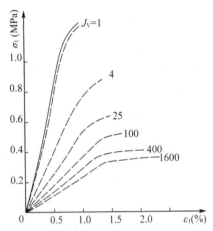 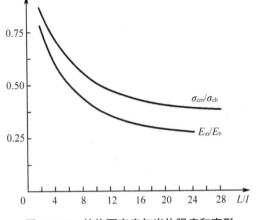

图 7.5-9　不同 J_v 值岩体的单向压缩曲线　　　　图 7.5-10　结构面密度与岩体强度和变形

　　结构面密度对岩体强度和变形的影响这一临界值是多少，目前尚无定论。一些试验证明它并不是常数，还与围压的大小有关。显然，结构面密度的临界值在岩体力学试验方面是十分有意义的指标，它意味着选择多大的试件可以获得较稳定的试验成果。结构面密度效应是构成岩体尺寸效应的重要基础之一。

7.5.2.7　结构面组合的力学效应

　　当岩体中发育两组以上结构面时，结构面的排列组合方式对岩体力学性质也有较大影响。结构面排列组合方式对岩体力学性质的影响称为岩体力学性质的结构面组合效应，其基本特征是岩体在无围压和低围压条件下，在传递应力和变形发展上呈现不连续特征，在力学性质上具有明显的结构效应。

　　应力在岩体内主要以正应力传递和摩擦力传递并通过结构单元进行传递，由于结构体排列形式的不同，形成不同的岩体结构，因而具有不同的应力传播机制。按照力学作用的不同，结构面的组合分为对缝式、错缝式和斜缝式 3 种类型（图 7.5-11），三者之间的最根本区别在于岩体内部应力传播机制不同。

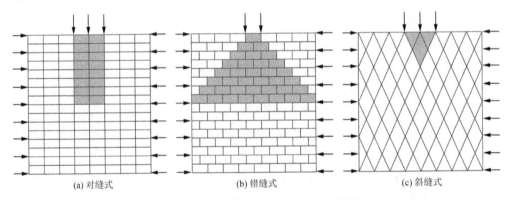

(a) 对缝式　　　　　　　　(b) 错缝式　　　　　　　　(c) 斜缝式

图 7.5-11　结构面组合力学效应试验模型

（1）对缝式组合

对缝式组合岩体以单向传播方式进行应力传播（图7.5-12），即在破裂面包围范围内的岩体通过结构体自上而下直接传播，仅在横向上由摩擦作用使作用力向四周按一定数量传递。

当无围压时，外力作用下，沿岩体内结构面形成破裂面，应力主要集中在破裂面包围范围内的岩体中传播，破裂面外没有传播。

在围压作用下，当作用力较小时，不产生破裂面，岩体呈连续变形，变形量及影响范围均随深度而减小。

在围压作用下且作用力较大时，岩体内产生破裂面，在破裂面分割下，变形分为3个区。

（a）直接压缩区：作用力大于结构体间抗剪力及下卧层支撑力时，使结构体与相邻结构体错断，呈不连续变形；

（b）剪切连续变形区：直接压缩区外的岩体在产生错断剪应力作用下发生弯曲变形，但其变化范围较小；

（c）压应力作用下的连续变形区：直接压缩区下部岩体仍呈连续变形。

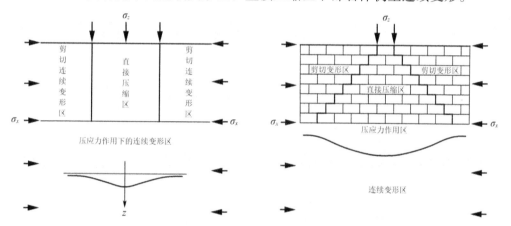

图7.5-12　对缝式组合岩体力学作用模型　　图7.5-13　错缝式组合岩体力学作用模型

直接压缩区与其周围连续变形区受破裂面所分割，应力和变形在横向上不连续；在直接压缩区内部，应力和变形在作用力方向上连续传播；剪切变形区和压应力作用下的变形区内，应力和变形连续发展。由此可见，在确定了由破裂面分割成的力学作用区后，各区均可采用连续介质力学方法处理，且当围压较大时，作用力小于侧向摩擦力及下卧层支撑力时，可整体转化为连续介质岩体。

（2）错缝式组合

错缝式组合的岩体主要以应力扩散方式进行应力传播，在破裂面包围内的岩体中应力不仅向下传播，也由中央向四周传播，而且在破裂面边界处还由摩擦作用而使作用力向四周作少量的扩散传播。

模型试验研究表明，错缝式碎裂介质岩体中应力传播和变形规律基本相似，既具有不连续性，也具有连续性，存在相似的3个变形区（图7.5-13）。

与对缝式碎裂介质岩体相比，错缝式碎裂介质岩体在以下三个方面有所不同。岩体中的应力传播快，尤其在低围压状态下；变形不连续区小；直接压缩区形状不同，表现为上窄下宽的破碎带，此区间内的应力传播和变形分布均不连续，应力传播具有屏蔽效应。

在研究错缝式组合形成的岩体中应力传播时，不仅要求确定出直接压缩区、剪切变形区和连续变形区，而且需要确定出剪变形区和破裂带范围。

（3）斜缝式组合

斜缝式组合形成的岩体，其变形机理实质为楔效应。如图 7.5-14(a)，加压时，在加荷板下部，两组结构面组合形成一个楔体，楔入周围岩体，使周围岩体随压力越挤越紧，其循环加压曲线越来越陡；退压时，如图 7.5-14(b)，另两结构面形成反楔体，使岩体变形的恢复受到阻碍，其退压曲线开始较陡，直到压力退到很小而楔体面上的抗强度大为降低时，变形才有较大的恢复。

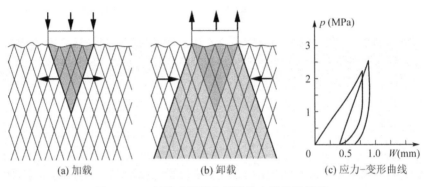

(a) 加载　　　　　　　(b) 卸载　　　　　　　(c) 应力-变形曲线

图 7.5-14　斜缝式碎裂介质岩体力学作用模型

7.5.3　赋存环境的影响

7.5.3.1　地应力场的影响——围压效应

一定地应力环境中的岩体，处于相对平衡状态。由于在岩体内或岩体上修建工程（如开挖硐室、矿坑、基坑、边坡等），改变了岩体天然应力状态及其既有平衡，引起重力重分布，并发生应力集中和产生相应变形，当其超过岩体允许变形或极限强度时，便发生破坏。由此可知，地应力是岩体运动的作用力之一，极大地影响着工程岩体稳定性。为了合理利用岩体天然应力状态的有利作用，准确预测岩体中应力重分布和岩体变形，正确合理地选择稳定岩体的工程措施，对工程岩体中天然应力的研究是十分必要和重要的。

赋存于一定地应力环境，是岩体同岩石或其它固体材料的重要区别。地应力是支配岩体力学性质的重要因素，它既是岩体运动的作用力之一，又是岩体本构规律的控制因素之一。地应力对岩体力学性质的影响称为岩体力学性质的围压效应，包括对岩体变形、强度和破坏等方面的影响。

（1）影响岩体的强度和承载力

岩体抗压强度随着围压增大而提高。对赋存于一定地应力环境中的岩体来说，地应力对岩体形成的围压越大，岩体的承载力越大；反之则小，如矿山岩柱及井巷间夹壁的破坏。随围压增加，岩体极限强度σ_{1p}和抗剪强度增大，但并非呈线性增长关系，低围压时强度增加较快、而高围压时增加较慢。

（2）影响岩体变形和破坏机制

围压增大使结构面呈闭合状态，故岩体的弹性变形增加，变形模量随围压的增高而显著增加。许多在低围压下呈脆性破坏的岩石在高围压下呈剪塑性破坏，显然，处于不同天然应力状态下的岩体，具有不同的变形和破坏机制。

（3）影响岩体的破坏方式

在低围压时，岩体常呈轴向劈裂、沿结构面滑动或松胀解体（爬坡）而破坏；在高围压时，常形成切穿岩石材料的共轭剪切面而破坏。

这种变形和破坏机制的变化，揭示了岩体的本构法则随地应力条件而不同，在研究岩体力学作用时必须注意。

（4）影响结构面的力学效应

随着围压的增大，岩体中结构面的力学效应逐渐减小，当达到某一临界值时，岩体中结构面效应完全消失，而且，此时岩体也从脆性破坏变为延性破坏。而这一临界值则因岩性不同而不同。

（5）影响岩体力学介质特性和岩体中应力传播法则

在严格意义上，岩体是不连续介质，但由于岩块间存在摩擦作用，赋存于高地应力区的岩体，则变为具连续介质特征的岩体，即地应力可使不连续变形的岩体转化为连续变形的岩体，从而使岩体中应力传播具有连续介质特征。

在岩体力学研究中，必须考虑地应力的因素，以便正确认识岩体的力学性质，阐明岩体变形和破坏机制，充分利用和发挥工程岩体的自承能力，使岩体工程更加安全、经济和合理。

7.5.3.2 渗流场的影响－湿度效应

地下水是一种重要的地质营力，它与岩体之间的相互作用，既改变着岩体的物理、化学及力学性质，也改变着地下水自身的物理、力学性质及化学组分。运动着的地下水对岩体产生3种作用，即物理作用、化学作用和力学作用，物理和化学作用主要为结合水产生，重力水则主要产生力学作用，有时也有化学作用，详见4.3.4节。这些作用可分为两类，即通过改变岩体的物质成分和结构，或者产生空隙水压力，从而改变岩体的工程地质性质。

（1）地下水对岩体成分的改变。水解作用、溶解作用使原岩成分改变，并生成许多次生黏土矿物，从而显著降低岩石（体）的强度。

（2）地下水对岩石结构的改变。楔劈作用、润滑作用、冻融作用、水解作用、溶解作用和联结作用等，均在不同程度上改变岩石的结构特征，甚至使原岩结构受到彻底破坏，使岩石的强度降低。

（3）地下水对岩体结构的改变。潜蚀作用可使结构面充填物中的细小颗粒被水流携走，或者使其中的可溶性矿物溶滤并被地下水流携走，地下水对结构面的润滑作用使结构面性态改变，这些作用均使岩体结构征发生改变，降低结构面的力学性质。

（4）降低有效应力。存在于宏观结构面或微观裂隙中的地下水，均可产生空隙水压力，降低这些面上有效法向应力和摩擦阻力，改变岩体应力状态，降低岩体力学性能。

上述作用很少单独存在，往往是其中几种同时发生，绝大多数均降低岩体的力学性能。

7.5.3.3 地温场的影响——温度效应

地热对岩体力学性质的影响称为温度效应。温度对岩体力学性质的影响，一方面是通过影响岩石的变形与强度实现的；另一方面，温度的变化使岩体中的地下水和水岩作用程度发生相应的变化，进而影响岩体的力学性质。温度（尤其地下深处）对岩体有显著影响，温度升高，则岩体力学性能降低，延性增长且强度降低。

7.5.4 工程作用的力学效应

7.5.4.1 应力特点对岩体力学性质的影响

与岩石力学性质一样，不同的作用力特点（应力水平、应力性质、应力或应变增加速率、应力持续时间和应力的增减历程等），岩体表现出不同的力学性质。它们对岩体力学性质的影响与对岩石力学性质的影响相同，此不赘述。

值得一提的是，必须重视岩体力学性质的时间效应，因为时间是不可逆的，决定了岩体的力学性质的不可逆性。

7.5.4.2 试验方法对岩体力学性质的影响

采用不同的试验设备以及运用不同的试验方法所反映的岩体的力学性质是不同的，故必须指明获得的岩体力学性质指标所用的方法和设备，以便资料间的对比和实际应用。

由于地应力（地下水）和结构面的存在，岩体及其力学性质具有明显的各向异性，位置不同以及作用力与结构面关系不同，岩体的力学性质不同。同时由于结构面的存在，岩体具不连续性，岩体试件大小不同，包括结构面数量不同，岩体力学性质也随之不同，此即岩体力学性质的尺寸效应。

由上可知，试验条件对岩体力学性质的影响是明显的，所以，在进行现场岩力学试验，必须予以重视，力求试验结果真实反映岩体力学性质。同时，了解这一点对岩体力学工作者在实际工作中合理选取岩体力学试验参数有所裨益。

7.5.5 岩体力学性质的综合效应

上文从岩石、岩体结构、赋存环境和作用力特点等方面分别讨论了岩体力学性质的单因素影响。由于岩体是由岩石和岩体结构（结构体和结构面）组成的并存在于特定地质环境中的客观地质实体，它必然受到前述诸因素的综合影响，从而具有独特的力学特性，其变形、强度和破坏均表现出显著的各向异性、尺寸效应和爬坡角效应。这些效应是现象而非本质，它们均是岩体各方面综合作用的结果，尤其是岩体内岩体结构的控制作用。

（1）爬坡角效应（扩容效应）

由第 6 章知，受结构面起伏形态及力学性质、结构体（岩石）力学性质、围压大小（法向正应力）和作用力（切向力）水平的综合影响，岩体在剪切过程有不同的力学行为，综合概括为岩体的爬坡角效应，具体表现为法向应力越低、起伏角越小、结构面越光滑和岩石强度越高，则越容易产生爬坡，扩容越明显；反之爬坡困难而以啃断取而代之。

岩体的爬坡角效应由 3 个方面组成，即爬坡角力学效应、啃断条件和结构面力学性质及其修正方法。由式（6.3-18）～式（6.3-24）可知，爬坡角力学效应的基本法则为：由于结构面起伏角的存在，岩体强度参数（c_m 和 φ_m）总体上不是简单由结构面的基本强度参数（c_u 和 φ_u）控制，而较基本强度有所增加，即

$$\left.\begin{aligned} \varphi_m &= \varphi_u + i \\ c_m &= \left[\sin i (\cos i - \sin i \tan \varphi_u)(\cot i + \cot i')\right]^{-1} c_u \end{aligned}\right\} \qquad (7.5\text{-}4)$$

啃断条件取决于正应力的大小、结构体的强度和起伏角的大小，其咬合应力为

$$\sigma_M = \frac{c_b - c_u \left[\sin i (\cos i - \sin i \tan \varphi_u)(\cot i + \cot i')\right]^{-1}}{\tan(\varphi_u + i) - \tan \varphi_b} \qquad (7.5\text{-}5)$$

当忽略结构面基本内聚力，或对于光滑结构面，即为式（6.3-22）。

由式（7.5-5），在岩体剪切过程中，当 $\sigma < \sigma_M$，将出现爬坡并导致剪胀扩容；反之，当 $\sigma > \sigma_M$，则以啃断凸起体的形式破坏，岩体扩容不明显。

（2）各向异性效应

受岩体结构特征（破碎程度、结构面产状、组数、密度、组合关系）、围压大小和岩石性质的综合影响，岩体在不同方向具有不同的力学性质，即各向异性，具体表现在岩体的变形、强度及破坏方式上。

由图 7.5-2 和图 7.5-3 可知，岩体的弹模具有明显的各向异性，在 σ_1 与结构面平行的方向上（即 $\beta = 0$），岩体的弹模最大并接近于完整岩体的弹模，而在 $\beta = 30°$ 的方向上最小。随着结构面组数和密度的增加，岩体强度降低、变形量增大、弹模（或变形模量）减小，但不同方向弹模之间的差值逐渐减小，即各向异性效应减弱。当岩体中存在多组结构面时，以正交结构面的岩体的弹模为高。岩体的弹模或变模在很大程度上取决于结构面与作用力 σ_1 的方位，其从大到小依次为完整岩体→$\beta = 0$ 的

一组结构面岩体→$\beta=90°$的一组结构面岩体→成正交结构面的岩体→多倾斜结构面岩体，而且结构面密度越大、组数越多，则变形模量越小，各向异性效应越不明显。此外，围压越大，则各个方向变形模量的差异越小，而且当围压达到一定程度时，岩体趋于各向同性，此时取决于岩石的各向异性程度。

与变形模量一样，岩体的强度随结构面产状而变化，具有强烈的各向异性（图7.5-6、图7.5-7）。结构面组数越少、密度越小、强度越高，则各向异性越明显；反之，若岩体十分破碎，岩体的强度较小且各向异性相对减弱。此外，围压越高，结构面的这种力学效应相对越弱（图7.5-10），岩体趋于各向同性。

在结构面与作用力间的夹角或结构面的组合有利时，岩体在低围压下往往沿结构面滑动破坏。若夹角变大或变小，岩体的破坏多不与结构面有关，或呈共轭剪切破坏，或呈张裂破坏。当围压达到一定程度时，不论结构面产状如何均不对岩体起控制作用。

总之，由于岩体本身的特点，各向异性是十分明显的，现总结如下。

（a）岩体的各向异性与岩体结构密切相关。结构面与作用力的夹角是各向异性的主要因素，而且结构面密度越小，组数越少，各向异性越显著。

（b）岩体的各向异性随围压的增加而减弱。在单向受力状态下，各向异性最明显，变形、强度和破坏方式均显著地受结构面控制，其强度存在一个最高值和最低值；随着围压增加，结构面效应逐渐减弱，当围压达到某一临界值时[1]，岩体力学性质已不受结构面控制，无论结构面特征如何，岩体强度是唯一值，各向异性消失。

（3）尺寸效应

岩体力学性质随试件尺寸增大而减弱。岩体力学性质随试件尺寸大小而变化的现象称为尺寸效应，尺寸效应也是岩体内结构面特征（密度、延续性、组数、产状、结构面蜕化程度）、结构体特征（大小、形状）和围压状态共同决定的。

如图3.2-1，当试件尺寸较小时，试件内无显著裂隙；当试件稍大时，或多或少包含有显结构面；若将试件尺寸足够大，则明显地包含有不同产状的结构面；若将试件放大到该图所示最大尺寸时，试件含有的结构面不仅数量不等，产状不同，且结构面充填状态也不同，所有这些都不同程度地影响着岩体（或岩块）的力学性质。显然，上述不同尺寸试件中，大尺寸试件包含结构面（或结构体）的数量多，力学性能越差（图7.5-9、图7.5-10、图7.5-15）。根据经验统计，衰减规律为

$$\sigma_{cm} = \sigma_{cr} - aN^{\alpha} \tag{7.5-6}$$

式中，σ_{cm}、σ_{cr}——分别为岩体和岩石的单轴抗压强度；

$\qquad$ N——为试件中含结构面的数量；

$\qquad$ a——系数；

$\qquad$ α——结构效应系数，与岩体结构特征（结构面特征及结构体特征）有关。

---

[1] 临界值依岩性不同而异，一般约为岩石单轴抗压强度的一半，即 $\sigma_3 = \sigma_{cb}/2$。

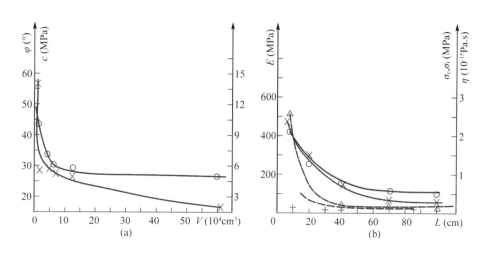

图7.5-15　砖红色黏土岩岩体性质与试件尺寸关系

此外，尺寸效应还受到环境条件（尤其围状态）的影响。研究表明，在低围压条件下，尺寸效应非常明显，而当围压达到岩石单轴抗压强度的一半（$\sigma_3 = \sigma_{cb}/2$）时，尺寸效应消失（图7.5-16）。

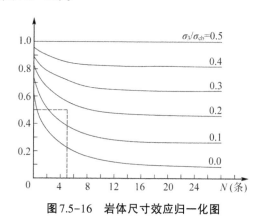

图7.5-16　岩体尺寸效应归一化图

了解岩体力学性质的尺寸效应，不仅可指导岩体力学试验及其成果整理，而且可根据具体工程问题域尺度与尺寸效应关系，选择恰当的岩体性态模型及相应的评价方法。

爬坡角效应、各向异性和尺寸效应是岩体在诸因素综合影响下的宏观表现，正因如此，试验所得岩体力学性质指标往往是分散的，若仔细加以分析和研究，不难对分散的指标进行理解，并正确运用到岩体工程实践中。

7.6　岩体强度准则

7.6.1　岩体强度与破坏机制

由前可知，岩体的强度是由其内岩石和结构面共同贡献并受应力状态控制的，但自然界中的岩体十分复杂，影响众因素多，岩体强度特征也因此而十分复杂。其它条件相同的情况下，岩体强度主要取决于组成岩体的岩石特征及岩体结构特征，尤其是作用力与结构面产状间的关系。对于裂隙化岩体，完整岩石的Mohr包络线是其强度上限，最光滑结构面的Mohr包络线是其强度下限，岩体强度介于二者之间（图7.6-1(a)），偏上还是偏下则与其中结构面的产状、密度和组合情况有关。

岩体的破坏方式也取决于岩石特征、岩体结构特征以及作用力与结构面夹角关系。受力作用下，岩体可能沿既有贯通面整体滑动，岩体强度完全取决于结构面的抗剪强度；也可能切断完整岩石，岩体强度取决于岩石的强度；或者既部分沿结构面又切过部分岩石，具体为何种情形则依于剪切作用力与结构面产状的关系。

如图7.6-1(b)，若结构面倾斜合适，岩体将沿结构面发生滑动破坏；如果倾斜不合适，则沿岩石材料和结构面混合剪切。在A区，岩体强度包络线处于岩石材料强度包络线和光滑结构面强度包络线之间；在B区，由于围压的增大，岩体强度包络线平行于岩石材料包络线，并大约低5%~10%，岩体可由脆性破坏过渡到塑性破坏；在C区，由于围压进一步增大，岩体破坏与结构面无关，呈塑性破坏。

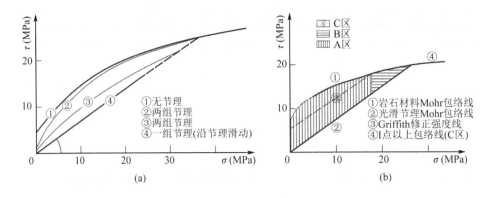

图7.6-1　节理化岩体强度包线及特征边界区域

7.6.2　岩体强度准则的选用

对于岩体来说，必须根据岩体的破坏机制，选择相应的破坏判据（强度准则），判断岩体的破坏。

当岩体为完整岩体，或者岩体破坏与结构面无关而仅为岩石破坏，岩石强度代表着岩体的强度，此时用岩石强度准则代表岩体破坏判据，于是根据相应破坏机制选择强度准则。如果为拉张破坏，则选择针对拉张破坏机制的拉伸性破坏准则（式(5.8-27)）或压缩性拉张破坏准则（式(5.8-28)）；如果发生剪切破坏，则选择针对剪切破坏机制的Mohr准则（式(5.8-4)~式(5.8-6)），尤其直线型的M-C准则（式(5.8-10)~式(5.8-13)）或Drucker-Prager准则（式(5.8-25)）。

当岩体完全沿结构面发生剪切破坏时，则结构面强度就是岩体强度，用结构面相应的强度准则作为岩体强度准则。若为剪切力与结构面平行的剪切破坏，则可选择M-C准则（式(6.3-13)、式(6.4-6)），当结构面粗糙时，选择Patton准则（式

（6.3-24））、Ladanyi-Archambault 准则（式(6.3-25)）或 Barton 准则（即 JCS-JRC 模型，式(6.3-35)），并考虑结构面的各种特征确定其抗剪强度参数；若在三向状态下，结构面与3个主应力有一定的夹角，则可依据 Jaeger 准则（式(6.4-3)），确定岩体的极限强度。

7.6.3 Hoek-Brown 准则

当岩体的破坏同时受岩石和结构面影响时，虽可采用式(7.5-3)那样的方式来作为规律性讨论，但实际上岩体破坏十分复杂，其机制远非该式所能描述。

由于本身的复杂性，岩体的破坏包络线并非 M-C 准则所表述的线性关系，而是抛物线或双曲线等形状的非线性关系，使岩体破坏时的极限强度呈现出非线性破坏特征[①]；而且岩体破坏通常是岩石和结构面共同作用的、岩体强度是岩石和结构面共同贡献的，上述强度准则均不能很好地描述岩体的强度特性。针对这些问题，许多学者在充分利用这些准则的基础上，根据大量现场试验和岩体特征研究，探求适用于岩体的强度准则。其中最著名的是 Hoek-Brown 准则（简称 H-B 准则），因其形式简单且参数易于确定，被学术界广泛接受，并在工程界得到广泛应用。

7.6.3.1 狭义 Hoek-Brown 准则

1980 年，E .Hoek 和 J. W. Brown，在分析 Griffith 理论和修正的 Griffith 理论的基础上，根据他们在岩石力学方面深厚的理论功底和丰富的实践经验，通过对几百组岩石三轴试验资料和大量岩体现场试验成果统计，结合岩石性状方面的理论研究和实践检验，用试错法对强度曲线进行拟合，导出了 Hoek-Brown 强度准则（狭义）[②]。

狭义 Hoek-Brown 强度准则为，

$$\sigma_1 = \sigma_3 + \sqrt{m\sigma_c\sigma_3 + s\sigma_c^2} \tag{7.6-1}$$

式中，m——经验系数（岩石的软硬程度），见表7.6-1；

s——经验系数（岩体完整程度），见表7.6-1。

准则中引入了经验系数 m 和 s，其中，m 是反映岩石特征（尤其坚硬程度）的宏观力学参数，$m=0.0000001\sim25$，对严重扰动岩体取 0.0000001，对坚硬完整岩体取 25；s 反映了岩体的破碎程度，$s=0\sim1$，破碎岩体取0，完整岩体取1。

Hoek-Brown 准则反映了岩块和岩体破坏时极限主应力之间的非线性关系，在 $\sigma_1-\sigma_3$ 坐标系中，H-B 准则的包络线为可以描述岩体非线性破坏特征的抛物线（图7.6-2）。

---

① 严格说来，即使完整、坚硬的均质岩块也不例外，其强度包络线也为非线性的。将其视为线性，只是为计算分析方便。当然在较低围压或法向应力作用下，可能表现出一定的线性关系。

② E .Hoek 等在建立岩体破坏经验判据时，基于以下几点：

（a）破坏判据应与试验的强度值相吻合；

（b）破坏判据的数学表达式应尽可能简单；

（c）破坏判据能沿用到节理化岩体和各向异性的情况。

表7.6-1 Hoek-Brown准则的值

$\sigma_1 = \sigma_3 + \sqrt{m\sigma_c\sigma_3 + s\sigma_c^2}$		碳酸岩类,如白云岩,石灰岩,大理岩	泥岩、粉砂岩、页岩、板岩(压力垂直板理)	砂质岩石,晶间裂隙少,如砂岩,石英岩	细粒火成结晶岩、安山岩、粒玄岩、辉绿岩、流纹岩	粗粒火成岩及变质岩,如角闪岩、片麻岩、花岗岩、辉长岩、石英闪长岩
完整岩石试件,试件内无裂隙	m	7.0	10	15	17	25
	s	1.0	1.0	1.0	1.0	1.0
	A	0.816	0.918	1.044	1.086	1.220
	B	0.658	0.677	0.692	0.696	0.705
质量极好的岩体,岩块相嵌紧密,仅存在粗糙未风化节理,节理间距1~3m	m	3.5	5.0	7.5	8.5	12.5
	s	0.1	0.1	0.1	0.1	0.1
	A	0.651	0.739	0.848	0.883	0.998
	B	0.679	0.692	0.702	0.705	0.712
质量好的岩体,新鲜至微风化岩石,节理轻微扰动,间距1~3m	m	0.7	1.0	1.5	1.7	2.5
	s	0.004	0.004	0.004	0.004	0.004
	A	0.369	0.427	0.501	0.525	0.603
	B	0.669	0.683	0.695	0.698	0.707
中等质量的岩体,具几组中等风化节理,间距0.3~1m,有扰动	m	0.14	0.20	0.30	0.34	0.50
	s	0.0001	0.0001	0.0001	0.0001	0.0001
	A	0.198	0.234	0.280	0.295	0.346
	B	0.662	0.675	0.688	0.691	0.700
质量低的岩体,具大量夹泥风化节理,间距30~500mm	m	0.04	0.05	0.08	0.09	0.13
	s	0.00001	0.00001	0.00001	0.00001	0.00001
	A	0.115	0.129	0.162	0.172	0.203
	B	0.646	0.655	0.672	0.676	0.686
极差的岩体,具大量严重风化节理,并夹泥,间距50mm	m	0.001	0.010	0.015	0.017	0.025
	s	0	0	0	0	0
	A	0.042	0.050	0.061	0.065	0.078
	B	0.534	0.539	0.546	0.548	0.556

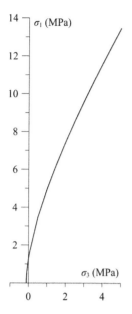

图7.6-2　Hoek–Brown准则

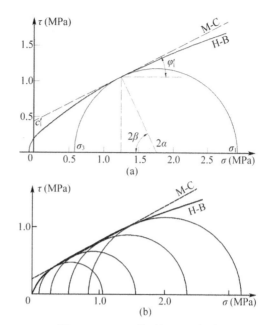

图7.6-3　H–B准则与M–C准则

H–B准则也可用截面应力（σ_α，τ_α）方式表达。E. Hoek 和 J. Bray 给出了 H–B 准则的（σ_α，τ_α）形式，如图7.6-3a，E. Hoek 给出的 H–B 准则的（σ_α，τ_α）方程为

$$\tau = A\sigma_c\left(\frac{\sigma}{\sigma_c} - \frac{m - \sqrt{m^2 + 4s}}{2}\right)^B \tag{7.6-2}$$

式中，A、B—常数，见表7.6-1。

J. Bray（1983）给出的抗剪强度形式的 H–B 准则的（σ_α，τ_α）方程为

$$\left.\begin{aligned}
&\tau = \frac{m\sigma_c(\cot\varphi_i - \cos\varphi_i)}{8} \\[2mm]
&\varphi_i = \tan^{-1}\sqrt{(4h\cos^2\theta - 1)^{-1}} \\[2mm]
&c_i = \tau - \sigma'\tan\varphi_i \\[2mm]
&h = 1 + \frac{16(m\sigma' + s\sigma_c)}{3m^2\sigma_c} \\[2mm]
&\theta = \frac{1}{3}\left[\frac{\pi}{2} + \tan^{-1}\left(\frac{1}{\sqrt{h^3 - 1}}\right)\right]
\end{aligned}\right\} \tag{7.6-3}$$

式中，τ——抗剪强度；

$\quad\quad\varphi_i$——瞬时摩擦角；

$\quad\quad c_i$——瞬时黏聚力；

$\quad\quad\sigma'$——有效正应力。

式(7.6-2)和式(7.6-3)所示的强度包络线见图7.6-3(a)。于是知道一点的有效正应力和剪应力（σ，τ），就可以求出该点的瞬时黏聚力c_i和瞬时摩擦角φ_i。c_i和φ_i随正应力水平的不同而变化的，并且具有如下规律：正应力较低时，岩体中岩块互相锁定，瞬时内摩擦角较高；正应力较高时，岩块间产生剪切错动，瞬时内摩擦角降低，直至最小值；当侧限应力较高时，瞬时黏聚力随着正应力的增加而增大。

根据页岩废石试验结果的对比（图7.6-3b），H-B准则包络线对极限应力圆的吻合程度要比M-C准则包络线好。

与M-C准则相同，H-B准则亦未考虑中间主应力的影响。

7.6.3.2　广义Hoek-Brown准则

狭义Hoek-Brown准则是针对完整且内聚力很高的岩石或岩体。研究表明，狭义H-B准则过高地估计了岩石的抗拉强度。针对该问题，为了区别对待完整岩体和较破碎岩体，并保证在正应力较低的范围内抗拉强度为0，Hoek将当初没有考虑的因素进行了修正，引入了新参数a对狭义H-B准则进行修正，1992年提出了广义Hoek-Brown准则。

（1）广义Hoek-Brown准则

广义Hoek-Brown准则也可有两种表达形式（图7.6-4）。

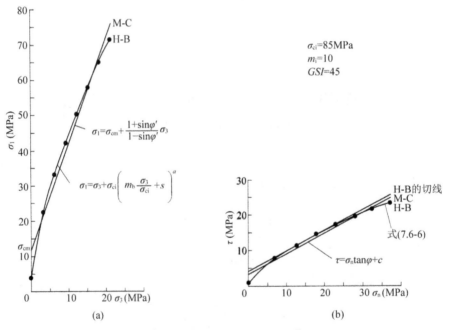

图7.6-4　岩体大型三轴试验模拟结果曲线

（a）主应力组合表达形式

广义Hoek-Brown准则的主应力组合表达形式为

$$\sigma_1 = \sigma_3 + \sigma_{ci}\left(m_b\frac{\sigma_3}{\sigma_{ci}} + s\right)^a \tag{7.6-4}$$

式中，σ_{ci}——完整岩石的单轴抗压强度；

m_b——岩体的 Hoek-Brown 常数，见式(7.6-5)；

s——与岩体特征（岩性和岩体结构）有关的常数，见式(7.6-5)；

a——与岩体特征（岩性和岩体结构）有关的常数，见式(7.6-5)；

$$\left.\begin{array}{l} s = \exp\left(\dfrac{GSI - 100}{9 - 3D}\right) \\[2mm] a = \dfrac{1}{2} + \dfrac{1}{6}\left[\exp(-GSI/15) - \exp(-20/3)\right] \\[2mm] m_b = m_i \exp\left(\dfrac{GSI - 100}{28 - 14D}\right) \end{array}\right\} \tag{7.6-5}$$

m_i——完整岩石的 Hoek-Brown 常数；

D——岩体的扰动系数，表7.6-2；

GSI——地质强度指标。

表 7.6-2　岩体的扰动系数

岩体	岩体描述	D	备注
地下工程	高质量控制爆破或 TBM 施工，对围岩扰动小	0	
	软质岩体采用无爆破开挖(机械开挖或手工开挖)，对围岩影响小。	0	
	当由于挤压问题产生底鼓时，再无仰拱情况下扰动非常严重。	0.5	无仰拱
	硬质岩体中质量极差的爆破开挖，围岩内 2~3m 范围内产生严重的破坏	0.8	
斜坡	土木工程边坡，小规模爆破(尤其控制爆破)使岩体产生中等程度的破坏，但应力释放也产生一定的扰动	0.7	爆破控制较好
		1.0	爆破控制较差
露天矿坑	大型露天矿坑，因强烈爆破或应力释放产生显著扰动，在某些软质岩体中，采用剥落法和推土机也可对边坡产生一定程度的扰动。	0.7	机械开挖
		1.0	爆破开挖

（b）截面应力组合表达形式

广义 Hoek-Brown 准则的截面应力组合表达形式为

$$\left.\begin{array}{l} \tau = A\sigma_{ci}\left(\dfrac{\sigma_n - \sigma_{tm}}{\sigma_{ci}}\right)^{B} \\[2mm] \sigma_{tm} = \dfrac{\sigma_{ci}}{2}\left(m_b - \sqrt{m_b^2 + 4s}\right) \end{array}\right\} \tag{7.6-6}$$

式中，A、B——材料常数；

σ_n——岩体的有效法向应力；

σ_{tm}——岩体抗拉强度，反映了岩石颗粒不能产生自由剪胀时的相互连锁程度。

（2）Hoek-Brown 常数

由式(7.6-4)~式(7.6-6)，为了利用广义 H-B 准则评价节理岩体强度与变形，必须确定岩体的3个性质参数，即完整岩石单轴抗压强度σ_{ci}、完整岩石的Hoek-Brown常数m_i、岩体的地质强度指标GSI。

（a）完整岩石的σ_{ci}和m_i

对于完整岩石，破坏时应力间的关系可用2个常数（单轴抗压强度度σ_{ci}和常数m_i）来定义。于是，式(7.6-4)简化为

$$\sigma_1 = \sigma_3 + \sigma_{ci}\left(m_i\frac{\sigma_3}{\sigma_{ci}} + 1\right)^{0.5} \tag{7.6-7}$$

如果有条件，这2个常数的取值应通过高质量三轴试验结果统计分析来确定[①]。在获得了5组或更多三轴试验成果的基础上，即可对试验数据进行分析，确定σ_{ci}和m_i。进行分析时，式(7.6-4)可改写为

$$y = m_i\sigma_{ci}x + s\sigma_{ci} \tag{7.6-8}$$

式中，$x=\sigma_3$，$y=(\sigma_1-\sigma_3)^2$。

对于n个样品，σ_{ci}、m_i及相关系数r可由如下方法确定，即

$$\left.\begin{array}{l}
\sigma_{ci}^2 = \dfrac{\sum y}{n} - \left[\dfrac{\sum xy - \left(\sum x\sum y\right)/n}{\sum x^2 - \left(\sum x\right)^2/n}\right]\dfrac{\sum x}{n} \\[4ex]
m_i = \dfrac{1}{\sigma_{ci}}\left[\dfrac{\sum xy - \sum x\sum y/n}{\sum x^2 - \left(\sum x\right)^2/n}\right] \\[4ex]
r^2 = \dfrac{\left[\sum xy - \left(\sum x\sum y/n\right)\right]^2}{\left[\sum x^2 - \left(\sum x\right)^2/n\right]\left[\sum y^2 - \left(\sum y\right)^2/n\right]}
\end{array}\right\} \tag{7.6-9}$$

如果没有实验条件，可利用表7.6-3和表7.6-4，判断σ_{ci}和m_i。

（b）地质强度指标GSI

由于节理化岩体的强度既取决于完整岩石的强度，也取决于结构体在不同应力状态下的滑动和转动的自由度（由块体形状及分割块体的结构面所决定）。具有粗糙硬性结构面、棱角状结构体的岩体的强度总比风化蚀变结构面岩体的强度高。

Hoek等（1994, 1995）提出的地质强度指标（表7.6-5），提供了一种评价不同地质条件下岩体强度折减的方法。

[①] 在 Hoek & Brown (1980)推导这两个常数时，采用了$0<\sigma_3<\sigma_{ci}/2$，故为了相互一致，在做完整岩石试样三轴试验时，必须遵循该规定（即$0<\sigma_3<\sigma_{ci}/2$）。分析中，至少取得5组数据。高质量试验是指式(7.6-8)中$r^2>0.9$的试验数据。

表 7.6-3　单轴抗压强度 σ_{ci} 的现场估计（据 Brown，1981）

等级	描述	σ_{ci} (MPa)	$I_{s(50)}$ (MPa)	强度的现场估计	举例说明
R6	极强	>250	>10	敲击试样，只能打下小块	新鲜的玄武岩、燧石、辉绿岩、片麻岩、花岗岩、石英岩
R5	很强	100～250	4～10	试样需地质锤锤击多次才能致其断裂	角闪岩、砂岩、玄武岩、辉长岩、片麻岩、花岗闪长岩、石灰岩、大理岩、流纹岩、凝灰岩
R4	强	50～100	2～4	试样需要地质锤锤击1次以上才能致其断裂	石灰岩、大理岩、千枚岩、砂岩、粉砂岩
R3	中强	25～50	1～2	用小刀刮削不动，地质锤只1次锤击可致断裂	黏土岩、煤、片岩、页岩、粉砂岩
R2	弱	5～25	*	用小刀扁刻划困难，但用地质锤用力锤击可留下浅坑	白垩、岩盐、碳酸岩
R1	很弱	1～5	*	用地质锤用力锤击，可致其粉碎，小刀能刻动	高度风化或变质的岩石
R0	极弱	0.25～1	*	可用指甲刻出缺口	坚硬的断层泥

*在单轴抗压强度小于25MPa的岩石上进行点荷载试验，可能出现极不明确的结果。

表 7.6-4　完整岩石的常数 m_i

岩石类型	分类	分组	结构			
			粗粒	中粒	细粒	很细粒
沉积岩	碎屑岩		砾岩（22）	砂岩 9	粉砂岩 9	黏土岩 4
			杂砂岩（18）			
	非碎屑状	有机岩	白垩 7			
			煤（8～21）			
		碳酸盐岩	角砾岩（20）	斑状灰岩（10）	微晶灰岩 8	
		化学岩		石膏 16	硬石膏 13	
变质岩	不具片理构造		大理岩 9	角页岩（19）	石英岩 24	
	片理发育轻微		混合岩（30）	闪岩 25～31	糜棱岩 6	
	片理发育*		片麻岩 33	片岩 4～8	千枚岩（10）	板岩 9
岩浆岩	浅色 ↑ ↓ 深色		花岗岩 33		流纹岩（16）	黑曜岩（19）
			花岗闪长岩（30）		英安岩（17）	
			闪长岩（28）		安山岩 19	
			辉长岩 27	辉绿岩（19）	玄武岩（17）	
			苏长岩 22			
	火山碎屑岩		集块岩（20）	角砾岩（18）	凝灰岩（15）	

注：括号内的 m_i 值为粗略估计值。

这些值为完整岩石与层面或片理垂直方向试验所得；

若是沿软弱面发生，m_i 值会有很大不同。

表 7.6-5　根据地质描述判断地质强度指标 GSI

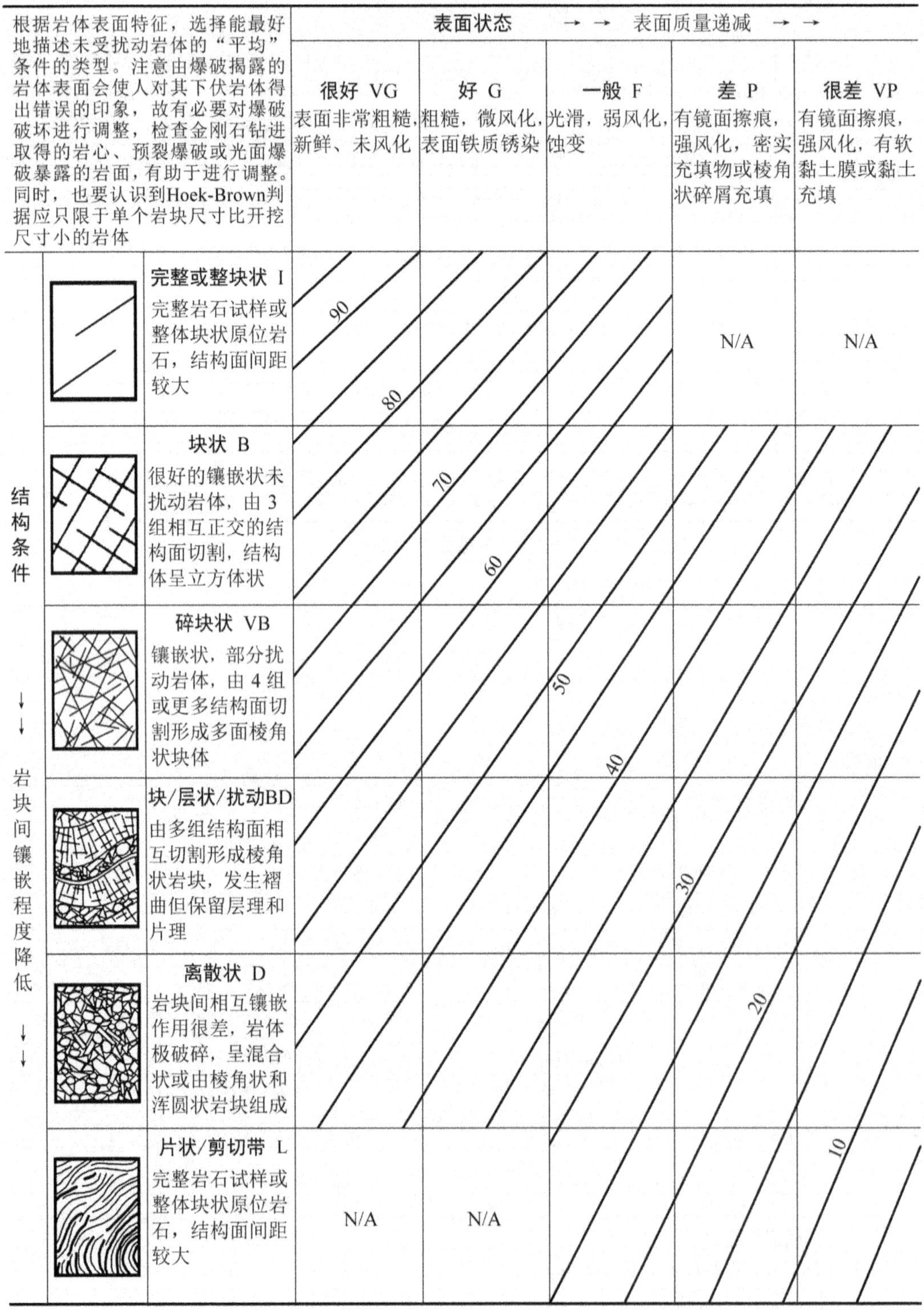

根据岩体表面特征，选择能最好地描述未受扰动岩体的"平均"条件的类型。注意由爆破揭露的岩体表面会使人对其下伏岩体得出错误的印象，故有必要对爆破破坏进行调整，检查金刚石钻进取得的岩心、预裂爆破或光面爆破暴露的岩面，有助于进行调整。同时，也要认识到 Hoek-Brown 判据应只限于单个岩块尺寸比开挖尺寸小的岩体		表面状态　　→　　→　　表面质量递减　　→　　→				
		很好 VG 表面非常粗糙新鲜、未风化	好 G 粗糙，微风化，表面铁质锈染	一般 F 光滑，弱风化，蚀变	差 P 有镜面擦痕，强风化，密实充填物或棱角状碎屑充填	很差 VP 有镜面擦痕，强风化，有软黏土膜或黏土充填
结构条件　↓　↓　岩块间镶嵌程度降低　↓　↓		**完整或整块状 I** 完整岩石试样或整体块状原位岩石，结构面间距较大	90　80			N/A	N/A
		块状 B 很好的镶嵌状未扰动岩体，由3组相互正交的结构面切割，结构体呈立方体状	70	60			
		碎块状 VB 镶嵌状，部分扰动岩体，由4组或更多结构面切割形成多面棱角状块体			50　40		
		块/层状/扰动 BD 由多组结构面相互切割形成棱角状岩块，发生褶曲但保留层理和片理				30	
		离散状 D 岩块间相互镶嵌作用很差，岩体极破碎，呈混合状或由棱角状和浑圆状岩块组成					20
		片状/剪切带 L 完整岩石试样或整体块状原位岩石，结构面间距较大	N/A	N/A			10

290

研究岩体表面特征时，根据岩体表面特征，选择能最好地描述未受扰动岩体的平均条件的类型。注意由爆破揭露的岩体表面是一种假象，并不代表下伏岩体，因此必须对爆破破坏进行调整（检查钻孔岩芯、控制爆破岩面，有助于进行对爆破面的调整）。同时，也要认识到 Hoek-Brown 准则应只限于单个岩块尺寸比开挖尺寸小的岩体。

利用表7.6-5时，应从岩性、岩体结构和结构面表面特征方面，估计 GSI 的平均值，不要试图太精确，使用 $GSI=33\sim37$ 比 $GSI=35$ 更符合实际。

可以通过 Bieniawski 的岩体质量分级 RMR 系统来确定 GSI。如果使用 1989 版 RMR 岩体质量分级标准（Bieniawski, 1989）[①]，则有

$$GSI = RMR_{89} - 5 \tag{7.6-10}$$

式中，RMR_{89}——岩体质量分级 RMR 系统（1989年版）的评分值。

一旦获得 GSI，即可由式(7.6-5)，计算出常数 m_b、s、a。进而用式(7.6-4)，进行岩体强度判断。

岩体的力学性质

[①] RMR 分级系统（1976版）的评分值 RMR_{76} 不能直接用于判断岩体的地质强度指标 GSI。

8 岩体分类与岩体质量评价

本章知识点
（重点▲，难点★）

岩体分类与质量分级的异同，以及二者的作用与意义▲
工程地质岩组划分
岩体质量分级的指标▲
常用的岩体质量分级体系（*RMR*、*Q*、*BQ*）▲
岩体质量分级的工程应用▲

8.1 概述

（1）目的与意义

由于岩性与岩石结构、岩体结构类型的不同，加上地下水、地应力、地热及其综合作用下的风化作用的参与和影响，岩体性质变得极为复杂，而且彼此相差悬殊，形成了从非常破碎的裂隙化岩体或软弱岩体到新鲜完整、坚硬致密岩体的一系列岩体。为了更清楚地认识和评价岩体，需对不同地区的岩体或同一工程区不同地段的岩体进行恰当的分类，然后分别评价各类岩体对具体岩体工程的适宜程度，使岩体的评价更好地直接为岩体工程建设服务。

张咸恭教授指出，岩体的工程地质分类就是用合理的标志，对岩体的自然特征做出系统而统一的划分，以便在从事工程地质的生产、科研和教学工作中，对岩体能有一个统一的认识，用共同的语言建立共同的基础。

岩体工程地质分类的依据是多种多样的，如岩体结构、成因、岩层的成层条件、岩性岩相条件和岩体破坏型式等。不同的分类依据标志，则有不同的岩体分类。如以岩体结构为依据，可分为整体块状结构岩体、层状结构岩体、碎裂结构岩体及散体结构岩体等；以成层条件为标志，可分为极薄层岩体、薄层岩体、中层岩体、厚层岩体、极厚层岩体和块状岩体等；以成因为标志，可分为沉积类岩体、岩浆岩岩体和变质岩岩体；以介质类型为依据，可分为连续介质岩体、碎裂介质岩体、板裂介质岩体和块裂介质岩体。除此之外，岩体工程地质分类的依据还有建造类型、矿物成分、地应力大小、破坏型式、岩体规模和风化程度，甚至岩体质量等，在此不一一列举。

（2）岩体的分类与分级

岩体力学发展初期，对"分类"和"分级"概念模糊，往往把二者当作同一概念并加以应用，如出现"岩石（体）的分类"和"岩石（体）的工程分类"这样的术语，而无岩体分级的概念。事实上，在以往的许多分类体系中，有许多分类实际上是岩体质量的分级。

分类是根据事物的异同把事物集合成类的过程或按一种系统对种类的排列或编排，即对属性不同的类型的区分，分类是无序的；分级是对量的划分，各级别之间有量的差别，分级是有序的。这就是分类与分级之间的主要差别。因为量也是一种属性，故分级属于分类的范畴，是分类中的一种，是以"量"的依据的分类。

岩体工程地质分类与岩体质量分级的根本区别在于，前者的直接服务对象是工程地质和岩体力学工作者，着重解决一般问题，一般不涉及具体工程；后者的服务对象是岩体工程的设计和施工人员，直接为具体岩体工程的设计和施工服务。由于工程地质和工程岩体力学的最终目的也是为工程的设计和施工服务，其研究必须考虑岩体工程的实际情况（规模、类型等），必须配合工程设计和施工，故岩体的工程地质分类必须以岩体质量为基础，是工程岩体质量分级的归宿，而岩体质量分级也是岩体工程地质分类的深化和发展，属于岩体工程地质分类范畴。

本章讨论岩体工程地质分类的两个重要内容，即工程地质岩组和岩体质量评价。

8.2 工程地质岩组

8.2.1 岩组与工程地质岩组

岩组是发育于一定地质时期的大地构造和地质环境中有着成因联系的且在岩性变化和空间分布上具有特定规律的岩石组合。岩组可以是单一类型岩石组成的，也可以是多种岩石按一定规律共生组合在一起的。

岩组划分的基础是岩层和岩石建造特征，即岩石组合特征。工程所涉及的岩体是多种环境和多类成因下形成的产物，加之岩体产出的多样性，岩体及其组合特征十分复杂。从岩性上看，有性质坚硬且脆的岩石，也有软弱半坚硬的岩石；从岩石的组织结构来看，有粗粒与细粒的组合、薄层与厚层的组合、层状与块状的组合，有时还有夹层和透镜体等。由于岩性和岩石结构的组合不同，使得岩体在物理力学属性及岩体结构上非常复杂。

针对岩体这一复杂的个性，更主要是为工程服务这一鲜明的目的性，在20世纪70年代初，就提出并建立了工程地质岩组的概念体系。工程地质岩组是按照工程辖区内岩体的特性及岩石组合规律进行的分组，每一工程地质岩组具有特定的相似的工程地质特征及一定的岩石组合特征。工程地质岩组是第一级岩体工程地质单元，是进一步划分岩体单元的基础和进行工程地质研究的前提。

正确划分工程地质岩组有利于加深对岩体结构的认识和对岩体稳定进行评价分

析, 有助于工程技术人员对工程地质资料的应用。依照各个岩组的工程地质特性, 就能宏观地做出岩体稳定性评价, 指导各类工程场址的选择及矿山开采剥离方法的制定, 而且可在工程地质岩组划分的基础上, 进一步确定工程岩体质量分级。

8.2.2 工程地质岩组划分

8.2.2.1 工程地质岩组的划分原则

（1）目的性原则

虽然工程地质岩组的直接服务对象是岩体力学工作者, 但岩体力学的终极服务对象是岩体工程, 因此工程地质岩组划分必须坚持为工程服务的极强目的性, 这是最优先原则, 否则岩组划分就失去意义。

（2）客观性原则

工程地质岩组划分必须如实反映岩体的客观实际, 否则将产生有害的误导。

（3）实用性原则

工程地质岩组划分必须坚持实用性原则, 这是目的性原则的具体体现。

8.2.2.2 工程地质岩组划分的基础

岩组划分的主要对象是地层岩性, 将地层岩性按工程地质观点进行分析和归纳而为工程所用。而能全面反映岩层基本特征的, 只有建造。建造是地质学（尤其是沉积岩石学）的一个重要概念, 其内涵十分清晰与深邃, 包含着成因、环境、岩性和岩石组合特征等内容。显然, 从工程地质角度看, 这些均是重要的, 因此, 谷德振认为, 建造是工程地质岩组的基础。但工程地质岩组与岩组分析中的岩组以及与建造、岩相均有着极大的差别。为此, 张咸恭教授指出, 工程地质岩组划分的基础主要是地层、岩石建造及其工程地质特征。

8.2.2.3 工程地质岩组划分的基本依据

工程地质岩组可由单一类型岩石组成, 也可由多种岩石组成。由于岩石成因类型的不同、岩性岩相的变化、成层条件及层次厚薄的多样性等, 工程地质岩组划分较为复杂, 主要依据是岩性、产出与成层条件、层次厚度变化及原生结构面等。

（1）岩性特征

岩性特征即岩石的类型及其宏观物理力学性能, 主要侧重于岩性和岩石宏观物理力学性能以及岩性叠加模式。在工程地质岩组具体划分中, 应特别将软岩及特殊岩类醒目标示出来, 而且对于多岩性叠加模式, 若工程需要, 应将其中性质软弱的岩石划分开, 进行单独评价。此外, 若将岩性叠加模式与成层性一并考虑, 有利于工程地质岩组划分。

（2）成层性与层次性

成层性与层次性是沉积岩、变质岩及部分火山岩系的共性特征, 是岩体的一大表征。沉积岩、变质或火山喷发的环境与条件千差万别，因而成层性和层次性是多种多样的。在岩组划分中，主要依据两个因素，即层组模式和岩层厚度。层组模式包括互层与夹层，其中夹层受制于厚度（一般<15 cm）和该厚度与上、下层相互厚度之比（一般至少在1:3或以上），透镜体等可纳入夹层分析研究之中。若厚度同样是岩体变形与强度控制因素之一，也应加以考虑。

（3）岩层间结合性状与次生演化趋势

在围绕成层性为中心的研究中，还应重视层与层间的结合性状。自然界层间结合性状大致分为层间咬合好和咬合差两类，显然，它们的力学与水理性能相差很大。

8.2.2.4　工程地质岩组划分方案

关于工程地质岩组的划分方案，国际工程地质协会（IAEG）曾提出过原则性的分类系统，国内不少学者也对此作过许多工作，但目前尚无定论，主要分歧表现在尺度的选择和划分精度上。

在遵守工程地质岩组划分的基本原则的前提下，对不同工程类型以及不同研究范围，由于它们的要求有各自的侧重点，工程地质岩组划分应偏重其特殊要求。如在区域工程地质和环境工程地质研究时，往往涉及较大区域，此时岩组划分的最小尺度可大些，精度可以稍低些。

对于一般工程区岩体，岩组划分的精度要求较高，岩组的最小尺度则视工程需要而定，一般以 5 m 作为下限，以上不限。对于小于 5 m 的岩组，当其较为软弱破碎时，可作为特殊结构面考虑；当其为较坚硬的岩组时，可归并到其上或下岩组中去。

随着工程建设的阶段不同，从勘察到设计或施工，工程地质岩组划分可以从粗到细，但必须"一脉相承"。

8.3　岩体质量

8.3.1　岩体质量的基本概念

8.3.1.1　岩体质量与岩体质量评价

岩体质量是指岩体的工程质量，即从工程角度来看岩体的优劣程度和对工程的适宜程度。岩体质量的优劣是一个相对的概念，针对具体岩体工程，除了岩体自身因素外，主要是由工程类型和规模而决定的。如对坝基岩体而言，其质量指其承载力、变形特征、稳定性（抗滑稳定性和渗透稳定性）及渗漏性等；地下硐室围岩的质量指变形特征、稳定性和可掘性等。

岩体质量评价就是从工程角度判定岩体的优劣程度及岩体对工程的适宜程度。岩体质量评价中最重要的内容是岩体质量分级，即从岩体工程实际出发，依据岩体对工程的适宜程度，并赋予其不可少的安全、经济和合理的要求，进行分级。工程岩体质量分级的标准决定于具体岩体能否在安全、经济和合理的前提下自然满足岩体工程的需要。岩体质量分级具有明确的目的性和针对性，它直接服务于岩体工程的设计和施工，但必须在相关学科共同配合下方可完成。

8.3.1.2　工程岩体质量评价发展概况

人们早就认识到岩体的复杂性和特殊性，不同岩体的自然特性（地质特征、力学性质及其工程地质特征）不同，对工程的适宜程度不同，而且同一岩体对不同类型工程的适宜程度也不同，不能用单一的尺度和方法加以研究和评价，而必须具体分析。近年来，国内外提出了一些既简单易于确定又能综合表征岩体地质特征和力学性能的数量指标，用以作为岩体工程分类、岩体力学性能对比、岩体定性评价和试验数据校核的依据。

岩体质量评价研究经历了近一个世纪发展历史，而且地下工程岩体质量评价研究较其它工程开展得更早且更完善。

在 20 世纪 30—40 年代，国际上代表性的工程岩体质量评价方法主要有：Φ. M. Садренский 分级（1937）、H. H. Маслов 分级（1941）、H. Terzaghi 分级（1946）等；50—60 年代期间主要有 Lauffer 分类（1958）、D. U. Deere（1964）的 RQD 分类等。这些分类多偏重于单指标定性或定量分类。

20 世纪 70 年代以后，岩体质量评价由定性向定量发展，由单因素向多因素方向发展。代表性的方法有美国的 Wickham（1974, 1978）的岩石结构分类（RSR），挪威 N. Barton（1974, 1980）的 Q 系统，南非 Bieniawski（1974, 1976, 1989）的 RMR 分类，日本菊地宏吉（1982）的坝基岩体分类，西班牙 Romana（1985, 1988, 1991）的边坡岩体 SRM 分类，美国 Williamson（1984）的统一分类等。

我国对岩体质量评价研究开展较晚，主要有谷德振和黄鼎成（1979）的 Z 分类、王思敬等（1980）的弹性波指标 Za 分类、关宝树（1980）的围岩质量 Q 分类、杨子文（1982, 1984）的 M 分类、陈德基（1983）块度模数 M_K 分类、王石春等（1980，1985）RMQ 分类、邢念信（1979,1984）坑道工程围岩分类、原东北工学院（1984）围岩稳定性动态分级、长江委的三峡 YZP 分类（1985）、水电部昆明勘测设计院（1988）提出大型水电站地下洞室围岩分类、王思敬（1990）岩体力学性能质量系数 Q 分类、水利水电工程地质勘查规范（1991）、工程岩体分级国家标准 GB50218（1994, 2014）、曹永成等（1995）基于 RMR 体系修改的 CSMR 法、陈昌彦（1997）的岩体质量动静态综合评价体系，等。

目前，岩体质量分级方案不下几十种，它们涉及的对象、考察的因素以及研究的深度等均不相同。从分级对象来看，有针对完整岩石的质量分级、针对岩体结构的分级和针对岩体的质量分级；从适用范围来看，有的属于通用性分级，而有的则属和专用性分级；从所考虑的因素来看，有基于单因素的岩体质量分级（如 R_c 分级、RQD 分级等）、也用基于多因素的岩体质量分级；从深度来看，有定性分级，也有定量分级，或者定性与定量相结合的分级。

在这些众多的方案中，在国内外有影响的是 N. Barton 的岩体质量分级法（Q 系统）和 Z. Bienieawski 的地质力学分级法（RMR 系统）。

8.3.2　岩体质量分级的基本指标

岩体是由岩石和岩体结构组成并赋存于特定地质环境之中的地质体。岩石、岩体结构和赋存环境相互作用和相互影响，决定了岩体具有显著区别于其它材料的独特性质，岩体之间的性质千差万别。因此，岩体质量评价时，需综合考虑这 3 方面因素，即岩体质量评价体系需有岩石、岩体结构和赋存环境方面的指标。

8.3.2.1　岩石力学性质指标

岩石强度指标很多，如 σ_c、σ_t、c、φ、σ_{1p}、R_c、I_s 和 R_e（回弹值）等，此外，岩石的软化系数 K_R 也是常用的强度指标。饱和单轴抗压强度 R_c 和点荷载指数 $I_{s(50)}$ 应用最普遍。

在岩体质量分级研究的早期阶段，由于对岩体认识不够深入等原因，提出了较多的以岩石强度为单指标的岩体质量分级，如普氏坚固性系数分级（表 2.4-10）以及法国隧道协会分级（1979）等。

8.3.2.2　岩体结构指标

岩体结构是岩体的重要特征，也是岩体力学性质的重要影响因素，故岩体质量评价体系中必须有能反映岩体结构的相应指标。岩体结构中主要是结构面的作用，它破坏了岩体的完整性，故岩体的完整程度是决定岩体质量的重要因素之一，它受构造运动、风化作用和其它作用的影响。

反映岩体完整程度的指标较多，如裂隙率、结构面间距、体积节理数、块度模数、连续性系数、岩体完整性系数（龟裂系数）和岩石质量指标 RQD 等。此外，某些模比或者变形量比也在一定程度上反映岩体内结构面发育情况。

在一些情况下，可以单独以岩体结构指标进行质量评价，如 D. U. Deere（1964）提出的 RQD 分级（表 3.3-4）、陈德基（1978, 1983）提出的块度模数 M_K 分级。RQD 主要反映了岩体中裂隙发育程度，在一定程度上反映岩体的综合力学性质及遇水后力学性质的降低程度，可作为评价岩体质量的半定量指标，初步判定岩体质量优劣（表 3.3-4）和选择支护设计参数的参考。块度模数 M_k 及针对块度模数的修正指标（式(3.3-17)～式(3.3-20)）在一定程度上弥补了 RQD 的不足，较准确地反映了结构面，对岩体力学性质的贡献。

岩体质量分级中，RQD、K_v、J_v 等是经常使用的用来反映岩体内结构面发育程度的定量指标，详见表 3.3-3～表 3.3-5。

8.3.2.3　赋存环境指标

对工程岩体质量分级而言，地应力是一个独立因素，需纳入岩体质量评价体系之中。但它难于测量，对工程的影响程度也难于确定，为此可根据前述有关内容定性或定量地确定工程场区的地应力状态。

地下水对岩体质量也有重要影响，如导致岩石的软化、结构面充填物性质的劣化和有效应力的降低等，岩体质量评价时应予以考虑。

温度也是岩体的影响因素之一，理应作为岩体质量评价的指标，但一般工程所涉及深度有限，当前岩体质量评价体系中均未加以考虑。

8.3.2.4 弹性波速度指标——综合指标

由于具有不同岩性组合和各种结构面，岩体具有不均匀性、各向异性及不连续性。弹性波在岩体传播过程中，一方面动应力作用使结构面产生不同形式的变形并通过变形将弹性波继续向前传播，且其能量有不同程度的消耗；另一方面结构面张开状态和充填状态的不同，结构面弹性参数与岩石相差悬殊，使弹性波产生折射、反射或绕射，既使波幅显著衰减，又使波速下降，此即结构面的动态效应。

因此，岩体的弹性波速度是岩体特征的综合反映，V_p 和 V_s 不仅可作为岩体质量的间接指标，通过它可以求出反映岩体完整性和风化程度的质量指标，如 K_v、E_d 和 μ_d 等，进而评价岩体质量，而且可以作为直接指标进行岩体质量评价（但需同某些强度指标配合使用才具有工程意义），如日本的岩体质量分级就是以弹波速度为单一指标的分级。

8.4 常用工程岩体质量分级体系

在众多岩体质量评价体系中，当前运用最广泛的有 Q 系统、RMR 系统和工程岩体质量分级 BQ 系统。Q 系统和 RMR 系统是国际通用标准，BQ 系统（GB 50218）是我国岩体质量评价的强制性标准，其它行业性岩体质量分级均以此为依据。因此，本章重点对这 3 个分级体系予以介绍，其它分级方案请查阅相关资料。

8.4.1 Q系统(或NGI系统)

挪威岩土工程研究所（NGI）学者 N. Barton 等通过对 200 多个地下工程实例的实践和研究，于 1974 年提出了岩体质量分级系统（Q 系统），该分级系统综合考虑了 *RQD*、结构面组数、结构面表面形态、结构面蚀变特征和地下水及地应力这 6 个因素，通过对这些因素的评分，并采用下式计算岩体的综合质量指标 Q，即

$$Q = \frac{RQD}{J_n} \cdot \frac{J_r}{J_a} \cdot \frac{J_w}{SRF} \tag{8.4-1}$$

式中，*RQD*——岩石质量指标，详见 3.3.4.4 节；

J_n——结构面组数相关的评分值，表 8.4-1；

J_r——结构面粗糙度相关的评分值，表 8.4-2；

J_a——结构面蚀变程度相关的评分值，表 8.4-3；

J_w——裂隙水折减系数，表8.4-4；

SRF——地应力折减系数，表8.4-5。

表8.4-1　节理(结构面)组数系数 J_n

结构面组数	块状	1组	1组+零星	2组	2组+零星	3组	3组+零星	四组及以上	压碎岩石(土状)
J_n	0.5～1.0	2.0	3.0	4.0	6.0	9.0	12.0	15.0	20.0

表8.4-2　节理面粗糙程度系数 J_r

粗糙度	非贯通	波状粗糙	波状光滑	波状镜面	平直粗糙	平直光滑	平整擦痕	充填
J_r*	4.0	3.0	2.0	1.5	1.5	1.0	0.5	1.0

*注:若节理平均间距超过3m时,加上1.0。

表8.4-3　节理面蚀变程度系数 J_a

结构面壁接触(未发生剪切运动)			已有剪切错动(位移<10cm)			已有剪切错动(结构面壁不接触)		
描述	J_a	$\varphi_r(°)$	描述	J_a	$\varphi_r(°)$	描述	J_a	$\varphi_r(°)$
A　愈合,坚硬、未风化,不透水充填物	0.75		F 砂或压碎岩石充填,非黏土崩解岩石	4.0	25～30	K 风化或挤压破碎带	6.0	
B　面壁未蚀变,仅仅改变颜色而有色斑	1.0	25～35	G 厚<5mm的坚硬黏土充填	6.0	16～24	L 黏土和岩石(见GHJ)	8.0	
C　面壁轻微蚀变,硬性矿物,砂粒、无粘土崩解岩石	2.0	25～30	H 厚<5mm的松软黏土充填	8.0～12.0	12～16	M 厚且连续的黏土带(见GHJ)	8～12	6～24
D　粉砂或砂质黏土薄层充填,少量未风化黏粒组分	3.0	20～25	J 厚<5mm的膨胀性黏土充填	12.0	6～12	N 粉质砂土或砂质黏土,少量未软化黏土组分	5.0	
E　黏土覆盖的	4.0	8～16				O 连续黏土带	10～13	
						P&R（GHJ 黏土条件）		6～24

表8.4-4 裂隙水折减系数 J_w

水的条件	干燥	中等水量流入	未充填节理中大量水流入	充填节理中大量水流入冲出充填物	高压断续水流	高压连续水流
J_w	1.00	0.66	0.50	0.33	0.2～0.1	0.1～0.05

表8.4-5 应力折减系数 SRF

应力折减等级	具有黏土充填的不连续面的松散岩石	具有张开的不连续面的松散岩石	具有黏土充填的不连续面,在浅部的(深<50m)岩石	在中等应力下具有紧闭的、无充填的不连续面的岩石
SRF	10.0	5.0	2.5	1.0

式(8.4-1)中，6个参数可合并为3个因子。RQD/J_n表示了岩体的完整性和结构体尺寸，该比值比单独的 RQD 指标要好。J_r/J_a表示了结构面的自然特征，同时考虑了结构面的形态特征、充填特征和风化蚀变程度。J_w/SRF表示了赋存环境影响下的岩体质量的折减，当地下水作用强时（J_w低），结构面强度低，而且地下水对岩石的软化以及对结构面物质的软化和冲刷能力增强；地应力的影响较为复杂，若为硬性结构面，应力垂直于结构面时，则结构面抗剪强度会因 SRF 增加而增加，其它情况下可能有相反的情况。

在使用式(8.4-1)计算岩体质量 Q 值时，RQD 值应直接去掉百分数；而且当 $RQD<10$ 时，取 $RQD=10$。

根据综合质量指标 Q 的大小，将岩体分为9级（表8.4-6）。

表8.4-6 硐室围岩 Q 分级

Q	<0.01	0.01～0.1	0.1～1.0	1.0～4.0	4.0～10	10～40	40～100	100～400	>400
分级	特坏	极坏	很坏	坏	一般	好	很好	极好	特好

Q 系统考虑地质因素较为全面，而且定性分析与定量评价相结合，是目前相对较好的岩体质量分级方法。该分级系统具有普遍适用性，不仅适用于地下工程、也适用于其它岩体工程，不仅适用于硬质岩石岩体、也适用于软质岩石岩体。

8.4.2 RMR系统（CSIR系统或地质力学分级系统）

Z. Bieniawski认为，岩体质量是多种因素的函数，于是可以从众多因素中选取对岩体质量起支配作用的因素，作为岩体质量分级的指标，分别对其评分，分项评分之和可作为岩体质量的评价指标 RMR（Rock mass Rating）。基于这种思路的岩体质量评价方法较多，最经典的当属南非科学研究会推荐的Bieniawski提出的RMR分级系统（或称CSIR系统或地质力学分级系统）。RMR分级系统最早由Z. Bieniawski于1973年提出，后经他本人多次修改，最终于1989年发表在其著作《工程岩体分类》

中，其综合评分值称为RMR_{89}，简称RMR。

根据完整岩石的强度σ_c（或I_s）、RQD、结构面间距、结构面形态、结构面产状与地下水状况共6个因素，分项评价，然后求各项评分之和，计算综合岩体质量RMR，即

$$RMR = R_1 + R_2 + R_3 + R_4 + R_5 + R_6 \qquad (8.4-2)$$

式中，R_1——完整岩石强度的评分，见表8.4-7；

$\quad\quad R_2$——RQD值的评分，见表8.4-7；

$\quad\quad R_3$——结构面间距的评分，见表8.4-7；

$\quad\quad R_4$——结构面表面特征及充填特征的评分，见见表8.4-7及表8.4-8；

$\quad\quad R_5$——地下水特征的评分；见表8.4-7；

$\quad\quad R_6$——结构面方位对工程影响的修正值，见表8.4-7和表8.4-9。

表8.4-7 裂隙化岩体的RMR分级指标评分表

序号	分类参数		数 值 范 围						
1	完整岩石强度(MPa)	点荷载强度指标	>10	4～10	2～4	1～2	强度较低的用岩石单轴抗压强度		
		单轴抗压强度	>250	100～250	50～100	25～50	5～25	1～5	<1
	评分值R_1		15	12	7	4	2	1	0
2	岩芯质量	RQD(%)	100～90	90～75		75～50	50～25		<25
	评分值R_2		20	17		13	8		3
3	节理间距(m)		>2.0	2.0～0.6		0.6～0.2	0.2～0.06		<0.06
	评分值R_3		20	15		10	8		5
4	节理情况（详细评分见表8.4-8）		节理面很粗糙，无分离不连续、节理岩壁坚硬	稍粗糙，宽1mm，岩壁坚硬		稍粗糙，宽1mm，岩壁软	光滑或厚<5mm夹层，张开度1～5mm，连续		含厚>5mm软弱夹层，张开度>5mm，连续
	评分值R_4		30	25		20	10		0
5	地下水条件	涌水量(L/(min·10m))	无	<10		10～25	25～125		>125
		水压力条件σ_w/σ_1	0	<0.1		0.1～0.2	0.2～0.5		>0.5
		总条件	完全干燥	潮湿		湿气(裂隙水)	中等水压		水的问题严重
	评分值R_5		15	10		7	4		0
6	结构面方向或走向（描述见表8.4-9）		非常有利	有利		一般	不利		非常不利
	评分值R_6	隧道	0	-2		-5	-10		-12
		地基	0	-2		-7	-15		-25
		边坡	0	-5		-25	-50		-60

注：σ_w——裂隙水压力；σ_1——最大主应力

表8.4-8 结构面条件评分细化表

延展性	L (m)	<1	1～3	3～10	10～20	>20
	评分	6	4	2	1	0
张开度	e (mm)	0	<0.1	0.1～1.0	1.0～5.0	>5.0
	评分	6	5	4	1	0
粗糙度	描述	很粗糙	粗糙	轻微粗糙	光滑	摩擦镜面
	评分	6	5	3	1	0
充填物	物质及厚度	无	坚硬充填物 <5mm	坚硬充填物 >5mm	软弱充填物 <5mm	软弱充填物 >5mm
	评分	6	4	2	2	1
风化作用	风化程度	未风化	微风化	弱风化	强风化	分解
	评分	6	5	3	1	0

表8.4-9 结构面与工程的关系

走向与轴线垂直				走向与轴线平行		与走向无关
沿倾向掘进		反倾向掘进		倾角2°～45°	倾角45°～90°	倾角05°～20°
倾角45°～90°	倾角2°～45°	倾角45°～90°	倾角2°～45°			
非常有利	有利	一般	不利	一般	非常不利	不利

根据计算结果,将岩体质量分为5级(表8.4-10)。

表8.4-10 裂隙化岩体RMR分级

级别	I	II	III	IV	V
RMR	100～81	80～61	60～41	40～21	<20
质量描述	很好	好	较好	坏	很坏

式(8.4-2)中,第6项是考虑主要结构面走向与工程作用力方向的关系而进行的修正。因此,当不针对具体工程时,可只用前5项进行岩体质量评价,得到岩体基本质量;若其后工程问题明确时,可在此基础上,再做出工程因素的修正,获得工程岩体的质量。

RMR方法应用较简便。该方法原为解决坚硬结构面岩体中浅埋硐室而发展的,但在处理因挤压、膨胀和涌水而极其软弱的岩体时,应用上较为困难。

虽然该方法是针对地下硐室围岩而建立的岩体质量分级,但它也同样适用于边坡和地基工程。对于边坡工程和地基工程,结构面大于或等于3组的块状岩体应用效果较好,而对于小于3组的片状或柱状岩体,该方法评价结果偏于保守。

8.4.3 BQ系统(工程岩体质量分级(GB 50218))

前面介绍国内外的一些工程岩体分级方法,其中有些方法至今均还在一定程度上应用。这些现有的各种岩体分级方法,多是定性的,或者是定量的。定性分级是在现场对影响岩体质量的诸因素进行鉴别、判断，或对某些指标做出评价、打分，虽然这种方法可从全局上去把握、充分利用工程实践经验，但其经验成分较大，有一定的人为因素和不确定性。定量分级是依据岩体（石）性质的测试数据，经计算获得岩体质量指标，能够建立确定的量的概念，但由于岩体性质和存在条件十分复杂，分级时仅用少数参数和某个数学公式难以全面、准确地概括所有情况，实际工作中测试数量总是有限的，抽样的代表性也受操作者的经验所局限。

由于各种类型工程岩体的受力状态不同，形成多种多样的破坏形式，其稳定标准理应不同。即使对同类岩体工程，由于各行业和部门运用条件上的差异，对岩体稳定性要求也有很大差别，而且各部门的勘察、设计、施工以及与施工技术有密切关系的加固或支护措施，都有自己的一套专门要求和做法，对岩体质量分级方法和标准彼此各异。

上述两方面原因使得各种分级方案的原则、标准、测试方法以及适用范围都不尽相同，彼此缺乏可比性和一致性，对同一处岩体进行分级评价时难免产生差异和矛盾，从而造成失误。因此，很有必要在总结已有的各行业工程岩体分级方法的基础上，汇集和总结各行业工程建设经验，制定一个统一的、各行业都能运用的工程岩体分级的通用标准。为此，由水利部牵头会同有关部门，共同制订并于1994年发布了国家标准《工程岩体分级标准》（GB 50218-94），于1995年7月1日起执行；2014年对该标准进行了修订（GB 50218-2014）。该标准为岩体质量评价的强制性国家标准，本书简称BQ系统（或GB 50218）。

8.4.3.1 岩体基本质量分级的因素

岩体基本质量是指岩体所固有的、影响工程岩体稳定性的最基本属性，它由岩石坚硬程度和岩体完整程度所决定。在国标GB 50218中，确定岩体基本质量的两个最基本因素就是岩石坚硬程度和岩体完整程度，它们均采用定性划分与定量指标两种方法确定，其目的是对比检验，提高分级的准确性和可靠性。

（1）岩石坚硬程度

岩石坚硬程度是岩石在工程意义上的最基本性质之一。确定岩石坚硬程度主要应考虑岩石的成分、结构及其成因，还应考虑岩石受风化作用后的软化和吸水反应情况。

定性鉴定中，可用锤击、回弹、手触和吸水反应等行之有效且简单易行的方法，以便现场勘察时直观地鉴别岩石坚硬程度。

定量指标规定用岩石单轴饱和抗压强度 R_c，R_c 应采用实测值，或用点荷载强度指数 $I_{s(50)}$ 按式(5.2-15)换算。

根据定性鉴定和定量指标，岩石坚硬程度分为两级共5级（表8.4-11）。在岩石坚固程度定性划分时，其风化程度按表8.4-12确定。

表8.4-11 岩石坚固程度的划分

坚硬程度		代表性岩石	定性鉴定	R_c(MPa)
硬质岩	坚硬岩	未风化~微风化的:花岗岩、正长岩、辉绿岩、玄武岩、安山岩、片麻岩、石英片岩、硅质板岩、石英岩、硅质胶结的砾岩石英砂岩、硅质石灰岩等	锤击声清脆,有回弹震手,难击碎;浸水后,大多无吸水反应	60~120
	较硬岩	弱风化的极坚硬岩、坚硬岩;未风化~微风化的:熔结凝灰岩、大理岩、板岩、白云岩、石灰岩、钙质胶结的砂岩等	锤击声较清脆,有轻微回弹,稍震手,较难击碎;浸水后,有轻微吸水反应	60~30
软质岩	较软岩	强风化的极坚硬岩、坚硬岩;弱风化的较坚硬岩;未风化的~微风化的:凝灰岩、千枚岩、砂质泥岩、泥灰岩、泥质砂岩、粉砂岩、页岩等	锤击声不清脆,无回弹,较易击碎;浸水后指甲可刻出印痕	30~15
	软岩	强风化的极坚硬岩、坚硬岩;弱风化~强风化的较坚硬岩;弱风化的较软岩;未风化的泥岩等	锤击声哑,无回弹,有凹痕,易击碎浸水后,手可掰开	15~5
	极软岩	全风化的各种岩石;各种半成岩	锤击声哑,无回弹,有较深凹痕,手可捏碎浸水后,可捏成团	<5

表8.4-12 岩石风化程度的划分

名称	风化特征
未风化	岩质新鲜,结构构造未变
微风化	结构构造未变,沿节理面有铁锰质渲染,矿物色泽基本未变,无松散物质
弱风化	结构构造基本未变,矿物色泽稍微变化,裂隙面风化较重,出现风化矿物,张开裂隙中有少量松散物质
强风化	结构构造部分破坏,长石、云母等多风化成次生矿物,色泽明显变化,张开裂隙中有较多松散物质
全风化	结构构造大部分破坏,矿物成分除石英外,大部分风化成土状,基本不含坚硬岩块

（2）岩体完整程度

在定性划分中，以结构面发育程度、主要结构面结合程度和主要结构面类型作为划分依据。结构面发育程度包括结构面密度、组数、产状、延伸程度以及各组结构面相互切割关系；主要结构面结合程度包括结构面张开度、粗糙度、起伏度、充填情况和充填物水的赋存状态等。按表8.4-13和表8.4-14，综合分析评价并定名。

岩体完整程度的定量指标采用实测的岩体完整性系数K_v。当无条件取得实测值时，也可用岩体体积节理数J_v换算对应的K_v值（表8.4-13）。

表 8.4-13 岩体完整程度

名称	结构面发育程度		主要结构面结合程度（表8.4-14）	K_v	J_v（条/m³）	主要结构面类型	相应结构类型
	组数	平均间距(m)					
完整	1～2	≥1.0	结合好	>0.75	≤3	节理、裂隙	整体状或巨厚层状结构
较完整	2～3	1.0～0.4	结合好	0.75～0.55	3～10	节理、裂隙	块状或厚层状结构
较破碎	≥3	0.4～0.2	结合好	0.55～0.35	10～20	构造节理、小断层	镶嵌碎裂结构
			结合一般				中、薄层状结构
破碎	≥3	≥0.2	结合差	0.35～0.15	20～35	构造断裂包括小断层、构造节理、软弱层面等	裂隙块状结构
		<0.2					碎裂结构
极破碎			结合很差	<0.15	>35		散体状结构

表 8.4-14 主要结构面结合程度

结合程度	结合好	结合一般	结合差	结合很差
结构面特征	张开度<1mm，无充填物；张开度1～3mm，为硅质或铁质胶结；张开度>3mm，面粗糙，为硅质胶结	张开度1～3mm，钙质或泥质胶结；张开度>3mm，面粗糙，为铁质或钙质胶结	张开度1～3mm，面平直，泥质或钙质胶结；张开度>3mm，泥质、钙质胶结或充填岩屑	泥质充填或泥夹岩屑充填，充填物质厚度大于起伏差

8.4.3.2 岩体基本质量分级

岩体基本质量分级也是根据岩体基本质量的定性特征和岩体基本质量指标BQ两者相结合确定的。岩体基本质量的定性特征由表8.4-11～表8.4-14所确定的岩石坚硬程度和岩体完整程度组合确定。

岩体基本质量定量指标BQ，根据分级因素的定量指标R_c和K_v，按下述式确定

$$BQ = 100 + 3R_c + 250K_v \qquad (8.4-3)$$

在使用时，应遵守下列限制条件：

（1）当$R_c > 90K_v + 30$时，应以$R_c = 90K_v + 30$和K_v值代入上式计算BQ；

（2）当$K_v > 0.04R_c + 0.4$时，应以$K_v = 0.04R_c + 0.4$和R_c代入上式计算BQ。

根据计算所得不同的岩体基本质量指标BQ及相应的岩体基本质量的定性特征，将岩体基本质量分为5级（表8.4-15）。

当与根据基本质量定性特征确定的级别不一致时，应通过对定性划分和定量指标的综合分析，确定岩体基本质量级别。必要时，应重新进行测试。

8.4.3.3　工程岩体级别的确定

根据工程阶段和精度要求，工程岩体质量分级可分为初步定级和详细定级两类（或两个阶段），二者均是在岩体基本质量分级的基础上开展的。

（1）工程岩体质量初步定级

工程岩体质量的初步定级，以表8.4-15规定的岩体基本质量级别作为岩体级别。

（2）工程岩体质量详细定级

对工程岩体进行详细定级时，应在基本质量BQ的基础上（表8.4-15），结合不同类型工程的特点，综合考虑工程岩体内的地下水状态和初始应力状态、工程轴线（或走向线）的方向与主要软弱结构面产状的组合关系等必要的修正因素，其中边坡工程岩体尚需考虑地表水的影响。

表 8.4-15　岩体基本质量分级

基本质量级别	岩体基本质量的定性特征		BQ
	岩石(岩性)	岩体完整性	
I	坚硬	完整	>551
II	坚硬	较完整	550～451
	较坚硬	完整	
III	坚硬	较破碎	450～351
	较坚硬或软硬岩互层	较完整	
	较软岩	完整	
IV	坚硬	破碎	350～251
	较坚硬	较破碎～破碎	
	较软岩或软硬岩互层、软岩为主	较完整～较破碎	
	软岩	完整～较破碎	
V	较软岩	破碎	<250
	软岩	较破碎～破碎	
	全部极软岩	/	
	/	全部极破碎岩	

当无实测资料时，岩体初始应力状态可根据工程埋深或开挖深度、地形地貌、地质构造运动史、主要构造线和开挖过程中出现的岩爆、岩芯饼化等特殊地质现象做出评估。

当岩体的膨胀性、易溶性以及相对于工程范围，规模较大、贯通性较好的软弱结构面成为影响岩体稳定性的主要因素时，应考虑这些因素对工程岩体级别的影响，必要时需做专门的研究。

（a）工业与民用建筑地基岩体级别的确定

工业与民用建筑的岩质地基，其工程岩体质量级别仍按表8.4-15来定级，不做修正，即$[BQ]=BQ$。

各级岩体作为基岩时，岩基的承载能力（基本值f_0）按表8.4-16确定。

表8.4-16　基岩承载力基本值f_0

岩体级别	Ⅰ	Ⅱ	Ⅲ	Ⅳ	Ⅴ
f_0(MPa)	>7.0	7.0～4.0	4.0～2.0	2.0～0.5	≤0.5

当考虑基岩形态影响时，基岩承载力标准值f_k用下式确定，

$$f_k = \eta f_0 \tag{8.4-4}$$

式中，η——基岩形态影响折减系数，表8.4-17。

表8.4-17　基岩形态影响折减系数

基岩形态	平坦型	反坡型	顺坡型	台阶型
岩面坡角 (°)	0～10	10～20	10～20	台阶高度<5m
η	1.0	0.9	0.8	0.7

（b）地下工程岩体级别的确定

在地下工程岩体级别详细定级时，应对岩体基本质量指标BQ进行修正，获得岩体质量BQ的修正值$[BQ]$，即

$$[BQ] = BQ - 100(K_1 + K_2 + K_3) \tag{8.4-5}$$

式中，BQ——岩体基本质量；

$[BQ]$——地下工程岩体质量；

K_1——地下水影响修正系数，表8.4-18；

K_2——主要软弱结构面产状影响修正系数，表8.4-19；

K_3——初始应力状态影响修正系数，表8.4-20。

表8.4-18　地下水影响修正系数K_1

	基本岩体质量BQ	>551	550～451	450～351	350～251	<250
K_1	潮湿或点滴状出水，水压p≤0.1MPa 或单位出水量Q≤25L/(min·m)	0.0	0.0	0.1	0.2～0.3	0.4～0.6
	淋雨状或涌流状出水，水压$p=0.1～$ 0.5MPa或$Q=25～125$L/(min·m)	0.0～0.1	0.1	0.2～0.3	0.4～0.6	0.7～0.9
	淋雨状或涌流状出水，水压$p>0.5$MPa 或$Q>125$L/(min·m)	0.1～0.2	0.2	0.4～0.6	0.7～0.9	1.0

表8.4-19　主要软弱结构面产状影响修正系K_2

结构面产状及其与 洞轴线的组合关系	结构面走向与洞轴线夹角<30° 结构面倾角30～75°	结构面走向与洞轴线夹角>60° 结构面倾角>75°	其它 组合
K_2	0.4～0.6	0～0.2	0.2～0.4

表8.4-20 初始应力状态影响修正系数K_3

基本岩体质量BQ		>550	550～450	450～350	350～250	<250
K_3	极高应力区	1.0	1.0	1.0～1.5	1.0～1.5	1.0
	高应力区	0.5	0.5	0.5	0.5～1.0	0.5～1.0

无表中所列情况时，修正系数取0。

[BQ]出现负值时，应按特殊问题处理。

根据修正后的岩体质量[BQ]值，仍按表8.4-15，确定地下工程的工程岩体级别。

对大型或特殊的地下工程，除应按本标准确定基本质量级别外，在详细定级时，尚可采用有关标准的方法，进行对比分析，综合确定岩体级别。

（c）边坡工程岩体级别的确定

边坡工程岩体详细定级时，应按不同坡高考虑地下水、地表水、初始应力场、结构面间的组合以及结构面的产状与边坡面间的关系等因素对边坡岩体级别的影响进行修正。修正关系为

$$\left.\begin{array}{l} [BQ] = BQ - 100(K_4 + \lambda K_5) \\ K_5 = F_1 \times F_2 \times F_3 \end{array}\right\} \qquad (8.4\text{-}6)$$

式中，K_4——边坡工程地下水影响修正系数，表8.4-21；

λ——边坡工程主要结构面类型与延伸性修正系数，表8.4-22；

K_5——边坡工程主要结构面产状影响修正系数；

F_1——反映主要结构面倾向与边坡工程间关系影响的系数，表8.4-23；

F_2——反映主要结构面倾角影响的系数，表8.4-23；

F_3——反映边坡倾角与主要结构面倾角关系影响的系数，表8.4-23。

表8.4-21 边坡工程地下水影响修正系数

边坡地下水发育程度	不同基本质量BQ条件下的修正系数K_4				
	$BQ>550$	$BQ=550～450$	$BQ=450～350$	$BQ=350～250$	$BQ<250$
潮湿或点滴状出水，$p_w<0.2H$	0.0	0.0	0～0.1	0.2～0.3	0.4～0.6
线流状出水，$0.2H<p_w<0.5H$	0.0～0.1	0.1～0.2	0.2～0.3	0.4～0.5	0.7～0.9
涌流状出水，$p_w>0.5H$	0.1～0.2	0.2～0.3	0.4～0.6	0.7～0.9	1.0

注：p_w——边坡内潜水或承压水头，m；H——边坡高度，m。

表8.4-22 边坡工程主要结构面类型与延伸性修正系数

结构面类型与延伸性	断层、夹泥层	层面、贯通性较好的节理和裂隙	断续节理和裂隙
λ	1.0	0.9～0.8	0.7～0.6

表8.4-23　边坡工程地下水影响修正系数

序号	条件与修正系数	影响程度划分				
		轻微	较小	中等	显著	很显著
1	结构面倾向与边坡坡面倾向间的夹角(°)	>30	30～20	20～10	10～5	≤5
	F_1	0.15	0.40	0.70	0.85	1.00
2	结构面倾角(°)	<20	20～30	30～35	35～45	≥45
	F_2	0.15	0.40	0.70	0.85	1.00
3	结构面倾角与边坡坡面倾角之差(°)	>10	10～0	0	0～-10	≤-10
	F_3	0	0.2	0.8	2.0	2.5

注:表中负值表示结构面倾角小于坡面倾角,在坡面出露。

8.4.4　各分级方案的比较

在上述岩体质量分级的各种分级的各方案中,Q系统和RMR系统考虑的因素较多,比较接近实际岩体,作为岩体质量分级方案较为适宜,而且Q方案和RMR方案虽然都是从地下硐室围岩中提出的岩体质量分级方法,但同样适用于边坡和地基,这正是二者在国际上最具有影响并普遍应用的主要原因。

Q系统的最大优点是将地下硐室围岩分级与具体开挖支护类型紧密地结合起来,而RMR评分方案,6项因素定性描述较多,易于确定指标数值。两种分类方法考虑的因素较为相近,故二者之间存在一定的关系,多数学者研究后认为有如下关系

$$RMR = A \ln Q + B \tag{8.4-7}$$

式中,A、B——系数,表8.4-24。

表8.4-24　不同研究者给出的RMR和Q的关系

A	B	备注	提出者及时间	A	B	备注	提出者及时间
9.0	44		Z.Beniawski,1976	9.1	45	±6	Trunk & Hömisch, 1990
5.9	43		Rutledge & Preston, 1978	6.5	48.6	Q值不考虑SRF	C.G. Rawling et al, 1995
5.4	55		Moreno, 1980	6.1	53.4	Q值考虑SRF	
4.6	56	±19 (钻孔)	Cameron-Clarke & Budavari, 1981	10.3	49.3	Q≤1	Q值不考虑 SRF
5.0	61	±27 (现场)		6.2	49.2	Q>1	C.G. Rawling et al, 1995
10.5	42		Abad et al, 1984	6.6	53.0	Q≤1	Q值考虑 SRF
8.7	38	±8	Kaiser et al, 1986	5.7	54.1	Q>1	

在勘察初期，进行地下硐室围岩评价时，一般缺乏地应力资料，难以确定 Q 系统中的 *SRF* 值。但可以先用 RMR 系统给出 *RMR* 评分值，然后利用式(8.4-6)求出 *Q* 值，即可初步确定地下硐室的围岩质量分级及开挖支护类型。同时还可进一步利用式(8.34-6)计算坚硬岩体的 *SRF* 参数，作为硐室围岩地应力的参考。

BQ 系统（即国标 GB 50218）采用定性与定量相结合的原则，分两步进行，先确定岩体基本质量，再结合具体工程特点确定工程岩体的级别。它属于国家标准第二层次的通用标准，适用于各行各业、各部门的各类岩体工程，是强制性的国家标准，旨在为各类岩体工程建设的勘察、设计、施工和编制定额提供必要的依据，建立全国统一的评价工程岩体稳定性的分级方法。但考虑到岩体工程建设和使用的行业特点，各部可根据自己的经验和实际需要，在该标准基础上制定各行业的工程岩体分级标准。

8.5 岩体质量评价的实践意义

8.5.1 工程地质定量化的突破口

针对不同工程特点和要求，往往对工程岩体进行多种多样的分类。其中，岩体质量分级本身也是一种重要的工程分类，不仅如此，它也是岩体其它工程地质分类的主要和直接依据。

岩体地质因素及其力学效应、岩体作用规律及其力学性质的定量化是工程地质定量化研究的手段。岩体质量分级，不论它本身是定性的还是定量的，抑或是定性与定量相结合，以定量的结果作为岩体质量级别的标准，以此定量反映影响岩体质量的各项因素及诸因素影响下岩体的优劣程度，即定量说明岩体质量好到何种程度和对工程的适宜程度如何，而非单纯说岩体好或不好。所以，岩体分级是工程地质定量化的基本突破口。

直接服务于工程建设是工程岩体质量分级的主要目的。在工程建设的规划、勘察、设计和施工等各个阶段，对岩体质量和稳定性做出正确评价具有十分重要意义。质量高、稳定性好的岩体不需要或只需要很少的加固、支护措施，并且施工简便；质量差、稳定性不好的岩体需要复杂而昂贵的加固、支护等处理措施，常常在施工中带来预想不到的复杂情况。正确而及时地对工程建设涉及的岩体稳定性做出评价是经济合理地进行岩体开挖和加固支护设计、快速安全施工以及建筑物安全运行不可少的条件。

针对不同类型岩体工程的特点，根据影响岩体稳定性的各种地质条件和岩体物理力学性质，将工程岩体分成稳定程度不同的若干级别，作为评价岩体稳定的依据，是岩体稳定性评价的一种简易快速的方法。这是由于岩体分级方法是建立在以往工程实践经验和大量岩体力学试验基础上的，只需进行少量简易的地质勘查和试验就能据以确定岩体级别，做出岩体稳定性评价，给出相应的物理力学参数，为加固措施提供参考数据，从而可在大量减少勘察和试验工作量、缩短前期工作时间的情况下，获得这些岩体工程建设的勘察、设计和施工不可少的基本依据，并可在进一步总结实际运用经验基础上，为制定各种岩体工程乃至同一工程中具不同岩体质量的地段的施工定额提供依据。

8.5.2 估计岩体力学参数

岩体质量分级评价中，综合考虑了影响岩体的多个因素，这些因素也正是影响岩体物理力学性质的因素。因此，利用岩体质量分级结果，可以估计岩体的基本物理力学参数。例如，根据RMR分级结果，可初步估计各级岩体对应的抗剪强度参数（表8.5-1）。利用GB 50218分级的BQ或$[BQ]$值，基于相应质量级别，可确定各级岩体的物理力学指标（表8.5-2）及结构面强度参数（表8.5-3）。

表8.5-1　岩体质量RMR分级与岩体抗剪强度参数

级别		I	II	III	IV	V
RMR		100～81	80～61	60～41	40～21	<20
质量描述		很好	好	较好	坏	很坏
岩体强度参数	c (MPa)	>0.4	0.3～0.4	0.2～0.3	0.1～0.2	<0.1
	φ (°)	>45	35～45	25～35	15～25	<15

表8.5-2　岩体基本质量BQ分级与岩体力学参数

基本质量级别	岩体基本质量的定性特征		BQ或$[BQ]$	岩体物理力学参数				
	岩石（岩性）	岩体完整性		γ（kN/m³）	φ（°）	c（MPa）	E（GPa）	μ
I	坚硬	完整	>550	>27	>60	>2.1	>33	<0.2
II	坚硬	较完整	550～450	>27	60～50	2.1～1.5	33～20	0.2～0.25
	较坚硬	完整						
III	坚硬	较破碎	450～350	27～25	50～39	1.5～0.6	20～5	0.25～0.30
	较坚硬或软硬岩互层	较完整						
	较软岩	完整						
IV	坚硬	破碎	350～250	25～23	39～27	0.6～0.2	5.0～1.3	0.3～0.35
	较坚硬	破碎～破碎						
	较软岩或软硬岩互层、软岩为主	较完整～较破碎						
	软岩	完整～较破碎						
V	较软岩	破碎	<250	<23	<27	<0.2	<1.3	>0.35
	软岩	较破碎～破碎						
	全部极软岩	—						
	—	全部极破碎岩						

表8.5-3　岩体结构面抗剪断峰值强度

序号	两侧岩体的坚硬程度	结构面的结合程度	φ (°)	c (MPa)
1	坚硬岩	结合好	>37	>0.15
2	坚硬～较坚硬岩	结合一般	37～29	0.15～0.10
	较软岩	结合好		
3	坚硬～较坚硬岩	结合差	29～19	0.10～0.06
	较软岩～软岩	结合一般		
4	较坚硬～较软岩	结合差～结合很差	19～13	0.06～0.03
	软岩	结合差		
	质岩的泥带	—		
5	较坚硬岩及全部软质岩	结合很差	<13	<0.03
	软质岩泥化层本身	—		

　　许多学者建立了一些岩体质量与力学参数的经验关系，如式(7.2-16)～式(7.2-18)。

8.5.3　指导岩体工程的设计与施工

8.5.3.1　估计硐室的自稳能力

　　根据岩体质量的级别，可以确定岩质地下工程的自稳能力，包括最大跨度硐室的在无支护条件下的自稳能力，如图8.5-1、表8.5-4、表8.5-5。

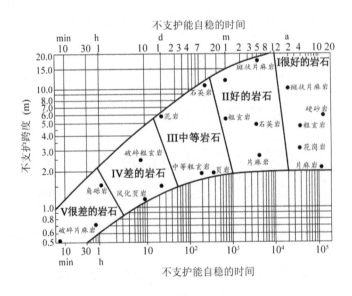

图8.5-1　RMR预估硐室不支护时间

表8.5-4　岩体质量RMR分级与地下工程自稳能力

级别		I	II	III	IV	V
RMR		100～81	80～61	60～41	40～21	<20
质量描述		很好	好	较好	坏	很坏
自稳能力	最大跨度 (m)	15	10	5	2.5	1.0
	自稳时间	20 a	1 a	7 d	10 h	30 min

表8.5-5　地下工程岩体质量BQ与围岩自稳能力

岩体质量级别	[BQ]	洞径（m）	自稳能力
I	>550	≤20	可长期稳定,偶有掉块,无塌方
II	550～450	10～20	可基本稳定,局部可发生掉块或小塌方
		<10m	可长期稳定,偶有掉块
III	450～350	10～20	可稳定数日至1个月,可发生小、中塌方
		5～10	可稳定数月,可发生局部块体位移及小～中塌方
		<5	可基本稳定
IV	350～250	>5	一般无自稳能力,数日至数月内可发生松动变形、小塌方,进而发展为中～大塌方,埋深小时,以拱部松动破坏为主,埋深大时,有明显塑性流动变形和挤压破坏
		≤5	可稳定数日至1个月
V	<250	/	无自稳能力

注:此表只适用于跨度≤20 m的地下洞室;

若对已确定级别的岩体,实际自稳能力低于该相应级别的自稳能力时,应对岩体级别作调整。

小塌方:塌方高度<3 m,或塌方体积<30 m³;

中塌方:塌方高度3～6 m,或塌方体积3～100 m³;

大塌方:塌方高度>6 m,或塌方体积>100 m³。

313

8.5.3.2　确定支护类型及标准

（1）RMR系统建议的开挖与支护方式

在对RMR系统岩体质量评分分级的基础上,可根据其分级确定硐室的开挖方式及支护形式（表8.5-6）。

（2）Q系统确定的支护类型

Q系统按下地下工程的重要性,区分出不同的支护比ESR。然后根据硐室的跨度D,按下式换算出硐室的等效尺寸D_e,即

$$D_e = \frac{D}{ESR} \tag{8.5-1}$$

式中,D_e、D——开挖的当量洞径与实际尺寸（跨度、直径或高度）,m;

ESR——支护比,见表8.5-7。

表 8.5-6　在 RMR 各级岩体采用的硐室开挖及支护方式

岩体级别	开挖方式	支护方式		
		岩石锚杆（直径 20 mm，灌浆）	喷混凝土	钢架
Ⅰ	全断面开挖，炮进尺 3 m	一般不需要支护，个别设置锚杆	不需要	不需要
Ⅱ	全断面开挖，炮进尺 1.0～1.5 m；掌子面 20 m 以外全面支护	顶部设局部锚杆，长 3 m，间距 2.5 m。有时加设钢筋网	必要时，顶部喷 50 mm	不需要
Ⅲ	先挖顶部导洞，再扩挖；导洞每进尺 1.5～3.0 m；各次爆破后做初次护；掌子面 10 m 外全面支护	顶部和边墙全面设锚杆，长 4 m，间距 1.5～2.0 m，顶部加设钢筋网	顶部 50～100 mm，边墙 30 mm	不需要
Ⅳ	先挖顶部导洞，再扩挖；导洞进尺 1.0～1.5 m；掌子面 10 m 外立即支护	顶部和边墙设锚杆，长 4.0～5.0 m，间距 1.0～1.5 m。同时加设钢筋网	顶部 100～150 mm，边墙 100 mm	必要时设轻型钢拱肋，间距 1.5 m
Ⅴ	分部开挖，顶部导洞进尺 0.5～1.5 m，开挖后随即支护，放炮后尽快喷混凝土	顶部和边墙设锚杆，长 5～6 m，间距 1.0～1.5 m，加设钢筋网，底部设锚杆	顶部 150～200 mm，边墙 150 mm，工作面 50 mm	必要时设带横隔板的中型～重型钢拱肋，间距 0.75 m，并设前部支撑，底部也支撑

314

表 8.5-7　不同工程类型的 ESR 取值

工程类型	矿山开采	矿山巷道、输水隧洞	贮库、水力发电厂	地下电站洞室	地下核电站、交通隧道
ESR	3～5	1.6	1.3	1.0	0.8

根据等效尺寸 D_e 和 Q 值，从图 8.5-2 中查出支护类型的编号，确定支护类型及标准。

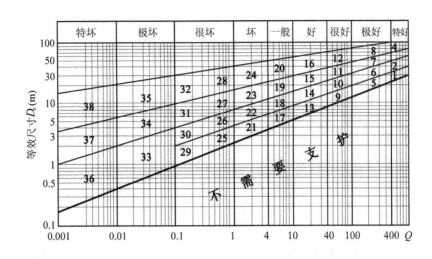

图 8.5-2　等效尺寸 D_e、岩体质量 Q 与地下硐室支护类型

由图8.5-2可知，地下硐室不需支护的最大安全跨度D_e的线性边界为

$$D_e = 2.1Q^{0.4}$$ (8.5-2)

8.5.3.3　估计支护压力

利用Q系统分级方法确定的岩体质量Q，可以估测硐室的支护压力。

（1）顶板支护压力

顶板支护压力P_1，按下式估算

$$P_1 = \frac{2J_a}{3J_r Q^{1/3}}$$ (8.5-3)

（2）边墙支护压力

边墙支护压力P_2，也按上式估算。但由于一般$P_2 < P_1$，当利用上式计算P_2时，N. Barton对代入公式的Q值进行调整和修正，见表8.5-8。

表8.5-8　估算边墙支护压力的Q值修正表

$Q\ (=Q_{顶板})$	>10	10~0.1	≤0.1
$Q\ (=Q_{边墙})$	5Q	2.5Q	Q

9　岩体稳定性分析原理与方法

本章知识点

(重点▲,难点★)

岩体力学计算的一般程序▲

工程的稳定性与安全性▲

岩体地质力学模型的概化与岩体力学介质类型▲

连续介质岩体的力学计算原理▲★

板裂介质(层状)岩体的力学计算原理▲

块裂介质岩体的力学计算原理▲

9.1　概述

9.1.1　岩体工程稳定性分析

9.1.1.1　工程岩体稳定性的概念

（1）岩体的变形与破坏

材料受力后，其应力（或应变）增长到一定程度，就发生破坏。与其它固体材料一样，岩石和岩体受力后，产生相应的变形，当应力水平超过其强度极限时，便开始破坏。岩体（包括岩石和结构面）受力后的性状不仅与岩性有关，而且与应力特征、试验条件和环境因素有关，力学性质远比人造材料复杂。由于岩石本身性质的差异和其它因素的影响，其破坏方式分为脆性破坏和延性破坏两种。在围压较小、温度较低、岩性坚硬的情况下，多呈脆性破坏；而在围压较高、温度较高、岩性软弱的情况下，多呈延性破坏。对于大多数岩石，一般情况下延性度不超过5%，经常小于3%，所以岩石通常被认为是脆性材料。由于受岩性、岩体结构和赋存环境的综合影响和作用，岩体的力学性质以及对力场的响应更为复杂，变形破坏的宏观表现形式多样。

由前已知，无论何种岩石和岩体、受力特点如何以及最终破坏型式如何，其破坏机制只有张裂和剪裂两种之一。前者包括拉伸和弯矩作用下的破坏；后者包括剪切和扭转作用下的破坏。在压应力作用下，压应力在岩石内部诱发拉应力或剪应力，实际导致产生破坏面的正是这些诱发应力，并最终表现为拉裂或剪裂。至于延性破坏，它主要是岩石颗粒间产生微小剪切滑移所致，故其破坏机制属于剪裂。

（2）岩体（工程岩体）的稳定性

工程岩体稳定性是指工程岩体在工程服务期间不发生破坏或者有碍使用的大变形。工程岩体稳定性评价就是运用岩体力学的基本原理，评价与各类工程有关的岩体稳定性，使岩体力学直接为工程建筑服务。工程岩体稳定性分析是整个岩体力学工作程序中重要部分和环节，也是工程岩体力学的主要目的之一。

工程岩体稳定性包括工程施工之前的天然岩体稳定性和施工中乃至竣工后运营期间的工程岩体稳定性。前者不涉及具体工程，通过计算和分析，评价工程作用前的岩体在天然应力场状态及其它自然作用下的稳定状态；后者必须依赖具体岩体工程的布局和设计，在天然岩体稳定性分析和评价的基础上，根据一定的处理方式将工程作用以工程作用力形式叠加于原有天然应力场之上，从而评价工程岩体对工程作用的响应，如工程作用对岩体的影响（尤其岩体结构和赋存环境的变化特征和趋势）和工程岩体的稳定性。

9.1.1.2 工程岩体稳定性评价的标准

（1）稳定性评价的控制标准

如前所述，工程岩体稳定性是指在工程服务期间岩体不发生破坏或有碍使用的大变形。因此，稳定性的评判标准有变形控制标准和强度控制标准。

（a）变形控制标准

变形控制标准认为，岩体在外力作用下发生的变形超过允许变形时，岩体即被视为失稳[①]。其稳定性系数可用变形量或者应变来定义，即

$$K = \frac{[u]}{u} \tag{9.1-1}$$

$$K = \frac{[\varepsilon]}{\varepsilon} \tag{9.1-2}$$

式中，K——稳定性系数；

$[u]$、$[\varepsilon]$——工程允许的岩体最大变形量和最大应变；

u、ε——荷载作用下岩体实际产生的变形量和实际应变（应变状态）。

（b）强度控制标准

强度控制标准认为，受力岩体内部应力状态达到或超过岩体允许应力（即岩体强度）时，岩体即被破坏。其稳定性系数可用外力或者内部应力状态来定义，即

$$K = \frac{[F]}{F} \tag{9.1-3}$$

$$K = \frac{[\sigma]}{\sigma} \tag{9.1-4}$$

---

① 允许变形是根据岩体工程的特点及使用要求，人为规定的允许岩体发生的最大变形。

式中，$[F]$、$[\sigma]$——工程允许的最大外荷载和岩体内部最大应力（即强度）；

F、σ——实际外荷载及其作用下岩体内部的实际应力（应力状态）。

根据计算的岩体稳定性系数，评价岩体的稳定状态。若 $K>1$，工程岩体处于稳定状态；$K=1$ 时，处于极限平衡状态；$K<1$ 时，工程岩体处于不稳定状态，将发生相应的破坏。对于 $K\leq1$ 的情况，需重新做出工程设计，或者需制订相应工程处理对策，并重新计算，直到保证稳定性系数大于1（实际上应大于安全系数）。

（2）稳定性评价两种控制标准的选择

从严格意义上，式(9.1-1)、式(9.1-2)比式(9.1-3)、式(9.1-4)更科学地定义了稳定性系数。因为工程岩体稳定的基本特征是岩体的变形特征，岩体破坏是变形发展的特殊阶段。一方面，用变形标准评价工程岩体稳定性时，$K<1$ 时，岩体或岩石并不一定达到其极限状态，岩体可能仍有相当程度的承载力；另一方面，许多情况下，由式(9.1-3)和式(9.1-4)计算的 $K>1$ 时，岩体理应处于稳定状态，但在长期工程荷载作用下，由于较大的变形或不均匀变形超过最大允许变形，导致工程岩体和岩体工程的破坏，显然此时的破坏是因变形过大而非应力过大所致。

（3）工程岩体稳定性计算的实质与关键

由式(9.1-1)～式(9.1-4)不难看出，岩体稳定性本质上就是岩体自身抗破坏能力（或抗变形能力）与工程作用力（或实际发生的变形）这一对矛盾的对立与统一，即岩体（工程岩体）稳定性评价就是岩体的抗破坏能力（或抗变形能力）与受力条件下的应力状态（或应变状态）的比较，工程岩体稳定性评价的实质是岩体破坏判据的正确选择与应用。因此，要开展岩体稳定性分析，必须清楚两个方面。一是岩体受力特征（外荷载大小及特点）、受力后发生的变形以及内部的应力状态和应变状态；二是岩体自身的抗破坏能力和抗变形能力。

岩体破坏判据（强度理论）的正确选择依赖于对岩体基本特征及其力学性质和力学响应的充分掌握，尤其是应特别清楚岩体的变形破坏机理，针对具体的变形破坏机理，选择相应的破坏判据。例如，具有弹性性质的坚硬岩体发生拉张变形破坏时，应采用最大正应变理论（变形控制标准）或最大正应力理论（强度控制标准）；而对于弹塑性岩体，对应于剪切变形破坏机制，应选用 Mohr-Coulomb 准则、Hoek-Brown 准则，也可选用 Druck-Prager 准则等，而且当其沿某方面结构面剪切滑动破坏时，还可选用 Jaeger 准则。因此，基于岩体变形破坏机制合理选择破坏判据是岩体稳定性评价的关键之一。

外荷载的大小及作用方式由工程特点及规模等方式决定，往往是已知的；外力作用下岩体发生的变形（位移）以及内部的应力状态和应变状态，可通过现场监测获得，也可通过相关理论计算获得。由于岩体的复杂性，受力条件下内部应力状态和应变状态十分复杂，这给准确地计算带来了很大难度。因此，准确计算受力岩体内部的应力状态和应变状态是岩体稳定性评价的又一关键。

9.1.1.3 稳定系数与安全系数

（1）稳定性系数与安全系数的区别与联系

利用极限平衡分析方法设计工程时，设计的标准是安全系数，因此，正确理解稳定系数和安全系数的概念和意义极为重要[①]。

稳定性系数（Factor of satability）是强度与实际应力的比值。以块体滑动为例，它是滑动面上可利用的抗剪力与实际剪切力的比值，常用 K 表示，稳定性系数说明了岩体对于给定滑动面和剪切破坏的相对稳定程度。

安全系数（Factor of safety）是根据各种影响因素的作用而人为规定的稳定性系数，常用 n 表示。对于具体工程，计算的稳定性系数必须大于规定的安全系数，即 $K \geqslant n$，才能保证设计的岩体工程是安全的。

安全系数大小规定得合理与否，直接关系到岩体工程的安全与经济。安全系数必须大于 1.0 才能保证工程的安全，但究竟比 1.0 大多少，不能作简单的规定，必须在详细研究下列各因素的基础上，确定合理数值。

（1）地区岩体工程地质研究的详细程度如何，极限平衡计算确定的最危险滑动面是否为岩体中真正最危险的滑动面；

（2）各种计算参数的选择，特别是可能滑动面剪切强度参数确定中可能产生的误差，如岩石强度参数和结构面强度参数以及岩体孔隙水压力永远不可能获得单值，而是在某个区间变化，但在稳定性分析时又必须采用单值，这个选用的单值的代表性如何，是分析结果真实程度的关键；

（3）有否考虑岩体内部局部应力集中，因为应力集中使岩体承受的应力超过了采用的抗力，从而出现过大的变形，引起累进性破坏，使岩体失稳；

（4）有否考虑岩体实际承受的和可能承受的全部作用力，如岩体自重、建筑物作用力、水压力和地震力等；

（5）所选计算方法的完善程度及其可能带来的计算误差；

（6）工程的设计使用年限、重要性以及破坏后可能造成损失的大小。

一般地，当地区岩体的工程地质条件研究得比较详细，确定的最危险滑动面比较切合实际、计算参数确定得较为合适、计算中考虑了所有可能的主要作用力以及工程重要程度不大时，安全系数可以规定得小一些；否则，应规定得大些，以补偿各种变化因素带来的误差和偶然性。

9.1.2 工程岩体稳定性的评价方法

工程岩体稳定性分析即是在岩体工程地质研究的基础上，根据对岩体工程地质信息的分析和加工，获得岩体地质原型或地质模型，进而参考工程布局和设计，确定合适的岩体力学介质，建立相应的力学模型，选用相应的方法开展稳定性分析。

---

① 在有些文献中，常将稳定性系数和安全系数混淆。甚至一些商用计算软件也将稳定性系数称为安全系数。

岩体自身特性的复杂性使得不同岩体具有不同的岩体结构类型和岩体力学介质类型，工程岩体在不同工程荷载作用下的受力条件不同，不同工程对岩体条件的要求不同，从而使得工程岩体稳定性评价并无统一的方法，而是多种方法并存。工程岩体在各种荷载作用下的稳定性分析可采用工程地质分析法、解析法、数值法和模型试验等方法。

9.1.2.1　工程地质分析方法

工程岩体稳定性的地质分析方法是在对岩体特征（成分、岩体结构和赋存环境及由此决定的地质特征和力学性质等）研究的基础上，采用工程地质分析方法来评价岩体的稳定性。常用的方法有地质历史成因分析法和工程地质类比法。

（1）地质历史成因分析法

地质历史成因法是以地质力学为理论基础、以岩体结构分析法为主要手段的岩体稳定性分析方法。地质历史成因分析法通过对岩体的工程地质研究，查明岩体的诸方面特征，基于岩性、岩体结构和赋存环境的具体组合，分析岩体变形破坏的条件与影响因素，阐明岩体的演化机理和演化模式，探讨岩体演化历史，确定当前岩体所处演化阶段，据此评价其与前稳定性并预测未来发展演化趋势。

（2）工程地质类比法

工程地质类比法是在对岩体特征的工程地质研究基础上，利用相似性原理和因果关系，通过对岩体特征的相似性比较，用条件相似的已知工程岩体的稳定性来类比拟评价岩体的稳定性。显然，该方法的关键是岩体工程地质条件的相似程度。

工程地质分析方法是岩体稳定性分析的基本方法，是岩体稳定性分析的基础，为其它任何方法的分析结果的评判和解释提供依据。

9.1.2.2　解析法

工程力学问题一般都先分解为简单的组成部分，由易于求解的方程组表示，然后求解这些方程组。其中可产生封闭解或准封闭解的方法，常称为解析法。为了便于求解，解析法要求问题的表达式在保持物性模型相似的条件下比数值计算法更为简化。R·E·Gibson认为："先定简化方法应受预期设想的指导，并考虑各种简化对预见的情况可能产生的结果。首先使模型充分简化，然后逐一研究被忽略的因素的影响，可能是好的方法，有时甚至是唯一可行的途径。……解析法注意的是主要趋势，有助于区分主要因素和次要因素，它既不是对工程直觉的可有可无的补充，也不只是使结果定量化的过程。它能够自我解释，有时以特殊的方式实现分析。"

实际工程岩体力学问题中很难得出与几何形状、已知边界条件和本构定律完全符合的解析解。然而，得到与实际课题接近的问题的解析解并由此对所关心的问题做有价值的深入探讨也是可能的，如几何形状简单的硐室围岩应力及变形分布；各向同性材料地基中弹性应力和位移分布；边坡或地下巷道边界上单个块体稳定性的极限平衡分析；在 $\varphi = 0$ 及更为重要的 $c-\varphi$ 材料中的地基、边坡和地下硐室等的倒坍破坏荷载上限和下限的确定等，均可通过解析法来实现。

9.1.2.3 数值计算法

在实际工程岩体力学问题中，特别是当前工程规模越来越大，场地条件越来越复杂，求解问题的边界条件常不能表现为简单数学函数，起控制作用的偏微分方程呈非线性，问题域材料的非均质性和非连续性以及岩体本构关系的非线性，对这些问题进行分析评价时，采用解析法求解偏微分方程获得解析解几乎是不可能的，因而数值分析方法得到广泛应用。当前岩体力学数值计算方法使用最多的各类微分型方法，如 FEM（有限单元法）、FDM（有限差分法）和 DEM（离散单元法）等。

（1）有限单元法

有限单元法将问题域分割成有限大小的单元，这些单元仅在有限个节点上相连接。根据变分原理，把微分方程变换为变分方程（物理上的近似），把微分方程问题变换成求解关于节点未知量的代数方程组问题，从而对连续介质的位移场和应力场的连续性提供物理近似。对于单元的节点，可精确地建立和求解控制方程，故它能给出微分方程近似表达式的精确解。FEM 更适合于求解非线性材料性态问题（包括塑性性态和非均匀性等），是目前最成熟和应用最广泛的数值计算方法，商业软件有 Ansys、Abaqus、Adina 等。FEM 主要适用于连续介质，但大多数 FEM 软件中都引入节理单元或界面单元，用来模拟结构面的非线性刚度和剪切强度特性，扩大了在岩体力学计算中使用范围。

（2）有限差分法

有限差分法将问题域分割成网格，用差分近似代替微分，把微分方程变换成差分方程（数学上的近似），把求解微分方程的问题变换为求解关于节点未知量的代数方程组的问题，从而可在问题域内一系列节点上得到控制方程的近似数值解（对严格问题提供了一个近似解）。有限差分法特别适合于求解瞬态问题、动力问题等，很少用于求解稳态问题或静力问题。FLAC/FLAC^{3D} 是目前在岩体力学计算领域最具代表的 FDM 数值计算软件。

（3）离散单元法

对于包含有限个相互联系的离散岩块，且块体尺度与问题域尺度相比已不能将其视为等效连续介质进行分析的工程岩体力学问题，虽然有些可通过静力法（如有限元）获得部分解，但这些方法需对块体的几何形状、可变形性和不连续性作一些限制性假定，而且不能定量确定块体位移的大小。要对这些问题做出较完整的解答，需建立特殊的计算方法。1971 年，P. A. Cundall 提出了离散单元法，用于模拟岩石边坡的渐进性破坏。DEM 假定块体单元通过角和边相接触，允许单元间相互脱离并产生较大的非弹性变形，块体的力学行为由物理方程和运动方程控制。离散单元法更适用于断裂控制的岩体稳定问题，包括块裂介质、碎裂介质（甚至颗粒流）等岩体稳定性计算。目前常用 DEM 软件有 UDEC/3DEC、EDEM、CDEM、DDA、NMM、PFC/PFC^{3D} 等。

9.2 岩体的力学介质与力学模型

9.2.1 岩体力学介质

一般材料均视为连续介质，按其变形又包括弹性介质、塑性介质、黏性介质及其复合类型。由于成分、结构和赋存环境等自身特征的复杂性和特殊性，岩体远较一般连续介质复杂，这也正是岩体力学有别于其它连续介质力学以及不同岩体力学问题不可能用同一种理论或方法来解决的原因。

9.2.1.1 岩体力学介质的基本类型

受外力作用时的岩体称为岩体力学介质。岩体力学介质划分的基本依据是应力传播规律及变形破坏机制。岩体的应力传播、变形及破坏主要取决于受力条件（作用力方向、大小、时间、历程、组合方式等）、岩体自身特征（岩石材料的性质、结构面性质、岩体结构特征等）以及赋存环境的共同影响与控制。岩体结构和应力状况是岩体力学介质类型划分的直接和重要的指标，同时应考虑岩性因素（尤其是软弱岩石）。根据这些依据和指标，将岩体归纳为4种基本力学介质类型，即连续介质、块裂介质、碎裂介质和板裂介质，各类岩体力学介质的基本特征见表9.2-1。

表9.2-1　岩体力学介质的基本类型

介质类型	连续介质	碎裂介质	板裂介质	块裂介质
岩体特性	岩体中无贯通结构面,岩体未被切割成单独的结构体;岩性极软弱,岩体强度与结构面强度相差不大;高围压下,岩体结构力学效应消失的碎裂结构岩体;经人工改造,结构面闭合的岩体;结构面数量极多,已不对岩体特性起控制作用的岩体。	等厚层状碎裂结构,不等厚层状碎裂结构,块状碎裂结构及碎屑散体结构岩体。	骨架层长厚比大于15~18的板裂结构岩体;各种情况下,一组结构面极发育,其它结构面不发育或已闭合的岩体;人工开挖或劈裂成板状结构的岩体	发育一组贯通性结构面(尤其是软弱结构面)岩体沿其作整体滑动的块裂结构岩体。
应力传播机制	连续传播	结构体压缩、结构面摩擦	结构体传播、结构面摩擦	结构体和软弱结构面
变形机制	结构体压缩、剪切	结构体压缩、剪切,结构面滑动	结构体横向弯曲,纵向缩短	沿结构面滑移
破坏机制	结构体拉张、剪切	结构面滑动;结构体滚动、拉张、剪切	弯折、溃曲、倾倒等	沿结构面滑移
力学性质控制因素	材料、赋存环境	材料、岩体结构力学效应、赋存环境	结构面与结构体的刚度	软弱结构面

介质类型	连续介质	碎裂介质	板裂介质	块裂介质
力学性质指标	E、G、μ、黏滞系数 η、松弛时间;σ_c、R_c、σ_t、c、φ、σ_{1P}、τ_∞、σ_∞、疲劳强度、屈服强度等	E、E_0、μ、c_b、φ_b、c_j、φ_j、σ_{1p}	E、K_n、σ_t	结构面的变形模量、c_j、φ_j,两壁岩石的 c_b、φ_b
力学性质研究方法	典型地质单元的三轴力学试验,其它各种室内和现场试验。	三轴试验、尺寸效应、围压效应	软弱结构面力学性质	软弱结构面的力学性质。爬坡效应
岩体力学研究方法	连续介质力学:弹性力学、塑性力学、流变力学,材料力学。数值方法	数值方法	材料力学(梁、板、柱理论),结构力学。数值方法	赤平极对投影、实体比例投影,刚度极限平衡理论,块体理论。数值方法

9.2.1.2 岩体力学介质的相互转化性

如表9.2-2,岩体力学介质主要受控于岩体结构,岩体结构决定了岩体所属力学介质类型。一般情况下,层状结构岩体可属于板裂介质、而块状结构岩体属块裂介质。

表9.2-2 各类岩体结构在不同赋存状态下的岩体力学介质类型

岩体结构	完整结构	散体结构		碎裂结构	板裂结构		块裂结构	
		细碎屑	粗碎屑					
围压较低	A	A	B	B	C	C	CD	DC	D
围压较高	A	A	A	A	A	C	CD	DC	D
					A	A		A	

注:A-连续介质;B-碎裂介质;C-板裂介质;D-块裂介质。

不同结构岩体可能属于同种岩体力学介质,如在一定条件下,完整结构、散体结构和碎裂结构岩体均可成为连续介质;粗屑散体结构和碎裂结构在低围压下可形成碎裂介质等。

同类结构岩体乃至同种力学介质的岩体,随着环境应力的改变,也会发生力学介质类型的转化,由一种介质类型转化为另一种介质类型,即有条件的转化性。无论应力状态如何,完整结构岩体均为连续介质。松散结构和碎裂结构岩体则较为复杂,细碎屑松散结构岩体始终为连续介质(似连续介质);粗碎屑松散结构岩体在环境应力较高时(如 $\sigma_x > \sigma_c/2$),表现为连续介质,而当围压较低时(如 $\sigma_x < \sigma_c/2$),则为碎裂介质。具碎裂结构的岩体,其力学性质和力学作用既受结构面的控制,也受结构体控制,而且还明显地受环境应力状态的影响,在当地应力较高时,结构面效应消失,即结构面对应力传播、变形和破坏机理不起控制作用,从而成为连续介质;而当地应力较低时,则属前述之碎裂介质岩体,而且若其中某组结构面特别发育,则表现为似板裂介质岩体。无论何种结构的岩体,在高围压下,因结构面效应

减弱甚至消失，均可视为连续介质（或似连续介质）。

由此可见，由于地应力、岩性和岩体结构的控制，岩体力学介质类型之间可以有条件地相互转化，并表现在岩体内应力传播、变形及破坏机制的转化上。一般而言，随着地应力的增加，不同力学介质的岩体的结构效应随之减弱以至消失而趋于连续介质，且岩性越弱，这种转化越容易。因此，岩体力学研究应特别注意研究岩体内结构面的发育状况、岩性对力学性质的影响、岩体的均匀性和各向异性以及岩体内应力分布状况，据此确定岩体的力学介质类型，针对不同介质类型，采用不同力学方法和理论。

9.2.1.3 岩体力学介质的相对性

图3.2-1反映了岩体力学介质与结构面间距以及与工程问题域尺度之间的相对关系。对于某具体岩体，随着问题域尺度的不同，所应选择的力学介质不同。当问题域很小，仅涉及其中的岩块或结构体，此时可选用连续介质（如图中A）；在问题域内仅有单个贯穿结构面或少量不量连续结构面的影响，作为块裂介质加以处理（图中B）问题域内存在有限个离散但相互作用的块体，则应选择碎裂介质（图中C）；问题域涉及范围较大或者结构面数量非常多，则为似连续介质（图中D）。

综上所述，岩体力学介质划分是岩体力学模型确定的基础，也是整个岩体力学研究的基础，划分正确与否，直接决定着岩体力学工作的成效，直接影响着岩体力学分析计算的结果与实际情况的符合程度。事实证明，岩体力学分析计算与实际情况不符合的根本原因就在于对岩体力学介质类型认识不清，而采用了不符合实际的甚至是错误的理论和方法。所以，正确的岩体力学介质划分有助于针对不同介质的岩体采用相应的理论和方法，进而发展一整套岩体力学研究方法。

9.2.2 岩体的地质力学模型

岩体力学介质是从一般意义上来研究岩体力学作用规律，借以进行岩体力学研究。岩体是具体的，岩体力学计算和分析均通过岩体力学模型来进行，只有基于岩体力学介质确定岩体力学模型及相应本构关系后，才能进行岩体力学计算。

9.2.2.1 岩体的地质原型

岩体的地质模型是表征岩体建造和改造特征并标志一定结构特征的地质体。根据其岩石特征和岩体结构特征，可将岩体抽象为不同的地质模型，如表9.2-3所示。

基于岩体的工程地质信息或现场特性资料，将实际岩体概化成地质模型是建立岩体力学模型的基础，同类地质模型可进一步依其赋存条件和岩体工程概化出多种岩体力学模型。

表9.2-3　岩体地质模型的基本类型

地质模型	建造特征	改造特征	岩石学特征	岩体结构特征
水平层状岩体	沉积岩建造	极轻微构造运动	未变质的黏土岩、砂岩、砾岩、灰岩	层状完整结构、层状断续结构及碎裂结构,断层及层间错动不发育
缓倾层状岩体	沉积岩建造	中等程度构造运动	轻微变质的板岩、砂岩、砾岩、灰岩	层状碎裂结构、出现有块裂结构、断层稀疏、层间错动少量发育
陡倾层状岩体	沉积岩建造变质岩建造	强烈构造运动,岩层倾角约40°~60°	中~深变质的千粒岩、片岩、片麻岩、大理石	以碎裂结构、块裂结构、板裂结构为主,松散结构亦常见。断层及层间错动发育
陡立层状岩体	同上	强烈构造动,岩层倾角60°~90°	同上	同上
褶曲岩体	各种建造	褶皱轴部	各种岩石	同上
完整块状岩体	岩浆岩建造碳酸盐建造	轻微构造运动	新鲜岩浆岩及碳酸盐岩	原生节理发育,构造节理较小
碎裂块状岩体	同上	强烈构造运动	中~深变质岩	碎裂结构、块裂结构、似板裂结构。断裂及似层间错动发育
岩溶化块状岩体	海相碳酸盐建造	各种程度的构造作用	石灰石、白云岩	架空结构

9.2.2.2　岩体的力学模型

岩体力学模型是研究岩体力学性质和岩体力学作用规律的重要基础。

岩体力学模型是基于岩体地质模型和岩体力学介质并结合实际岩体工程而确定。岩体力学模型类型多样,而且同种岩体力学介质及相同地质模型,在考虑具体工程时,便出现不同的力学模型,如视情况连续介质岩体可抽象出弹性体、塑性体和弹塑性等力学模型;板裂介质岩体可抽象为梁(板、柱)模型和块体模型等。

工程岩体是具体的,稳定性计算分析必须依赖于岩体力学介质和岩体力学模型。岩体力学模型是对工程岩体的抽象,是工程岩体力学计算的草图或简化图,否则岩体稳定性计算将十分困难。

在此意义上,岩体稳定性分析应分两步进行。首先,进行地质分析,分析工程岩体的地质模型,判断岩体力学介质,确定岩体力学模型;其次,进行力学和数学分析,进行工程岩体内的应力、应变、变形和破坏等计算,定量评价岩体的稳定性。

9.3　连续介质岩体稳定性分析方法

连续介质分析方法就是基于连续介质力学的基本原理,构建力学模型及其基本微分方程,求解基本未知量(位移、应变、应力),分析工程岩体的应力场、应变场和位移场,进一步利用强度理论来评价岩体的稳定性。

9.3.1 连续介质岩体应力-应变分析

9.3.1.1 连续介质力学的基本方程

（1）平衡方程

平衡方程统一表达为

$$\sigma_{ij,j} + F_i = 0 \tag{9.3-1}$$

三维笛卡儿坐标系、柱坐标系、二维笛卡儿坐标系和极坐标系下的具体形式分别为

$$\left.\begin{aligned} \frac{\partial \sigma_x}{\partial x} + \frac{\partial \tau_{xy}}{\partial y} + \frac{\partial \tau_{xz}}{\partial z} + F_x = 0 \\ \frac{\partial \tau_{yx}}{\partial x} + \frac{\partial \sigma_y}{\partial y} + \frac{\partial \tau_{yz}}{\partial z} + F_y = 0 \\ \frac{\partial \tau_{zx}}{\partial x} + \frac{\partial \tau_{zy}}{\partial y} + \frac{\partial \sigma_z}{\partial z} + F_z = 0 \end{aligned}\right\} \tag{9.3-1a}$$

$$\left.\begin{aligned} \frac{\partial \sigma_r}{\partial r} + \frac{1}{r}\frac{\partial \tau_{\theta r}}{\partial \theta} + \frac{\partial \tau_{zr}}{\partial z} + \frac{\sigma_r - \sigma_\theta}{r} + F_r = 0 \\ \frac{\partial \tau_{r\theta}}{\partial r} + \frac{1}{r}\frac{\partial \sigma_\theta}{\partial \theta} + \frac{\partial \tau_{z\theta}}{\partial z} + \frac{2\tau_{r\theta}}{r} + F_\theta = 0 \\ \frac{\partial \tau_{rz}}{\partial r} + \frac{1}{r}\frac{\partial \tau_{\theta z}}{\partial \theta} + \frac{\partial \sigma_z}{\partial z} + \frac{\tau_{rz}}{r} + F_z = 0 \end{aligned}\right\} \tag{9.3-1b}$$

$$\left.\begin{aligned} \frac{\partial \sigma_x}{\partial x} + \frac{\partial \tau_{xy}}{\partial y} + F_x = 0 \\ \frac{\partial \tau_{yx}}{\partial x} + \frac{\partial \sigma_y}{\partial y} + F_y = 0 \end{aligned}\right\} \tag{9.3-1c}$$

$$\left.\begin{aligned} \frac{\partial \sigma_r}{\partial r} + \frac{1}{r}\frac{\partial \tau_{r\theta}}{\partial \theta} + \frac{\sigma_r - \sigma_\theta}{r} + F_r = 0 \\ \frac{\partial \tau_{r\theta}}{\partial r} + \frac{1}{r}\frac{\partial \sigma_\theta}{\partial \theta} + \frac{2\tau_{r\theta}}{r} + F_\theta = 0 \end{aligned}\right\} \tag{9.3-1d}$$

（2）几何方程

几何方程的统一表达式为

$$\varepsilon_{ij} = (u_{i,j} + u_{j,i})/2 \tag{9.3-2}$$

三维笛卡儿坐标系、柱坐标系、二维笛卡儿坐标系和极坐标系下的具体形式分别为

$$\left.\begin{aligned}
\varepsilon_x &= \frac{\partial u_x}{\partial x} \ ; &\quad \gamma_{xy} &= \frac{\partial u_y}{\partial x} + \frac{\partial u_x}{\partial y} \\
\varepsilon_y &= \frac{\partial u_y}{\partial y} \ ; &\quad \gamma_{yz} &= \frac{\partial u_z}{\partial y} + \frac{\partial u_y}{\partial z} \\
\varepsilon_z &= \frac{\partial u_z}{\partial z} \ ; &\quad \gamma_{zx} &= \frac{\partial u_x}{\partial z} + \frac{\partial u_z}{\partial x}
\end{aligned}\right\} \tag{9.3-2a}$$

$$\left.\begin{aligned}
\varepsilon_r &= \frac{\partial u_r}{\partial r} &\quad ; &\quad \gamma_{r\theta} &= \frac{1}{r}\frac{\partial u_r}{\partial \theta} + \frac{\partial u_\theta}{\partial r} - \frac{u_\theta}{r} \\
\varepsilon_\theta &= \frac{1}{r}\frac{\partial u_\theta}{\partial \theta} + \frac{u_r}{r} &\quad ; &\quad \gamma_{\theta z} &= \frac{\partial u_\theta}{\partial z} + \frac{1}{r}\frac{\partial u_z}{\partial \theta} \\
\varepsilon_z &= \frac{\partial u_z}{\partial z} &\quad ; &\quad \gamma_{zr} &= \frac{\partial u_r}{\partial z} + \frac{\partial u_z}{\partial r}
\end{aligned}\right\} \tag{9.3-2b}$$

$$\left.\begin{aligned}
\varepsilon_x &= \frac{\partial u_x}{\partial x} \\
\varepsilon_y &= \frac{\partial u_y}{\partial y} \\
\gamma_{xy} &= \frac{\partial u_y}{\partial x} + \frac{\partial u_x}{\partial y}
\end{aligned}\right\} \tag{9.3-2c}$$

$$\left.\begin{aligned}
\varepsilon_r &= \frac{\partial u_r}{\partial r} \\
\varepsilon_\theta &= \frac{1}{r}\frac{\partial u_\theta}{\partial \theta} + \frac{u_r}{r} \\
\gamma_{r\theta} &= \frac{\partial u_\theta}{\partial r} + \frac{1}{r}\frac{\partial u_r}{\partial \theta} - \frac{u_\theta}{r}
\end{aligned}\right\} \tag{9.3-2d}$$

（3）变形谐调方程（相容方程）

变形谐调方程是受力体变形连续性的基本保证[①]，其统一表达形式为

$$(\varepsilon_{ij,kl} + \varepsilon_{kl,ij}) - (\varepsilon_{lj,ki} + \varepsilon_{ki,lj}) = 0 \tag{9.3-3}$$

三维笛卡儿坐标系、柱坐标系、二维笛卡儿坐标系和极坐标系下的具体形式分别为

$$\left.\begin{aligned}
\frac{\partial^2 \varepsilon_y}{\partial x^2} + \frac{\partial^2 \varepsilon_x}{\partial y^2} - \frac{\partial \gamma_{xy}}{\partial x \partial y} &= 0 \\
\frac{\partial^2 \varepsilon_z}{\partial y^2} + \frac{\partial^2 \varepsilon_y}{\partial z^2} - \frac{\partial \gamma_{yz}}{\partial y \partial z} &= 0 \\
\frac{\partial^2 \varepsilon_x}{\partial z^2} + \frac{\partial^2 \varepsilon_z}{\partial x^2} - \frac{\partial \gamma_{zx}}{\partial z \partial x} &= 0
\end{aligned}\right\} \tag{9.3-3a}$$

---

① 变形谐调方程共6个方程，其中只有3个是独立的；对于连续介质力学计算中，变形谐调方程并非必需的基本方程，仅当采用应力解法时是必需的，而位移解法不需此方程。

$$\left.\begin{array}{l}\dfrac{\partial^2 \varepsilon_z}{\partial r^2} + \dfrac{\partial^2 \varepsilon_r}{\partial z^2} = \dfrac{\partial \gamma_{rz}}{\partial r \partial z} \\[3mm] \dfrac{\partial^2 \varepsilon_\theta}{\partial z^2} + \dfrac{1}{r^2}\dfrac{\partial^2 \varepsilon_z}{\partial \theta^2} + \dfrac{1}{r}\dfrac{\partial \varepsilon_r}{\partial r} = \dfrac{1}{r}\dfrac{\partial}{\partial z}\left(\dfrac{\partial \gamma_{\theta z}}{\partial \theta} + \gamma_{r\theta}\right) \\[3mm] \dfrac{1}{r}\dfrac{\partial^2 \varepsilon_r}{\partial \theta^2} + \dfrac{1}{r}\dfrac{\partial}{\partial r}\left(r^2 \dfrac{\partial \varepsilon_\theta}{\partial r}\right) - \dfrac{\partial \varepsilon_r}{\partial r} = \dfrac{1}{r}\dfrac{(r\gamma_{\theta r})}{r}\dfrac{}{\theta}\end{array}\right\} \tag{9.3-3b}$$

$$\dfrac{\partial^2 \varepsilon_y}{\partial x^2} + \dfrac{\partial^2 \varepsilon_x}{\partial y^2} - \dfrac{\partial \gamma_{xy}}{\partial x \partial y} = 0 \tag{9.3-3c}$$

$$\dfrac{\partial^2 \varepsilon_\theta}{\partial r^2} + \dfrac{\partial^2 \varepsilon_r}{\partial \theta^2} - \dfrac{\gamma_{r\theta}}{r}\dfrac{}{\theta} = 0 \tag{9.3-3d}$$

（4）物理方程（本构方程）

物理方程描述了荷载（或温度等其它作用）作用下材料内部的应力状态与应变状态间的关系。本构方程的基本形式可表述为以下两种形式之一，即

$$\sigma_{ij} = \sigma(\varepsilon_{ij},\ t,\ T,\ \dots) \tag{9.3-4}$$

$$\varepsilon_{ij} = \varepsilon(\sigma_{ij},\ t,\ T,\ \dots) \tag{9.3-5}$$

328

式中，t——时间；

T——温度。

本构方程的具体表达形式因材料的力学属性（弹性、塑性、黏性等）不同而异，但无论具体力学属性如何，本构方程的基本表达形式相同。对于岩体而言，其本构关系是十分复杂的，具体形式见9.3.2节。

（5）边界条件

从数学上讲，上述方程组是完备的，方程个数等于未知量个数。但在外力作用下发生的位移（包括变形和刚体位移）均可满足上述方程，即诸方程可对应于无穷多种载组合和边界情况，故对于具体工程问题，尚需满足该问题的边界条件，方可得到确定的解[①]。

对于具体工程问题，荷载边界条件（静力边界条件）和位移边界条件分别为

$$\sigma_{ij}n_j = T_i$$

$$u_i = u_{i0}$$

式中，T_i——边界S_T处的荷载（集中力、面力）集度，其分量为T_x、T_y和T_z；

n_j——荷载与边界面的方向余弦，$n_j=\cos(x_j,\ \boldsymbol{n})$，$\boldsymbol{n}$为边界$S_T$的外法线方向；

u_{i0}——边界S_u上的给定位移，其分量为u_{x0}、u_{y0}和u_{z0}。

---

① 从数学观点来看，只有在给定边界条件（包括动力问题的初始条件）的前提下，才有定解，亦即微分方程的边值问题。

根据具体工程问题边界条件的不同，常有以下3种边值问题。第一类为静力边界问题，即给定物体表面上每一点的外力（集中力、面力）；第二类为位移边界问题，给定物体表面上每一点的位移；第三类为混合边值问题，在物体表面上，一部分给定表面力而其它部分给定位移。

9.3.1.2　连续介质力学问题的解法

对于具体岩体工程问题，根据岩体特征和工程特点，确定岩体力学介质，构建相应力学模型，建立基本方程并给定边界条件，求解一定外荷载作用下的工程岩体的应力场、应变场和位移场，为进一步分析提供基本依据。

在具体解法上，如果可以采用解析法求解，则可针对不同的边值问题，选用应力法、位移法和混合法[①]，给出岩体内应力场、应变场和位移场的解析表达式。但绝大多数的岩体工程问题（尤其是计算精度要求较高时），通常不能用解析法，此时可借助相关数值计算法，求得岩体空间内的应力、应变和位移分布特征。

对于连续介质力学问题，不同力学属性的材料受力后的应力-应变仅表现在本构方程（物理方程）的差异上，而平衡方程和几何方程都相同。也就是说，在对连续介质岩体进行弹性力学、塑性力学或流变力学及其耦合分析时，式(9.3-1)～式(9.3-3)中的平衡方程、几何方程和谐调方程都相同，差别仅在物理方程上。因此，对于连续介质岩体，无论是弹性变形、塑性变形，抑或流变性分析，基本方程组相同（本构方程需具体化），而且解法也基本相同。

9.3.2　连续介质岩体的本构关系

9.3.2.1　岩体变形的基本特征

与其它连续介质材料一样，连续介质岩体的本构方程也由式(9.3-4)或式(9.3-5)来表达。当不考虑温度等其它因素时，可简化为

$$\sigma_{ij} = \sigma(\varepsilon_{ij}, t) \tag{9.3-4a}$$

$$\varepsilon_{ij} = \varepsilon(\sigma_{ij}, t) \tag{9.3-5a}$$

如果也不考虑流变分析，岩体的本构关系为

$$\sigma_{ij} = \sigma(\varepsilon_{ij}) \tag{9.3-4b}$$

$$\varepsilon_{ij} = \varepsilon(\sigma_{ij}) \tag{9.3-5b}$$

由第5章～第7章可知，岩体在受力条件下的变形十分复杂。从变形属性上看，有弹性变形和塑性变形，还表现出一定的流变性；从变形成分上看，有拉压变形（体变）和剪切变形（形变）；从变形单元来看，有岩石材料变形和结构面变形，还有结构体的刚体位移（转动、滚动）；从变形的发展上看，岩体的变形特性随外荷载

[①] 具体解法请参阅弹性力学相关教材。

增大而处于不断变化之中，如弹性变形→塑性流动，或者弹性变形→塑性强化→黏性流动，等等。总之，岩体本构关系必须能够反映上述变形特征，应包括岩石材料变形，也应包括结构面变形，从而得到能够真正反映出岩体变形特征的本构关系。为此，必须清楚岩石的弹性、塑性和流变以及结构面的压缩闭合与剪切变形等。

9.3.2.2 岩体变形的基本单元及其本构方程

（1）理想弹性体（Hooke体）

如果在荷载作用下的变形性质完全符合Hooke定律，则这种材料称为Hooke体。Hooke体是一种理想弹性体，其力学模型为一弹簧元件，以符号H表示，如图9.3-1。

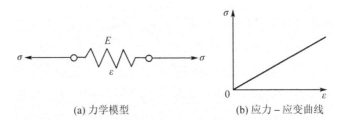

(a) 力学模型　　　　　　(b) 应力－应变曲线

图9.3-1　理想弹性体(Hooke体)力学模型

Hooke体的本构关系为

$$\sigma = k\varepsilon \tag{9.3-6}$$

式中，k——弹性系数；

σ、ε——单向作用下的应力与应变。

（2）理想塑性体（Coulomb体）

材料所受应力达到屈服极限时便开始产生塑性变形，即使应力不再增加，变形仍不断增长（塑性流动），这种材料称为Coulomb体。Coulomb体是一种理想塑性体，力学模型为一对摩擦片（或滑块），以符号C(**或**Y)表示，如图9.3-2。

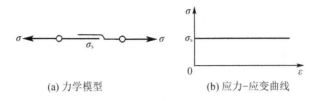

(a) 力学模型　　　　　　(b) 应力－应变曲线

图9.3-2　理想塑性体(Coulomb体)力学模型

Coulomb体的本构方程为

$$\varepsilon = \begin{cases} 0 & (\sigma < \sigma_s) \\ \infty & (\sigma \geq \sigma_s) \end{cases} \tag{9.3-7}$$

式中，σ_s——屈服极限。

（3）理想黏性体（Newton体）

Newton流体在流动过程中满足应力-应变速度成正比的关系。Newton体是一种理想黏性体，其力学模型为一个带孔活塞组成的阻尼器，常用符号N表示，如图9.3-3。

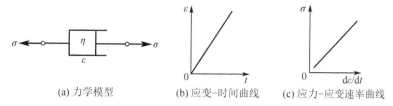

(a) 力学模型　　　(b) 应变-时间曲线　　　(c) 应力-应变速率曲线

图9.3-3　理想黏性体（Newton体）力学模型

Newton体的本构方程可表示为[①]

$$\sigma = \eta \frac{\mathrm{d}\varepsilon}{\mathrm{d}t} \tag{9.3-8}$$

式中，η——黏滞系数；

　　　$\mathrm{d}\varepsilon/\mathrm{d}t$——应变率；

　　　t——时间。

考虑到岩体的实际情况（有初始地应力），对上式做适当修正，即

$$\sigma = \sigma_0 + \eta \frac{\mathrm{d}\varepsilon}{\mathrm{d}t} \tag{9.3-9}$$

（4）结构面闭合（Goodman体）

如6.2节所述，结构面在法向应力作用下将发生闭合。结构面闭合元件可称为Goodman体，用一对圆括号表示，如图9.3-4。

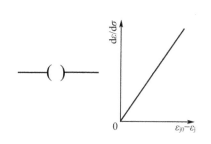

图9.3-4　结构面闭合模型（Goodman体）　　　**图9.3-5　结构面错动模型（Barton体）**

结构面法向闭合的本构方程在第6章介绍（即式(6.2-7)或式(6.2-8)）。为统一起见，也可表示为

$$\mathrm{d}\varepsilon_j = \frac{1}{E}\left(\varepsilon_{j0} - \varepsilon_j\right)\mathrm{d}\sigma \tag{9.3-10}$$

（5）结构面滑移（Barton体）

如6.3节所述，结构面错动变形的基本规律是双线性曲线或其修正曲线。结构面

[①] 该式也可表示剪应力与剪应变的关系，只需将式中的 σ 换成 τ、ε 换成 γ 即可。

剪切元件可称为Barton体，也用一对摩擦片表示（图9.3-2），其本构关系如图9.3-5，并用式(6.3-1)或式(6.3-2)表达，即

$$\left.\begin{aligned} \gamma_j &= \frac{\tau}{G_j} && (\tau \leqslant \tau_0) \\ \frac{d\gamma_j}{dt} &= \frac{\tau - \tau_0}{\eta_j} && (\tau > \tau_0) \end{aligned}\right\} \tag{9.3-11}$$

9.3.2.3 岩体本构方程的选用与构建

当岩体主要为岩石材料变形时，可选用岩石材料的本构关系，如式(9.3-6)~式(9.3-9)及其组合形式；当主要为结构面变形时，选用结构面本构关系，如式(9.3-10)~式(9.3-11)；两者皆有时，应基于岩体现场试验，根据岩石与结构面的组合及其对岩体变形的贡献，构建恰当的本构关系，详细内容，请参见9.3.5节及附录B。

9.3.3 弹性变形的本构关系

弹性理论主要适用于均质、连续、各向同性的线性弹性材料，而岩石和岩体并非完全弹性体和连续体，故在岩体稳定性分析和岩体工程设计方面的适用范围有限。尽管如此，对于大量的工程问题，将岩石或岩体视为均质各向同性弹性材料，常可获得许多有用的解，若有必要，计算中还可以考虑材料的各向异性和非线性弹性，因此，弹性理论及弹塑性理论被广泛用于计算因开挖或加载引起的岩体的应力、无限小应变和位移，如硐室围岩的应力分布、开挖引起的边界位移、开挖影响区范围、高应力区范围、开挖巷道时增加的应变能和释放的动能等。

弹性理论分析主要解决工程岩体中的静态问题，但也可分析动力加载或卸荷问题以及爆破力学中的应力传播问题等。

在工程岩体中，已知边界条件多是岩体的天然应力以及由开挖或构筑物加荷引起的岩体表面的作用力或位移，其中确定天然应力是关键也是难点。

9.3.3.1 极端各向异性弹性体

式(9.3-6)给出了理想弹性体的本构方程的基本形式。对于三维复杂应力状态，仍可用式(9.3-6)的形式给出理想性体的本构方程，即

$$\boldsymbol{\sigma} = \boldsymbol{D\varepsilon} \tag{9.3-12a}$$

$$\sigma_{ij} = D_{ijkl}\varepsilon_{kl} \tag{9.3-12b}$$

式中，σ、σ_{ij}——岩体内任一点的应力状态（张量及其指标记法）；

ε、ε_{ij}——岩体内任一点的应变状态（张量及其指标记法）；

D、D_{ijkl}——弹性模量张量及其指标记法。

若利用σ、ε、D的对称性并做行当处理，如应力状态和应变状态的6个独立分量写成列阵，D进行指标缩并，则可用弹性本构关系可表示为矩阵形式，即

$$\{\sigma\} = [D]\{\varepsilon\} \tag{9.3-13}$$

$$\begin{Bmatrix} \sigma_x \\ \sigma_y \\ \sigma_z \\ \tau_{xy} \\ \tau_{yz} \\ \tau_{zx} \end{Bmatrix} = \begin{bmatrix} c_{11} & c_{12} & c_{13} & c_{14} & c_{15} & c_{16} \\ c_{21} & c_{22} & c_{23} & c_{24} & c_{25} & c_{26} \\ c_{31} & c_{32} & c_{33} & c_{34} & c_{35} & c_{36} \\ c_{41} & c_{42} & c_{43} & c_{44} & c_{45} & c_{46} \\ c_{51} & c_{52} & c_{53} & c_{54} & c_{55} & c_{56} \\ c_{61} & c_{62} & c_{63} & c_{64} & c_{65} & c_{66} \end{bmatrix} \begin{Bmatrix} \varepsilon_x \\ \varepsilon_y \\ \varepsilon_z \\ \gamma_{xy} \\ \gamma_{yz} \\ \gamma_{zx} \end{Bmatrix} \tag{9.3-14}$$

考虑到对称性，上式弹性矩阵中有21个独立参数。由此可见，对于极端各向异性弹性体，确定受力条件下的应力-应变关系需要21个弹性常数。

9.3.3.2　正交各向异性弹性体

对于正交各向异性体（图9.3-6(a)），发生弹性变形时，应力-应变关系为

$$\begin{Bmatrix} \sigma_x \\ \sigma_y \\ \sigma_z \\ \tau_{xy} \\ \tau_{yz} \\ \tau_{zx} \end{Bmatrix} = \begin{bmatrix} c_{11} & c_{12} & c_{13} & 0 & 0 & 0 \\ c_{21} & c_{22} & c_{23} & 0 & 0 & 0 \\ c_{31} & c_{32} & c_{33} & 0 & 0 & 0 \\ 0 & 0 & 0 & c_{44} & 0 & 0 \\ 0 & 0 & 0 & 0 & c_{55} & 0 \\ 0 & 0 & 0 & 0 & 0 & c_{66} \end{bmatrix} \begin{Bmatrix} \varepsilon_x \\ \varepsilon_y \\ \varepsilon_z \\ \gamma_{xy} \\ \gamma_{yz} \\ \gamma_{zx} \end{Bmatrix} \tag{9.3-15}$$

可见，要描述正交各向异性弹性体的本构关系，需要12个弹性参数，其中9个独立参数）。

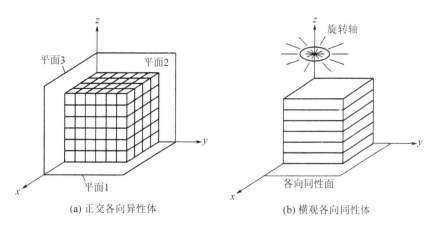

(a) 正交各向异性体　　　　(b) 横观各向同性体

图9.3-6　正交各向异性体与横观各向同性体

9.3.3.3　横观各向同性弹性体

层状岩体可视为横观各向同性体（图9.3-6(b)）。假设以 x-y 面为同性面（层面）、z 轴为旋转轴，则当其发生弹性变形时，其应力-应变关系为

$$\left.\begin{aligned}
\varepsilon_x &= +\frac{1}{E_1}\sigma_x - \frac{\mu_1}{E_1}\sigma_y - \frac{\mu_2}{E_2}\sigma_z \\
\varepsilon_y &= -\frac{\mu_1}{E_1}\sigma_x + \frac{1}{E_1}\sigma_y - \frac{\mu_2}{E_2}\sigma_z \\
\varepsilon_z &= -\frac{\mu_2}{E_2}\sigma_x - \frac{\mu_2}{E_2}\sigma_y + \frac{1}{E_2}\sigma_z \\
\gamma_{xy} &= \frac{2(1+\mu_1)}{E_1}\tau_{xy} = \frac{1}{G_1}\tau_{xy} \\
\gamma_{yz} &= \frac{1}{G_2}\tau_{yz} \\
\gamma_{zx} &= \frac{1}{G_2}\tau_{zx}
\end{aligned}\right\} \tag{9.3-16}$$

式中，E_1、μ_1、G_1——平行于 x-y 面方向弹性模量、泊松比、剪切模量；

　　　E_2、μ_2、G_2——垂直于 x-y 面方向的弹性模量、泊松比、剪切模量。

对于横观各向性弹性体，需要 5 个弹性参数，即可确定其本构关系。

9.3.3.4　各向同性线性弹性

对于各向同性体，当其为线性弹性时，其本构关系符合广义 Hooke 定律。广义 Hooke 定律形式最简单，也是经常采用有弹性本构关系。广义 Hooke 定律，主要有 3 种等价表达形式。

（1）广义 Hooke 定律

广义 Hooke 定律是用应力状态来表示应变状态，即

$$\varepsilon_{ij} = \frac{1+\mu}{E}\sigma_{ij} - \frac{\mu}{E}\delta_{ij}\Theta \tag{9.3-17}$$

式中，σ_{ij}、ε_{ij}——应力状态（张量）和应变状态（张量），$i,j = x, y, z$；

　　　Θ——体积应力（主应力之和），$\Theta = \sigma_{kk} = \sigma_x + \sigma_y + \sigma_z = \sigma_1 + \sigma_2 + \sigma_3$；

　　　δ_{ij}——Kronecker 符号（当 $i=j$ 时，$\delta_{ij}=1$，否则 $\delta_{ij}=0$）；

　　　E、μ——弹性模量和泊松比。

三维笛卡儿坐标系下的具体形式为

$$\left.\begin{aligned}
\varepsilon_x &= \frac{1}{E}\left[\sigma_x - \mu(\sigma_y + \sigma_z)\right] \\
\varepsilon_y &= \frac{1}{E}\left[\sigma_y - \mu(\sigma_z + \sigma_x)\right] \\
\varepsilon_z &= \frac{1}{E}\left[\sigma_z - \mu(\sigma_x + \sigma_y)\right] \\
\gamma_{xy} &= \frac{2(1+\mu)}{E}\tau_{xy} \\
\gamma_{yz} &= \frac{2(1+\mu)}{E}\tau_{yz} \\
\gamma_{zx} &= \frac{2(1+\mu)}{E}\tau_{zx}
\end{aligned}\right\} \tag{9.3-18}$$

（2）Lame 方程

式(9.3-17)或式(9.3-18)变换成用应变状态分量表达应力分量，此即拉梅方程，即

$$\sigma_{ij} = \lambda\theta + 2\nu\varepsilon_{ij} \tag{9.3-19}$$

式中，θ——体积应变（主应变之和），即

$$\theta = \varepsilon_v = \varepsilon_{kk} = \varepsilon_x + \varepsilon_y + \varepsilon_z = \varepsilon_1 + \varepsilon_2 + \varepsilon_3 \tag{9.3-19a}$$

λ、ν——Lame 常数，与 E、μ 的关系为

$$\left. \begin{aligned} \lambda &= \frac{\mu E}{(1+\mu)(1-2\mu)} \\ \nu &= \frac{E}{2(1+\mu)} \end{aligned} \right\} \tag{9.3-19b}$$

三维笛卡儿坐标系下，拉梅方程的具体形式为

$$\left. \begin{aligned} \sigma_x &= \lambda\left(\varepsilon_x + \varepsilon_y + \varepsilon_z\right) + 2\nu\varepsilon_x = \frac{\mu E}{(1+\mu)(1-2\mu)}\left(\varepsilon_x + \varepsilon_y + \varepsilon_z\right) + \frac{E}{1+\mu}\varepsilon_x \\ \upsilon_y &- \lambda\left(\varepsilon_x + \varepsilon_y + \varepsilon_z\right) + 2\nu\varepsilon_y - \frac{\mu E}{(1+\mu)(1-2\mu)}\left(\varepsilon_x + \varepsilon_y + \varepsilon_z\right) + \frac{E}{1+\mu}\varepsilon_y \\ \sigma_z &= \lambda\left(\varepsilon_x + \varepsilon_y + \varepsilon_z\right) + 2\nu\varepsilon_z = \frac{\mu E}{(1+\mu)(1-2\mu)}\left(\varepsilon_x + \varepsilon_y + \varepsilon_z\right) + \frac{E}{1+\mu}\varepsilon_z \\ \tau_{xy} &= \nu\gamma_{xy} \qquad\qquad = \frac{E}{2(1+\mu)}\gamma_{xy} \\ \tau_{yz} &= \nu\gamma_{yz} \qquad\qquad = \frac{E}{2(1+\mu)}\gamma_{xy} \\ \tau_{zx} &= \nu\gamma_{zx} \qquad\qquad = \frac{E}{2(1+\mu)}\gamma_{xy} \end{aligned} \right\} \tag{9.3-20}$$

335

（3）通用形式

由于一点的应力状态可分解为球应力状态和偏应力状态（$\sigma_{ij}=\sigma_m\delta_{ij}+s_{ij}$），应变状态可分解球应变状态和偏应变状态（$\varepsilon_{ij}=\varepsilon_m\delta_{ij}+e_{ij}$），故受力材料的应力—应变关系可表示为如下两种等价的形式

$$\sigma_{ij} = 3K\varepsilon_m\delta_{ij} + 2G(\varepsilon_{ij} - \varepsilon_m\delta_{ij}) \tag{9.3-21a}$$

$$\left. \begin{aligned} \sigma_m &= 3K\varepsilon_m \ (\text{或}\ \Theta = 3K\theta) \\ s_{ij} &= 2Ge_{ij} \end{aligned} \right\} \tag{9.3-21b}$$

式中，σ_{ij}——一点的应力状态（应力张量），$i=x$，y，z、$j=x$，y，z；

　　　ε_{ij}——一点的应变状态（应变张量），$i=x$，y，z、$j=x$，y，z；

　　　σ_m——平均正应力，$\sigma_m = \Theta/3 = (\sigma_x+\sigma_y+\sigma_z)/3 = (\sigma_1+\sigma_2+\sigma_3)/3$；

　　　ε_m——平均正应变，$\varepsilon_m = \theta/3 = (\varepsilon_x+\varepsilon_y+\varepsilon_z)/3 = (\varepsilon_1+\varepsilon_2+\varepsilon_3)/3$；

　　　s_{ij}——应力偏张量，$s_{ij}=\sigma_{ij}-\sigma_m\delta_{ij}$；

　　　$\sigma_m\delta_{ij}$——应力球张量；

e_{ij}——应变偏张量，$e_{ij}=\varepsilon_{ij}-\varepsilon_{m}\delta_{ij}$；

$\varepsilon_{m}\delta_{ij}$——应变球张量；

δ_{ij}——Kronecker 符号（当$i=j$时，$\delta_{ij}=1$，否则$\delta_{ij}=0$）；

K、G——体积模量和剪切模量。

体积模量K和剪切模量G，分别反映了岩体受力后的体积变化和形状变化。在弹性范围内，K和G与E、μ的关系为

$$\left.\begin{aligned} K &= \frac{E}{3(1-2\mu)} \\ G &= \frac{E}{2(1+\mu)} \end{aligned}\right\} \tag{9.3-21c}$$

三维笛卡儿坐标系下，式(9.3-21)的具体形式为

$$\left.\begin{aligned} \sigma_x &= 3K\left(\varepsilon_x+\varepsilon_y+\varepsilon_z\right)+2G(\varepsilon_x-\varepsilon_{m})=\sigma_{m}+2G(\varepsilon_x-\varepsilon_{m}) \\ \sigma_y &= 3K\left(\varepsilon_x+\varepsilon_y+\varepsilon_z\right)+2G(\varepsilon_y-\varepsilon_{m})=\sigma_{m}+2G(\varepsilon_y-\varepsilon_{m}) \\ \sigma_z &= 3K\left(\varepsilon_x+\varepsilon_y+\varepsilon_z\right)+2G(\varepsilon_z-\varepsilon_{m})=\sigma_{m}+2G(\varepsilon_z-\varepsilon_{m}) \\ \tau_{xy} &= 0+G\gamma_{xy} \qquad\qquad\qquad\quad = G\gamma_{xy} \\ \tau_{yz} &= 0+G\gamma_{yz} \qquad\qquad\qquad\quad = G\gamma_{xy} \\ \tau_{zx} &= 0+G\gamma_{zx} \qquad\qquad\qquad\quad = G\gamma_{xy} \end{aligned}\right\} \tag{9.3-22}$$

式(9.3-21)从体变和形变两个方面描述了受力材料的本构关系。该式不仅适用于弹性变形，也同样适用于塑性变形，用在塑性变形时，其中的K、G不再具有式(9.3-21c)的关系，而必须基于试验确定其体积模量和剪切模量。

（4）平面问题的弹性本构方程

（a）平面直角坐标下的弹性本构方程

对于平面应力问题（$u_z\neq0$；$\varepsilon_z\neq0$，$\gamma_{yz}=\gamma_{zx}=0$；$\sigma_z=0$，$\tau_{yz}=\tau_{zx}=0$），弹性本构方程为

$$\left.\begin{aligned} \sigma_x &= \frac{E}{1-\mu^2}\left(\varepsilon_x+\mu\varepsilon_y\right) \\ \sigma_y &= \frac{E}{1-\mu^2}\left(\varepsilon_y+\mu\varepsilon_x\right) \\ \tau_{xy} &= \frac{E}{2(1+\mu)}\gamma_{xy} \end{aligned}\right\} \tag{9.3-23a}$$

$$\left.\begin{aligned} \varepsilon_x &= \frac{1}{E}\left[\sigma_x-\mu\sigma_y\right] \\ \varepsilon_y &= \frac{1}{E}\left[\sigma_y-\mu\sigma_x\right] \\ \varepsilon_z &= \frac{1}{E}\left[-\mu(\sigma_x+\sigma_y)\right] \\ \gamma_{xy} &= \frac{2(1+\mu)}{E}\tau_{xy} \end{aligned}\right\} \tag{9.3-23b}$$

对于平面应变问题（$u_z=0$；$\varepsilon_z=0$，$\gamma_{yz}=\gamma_{zx}=0$；$\sigma_z\neq0$，$\tau_{yz}=\tau_{zx}=0$），弹性本构方程为

$$\left.\begin{aligned}\sigma_x&=\frac{E_1}{1-\mu_1^2}(\varepsilon_x+\mu_1\varepsilon_y)\\\sigma_y&=\frac{E_1}{1-\mu_1^2}(\varepsilon_y+\mu_1\varepsilon_x)\\\tau_{xy}&=\frac{E_1}{2(1+\mu_1)}\gamma_{xy}\end{aligned}\right\}\tag{9.3-24a}$$

$$\left.\begin{aligned}\varepsilon_x&=\frac{1}{E_1}[\sigma_x-\mu_1\sigma_y]\\\varepsilon_y&=\frac{1}{E_1}[\sigma_y-\mu_1\sigma_x]\\\gamma_{xy}&=\frac{2(1+\mu_1)}{E_1}\tau_{xy}\end{aligned}\right\}\tag{9.3-24b}$$

式中，$E_1=E/(1-\mu^2)$；

$\mu_1=\mu/(1-\mu)$。

（b）极坐标下的弹性本构方程

对于平面应力问题（$u_z\neq0$；$\varepsilon_z\neq0$，$\gamma_{\theta z}=\gamma_{zr}=0$；$\sigma_z=0$，$\tau_{\theta z}=\tau_{zr}=0$），弹性本构方程为

$$\left.\begin{aligned}\sigma_r&=\frac{E}{1-\mu^2}(\varepsilon_r+\mu\varepsilon_\theta)\\\sigma_\theta&=\frac{E}{1-\mu^2}(\varepsilon_\theta+\mu\varepsilon_r)\\\tau_{r\theta}&=\frac{E}{2(1+\mu)}\gamma_{r\theta}\end{aligned}\right\}\tag{9.3-25a}$$

$$\left.\begin{aligned}\varepsilon_r&=\frac{1}{E}[\sigma_r-\mu\sigma_\theta]\\\varepsilon_\theta&=\frac{1}{E}[\sigma_\theta-\mu\sigma_r]\\\varepsilon_z&=\frac{1}{E}[-\mu(\sigma_r+\sigma_\theta)]\\\gamma_{r\theta}&=\frac{2(1+\mu)}{E}\tau_{r\theta}\end{aligned}\right\}\tag{9.3-25b}$$

对于平面应变问题（$u_z=0$；$\varepsilon_z=0$，$\gamma_{\theta z}=\gamma_{zr}=0$；$\sigma_z\neq0$，$\tau_{\theta z}=\tau_{zr}=0$），弹性本构方程为

$$\left.\begin{aligned}\sigma_r&=\frac{E_1}{1-\mu_1^2}(\varepsilon_r+\mu_1\varepsilon_\theta)\\\sigma_\theta&=\frac{E_1}{1-\mu_1^2}(\varepsilon_\theta+\mu_1\varepsilon_r)\\\tau_{r\theta}&=\frac{E_1}{2(1+\mu_1)}\gamma_{r\theta}\end{aligned}\right\}\tag{9.3-26a}$$

$$\left.\begin{array}{l}\varepsilon_r = \dfrac{1}{E_1}[\sigma_r - \mu_1\sigma_\theta] \\[2mm] \varepsilon_\theta = \dfrac{1}{E_1}[\sigma_\theta - \mu_1\sigma_r] \\[2mm] \gamma_{r\theta} = \dfrac{2(1+\mu_1)}{E_1}\tau_{r\theta}\end{array}\right\}$$ (9.3-26b)

9.3.4 岩体弹塑性本构关系

9.3.4.1 岩体塑性变形本构关系的特点

塑性是材料的一种变形性质或变形的一个阶段，材料进入塑性的特征是当荷载卸载以后存在不可恢复的永久变形。与弹性本构关系相比，塑性本构关系具有以下特点：

（1）塑性应力-应变关系的多值性

对于同一应力往往有多个应变值与之对应，故它不能像弹性本构关系那样建立应力和应变的一一对应关系，通常只能建立应力增量和应变增量间的关系。欲描述材料的状态，除要用应力和应变这些基本状态变量外，还需用能够刻画塑性变形历史的内状态变量（塑性应变、塑性功等）。

（2）塑性本构关系的复杂性

描述塑性阶段的本构关系不能像弹性力学那样仅用一组方程，通常需要用到屈服条件、加卸载准则和塑性应力-应变关系这3个方面，共同反映塑性本构关系。屈服条件通过应力状态判断材料是否进入塑性状态，加卸载准则是判断进入塑性状态后的后续行为，应力-应变方程则描述了塑性状态下的应力与应变的关系。

9.3.4.2 屈服条件

（1）屈服及屈服条件

物体受到荷载作用后，随着荷载增大，由弹性状态到塑性状态的这种过渡称为屈服。物体内某一点开始产生塑性应变时应力或应变所必须满足的条件称为屈服条件。屈服条件就是判断进入材料塑性时的应力状态（应变状态）。

屈服条件的数学表达式称为屈服函数，即屈服条件与所考虑的塑性应力状态有关的应力的函数。在应力空间中，所有屈服应力点构成的区分弹性和塑性的分界面称为屈服曲面（简称屈服面），它是屈服函数的图形化表述，为应力空间内的超曲面，如图9.3-7。

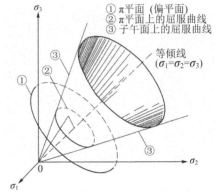

图9.3-7　屈服面与屈服线

屈服面在平面上的投影面称为屈服线，投影面通常采用π平面和子午面[①]（图9.3-7），于是得到π平面上的屈服线和子午面上的屈服曲线。

（2）初始屈服条件与后继屈服条件

（a）初始屈服条件

从弹性状态开始到第一次屈服的屈服条件称为初始屈服条件，其屈服函数为

$$f(\sigma_{ij}) = 0 \tag{9.3-27}$$

（b）后继屈服条件

当应力状态达到材料屈服条件，材料发生塑性变形（塑性流动、强化或弱化），材料的屈服条件发生相应的变化。若材料要进一步发生塑性变形，应力就需达到变化后的屈服条件。这种经过塑性变形后的屈服条件称为后继屈服条件，其数学表达式为

$$f(\sigma_{ij}, \sigma_{ij}^p, \chi) = 0 \tag{9.3-28}$$

式中，σ_{ij}^p——塑性应力状态；

χ——标量型内状态变量，如塑性功、塑性体积应变和等效塑性应变等。

（3）岩体力学常用屈服条件

（a）Mohr-Coulomb屈服条件

第5章5.8.4节已给出了Mohr-Coulomb屈服条件的形式（见式(5.8-11)～式(5.8-13)），可进一步将其写为屈服函数的一般形式，即

$$f = \frac{1}{3}I_1 \sin\varphi + \left(\cos\theta_\sigma - \frac{\sin\theta_\sigma \sin\varphi}{\sqrt{3}}\right)\sqrt{J_2} - c\cos\varphi = 0 \tag{9.3-29}$$

式中，I_1——主应力第一不变量，$I_1 = 3\sigma_m = \sigma_1 + \sigma_2 + \sigma_3$；

J_2——应力偏量的第二不变量，$J_2 = \dfrac{(\sigma_1-\sigma_2)^2 + (\sigma_2-\sigma_3)^2 + (\sigma_3-\sigma_1)^2}{6}$；

θ_σ——应力Lode角，$-\pi/6 < \theta_\sigma < \pi/6$，$\theta_\sigma = \arctan\left(\dfrac{1}{\sqrt{3}}\dfrac{2\sigma_2 - \sigma_1 - \sigma_3}{\sigma_1 - \sigma_3}\right)$；

c、φ——抗剪强度参数。

M-C屈服条件在应力空间中为一不对称六棱锥，π平面上为不对称六边形（图9.3-8）。

（b）Drucker-Prager屈服条件

Drucker & Prager（1952）在Mises屈服条件的基础上，考虑平均应力σ_m而对Mises屈服条件推广，得到Drucker-Prager屈服条件（简称D-P条件），即

[①] 应力空间中，与3个主应力坐标轴夹角相等的直线称为等倾线（夹角为54.77°）；与等倾线垂直且通过原点的平面称为π平面（岩土力学中不要求该面通过原点，即与等倾线垂直的所有面都是π平面）；通过等倾线的所有面称为子午面。

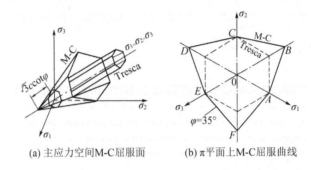

(a) 主应力空间M-C屈服面　　(b) π平面上M-C屈服曲线

图9.3-8　Mohr-Coulomb屈服条件

$$f = \frac{\sin\varphi}{\sqrt{3(3+\sin^2\varphi)}} I_1 + \sqrt{J_2} - \frac{\sqrt{3}\,c\cos\varphi}{\sqrt{3+\sin^2\varphi}} = 0 \qquad (9.3\text{-}30)$$

该屈服条件在应力空间内为一以等倾线为轴线的圆锥面，π平面上为圆（图9.3-9）。

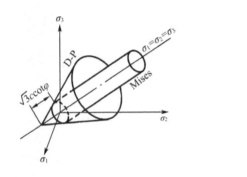

图9.3-9　Drucker-Prager屈服条件

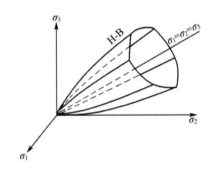

图9.3-10　Hoek-Brown屈服条件

（c）Hoek-Brown屈服条件

7.6.3节讨论了Hoek-Brown准则，当其作为屈服条件时，可将式(7.6-1)和(7.6-4)写成屈服函数形式，

$$f = \sigma_1 - \sigma_3 - \sigma_{ci}(m\sigma_3/\sigma_{ci} + s)^{0.5} = 0 \qquad (9.3\text{-}31)$$

$$f = \sigma_1 - \sigma_3 - \sigma_{ci}(m_b\sigma_3/\sigma_{ci} + s)^{a} = 0 \qquad (9.3\text{-}32)$$

若以应力不变量表达表述时，如式(9.3-31)给出的Hoek-brown条件可写成

$$f = m\sigma_c \frac{I_1}{3} + 4J_2\cos2\theta_\sigma + m\sigma_c\sqrt{J_2}\left(\cos\theta_\sigma + \frac{\sin\theta_\sigma}{\sqrt{3}}\right) - s\sigma_c^2 = 0 \qquad (9.3\text{-}33)$$

式中，θ_σ——应力Lode角。

在应力空间中为6个抛物面组成的锥形面（图9.3-10），6个抛物面的交线具奇异性。为了消除奇异性，用椭圆函数$g(\theta_\sigma)$逼近该不规则六角形，

$$g(\theta_\sigma) = \frac{4(1-e^2)\cos^2(30°+\theta_\sigma)+(1-2e)^2}{2(1-e^2)\cos^2(30°+\theta_\sigma)+(2e-1)\sqrt{4(1-e^2)\cos^2(30°+\theta_\sigma)+5e^2}} \tag{9.3-34}$$

式中，e——系数，$e = q_t/q_c$；

q_t、q_c——分别为受压和受拉时的偏应力。

于是 Hoek-Brown 条件成为光滑、连续的凸曲面，即

$$f = 3J_2 g^2(\theta_\sigma) + \frac{\sqrt{3J_2}\,\sigma_c}{3} g(\theta_\sigma) + \frac{m\sigma_c I_1}{3} - s\sigma_c^2 = 0 \tag{9.3-35}$$

（4）后继屈服时的硬化规律

随着塑性应变的出现和发展，按塑性材料屈服面的大小和形状是否发展变化，将材料分为理想塑性材料和硬化材料（图9.3-11）。

（a）理想塑性

在塑性变形过程中屈服面大小和形态不发生变化的材料称为理想塑性材料，如理想弹塑性材料（图9.3-11(a)）和理想刚塑性材料（图9.3-2）。

理想塑性的后继屈服条件与初始屈服条件相同。

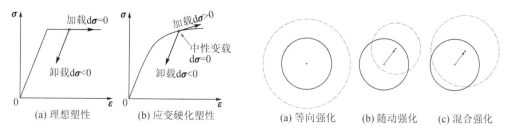

图9.3-11　塑性材料分类　　　　图9.3-12　硬化材料的屈服面模型

（b）塑性强化

屈服面形态或大小发生变化的材料称为硬化材料（图9.3-11b）。根据屈服面形状和大小的变化特征，又可分为3类，即等向硬化-软化模型、随动硬化模型和混合硬化模型（图9.3-12）。

塑性变形发展时，屈服面均匀扩大（硬化）或均匀缩小（软化）时称为等向硬化（软化）模型，与初始屈服面相比，后继屈服面的形状相同、形心固定而大小不同（图9.3-12(a)）。若用$f_0=0$表示初始屈服面，则等向硬化（软化）的后继屈服面可表示为

$$f(\sigma_{ij}, \sigma_{ij}^p, \chi) = f_0(\sigma_{ij}) - H(\chi) = 0 \tag{9.3-36}$$

式中，H——材料常数，是内变量χ的标量函数。

塑性变形发展时，屈服面的大小和形状均保持不变，仅是整体地在应力空间中做平动时称为随动硬化模型（图9.3-12(b)），其后继屈服条件为

$$f(\sigma_{ij}, \sigma_{ij}^p, \chi) = f_0(\sigma_{ij} - \alpha\sigma_{ij}^p) = 0 \tag{9.3-37}$$

式中，α——材料常数。

塑性变形发展时，屈服面介于上述两种情况之间时称为混合硬化模型（图9.3-12(c)），其后继屈服条件为

$$f(\sigma_{ij}, \sigma_{ij}^p, \chi) = f_0(\sigma_{ij} - \alpha\sigma_{ij}^p) - H(\chi) = 0 \tag{9.3-38}$$

9.3.4.3 加-卸载准则

（1）塑性力学中的加载和卸载

在塑性状态下，材料对所施加的应力增量的反应是复杂的，一般有3种情况。

（a）塑性加载，即对材料施加应力增量后，材料从一种塑性状态变化到另一种塑性状态，且有新的塑性变形出现；

（b）中性变载，即对材料施加应力增量后，材料从一种塑性状态变化到另一种塑性状态，但没有新的塑性变形出现；

（c）塑性卸载，即对材料施加应力增量后，材料从塑性状态退回到弹性状态。

加载是从一个塑性状态变化到另一个塑性状态上。应力点始终保持在屈服面上，因而有 df=0，此即一致性条件。卸载是从塑性状态退回到弹性状态，因而卸载应有 df<0。

（2）加-卸载准则

理想塑性材料的加-卸载准则为

$$l = \frac{\partial f}{\partial \sigma_{ij}} \mathrm{d}\sigma_{ij} \begin{cases} < 0, & \text{卸载} \\ = 0, & \text{加载} \end{cases} \tag{9.3-39}$$

硬化塑性材料的加-卸载准则为

$$l = \frac{\partial f}{\partial \sigma_{ij}} \mathrm{d}\sigma_{ij} \begin{cases} < 0, & \text{卸载} \\ = 0, & \text{中性变载} \\ > 0, & \text{加载} \end{cases} \tag{9.3-40}$$

9.3.4.4 弹塑性本构方程

弹性状态的应力-应变为单值关系，这种关系仅取决于材料的性质；而塑性状态时，应力-应变关系是多值的，它不仅取决于材料性质，而且还取决于加-卸载历史。因此，除了在简单加载或塑性变形很小的情况下，可以像弹性状态那样建立应力-应变的全量关系外，一般只能建立应力和应变增量间的关系。描述塑性变形中全量关系的理论称为全量理论，又称形变理论或小变形理论；描述应力-应变增量间关系的理论称为增量理论，又称流动理论。

（1）全量理论

全量理论是由汉基（Hencky, 1924）提出，并由依留申（Илющнн, 1943）加以完善的。全量理论的本构关系与弹性本构关系通用式（即式(9.3-21)）相似，两种等价形式为

$$\sigma_{ij} = \sigma_m + 2G'(\varepsilon_{ij} - \varepsilon_m\delta_{ij}) \tag{9.3-41a}$$

$$s_{ij} = 2G'(\varepsilon_{ij} - \varepsilon_m\delta_{ij}) \tag{9.3-41b}$$

三维笛卡儿坐标系下展开形式为

$$\left.\begin{aligned}
\sigma_{xx} - \sigma_m &= 2G'(\varepsilon_{xx} - \varepsilon_m) \\
\sigma_{yy} - \sigma_m &= 2G'(\varepsilon_{yy} - \varepsilon_m) \\
\sigma_{zz} - \sigma_m &= 2G'(\varepsilon_{zz} - \varepsilon_m) \\
\tau_{xy} &= G'\gamma_{xy} \\
\tau_{yz} &= G'\gamma_{yz} \\
\tau_{zx} &= G'\gamma_{zx}
\end{aligned}\right\} \tag{9.3-42}$$

式中，s_{ij}——应力偏量，$s_{ij}=\sigma_{ij}-\sigma_{ij}\sigma_m$；

σ_m——平均应力，$\sigma_m=(\sigma_1+\sigma_2+\sigma_3)/3$；

G'——与应力或塑性应力有关的参数，$G'=\sigma_e/(3\varepsilon_e)$；

σ_e——等效应力，$\sigma_e = \dfrac{1}{\sqrt{2}}\sqrt{(\sigma_1-\sigma_2)^2+(\sigma_2-\sigma_3)^2+(\sigma_3-\sigma_1)^2}$；

ε_e——等效应变，$\varepsilon_e = \dfrac{\sqrt{2}}{3}\sqrt{(\varepsilon_1-\varepsilon_2)^2+(\varepsilon_2-\varepsilon_3)^2+(\varepsilon_3-\varepsilon_1)^2}$。

（2）增量理论

一般情况下，塑性状态的应力-应变不能建立全量关系，只能建立应力-应变增量间的关系。当应力产生一无限小增量时，假设应变的变化可分成弹性及塑性两部分，即

$$d\varepsilon_{ij} = d\varepsilon_{ij}^e + d\varepsilon_{ij}^p \tag{9.3-43}$$

式中，$d\varepsilon_{ij}$、$d\varepsilon_{ij}^e$、$d\varepsilon_{ij}^p$——总应变增量、弹性应变增量、塑性应变增量。

弹性应变增量$d\varepsilon_{ij}^e$与应力增量之间仍由常弹性矩阵D联系，即由式（9.3-12），有

$$d\varepsilon_{ij}^e = D_{ijkl}^{-1}d\sigma_{ij} \tag{9.3-44}$$

塑性应变增量$d\varepsilon_{ij}^p$由塑性势理论给出。塑性势理论认为，对弹塑性介质存在塑性势函数Q，它是应力状态和塑性应变的函数，使得

$$d\varepsilon_{ij}^p = \lambda\frac{\partial Q}{\partial \sigma_{ij}} \tag{9.3-45}$$

式中，λ——与材料硬化法则有关的系数，为正值。

式（9.3-45）称为塑性流动法则。

对于稳定的应变硬化材料，塑性势函数Q通常取与后继屈服函数f相同的形式。当$Q=f$时称为关联塑性流动法则，否则称为非关联塑性流动法则。

因此，关联塑性流动法则可表示为

$$\mathrm{d}\varepsilon_{ij}^{\mathrm{p}} = \lambda \frac{\partial f}{\partial \sigma_{ij}} \tag{9.3-46}$$

如果将应力空间的坐标与应变空间的坐标重合，上式在几何上表示应变增量矢量与应力空间屈服面正交，故上式叫作正交法则。

系数 λ 可由一致性条件确定。由一致性条件，有

$$\lambda = \frac{1}{A} \frac{\partial f}{\partial \sigma_{ij}} \mathrm{d}\sigma_{ij} \tag{9.3-47}$$

式中，$A = \begin{cases} 0 & \text{（理想塑性材料）} \\ -\dfrac{\partial f}{\partial \sigma_{ij}^{p}} D_{ijkl} \dfrac{\partial Q}{\partial \sigma_{kl}} - \dfrac{\partial f}{\partial u} \sigma_{ij} \dfrac{\partial Q}{\partial \sigma_{ij}} & \text{（硬化材料）} \end{cases}$

u——塑性功。

由式（9.3-43）～式（9.3-45）（或式（9.3-46)）和式（9.3-47)，得加载时的本构方程为

$$\mathrm{d}\varepsilon_{ij} = D_{ijkl}^{-1}\mathrm{d}\sigma_{kl} + \frac{1}{A}\frac{\partial Q}{\partial \sigma_{ij}}\frac{\partial f}{\partial \sigma_{kl}}\mathrm{d}\sigma_{kl} = \left(D_{ijkl}^{-1} + \frac{1}{A}\frac{\partial Q}{\partial \sigma_{ij}}\frac{\partial f}{\partial \sigma_{kl}} \right)\mathrm{d}\sigma_{kl} \tag{9.3-48}$$

对任何一个状态 $(\sigma_{ij}, \sigma_{ij}^{p}, \chi)$，只要给出了应力增量，就可按上式确定应变增量。应用增量理论求解塑性问题，能够反映应变历史对塑性变形的影响，从而比较准确地描述材料的塑性变形规律。

9.3.5 岩体本构方程的理论模型

由第5章～第7章知，岩体具有流变性，尤其岩性软弱或含较多软弱结构面的岩体。受力状态下，在初始变形（弹性变形和塑性变形）后，岩体内部的应力状态（或应变状态）随着时间而变化，或蠕变（恒定应力下的应变增长，即黏性流动），或松弛（应变恒定下应力降低）。而岩体工程需有一定的服务年限，要求在其服务年限内不因流变而破坏。因此，在必要时需对工程岩体开展流变性研究。

岩体流变性分析除了考虑内部应力-应变关系外，还要考虑它们随时间的变化关系，即变化率之间的关系，本构关系的基本形式为式(9.3-4a)或式(9.3-5a)。

岩体流变性研究主要有现场实验法、经验关系法和理论模型法。

试验法是研究岩石和岩体流变的基本方法。本书第5.6节介绍了岩石的蠕变特征及试验方法。对于岩体而言，则可通过现场流变试验来研究其流特征，并为其它研究方法提供基本参数，如长期强度、黏滞系数等。

经验关系法则是基于试验成果，选择应变随时间变化曲线关系，并拟合相关系数，从而得到一定应力下的应变-时间关系，详见5.6节。

岩体流变性的理论模型法就是在研究岩体流变时，基于岩体流变试验成果，在构建岩体本构模型时，加入反映时间相关性的黏性元件，根据含黏性体元件的本构模型，得到能够反映岩体流变特性的本构方程。

在研究岩体本构关系时，根据变形特征（以岩体试验为基础），将其介质理想化为某种理论模型。理论模型以岩体变形机制单元为基本元件，详见9.3.2.2节，如关于岩石材料的弹性体、塑性体、黏性体，或者结构面的压缩闭合体、剪切滑移体，通过这些基本元件的组合（串联、并联），从而得到岩体的本构模型，通过推导本构模型的微分方程，从而得到岩体的本构方程。

理论模型法不仅可以考虑岩体的弹塑性变形，当加入黏性元件即可考虑岩体的流变；不仅适用于岩石（完整岩体），也可引入结构面单元从而实现等效连续化。因此，模型法被广泛运用于岩体的本构关系研究中。详见附录B。

9.4 板裂介质岩体稳定性分析

当层状岩体或似层状岩体其受力后具有"板"的变形破坏特征时，可概化为板裂介质岩体[①]，如图9.4-1。

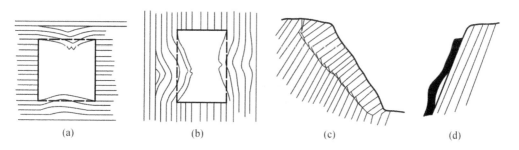

(a)　　　　　　(b)　　　　　　(c)　　　　　　(d)

图9.4-1　板裂介质岩体的常见变形破坏形式

根据受力后的变形破坏特征，运用材料力学的相关理论和方法[②]，如梁（板）的压缩、拉伸、剪切、扭转和弯曲等，来评价该类岩体的稳定性，如水平层状岩体中硐顶下沉（或底鼓）、直立层状岩体中硐室边墙内挤变形、反倾层状岩质边坡的倾倒以及顺倾层状岩质边坡的溃曲等。

9.4.1　板裂介质岩体的弯曲变形与弯曲应力

9.4.1.1　弯曲变形

板裂介质岩体发生弯曲变形时，可概化为两种基本力学模型，即悬臂梁和简支梁，利用材料力学可求得相应受力情况下的变形特征（表9.4-1）。

---

① 并非所有层状岩体均需概化为板裂介质岩体，如水平层岩体作为地基时，就可以视为分区连续介质，而水平层状岩体作为地下洞室的顶板和底板时，具有"板"的变形破坏特征，故概化为板裂介质。又如顺倾层状岩质斜坡（岩层倾向与斜坡倾向相同），当岩层的倾角小于斜坡的坡角时，显示出块裂介质岩体的平面滑动特征；岩层大于斜坡坡角时，以及岩层倾向与斜坡倾向相反时，则显示出板裂介质特征。

② 在确定了具体力学模型的情况下，某些板裂介质岩体也可以采用弹塑性力学求解。

表9.4-1 简单区域作用下梁的挠度

支承和荷载情况	挠曲线方程	最大挠度	最大转角
	$y = \dfrac{Fx^2}{6EI_z}(3l - x)$	$y_{max} = \dfrac{Fl^3}{3EI_z}$	$\theta_B = \dfrac{Fl^2}{2EI_z}$
	$y = \begin{cases} \dfrac{Fx^2}{6EI_z}(3a - x) & (0 \leqslant x \leqslant a) \\ \dfrac{Fa^2}{6EI_z}(3x - a) & (a \leqslant x \leqslant l) \end{cases}$	$y_{max} = \dfrac{Fa^2}{6EI_z}(3l - a)$	$\theta_B = \dfrac{Fa^2}{2EI_z}$
	$y = \dfrac{qx^2}{24EI_z}(x^2 - 4lx + 6l^2)$	$y_{max} = \dfrac{ql^4}{8EI_z}$	$\theta_B = \dfrac{ql^3}{6EI_z}$
	$y = \dfrac{M_e x^2}{2EI_z}$	$y_{max} = \dfrac{M_e l^2}{2EI_z}$	$\theta_B = \dfrac{M_e l}{EI_z}$
	$y = \dfrac{Fx}{48EI_z}(3l^2 - 4x^2), \; 0 \leqslant x \leqslant l/2$	$y_{max} = \dfrac{Fl^3}{48EI_z}$	$\theta_A = \dfrac{Fl^2}{16EI_z}$ $\theta_B = -\theta_A$
	$y = \dfrac{qx}{24EI_z}(l^3 - 2lx + x^3)$	$y_{max} = \dfrac{5ql^4}{384EI_z}$	$\theta_A = \dfrac{ql^3}{24EI_z}$ $\theta_B = -\theta_A$
	$y = \begin{cases} \dfrac{Fx}{6EI_z}\dfrac{b}{l}(l^2 - b^2 - x^3) \\ \dfrac{F}{6EI_z}\left[\dfrac{b}{l}(l^2 - b^2 - x^3)x + (x-a)^3\right] \end{cases}$	$y_{max} = \dfrac{Fb}{9\sqrt{3}\,lEI_z}\left(l^2 - b^2\right)^{\frac{3}{2}}$ 在 $x = \dfrac{\sqrt{l^2 - b^2}}{3}$ 处	$\theta_A = \dfrac{Fab(l+b)}{6lEI_z}$ $\theta_B = -\dfrac{Fab(l+a)}{6lEI_z}$
	$y = \dfrac{M_e x}{6lEI_z}(l^2 - x^3)$	$y_{max} = \dfrac{M_e l^2}{9\sqrt{3}\,EI_z}$ 在 $x = \dfrac{l}{3}$ 处	$\theta_A = \dfrac{M_e l}{6EI_z}$ $\theta_B = -\dfrac{M_e l}{3EI_z}$

以悬臂梁自由端受集中力作用为例，其挠曲线方程、转角及最大挠度分别为

$$\left.\begin{array}{l} y = \dfrac{Fx^2}{6EI_z}(3l - x) \\[2mm] y_{\max} = \dfrac{Fl^3}{3EI_z} \\[2mm] \theta_B = \dfrac{Fl^2}{2EI_z} \end{array}\right\} \tag{9.4-1}$$

式中，y、$y_{\max}$——挠度、最大挠度；

　　　l、x——梁的长度及距固定端的距离，$0 \leqslant x \leqslant l$；

　　　F——作用于自由端（$x=l$）的集中力；

　　　E——弹性模量；

　　　I_z——截面对中性轴的惯性矩，矩形截面为 $I_z = bh^3/12$；

　　　h、b——梁的厚度（层厚）和梁的宽度（可取单位宽度，即 $b=1.0$m）。

当岩体实际受力比较复杂时（如同时几个荷载作用），可采用叠加法，求解单个荷载产生的弯曲变形的代数和，从而得到总体弯曲变形。

根据计算结果，采用变形量标准（式(9.1 1)），评价岩体的稳定性，即

$$K = \frac{[y]}{y_{\max}} \tag{9.4-2}$$

式中，$[y]$——工程最大允许变形量（或岩体极限变形量）。

9.4.1.2 弯曲应力

板裂介质岩体在弯曲变形条件下，其层内将产生相应的弯曲应力，包括弯曲正应力和弯曲剪应力。

（1）弯曲正应力

梁纯弯曲时横截面上任一点的正应力为

$$\sigma = \frac{M}{I_z} y \tag{9.4-3}$$

式中，σ——横截面上的正应力；

　　　M——横截面上的弯矩；

　　　I_z——截面对中性轴的惯性矩，矩形截面为 $I_z = bh^3/12$；

　　　y——欲求应力点至中性轴的距离。

其最大正应力发生在距中性轴最远的位置，其值为

$$\sigma_{\max} = \frac{M_{\max}}{W_z} \tag{9.4-4}$$

式中，$\sigma_{\max}$——最大正应力；

　　　$M_{\max}$——最大弯矩；

　　　W_z——抗弯截面系数，$W_z = I_z/y_{\max}$，对矩形截面有 $W_z = bh^2/6$。

于是，通过 σ_{max} 与岩体最大强度 $[\sigma]$ 比较，计算其抗弯折稳定性，即

$$K = \frac{[\sigma]}{\sigma_{max}} = \frac{\sigma_{tm}}{\sigma_{max}} \tag{9.4-5}$$

式中，σ_{tm}——岩体的抗拉强度。

（2）弯曲切应力

当梁发生非纯弯曲时，横截面上有正应力和切应力。如矩形截面的切应力为

$$\tau = \frac{F_s}{I_z b}\left(\frac{h^2}{4} - y^2\right) \tag{9.4-6}$$

式中，τ——截面上的切应力；

$\quad\quad F_s$——截面上的剪力；

$\quad\quad I_z$——截面对中性轴的惯性矩，矩形截面为 $I_z = bh^3/12$；

$\quad\quad b$——梁的宽度，可取单位宽度，即 $b = 1.0\text{m}$；

$\quad\quad h$——梁的厚度（层厚）；

$\quad\quad y$——欲求应力点至中性轴的距离。

最大剪切应力在 $y = 0$ 处，即

$$\tau_{max} = \frac{3F_s}{2bh} = \frac{3F_s}{2A} \tag{9.4-7}$$

式中，τ——截面上的切应力；

$\quad\quad F_s$——截面上的剪力；

$\quad\quad A$——截面面积。

于是，利用式（9.4-7），通过与岩体的最大剪切 $[\tau]$ 比较，计算其稳定性，即

$$K = \frac{[\tau]}{\tau_{max}} \tag{9.4-8}$$

9.4.2 压杆稳定

对于长度 l 远大于厚度 h 和宽度 b（通常取单宽，即 $b=1$）的板裂介质岩体，当其轴向力（或轴向分量）达到一定限度，岩层可能变弯，产生失稳。有时这种失稳规模可能很大，如顺层岩质斜坡上发生的滑坡。这种板裂介质岩体可概化为细长杆，用压杆理论解决其稳定性问题以及临界荷载（或临界长度）等。

由材料力学知，细长杆的临界荷载公式（欧拉公式）为

$$F_{cr} = \frac{\pi^2 EI}{(\mu l)^2} \tag{9.4-9}$$

式中，F_{cr}——轴向临界荷载（欧拉临界荷载）；

$\quad\quad E$——弹性模量；

$\quad\quad I$——截面的形心主惯性矩（矩形截面 $I = bh^3/12$，圆形截面 $I = \pi d^4/64$）；

$\quad\quad l$——长度；

μ——长度因数，见表9.4-2。

表9.4-2　几种常见细长压杆的长度与临界荷载

支承方式	两端铰支	一端嵌固、一端自由	两端固定	一端铰支、一端固定
挠曲轴形状	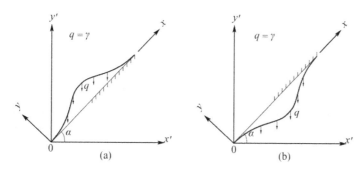			
长度因数 μ	1.0	2.0	0.5	0.7

更一般地，可将板裂介质岩体抽象为图9.4-2所示的力学模型。于是，可用静力平衡法或能量平衡法加以求解（两种方法得到的结果相同）。以能量平衡法为例，根据能量原理，岩体在外力作用下所做的功与其内部储存的变形能相等。外力做功包括轴向力 F 的功和重力做的功，储存的能量包括弹性能（外力对其做的功）和系统势能。

图9.4-2　板裂介质岩体力学模型

由此得到能量平衡方程

$$\left[\frac{1}{2}\int_0^l F(y')^2 \mathrm{d}x + \frac{1}{2}q\sin\alpha\int_0^l (l-x)(y')^2 \mathrm{d}x\right] - \left[\frac{1}{2}\int_0^l EI(y'')^2 \mathrm{d}x + \int_0^l qy\cos\alpha \mathrm{d}x\right] = 0 \qquad (9.4\text{-}10)$$

式中，α——板裂体的倾角；

$\quad l$——板裂体变形段长度；

$\quad q$——单位宽度板裂体重量；

$\quad E$——板裂体的弹性模量；

$\quad I$——板裂体截面惯性矩（取单位宽度）；

$\quad F$——作用在板裂体端部的轴向力；

$\quad y$——弯曲变形（y'、y'' 为弯曲变形对 x 的一阶和二阶导数）。

求解式(9.4-10)必须首先知道其变形曲线方程(即 $y=f(x)$)的具体形式。就图9.4-2所示力学模型，按照固定端条件（即 $y'_{(x=0)}=0$ 且 $y'_{(x=l)}=0$），弹性弯曲变形的常见方

程为

$$y = a_1\left(1 - \cos\frac{2\pi x}{l}\right) + a_2\left(1 - \cos\frac{4\pi x}{l}\right) + \qquad (9.4-11)$$

一般可取式中的第1项作为基本的本征值，以此描述弯曲变形曲线，即

$$y = a_1\left(1 - \cos\frac{2\pi x}{l}\right) \qquad (9.4-12)$$

由式(9.4-12)和式(9.4-10)，可解得弯曲变形为

$$y = \pm\frac{2l^4 q \cos\alpha}{8\pi^4 EI - 2\pi^2 Fl^2 - \pi^2 ql^3 \sin\alpha}\left(1 - \cos\frac{2\pi x}{l}\right) \qquad (9.4-13)$$

最大弯曲变形（或极限弯曲变形）为

$$y_{\max} = \frac{4l^4 q \cos\alpha}{8\pi^4 EI - 2\pi^2 Fl^2 - \pi^2 ql^3 \sin\alpha} \qquad (9.4-14)$$

由式(9.4-14)和式(9.4-10)，得板裂介质岩体发生压杆失稳的极限轴向力为

$$F_{cr} = \frac{8\pi^2 EI - ql^3 \sin\alpha}{2l^2} \qquad (9.4-15)$$

考虑到板裂岩体的实际情况，式(9.4-15)可改写为

$$F_{cr} = \psi\frac{8\pi^2 EI - ql^3 \sin\alpha}{2l^2} \qquad (9.4-16)$$

式中，F_{cr}——极限轴向力；

  α——板裂体的倾角；

  l——板裂体变形段长度；

  q——单位宽度板裂体重量；

  E——板裂体的弹性模量；

  I——板裂体截面惯性矩（取单位宽度）；

  ψ——板裂体碎裂特征系数，与结构面发育程度有关，完整板裂体，$\psi=1$。

当实际作用在板裂体端部的轴向力F大于极限值F_{cr}时，板裂体将因弯折而破裂。

9.5 块裂介质岩体稳定性分析方法

9.5.1 块裂介质岩体

（1）块裂介质岩体的研究对象

块裂介质岩体中，岩体结构有着十分重要的作用，受力后的力学性质、应力传播机制、变形机制、破坏机制和破坏型式等均与结构面密切相关，块裂介质岩体的力学行为主要为结构面的力学行为，岩体的变形破坏主要是由结构面切割而成的块体之间的相互运动，而块体自身的变形破坏则居于次要位置甚至可以忽略。显然，

这种情况下的岩体不能被"等效连续"，而必须正视结构面的存在及其效应。总之，块裂介质岩体力学分析要根据结构面组合确定可能产生滑动的块体及可能的滑动面，然后根据块体和滑动面特征，计算其稳定性，为工程对策提供依据。

（2）块裂介质岩体的研究方法

块裂介质岩体稳定性计算主要采用图解法、理论计算法和数值计算法，其中，图解法是基础、理论计算法是关键、数值计算法是补充。

（a）图解法

图解法就是利用赤平极射投影与实体比例投影，通过分析结构面及其组合特征，寻找可能块体的组成情况及其对应的潜在滑面，为定量计算准备基本资料。

如果配合摩擦圆的概念，还可在赤平投影图做出潜在块体危险性的基本判断，详见9.5.3.2节。

（2）理论计算法

理论计算法主要是基于刚体极限平衡理论的一套岩体稳定性定量计算方法，它通过潜在滑面上的抗滑力（强度）与滑动力的比较来评判块体的稳定性。该方法是块裂介质岩体稳定性分析的基本方法，已为工程领域广泛使用。

石根华将作图法和刚体极限平衡法完满结合，提出了关键块体理论。

（3）数值计算法

针对块裂介质岩体的数值计算方法主要是DEM，如UDEC/3DEC等。

此外，石根华从另一个方面提出了DDA（不连续变形分析），用于块体稳定性评价的方法，也在块裂介质岩体稳定性评价中得到广泛运用。

赤平极射投影与实体比例投影等作图法详见附录A；块体理论、DEM和DDA请参阅相关著作。本节主要介绍刚体极限平衡法。

9.5.2 刚体极限平衡分析的基本原理

9.5.2.1 原理

岩体本身非常复杂，且其强度、密度、孔隙水压力和各种结构面等在整个岩体内部都是变化的，这就限制了弹塑性理论在岩体稳定性研究中的直接应用，尤其是上述因素又是控制岩体极限抗力的重要组成部分。为了能够在岩体稳定性研究中引进这些重要的控制因素，人们提出了半经验性质的基于塑性理论发展起来的刚体极限平衡分析方法。

如图9.5-1(a)，刚体极限平衡理论仅要求滑动面上满足塑性条件，勿须塑性理论那样要求滑动体内任一点均满足塑性条件，即破坏面所包围的岩体本身不需要满足塑性条件。

刚体极限平衡方法将滑动块体视为刚体，根据滑动面上的滑动力和抗滑力，确定块体的稳定性，即

$$K = \frac{[T]}{T} = \frac{(\sigma_n \tan\varphi + c)A}{T} \tag{9.5-1}$$

式中，K——潜在滑动块体的稳定性系数；

$\quad\quad [T]$——滑动面上的抗滑力；

$\quad\quad T$——块体沿滑动面方向的滑动力。

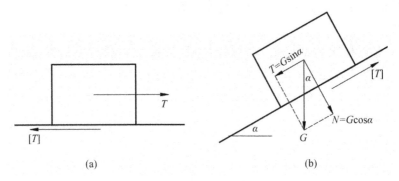

(a)　　　　　　　　　　　(b)

图 9.5-1　刚体极限平衡原理

9.5.2.2　分析步骤

（1）几何边界条件分析

几何边界条件是指构成可能滑动块体的各种边界结构面及其组合关系。由于性质及所处的位置不同，几何边界条件中的各种结构面在稳定性分析中的作用也不相同，包括滑动面、切割面（侧向切割面、后缘切割面）和临空面，这 3 种面是块体滑动破坏必备条件。滑动面一般是指滑动作用的面（失稳块体沿其滑动），包括潜在破坏面；切割面即切割岩体的面，由于失稳岩体不沿切割面滑动，故不起抗拉作用，如平面滑动的侧向切割面及后缘拉裂面。因此，在块体稳定性系数计算时，常忽略切割面的抗滑能力，以简化计算。滑动面与切割面的划分有时也不绝对，如楔形体滑动的滑面就兼有滑动面积切割面的双重作用，各种面的具体作用应结合实际情况而定。临空面常由地面或开挖面组成，是指临空的自由面，它的存在为块体滑动提供了活动空间。

通过赤平极射投影和实体比例投影等图解法或者空间解析几何，分析研究对象（斜坡/边坡、硐室、地基）中结构面的组数及各组的产状和规模，并分析各组结构间的组合关系及其与临空面的关系。据此，确定可能存在的潜在滑动块体的滑动面和切割面，利用这些面的组合关系确定滑动块体的位置、规模及形态，定性判断块体的破坏类型[1]及滑动方向。

（2）受力分析

在选定的潜在滑动破坏面上，开展块体受力分析，确定沿滑动方向的滑动力

---

　　[1] 几何边界条件分析中，借助赤平极射投影分析，可确定岩体的基本破坏类型，包括倾倒（崩塌）、滑动（单滑面平面滑动、双滑面平面滑动、多滑面平面滑动、多滑面空间楔形体滑动、圆弧滑动）、直接掉落等。

T、计算滑动面上的抗滑力 T。滑动力是各种应力（包括自重应力、水压力、地震力等）沿下滑方向应力分量的总和。计算时可以将它们分别沿滑动面分解，然后求和；也可以先求它们的合力 R，然后将合力沿滑动面上分解。

在确定潜在滑动面抗滑力 $[T]$ 时，通常要考虑岩体的自重应力、水压力及其它荷载作用对抗滑力的贡献，并假定它们沿整个滑动面均匀分布，且必须事先知道可能滑动面的剪切强度参数 (c, φ) 及其它计算数据。抗滑力 $[T]$ 一般由 Mohr-Coulomb 准则确定，即

$$[T] = [\tau]A = (\sigma_n \tan \varphi + c)A \tag{9.5-2}$$

式中，σ_n——滑动面上的正应力；

$\qquad c$、φ——滑动面的抗剪强度参数；

$\qquad A$——滑动块体与滑动面的有效接触面积。

（3）计算参数的确定

计算参数主要是滑动面的剪切强度参数，它是稳定性系数计算的关键指标之一。滑面的抗剪强度参数通常依据以下3种情况来确定，即试验数据、极限状态下的参数反算和经验参数。近年来发展起来的以岩体工程质量分级为基础的经验估算方法为计算参数的确定提供了新的途径，详见第8章。

（4）稳定性系数计算与稳定性评价

根据刚体极限平衡原理，由式（9.5-1），稳定性系数 K 为

$$K = \frac{[T]}{T} = \frac{(\sigma_n \tan \varphi + c)A}{T} \tag{9.5-3}$$

如图 9.5-1(b)，倾角为 α 的滑动面上的块体在自重作用下的稳定性系数为

$$K = \frac{[T]}{T} = \frac{G \cos \alpha \tan \varphi + cA}{G \sin \alpha} \tag{9.5-4}$$

式中，G——滑体的重量；

$\qquad \alpha$——滑面倾角；

$\qquad A$——块体与滑面的接触面积。

计算中，如果滑动块体是规则体，则可以采用单位宽度，以减小计算量。如图 9.5-1(b)的情况，可按单位宽度计算其稳定性系数，即

$$K = \frac{[T]}{T} = \frac{G' \cos \alpha \tan \varphi + cl \times 1}{G' \sin \alpha} \tag{9.5-5}$$

式中，G'——单位宽度滑体的重量；

$\qquad \alpha$——滑面倾角；

$\qquad l$——块体与滑面的接触长度。

9.5.2.3 刚体极限平衡法的优缺点

刚体极限平衡分析方法是在一种虚拟情况下进行的，它不能求失稳前岩体的真

实应力情况，更不能求岩体的变形，即不能反映出岩体内真实的应力-应变关系，只是借此来推求岩体稳定性系数，而且对滑面上的应力作了不切合实际的平均分布假定，所求稳定性系数是滑动面上的平均值，并非精确解。因此，它无法分析岩体从变形到破坏的发展过程，也无法考虑累进性破坏对岩体性的具体影响。

刚体极限平衡法适合于不连续性、各向异性和非均匀性岩体的稳定性，尤其可方便地考虑复杂的外荷载及其组合，因而该方法是一种可考虑多种因素且较简便的方法。只要对其基本原理有透彻了解，综合考虑各种影响因素，合理选用计算数据和计算方法，能得到较为满意的解答。特别在精确分析方法尚未成熟之前，它仍不失为一种比较有效的分析方法，已被广泛运用于斜坡、地基及硐室围岩稳定性分析评价中。

在块裂介质岩体稳定性分析中，基于刚体极限平衡原理，不同学者针对具体的滑面特征以及对滑动块体内部受力状态的不同处理，提出了众多具体的刚体极限平衡分析方法，如Janbu法、Bishop法和Sarma法等，详见第10章～第12章。

9.5.3　滑动面的选取及危险滑动的确定

9.5.3.1　潜在滑面的选择

（1）准确选择潜在滑面的意义

众所周知，准确的计算结果取决于计算方法、计算模型和计算参数。刚体极限平衡分析法也是如此，由式(9.5-4)或式(9.5-5)可知，在利用刚体极限平衡法研究岩体稳定性时，关键问题滑动面及其抗剪强度参数，这是获得准确计算结果的必要前提和保证。

滑面强度参数必须通过对结构面详细研究，然后合理选取，这已在第6章详细介绍，在此不予赘述。

准确确定滑动面条件是刚体极限平衡法的基本要求，包括可能失稳岩体的边界条件，特别是可能滑动面的位置、形态、产状及其与临空面的关系。由于刚体极限平衡法中，滑动面不是通过塑性理论（滑移场）计算并由应力状态和岩体强度计算而确定的，而是人为选择的或假定的。潜在滑面选择得是否正确，直接关系到计算结果的代表性及正确性；同时，若潜在滑动面选择得好，可大大减少计算工作量。总之，刚体极限平衡法中，潜在滑面的选择十分重要。

（2）潜在滑面的选择方法

（a）根据实践经验确定潜在滑面

根据不同岩体条件发生滑动破坏的总体规律，来选择或确定潜在滑面。例如，均质土坡的破坏面形状常接近圆弧形；承受基础荷重土基的破坏面呈螺线形；含软弱结构面岩体的破坏面总会包含软弱面的一段或者全部；岩质斜坡的破坏多沿已有软弱结构面或不同组合结构面发生等。

（b）根据岩体结构分析确定潜在滑面

岩体结构分析就是在地质调查和研究基础上，开展研究区岩体结构面的精细研究；其次用赤平极射投影和实体比例投影法（详见附录A），绘制工程岩体结构图，必要时，工程要素也一并反映在极射投影图上；然后在图上，根据结构面组合关系以及与工程要素关系，找出可能滑动块体及潜在滑动面。

结构分析法有时也称图解法，是块裂介质岩体稳定性分析的基本方法和基础方法。一方面，在工程初期或者计算精确度要求不高时，该方法本身就可以粗略估计岩体的滑动稳定性；另一方面，利用该方法寻找的潜在块体及其潜在滑动面，为刚体极限平衡法等定量计算的提供滑动面及块体基本参数，如滑面产状和块体大小等。

在块裂介质岩体稳定性评价方法中，如石根华提出的关键块体理论就是运用这种方法确定可能滑动块体及其潜在滑面，进而开展静力学计算，确定稳定性系数。

基于结构面摩擦圆概念，利用结构面基本参数也可方便找出潜在块体及滑面。

9.5.3.2 摩擦锥与摩擦圆

自重作用下的结构体的滑动稳定性主要取决于结构面及其组合交线的产状和结构面摩擦阻力。如图9.5-2(a)，重量为G的块体位于倾角为α的滑面上。下滑力$S=G\sin\alpha$，而抗滑力$T=G\cos\alpha\tan\varphi+cl$，稳定条件为$T \geq S$，即$G\cos\alpha\tan\varphi+cl \geq G\sin\alpha$。若不考虑$c$时，稳定条件为$\tan\varphi \geq \tan\alpha$，即$\varphi \geq \alpha$。

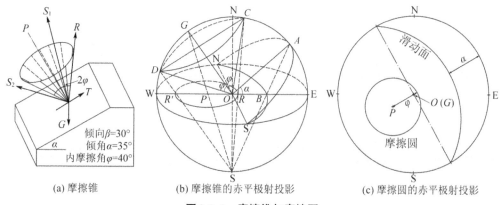

倾向$\beta=30°$
倾角$\alpha=35°$
内摩擦角$\varphi=40°$

(a) 摩擦锥　　　　(b) 摩擦锥的赤平极射投影　　　　(c) 摩擦圆的赤平极射投影

图9.5-2　摩擦锥与摩擦圆

若将抗力[T]与重力G的法向反向力（大小为$G\cos\alpha$）之合力定义为摩阻力R，R与滑面的法线方向P的夹角为φ。岩体抗滑力T是矢量，其作用方向决定于滑动方向并始终与滑动方向相反。在滑动面上，根据滑动力合力S方向的不同，滑体可以沿任意方向是任意方向滑动，因此，抗滑力T的方向也是任意的，即摩阻力R可以是以滑面法线P为轴且顶角为2φ的圆锥面上的任意位置。该圆锥面即称为摩擦锥（图9.5-2(a)），其圆锥面代表了摩阻力的全部可能方向，它代表了稳定性系数$K=1.0$的极限平衡条件。如果外力合力（滑动力）S的方向与滑面夹角小于φ（即合力矢量位于圆锥面之内），则不论合力S力方向如何（如图9.5-2(a)中S_1），块体均是稳定的；若合力位于该圆锥面之外（如图中S_2），则块体将失稳；若合力正好位于圆锥面上，则块体处于极限平衡状态。

如图9.5-2(b)，在赤平极射投影图上，摩擦锥的投影为一与基圆圆心不重合的小圆 RR'，该圆即称摩擦圆（简称φ圆）。例如，内摩擦角φ=40°、产状为SN/W∠35°的滑面，其摩擦圆如图9.5-2(c)所示。

利用滑动面摩擦锥的概念和赤平极射投影图上的摩擦圆，只需将合力S同时在赤平极射图上做全力矢量投影（矢量投影结果为1个点），可方便地进行块体稳定性分析。若合力投影点位于摩擦圆内，则块体稳定；位于摩擦圆上，则处于极限平衡状态；若位于摩擦圆外，表明块体不稳定，必要时需做详细分析。如图9.5-2(c)，重力的投影为圆心，它位于摩擦圆之内，表明该块体是稳定的。

摩擦圆也可用另外一种形式表示，即以基圆的圆心为圆心，以90°-φ为半径，做1个同心小圆，代替摩擦圆（图9.5-3）。如果摩擦圆与滑面大圆不相交，则该块体处于稳定状态；反之，若二者相交，则块体不稳定。

在进行岩体稳定性分析时，可利用结构面或结构面组合交线与摩擦圆的关系，初步判断块体的稳定性。如图9.5-4，φ圆与边坡表面的投影大圆组成的阴影部分即为边坡与摩擦圆包围的危险区，当结构面或其组合交线位于该区之内时，块体有可能滑动，属不稳定岩体，需开展进一步的力学分析。

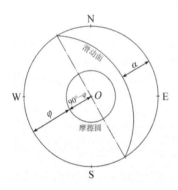

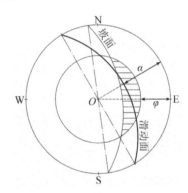

图9.5-3 摩擦圆的表示形式之二　　　图9.5-4 单滑面块体滑动摩擦圆分析

9.5.3.3 确定最危险滑面及其稳定性系数

由于可能滑动面是假定的，所以滑动面可能不止一个，这样就要重复上述步骤，试算每个可能性滑动面所对应的稳定系数K值，其中最小者接近于问题的解答，相应的破坏面也就是最危险的滑动面，代表实际破坏面。当然实际的滑动面取决于结构面的空间分布和它具有的抗剪强度。

10 硐室围岩稳定性分析

本章知识点

(重点▲，难点★)

地下硐室的基本特征、围岩应力重分布与围岩压力及硐室变形破坏的关系；▲★

不同条件下（天然应力、硐室断面形态）围岩应力重分布特征▲

连续介质岩体地下硐室稳定性评价（应力分布、变形、破坏特征）▲★

碎裂介质岩体地下硐室稳定性评价

板裂介质岩体地下硐室稳定性评价

块裂保持岩体地下硐室稳定性评价

有压硐室与竖井等特殊硐室的稳定性评价

围岩与结构共同作用原理▲

10.1 概述

10.1.1 地下硐室及其基本特征

地下硐室（underground cavern）是修建在地下岩层内的各种通道或空洞[①]，包括矿山井巷（巷道、竖井、斜井）、交通隧道、水工隧洞、地下厂房、地下车库、储油库、地下军事工程（导弹发射井、地下飞机库）、高放废物地质处置等。虽然它们用途不一、规模不等、工作方式各异，但均有一些共有特征，包括：需在岩体内开挖出具有一定横断面积并有较大延伸长度的地下空间；处于初始应力场且因施工导致初始应力状态的改变；大多修建在地下水位以下，会引起渗流场的改变；多修建于温度平稳的地温环境中，温度等于地表平均温度加上地温梯度（0.5～5 ℃/hm）与埋深的乘积。

地下工程包括许多方面，其中有些与岩体条件无关（受工程用途决定），但许多关键问题均与岩体力学有直接的关系，如硐室特征（位置、尺寸、形状和方位等）的确定、支护特征（类型、刚度和时间等）的选择、施工通道的安排、施工工艺的制订以及观测的布置等。岩体力学必须提供地下工程设计、施工、监测和安全运营等各方面的资料，如初始应力、硐室周边应力、材料性能、设计所需资料（应力、

[①] 有时也称作"洞室"。只是为了强调岩质洞室，故称作"硐室"。

变形、温度、水流）的分析以及观测数据的解释和分析。

为此，必须在对岩体特性进行恰当评价的基础上，了解和掌握各类岩体中地下硐室开挖前的初始应力状态及其工程开挖后围岩应力的分布与演化规律，分析硐室围岩的变形破坏机制和规律，评价硐室围岩稳定性并预测演化趋势。

10.1.2 硐室围岩应力

由前可知，未受工程活动扰动的岩体称为天然岩体或者原岩（virgin rock），而其赋存的地应力环境为天然地应力场或原岩应力场。工程活动之前的岩体中的任一点已经处于相对平衡状态，其平衡应力就是天然应力。在岩体中开挖地下硐室，必然破坏岩体内原有应力的相对平衡状态，引起一定范围内天然应力状态的重新分布（stress redistribution），并发生径向伸长和切向缩短变形，致使径向应力降低而切向应力升高，并建立新的应力平衡状态。应力重分布影响范围内的岩体即为硐室围岩（surrounding rocks）。围岩内重分布后的应力称为围岩应力（stress in surrounding rocks），相对于原岩应力（或天然应力）有时也称为二次应力。

硐室开挖后，围岩应力的变化情况或应力重分布的程度可用应力集中系数 k 反映，应力集中系数指某点的二次应力 σ 与开挖前的天然应力 σ_0 之比，即

$$k = \frac{\sigma}{\sigma_0} \tag{10.1-1}$$

若 $k > 1$，表明围岩应力较天然应力增大，呈现变化的区域即为应力集中区；若 $k < 1$，表明围岩应力较天然应力减小，呈现变化的区域即为应力降低区。

硐室围岩应力集中程度随着远离硐壁而逐渐减弱，当达到一定距离（如 $r=6a$）后，已基本无变化，而趋近于岩体的天然应力状态，即 $k \to 1$。

10.1.3 硐室围岩的变形与破坏

开挖硐室后，若围岩的二次应力小于岩体强度，则围岩只产生弹性变形或微小塑性变形，岩体自身可作为支承结构承受地层压力而自行稳定，因而硐室是稳定的。反之，围岩将发生脆性破坏或因较大塑性变形而破坏，硐室不稳定，若无支护，围岩将破碎塌落；若有支护，围岩将以一定的压力挤压支护结构。由此可见，围岩处于稳定状态还是不稳定状态是围岩重分布应力与岩体强度之间矛盾的不同表现形式。

据此，根据重分布后的应力状态、应变状态或位移，由式(9.1-1)～式(9.1-4)，判断围岩变形破坏机制（拉张、剪切）及其稳定性。当 $K < 1$ 时，围岩不稳定，硐室开挖使围岩发生失稳破坏，如岩爆、冒顶、底臌、塌落和侧邦突出等。

硐室围岩破坏有以下几种基本形态。

（1）硐室围岩整体稳定

在坚硬且完整性较好的岩体中开挖硐室，由于岩体强度较高，成硐后的二次应力低于围岩的强度，硐室处于稳定状态。有时由于裂隙切割，可能形成不利组合，

或由于施工中爆破作用，致使产生岩块掉落现象，这种掉块现象大都是局部的，一般不会造成硐室整体失稳。

（2）硐室围岩发生脆性断裂破坏

围岩的拉断一般出现在硐顶，因顶部容易出现拉应力。在松散、破碎和完整性差的岩层中，可能由于顶部拉裂而发生严重的冒顶现象，直至最后形成一个相应的拱形而暂时稳定下来（图10.1-1）。在坚硬岩层中，若层理、节理等结构面切割具有不利组合，将使硐室顶拱部分岩体破裂，如岩层产状平缓且中厚层与薄层相间时，顶板处薄层极易塌落，形成叠板状（图10.1-2(a)）；有时夹有软弱薄层的中厚层，硐轴线与主构造线接近平行或小角度相交，硐顶塌落成尖顶状（图10.1-2(b),(c)）。硐室侧壁一般处于受压状态，故其断裂破坏较顶部为少。在松散破碎岩层中，侧壁可能垮塌成斜面（图10.1-1）。在坚硬岩层中，当岩层产状较缓时，一般侧壁不易垮塌（图10.1-2(a),(b)）；当岩层为急倾斜时，一般沿倾斜的上方容易垮塌（图10.1-2(c)）；高边墙可能垮塌的范围，取决于结构面的空间分布、发育密度及充填胶结情况（图10.1-2(d)）；当初始应力较大时，可能产生岩爆。

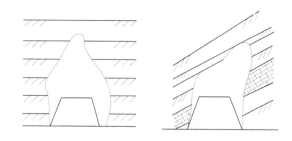

图10.1-1　松散岩体中的硐室冒顶

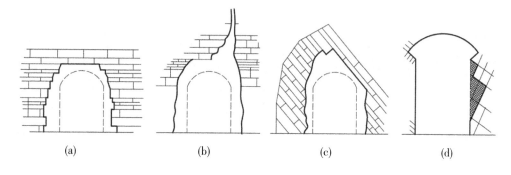

(a)　　　　　　(b)　　　　　　(c)　　　　　　(d)

图10.1-2　坚硬岩体中的硐室崩塌

（3）硐室围岩延性破坏

当岩体强度较低时，围岩应力极易超过其屈服强度，产生整体塑性剪切变形，并向硐内鼓胀（图10.1-3），表现为顶板悬垂、两帮突出和底板隆起等。但这种变形破坏是缓慢的，而且它们仅发生在围岩一定范围（塑性圈）之内，塑性圈外的岩体则依然处于原有状态。塑性圈的继续发展，可形成塑性松动圈。

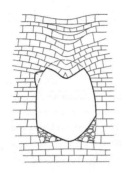

图 10.1-3　硐室的塑性变形

10.1.4　围岩压力

10.1.4.1　围岩压力的概念

地下工程不同于地面建筑，它存在于岩体内部，应把地层视为支护结构的共同承载部分，也即支护结构和地层共同组成静力承载体系。地层的静力作用十分重要，倘若没有这种作用，硐室的施工将十分困难，有时甚至是不可能的。硐室开挖后，出现围岩二次应力状态并产生相应的变形。如前所述，随地质条件和工程条件的不同，硐室围岩的变形或者属于弹性变形，在无支护情况下靠地层自身支承力仍能维持稳定；抑或因为继续变形或岩体强度较低而导致破坏。

对于不稳定硐室，为了保障其安全，阻止围岩的继续变形、松动或塌落，必须对其进行支护，此时，支护结构与围岩发生了相互作用。工程实践中，一般将由围岩引起并作用在支护结构上的压力称为围岩压力（狭义）。围岩压力（surrounding rock pressure）有时也被称为地压（ground pressure）、山岩压力、矿压和岩压等。

狭义围岩压力是基于"荷载–结构"理念提出的概念，认为围岩是荷载的提供者，支护结构是荷载的承担者，硐室稳定性靠支护结构来维持。狭义围岩压力的概念并不完整，一方面，地下岩体因开挖所引起的力学效应形式多样，如硐壁上顶板、底板、两帮的净空位移（即收敛（convergence））、底臌（floor heaving）、围岩的宏观和微观破裂、岩层移动、片帮冒顶和支架破坏等，都是地压显现；另一方面，从岩体力学角度，围岩既是荷载的提供者，同时也是荷载的承担者（即岩体有一定的自承能力），围岩独立（或与支护结构共同）维持着硐室稳定性。在此意义上，将围岩二次应力状态的全部作用称为围岩压力（广义）。在无支护硐室中，这些作用出现在围岩的部分区域内，由围岩自承能力维持硐室稳定；在有支护硐室中，表现为围岩与支护结构相互作用，共同维护硐室的稳定。

10.1.4.2　围岩压力的类型

根据作用方式，围岩压力可分为形变围岩压力、松动围岩压力、膨胀围岩压力和冲击围岩压力共 4 类。

（1）形变围岩压力

形变围岩压力是指大范围内围岩形变受支护结构阻挡而作用在支护结构的压力。形变围岩压力的特点是表现在围岩与支护结构相互作用，形变压力的大小取决于围岩的力学性质和原岩应力状态，也与支护结构的特性及支护时间有关。

按围岩变形特征，形变围岩压力分为弹性形变围岩压力、塑性形变围岩压力、流变围岩压力。

（a）弹性形变围岩压力

当采用紧跟掘进面支护时，工作面附近围岩的弹性变形还未完全释放，支架阻挡了弹性变形，于是承受弹性形变压力。

（b）塑性形变围岩压力

如果围岩重分布应力较大，达到（超过）围岩的屈服极限而发生塑性变形。为保持硐室围岩处于稳定状态，阻止围岩塑性变形继续扩展，支护结构受到塑性形变围岩压力。

（c）流变围岩压力

某些具有显著流变的岩体（如岩盐），地下硐室开挖后，其变形随时间而持续增长（若无支护，硐室经一段时间后完全闭合），支护结构为限制围岩流变而受到了流变围岩压力。

（2）松动围岩压力

松动围岩压力是指破坏松动部分的岩石块体直接作用于支护结构上的压力，其大小等于这些块体的重量。因此，松动围岩压力本质上应视为一种松动的静载。一般硐顶的松动压力较大，两侧稍小，底部一般不出现松动围岩压力。

松动围岩压力包括松散体塌落压力和块裂体滑落压力，可出现在各种地层中，如整体稳定性围岩中，个别松动冒落岩块对支架造成的压力；松散软弱围岩中，冒顶、片帮等作用在支架上的压力；岩块强度高但结构面发育的围岩中，某些部位岩体沿弱面滑移，冒落并作用在支架上等。

松动围岩压力不仅与岩体基本特征有关，也与施工方法、爆破影响、支护时间、支护结构形式和硐室断面形态等工程因素有关。某些岩体因风化等原因，会在开挖一段时间后局部冒落，使形变围岩压力转化为松动围岩压力。当岩体的强度高、完整性好且初始应力不太高，围岩压力一般为形变压力（尤其弹性形变压力），通常勿须支护；当岩体松散破碎或结构面发育时，围岩压力多表现为松动围岩压力。岩体完整性越差，天然应力越高，越容易发展为松动围岩压力。因此，可以认为，形变围岩压力和松动围岩压力是不同性质岩体中围岩压力发展不同阶段的不同表现形式。

（3）膨胀围岩压力

膨胀围岩压力是指支护结构为限制或阻止围岩膨胀变形而受到的压力。围岩吸水膨胀而发生较大变形，如顶板下沉、底板隆起（底臌）、侧帮突出等。膨胀围岩压力产生主要原因是岩体本身的力学性质和水的活动，对于含某些膨胀性黏土矿物的围岩，由于地下工程的开挖，围岩与水接触，从而发生吸水膨胀，当其受阻时，遂产生膨胀压力。

膨胀围岩压力可视为一种特殊的形变围岩压力（膨胀变形）。

（4）冲击围岩压力

冲击围岩压力是硐室开挖使贮存于岩体中应变能突然释放而作用于衬砌上的一种特殊的围岩压力，亦称岩爆（rock burst）。冲击围岩压力它不是靠脱离体的自重提供，而主要是由脱离体的动量提供。根据强烈程度，冲击围岩压力分为爆炸型、压力型、爆破型、射落型、微冲击型和振动型等。

冲击围岩压力常发生在坚硬致密岩体中，尤其深部地下工程或高地应力区地下工程。坚硬岩体中积累了很大的弹性变形能，当其被开挖时，高地应力和弹性变形能突然释放而产生冲击围岩压力，其过程类似于爆炸，故它是一种动力现象。

总之，对于整体稳定的硐室，无衬砌支护的必要，虽然有时为防止风化也加以支护，但无围岩压力。塑性破坏的不稳定硐室，衬砌的目的在于阻止既有塑性区的继续扩展或地层运动，从而使支护结构受到压力，即形变围岩压力；当岩体中含有大量蒙脱石等膨胀性黏土岩时，其膨胀变形对衬砌产生了一种特殊的形变围岩压力，即膨胀压力。对于脆性破坏失稳的硐室，支护的目的也是阻止其进一步破坏，松散块体或块裂体与母岩脱离并塌落或滑落的形式作用在衬砌上，支护结构受到松动围岩压力。

10.1.5　围岩稳定性影响因素

硐室稳定性就是工程活动影响下围岩应力状态与围岩力学性质间的矛盾对比。影响硐室围岩应力状态和围岩力学性质的因素很多，即硐室稳定性的因素很多，总体上有地质因素和工程因素两方面。地质因素是自然属性，反映了硐室稳定的内在联系；工程因素是改变硐室稳定状态的外部条件。正确认识内在因素和外部因素间的关系并合理利用这种关系，必要时借助正确的工程措施，影响和控制地质条件的变化和发展，保证地下工程的安全。

10.1.5.1　地质因素

至此已经知道，岩体是由岩石、岩体结构和赋存环境三大要素共同组成的地质体。岩体的力学性质（变形、破坏和强度特征）是岩石和结构面共同贡献和决定的，同时受到赋存环境的影响。这些地质因素作为内在要素，不仅直接影响着开挖后的围岩（工程岩体）力学性质，也在一定程度影响着开挖后围岩的应力状态，进而影响着硐室稳定性。

（1）岩性特征

岩性直接影响着围岩的稳定性及变形破坏特征。坚硬致密岩层中的硐室一般处于弹性状态，仅有弹性变形或较小塑性变形，而且变形在开挖过程中业已完成，不产生形变压力，不需要支护（为防止围岩掉块和风化，也可设置支护）；如果处于高地应力区或埋深过大，坚硬致密岩层中的硐室有可能产生较强烈岩爆，支护结构将承受冲击围岩压力。岩性软弱岩体中的硐室一般都会出现大的塑性变形，产生很大的塑性破坏区，需要工程支护，支护结构将受到塑性形变压力甚至松动压力。

（2）结构岩体特征

（a）结构面发育和分布特征

结构面发育和分布特征（产状、发育密度、延展性、表面形态等）直接决定着围岩的完整性和块体特征，进而决定着围岩的变形破坏模式和机制，或局部块体掉落，或整体冒顶塌落。总之，对于围岩稳定性而言，岩体完整性的影响远大于岩石坚固性。即使岩石强度很高，若其结构面极发育，围岩也将发育类似于软弱岩性围岩的大变形和塑性形变压力。

（b）软弱结构面特征

岩体内各类软弱结构面的发育和分布特征，如产状、分布、表面形态、充填特征（充填物、充填程度）等，均控制着岩体的力学性质，进而影响到硐室的稳定性及围岩压力的大小。

（3）天然应力状态

一方面，天然应力状态影响着天然岩体的力学性质；另一方面，围岩应力状态实质上就是工程活动作用力"叠加"于天然应力场之上而致使天然应力场发生的改变，围岩应力（围岩压力）均与天然应力直接相关（后文详细论述）。因此，无论围岩的力学性质，还是围岩的应力状态，均与天然应力场密切相关。

（4）地下水活动状况

地下硐室开挖后，由于应力状态的改变，部分原本闭合的结构面张开，施工用水或其它地下水进入到围岩，发生水岩相互作用，劣化了围岩的物理力学性质；另一方面，水进入到结构面内产生裂隙水压力，降低了岩体内的有效应力。于是，地下水从围岩性质和应力状态两方面影响着围岩稳定性。

10.1.5.2 工程因素

（1）硐室的埋深或覆盖层厚度

埋深对围岩稳定性和围岩压力影响显著。对于浅埋硐室，因围岩强度不足，常出现塌落等各种破坏，对支护产生松散围岩压力；围岩压力随埋深增加而增加，但围岩应力（水平应力和垂直应力）也随深度而增加，对围岩稳定性有一定改善。对于深埋硐室，围岩应力较大，而且水平埋深越大、围岩应力越大，围岩可能出现潜塑性状态，发生塑性变形，并对支护产生塑性形变压力，严重时发生失稳破坏。

（2）硐室的轴线方位

硐室几何轴线与主构造线和软弱结构面的方位关系（即夹角）对硐室稳定性及围岩压力影响极大。当轴线与最大主应力方向平行时，围岩应力分布对围岩稳定性最为有利，围岩压力也最小；反之，轴线与最大主应力正交（或大角度相交）的硐室对稳定性最不利。

（3）洞室的断面形状和尺寸

硐室的断面形状（包括硐室平面型式、立体型式、高跨比或矢跨比）和尺寸大小影响着围岩应力的分布，因而影响着围岩稳定性和围岩压力的大小。通常情况下，圆形和椭圆形硐室围岩应力分布均匀，而矩形和马蹄形、直墙圆拱形等其它形状硐室围岩应力分布不均匀，应力集中程度明显（硐顶易于拉应力集中、转角处应力集中程度更高）。当然，具体硐室的断面形状应视实际地质条件而定。如均匀天然应力场中圆形硐室最好；非均匀天然应力场中，椭圆形硐室最好（长轴应与最大应力方向一致）。弹性力学分析结果表明，对于某种形状的硐室，随着跨度增大，围岩压力也增大，尤其是大跨度硐室，容易发生局部塌落和偏压等。

（4）相邻硐室的间距

硐室围岩应力集中程度在硐壁最高，随着硐径增大而减小以至处于天然应力状态。若两个硐室间距较小，一个处于另一个的围岩强烈影响区内（或者相互都处于对方的影响区），对稳定性极为不利。因此，必须综合分析，确保硐室不处于其它硐室的影响区。

（5）支护结构的型式和刚度

在不同围岩压力下，支护具有不同的作用。松动压力作用下的支护主要承受松动或塌落岩体的自重，起着承载结构的作用；在塑性形变围岩压力下的支护主要用来限制围岩变形，起着维护围岩稳定的作用。通常情况下，支护同时具有这两种功能。目前采用的支护有外部支护和内承支护（自承支护）。外部支护就是通常的衬砌，用以承受松动塌落岩体的自重产生的荷载，在密实回填的情况下，也能起到维持围岩稳定的作用。内承支护或自承支护是通过化学灌浆或水泥灌浆、锚杆、喷混凝土等方式加固围岩，增强围岩的自承能力，从而增强围岩的稳定性。

支护型式、支护刚度和支护时间（开挖后围岩暴露时间）对围岩压力都有一定的影响。硐室开挖后随着径向变形的产生，围岩应力产生重分布，同时，随着塑性区的扩大，围岩所要求的支护反力也随之减小。所以，采取喷混凝土支护或柔性支护结构能充分利用围岩的自承能力，使围岩压力减小。但是，支护的柔性不能太大，因为当塑性区扩展到一定程度出现塑性破裂时，岩体的强度参数相应降低，引起围岩松动，此时塑性形变围岩压力就转化为松动围岩压力且可能达到很大的值。尚需指出，支护结构的刚度不仅与材料和截面尺寸有关，也与支护结构的形式有关。实践表明，封闭型的支护比非封闭型的支护具有更大的刚度。对于可能出现底臌的硐室，尤以封闭型支护为宜。

（6）施工中的技术措施

施工技术措施是否得当，包括爆破造成松动和破碎程度、开挖方法和顺序、支护的及时性、超挖或欠挖情况和围岩暴露时间等，对硐室稳定性和围岩压力都有很大影响。

10.2　围岩应力重分布规律

由于围压的存在，对于地下较深部位岩体的岩体结构效应不明显，甚至已不起作用，此时岩体的力学性态满足或接近连续介质。因此，对于较深岩体的天然应力状态以及开挖之初的围岩应力状态，可用弹性力学的相关理论来分析，以此作为天然应力和初始围岩应力，为后续分析奠定基础。当然，地下硐室的开挖，应力重分布可能引起岩体力学介质的转化（如由未开挖前的连续介质转化为开挖后的块裂或板裂介质），应引起重视，不过可用连续介质计算的围岩应力作为块裂或板裂介质岩体硐室分析的基础。

本节先以连续介质为基础，阐述硐室开挖引起的围岩应力重分布基本规律。

10.2.1　水平圆形硐室围岩应力

10.2.1.1　围岩应力分布解答

假设在埋深为 H 深处开挖一个半径为 a 的地下硐室。研究表明，当 $H \geqslant 20a$，忽略影响范围内的岩体自重与原问题误差不超过10%。因此，深埋硐室（$H \geqslant 20a$）计算范围内水平力可简化为不考虑自重的均布力，以硐中心自地面距离 H 为埋深，如图 10.2-1(b)。

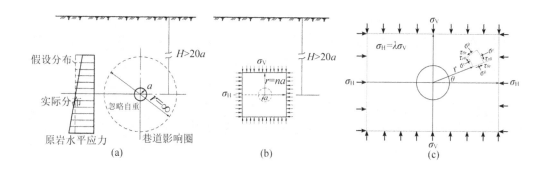

图 10.2-1　弹性岩体中硐室围岩应力

于是，简化为如图 10.2-1(b)所示的连续介质中无限长圆形孔口应力分布问题，故属平面应变问题（$u_z=0$；$\varepsilon_z=0$，$\gamma_{\theta z}=\gamma_{zr}=0$；$\sigma_z \neq 0$，$\tau_{\theta z}=\tau_{zr}=0$）。假设天然应力场已知，垂直分量为 σ_V，水平分量为 σ_H，不失一般性，假设 $\sigma_V \neq \sigma_H$，显然这是一个结构对称但荷载不对称问题，可采用极坐标系，在岩体内任一点 (r,θ) 取微元体进行分析（图 10.2-1(c)）。

硐室开挖前，岩体内某点 (r,θ) 的天然应力状态可由应力坐标变换确定，即

$$\left.\begin{array}{l} \sigma_r^0 = \dfrac{\sigma_V + \sigma_H}{2} + \dfrac{\sigma_H - \sigma_V}{2}\cos 2\theta \\[3mm] \sigma_\theta^0 = \dfrac{\sigma_V + \sigma_H}{2} - \dfrac{\sigma_H - \sigma_V}{2}\cos 2\theta \\[3mm] \tau_{r\theta}^0 = \dfrac{\sigma_H - \sigma_V}{2}\cos 2\theta \end{array}\right\}$$ （10.2-1）

式中，σ_V、σ_H——初始应力场的垂直分量和水平分量；

σ_r^0、σ_θ^0、$\tau_{r\theta}^0$——开挖前任意一点（r,θ）的径向应力、切向应力和剪应力。

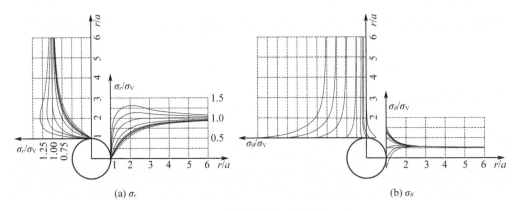

图10.2-2　弹性岩体中硐室围岩应力

　　硐室开挖后，由开挖引起的围岩应力重分布可用弹性力学中双向受力的圆孔问题来解决，即柯西解。由第9章，极坐标系平面应变问题的基本方程分别为式（9.3-1d）、式（9.3-2d）和式（9.3-3d），本构方程见式（9.3-28）。

　　围岩外的远场仍为原岩应力，水平方向满足 $\sigma_{r(r\to\infty,\theta=0)}=\sigma_H$、$\sigma_{\theta(r\to\infty,\theta=0)}=\sigma_V$，竖直方向满足 $\sigma_{r(r\to\infty,\theta=90°)}=\sigma_V$、$\sigma_{r(r\to\infty,\theta=90°)}=\sigma_H$；硐壁上（$r=a$），$\sigma_{r(r=a)}=0$。

　　于是，利用基本方程，代入上述边界条件，采用位移解法，求得该问题的解答[①]，包括围岩任一点的应力状态、应变状态和位移[②]。

　　根据弹性力学计算结果，围岩内一点（r,θ）的应力为

$$\left.\begin{array}{l} \sigma_r = \dfrac{\sigma_H + \sigma_V}{2}\left(1 - \dfrac{a^2}{r^2}\right) + \dfrac{\sigma_H - \sigma_V}{2}\left(1 - \dfrac{4a^2}{r^2} + \dfrac{3a^4}{r^4}\right)\cos 2\theta \\[3mm] \sigma_\theta = \dfrac{\sigma_H + \sigma_V}{2}\left(1 + \dfrac{a^2}{r^2}\right) - \dfrac{\sigma_H - \sigma_V}{2}\left(1 + \dfrac{3a^4}{r^4}\right)\cos 2\theta \\[3mm] \tau_{r\theta} = \dfrac{\sigma_H - \sigma_V}{2}\left(1 + \dfrac{2a^2}{r^2} - \dfrac{3a^4}{r^4}\right)\cos 2\theta \end{array}\right\}$$ （10.2-2）

　　[①] 对于非均匀应力（即侧压力系数 $\lambda \neq 1$）的情形，先分别单独计算 σ_V 和 σ_H 的情形（即单向应力作用下的问题），然后利用弹性力学叠加原理，将两者计算结果叠加，即得到最终计算结果。单向应力作用下的孔口应力问题以及本节所介绍的双向应力作用下的孔口应力问题，一般弹性力学中均有详细推导过程，请参考相关的弹性力学教材。

　　[②] 本节主要介绍围岩应力，弹性状态下围岩的应变及位移见10.3.1节。

$$\left. \begin{array}{l} \sigma_r = \dfrac{(\lambda+1)\sigma_{\mathrm{v}}}{2}\left(1-\dfrac{a^2}{r^2}\right)+\dfrac{(\lambda-1)\sigma_{\mathrm{v}}}{2}\left(1-\dfrac{4a^2}{r^2}+\dfrac{3a^4}{r^4}\right)\cos 2\theta \\[3mm] \sigma_\theta = \dfrac{(\lambda+1)\sigma_{\mathrm{v}}}{2}\left(1+\dfrac{a^2}{r^2}\right)-\dfrac{(\lambda-1)\sigma_{\mathrm{v}}}{2}\left(1+\dfrac{3a^4}{r^4}\right)\cos 2\theta \\[3mm] \tau_{r\theta} = \dfrac{(\lambda-1)\sigma_{\mathrm{v}}}{2}\left(1+\dfrac{2a^2}{r^2}-\dfrac{3a^4}{r^4}\right)\sin 2\theta \end{array} \right\} \qquad (10.2\text{--}3)$$

式中，σ_r、σ_θ、$\tau_{r\theta}$——围岩内任意一点（r,θ）的径向应力、切向应力和剪应力；

$\qquad$ a——硐室半径；

$\qquad$ λ——侧压力系数，$\lambda=\sigma_{\mathrm{H}}/\sigma_{\mathrm{v}}$；

$\qquad$ σ_{v}、σ_{H}——初始应力场的垂直分量和水平分量；

$\qquad$ r、θ——围岩内任意一点的位置（极坐标表示）。

10.2.1.2 围岩应力分布基本特征

（1）影响围岩应力分布的基本因素

由式（10.2-3），围岩内任意点（r,θ）的应力状态（σ_r, σ_θ, $\tau_{r\theta}$）与围岩力学性质无关，而仅与天然应力场状态（σ_{H}, σ_{v}）、硐室半径 a 和空间位置（r,θ）有关，应力重分布随天然应力场、硐室尺寸和空间位置而变化（图10.2-1(b)，表10.2-1）。

（2）天然应力场状态的影响

天然应力场状态影响着围岩应力分布特征。由式（10.2-3），假设侧压力系数相同，在其它条件相同时，围岩内一点重分布应力的各分量均随原岩应力的增大而呈线性增大，因此，原岩应力的大小直接决定了围岩应力的大小。同时，天然应力场特征也影响着围岩应力的大小，如表10.2-1，侧压力系数不仅影响着围岩应力各分量的大小甚至应力的性质（拉、压），而且也影响各分量间的相对大小关系。

（3）硐室尺寸（半径）的影响

由式（10.2-3），对于围岩内某固定点（r_1,θ_1）而言，围岩应力随硐室半径 a 的增加而增加。

（4）位置的影响

围岩内不同点的围岩应力不同。围岩应力与距硐中心的距离（即半径 a）有关，围岩应力在硐壁（$r=a$）的应力集中程度最高，远离硐壁后应力集中程度降低并逐渐趋于原岩应力状态[①]。其中，径向应力随半径增加而增加，切向应力随半径增加而减小，剪应力随半径增加而减小。当半径相同时，不同角度上的围岩应力不同，并取决于侧压力系数。

---

① 由此表明，理论上围岩的范围是无穷大（如图10.2-1(a)），但实际上，围岩应力随半径而很快过渡到原岩应力状态，具体影响范围与原岩应力大小及侧压力系数有关，一般6倍半径以后，与原岩应力已相差不大。因此，工程中或数值计算中，一般以6倍半径或者10倍半径作为围岩范围。

表10.2-1　硐室围岩应力中值σ_θ/σ_r随λ、r、θ的变化关系

r/a	σ_θ/σ_r												
	$\lambda=0$		$\lambda=0.3$		$\lambda=0.6$		$\lambda=1.0$	$\lambda=1.5$		$\lambda=2.0$		$\lambda=3.0$	
	$\theta=0°$	$\theta=90°$	$\theta=0°$	$\theta=90°$	$\theta=0°$	$\theta=90°$	l	$\theta=0°$	$\theta=90°$	$\theta=0°$	$\theta=90°$	$\theta=0°$	$\theta=90°$
1.00	-1.00	3.00	-1.0	2.70	0.80	2.40	2.00	3.50	1.50	5.00	1.00	8.00	0.00
1.10	-0.61	2.44	0.12	2.25	0.85	2.07	1.83	3.05	1.52	4.26	1.22	6.70	0.60
1.20	-0.38	2.07	0.25	0.96	0.87	1.84	1.69	2.73	1.51	3.77	1.32	5.84	0.94
1.30	-0.23	1.82	0.32	1.75	0.86	1.68	1.59	2.50	1.48	3.41	1.36	5.23	1.13
1.40	-0.14	1.65	0.36	1.60	0.85	1.56	1.51	2.33	1.44	3.16	1.37	4.80	1.24
1.50	-0.07	1.52	0.38	1.50	0.84	1.47	1.44	2.20	1.41	2.96	1.37	4.48	1.30
1.75	-0.00	1.32	0.40	1.32	0.80	1.33	1.33	1.99	1.33	2.81	1.36	3.97	1.33
2.00	+0.03	1.22	0.40	1.23	0.76	1.24	1.25	1.86	1.27	2.47	1.28	3.69	1.31
2.50	+0.04	1.12	0.38	1.13	0.71	1.14	1.16	1.72	1.18	2.28	1.20	3.40	1.24
3.00	+0.04	1.07	0.36	1.09	0.68	1.10	1.11	1.65	1.13	2.19	1.15	3.26	1.19
4.00	+0.03	1.04	0.34	1.04	0.65	1.05	1.06	1.58	1.08	2.10	1.09	3.14	1.11

10.2.1.3　硐壁围岩应力的分布特征

由式（10.2-3），硐壁（$r=a$）的围岩应力为

$$\left.\begin{array}{l} \sigma_r = 0 \\ \sigma_\theta = [(1+\lambda) - 2(\lambda-1)\cos 2\theta]\sigma_V \\ \tau_{r\theta} = 0 \end{array}\right\} \tag{10.2-4}$$

由式（10.2-4）、表10.2-1第1行、图10.2-3，圆形硐室硐壁围岩应力具有以下特征：

（1）硐壁上为主应力状态

硐壁上只有切向应力σ_θ、而径向应力σ_r和剪应力$\tau_{r\theta}$均为0。剪应力$\tau_{r\theta}=0$表明硐壁为σ_r的主平面，σ_r及与其正交的σ_θ均为主应力；$\sigma_r=0$且$\sigma_\theta\neq0$，说明硐壁呈单轴应力状态（加上轴向应力，在空间上仍为平面应力状态）。总之，在硐壁上，$\sigma_1=\sigma_\theta$，$\sigma_3=\sigma_r=0$。

（2）硐壁围岩应力与硐径a无关

式（10.2-4）表明，硐壁围岩应力与硐径a无关。也即是说，其它条件相同的情况下，无论硐径大小如何，圆形硐室硐壁上应力状态均相同。

（3）硐壁上切向应力σ_θ受天然应力状态影响很大

当侧压力系数相同时，σ_θ的大小与天然应力的大小呈正比关系。

侧压力系数不仅影响硐壁切向应力的大小，也影响围岩应力的性质（拉应力或压应力）。当$\lambda<1/3$时，硐顶（$\theta=90°$）和硐底（$\theta=270°$）出现拉应力，且当$\lambda=0$

时，拉应力最大；当$1/3 \leqslant \lambda < 1$时，硐壁不出现拉应力，且侧壁（$\theta$=0°或180°）应力集中程度较硐顶（$\theta$=90°）为大；当$\lambda$=1（即均匀应力场），硐壁切向应力处处相等；当$1 < \lambda \leqslant 3$时，硐壁不出现拉应力，且硐顶应力集中程度较侧壁大；当$\lambda > 3$时，硐侧壁将出现拉应力。

（4）硐壁围岩应力与位置有关

式(10.2-4)表明，硐壁围岩应力与研究点在硐壁上的位置θ有关。而且如上所述，在某些原岩应力环境下，侧壁与硐顶（或硐底）可能出现拉应力。

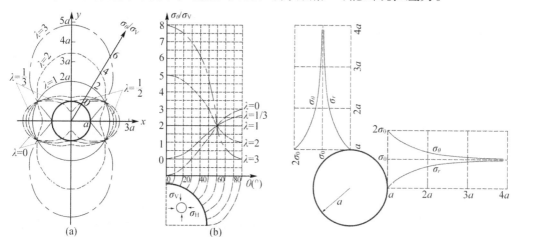

图10.2-3　硐壁σ_θ值随θ变化的分布曲线　　　图10.2-4　均匀应力场圆形硐室围岩应力

10.2.1.4　均匀天然应力场中圆形硐室的围岩应力

对均匀天然应力场，即λ=1（或$\sigma_H = \sigma_V = \sigma_0$），由式(10.2-2)或式(10.2-3)，有

$$\left.\begin{array}{l} \sigma_r = \left(1 - \dfrac{a^2}{r^2}\right)\sigma_0 \\[2mm] \sigma_\theta = \left(1 + \dfrac{a^2}{r^2}\right)\sigma_0 \\[2mm] \tau_{r\theta} = 0 \end{array}\right\} \tag{10.2-5}$$

由式(10.2-5)和图10.2-4，均匀天然应力场中圆形硐室的围岩应力具有如下特征：

（1）均匀应力场中圆形硐室的围岩应力仅与硐径a和研究点至硐心的距离r有关，而与方向θ无关。

（2）围岩中任意点$\tau_{r\theta}=0$且$\sigma_\theta > \sigma_r$，故σ_θ和σ_r分别为该点的最大、最小主应力，即$\sigma_1 = \sigma_\theta$，$\sigma_3 = \sigma_r$。

（3）任意点的两个主应力之和恒为常数，即$\sigma_r + \sigma_\theta = 2\sigma_0$。

（4）硐壁（$r=a$）上应力集中程度最高，$\sigma_r = 0$为最小，$\sigma_\theta = 2\sigma_0$为最大；随着$r$增大，$\sigma_\theta$逐渐减小并趋近于$\sigma_0$，而$\sigma_r$逐渐增大并趋于$\sigma_0$，当$r=6a$时，$\sigma_r \approx \sigma_\theta \approx \sigma_0$，接近于天然应力状态。

10.2.2 水平椭圆形硐室围岩应力

10.2.2.1 计算模型与基本解

因为施工不便且断面利用率低，地下工程中椭圆硐室应用不多。但椭圆硐室围岩应力分布规律的分析，对硐室维护的认识很有启发。

如图10.2-5所示长度较大的水平椭圆硐室，其长轴半径为a、短轴半径为b，轴比$m=b/a$。以长轴为x轴、短轴为y轴，建立局部坐标系，因为硐室的长度比硐径大得多，故属平面应变问题。

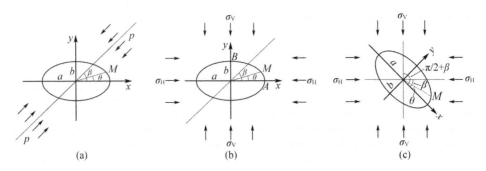

图10.2-5 椭圆硐室

如图10.2-5(a)，根据弹性力学，单向应力p的作用下，椭圆孔口上的应力为

$$\left.\begin{array}{l} \sigma_r = 0 \\ \sigma_\theta = p\dfrac{(1+m)^2\sin^2(\theta+\beta)-\sin^2\beta-m^2\cos^2\beta}{\sin^2\theta+m^2\cos^2\theta} \\ \tau_{r\theta} = 0 \end{array}\right\} \tag{10.2-6}$$

式中，p——单向外荷载；

$\quad\quad m$——轴比，$m=b/a$；

$\quad\quad a$、b——椭圆长轴（x轴）和短轴（y轴）的半径；

$\quad\quad \theta$——硐壁上一点至中心连线与椭圆长轴（x轴）的夹角（偏心角）；

$\quad\quad \beta$——单向荷载p作用线与椭圆长轴（x轴）的夹角。

10.2.2.2 椭圆硐室的硐壁围岩应力

（1）椭圆长短轴与地应力方向一致

假设开挖前原始应力的垂直应力分量为σ_V、水平应力分量为σ_H。如图10.2-5(b)，当椭圆硐室长轴和短轴与水平地应力和垂直应力方向重合时，即横卧（$m<1$）或站立（$m>1$），则初始应力分解为$p_h=\sigma_H$（$\beta=0$）和$p_v=\sigma_V$（$\beta=\pi/2$）两种独立应力状态，于是，利用式(10.2-6)分别计算其围岩应力，然后叠加，即得到垂直应力和水平应力共同作用下围岩应力的两种等价形式

$$\left.\begin{array}{l} \sigma_r = 0 \\ \sigma_\theta = \sigma_V \cdot \dfrac{\left[(1+m)^2\cos^2\theta - 1\right] + \lambda\left[(1+m)^2\sin^2\theta - m^2\right]}{m^2\cos^2\theta + \sin^2\theta} \\ \tau_{r\theta} = 0 \end{array}\right\} \quad (10.2\text{-}7a)$$

$$\left.\begin{array}{l} \sigma_r = 0 \\ \sigma_\theta = \sigma_V \cdot \dfrac{\left[m(m+2)\cos^2\theta - \sin^2\theta\right] + \lambda\left[(1+2m)\sin^2\theta - m^2\cos^2\theta\right]}{m^2\cos^2\theta + \sin^2\theta} \\ \tau_{r\theta} = 0 \end{array}\right\} \quad (10.2\text{-}7b)$$

式中，λ——侧压力系数，$\lambda = \sigma_V/\sigma_H$；

σ_V、σ_H——垂直应力分量和水平应力分量。

由式（10.2-7）、图 10.2-6、表 10.2-2，硐壁上切向围岩应力具有以下特点：

（a）硐壁上 $\tau_{r\theta}=0$，故硐壁围岩应力为主应力，且 $\sigma_1=\sigma_\theta$、$\sigma_3=\sigma_r=0$。

（b）硐壁上切向应力 σ_θ 与天然应力场 σ_V 和 σ_H、轴比 m 和所在位置 θ 有关。

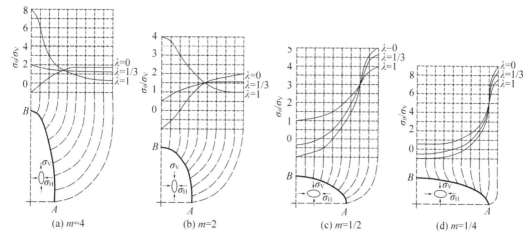

图 10.2-6　水平椭圆硐室

表 10.2-2　椭圆硐室面壁切向应力变化特征

考虑点位置 θ (°)	σ_θ/σ_V		
	$\lambda=0$	$\lambda=1/3$	$\lambda=1$
0	$\dfrac{2+m}{m}$	$\dfrac{2}{3}\cdot\dfrac{m+3}{m}$	$\dfrac{2}{m}$
45	$\dfrac{m^2+2m-1}{1+m^2}$	$\dfrac{1}{3}\cdot\dfrac{m^2-8m+1}{1+m^2}$	$\dfrac{4m}{1+m^2}$
90	-1	$\dfrac{2}{3}(m-1)$	$2m$

（2）倾斜椭圆硐室硐壁切向围岩应力

如图 10.2-5(c)，当长轴和短轴方向与天然应力 σ_V 和 σ_H 的方向不一致时（即倾斜椭圆硐室），通过弹性理论计算，椭圆孔周边任一点的切向应力值 σ_θ 为

$$\sigma_\theta = \sigma_V\left[\frac{2m(1+\lambda) + (1-m^2)(1-\lambda)\cos 2\beta + (1+m)^2(1-\lambda)\cos 2(\beta-\theta)}{(1+m^2) + (1-m^2)\cos^2\theta}\right] \quad (10.2\text{-}8)$$

式中，β——椭圆长轴（x轴）与水平应力的夹角；

椭圆硐壁上一点至椭圆中心连线与椭圆长轴（x轴）的夹角θ由下式求得

$$\left.\begin{array}{l}\cos\theta = \dfrac{x\cos\beta + y\sin\beta}{a}\\[2mm]\sin\theta = \dfrac{x\cos\beta - y\sin\beta}{b}\end{array}\right\} \qquad (10.2\text{-}9)$$

式中，x、y——周边上任一点的坐标值。

对于式（10.2-8），若令$\lambda=0$（即$\sigma_H=0$），则仅考虑垂直应力时硐周应力为

$$\sigma_\theta = \sigma_V\left[\frac{2m + (1-m^2)\cos 2\beta + (1+m)^2\cos 2(\beta - \theta)}{(1+m^2) + (1-m^2)\cos^2\theta}\right] \qquad (10.2\text{-}10)$$

由此可见，在$\lambda=0$的情况下，硐壁切向围岩应力具有如下特征：

（a）当应力轴与长轴平行（$\beta=90°$）时，两端（$\theta=0°$和180°）产生较大拉应力集中；

（b）当应力轴与长轴垂直（$\beta=0°$）时，两端产生较大的压应力集中；

（c）当应力轴与长轴斜交时，在各种方位的椭圆中，与应力轴成30°或40°（即$\beta=30°$或40°）的椭圆边界端点处拉应力集中程度最高，这与Griffith理论相符。

10.2.3 其它断面形状水平硐室围岩应力

除圆形或椭圆形硐室外，地下工程经常见到矩形、梯形、直墙圆拱形（城门洞形）、马蹄形及不规则异形断面的硐室，因此，有必要了解这些硐室的围岩应力分布特征，从而掌握硐室断面形状对围岩应力状态的影响。

这些非圆形或椭圆形断面硐室的围岩应力的理论计算非常复杂，一般不能像圆形和椭圆形硐室那样通过弹性力学公式计算，有些可以采用复变函数法，用圆角近似代替拆线型拐角（如直角）[1]，通过映射变换得到围岩应力分布的近似解，但更多的主要采用光弹试验以及有限单元法等数值计算方法来分析。

10.2.3.1 水平矩形硐室

理论和试验研究表明，矩形硐室围岩应力与矩形形状（宽高比）、原岩应力（侧压力系数）有关，见图10.2-7、图10.2-8。

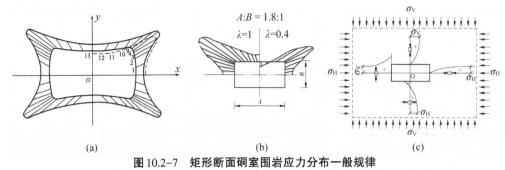

(a)　　　　　　　　(b)　　　　　　　　(c)

图10.2-7　矩形断面硐室围岩应力分布一般规律

---

① 从理论上讲，拆线角点处应力为无穷大。经过圆角处理后，最大切向应力仍然出现在角点处。

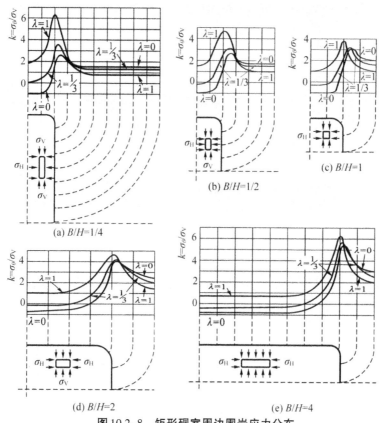

图 10.2-8 矩形硐室周边围岩应力分布

矩形硐室围岩应力具有以下主要特点：

（1）矩形硐室4个角点的应力集中程度最高

无论何种原岩应力场和断面尺寸，矩形硐室4个角点都是围岩应力集中程度最高的部位。集中程度与角点处曲率半径有关，半径越小，程度越大。

（2）顶板和底板中点围岩应力

在顶板和底板中点，垂直应力为0，往围岩深部，压应力逐渐增大并趋于垂直应力 σ_V；水平应力可使周边附近一定范围内可出现拉应力（侧压力系数 $\lambda < 1$），往围岩深部，拉应力逐渐减小，以至转为压应力并趋于天然水平应力 σ_H。

（3）边墙中点围岩应力

在两边墙中点，水平应力为0，往围岩深部，压应力逐渐增大并趋于垂直应力 σ_H；垂直应力达最大，往围岩深部逐渐减小并趋于天然水平应力 σ_V。

（4）侧压力系数对围岩应力分布的影响

侧压力系数 λ 对角点应力集中程度影响较大。宽高比 B/H 相同时，角点应力集中程度随 λ 的增加而增强（B/H 越小越显著），顶板切向应力集中程度随 λ 的增加而增强（$\lambda < 1$ 时出现拉应力），边墙切向应力集中程度随 λ 的增加而减弱。

（5）宽高比对围岩应力分布的影响

宽高比 B/H 影响围岩应力分布特征。当 $\lambda = 0$ 时，角点的应力集中随宽高比 B/H 的增加而升高；当 $\lambda=1$ 且 $B/H=1$ 时，角点应力集中程度最低。

10.2.3.2 其它断面形状

（1）直墙圆拱形硐室

直墙圆拱形硐室是地下工程中常见的断面形状，虽然受力状态差，顶板受拉应力作用明显而容易破坏，但拱形硐室施工方便，断面利用率高。

这种形状硐室的围岩应力也没有理论计算公式，常用 FEM 求解。

根据 FEM 计算结果，直墙圆拱形硐室围岩应力具有以下特点。当侧压力系数 $\lambda<1$ 时，顶拱岩层中不容易产生拉应力（即使 σ_v 远大于 σ_H 也是如此）、但底板较易出现拉应力；当 $\lambda>1$ 时，侧壁容易产生拉应力，即使 σ_v 远大于 σ_H 也是如此；底板较易出现拉应力；墙脚角点处产生较大的应力集中。

直墙圆拱形硐室的缺点是：当岩体软弱时，可能导致底臌；当侧压力系数较大时，两侧壁拉应力可能导致侧壁破坏。

（2）马蹄形硐室

为了改善直墙圆拱形硐室的受力状态，工程中通常采用马蹄形断面硐室。计算结果表明，当 $\lambda>1$ 时，侧壁和底脚附近也存在拉应力，但数值上比矩形、直墙圆拱形、梯形硐室小；当 $\lambda<1$ 时，顶板附近较大范围内存在拉应力，但拉应力值很小（$<0.01\sigma_v$），可以忽略不计。由此可见，马蹄形硐室的围岩不容易出现拉应力和较大的拉应力集中，出现拉应力时，其量值也小。因此，马蹄形断面比矩形和直墙圆拱等断面硐室具有更好的稳定性。

10.2.4 围岩应力分布与断面形状

10.2.4.1 总体特征

由圆形、椭圆和矩形硐室围岩应力分布的讨论可以看出，围岩应力与天然应力场状态、硐形、高跨比等因素有关，如图 10.2-9。

（1）硐壁上应力集中程度最高，向围岩深部，应力集中程度降低并逐渐趋于原岩应力状态，距硐中心 3～5 倍半径后，围岩应力与原岩应力相差较小。

（2）硐形及相对尺寸影响围岩应力分布特征。如图 10.2-9，其它条件相同时，圆形和椭圆形硐室围岩应力集中程度最低，其次是马蹄形硐室，直墙圆拱、梯形和矩形等有折线拐角的硐室易于在角点产生应力集中，而且平直边中心附近易于产生拉应力。对于相同断面形态的硐室，断面的宽高比影响应力集中程度，当长轴方向与最大主应力方向一致时，围岩应力集中程度最低，围岩稳定性最好。圆形硐室是均匀应力场中最好的硐形。

（3）围岩重分布应力的集中具有明显的局部性，最大应力集中发生在硐室周边上或周边上某些点处。

（4）硐壁上压应力集中与拉应力集中程度不同，取决于天然应力状态和硐形。

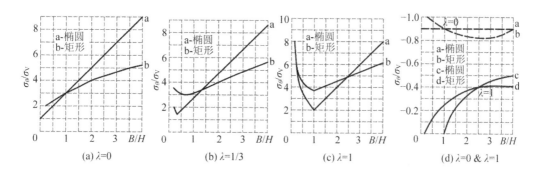

图 10.2-9 矩形硐室周边围岩应力分布

10.2.4.2 硐室断面形状优选

（1）最佳硐室形状的条件

由上可知，硐形在很大程度上影响着围岩应力分布特征。因此，应基于对不同天然应力场特征下各种断面形状硐室围岩应力分布规律的认识，针对天然应力，选择硐室的最佳断面形状。硐室最佳断面形状的选择应保证3个条件，即硐壁应力分布尽量均匀、应力集中程度尽量低以及不宜出现拉应力。

椭圆形断面硐室可满足这3个条件[①]。

（2）椭圆硐室两侧壁中点和顶底板中点的围岩应力分布特征

对于图 10.2-4(b) 中的 A 点（$\theta_A=\alpha_A=0$）和 B 点（$\theta_B=\alpha_B=90°$），将其代入式（10.2-7）并略去高阶微量，得面壁上两点处的切向应力分别为

$$\left.\begin{array}{l}\sigma_{\theta(A)}=\left[(1+2/m)-\lambda\right]\sigma_V\\\sigma_{\theta(B)}=\left[(1+2m)\lambda-1\right]\sigma_V\end{array}\right\} \tag{10.2-11}$$

由此可见，$\sigma_{\theta(A)}$ 和 $\sigma_{\theta(B)}$ 是 λ 和 m 的函数，无论什么样的天然应力场（$\lambda=0$ 除外），$\sigma_{\theta(A)}$ 都随 m 的增大而减小，$\sigma_{\theta(B)}$ 随 m 的增大而增大（图 10.2-5）。代入具体的 λ 和 m 值，即可求得不同情况下椭圆硐室周边的围岩应力（图 10.2-6、表 10.2-1）。

当 $\lambda=1/3$ 时，若 $m=1$，则 $\sigma_{\theta(B)}=0$；若 $m<1$，则 $\sigma_{\theta(B)}<0$。

当 $\lambda=0$ 时，$\sigma_{\theta(B)}=-\sigma_V$，即硐顶 B 点处产生拉应力。

（3）最优断面（等应力轴比）

对于椭圆硐室，当侧壁中点的应力与顶板（或底板）中点的应力相等，即 $\sigma_{\theta(A)}=\sigma_{\theta(B)}$。由式（10.2-11），有

$$(1+2/m)-\lambda=(1+2m)\lambda-1$$

整理得到

$$m=1/\lambda \tag{10.2-12}$$

---

① 于学馥教授1960年在专著《轴变论》中首次阐述了椭圆轴比与拉应力的关系，并应用于地下工程的设计方案中。国外在1978年才有人讨论该问题。

将式(10.2-12)代入式(10.2-7)，即

$$\sigma_\theta = \sigma_V \cdot \frac{\left[\frac{1}{\lambda}\left(\frac{1}{\lambda}+2\right)\cos^2\theta - \sin^2\theta\right] + \lambda\left[\left(1+\frac{2}{\lambda}\right)\sin^2\theta - \left(\frac{1}{\lambda}\right)^2\cos^2\theta\right]}{\left(\frac{1}{\lambda}\right)^2\cos^2\theta + \sin^2\theta} = (1+\lambda)\sigma_V \quad (10.2\text{-}13)$$

可见，当 $m=1/\lambda$，硐壁上 σ_θ 与 θ 无关，即硐壁切向应力均匀分布，图10.2-10。

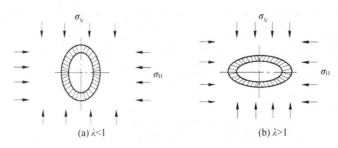

(a) $\lambda < 1$ (b) $\lambda > 1$

图10.2-10 等应力轴比条件下的硐壁围岩应力分布

硐壁周边应力均匀分布对地下工程最为有利，因此，这种数值上等于原岩应力场中侧压力系数倒数的椭圆硐室轴比称为等应力轴比（最佳轴比或最优轴比）。具有等应力轴比的椭圆硐室称为最优断面硐室（亦称谐硐）。

由 λ 值可确定最佳轴比 m，如 $\lambda=1$ 时，则 $m=1/\lambda=1$，即 $b=a$，最优断面为圆形（圆是椭圆的特例，圆形硐室仅是均匀应力场中的最优硐室形状）；$\lambda=1/2$ 时，则 $m=1/\lambda=2$，即 $b=2a$，最优断面为 $b=2a$ 的竖椭圆；$\lambda=2$ 时，则 $m=1/\lambda=1/2$，即 $a=2b$，最优断面为 $a=2b$ 的横卧椭圆。

（4）可选断面（无拉应力轴比）

岩体的抗拉强度极低甚至不抗拉，因此，当不能满足等应力轴比时，也可退而求其次，寻找硐壁不出现拉应力的轴比，也是不错的选择。硐壁不出现拉应力的轴比称为无拉应力轴比（或零应力轴比）。

硐壁各点对应的零应力轴比各不相同，通常首先应满足顶底板中点和两侧壁中点这些关键点，保证这些位置不出现拉应力。

（a）两侧壁中点

对于两侧壁中点，由式(10.2-11)第1式知，当 $\lambda \leq 1$ 时，$\sigma_\theta = [2/m+(1-\lambda)]\sigma_V \geq 0$ 恒成立（自动满足不出现拉应力）；当 $\lambda > 1$ 时，$\sigma_\theta \geq 0$ 成立的条件为 $m \leq 2/(\lambda-1)$，即零应力轴比为 $m=2/(\lambda-1)$。

（b）顶底板中点

对于顶底板中点，由式(10.2-11)第2式知，当 $\lambda \geq 1$ 时，$\sigma_\theta = [2m\lambda+(\lambda-1)]\sigma_V \geq 0$ 恒成立（自动满足不出现拉应力）；当 $\lambda < 1$ 时，$\sigma_\theta \geq 0$ 成立的条件为 $m \geq (1-\lambda)/(2\lambda)$，即零应力轴比为 $m=(1-\lambda)/(2\lambda)$。

综合这两种情况，零应力轴比为

$$m = \begin{cases} \dfrac{1-\lambda}{2\lambda} & (\lambda < 1) \\[2ex] \dfrac{2}{\lambda - 1} & (\lambda > 1) \end{cases} \qquad (10.2\text{-}14)$$

总之，要结合工程条件选择硐室断面形状，避免出现拉应力。选择硐形时，始终遵循"椭圆长轴与最大主应力方向一致"，并基于均匀应力分布按式(10.2-12)选择轴比，或者基于无拉应力分布按式(10.2-14)选择轴比。

10.3 连续介质岩体硐室稳定性分析

地下硐室开挖后，伴随天然应力的转移和调整（即围岩应力重分布），围岩必将产生相应变形甚至破坏。开挖后硐室围岩的行为与工程结构、天然应力场状态和岩体特征有关。其它条件相同时，不同岩体中围岩变形过程与特征不相同。坚硬致密围岩主要为弹性行为，表现为弹性变形和脆性破坏；软弱围岩的初期弹性变形阶段较短，以塑性变形（甚至塑性流动）和延性破坏为主要特征，破坏表现为因围岩抗剪强度不足而发生塌落或因塑性变形而产生有碍使用的过大变形；对于流变性岩体中的硐室，继围岩初期弹性变形和塑性变形后，围岩流变使得后期使用期间尚存在缓慢变形，影响硐室的稳定性。总之，对于地下工程，应针对工程结构、天然应力场特征和岩体条件，在围岩应力重分布规律的基础上，进一步分析围岩的变形破坏特征，评价围岩的稳定性。

本节讨论连续介质岩体硐室围岩的稳定性，碎裂介质、块裂介质和板裂介质岩体硐室围岩稳定性分别见10.4～10.6节，竖井和有压硐室的稳定性见10.7节。

10.3.1 弹性分析

如前所述，地下硐室开挖初期（瞬间），围岩都不同程度地表现出弹性行为，而且坚硬致密岩体中的硐室围岩还以弹性行为为主。因此，需开展硐室围岩的弹性力学分析。对于坚硬致密围岩，除弹性变形外，还应评价脆性破坏的可能性（尤其高地应力区）；对于岩性软弱的围岩，分析初期阶段的弹性变形行为，为后续塑性行为甚至流变行为分析奠定基础，从而掌握围岩的全过程变形破坏特征。

10.3.1.1 围岩的弹性变形

无论是坚硬致密的弹性介质岩体的主体弹性变形，还是弹塑性介质的初期弹性变形，在硐室开挖的初期（瞬间）即已完成，一般情况下不能监测。要获得围岩的弹性变形，可采用预埋仪器监测法和理论计算法两种方法。预埋仪器监测法是在开挖之前，预先在指定位置布置位移监测仪器，测量开挖产生的弹性变形。理论计算法则是基于弹性力学理论，根据工程特点、原岩应力场状态和岩体特征，计算围岩的弹性变形[①]，获得弹性变形的理论解，或者采用数值计算方法获得工程区的围岩变形分布特征。

本节以水平圆形硐室为例，介绍圆形硐室围岩弹性变形的理论计算。对于其它情况，多因不能获得理论解，可采用数值计算方法获得弹性变形。

对于水平圆形硐室，围岩弹性变形可用弹性力学中平面应变问题的方法求解。通过弹性力学计算，由于硐室开挖，围岩内任一点（r，θ）产生的位移为

$$\left.\begin{aligned}
\Delta u_r &= \frac{(1+\mu)\sigma_V}{2E}\left\{(1+\lambda)-(1-\lambda)\left[4(1-\mu)-\frac{a^2}{r^2}\right]\cos 2\theta\right\}\frac{a^2}{r}\\
\Delta u_\theta &= \frac{(1+\mu)\sigma_V}{2E}\left\{(1-\lambda)\left[2(1-2\mu)+\frac{a^2}{r^2}\right]\sin 2\theta\right\}\frac{a^2}{r}
\end{aligned}\right\} \qquad (10.3\text{-}1)$$

式中，Δu_r、Δu_θ——围岩内任一点（r，θ）由于硐室产生的径向位移和切向位移；

　　　r、θ——围岩内任一点的坐标；

　　　λ——侧压力系数，$\lambda=\sigma_H/\sigma_V$；

　　　σ_V、σ_H——天然应力场的垂直应力分量和水平应力分量；

　　　E、μ——围岩的弹性模量和泊松比；

　　　a——圆形硐室的半径。

由于开挖在硐壁上（$r=a$）产生的弹性位移为

$$\left.\begin{aligned}
\Delta u_{r\,(r=a)} &= \frac{(1+\mu)\sigma_V}{2E}\left[(1+\lambda)-(1-\lambda)(3-4\mu)\cos 2\theta\right]a\\
\Delta u_{\theta(r=a)} &= \frac{(1+\mu)\sigma_V}{2E}\left[(1-\lambda)(3-4\mu)\sin 2\theta\right]a
\end{aligned}\right\} \qquad (10.3\text{-}2)$$

由式（10.3-1）和式（10.3-2）可见，围岩弹性位移的影响因素很多，包括天然地应力场状态、岩体弹性常数、硐室半径，而且围岩内不同位置的变形亦不相同。此外，从量值上看，u_r稍大于u_θ，故u_r对硐室稳定性起主导作用。

均匀应力场（$\lambda=1$）中，因开挖在围岩内任一点（r，θ）和硐壁上（$r=a$）的位移分别为

$$\left.\begin{aligned}
\Delta u_r &= \frac{(1+\mu)\sigma_V}{E}\frac{a^2}{r}\\
\Delta u_\theta &= 0
\end{aligned}\right\} \qquad (10.3\text{-}3)$$

$$\left.\begin{aligned}
\Delta u_{r(r=a)} &= \frac{(1+\mu)\sigma_V}{E}a\\
\Delta u_{\theta(r=a)} &= 0
\end{aligned}\right\} \qquad (10.3\text{-}4)$$

当有支护时（支护力为p_i），则因开挖产生的径向位移为

$$\Delta u_r = \frac{(1+\mu)(\sigma_V-p_i)}{E}\frac{a^2}{r} \qquad (10.3\text{-}3a)$$

---

① 围岩弹性变形计算通常与围岩应力场和应变场分布特征一并计算。

$$\Delta u_{r(r=a)} = \frac{(1+\mu)(\sigma_v - p_i)}{E}a \qquad (10.3\text{-}4a)$$

10.3.1.2 围岩破坏及稳定性

对于弹性介质围岩，尤其是高地应力坚硬致密岩体中的地下硐室，当围岩应力超过一定限度后，将会发生脆性破坏。根据围岩应力重分布的基本规律（详见10.2节），围岩应力集中程度最高的部位是硐壁上的某些部位，因此，破坏将首先从硐壁上这些应力集中程度最高的部位开始，逐渐向围岩内部发生，形成一层破碎带，破碎带之外的岩体依然为弹性介质岩体。

（1）脆性破坏时的稳定性系数

由10.2节可知，硐壁上的径向应力 $\sigma_r = 0$，即洞壁处于单向应力状态[①]，于是选择最大正应变理论，并根据 σ_θ 的性质（拉应力或者压应力），选择拉伸型张裂判据（式(5.8-27)）或者压缩性张裂破坏判据（式(5.8-28)），评价围岩稳定性。

由式(10.2-4)知，硐壁上（$r=a$），$\sigma_r = 0$，$\sigma_\theta = (1+\lambda)\sigma_v + 2(1-\lambda)\sigma_v\cos2\theta$。因此，若为压缩性张裂破坏，有 $\sigma_3 = \sigma_r = 0$，$\sigma_1 = \sigma_\theta = (1+\lambda)\sigma_v + 2(1-\lambda)\sigma_v\cos2\theta > 0$，则由式(5.8-28)，硐壁围岩的稳定性系数为

$$K = \frac{[\sigma_\theta]}{\sigma_\theta} = \frac{(1-\mu)\sigma_r + \mu\sigma_c}{\mu\sigma_\theta} = \frac{\sigma_c}{[(1+\lambda)+2(1-\lambda)\cos2\theta]\sigma_v} \qquad (10.3\text{-}5)$$

均匀应力场（$\lambda=1$）中硐壁围岩稳定性系数为

$$K = \frac{\sigma_c}{2\sigma_v} \qquad (10.3\text{-}6)$$

若为拉伸型张裂破坏，有 $\sigma_3 = \sigma_\theta < 0$，$\sigma_1 = \sigma_r = 0$，硐壁围岩的稳定性系数为

$$K = \frac{[\sigma_\theta]}{\sigma_\theta} = \frac{-\sigma_t}{\sigma_\theta} = \frac{-\sigma_t}{[(1+\lambda)+2(1-\lambda)\cos2\theta]\sigma_v} \qquad (10.3\text{-}7)$$

由此可见，围岩稳定性由重分布围岩应力与围岩强度共同决定，与初始应力状态、围岩强度和 θ 有关。当满足 $\sigma_\theta > \sigma_c > 0$（即 $\sigma_v > \sigma_c/[(1+\lambda)+2(1-\lambda)\cos2\theta]$时），硐室开挖会导致硐壁发生压缩性张裂型脆性破坏，均匀天然应力场，当 $\sigma_v > \sigma_c/2$，即发生压缩性拉张型脆性破坏；当满足 $\sigma_\theta < -\sigma_t < 0$，即 $\sigma_v < -\sigma_t/[(1+\lambda)+2(1-\lambda)\cos2\theta] < 0$ 时，硐室开挖会导致硐壁发生拉伸性张裂型脆性破坏。

（2）脆性破坏带范围的确定

脆性破坏的重要特点是岩体破坏后承载力显著降低且有明显应力降。此处以均匀应力场（$\lambda=1$）中围岩压缩性张裂破坏为例，讨论脆性破坏范围的基本特征。

根据式(5.8-28)，硐室发生脆性破坏时以及脆性破坏后的围岩分别满足

$$[\sigma_\theta] = \frac{1-\mu}{\mu}\sigma_r + \sigma_c \qquad (10.3\text{-}8)$$

---

① 相对于平面问题而言，若考虑硐室轴线方向的应力则为双向压缩状态。

$$[\sigma_\theta{}'] = \frac{1-\mu'}{\mu'}\sigma_r{}' + \sigma_c{}' \qquad (10.3-9)$$

式中，σ_θ、σ_r——开挖后围岩的切向应力和径向应力；

$\sigma_\theta{}'$、$\sigma_r{}'$——破碎带内的切向应力和径向应力；

σ_c、$\sigma_c{}'$——开挖前围岩的单轴抗压强度和脆性破坏带内的抗压强度。

显然，破碎带内围岩应力受式(10.3-9)控制，而破碎带之外在未破坏岩体内的围岩应力仍受式(10.3-8)控制。

（a）破坏带内围岩应力分布

在破碎带与完整岩体边界（即脆性破碎带半径$r=R_b$）上，径向应力连续分布，而切向应力不连续，存在有因脆性破裂形成的应力降，即

$$\left.\begin{aligned} \sigma_r\big|_{r=R_b} &= \sigma_r{}'\big|_{r=R_b} = \sigma_{R_b} \\ \Delta\sigma\big|_{\theta r=R_b} &= [\sigma_\theta] - [\sigma_\theta{}'] = \left(\frac{1-\mu}{\mu} - \frac{1-\mu'}{\mu'}\right)\sigma_{R_b} + (\sigma_c - \sigma_c{}') \end{aligned}\right\} \qquad (10.3-10)$$

在破碎带内（$r<R_b$），岩体已不属连续介质，但为方便起见，一般仍当作连续介质处理。因此，需满足平衡方程（式(10.2-2a)），因均匀应力场中剪应力$\tau_{r\theta}=0$，平衡方程为

$$\frac{d\sigma_r}{dr} + \frac{\sigma_r - \sigma_\theta}{r} = 0 \qquad (10.3-11)$$

边界条件为

$$\left.\begin{aligned} \sigma_r{}'\big|_{r=a} &= 0 \\ \sigma_\theta{}'\big|_{r=a} &= \sigma_c{}' \end{aligned}\right\} \qquad (10.3-12)$$

由式(10.3-10)～式(10.3-12)，得到脆性破坏带内的围岩应力，即

$$\left.\begin{aligned} \sigma_r{}' &= \frac{\mu'}{1-2\mu'}\left[\left(\frac{a}{r}\right)^{\frac{2\mu'-1}{\mu'}} - 1\right]\sigma_c{}' \\ \sigma_\theta{}' &= \frac{\mu'}{1-2\mu'}\left[\left(\frac{a}{r}\right)^{\frac{2\mu'-1}{\mu'}} - 1\right]\sigma_c{}' + \sigma_c{}' \end{aligned}\right\} \qquad (10.3-13)$$

由该式可见，破碎带内（$r<R_b$）应力与原岩应力场无关，而仅与岩体残余强度$\sigma_c{}'$有关，即破碎后的围岩的性状决定着围岩的应力状态。

（b）破坏带之外的围岩应力

破碎带以外（$r>R_b$）的岩体仍处于弹性状态，边界条件为

$$\begin{cases} \sigma_r \big|_{r=R_b} = \sigma_r' = \sigma_{R_b} = \dfrac{\mu'}{1-2\mu'} \left[\left(\dfrac{a}{R_b} \right)^{\frac{2\mu'-1}{\mu'}} - 1 \right] \sigma_c' \\[3mm] \sigma_r \big|_{r=\infty} = \sigma_H = \sigma_V \end{cases} \qquad (10.3\text{-}14)$$

破碎带以外围岩径向应力 σ_r 和切向应力 σ_θ 必须满足平衡方程（式（10.3-11）），也必须满足广义 Hooke 定律。于是由式（10.3-11）和式（10.3-14），解得

$$\left. \begin{aligned} \sigma_r &= \left(1 - \frac{R_b^2}{r^2} \right) \sigma_0 + \frac{\mu'}{1-2\mu'} \left[\left(\frac{a}{R_b} \right)^{\frac{2\mu'-1}{\mu'}} - 1 \right] \sigma_c' \\[3mm] \sigma_\theta &= \left(1 + \frac{R_b^2}{r^2} \right) \sigma_0 - \frac{\mu'}{1-2\mu'} \left[\left(\frac{a}{R_b} \right)^{\frac{2\mu'-1}{\mu'}} - 1 \right] \sigma_c' \end{aligned} \right\} \qquad (10.3\text{-}15)$$

由此式可见，因脆性破碎带的发育，破坏带之外的围岩虽仍处于弹性状，但其围岩应力再次发生了变化，其变化量为

$$\left. \begin{aligned} \Delta\sigma_r &= \frac{\mu'}{1-2\mu'} \left[\left(\frac{a}{R_b} \right)^{\frac{2\mu'-1}{\mu'}} - 1 \right] \sigma_c' = \sigma_{R_b} \\[3mm] \Delta\sigma_\theta &= -\frac{\mu'}{1-2\mu'} \left[\left(\frac{a}{R_b} \right)^{\frac{2\mu'-1}{\mu'}} - 1 \right] \sigma_c' = -\sigma_{R_b} \end{aligned} \right\} \qquad (10.3\text{-}16)$$

式中，σ_{Rb}——脆性破坏圈上的径向应力。

由式（10.3-10）和式（10.3-15），破碎带半径 R_b 为

$$R_b = a \left[(1-2\mu') \cdot \frac{2\sigma_V + 2\sigma_c' - \sigma_c}{\sigma_c'} + 1 \right]^{\frac{1-2\mu'}{\mu'}} \qquad (10.3\text{-}17)$$

由式（10.3-16）可见，由于破碎带的形成，完整岩体中的最小主应力增大了，而最大主应力减少了，因而改善了硐室的稳定性。若能维护好破碎带岩体，使之保持不变，则破碎带可起到一种衬砌作用，这就是有的硐室在开挖之初发生明显破碎，但破坏至一定程度即自行稳定的内在原因。相反，若将破碎带挖除，使硐径增大，形成一个硐径 $a=R_b$ 的新硐室，围岩应力将再次调整，而且，将出现由式（10.3-17）确定的更大的新的破坏区。因此，硐室围岩脆性破碎圈是围岩为适应新应力环境而自发产生的"卸荷环"，对围岩应力进行再次调整，改善围岩的稳定性，以达到新平衡状态。对于工程而言，应该采取适当支护措施，保护好破碎带岩体，防止产生进一步破坏，更不应将其挖除。

10.3.1.3　围岩压力

对于弹性岩体，如果岩体强度较大且天然应力较小，硐室发生瞬间弹性变形，

围岩不发生破坏，不需要支护，为防止风化而设置的支护结构不承受围岩压力。

若围岩强度不高或原岩应力较大，围岩发生脆性破坏，形成半径为R_b的脆性破坏圈。为了充分利用脆性破坏圈内围岩的自承功能，需要支护该破坏圈，防止圈内围岩受到进一步破坏。由式(10.3-14)，当$r=a$时，$\sigma_r'=0$、$\sigma_\theta'=\sigma_c'>0$，可见，对于设置的支护结构而言，不需要承受围岩压力（即$p_a=\sigma_r'=0$），这表明可用较小成本达到支护围岩并保证硐室稳定的目的。

但若保护不力，破坏圈内围岩未得到有效保护，破碎圈部分围岩松动脱落，甚至整个脆性破坏圈完全脱离，此时将以全部重量作用于支护结构上，支护结构受到破坏圈内岩体重量产生松动围岩压力，围岩压力大小可由脆性圈半径确定。

10.3.2 弹塑性分析

对于页岩等软弱岩体中的地下硐室，开挖后的围岩主要为塑性变形（前期弹性变形较弱）。而且对于弹性较明显的坚硬致密岩体中的硐室围岩，也可能因为后期围岩的力学性质变化而表现出一定的塑性行为。总之，对于地下硐室围岩，总会表现出弹塑性耦合行为，故需对其开展弹塑性分析。

10.3.2.1 围岩的塑性条件及围岩稳定性

（1）围岩塑性条件（剪切破坏条件）

根据硐室围岩应力分布的基本规律，应力集中程度最高的部位是硐壁。因此开挖后，若围岩发生剪切破坏，则首先将从硐壁开始。于是可由硐壁围岩应力状态优先判断围岩塑性变形和剪切破坏条件。

当围岩应力状态满足剪切破坏机制的屈服准则时，围岩将首先从硐壁开始发生剪切破坏。于是根据围岩应力状态、围岩抗剪强度特征及强度准则，评价围岩稳定性，并开展其它相关的弹塑性分析。硐室开挖后围岩应力状态详见10.2节，连续介质岩体剪切破坏强度准则（如Mohr-Coulomb准则或Hoek-Brown准则）详见7.6.2节和7.6.3节。本节以圆形硐室和M-C准则为例，介绍连续介质围岩的塑性变形及破坏，其它硐形和其它准则如法炮制。

由式(10.2-4)知，硐壁上（$r=a$），$\sigma_r=0$，$\sigma_\theta=(1+\lambda)\sigma_V+2(1-\lambda)\sigma_V\cos2\theta$。故当硐壁围岩发生剪切破坏时，$\sigma_1=\sigma_\theta>0$、$\sigma_3=\sigma_r$，且满足剪切强度条件（屈服准则），如Mohr-Coulomb准则。因此，围岩发生剪切破坏的条件（即塑性条件）为

$$[\sigma_\theta]=\frac{1+\sin\varphi}{1-\sin\varphi}\sigma_r+\frac{2c\cos\varphi}{1-\sin\varphi}=\xi\sigma_r+\sigma_c \tag{10.3-18}$$

式中，c、φ——塑性圈内岩石的抗剪强度参数；

ξ——塑性系数，$\xi=(1+\sin\varphi)/(1-\sin\varphi)$。

在硐室周边（即硐壁），$r=a$，剪切破坏条件为

$$[\sigma_\theta]=\sigma_c \tag{10.3-19}$$

围岩内及硐壁上的稳定性系数分别为

$$K = \frac{[\sigma_\theta]}{\sigma_\theta} = \frac{\xi\sigma_r + \sigma_c}{\sigma_\theta} \qquad (10.3-20)$$

$$K = \frac{[\sigma_\theta]}{\sigma_\theta} = \frac{\sigma_c}{\sigma_\theta} \qquad (10.3-21)$$

硐室围岩内，凡围岩应力状态（σ_r, σ_θ）满足式（10.3-18）或由式（10.3-20）计算的稳定性系数 $K \leq 1$ 的区域，都将产生塑性变形，产生塑性松动圈。不满足这些条件的区域，即塑性圈外的岩体仍为弹性变形区。塑性圈内围岩的力学性质将降低（c、φ、E 减小，μ 增大），岩体丧失部分承载力，从而使一定范围内的重分布后应力也降低。这种变化从硐壁开始并逐渐向围岩深处发展，终止于塑性圈。

（2）围岩剪切破坏特征及塑性区

（a）剪切滑移面与塑性

当满足 M-C 准则时，剪切破坏始于硐壁并向围岩深部发展，最终在围岩内形成具有一定厚度的塑性变形区，图 10.3-1。由 M-C 准则知，当发生剪切破坏时，破裂面与最大主平面（最大主应力的作用面）的夹角为 $\alpha = 45° + \varphi/2$，即当硐壁某点（$\theta = \theta_0$，θ_0 称为破坏起始角）开始破坏，则破坏将沿着与 σ_θ 成夹角 $\beta = 45° - \varphi/2$ 的方向向围岩深部发展并产生破裂面，形成塑性滑移面（图 10.3-1(a)）。当有多个起始破坏点（即不同的 θ_0）均发生剪切破坏，则围岩内将产生多个滑移面。对于均匀应力场中圆形硐室，硐壁各点处破坏机会均等，将形成环形剪切破裂区（图 10.3-1(b)）；若为非均匀应力场，则起始破坏角由满足剪切破坏条件（满足 M-C 准则）的部位确定并形成塑性滑移面，如图 10.3-1(c) 为 $\lambda > 1$ 的原岩应力状态下的剪切破坏面发展趋势。

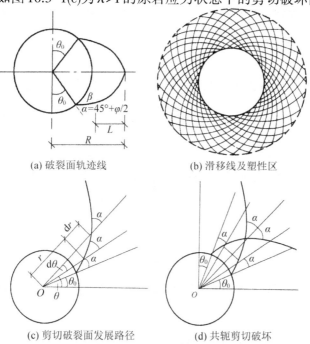

(a) 破裂面轨迹线　　　　(b) 滑移线及塑性区

(c) 剪切破裂面发展路径　　　　(d) 共轭剪切破坏

图 10.3-1　均匀应力场中圆形硐室围岩剪切破坏形式

（b） 剪切滑移线轨迹方程

为求得剪切滑移线的轨迹方程，由图10.3-2，设硐壁上起始破坏点为 (a, θ_0)，滑移线上任一点 M 的极坐标为 (r, θ)，根据 M 点单元体的几何关系，有

$$\frac{\mathrm{d}r}{r} = \mathrm{d}\theta \cot \alpha = \mathrm{d}\theta \cot\left(\frac{\pi}{4} - \frac{\varphi}{2}\right) \tag{10.3-22}$$

当极角由 θ_0 变至 θ 时，极径由 a 变至 r，对 $\mathrm{d}r/r = \mathrm{d}\theta\cot\alpha$ 积分，即

$$\int_a^r \frac{\mathrm{d}r}{r} = \int_{\theta_0}^\theta \cot\left(\frac{\pi}{4} - \frac{\varphi}{2}\right)\mathrm{d}\theta \tag{10.3-23}$$

得剪切破裂面迹线方程为

$$r = a \exp\left[(\theta - \theta_0)\cot\left(\frac{\pi}{4} - \frac{\varphi}{2}\right)\right] \tag{10.3-24}$$

当 $\theta = 90°$ 时，剪切破坏迹线与硐室断面垂直轴相交，此时形成最大剪切体。

当硐壁围岩发生剪切破坏时，$\sigma_\theta = \sigma_c$，有 $\sigma_\theta = \sigma_c = \sigma_v[(1+\lambda)+2(1-\lambda)\cos2\theta]$，于是

$$\cos 2\theta = \frac{\sigma_c - (1+\lambda)\sigma_v}{2(1-\lambda)\sigma_v} \tag{10.3-25}$$

破坏起始角为 θ_0 和 $\pi-\theta_0$ 时，最大剪切体的极径 R 和水平长度 L 分别为

$$\left.\begin{array}{l} R = a \exp[(\pi - \theta_0)\cot\alpha] \\ L = R - a \end{array}\right\} \tag{10.3-26}$$

由上式，可计算最大剪切体的极径和距硐壁的深度，据此作为锚固支护的依据。

10.3.2.2 塑性区内的围岩应力

（1） 塑性区内围岩应力理论计算

考虑到非均匀应力场及其它断面形状硐室的围岩应力塑性分析较为复杂，此处以均匀应力场中圆形硐室为例，如图10.3-2，均匀应力场中 $(\sigma_V = \sigma_H = \sigma_0)$，半径为 a 的圆形硐室发生剪切破坏，产生半径为 R_p 的塑性区，硐壁支护力这 p_i（无支护时，$p_i = 0$）。

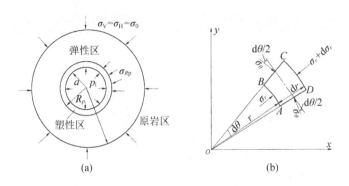

图10.3-2　轴对称条件下圆形硐室围岩弹塑性区平衡分析

塑性区，$a<r<R_\mathrm{p}$，内部边界（$r=a$）的径向压力为p_i、外部边界（$r=R_\mathrm{p}$）压力为$\sigma_{R\mathrm{p}}$；弹性区，$R_\mathrm{p}<r<\infty$，内部边界（$r=R_\mathrm{p}$）的径向压力为$\sigma_{R\mathrm{p}}$、外部边界（$r=\infty$）压力为σ_V。

塑性区内（$a<r<R_\mathrm{p}$）各点应力均满足平衡条件和塑性条件，弹性区（$R_\mathrm{p}<r<\infty$）各点的应力应满足平衡条件和弹性条件，塑性区半径处（$r=R_\mathrm{p}$）既满足塑性条件、也满足弹性条件。

对于塑性区，如果用M-C准则（式(10.3-18)）作为塑性条件，并代入平衡条件（式(10.3-11)），并积分，得

$$\ln(\sigma_r + c\cot\varphi) = \frac{2\sin\varphi}{1-\sin\varphi}\ln r + C = (\xi-1)\ln r + C \tag{10.3-27}$$

如果有衬砌（衬砌作用力为p_i），边界条件为$\sigma_{r\mathrm{p}(r=a)}=p_\mathrm{i}$，代入式(10.3-27)，求得有衬砌条件下塑性区内的围岩应力，即

$$\left.\begin{aligned}
\sigma_{r\mathrm{p}} &= \left(p_\mathrm{i} + c\cot\varphi\right)\left(\frac{r}{a}\right)^{\frac{2\sin\varphi}{1-\sin\varphi}} - c\cot\varphi \\
\sigma_{\theta\mathrm{p}} &= \frac{1+\sin\varphi}{1-\sin\varphi}\left(p_\mathrm{i} + c\cot\varphi\right)\left(\frac{r}{a}\right)^{\frac{2\sin\varphi}{1-\sin\varphi}} - c\cot\varphi
\end{aligned}\right\} \tag{10.3-28}$$

若无衬砌，即$p_\mathrm{i}=0$，由式(10.3-28)，无支护条件下塑性区内的围岩应力为

$$\left.\begin{aligned}
\sigma_{r\mathrm{p}} &= \left(\frac{r}{a}\right)^{\frac{2\sin\varphi}{1-\sin\varphi}} c\cot\varphi - c\cot\varphi \\
\sigma_{\theta\mathrm{p}} &= \frac{1+\sin\varphi}{1-\sin\varphi}\left(\frac{r}{a}\right)^{\frac{2\sin\varphi}{1-\sin\varphi}} c\cot\varphi - c\cot\varphi
\end{aligned}\right\} \tag{10.3-29}$$

若用Drucker-Prager准则，均匀应力场中圆形硐室塑性区围岩应力为

$$\left.\begin{aligned}
\sigma_{r\mathrm{p}} &= -\frac{k}{3\alpha} + \left(p_\mathrm{i} + \frac{k}{3\alpha}\right)\left(\frac{r}{a}\right)^{\frac{6\alpha}{1-3\alpha}} \\
\sigma_{\theta\mathrm{p}} &= -\frac{k}{3\alpha} + \frac{1+3\alpha}{1-3\alpha}\left(p_\mathrm{i} + \frac{k}{3\alpha}\right)\left(\frac{r}{a}\right)^{\frac{6\alpha}{1-3\alpha}}
\end{aligned}\right\} \tag{10.3-30}$$

式中，α、k——Drucker-Prager准则的系数，见式(5.8-25)。

（2）塑性区内围岩应力特征

（a）式(10.3-28)、式(10.3-29)和图10.3-3表明，圆形硐室围岩塑性区内的应力状态（$\sigma_{r\mathrm{p}}$，$\sigma_{\theta\mathrm{p}}$）与原岩应力场无关，是矢径$r$、硐径$a$以及围岩强度参数$c$和$\varphi$的函数。

（b）塑性区内的围岩应力与围岩强度参数（c、φ）有关且始终满足塑性条件。根据塑性条件可知，塑性区内任意一点的应力状态均应满足强度条件$\sigma_{\theta\mathrm{p}}=\xi\sigma_{r\mathrm{p}}+\sigma_\mathrm{c}$。图10.3-3(b)中，若将纵坐标设定为正应力$\sigma$，左边横坐标为剪应力$\tau$，将常用的$\tau-\sigma$

坐标系逆时针旋转90°，此时将距离为r的任意点的应力状态平衡到该τ-σ坐标系后，所形成的Mohr圆与强度线相切，表示了塑性区内任意点应力状态均满足围岩的塑性条件这一特性[①]。

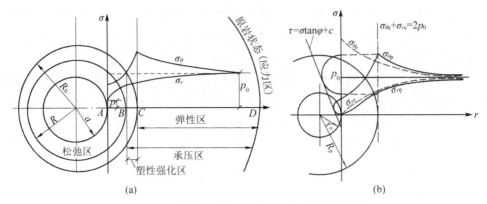

图10.3-3 轴对称条件下圆形硐室围岩应力分布

（c）对比图10.3-3，σ_{rp}和$\sigma_{\theta p}$是均随r的增加而增加，这与弹性围岩应力分布特征（见式(10.2-2)和式(10.2-5)、图10.2-2b和图10.2-3）极为不同。

（d）塑性区内径向应力σ_{rp}与弹性围岩径向应力σ_{re}大致有相似分布规律，硐壁上径向应力为0（有支护时，硐壁径向应力等于支护力），向深部逐渐增加。

（e）对于切向应力，与弹性围岩应力$\sigma_{\theta e}$相比，塑性区内切向应力$\sigma_{\theta p}$降低了很多，降低程度与塑性变形大小有关，硐壁上的塑性变形最大，故降低得最多，但并不为零，表明围岩发生塑性变形后，仍具有一定的承载能力[②]。塑性圈内，$\sigma_{\theta p}$随深度而增加，在一定深度内出现应力增高区，并在$r=R_p$处达最大值[③]。法国依塞尔—阿尔克基道内实测的声波速度和弹性模量随着硐室深度而变化的曲线（图10-12）也反映了这种特征。由此可以看出，理论推求的塑性围岩应力变化与实测结果是比较符合。

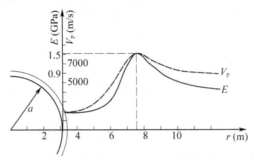

图10.3-4 法国依塞尔-阿尔克基道内实测的V_p和E随硐深r而变化的曲线

（3）围岩状态分区

根据围岩应力状态，可将围岩分为4个区（图10.3-3(a)），包括应力松弛区、塑

---

① 在进行塑性区内应力计算时，可利用该简化条件计算或校核计算结果的正确性。

② 这与岩石（或岩体）的全过程σ-ε曲线反映的事实相同，即围岩发生塑性变形和剪切破坏后，仍具有一定的承载能力。

③ 产生这种现象的原因，是由于塑性区内一部分应力随开挖而释放，而另一部分则转移到弹性区。

性强化区、弹性变形区和原岩状态区。

应力松弛区（亦称破裂区）内围岩已被裂隙切割，越靠近硐壁越严重，岩体强度显著降低。因区内岩体应力低于原岩应力，故亦称应力降低区。其物理现象是内聚力近于0，内摩擦角有所降低，但岩体沿保持完整，未发生冒落。

塑性强化区内岩体呈塑性状态，但具有较高的承载能力，岩体处于塑性强化状态。

弹性变形区内各点的应力均超过原岩应力，但岩体在次生应力作用下仍处于弹性变形状态。

原岩应力区内岩体未受开挖影响，岩体处于天然状态。

10.3.2.3 弹性区围岩应力

如图 10.3-2，塑性区之外为弹性区，其内围岩应力仍按厚壁圆公式计算，即

$$\left.\begin{array}{l} \sigma_{re} = \left(1 - \dfrac{R_{P}^2}{r^2}\right)\sigma_0 + \dfrac{R_{P}^2}{r^2}\sigma_{R_P} \\[3mm] \sigma_{\theta e} = \left(1 + \dfrac{R_{P}^2}{r^2}\right)\sigma_0 - \dfrac{R_{P}^2}{r^2}\sigma_{R_P} \end{array}\right\} \qquad (10.3\text{-}31)$$

弹性区和塑性区边界上（$r=R_P$）任一单元既属弹性区单元、又属塑性区单元，因而该单元应同时满足上述塑性区和弹性区的条件，即在弹、塑性区边界上，有 $\sigma_{re}=\sigma_{rp}=\sigma_{R_p}$，且 $\sigma_{\theta e}=\sigma_{\theta p}$，即在塑性圈半径处，式（10.3-31）所确定围岩应力应满足塑性条件。于是将式（10.3-31）代入塑性条件（即式（10.3-18）），得到弹-塑性边界上的应力为

$$\left.\begin{array}{l} \sigma_{r(r=R_p)} = \sigma_{R_p} = \sigma_0(1 - \sin\varphi) - c\cos\varphi \\[2mm] \sigma_{\theta(r=R_p)} = \sigma_0(1 + \sin\varphi) + c\cos\varphi \end{array}\right\} \qquad (10.3\text{-}32)$$

因此，塑性圈之外的弹性区（$r>R_p$）的围岩应力为

$$\left.\begin{array}{l} \sigma_{re} = \left(1 - \dfrac{R_{P}^2}{r^2}\right)\sigma_0 + \dfrac{R_{P}^2}{r^2}[\sigma_0(1 - \sin\varphi) - c\cos\varphi] \\[3mm] \sigma_{\theta e} = \left(1 + \dfrac{R_{P}^2}{r^2}\right)\sigma_0 - \dfrac{R_{P}^2}{r^2}[\sigma_0(1 - \sin\varphi) - c\cos\varphi] \end{array}\right\} \qquad (10.3\text{-}33)$$

10.3.2.4 塑性圈半径

由上可知，在塑性圈半径处，满足

$$\sigma_{rp} + \sigma_{\theta p} = \sigma_{re} + \sigma_{\theta e} = 2\sigma_0 \qquad (10.3\text{-}34)$$

由式（10.3-28）、式（10.3-33）和式（10.3-34），解得塑性圈半径为

$$R_{\mathrm{P}} = a \left[\frac{(\sigma_0 + c \cot \varphi)(1 - \sin \varphi)}{p_i + c \cot \varphi} \right]^{\frac{1 - \sin \varphi}{2 \sin \varphi}} \tag{10.3-35}$$

若无衬砌，则塑性圈半径为

$$R_{\mathrm{P}} = a \left[\frac{(\sigma_0 + c \cot \varphi)(1 - \sin \varphi)}{c \cot \varphi} \right]^{\frac{1 - \sin \varphi}{2 \sin \varphi}} \tag{10.3-36}$$

若用 Drucker-Prager 准则，均匀应力场中圆形硐室塑性区围岩应力及塑性圈半径为

$$R_{\mathrm{P}} = a \left[\frac{(\sigma_0 + k/3\alpha)(1 - 3\alpha)}{p_i + k/3\alpha} \right]^{\frac{1 - 3\alpha}{6\alpha}} \tag{10.3-37}$$

式中，α、k——Drucker-Prager 准则的系数，见式 (5.8-25)。

对于非均匀天然应力场（$\lambda \neq 1$）或非圆形硐室，塑性区边界确定较为困难，目前尚无理论解，通常采用近似方法确定[①]。

由此可见，塑性圈半径 R_{P} 与硐径 a 成正比，与破坏后的围岩抗剪强度成反比。因此，若保护好塑性圈内围岩不被进一步破坏，即保持 a 不增大，则 R_{P} 不会增加；反之，若将塑性松动区内围岩挖掉，从而使 a 增大到 R_{P}，进一步发生塑性变形，产生新塑性破坏圈，而且越挖越坏。因此，通过挖掉塑性围岩整治硐室是错误的。而正确的办法应该是保持塑性圈围岩不被再破坏以及提高塑性区内岩体的强度，常用方法有喷锚支护和灌浆等。

10.3.2.5　围岩变形

（1）弹性区（$r > R_{\mathrm{p}}$）围岩的径向位移

对于均匀原岩应力场，硐室开挖前应力为 $\sigma_{re} = \sigma_{\theta e} = \sigma_0$；硐室开挖后弹性区围岩应力为式（10.3-33）。因此，硐室开挖引起弹性区的应力增量为

$$\left. \begin{array}{l} \Delta\sigma_{re} = \sigma_0 \left(1 - \dfrac{R_{\mathrm{P}}^2}{r^2}\right) + \dfrac{R_{\mathrm{P}}^2}{r^2}\sigma_{R_{\mathrm{P}}} - \sigma_0 = -\dfrac{R_{\mathrm{P}}^2}{r^2}\left(\sigma_0 - \sigma_{R_{\mathrm{P}}}\right) \\[3mm] \Delta\sigma_{\theta e} = \sigma_0 \left(1 + \dfrac{R_{\mathrm{P}}^2}{r^2}\right) - \dfrac{R_{\mathrm{P}}^2}{r^2}\sigma_{R_{\mathrm{P}}} - \sigma_0 = \dfrac{R_{\mathrm{P}}^2}{r^2}\left(\sigma_0 - \sigma_{R_{\mathrm{P}}}\right) \end{array} \right\} \tag{10.3-38}$$

弹性区内（$r > R_{\mathrm{p}}$）围岩的径向位移仍按式（10.3-3a）计算，$p_i \to \sigma_{Rp}$，$a \to R_{\mathrm{p}}$，即

$$\Delta u_r = \frac{(1 + \mu)(\sigma_0 - \sigma_{R_{\mathrm{p}}})}{E} \frac{R_{\mathrm{p}}^2}{r} \tag{10.3-39}$$

将式（10.3-32）代入上式，得因开挖引的弹性区内（$r > R_{\mathrm{p}}$）围岩径向位移为

[①] 基本原理：首先按弹性理论求解某点的围岩应力状态，将此应力状态代入塑性条件，满足塑性条件者则认为发生塑性破坏；然后用同样的方法计算其它点，并判断其塑性条件；最后将所有满足塑性条件的点连起来，从而得到围岩的塑性区。该方法必须计算足够多的点才能确定塑性区，通常用数值计算方法。该方法不能计算塑性区的应力（σ_{rp}, $\sigma_{\theta p}$）。

$$\Delta u_r = \frac{(1+\mu)(\sigma_0 \sin\varphi + c\cos\varphi)}{E} \frac{R_p^2}{r} \qquad (10.3-40)$$

式(10.3-40)要比无塑性区弹性分布的二次应力状态的位移小，原因是塑性圈的存在限制了弹性区的变形。

（2）弹–塑性边界上（$r=R_p$）的径向位移

若弹性–塑性区边界面上（$r=R_p$）的围岩应力引起的径向应变用 ε_r 表示，对于轴对称平面应变问题，应满足几何方程和物理方程，即有

$$\varepsilon_r = \frac{\partial u_r}{\partial r} = \frac{1-\mu^2}{E}\left(\Delta\sigma_{re} - \frac{\mu}{1-\mu}\Delta\sigma_{\theta e}\right) \qquad (10.3-41)$$

由式(10.3-38)和式(10.3-41)，可得

$$\varepsilon_r = \frac{\partial u_r}{\partial r} = -\frac{(1+\mu)(\sigma_0 - \sigma_{R_p})}{E} \cdot \frac{R_p^2}{r^2} \qquad (10.3-42)$$

于是，因开挖引起的弹性–塑性边界（$r=R_p$）径向位移为

$$\Delta u_{r(r=R_p)} = \int_{R_p}^{\infty} \frac{\partial u_r}{\partial r}\mathrm{d}r = \frac{(1+\mu)(\sigma_0 - \sigma_{R_p})}{E}R_p = \frac{(1+\mu)(\sigma_0 \sin\varphi + c\cos\varphi)}{E}R_p \qquad (10.3-43)$$

此外，若有塑性区存在，塑性圈半径为 R_p 即为塑性区之外的弹性区的内径，于是，由弹性区内边界弹性位移计算式(10.3-4a)及式(10.3-32)，得到同样的结果。而且令 $r=R_p$，并代入式(10.3-4)，也可得到该结果。

（3）塑性区（$a<r<R_p$）围岩的径向位移

由于塑性区的应力–应变为非线性关系，不能采用广义 Hooke 定律。此外介绍一种常用的方法，即采用平均应力与平均应变间的关系乘以塑性模数 ψ[①]，并假设在塑性区内体积应变为0，可求得塑性区内的径向位移。

由弹性本构关系（式(9.3-21)），体积应力与体积应变的关系为

$$\Theta = 3K\theta \qquad (10.3-44)$$

式中，Θ——体积应力，$\Theta = \sigma_r + \sigma_\theta + \sigma_z$；

θ——体积应变，$\theta = \varepsilon_r + \varepsilon_\theta + \varepsilon_z$。

K——体积模量，弹性变形时，$K=E/[3(1-2\mu)]$；

E、μ——弹性模量和泊松比。

改用平均应力和平均应变表示，有以下两个等价形式，即

$$\sigma_m = 3K\varepsilon_m = \frac{E}{1-2\mu}\varepsilon_m \qquad (10.3-45a)$$

$$\varepsilon_m = \frac{\sigma_m}{3K} = \frac{1-2\mu}{E}\sigma_m \qquad (10.3-45b)$$

式中，σ_m——平均应力，$\sigma_m = \Theta/3 = (\sigma_r + \sigma_\theta + \sigma_z)/3$；

ε_m——体积应变，$\varepsilon_m = \theta/3 = (\varepsilon_r + \varepsilon_\theta + \varepsilon_z)/3$。

---

① 塑性模数 ψ 表示应力–应变所具有的非线性关系。弹性区内，$\psi=1$。

由式（10.3-45b），有

$$\varepsilon_r - \varepsilon_m = \frac{1+\mu}{E}(\sigma_r - \sigma_m) \qquad (10.3\text{-}46a)$$

$$\varepsilon_\theta - \varepsilon_m = \frac{1+\mu}{E}(\sigma_\theta - \sigma_m) \qquad (10.3\text{-}46b)$$

$$\varepsilon_z - \varepsilon_m = \frac{1+\mu}{E}(\sigma_z - \sigma_m) \qquad (10.3\text{-}46c)$$

以上是弹性本构关系。塑性区内围岩的应力-应变关系可在式（10.3-46）的基础上乘以塑性模数 ψ（弹性区内，$\psi=1$）。

如图 10.3-5，假设塑性区内塑性变形时体积不变（即 $\theta=0$ 且 $\varepsilon_m=0$）。并设塑性区内的平均变形模量为、泊松比、体积模量、剪切模量分别为 E_0、μ_0、K_0、G_0。

对于本节讨论的均匀应力场中圆形硐室这类轴对称平面应变问题，有 $\varepsilon_z=0$，由平均应变的定义（即 $\varepsilon_m=(\varepsilon_r+\varepsilon_\theta+\varepsilon_z)/3$）且 $\varepsilon_m=0$，得到 $\varepsilon_r+\varepsilon_\theta=0$，即有 $\varepsilon_m=0$、$\varepsilon_z=0$、$\varepsilon_r+\varepsilon_\theta=0$；由式（10.3-46c），得 $\sigma_z=\sigma_m$；又根据平均应力的定义（即 $\sigma_m=(\sigma_r+\sigma_\theta+\sigma_z)/3$），故有 $\sigma_m=(\sigma_r+\sigma_\theta)/2$。将 $\sigma_m=(\sigma_r+\sigma_\theta)/2$ 中分母融入塑性模数 ψ 中，即有 $\sigma_m=(\sigma_r+\sigma_\theta)$。

于是由式（10.3-46）乘以塑性模数 ψ，得平面应变问题时的应力-应变关系为

$$\left. \begin{array}{l} \varepsilon_r = \dfrac{\psi(1+\mu_0)}{E_0}(\sigma_r - \sigma_\theta) \\[3mm] \varepsilon_\theta = \dfrac{\psi(1+\mu_0)}{E_0}(\sigma_\theta - \sigma_r) \end{array} \right\} \qquad (10.3\text{-}47)$$

受力体塑性状态下的几何方程仍保持弹性状态的关系，由几何方程（式(9.3-2d)），有

$$\left. \begin{array}{l} \varepsilon_r = \dfrac{\mathrm{d}u_r}{\mathrm{d}r} \\[3mm] \varepsilon_\theta = \dfrac{1}{r}\dfrac{\mathrm{d}u_\theta}{\mathrm{d}\theta} + \dfrac{u_r}{r} = \dfrac{u_r}{r} \end{array} \right\} \qquad (10.3\text{-}48)$$

式（10.3-48）为一可分离变量微分方程，积分得切向应变为 $\varepsilon_\theta=C/r^2$，代入式（10.3-47），得塑性模数 ψ 为

$$\psi = \frac{E_0}{(1+\mu_0)(\sigma_\theta - \sigma_r)} \cdot \varepsilon_\theta = \frac{E_0}{(1+\mu_0)(\sigma_\theta - \sigma_r)} \cdot \frac{C}{r^2} \qquad (10.3\text{-}49)$$

利用边界条件（弹性区 $\psi=1$），即 $r=R_p$ 时，$\psi=1$，则由式（10.3-49），有

$$C = \frac{(1+\mu_0)R_p^2}{E_0}(\sigma_\theta - \sigma_r)_{r=R_p} \qquad (10.3\text{-}50)$$

将式（10.3-50）代入式（10.3-49），得到塑性模数 ψ 为

$$\psi = \frac{(\sigma_\theta - \sigma_r)_{r=R_p}}{(\sigma_\theta - \sigma_r)} \cdot \frac{R_p^2}{r^2} \qquad (10.3\text{-}51)$$

由塑性区边界应力（式（10.3-32）），有

$$(\sigma_\theta - \sigma_r)_{r=R_p} = 2\sigma_0 \sin\varphi + 2c\cos\varphi \tag{10.3-52}$$

由式（10.3-48）第2式、式（10.3-47）第2式、式（10.3-51）和式（10.3-52），得因开挖引起的塑性区径向位移为

$$\Delta u_r = \frac{2(1+\mu_0)(\sigma_0 \sin\varphi + c\cos\varphi)}{E_0} \cdot \frac{R_p^2}{r} \tag{10.3-53}$$

可见，塑性区径向位移与岩体的强度参数（c、φ）、塑性区的变形常数（E_0、μ_0）、原岩应力（σ_0）、塑性区半径（R_p）和位置（r）有关。

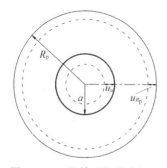

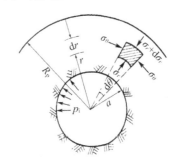

图10.3-5　塑性区位移分析图　　图10.3-6　塑性形变围岩压力计算简图

（4）硐壁上（$r=a$）围岩的径向位移

由图10.3-5，假设塑性区在变形过程中体积不发生变化，可知

$$\pi\left(R_P^2 - a^2\right) = \pi\left[\left(R_P - \Delta u_{R_P}\right)^2 - \left(a - \Delta u_a\right)^2\right]$$

略去高阶量，可近似得到因开挖引起的硐壁（$r=a$）径向位移

$$\Delta u_a = \Delta u_{r(r=a)} = \frac{R_P}{a} u_{R_P} = \frac{(1+\mu)(\sigma_0 \sin\varphi + c\cos\varphi)}{E} \cdot \frac{R_P^2}{a} \tag{10.3-54}$$

此外，由式（10.3-53），令 $r=a$，也可求得硐壁径向位移，即

$$\Delta u_a = \Delta u_{r(r=a)} = \frac{2(1+\mu_0)(\sigma_0 \sin\varphi + c\cos\varphi)}{E_0} \cdot \frac{R_P^2}{a} \tag{10.3-55}$$

比较两式，其差异在于使用了不同塑性区内变形参数。

10.3.2.6　围岩压力

由于过大塑性变形，硐室往往是不稳定的，需对其进行支护以限制塑性变形，支护结构将承受围岩压力。根据塑性变形的发展阶段和衬砌支护时间的早晚，这种围岩压力又包括塑性形变围岩压力和松动围岩压力。成硐后立即支护，塑性变形还处于早期阶段，围岩与衬物的相互作用表现为形变围岩压力；若支护较晚，或者衬砌与围岩之间回填不紧密，围岩继续变形，围岩 c、φ 值降低，围岩松动塌落，致使松动岩石与未松动围岩脱离，塑性形变围岩压力逐渐转变为松动围岩压力。

（1）塑性形变围岩压力——Fenner公式和Kastner公式

（a）Fenner公式

基于 L. Schmidt 的研究成果，智利地质学家 Richard Fenner 等（1938）用弹塑性理论导出了均匀应力场中圆形硐室的围岩压力公式——Fenner公式（或称塑性应力平衡公式）。

a）基本假设

对于均匀应力场中的圆形硐室（轴对称平面应变问题），如图10.3-6，Fenner假定，弹-塑性边界上（$r=R_\mathrm{p}$）内聚力 $c=0$，硐壁上有支护（支护力为 p_i），根据力的平衡原理，该支护力即为所求的塑性形变压力，即，$\sigma_{r\mathrm{p}(r=a)}=p_\mathrm{i}$。

b）计算公式

因忽略弹-塑性边界上围岩的内聚力 c（即 $c=0$），则由式(10.3-32)第1式，有

$$\sigma_{R_\mathrm{p}}=(1-\sin\varphi)\sigma_0 \tag{10.3-56}$$

由衬砌条件下塑性区围岩应力（式(10.3-28)第1式）知，当 $r=R_\mathrm{p}$ 时，$\sigma_{r\mathrm{p}}=\sigma_{R_\mathrm{p}}$，即

$$\sigma_{R_\mathrm{p}}=\left(p_\mathrm{i}+c\cot\varphi\right)\left(\frac{R_\mathrm{P}}{a}\right)^{\frac{2\sin\varphi}{1-\sin\varphi}}-c\cot\varphi \tag{10.3-57}$$

解得围岩压力为

$$p_\mathrm{i}=\left(\sigma_{R_\mathrm{p}}+c\cot\varphi\right)\left(\frac{a}{R_\mathrm{P}}\right)^{\frac{2\sin\varphi}{1-\sin\varphi}}-c\cot\varphi \tag{10.3-58}$$

将式(10.3-56)代入式(10.3-58)，得

$$p_\mathrm{i}=\left[(1-\sin\varphi)\sigma_0+c\cot\varphi\right]\left(\frac{a}{R_\mathrm{P}}\right)^{\frac{2\sin\varphi}{1-\sin\varphi}}-c\cot\varphi \tag{10.3-59}$$

式(10.3-59)即为计算形变围岩压力的Fenner公式（或塑性应力平衡公式）。

由于塑性圈边界上内聚力为0的假设与实际情况有一定的差别，故Fenner公式是塑性形变围岩压力的近似计算公式。

（b）修正Fenner公式

如果考虑弹-塑性边界上围岩的内聚力（即 $c\neq0$），直接将式(10.3-32)第1式（而不是式(10.3-56)）代入式(10.3-58)，得到考虑弹-塑性边界围岩内聚力的修正Fenner公式，即

$$p_\mathrm{i}=\left[(1-\sin\varphi)(\sigma_0+c\cot\varphi)\right]\left(\frac{a}{R_\mathrm{P}}\right)^{\frac{2\sin\varphi}{1-\sin\varphi}}-c\cot\varphi \tag{10.3-60}$$

$$p_\mathrm{i}=\frac{2}{\xi+1}(\sigma_0+c\cot\varphi)\left(\frac{a}{R_\mathrm{P}}\right)^{\xi-1}-c\cot\varphi \tag{10.3-60a}$$

式中，ξ——塑性系数，$\xi=(1+\sin\varphi)/(1-\sin\varphi)$。

（c）　Kastner公式

考虑到Fenner公式的假设与实际情况有所出入，H. Kastner（1951）采用了与R. Fenner相同的思路，包括同样的假设（但考虑弹–塑性边界上围岩的内聚力），同样的处理方法（认为弹–塑性边界上的应力既满足塑性状态下的应力、也满足弹性状态下的应力），利用弹塑性力学理论，推导了塑性形变围岩压力为

$$p_i = (1 - \sin\varphi)\left(\sigma_0 + \frac{1 - \sin\varphi}{2\sin\varphi}\sigma_c\right)\left(\frac{a}{R_p}\right)^{\frac{2\sin\varphi}{1 - \sin\varphi}} - \frac{1 - \sin\varphi}{2\sin\varphi}\sigma_c \qquad (10.3\text{-}61)$$

$$p_i = \frac{2}{\xi + 1}\left(\sigma_0 + \frac{\sigma_c}{\xi - 1}\right)\left(\frac{a}{R_p}\right)^{\xi - 1} - \frac{\sigma_c}{\xi - 1} \qquad (10.3\text{-}61a)$$

式（10.3-61）即为计算形变围岩压力的Kastner公式。

Kastner公式和修正Fenner公式只是形式不同，结果完全一样。如果利用Mohr-Coulomb准则，将$\sigma_c = 2c\cos\varphi/(1 - \sin\varphi)$及$\xi = (1 + \sin\varphi)/(1 - \sin\varphi)$代入到式（10.3-61），即为式（10.3-60）。

（d）　形变围岩压力的特征

由Fenner公式、Kastner公式（或修正Fenner公式）可知，塑性形变围岩压力与原岩应力σ_0、围岩强度参数（c、φ）、硐径a和塑性圈半径R_p有关。

a）　塑性形变压力与原岩应力正相关，随原岩应力增加而线性增加。

b）　塑性形变压力与围岩强度参数负相关，围岩强度越高，形变围岩压力越低。

c）　塑性形变压力与硐径正相关，随硐径增大而增大，故应尽量保证当前开挖的硐径a不再扩大。

d）　塑性形变压力与塑性圈大小负相关，随塑性圈半径增大而降低。若无支护，则塑性圈达最大、塑性变形也最大；设置支护后，因支护限制了围岩部分塑性变形，所对应的塑性圈变小，被阻止的部分塑性变形能由支护承担；若不允许发生塑性变形（即无塑性圈，$R_p = a$），则全部塑性变形能均由支护承担，塑性形变围岩压力达最大，即

$$p_{i,\max} = (1 - \sin\varphi)\sigma_0 - c\cot\varphi = \sigma_{R_p} \qquad (10.3\text{-}62)$$

因此，采用强大的衬砌以阻止塑性区的形成，显然这样的条件过于严格且无必要，因为塑性区的滑动面已由足够安全的衬砌予以限制，即使存在一定厚度的环形塑性区，对于硐室围岩稳定性并无多大影响。

（2）塑性松动围岩压力——Caquot公式

由于支护不力等诸多原因，业已形成的塑性圈进一步变形，会使圈内形成一个脱离的环状岩圈，并作用于衬砌上，此时衬砌上的围岩压力由形变压力p_i变为松动压力p_a。松动围岩压力的大小，有的按松动体的全部重量计算，有的按塑性平衡条件计算（即考虑塑性松动区岩石的摩擦力作用，用极限平衡原理进行计算）。

（a）　基本假设

a）　硐室开挖后，硐周围岩应力呈弹塑性分布。在塑性圈充分发展后，塑性圈

内围岩自重为作用于支护上的松动围岩压力。

b) 在均匀应力场的情况下，在硐顶（$\theta=90°$）取单元体为计算单元，分析其受力条件，以些考虑硐室围岩压力的不利状态。

c) 塑性圈与弹性区围岩完全脱开，则原来的弹–塑性边界不再连续，在塑性圈边界上，围岩不做应力传递，径向应力降低至0，即$\sigma_{rp(r=R_p)}=0$。

d) 支护结构上的形变围岩压力变为松动围岩压力，即$\sigma_{r(r=a)}=p_a$。

（b） 计算公式

如图10.3-7，半径为a的圆形硐室，塑性区边界为硐壁的同心圆（$r=R_p$），岩体容重为γ，体积力沿径向均匀分布。

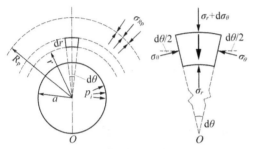

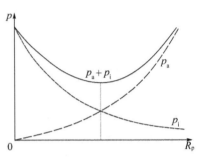

图10.3-7 塑性区岩体的松动围岩压力计算　　　　**图10.3-8 p_a和p_i与R_p曲线**

松动区内的围岩应同时满足平衡条件（式（10.3-11））和塑性条件（式（10.3-18）），于是，由式（10.3-11）和式（10.3-18），并代入边界条件$\sigma_{r(r=R_p)}=0$，$\sigma_{r(r=a)}=p_a$，解得松动脱落区围岩内的应力为

$$\sigma_r = \left[\left(\frac{r}{R_P}\right)^{\frac{2\sin\varphi}{1-\sin\varphi}}-1\right]\cdot c\cot\varphi + \frac{1-\sin\varphi}{3\sin\varphi-1}\gamma r\left[1-\left(\frac{r}{R_P}\right)^{\frac{3\sin\varphi-1}{1-\sin\varphi}}\right] \tag{10.3-63}$$

式中，γ——围岩的容重。

当$r=a$时，$\sigma_r=p_a$，即松动围岩压力为

$$p_a = \left[\left(\frac{a}{R_P}\right)^{\frac{2\sin\varphi}{1-\sin\varphi}}-1\right]\cdot c\cot\varphi + \frac{1-\sin\varphi}{3\sin\varphi-1}\gamma a\left[1-\left(\frac{a}{R_P}\right)^{\frac{3\sin\varphi-1}{1-\sin\varphi}}\right] \tag{10.3-64}$$

$$p_a = \left[\left(\frac{a}{R_P}\right)^{\xi-1}-1\right]\cdot c\cot\varphi + \frac{\gamma a}{\xi-2}\left[1-\left(\frac{a}{R_P}\right)^{\xi-2}\right] \tag{10.3-64a}$$

式（10.3-64）即为计算塑性区围岩压力的Caquot公式（亦称塑性应力承载公式）。

（c） 松动围岩压力的基本特征

由Caquot公式可知，松动围岩压力与原岩应力无关，而取决于围岩强度参数（c、φ）、硐径a和塑性圈半径R_p有关。

a) 松动围岩压力与围岩强度参数负相关，围岩强度越高，则松动压力越低。

b) 松动围岩压力与硐径正相关，随硐径增大而增大，故应尽量保证当前开挖

的硐径 a 不再扩大。

c）塑性形变压力与塑性圈大小正相关，随塑性圈半径增大而降低。若不允许发生塑性变形（即无塑性圈，$R_p=a$），由式（10.3-64），$p_a=0$，这是因为则全部塑性变形能均由支护承担，塑性形变围岩压力达最大（即 $p_{i,max}$），此时围岩不松动，故松动围岩压力 $p_a=0$；而随着 R_p 增大，p_a 也随之增大。

（d）使用说明

因为 Caquot 公式假设塑性圈边界完全脱离而径向应力为 0，这不尽合理；并且选取硐顶微单元体进行应力计算偏于保守，因此 Caquot 公式实际是一种近似计算。

应用 Caquot 公式时，还需知道塑性圈半径 R_p。通常认为塑性区已充分扩展，R_p 即为无支护情况下的塑性半径（式（10.3-36）），也可基于围岩弹性波测试确定。

在实际应用中，由于塑性区内围岩松动，c、φ 值有所降低，故应采用降低后的 c、φ 值。从已有资料看，与原始岩体相比，松动区内围岩的 φ 值一般降低 10%～20%，c 值降低约 75%～85%。

因为公式推导中使用了轴对称假设，Caquot 公式原则上只适用于圆形硐室，当应用于估算直墙拱形等形状硐室的松动压力时，可用硐室的半跨度作为半径 a。

（3）松动围岩压力与形变围岩压力的比较

如图 10.3-8，将 Kastner 公式和 Caquot 公式比较可以看出，形变压力 p_i 随 R_p 的增加而减小，而松动压力 p_a 则随 R_p 的增加而增加。为使 p_i 减小，应当增大 R_p；欲使 p_a 减小，又应当使 R_p 减小。事实上，衬砌上这两种围岩压力都是可能存在的，因此，只有在某 R_p 下，二者叠加的压力值 p_r 达到最小（如图 10.3-8），当控制这样的 R_p 值就能得到最经济的效果。

此外，如果塑性区围岩未得到有力保护而产生松动脱离，类似于开挖了 1 个以 R_p 为硐径的新硐室，于是将引起围岩应力重新分布（图 10.3-9），围岩将进一步变形和破坏，产生新的塑性圈，形变围岩压力和松动围岩压力进一步变化。

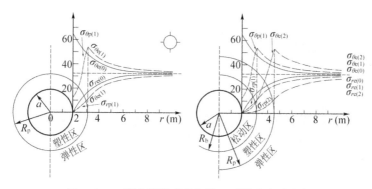

图 10.3-9 硐室围岩出现塑性区后的应力重分布

10.3.3 黏弹性分析

10.3.3.1 围岩的流变与时间效应

岩石和岩体均不同程度地具有流变性。对于地下工程，尤其是软岩硐室，时间效应是不可忽略的问题，它是决定支护和时间的重要方面。

由于不同围岩条件具有不同的流变特征，可按前述研究方法，在详细的岩体力学工作基础上，确定岩体流变模型及其对应参数，然后开展计算。

在围岩流变计算时，通常作如下假设：

（1）围岩流变过程中，体积不发生变化，即泊松比$\mu=0.5$；

（2）一般情况下，流变是缓慢的且其变形量相对于弹塑性变形较小，故认为弹塑性力学中的平衡方程和几何方程仍然成立。注意到此处围岩应力、应变和位移不仅与前述弹塑性分析中所述的因素有关，而且与时间相关，如围岩位移u_r就是硐径r和时间t的函数，即$u_r = u_r(r, t)$。

有了上述假设后，即可根据相应的本构方程（流变模型）、平衡方程、几何方程和边界条件对硐室围岩的应力、变形和破坏进行解析计算。

10.3.3.2 围岩应力与围岩变形

为计算方便，如图 10.3-10，在地下深处开挖有半径为a的圆形硐室（其它形状的硐室可进行等效处理，用"当量硐室"替代），同时假设原岩应力状态满足$\sigma_{0x}=\sigma_{0y}=\sigma_{0z}=\sigma_0$。

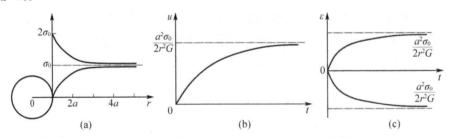

图 10.3-10 黏弹性岩体(Kelvin模型)中的圆形硐室

此处以 Kelvin 模型（图 B.2-3）为例，分析地下硐室的开挖后的流变特征。由附录 B 可知，Kelvin 模型能反映围岩的初始蠕变和弹性后效。因假设流变过程中，围岩体积不变，故其本构为

$$\left.\begin{array}{l} \sigma_r - \sigma_m = 2G\left(\varepsilon_r - \varepsilon_m\right) + 2\eta\dfrac{d(\varepsilon_r - \varepsilon_m)}{dt} \\[2mm] \sigma_\theta - \sigma_m = 2G\left(\varepsilon_\theta - \varepsilon_m\right) + 2\eta\dfrac{d(\varepsilon_\theta - \varepsilon_m)}{dt} \end{array}\right\} \tag{10.3-65}$$

式中，σ_r、σ_θ——围岩内任一点的应力状态；

ε_r、ε_θ——围岩内任一点的应变状态($\varepsilon_z=0$)；

σ_m——平均应力，$\sigma_m = (\sigma_r + \sigma_\theta + \sigma_z)/3$；

ε_m——平均应变，$\varepsilon_m = (\varepsilon_r + \varepsilon_\theta + \varepsilon_z)/3 = (\varepsilon_r + \varepsilon_\theta)/3$；

G、E、μ——围岩的弹性模量、泊松比和剪切模量，$G = E/[2(1+\mu)]$；

η——围岩的黏滞系数。

由于体积不发生变化，于是式（10-58），有

$$\varepsilon_m = \frac{\varepsilon_r + \varepsilon_\theta}{3} = \frac{1}{3}\left(\frac{\partial u}{\partial r} + \frac{u}{r}\right) = 0 \tag{10.3-66}$$

考虑边界条件（$\sigma|_{r\to\infty} = \sigma_0$、$\sigma|_{r=0} = 0$）以及初始条件（$u_r|_{t=0} = 0$），由式（10.3-11）、式（10.3-65）和式（10.3-66），得到围岩内任一点的应力、应变和位移分别为

$$\left.\begin{aligned}\sigma_r &= \sigma_0\left(1 - \frac{a^2}{r^2}\right)\\ \sigma_\theta &= \sigma_0\left(1 + \frac{a^2}{r^2}\right)\end{aligned}\right\} \tag{10.3-67}$$

$$\left.\begin{aligned}\varepsilon_r &= -\frac{a^2}{r^2}\cdot\frac{\sigma_0}{2G}\left[1 - \exp\left(1 - \frac{G}{\eta}t\right)\right]\\ \varepsilon_\theta &= +\frac{a^2}{r^2}\cdot\frac{\sigma_0}{2G}\left[1 - \exp\left(\frac{G}{\eta}t\right)\right]\end{aligned}\right\} \tag{10.3-68}$$

$$u_r = \frac{a^2}{r}\cdot\frac{\sigma_0}{2G}\left[1 - \exp\left(\frac{G}{\eta}t\right)\right] \tag{10.3-69}$$

由此可见，对于 Kelvin 模型，围岩应力与时间无关，且随硐径增大而逐渐趋于原岩应力状态（式(10.3-67)、图 10.3-10(a)）。围岩位移在初始时刻为 0（即 $u_{r(t=0)} = 0$），并随时间的增加而增加，当 $t\to\infty$ 时达稳定值（图 10.3-10b）。初始时刻围岩应变为 0（即 $\varepsilon_{r(t=0)} = 0$、$\varepsilon_{\theta(t=0)} = 0$），随时间的增加而增加，当 $t\to\infty$ 时达稳定值（图 10.3-10(c)）。

采用不同流变模型时，围岩应力、应变和位移计算式与上述结果不同。如采用 Poyting–Thomson 模型（见附 B.2.5 节），围岩应力、应变和位移分别为

$$\left.\begin{aligned}\sigma_r &= \sigma_0\left(1 - \frac{a^2}{r^2}\right)\\ \sigma_\theta &= \sigma_0\left(1 - \frac{a^2}{r^2}\right)\end{aligned}\right\} \tag{10.3-70a}$$

$$\left.\begin{aligned}\varepsilon_r &= -\frac{a^2}{r^2}\cdot\frac{\sigma_0}{2G_\infty}\left[1 - \exp\left(\frac{G_\infty}{G_0}\frac{t}{\lambda}\right)\right] - \frac{a^2}{r^2}\cdot\frac{\sigma_0}{2G_0}\exp\left(\frac{G_\infty}{G_0}\frac{t}{\lambda}\right)\\ \varepsilon_\theta &= \frac{a^2}{r^2}\cdot\frac{\sigma_0}{2G_\infty}\left[1 - \exp\left(\frac{G_\infty}{G_0}\frac{t}{\lambda}\right)\right] + \frac{a^2}{r^2}\cdot\frac{\sigma_0}{2G_0}\exp\left(\frac{G_\infty}{G_0}\frac{t}{\lambda}\right)\end{aligned}\right\} \tag{10.3-70b}$$

$$u = \frac{a^2}{r} \cdot \frac{\sigma_0}{2G_\infty}\left[1 - \exp\left(\frac{G_\infty}{G_0}\frac{t}{\lambda}\right)\right] + \frac{a^2}{r} \cdot \frac{\sigma_0}{2G_0}\left[\exp\left(\frac{G_\infty}{G_0}\frac{t}{\lambda}\right)\right] \qquad (10.3\text{--}70c)$$

因此，对于实际工程，应在岩体流变特性研究基础上，确定相应的流变模型及力学参数，采用上述相同的方法，计算与其实际情况吻合的围岩应力、应变和位移的空间变化规律和时间变化特征。

10.4 碎裂介质岩体硐室稳定性分析

碎裂介质岩体可视为无黏结力的松散体，碎裂介质岩体内的硐室围岩应力（尤其开挖之初的围岩应力）可大致按连续介质计算结果估算（详见10.2节）。若在碎裂介质岩体内开挖地下硐室，围岩压力主要为松动压力。对于碎裂介质岩体中的浅埋硐室，开挖后硐顶围岩往往会产生较大的沉降，甚至出现塌落和冒顶等破坏（工程灾害），应采用以应力传递和上覆岩柱重量等围岩压力计算方法。对于碎裂介质岩体中的深埋硐室，开挖后会发生硐顶围岩塌落，促使硐顶围岩进行应力调整，并最终形成自然平衡拱，使得平衡拱之上的岩体保持稳定，而作用于支护上的荷载即为平衡拱内围岩的自重。

本节重点介绍松动围岩压力计算的普氏理论、岩柱理论和Terzaghi理论，这些理论是在长期观察地下硐室开挖后的破坏特性的基础上而建立的。

10.4.1 深埋碎裂介质硐室松动围岩压力

10.4.1.1 普氏理论及基本原理

此理论是俄国学者 M·M·Протодъяконов（普罗托季亚科诺夫）于1907年提出的。他认为对那些由于很多纵、横交错的节理裂隙切割的岩体，整体性完全破坏，故可把它们视为松散体。如图10.4-1，硐室开挖后，首先引起硐顶岩体的塌落。根据大量的观察和散粒体模型试验，这种塌落是有限的，当塌落到一定程度后，岩体进入新的平衡状态，形成一个自然平衡拱（或压力拱），压力拱的形状常用普氏理论来解释。普氏假设这种围岩是不具有内聚力的松散体，这种松散体的抗拉、抗剪和抗弯能力都极其微弱，故压力拱的切线方向只作用有压应力，压力拱以上的岩体重量通过拱传递到硐室两侧，而对拱内岩体无影响，故作用于衬砌上的垂直围岩压力当然就是压力拱与衬砌之间的岩体重量，而与拱外岩体无关。因此，正确确定拱的形状就成为计算围岩压力的关键。

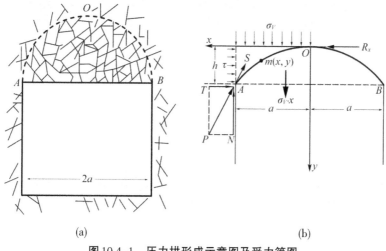

(a)　　　　　　　　　　　　(b)

图 10.4-1　压力拱形成示意图及受力简图

10.4.1.2　拱形和拱高

为确定拱形，在图 10.4-1(b)所示的坐标系中，取弧长 Om 段研究受力平衡条件，Om 的受力情况见图 10.4-1(b)。R_x 和 S 分别为拱的右半部及 mA 对 Om 的支撑力，其方向分别为过 O 点和 A 点的切线方向，σ_v 为 Om 段上覆岩层的自重应力（忽略沿 y 轴的变化），Om 弧长在上述诸力作用下若处于平衡状态，则有 $R_x \cdot y - \sigma_v \cdot x \cdot x/2 + S \cdot 0 = 0$，即拱形方程为

$$y = \frac{\sigma_V}{2R_x} \cdot x^2 \tag{10.4-1}$$

由上式的函数形式可知，压力拱为抛物线形状。

为了求得跨度为 $2a$ 压力拱的拱高 h，取 OA 半拱研究其受力平衡条件，由图 10.4-1(b)可知，OmA 半拱承受着 R_x、σ_v、T 及 N 力的作用，其力的平衡条件为

$$\left.\begin{array}{l} \sum F_y = 0 \rightarrow N = \sigma_V a \\[2mm] \sum M_A = 0 \rightarrow h = \dfrac{\sigma_V}{2R_x} a^2 \\[2mm] \sum F_x = 0 \rightarrow R_x = T \end{array}\right\} \tag{10.4-2}$$

当拱处于极限平衡时，有

$$T = Nf \tag{10.4-3}$$

式中，f——普氏系数（岩石的坚固性系数）[1]，$f = \sigma_c/10$；

σ_c——围岩的单轴抗压强度，MPa。

将式(10.4-2)第 3 式代入(10.4-3)，得到

$$R_x = Nf \tag{10.4-4}$$

---

[1] 普氏系数物理意义是增大了摩擦系数。普氏把围岩假设为像砂子般无内聚力的散粒体，但实际岩石总是具有一定内聚力的，故普氏用提高摩擦系数以补偿这一假定的缺陷。

为安全起见，使 $R_x < T$，即 $R_x < Nf$，如普氏取

$$R_x = \frac{Nf}{2} \tag{10.4-5}$$

于是由式（10.4-2）和式（10.4-5），得到拱高

$$h = \frac{a}{f} \tag{10.4-6}$$

10.4.1.3 围岩压力

（1）硐顶垂直围岩压力

硐顶垂直围岩压力等于衬砌与压力拱间岩石的重量。若压力拱的面积为 A，则由图 10.4-2，得到沿硐轴线单宽厚度的重量，即垂直围岩压力为

$$P_V = \gamma \cdot A \cdot 1 = \gamma \cdot 2\int_0^A x\,\mathrm{d}y = \frac{4a^2}{3f}\gamma \tag{10.4-7}$$

如果岩石性质较差（如 $f < 2$），硐室开挖后不但顶部要塌落，且两侧也可能不稳定而出现向硐内的滑动，如图 10.4-3 所示，其滑动破裂面与铅垂线之间的夹角为 $45° - \varphi_f/2$，其中 $\varphi_f = \arctan f$，此时压力拱将继续扩大到以拱跨为 $2a_1$ 的新压力拱。

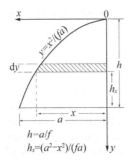

图 10.4-2　硐顶垂直围岩压力计算　　图 10.4-3　两侧围岩发生滑动时的压力拱

新拱跨的宽度 $2a_1$ 由下式确定，即

$$a_1 = a + H\tan\left(45° + \varphi_f/2\right) \tag{10.4-8}$$

由围岩压力的定义可知，这种情况下的垂直围岩压力为图 10.4-3 中阴影部分岩石的重量，一般近似地用下式计算

$$P_V = 2\gamma a h_0 = 2\gamma a a_1/f \tag{10.4-9}$$

若不采用上述的近似计算，而以压力拱内岩石重量作用在衬砌上的力为其顶部围岩压力，由式（10.4-1）、式（10.4-2）第 2 式和 $h_0 = a_1/f$，得

$$y = \frac{x^2}{fa_1} \tag{10.4-10}$$

设距硐中心线 x 处的拱高为 h_x（图 10.4-3），有

$$h_x = h_0 - y = \frac{a_1}{f} - \frac{x^2}{fa_1}$$

距硐中心线 x 处的压强为

$$p_x = \gamma h_x = \frac{\gamma}{fa_1}\left(a_1^2 - x^2\right)$$

由此，得硐室顶部的围岩压力为

$$P_V = 2\int_0^a p_x \mathrm{d}x = \frac{2\gamma a\left(3a_1^2 - a^2\right)}{3fa_1} \tag{10.4-11}$$

（2）侧向围岩压力（秦氏理论）

普氏理论适用于顶板围岩稳定性较差但侧帮稳定性好而不发生侧帮破坏的情形。当侧帮围岩稳定性也较差时，普氏理论不再适用，需加以修正，即秦氏理论。

图 10.4-4，如果硐侧壁不稳定，将沿 BC 面滑动。三角棱体 ABC 沿 BC 面向硐内滑动，将对衬砌产生围岩压力，此围岩压力称为侧向围岩压力。其值可按土力学中的"Rankine 土压力理论"进行计算。

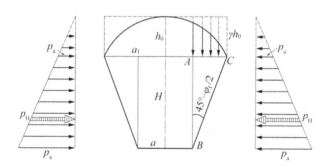

图 10.4-4 压力拱理论计算图

如图 10.4-4，硐室高为 H，拱高为 h_0，拱跨 $2a_1 = 2[a + H\tan(45° - \varphi_f/2)]$。侧向压力按 Rankine 主动土压力的三角形分布规律，A、B 两点的侧压力分别为

$$\left.\begin{array}{l} P_a^A = \gamma h_0 \tan^2\left(45° - \dfrac{\varphi_f}{2}\right) \\[2mm] P_a^B = \gamma\left(h_0 + H\right)\tan^2\left(45° - \dfrac{\varphi_f}{2}\right) \end{array}\right\} \tag{10.4-12}$$

由图 10.4-4 可知，硐室边墙所受的侧向围岩压力实际上是按梯形分布的，因此，总的侧向围岩压力 P_H 为

$$P_H = \frac{1}{2}\left(P_a^A + P_a^B\right)H = \frac{1}{2}\gamma H(2h_0 + H)\tan^2\left(45° - \frac{\varphi_f}{2}\right) \tag{10.4-13}$$

若拱内与拱外围岩的容重不同（拱内围岩容重为 γ_1、拱外围岩容重为 γ_2），则

$$P_H = \frac{1}{2}\left(P_a^A + P_a^B\right)H = \frac{1}{2}H(2\gamma_1 h_0 + \gamma_2 H)\tan^2\left(45° - \frac{\varphi_f}{2}\right) \tag{10.4-14}$$

（3）底部围岩压力

硐底岩石的膨胀以及硐室两侧岩体在较大压力作用下使其向硐内挤入等，都可能形成底部围岩压力，这里仅讨论后一种情况。

如图 10.4-5，在硐底高程处，侧墙内侧受到垂直压力 $\gamma(h_0+H)$ 的作用，在外侧由于挖空而无荷载。因此硐底岩体可能在 $\gamma(h_0+H)$ 的作用下向上隆起，产生向上的底部压力。若底部岩体在 $\gamma(h_0+H)$ 作用下丧失强度并产生破坏（变形破坏部分假设为图 10.4-5(a)中的虚线所包围的部分），当其处于极限平衡时，$\angle FEB=45°+\varphi_\mathrm{f}/2$。

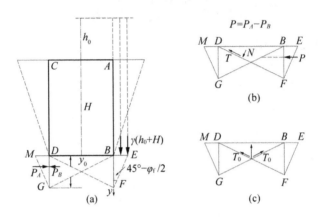

图 10.4-5　底部围岩压力计算图

若视 BF 为假想挡土墙，则 BF 各点所承受的主动土压力和被动土压力分别为

$$P_\mathrm{A} = \gamma\left(h_0 + H + y\right)\tan^2\left(45° - \frac{\varphi_\mathrm{f}}{2}\right) \\ P_\mathrm{B} = \gamma y \tan^2\left(45° + \frac{\varphi_\mathrm{f}}{2}\right) \right\} \tag{10.4-15}$$

在 F 点以上的 BF 范围内，岩体处于塑性状态，$p_\mathrm{A} > p_\mathrm{B}$；$F$ 点以下的岩体处于弹性状态，$p_\mathrm{A} < p_\mathrm{B}$；而在 F 点处，岩体处于极限状态，$p_\mathrm{A}=p_\mathrm{B}$。

由式（10.4-15）得到极限深度 y_0，即

$$y_0 = \frac{\tan^2\left(45° - \varphi_\mathrm{f}/2\right)}{\tan^2\left(45° + \varphi_\mathrm{f}/2\right) - \tan^2\left(45° - \varphi_\mathrm{f}/2\right)} \cdot (H + h_0) \tag{10.4-16}$$

当 $y_0>0$ 时才有底部压力产生。此时，图中的 BEF 滑移体处于主动状态，所产生的主动土压力为 P_A，BFD 滑移体处于被动状态，所产生的被动土压力为 P_B，有

$$P_\mathrm{A} = \frac{\gamma}{2} y_0 \left(2h_0 + 2H + y_0\right)\tan^2\left(45° - \frac{\varphi_\mathrm{f}}{2}\right) \\ P_\mathrm{B} = \frac{\gamma}{2} y_0^2 \tan^2\left(45° + \frac{\varphi_\mathrm{f}}{2}\right) \right\} \tag{10.4-17}$$

P_B 与 P_A 的方向相反，二者之差即为推动滑移体 BFD 向左滑动的实际推力 P，即

$$P = \frac{\gamma}{2} y_0 \left[(2h_0 + 2H + y_0)\tan^2\left(45° - \frac{\varphi_f}{2}\right) - y_0 \tan^2\left(45° + \frac{\varphi_f}{2}\right) \right] \qquad (10.4\text{-}18)$$

由图 10.4-5(b)可知，推力 P 对于滑动面 FD 可分解为法向力 N 和切向力 T，则沿 FD 的有效滑动力为

$$T_0 = T - N\tan\varphi_f = P\cos\left(45° - \frac{\varphi_f}{2}\right) - P\sin\left(45° - \frac{\varphi_f}{2}\right)\tan\varphi_f \qquad (10.4\text{-}19)$$

若对图 10.4-5(a)中滑移体 MGB 做类似分析（图 10.4-5(c)），亦可得相同的结果。于是底部围岩压力为

$$P_0 = 2T_0 \sin\left(45° - \frac{\varphi_f}{2}\right) = P\tan\left(45° - \frac{\varphi_f}{2}\right) \qquad (10.4\text{-}20)$$

10.4.2 浅埋碎裂介质硐室松动围岩压力

浅埋硐室硐顶以上岩体多不能形成压力拱，或压力拱的承载力不够，此时的围岩压力可用岩柱理论或 Terzaghi 理论计算。

10.4.2.1 岩柱理论

（1）基本原理与假设

如图 10.4-6，硐室开挖后，硐顶上覆松散岩体向下位移，产生极大沉降甚至塌落，同时两侧岩体出现破裂面，破裂面与侧壁夹角 $\theta=45°-\varphi/2$，作用在硐顶的围岩压力为硐顶之上可能向下位移的岩柱自重并克服侧向摩擦后的净下落力。

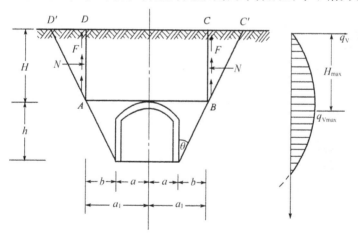

图 10.4-6 浅埋硐室围岩压力计算图

岩柱理论假设松散围岩的内聚力 $c=0$。

（2）竖向围岩压力

如图 10.4-6，硐室的硐高为 h、硐宽为 $2a$、埋深为 H，两侧滑动面将延至地表，它们与铅垂间的夹角近于 $45°-\varphi/2$。

若不考虑两侧的摩阻力，单位面积的垂直围岩压力为 $q_v = \gamma H$。

若考虑两侧的摩阻力 F，则作用于硐顶的总垂直压力为

$$Q = G - 2F = 2\gamma H a_1 - \gamma H^2 \tan^2(45° - \varphi/2)\tan\varphi \qquad (10.4-21)$$

式中，a_1——岩柱的半宽，$a_1 = a + h\tan(45° - \varphi/2)$。

若围岩压力均匀分布，则单位面积上的围岩压力为

$$q_v = \frac{Q}{2a_1} = \gamma H - \frac{\gamma H^2}{2a_1}\tan^2(45° - \varphi/2)\tan\varphi \qquad (10.4-22)$$

（3）侧向围岩压力

作用在硐室侧壁的围岩压力可根据 M-C 准则求得。因岩柱法中假设松散岩体的 $c=0$，故其抗压强度 $\sigma_c = 2c\cos\varphi/(1-\sin\varphi)=0$，且作用于硐顶的围岩压力为最大主应力，而侧向围岩压力为最小主应力，因此，硐顶侧向围岩压力 q_{H1} 和硐底侧向围岩压力 q_{H2} 分别为

$$\left.\begin{array}{l} q_{H1} = q_v\tan^2(45° - \varphi/2) \\ q_{H2} = q_{H1} + \gamma h\tan^2(45° - \varphi/2) \end{array}\right\} \qquad (10.4-23)$$

（4）岩柱理论的适用范围

（a）埋深 H

由式(10.4-22)可见，垂直围岩压力 q_v 始终小于岩柱重量 γH，且 q_v 是埋深 H 的二次函数，q_v 开始随 H 的增大而增加，当 H 超过某极限值 H_{max} 时，则随 H 增大而减小，令 $dq_v/dH = 0$，求得

$$H_{max} = \frac{a_1}{\tan^2(45° - \varphi/2)\tan\varphi} \qquad (10.4-24)$$

代入式(10.4-22)得最大垂直围岩压力

$$q_{max} = \frac{Q}{2a_1} = \frac{1}{2}\gamma H_{max} = \frac{\gamma a_1}{2\tan^2(45° - \varphi/2)\tan\varphi} \qquad (10.4-25)$$

这说明，当 $H < H_{max}$ 时，q_v 随埋深增加而增大；而当 $H > H_{max}$ 时，q_v 随埋深增加而逐渐减小甚至出现负值（这显然与实际情况不符）。因此，式(10.4-22)只适用于 $H < H_{max}$ 的浅埋硐室。

（b）内摩擦角 φ

由式(10.4-22)，相同埋深条件下，q_v 取决于 $\tan^2(45° - \varphi/2)\tan\varphi$，令 $dq_v/d\varphi = 0$，解得 $\varphi_{max} = 30°$。当 $\varphi < \varphi_{max} = 30°$ 时，q_v 随着 φ 的增加而减小；而当 $\varphi > \varphi_{max} = 30°$ 时，q_v 随着 φ 的增加而增加（这显然与假设条件和实际情况相悖）。因此，式(10.4-22)只适用于 $\varphi < \varphi_{max} = 30°$ 的松散介质岩体。

综上所述，在计算碎裂介质岩体中浅埋硐室的松动围岩压力时，岩柱理论概念明确、计算方便。该理论具有一定的限制条件，即仅适用于埋深 $H \leqslant H_{max}$ 的浅埋硐室且仅适用 $\varphi \leqslant 30°$ 的松散碎裂介质围岩。

10.4.2.2 Terzaghi 理论

（1） 基本原理

Terzaghi 理论将地层看作松散体，从应力传递概念出发，推导出作用于衬砌上的垂直围岩压力。Terzaghi 理论的计算简图（图 10.4-7）与岩柱法相同。在进行公式推导时，认为硐顶上覆岩体虽然松散，但存在一定的内聚力且服从 M-C 准则，分析微元体的应力状态，并利用静力平衡方程，求得碎裂介质岩体内硐室围岩松动压力。

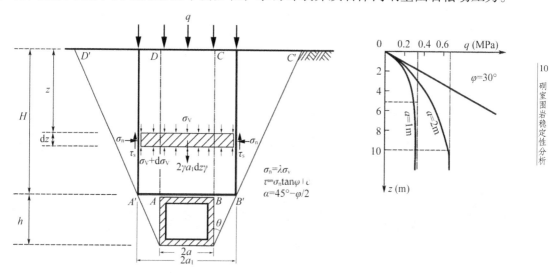

图 10.4-7　Terzaghi 理论计算围岩压力

（2） 竖向围岩压力

（a） 侧壁稳定时

如图 10.4-7，松散介质岩体中埋深为 H 处开挖有宽度 a 和高度 h 的硐室，假设硐顶部 AB 处，出现垂直破裂面 AD 与 BC 并延伸至地表，在 $ABCD$ 所包围的松散体中切取厚度为 $\mathrm{d}z$ 的薄层单元，其受力情况如图 10.4-7 所示。该单元的两侧作用着摩擦力 $\mathrm{d}F$，当薄片向下产生位移时，摩擦力 $\mathrm{d}F$ 将薄层的位移影响传至两侧围岩，因而引起所谓的应力传递现象。

摩擦力 $\mathrm{d}F$ 可按 Mohr-Coulumb 定律确定，即

$$\mathrm{d}F = \left(\sigma_{\mathrm{H}} \tan\varphi + c\right)\mathrm{d}z = \left(\lambda\sigma_{\mathrm{v}} \tan\varphi + c\right)\mathrm{d}z$$

薄层单元在垂直方向的平衡条件为

$$2\gamma a\mathrm{d}z + 2a\sigma_{\mathrm{v}} = 2\left(\sigma_{\mathrm{v}} + \mathrm{d}\sigma_{\mathrm{v}}\right)a + 2\left(\lambda\sigma_{\mathrm{v}} \tan\varphi + c\right)\mathrm{d}z$$

整理得

$$\frac{\mathrm{d}\sigma_{\mathrm{v}}}{\mathrm{d}z} + \frac{\lambda\sigma_{\mathrm{v}} \tan\varphi}{a} = \gamma - \frac{c}{a} \tag{10.4-26}$$

解上述微分方程，并代入边界条件 （$\sigma_{\mathrm{v}}|_{z=0}=q$），得

$$p_V = \sigma_{V(z=H)} = \frac{\gamma a - c}{\lambda \tan \varphi}\left[1 - \exp\left(-\frac{z}{a}\lambda \tan \varphi\right)\right] + q \exp\left(-\frac{z}{a}\lambda \tan \varphi\right) \qquad (10.4\text{-}27)$$

若 $c=0$、$q=0$、$z=\infty$，则

$$p_V = \frac{\gamma a}{\lambda \tan \varphi} \qquad (10.4\text{-}28)$$

若 $c\neq0$、$q\neq0$、$z=H$，则

$$p_V = \frac{\gamma a - c}{\lambda \tan \varphi}\left[1 - \exp\left(-\frac{H}{a}\lambda \tan \varphi\right)\right] + q \exp\left(-\frac{H}{a}\lambda \tan \varphi\right) \qquad (10.4\text{-}29)$$

（b）侧壁不稳定时

如图 10.4-7，如果硐室两侧壁发生剪切破坏，产生了直达地表的滑裂面 $B'C'$ 或 $A'D'$，滑裂面与铅垂线夹角为 $45°-\varphi/2$。此时的垂直围岩压力的计算与上述方法相同，只需用 $a_1=a+h\tan(45°-\varphi/2)$ 代替式（10.4-29）中之 a 即可，即

$$p_V = \frac{\gamma a_1 - c}{\lambda \tan \varphi}\left[1 - \exp\left(-\frac{H}{a_1}\lambda \tan \varphi\right)\right] + q \exp\left(-\frac{H}{a_1}\lambda \tan \varphi\right) \qquad (10.4\text{-}30)$$

（3）侧向围岩压力

作用在侧壁的围岩压力仍假设按梯形分布，采用与岩柱理论相同的方法，上端和下端侧向围岩压力为

$$\left.\begin{array}{l} p_{H1} = p_V \tan^2\left(45° - \varphi/2\right) \\ p_{H2} = p_{H1} + \gamma H \tan^2\left(45° - \varphi/2\right) \end{array}\right\} \qquad (10.4\text{-}31)$$

10.4.2.3　山坡处浅埋硐室的松动围岩压力

当浅埋硐室处于山坡之下时，围岩压力将产生偏压，此时可采用与岩柱理论相同的原理来计算其围岩压力。如图 10.4-8，考虑岩柱两侧的摩擦力作用，作用于衬砌上的垂直压力等于岩柱 ABB_0A_0 的重量减去两侧破裂面 AB 和 A_0B_0 的摩擦力。

（1）垂直围岩压力

经推导衬砌上的垂直围岩压力为

$$p_V = \gamma h_i\left(1 - \frac{\gamma \tan \theta}{2}\cdot\frac{\lambda H^2 + \lambda_0 H_0^2}{W}\right) \qquad (10.4\text{-}32)$$

式中，W——每单位长度上硐顶岩柱的总重量，$W = \alpha\gamma(h+h_0)$；

　　　　γ——上覆岩体容重；

　　　　h_i——计算点衬砌以上岩柱的高度；

　　　　λ、λ_0——侧压力系数，见式（10.4-33）；

　　　　θ——岩柱两侧的摩擦角。

对于岩柱两侧的摩擦角，岩石取 $\theta=(0.7\sim0.8)\varphi$；土取 $\theta=(0.3\sim0.5)\varphi$；淤泥、流沙等松软土取 $\theta=0$。

$$\left.\begin{array}{l} \lambda = \dfrac{1}{\tan\beta - \tan\alpha} \cdot \dfrac{\tan\beta - \tan\varphi}{1 + \tan\beta(\tan\varphi - \tan\theta) + \tan\varphi\tan\theta} \\[3mm] \lambda_0 = \dfrac{1}{\tan\beta_0 - \tan\alpha} \cdot \dfrac{\tan\beta_0 - \tan\varphi}{1 + \tan\beta_0(\tan\varphi - \tan\theta) + \tan\varphi\tan\theta} \\[3mm] \tan\beta = \tan\varphi + \sqrt{\dfrac{(1 + \tan^2\varphi)(\tan\varphi - \tan\alpha)}{\tan\varphi - \tan\theta}} \\[3mm] \tan\beta_0 = \tan\varphi + \sqrt{\dfrac{(1 + \tan^2\varphi)(\tan\varphi + \tan\alpha)}{\tan\varphi - \tan\theta}} \end{array}\right\} \tag{10.4-33}$$

式中，λ、λ_0——侧压力系数；

　　　β、β_0——滑动面与水平面间的夹角；

　　　α——地表的坡角；

　　　φ——岩体的内摩擦角。

　　式（10.4-32）只适用于矿山法施工的硐室。对于明挖法施工的硐室，该式计算所得的荷载值偏小，此时应采用不考虑岩柱摩擦力来计算衬砌结构上的荷载。

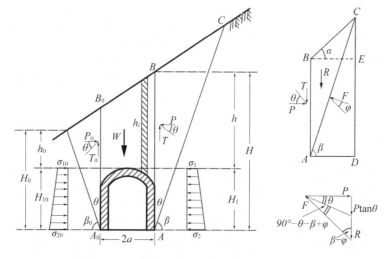

图 10.4-8　山坡处浅埋硐室围岩压力计算简图

（2）侧向围岩压力

衬砌侧墙上的水平侧压力为

$$\left.\begin{array}{l} \sigma_1 = \lambda\gamma h \\ \sigma_{10} = \lambda_0\gamma h_0 \\ \sigma_2 = \lambda\gamma(h + H_1) \\ \sigma_{20} = \lambda_0\gamma(h_0 + H_{10}) \end{array}\right\} \tag{10.4-34}$$

10.5　块裂介质岩体硐室稳定性分析

　　块裂介质岩体及部分粗碎屑碎裂介质岩体中硐室的稳定性既不符合弹塑性理论

分析原理，也不符合松散体的围岩压力理论，其稳定性受结构面组合情况所控制。因此，此种硐室的分析方法应该是在工程地质分析的基础上，根据结构面的性质及其组合情况，用块裂介质岩体的分析方法，确定可能塌落或滑动的危险分离体以及它们与硐室空间的关系，按力学平衡原理，验算这些危险分离体在自重作用下的稳定性以及滑动或塌落时产生的围岩压力。

10.5.1 硐顶围岩的稳定性

如图10.5-1，硐顶岩体被走向平行硐轴的两组结构面切割而形成的楔形体、梯形块体和方柱形块体等，这些块体皆构成了硐室顶板的危险分离体或不稳定块体。

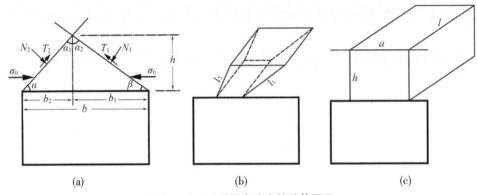

图10.5-1 硐顶围岩稳定性计算图示

10.5.1.1 硐顶楔形危险分离体

如图10.5-1(a)示，楔形体高为h，宽为b，硐顶附近的切向应力为σ_θ，结构面的抗剪强度参数分别为c_j和φ_j，长度分别为l_1和l_2，岩石容重为γ。若结构面的黏聚力起作用，抗滑力为

$$T_0 = \left(T_1 + N_1 \tan \varphi_j + c_j l_1\right)\sin\beta + \left(T_2 + N_2 \tan \varphi_j + c_j l_2\right) \tag{10.5-1}$$

其稳定性系数为

$$K = \frac{T_0}{G} = \frac{2T_0(\cot\alpha - \cot\beta)}{\gamma b^2} \tag{10.5-2}$$

若予以衬砌支护，则围岩压力$P = G - T_0$，即

$$P_V = \frac{\gamma b^2}{2(\cot\alpha + \cot\beta)} - T_0 \tag{10.5-3}$$

事实上，由于危险分离体悬在顶板上，它将要垂直塌落，不可能沿l_1或l_2滑落，结构面上的抗剪力不能发挥作用，此时，围岩压力为

$$P_V = G = \frac{\gamma b^2}{2(\cot\alpha - \cot\beta)} \tag{10.5-4}$$

10.5.1.2 硐顶梯形危险分离体

如图 10.5-1(b)，岩块受两结构面夹持，在自垂作用下，作用于 l_2 面上的法向压力较小，一般只考虑其内聚力，故其稳定性系数为

$$K = \frac{T_0}{T} = \frac{G\cos\alpha\tan\varphi_j + c_j l_1 + c_j l_2}{G\sin\alpha} \qquad (10.5-5)$$

当 $K < 1$ 时，块体处于不稳定状态。此时需支护，滑落松动围岩压力为

$$P_v = G\sin\alpha - (G\cos\alpha\tan\varphi_j + c_j l_1 + c_j l_2) \qquad (10.5-6)$$

10.5.1.3 硐顶柱形危岩体

硐顶岩体被铅直和水平两组结构面切割成宽为 a、高为 h、长为 l 方柱形分离体（图 10.5-1(c)）。

当各结构面的抗剪强度均为 c_j、φ_j 时，与上述问题一样，由于法向压力很小，只计内聚力，故其抗滑力为 $T_0 = 2hl\cdot c_j + 2ah\cdot c_j + 2al\cdot c_j$。于是得其稳定性系数为

$$K = \frac{T_0}{T} = \frac{2hlc_j + 2ahc_j + 2alc_j}{\gamma ahl} \qquad (10.5-7)$$

当 $K < 1$ 时，危险体有滑落或塌落的可能，围岩压力为

$$P_v = \frac{G - T_0}{l} = \gamma ah - \left(2h + a + \frac{2ah}{l}\right)c_j \qquad (10.5-8)$$

若 $c_j = 0$，则围岩压力即为滑体的重量，即 $P_v = \gamma ah$。

10.5.2 硐壁围岩稳定性

如图 10.5-2(a)，结构面将侧墙围岩切割成楔体，在自重作用下，沿 l_1 面下滑，此时 l_2 为切割面。

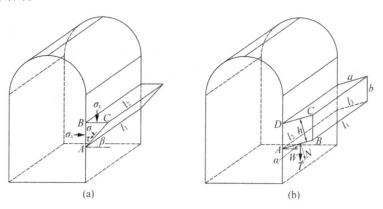

图 10.5-2 侧墙围岩稳定性分析

当块体稍有滑动，l_2则脱开，故其稳定性系数为

$$K = \frac{T_0}{T} = \frac{G \cos\beta \tan\varphi_j + c_j l_1}{G \sin\beta} \qquad (10.5\text{-}9)$$

若$K < 1$，块体下滑，围岩压力为

$$P_H = (T - T_0)\cos\beta = \left[G \sin\beta - (G \cos\beta \tan\varphi_j + c_j l_1)\right]\cos\beta \qquad (10.5\text{-}10)$$

当结构面将侧墙围岩切割成梯形楔体时（图10.5-2(b)），此块体沿l_1面下滑。l_3面起切割作用。

当l_2面上有法向应力p作用时，故其稳定性系数为

$$K = \frac{T_0}{T} = \frac{Gl_1 \cos\alpha \tan\varphi_j + c_j l_1 + pl_2 \cos\alpha \tan\varphi_j + c_j l_2}{G \sin\alpha} \qquad (10.5\text{-}11)$$

若$K < 1$，块体将下滑，围岩压力为

$$P_H = (T - T_0)\cos\alpha = \left[G \sin\alpha - (Gl_1 \cos\alpha \tan\varphi_j + c_j l_1 + pl_2 \cos\alpha \tan\varphi_j + c_j l_2)\right]\cos\alpha \qquad (10.5\text{-}12)$$

当l_2面上无法向应力，即$p=0$，则稳定性系数为

$$K = \frac{T_0}{T} = \frac{Gl_1 \cos\alpha \tan\varphi_j + c_j l_1 + c_j l_2}{G \sin\alpha} \qquad (10.5\text{-}13)$$

410

若$K < 1$，块体将下滑，围岩压力为

$$P_H = (G \sin\alpha - T_0)\cos\alpha \qquad (10.5\text{-}14)$$

10.6 板裂介质岩体硐室稳定性分析

10.6.1 水平层状岩体中的硐室

水平层状岩体中的地下硐室，其边墙上保持紧密的挤压状态，而顶板靠近硐室的较薄岩层将会有脱离岩层主体而形成独立梁的趋势，若存在水平应力σ_H，而且跨厚比相当小，则这种梁的稳定性比较大。但在一般情况下，除非有岩石锚杆或排架等形式的及时支撑，否则这种在硐室上方的薄层就很有可能塌落下来。这种塌落过程是逐步的（图10.6-1），首先是一个紧靠硐顶的相当薄的梁与其上部的岩石脱开，向下弯曲，并在其两端的上表面及中部的下表面开裂，端部的裂缝首先发生，但在地下观察不到。梁端部倾斜的应力轨迹线会导致裂缝在对角线方向逐步扩展。第一根梁坍落后，遗留下一对悬臂梁，可能成为下一根梁的基座。因此，实际上硐顶上梁的跨度将逐层减小，这些梁的连续破坏和坍落最后会形成一个稳定的梯形硐室（图10.6-1），这也就是在这种岩体中修建土木工程时适于选用的形状。

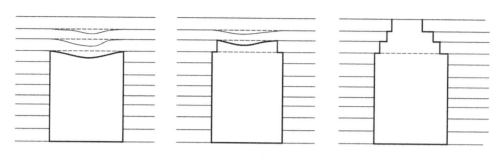

图 10.6-1　水平层状体中的硐室

这种梁可因水平应力的存在而显著地加强，该水平应力可达欧拉屈服应力的 1/2 左右。由式（9.4-8），在该约束条件下，即 $\sigma_H < \pi^2 Et^2/(60l^2)$，硐顶的作用可视为固端梁，则最大拉应力发生在靠边端部的顶面，其值为

$$\sigma_{\max} = \frac{\gamma l^2}{2t} - \sigma_H \tag{10.6-1}$$

式中，γ、E——分别为岩石的容重和弹模；

t、l——分别为梁的厚度和跨度。

中部梁底的最大拉应力为式（10.6-1）的值的一半。为保守计，可假设 $\sigma_H=0$，其最大挠度为

$$U_{\max} = \frac{\gamma l^4}{32Et^2} \tag{10.6-2}$$

对于各层梁的岩石种类均为已知，各层的 E 与 t 的均为常数的情况，如果一根薄梁位于一根厚梁之上，则荷载将从薄梁传给厚梁，下面一根梁的压力与挠度（式（10.6-1）和式（10.6-2））可使用一个加权的容重 γ_a 来计算，

$$\gamma_a = \frac{E_1 t_1^2 (\gamma_1 t_1 + \gamma_2 t_2)}{E_1 t_1^2 + E_2 t_2^2} \tag{10.6-3}$$

式中，E_1、t_1、γ_1——厚层梁的弹模、厚度和容重；

E_2、t_2、γ_2——薄层梁的弹模、厚度和容重。

该式可推广到厚度向上递减的 n 个梁的情况。

如果厚梁位于薄梁之上，两者将分离，在一定条件下需采取锚固措施。

10.6.2　倾斜层状岩体中的硐室

与水平层状岩体不同，倾斜岩状岩体硐室的层间分离区和潜在压屈区会从中央移开，边墙则可能因滑移而悬空。这种岩体破坏的强烈程度主要取决于层间摩擦，因为无论弯曲还是滑动，都是因层间滑移而产生的。当岩层下端指向硐室，层间滑移会促使岩石产生滑动；当岩层未被硐室截断，但出露于硐室表面时，则会引起挠曲（图 10.6-2(a)）。

重力作用下，层间的滑移区可能逐步松动，破坏原有咬合作用，从而该侧边墙

及硐顶极易塌落；而另一侧硐顶虽可能发生挠曲，但不易塌落，由此对衬物产生偏压现象（图10.6-2(b)）。

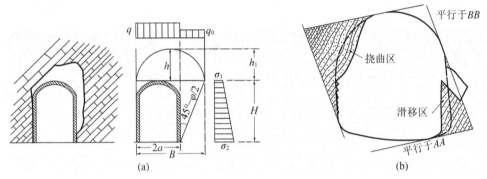

图10.6-2　倾斜层状岩体中的硐室

企图以及时支护或施以高压来阻止小滑移区的形成是不现实的。但如图10.6-2(a)，在重力与大气的风化作用下，由岩块移动所引起的滑移区域逐步扩大的情况，应该用合适的支护手段加以防止，以减少"碎裂"现象继续发生。否则，硐室有可能完全垮塌。

若采用被动地起作用的柔性支护，必须承担相应于松散岩体低摩擦值的较大滑移区的重量，同时应考虑偏压的影响。

10.7　特殊硐室的稳定性分析

10.7.1　有压硐室

10.7.1.1　内水压引起的围岩应力分布

在水工隧洞等有压硐室中，强大的内水压力使围岩发生位移，其围岩应力除与前述的重分布应力有关外，还由于硐壁受水压力 p_i 的作用，在围岩中要产生附加应力而影响围岩应力的分布。

内水压力所产生的附加压力可用弹性力学中厚壁圆筒问题（即 Lame 问题）来求解。如图10.7-1(a)，硐半径为 a，内水压 p_i 在围岩中的影响半径为 R，且 $a/R \approx 0$。当 $r=R$ 时，$p_i=0$。于是得到在 p_i、σ_H 和 σ_v 作用下的围岩应力分布，即

$$\left.\begin{array}{l}\sigma_r = \dfrac{1+\lambda}{2}\sigma_v\left(1-\dfrac{a^2}{r^2}\right) - \dfrac{1-\lambda}{2}\sigma_v\left(1-\dfrac{4a^2}{r^2}+\dfrac{3a^4}{r^4}\right)\cos 2\theta + p_i\dfrac{a^2}{r^2} \\[3mm] \sigma_\theta = \dfrac{1+\lambda}{2}\sigma_v\left(1+\dfrac{a^2}{r^2}\right) + \dfrac{1-\lambda}{2}\sigma_v\left(1+\dfrac{3a^4}{r^4}\right)\cos 2\theta - p_i\dfrac{a^2}{r^2} \\[3mm] \tau_{r\theta} = \dfrac{1-\lambda}{2}\sigma_v\left(1+\dfrac{2a^2}{r^2}\right)\sin 2\theta \end{array}\right\} \tag{10.7-1}$$

与式（10.2-3）比较可知，p_i 在围岩中产生的附加应力为

$$\left.\begin{array}{l} \sigma_r' = \dfrac{a^2}{r^2} \cdot p_i \\[3mm] \sigma_\theta' = -\dfrac{a^2}{r^2} \cdot p_i \\[3mm] \tau_{r\theta}' = 0 \end{array}\right\} \qquad (10.7\text{-}2)$$

由式(10.7-2)可知,内水压力在围岩中所产生的径向附加应力为压应力,而切向附加应力为拉应力,它们都随着半径r的增大而按平方关系降低。在$r=6a$时,$\sigma_r' \approx \sigma_\theta' \approx 0$,即内水压力的影响范围大约为$6a$。值得注意的是,较大的拉应力$\sigma_\theta$常常导致硐室壁面附近的围岩产生放射状裂隙(图10.7-1(b))。

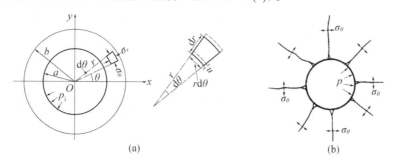

图10.7-1 有内水压力隧洞的围岩应力计算

如图10.7-2,若硐室有衬砌,其外半径为a,内半径为a_0。当围岩无裂隙时,内压力p_i通过衬砌在围岩中产生的附加应力为

$$\left.\begin{array}{l} \sigma_r' = N\dfrac{a^2}{r^2} \cdot p_i \\[3mm] \sigma_\theta' = -N\dfrac{a^2}{r^2} \cdot p_i \end{array}\right\} \qquad (10.7\text{-}3)$$

$$N = \dfrac{2E_1 a_0^2}{E_1\left[(1+\mu_2)(a^2 - a_0^2)\right] + E_2\left[(1-\mu_1)a^2 + (1+\mu_1)a_0^2\right]} \qquad (10.7\text{-}4)$$

式中,μ_1、μ_2——衬砌和围岩的泊松比;

E_1、E_2——衬砌和围岩的弹性模量;

N——内水压力传递系数。

内水压力传递系数反映了p_i通过衬砌的传递情况,N值大说明传递到围岩上的压力大,即衬砌在传递内水压力p_i过程中所起的削减作用小。

若围岩内发育有径向裂隙,其范围以半径b_0表示(如图10.7-3)。由于径向裂隙的存在,在裂隙区不能承受拉力,故可认为切向应力$\sigma_\theta = 0$。作用在裂隙区内表面处的径向压力可假定为$p_i' = p_i a_0/a$,则裂隙区内任一点($a < r < b_0$)的附加应力为

$$\left.\begin{array}{l} \sigma_r' = N\dfrac{a_0 b_0}{r^2} \cdot p_i \\[3mm] \sigma_\theta' = 0 \end{array}\right\} \qquad (10.7\text{-}5)$$

而裂隙区外任一点($r > b_0$)的附加应力

$$\left. \begin{array}{l} \sigma_r' = N\dfrac{a_0 b_0}{r^2} \cdot p_i \\[3mm] \sigma_\theta' = -N\dfrac{a_0 b_0}{r^2} \cdot p_i \end{array} \right\} \tag{10.7-6}$$

将式(10.7-2)～式(10.7-6)分别代入式(10.7-1)，即可得到这些情况下的围岩应力。

从理论上讲，若叠加后的应力为压应力，则围岩不会破坏；若为拉伸应力且其值超过岩石的抗拉程度时，围岩将出现张性破裂。常在有压隧洞中见到新形成的、平行于洞轴线的放射状裂隙，就是因此而产生的。

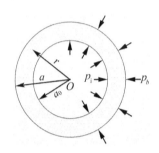

图10.7-2　有衬砌及内水压力之硐室

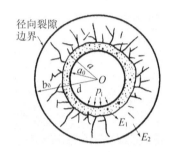

图10.7-3　围岩内存在径向裂隙的硐室

10.7.1.2　硐室的围岩抗力

强大的内水压力作用于衬砌上，使衬砌向围岩方向发生位移，此时衬砌必然受到围岩的抵抗，围岩也就会对衬砌产生一个反力，即围岩抗力。因是处于弹性阶段的弹性变形，故亦称弹性抗力。围岩抗力的大小与围岩性质、硐室的形状和尺寸以及衬砌与围岩接触密实程度有关。用弹性抗力系数（简称抗力系数）来表征围岩抗力。弹性抗力系数是指使硐室围岩产生单位径向压缩变形所需的压力值，即

$$K = \frac{p_i}{y} \tag{10.7-7}$$

式中，K——弹性抗力系数，MPa/cm；

p_i——硐室内水压力，MPa；

y——不同壁在内水压 p_i 作用下产生的压缩变形，cm。

K 值不是常数，它与硐室半径大小 a 有关，半径越大，K 值越小。为了统一标准，工程上采用单位弹性抗力系数，即硐室半径 $a_0 = 100$cm 的抗力系数 K_0，有

$$K_0 = K\frac{a}{a_0} = K\frac{a}{100} \tag{10.7-8}$$

式中，K_0——单位弹性抗力系数，MPa/cm；

a_0——标准硐室半径，$a_0 = 100$cm。

K_0 值愈大，围岩承受内水压的能力愈高，即围岩抗力愈大，衬砌也就愈不容易发生变形。在有压硐室中，切向拉应力的鼓胀作用常可使硐室衬砌破坏，但与此同

时，硐室围岩也将产生变形，出现一种弹性抗力来阻止衬砌的破坏，即围岩为衬砌承担了部分内水压力，减轻了衬砌的负担。在此意义上，弹性抗力系数为硐壁发生单位径向压缩变形时所产生的弹性抗力。充分利用围岩的弹性抗力，可减少衬砌厚度、降低工程造价。

弹性抗力系数可通过直接测定、间接测定和工程地质类比（经验数据）等方法确定。直接测定法是通过野外现场试验来测定岩体在辐射状压力下的变形，常用方法有双筒橡皮塞法、隧洞水压法和径向千斤顶法等；工程地质类比法是根据所建岩体工程的地质特征、力学特征以及工程规模等因素，与已有工程采用的或试验测定的数据进行类比而确定 K 值，该法通常用于一些中、小型工程；间接测定法是根据弹性力学中弹性参数之间的关系，通过测定 E、μ 值来确定 K 值，对于完整、坚硬、均质和各向同性岩体，有

$$\left.\begin{array}{l} K = \dfrac{E}{(1+\mu)a} \\[3mm] K_0 = \dfrac{E}{(1+\mu)100} \end{array}\right\} \tag{10.7-9}$$

一般地，当围岩厚度小于 $2a \sim 3a$ 时，为安全计，不考虑岩体的弹性抗力，即认为 $K=0$。下面将我国某些类型新鲜状态岩石的单位抗力系数列于表 10.7-1。

表 10.7-1 某些岩石的 K_0 值

岩石类型	K_0 (MPa/cm)	岩石类型	K_0 (MPa/cm)
花岗岩	100～250	页岩	3～10
石英闪长岩	400～500	坚硬的石灰岩	40～300
玄武岩	80～300	坚硬的砂岩	50～150
流纹斑岩	100～250	石英岩	300～600
玢岩	80～120	片麻岩	100～200
火山角砾岩	30～100	石英片岩	90～200
坚硬的凝灰岩	12～50		

10.7.1.3 围岩极限承载力

在内水压力作用下，不但要考虑围岩的抗变形能力，还需要考虑围岩的整体稳定性，确定围岩能够承担的内水压力的能力，即围岩极限承载力。

由前述分析可知，硐室开挖后，围岩处于二次应力分布状态；而在其运营中，又处于高内水压作用下，并在围岩中产生了附加应力。这个附加应力叠加到重分布力上，使围岩的应力状态再一次发生改变，产生了第三次应力。当第三次应力大于围岩强度，则围岩将发生破坏。

设有半径为 a 的圆形硐室，硐顶埋深为 h，上覆岩石容重为 γ。由式（10.7-1）知，在硐室顶点（$r=a$、$\theta=90°$），$\sigma_1=\sigma_r=p_i$，$\sigma_3=(3\lambda-1)\gamma h-p_i$。于是，由 Mohr-Coulomb 准则，得围岩的极限承载力为

$$p_{i\max} = 0.5(1 + \sin\varphi)(3\lambda - 1)\gamma h + c\cos\varphi \qquad (10.7\text{-}10)$$

可见，围岩的极限承载力 $p_{i(\max)}$ 取决于围岩的 c 和 φ 值和天然应力的大小，这就是实际工程中，当围岩厚度不大的情况下，可以用薄衬砌使围岩稳定的原因所在。

10.7.1.4 硐室的极限埋深

对水工建筑中的有压隧洞而言，运营前无内水压 p_i 作用，衬砌必为围岩承担部分作用力（围岩压力）；运营期间有内水压力作用，围岩反过来为衬砌承担部分作用力（弹性抗力）。当无衬砌时，这两种状态下围岩均有发生破坏的可能，前者由于埋深过大，重分布应力超过围岩强度而破坏；后者则因埋深过小，水压力超过上覆岩层的重量和摩擦力，上覆岩体被掀起而破坏。因此，必须确定确保硐室稳定的最大埋深和最小埋深。

（1）水平地面下有压硐室的极限埋深

如图 10.7-4，圆形硐室半径 a，上覆岩石容重 γ，抗剪强度参数为 c 和 φ，侧压力系数为 λ。当无内水压力时，在硐顶上，由式（10.2-4），得 $\sigma_1=\sigma_3=(3\lambda-1)\gamma h$，$\sigma_3=\sigma_r=0$，代入 Mohr-Coulomb 准则，即可求得硐顶的最大埋深为

$$h_{\max} = \frac{2c\cos\varphi}{\gamma(3\lambda - 1)(1 - \sin\varphi)} \qquad (10.7\text{-}11)$$

而当其运营时，受到内水压力为 p_i。对于硐顶（$r=a$、$\theta=90°$）处，由式（10.7-1），$\sigma_1=\sigma_r=p_i$，$\sigma_3=(3\lambda-1)\gamma h-p_i$，代入 M-C 准则，得到硐顶的最小埋深，即

$$h_{\min} = \frac{2(p_i - c\cos\varphi)}{\gamma(3\lambda - 1)(1 + \sin\varphi)} \qquad (10.7\text{-}12)$$

在实际工作中，常常假定只要硐室一出现拉应力就处于危险状态，并认为围岩应力随时间而发生应力松弛，即 σ_θ 随时间要逐渐降低，但不会低于原始的天然应力。如图 10.7-4，从地表到硐顶各深度上水平方向的天然应力（自重应力在 x 方向的分量）$\sigma_{\theta x}$ 随深度 h 呈线性关系，且为压应力（图中实线），内水压力所引起的附加应力 σ_θ 是拉应力，其值随矢径 r 的变化规律为式（10.7-1）所表示的函数关系（图 10.7-4 中的虚线）。

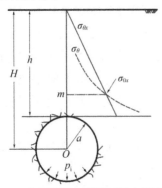

图 10.7-4　有压隧洞上覆岩石最小厚度计算图

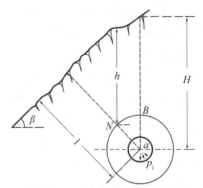

图 10.7-5　斜坡附近的有压隧硐

由图10.7-4可知，m点以下的围岩处于受拉的危险状态；m点以上的围岩处于稳定状态；在m点处于极限状态，有$\sigma_{0x}=|\sigma_\theta|$，即

$$\left.\begin{array}{l}\sigma_\theta{}'=-\dfrac{a^2}{r^2}\cdot p_i\\[2mm]\sigma_{0x}=\lambda\gamma[h-(r-a)]\end{array}\right\}\qquad(10.7\text{-}13)$$

令$\sigma_\theta{}'+\sigma_{0x}{}'=0$，当$r=a$，则硐顶不出现拉应力的极限覆盖层厚度为

$$h_{\min}=\frac{p_i}{\lambda\gamma}\qquad(10.7\text{-}14)$$

实际运用时，常根据不同情况给一个安全系数[①]，即

$$h_{\min}=n\frac{p_i}{\lambda\gamma}\qquad(10.7\text{-}15)$$

（2）斜坡附近有压硐室的极限埋深

对于斜坡附近的有压硐室，如水电站的有压隧洞多位于河床的谷坡附近，其稳定除了需满足上覆岩层的厚度要求外，它与斜坡的距离更是人们非常关心的问题。

如图10.7-5，在倾角为β的边坡内开挖半径为a的圆形隧洞，圆心至地表的垂直距离为H，至边坡的距离为l，点N为线段上任一点。硐室受内水压力作用为p_i，对于N点，由p_i产生的切向附加应力由式（10.7-2）式确定，即$\sigma_\theta{}'=-p_i a^2/r^2$，而在点$N$上，与该点切向应力方向一致的自重应力近似为

$$\sigma_\beta=\gamma(l-r)(\sin\beta\tan\beta+\lambda\cos\beta)=\frac{\gamma(l-r)}{2\cos\beta}[(1+\lambda)-(1-\lambda)\cos 2\beta]\qquad(10.7\text{-}16)$$

若忽略岩石的抗拉强度，对于点N，稳定的必要条件是$\sigma_\beta=|\sigma_\theta|$。据此，若令$r=a$，可求得保证硐室稳定所需的距边坡的最短距离为

$$l_{\min}=a+\frac{2p_i}{\gamma[(1+\lambda)-(1-\lambda)\cos 2\beta]}\qquad(10.7\text{-}17)$$

10.7.2 竖井

10.7.2.1 围岩应力

严格说来，竖井围岩应力分析属空间问题（柱坐标系）。实际应用中，可简化处理，即垂直应力按岩体自重计算，断面的径向应力和切向应力按平面应力问题计算。

如图10.7-6，假设原岩应力为$\sigma_v=\gamma h$，$\sigma_{H1}=\lambda_1\gamma h$、$\sigma_{H2}=\lambda_2\gamma h$，在半径为$a$的圆形竖井中距地表$h$深处取薄层$dz$，即可按半径为$a$的圆井薄层平面应力问题来处理。

围岩应力近似为

[①] 安全系数n值的大小目前尚无统一的意见，一般取n=1～5。

$$\left.\begin{aligned}
\sigma_r &= \frac{\sigma_{H1}+\sigma_{H2}}{2}\left(1-\frac{a^2}{r^2}\right)+\frac{\sigma_{H1}-\sigma_{H2}}{2}\left(1-\frac{4a^2}{r^2}+\frac{3a^3}{r^3}\right)\cos 2\theta \\
\sigma_\theta &= \frac{\sigma_{H1}+\sigma_{H2}}{2}\left(1+\frac{a^2}{r^2}\right)-\frac{\sigma_{H1}-\sigma_{H2}}{2}\left(1+\frac{3a^3}{r^3}\right)\cos 2\theta \\
\tau_{r\theta} &= \frac{\sigma_{H1}-\sigma_{H2}}{2}\left(1+\frac{2a^2}{r^2}-\frac{3a^3}{r^3}\right)\cos 2\theta \\
\sigma_z &= \gamma h
\end{aligned}\right\} \qquad (10.7\text{-}18)$$

式中，θ——断面一点至硐室中心连续与σ_{H1}轴的夹角；

h——计算点的埋深，$h=\Sigma h_i$；

γ——计算点上覆岩体的平均容重，$\gamma=\Sigma(\gamma_i h_i)/\Sigma h_i$；

γ_i、h_i——计算点之上各岩层的容重和厚度。

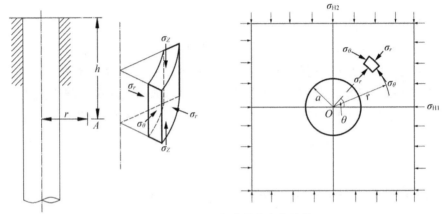

图 10.7-6　圆形竖井围岩应力计算

若 $\sigma_{H1}=\sigma_{H2}=\lambda\sigma_V$，则有

$$\left.\begin{aligned}
\sigma_r &= \lambda\gamma h\left(1-\frac{a^2}{r^2}\right) \\
\sigma_\theta &= \lambda\gamma h\left(1+\frac{a^2}{r^2}\right) \\
\sigma_z &= \gamma h
\end{aligned}\right\} \qquad (10.7\text{-}19)$$

应力分布特征见图 10.7-7。

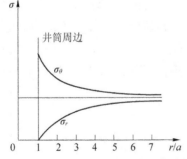

图 10.7-7　圆形竖井围岩应力分布特征

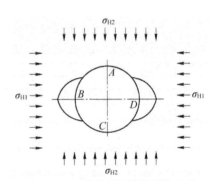

图 10.7-8　圆形竖井围岩破坏方式

10.7.2.2 竖井围岩稳定性与极限埋深

（1）深部无软弱层

σ_H 和 σ_v 随深度增加而增大，故竖井围岩应力也随深度增加而增加。由式(10.7-18)式(10.7-19)，井壁上（$r=a$）径向应力为0、切向应力为 $2\sigma_H$（或 $\sigma_{H1}+\sigma_{H2}$），显然，切向应力也随深度增大而增加。当井壁上的应力状态满足塑性条件时，将从井壁开始产生剪切破坏。以 $\sigma_{H1}=\sigma_{H2}$ 为例，井壁上的应力状态为 $\sigma_r=0$、$\sigma_\theta=2\lambda\gamma h$、$\sigma_z=\gamma h$。

如果 $\lambda>1/2$（或 $\mu>1/3$），则由式(10.7-19)知 $\sigma_\theta>\sigma_z$，此时 $\sigma_3=\sigma_r=0$、$\sigma_2=\sigma_z=\gamma h$、$\sigma_1=\sigma_\theta=2\lambda\gamma h$。则代入塑性条件（M-C 准则），得竖井的极限深度为

$$h_{max} = \frac{c\cos\varphi}{\lambda\gamma(1-\sin\varphi)} \tag{10.7-20a}$$

当 $\lambda<1/2$（或 $\mu<1/3$）时，$\sigma_\theta<\sigma_z$，即 $\sigma_3=\sigma_r=0$、$\sigma_2=\sigma_\theta=2\lambda\gamma h$、$\sigma_1=\sigma_z=\gamma h$。则代入塑性条件（M-C 准则），得竖井的极限深度为

$$h_{max} - \frac{2c\cos\varphi}{\gamma(1-\sin\varphi)} \tag{10.7-20b}$$

对于上述两种情况，当竖井的深度超过极限深度后，将发生塑性变形（缩径）和剪切破坏，如图10.7-8、图10.7-9。

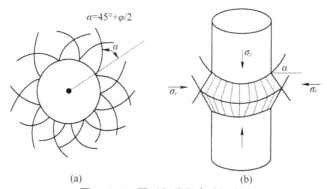

图10.7-9　圆形竖井围岩破坏方式

（2）深部有软弱层

如果岩体中存在软弱夹层，由于其强度低，围岩应力易于超过夹层的屈服极限，使其产生塑性流动，从而井壁破坏。如图10.7-6，其埋藏深度为 z，厚度为 dz。

塑性区的变形为 $\varepsilon_z = \varepsilon_z^e + \varepsilon_z^p$。其中，弹性变形由广义虎克定律确定，即

$$\varepsilon_z^e = [\sigma_z - \mu(\sigma_\theta - \sigma_r)]/E$$

根据塑性变形特征，假设塑性变形为

$$\varepsilon_z^p = C\left[\sigma_z - (\sigma_\theta - \sigma_r)/2\right]$$

因此，塑性区的变形为

$$\varepsilon_z = \varepsilon_z^e + \varepsilon_z^p = \frac{\sigma_z - \mu(\sigma_\theta - \sigma_r)}{E} + C\left(\sigma_z - \frac{\sigma_\theta - \sigma_r}{2}\right) \tag{10.7-21}$$

对于厚度为 dz 的软弱夹层，可近似认为 $\varepsilon_z = 0$，即

$$\sigma_z = \frac{2\mu + EC}{2 + EC}(\sigma_\theta + \sigma_r) \tag{10.7-22}$$

若无塑性变形（$\varepsilon_z^p = 0$），则 $\qquad\qquad \sigma_z^e = \mu(\sigma_\theta^e + \sigma_r^e) \tag{10.7-23a}$

若无弹性变形（$\varepsilon_z^e = 0$、$E = \infty$），则 $\qquad \sigma_z^p = \dfrac{\sigma_\theta^p + \sigma_r^p}{2} \tag{10.7-23b}$

对于该夹层中任一点，$\sigma_1 = \sigma_\theta^p$、$\sigma_2 = \sigma_z^p$、$\sigma_3 = \sigma_r^p$，当三者满足塑性条件时，夹层出现塑性流动。将式（10.7-23）代入塑性条件（M-C准则），得到该软弱夹层产生塑性流动的强度条件为

$$\sigma_\theta^p - \sigma_r^p = \frac{\sqrt{2}}{3}\sigma_y \tag{10.7-24}$$

式中，σ_θ^p、σ_r^p——软弱夹层产生塑性流动时的切向应力和径向应力；

σ_y——岩层的屈服极限。

无论弹性区、还是塑性区，均应满足平衡微分方程，因此，由式（10.3-11）和式（10.7-24），得塑性区围岩应力为

$$\left.\begin{array}{l} \sigma_r^p = \dfrac{\sqrt{2}}{3}\ln\left(\dfrac{r}{a}\right)\cdot\sigma_y \\[3mm] \sigma_\theta^p = \sqrt{2}\left[1 + \ln\left(\dfrac{r}{a}\right)\right]\cdot\sigma_y \end{array}\right\} \tag{10.7-25}$$

塑性区之外的弹性区的应力为

$$\left.\begin{array}{l} \sigma_r^e = \lambda\gamma z\left(1 - \dfrac{a^2}{r^2}\right) + \sigma_R\left(\dfrac{r}{a}\right)^2 \\[3mm] \sigma_\theta^e = \lambda\gamma z\left(1 + \dfrac{a^2}{r^2}\right) - \sigma_R\left(\dfrac{r}{a}\right)^2 \end{array}\right\} \tag{10.7-26}$$

式中，R、σ_R——塑性区半径和弹-塑性区边界上的径向应力。

在弹-塑性区边界（$r = R$）上，有

$$\sigma_r^e + \sigma_\theta^e = \sigma_r^p + \sigma_\theta^p \tag{10.7-27}$$

由式（10.7-25）～式（10.7-27），得塑性区半径为

$$R = \exp\left(\frac{\sqrt{3}\lambda\gamma z/\sigma_y - 1}{2}\right)\cdot a \tag{10.7-28}$$

令式（10.7-28）中 $R = a$（即不产生塑性流动），得到不产生塑性流动时的极限深度为

$$h_{max} = \frac{\sigma_y}{\sqrt{3}\,\lambda\gamma} \qquad\qquad (10.7\text{-}29)$$

10.8 围岩-支护结构共同作用原理

本章前几节基于围岩应力基本分布规律，分别介绍了不同类型力学介质岩体中硐室的围岩位移、围岩压力和稳定性等。应该注意到，岩石地下工程一般埋深较大，穿越的地层复杂多变，地应力等赋存环境复杂多变，应力对地下结构作用的传递情况也很复杂。因此，围岩稳定性分析（尤其围岩压力计算与围岩压力控制）仍未完全解决。

早期的古典地压理论（如普氏理论、Terzaghi理论和岩柱理论等）可通过简单计算，给出围岩压力（支护压力）的大小，但无法回答其变形问题。20世纪50—60年代，基于弹塑性力学引出的共同作用原理曾一度在岩体力学界占据主导地位，但实践证明，基于连续介质小变形弹塑性理论在解决岩体强度峰值后的性态问题上，至今还非常乏力，远未达到能够用于支护设计的地步。另一方面，处于峰值前的岩体具有较好的自稳能力。因此，解决峰后情况的稳定问题仍是重要课题。

10.8.1 基本概念

支护结构所受的压力及产生的变形来自于围岩在自身平衡过程中的变形或破裂导致的对支护的作用，因此，支护体所承受的围岩压力大小以及发生变形大小，不仅与岩体的力学性质有关，也与支护结构的特性有关。一方面，围岩性态及其变化状况对支护结构的作用有重要影响，围岩变形中的弹性变形部分不需支护就能保持稳定、而塑性变形部分需要支护来抑制，围岩自承能力也影响围岩稳定；另一方面，支护结构以自己的刚度和强度抑制着围岩塑性变形和破裂的进一步发展，支护体刚度和强度不同，所承受的压力也随之变化。于是，围岩与支护形成一种共同体，两者相互制约、共同变形、共同承受全部围岩压力，如图10.8-1。围岩和支护结构共同体的耦合作用以及互为影响的情况称为围岩-支护共同作用（interaction between rock and support）。

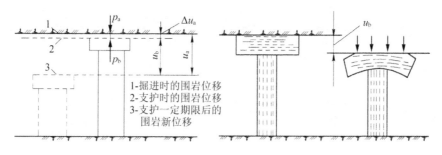

图10.8-1　围岩-支护共同作用示意图

岩石地下工程的支护有两种可能的极端情况。一种极端情况是当岩体应力达到峰值前支护已经到位，围岩中的应力尚未充分释放，围岩进一步变形（包括剪涨和扩容）受到支护的阻挡，构成围岩与支护共同体形成相互间的共同作用。如果支护有足够刚度和强度，则共同体是稳定的，并且支护结构在双方力学特性的共同作用下形成围岩与支护体各自的应力、应变状态；否则，共同体将失稳。

另一种极端情况是当围岩内应力达到峰值时支护未及时架设，甚至在围岩充分破裂时支护仍未起作用，从而导致硐室顶板或两侧壁形成冒落带，并出现危险部位的冒落或沿破裂面滑落。此时地下工程将整体失稳，如果此时才架设好支护，则它承受的是将要冒落岩石的压力（松动围岩压力），而且冒落区岩石还将承受其外部围岩传来的压力。

对于处在这两种极端情况之间的情况，尽管岩体应力已经达到峰值强度，但岩体变形的发展未使围岩完全破裂，此时支护已开始起作用，因此，此时支护所受到的作用要比第一种极端情况小。并非支护时间越晚越好，因为可能因支护作用过晚而转入第二种极端情况，甚至发生垮塌而失去支护的意义。

对于第一种极端情况，可采用围岩-支护共同作用原理做进一步分析，对第二种极端情况，将归结到古典地压理论和现代地压理论。如果围岩在地压与支护作用下，尽管已经发生破裂，但仍相互挤压，而且不发生破裂面间的滑动，此时仍采用第一种极端情况的分析方法，值得注意的是，这些破裂围岩的基本力学性质已经与原来有所区别。

综上所述，支护结构架设后，在支架与围岩紧密接触的条件下，则呈现围岩-支护共同作用，表现在以下方面：

（1）围岩对支架的作用力（围岩压力）p_a 与支架对围岩的反作用力（支护反力或支护抗力）p_i 大小相等、方向相反，即 $p_i = p_a$。

（2）围岩与支架协调变形，硐壁的位移量等于支架的被压缩量，即支架的位移量 u_{ac} 等于开挖后硐室周边位移量 u_a 减去支护前产生的位移量 Δu_a，$u_{ac} = u_a - \Delta u_a$。

（3）围岩对支架的压力不仅与围岩本身性质有关，也与支架的刚度有关。支架刚度越大，阻止围岩变形能力超强，硐室变形越小，即刚性支架变形小、承力大，而柔性支架变形大、承力小。

（4）在围岩稳定的条件下，围岩自承力为原岩应力与支护力之差。

（5）围岩位移量 u_a 与支护抗力 p_i 成反比，即 p_i 越大、u_a 越小；p_i 越小、u_a 越大。

10.8.2 围岩特性曲线（支护需求曲线）

硐室围岩应力重分布必然伴随着变形的发展。在10.3.2节讨论了弹塑性条件下围岩的应力、位移与围岩压力的关系，由式（10.3-54）或式（10.3-55）知，在一定条件下，允许围岩变形越大，则塑性区越大；进一步由 Kastner 公式（或修正 Fenner 公式）知，塑性区越大，则塑性形变围岩压力将降低。反之亦然。将塑性圈半径（式（10.3-35））代入硐壁位移公式（式（10.3-54）），即有硐壁径向位移与支护阻力的

关系

$$u_a = \frac{(1+\mu)(\sigma_0 \sin\varphi + c\cos\varphi)}{E} \cdot \left[\frac{(\sigma_0 + c\cot\varphi)(1-\sin\varphi)}{p_i + c\cot\varphi}\right]^{\frac{1-\sin\varphi}{\sin\varphi}} \cdot a \qquad (10.8\text{-}1)$$

式(10.8-1)即为弹塑性状态下支护抗力与硐壁径向位移关系曲线（图10.8-2中的虚线）。由此可见，围岩支护抗力与围岩位移呈负相关，即允许围岩发生适度塑性变形，则所需支护力较小；反之，则需支护结构提供更高的支护抗力。

但该曲线有两点与实际情况有出入，即无论支护抗力多大，均不可能使硐壁径向位移为0；无论支护多小（甚至为0）、变形多大，围岩总可以通过增大塑性区来取得自身稳定而不坍塌（即围岩压力$p_a=0$、围岩变形$u=u_{max}$时，围岩稳定）。为此，需对该曲线做出一定修正。

对于前段，假设开挖后立即支护并起作用，由式(10.3-8)，只要满足支护抗力为$p_i=\sigma_0(1-\sin\varphi)-c\cos\varphi$，围岩就可以不出现塑性区，而且当支护抗力达到原岩应力时，硐壁也可不产生位移，为此曲线前段修正为直线，表示处于弹性状态，支护抗力与硐壁径向位移的关系为

$$u_{a(e)} = \frac{(1+\mu)(\sigma_0 - p_i)}{E} \cdot a \qquad (10.8\text{-}2)$$

对于后段，由Caquot公式知，如果允许围岩发生较大变形，则塑性圈相应扩大，当塑性圈内围岩充分变形并达到某极限值u_{limit}时，可能出现松动脱离，产生塑性松动围岩压力，塑性松动围岩压力随塑性圈半径增加而增加（图10.3-8），亦即松动围岩压力随硐壁变形量增加而增加。

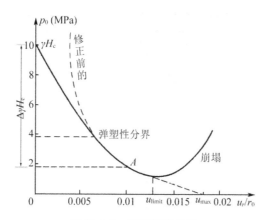

图10.8-2　围岩特性曲线

经过上述修正后，围岩压力与位移关系见图10.8-2中的实线。由此可见，随着硐壁径向变形的增加，围岩压力p_a（或支护抗力p_i）逐渐减小，变形超过u_{limit}后，围岩压力随变形而逐渐增加。可以认为这条曲线形象地表达了支护结构与硐室围岩间的相互作用，即在极限位移范围内，围岩允许位移较大，则所需支护力较小，而应力重分布所引起的后果大部分则围岩所承担，如图10.8-2中A点，围岩承担的部分为$\Delta\sigma_0$；如果允许围岩位移较小，则需要更大的支护抗力，围岩的自承能力未得到

充分发挥。所以，图10.8-2中这条表达围岩位移与围岩压力的曲线称为围岩特性曲线（或支护需求曲线）。

10.8.3 支护特性曲线（支护补给曲线）

以上所述为围岩-支护共同作用的一个方面，即围岩对支护的需求情况。围岩-支护共同作用的另一方面是支护结构自身可以提供的约束能力。任何支护结构（钢拱支撑、锚杆、喷射混凝土和模板灌注混凝土衬砌等），只要有一定的刚度并与围岩紧密接触，总能对围岩变形提供一定的约束力（即支护抗力）。但每种支护形式都有其自身特点，可能提供的支护抗力大小、分布及变化都有很大的不同。

由弹性力学推导，对于环形支护体，支护抗力与压缩位移具有如下关系，即

$$p_i = K_c u_b \tag{10.8-3}$$

式中，p_i——支护抗力；

u_b——支护体向内的位移量；

K_c——支护体的刚度系数，$K_c = \dfrac{E_c}{\left(1 - \mu_c^2\right)\left[\dfrac{b^2 + a^2}{b^2 - a^2} - \dfrac{\mu_c}{1 - \mu_c}\right]}$；

E_c、μ_c——支护体的弹性模量和泊松比；

a、b——支护体的内半径和外半径。

如图10.8-3，在已知支护体刚度时，可画出支护结构的支护抗力与径向位移关系曲线，这条曲线称为支护特性曲线（或支护补给曲线）。支护结构能提供的支护抗力随刚度增加而增加，自身被压缩变形随刚度增加而减小。

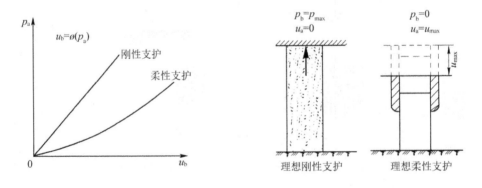

图10.8-3 支护特性曲线

10.8.4 围岩-支护共同作用

如图10.8-4，将围岩特性曲线与支护特性曲线绘制在同一图上，得到支护特性曲线与围岩特性曲线关系图，以此反映围岩-支护共同作用原理。

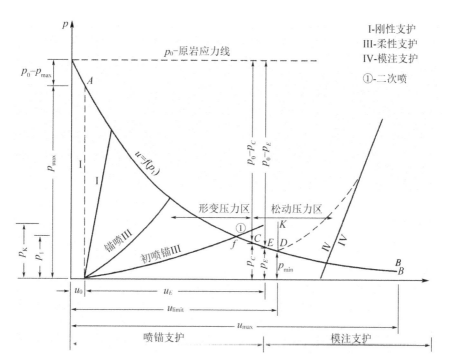

图 10.8-4 围岩-支护共同作用原理

由图可以看出：

（1）硐室开挖后，若支护特别快且支护刚度大，没有或很少有变形（弹性变形 u_0），则在图中 A 点取得平衡，支护需要提供很大的支护抗力 $p_{i,max}$，围岩仅承担了产生弹性变形的压力（$p_0 - p_{i,max}$），

$$p_{i,max} = K_c \frac{(1-A)p_0 u_{0a}}{p_0 + K_c u_{0a}} \tag{10.8-4}$$

式中，$p_{i,max}$——支护需提供的支护抗力；

p_0——原岩应力；

u_{0a}——无支护硐室周边的弹性位移，$u_{0a} = (1+\mu)pa/E$；

A——围岩暴露系数（或荷载释放系数）。

K_c——支护体的刚度系数。

围岩暴露系数 A 表征了支护前围岩已发生位移与不支护硐室围岩全部位移之比。在采用喷射混凝土支护时，支护断面距开挖面越近，A 越小；距离越远，A 越大。Daemem 采用轴对称有限元对工作面位移约束影响研究表明，弹性岩体中掘进硐室时，开挖面处（距开挖面的距离 $l=0$），$A=1/4$；$l=d/4$ 时（d 为直径），$A=1/2$；$l=d$ 时，$A=9/10$；$l=1.5d$ 时，$A=1$（即由开挖面所产生约束影响消失）。

这种支护没有充分发挥围岩的自承能力，是不经济的；有时支护结构因过大的应力而发生破坏，反而影响围岩稳定性。

（2）若硐室开挖不加支护或支护不及时，即允许围岩发生较大的变形，如图中的 DB 曲线段，硐壁位移达最大 u_{max}，支护力 p_i 很小或接近于 0。这在实际中是不允许的，因为一旦位移超过 u_{limit}（图中 D 点），围岩开始松弛、塌落，此时围岩对支护的压力已不是形变压力，而是松动压力，当出现这种情况时，已不适合喷锚支护、而应采用模注衬砌。

（3）较佳的支护工作点应在 D 点之前的某个邻点，如 E 点。在该点附近即能让围岩产生较大的变形（u_0+u_E），围岩更多地分担围岩压力（p_0-p_E），而支护分担的形变压力（p_E）较小，又保证围岩不产生松动、脱离。合理的支护与施工，就应该在该点附近，实际工作中，一般两次支护，硐室开挖后，尽可能及时开展柔性的初次支护（简称初支）和封闭，保证硐室周边不产生松弛和塌落，并让围岩在控制下变形，通过对围岩的监测，掌握周边位移和围岩变形情况。待位移和变形基本趋于稳定时（达到图中的 C 点附近），再进行二次支护（模注衬砌），随着围岩和支护的徐变、支护的形变压力将发展到 p_E，支护和围岩在最佳工作点 E 点共同承受围岩形变压力，围岩承受了 p_0-p_E，支护体承受了 p_E，支护承载力尚有值 p_K-p_E 为安全储备。

基于围岩–支护共同作用原理，充分发挥围岩自承能力，对维持地下工程稳定和减小支护投入均十分有利，这也是岩体力学在地下工程稳定性分析中的一个基本思想。最好的支护架设时间是使支护的承载力最小，最大限度地发挥围岩自承能力，使围岩的连续变形量得到充分发挥，使支护特性曲线与围岩变形曲线在 u_{limit} 左面一点相交。若相交过早，使支架受力过大；若相交过晚，围岩的变形量大于 u_{limit}，围岩开始松动、破裂，脱离母体，形成松动围岩压力，此时围岩压力开始增大。这说明，既要允许围岩充分变形，充分发挥围岩的自承能力，使支架与围岩协调变形；同时，当围岩变形达到一定值时，必须控制围岩变形的进一步发展。

奥地利学派20世纪70年代提出的 NATM（New Austria Tunneling Method，新奥法）以及现代地下工程中广泛使用的柔性支护和卸压理论等，均是基于围岩–支护共同作用原理的。

11 岩质斜坡稳定性分析

本章知识点
(重点▲,难点★)

斜坡应力场基本特征▲
斜坡演化的一般规律及不同类型岩质斜坡动态演化特征▲
岩质斜坡稳定性分析的基本方法▲
连续介质及碎裂介质岩质斜坡稳定性计算
块裂介质岩体的力学计算原理▲
板裂介质(层状)岩体的力学计算原理★
岩质斜坡崩塌分析

11.1 概述

斜坡 (slope) 是指倾斜的地面。如图 11.1-1 所示,斜坡表面称为坡面,斜坡面之上的平缓地面称为坡顶(或坡冠),斜坡面之下的平地称为坡底,坡面与坡顶面相交部位称为坡肩,坡面与坡底相交部位称为坡脚(坡趾),坡面与水平面的夹角称为坡角(或坡面角),坡面的倾向称为坡向,坡肩到坡脚之间的直线距离为坡长,坡肩与坡脚的高差称为坡高。

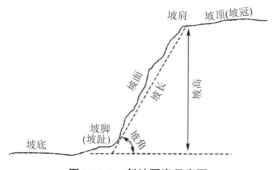

图 11.1-1 斜坡要素示意图

按成因,斜坡分为自然斜坡(简称斜坡)和人工斜坡(简称边坡),也有的将二者统称边坡。自然斜坡是在地壳隆起或下陷过程中逐渐形成的,当其侵蚀基准面以上,即处于剥蚀和夷平的环境,开始其后期演化,以至破坏和消亡(滑坡、崩塌)。人工边坡是人类工程经济活动开挖的斜坡。挖方形成的边坡称为开挖边坡,如露天矿开采形成的矿坑边坡，道路修筑过程中形成的路堑边坡等；填方形成的边坡称为构筑边坡（亦称坝坡），如道路修建中形成的路堤边坡等。

按组成物质，斜坡分为岩质斜坡（简称岩坡）和土质斜坡（简称土坡）。如前所述，从岩体力学观点，土体和岩体均属地质体，二者既有重大差别又相互联系，最根本区别在于结构特征，由此导致二者工程地质特征、水文地质特征和物理力学性质具有显著差异，因此岩坡和土坡在变形破坏机制和演化模式等方面差异较大。但由于二者又有紧密联系，岩体力学将土体视为一类特殊岩体，因此土坡也自然地被视为一类特殊岩坡。

在斜坡形成过程中，在各种力场（如重力、工程作用力、水压力、地震力等）作用下，坡体内部应力分布发生变化（即应力重分布），当组成斜坡的岩土体强度不能适应重分布应力状态，将产生变形破坏，严重者引发事故或灾害。因此，岩体力学研究岩质斜坡的目的就是在详细掌握岩质斜坡岩体结构特征的基础上，分析斜坡应力状态及其变化特征，进而研究斜坡岩体的变形破坏机理、变形破坏特征，开展斜坡稳定性评价，为斜坡的设计、施工、预测预报及整治提供岩体力学依据，其中稳定性计算是岩质斜坡稳定性分析的核心。

11.2　斜坡岩体应力场特征

11.2.1　坡体内应力场基本特征

在天然斜坡或人工边坡形成过程中，将发生应力重分布，出现二次应力状态。斜坡岩体为了适应这种新的、不断变化的应力状态，将发生不同程度的变形和破坏，使斜坡逐渐变缓，并最终在新环境下保持稳定。岩坡的这种不断变形破坏与其应力分布特征密切相关。

斜坡形成后，坡体内重分布应力与天然应力状态有极大的不同。岩坡应力分布可采用现场应力测量、光弹试验和有限单元法计算。根据有限单元计算（图11.2-1～图11.2-3），对于均质各向同性连续介质岩体，岩坡形成后的整个演化过程中，均发生应力重分布，坡体内重分布后的应力状态具有如下特征。

（1）无论何种天然应力场，由于应力重分布，坡面附近主应力迹线发生明显偏转（图11.2-1），表现为愈接近于临空面，最大主应力愈近于平行临空面，最小主应力则愈近于与临空面正交，随着向坡内深度的增加，坡体内的应力逐渐变化并趋于天然应力场状态。

（2）由于主应力迹线的偏转，最大剪应力迹线也相应偏转，变为凹向临空面的弧形（图11.2-2）。随着向坡内深度的增加，应力逐渐变化并趋于天然应力场状态。

（3）应力重分布使临空面附近发生了应力集中（图11.2-1、图11.2-3）。平行于临空面的应力（即σ_1，相当于切向应力）显著升高，在斜坡面为最高，向内逐渐减小并接近于天然应力；垂直于临空面的应力（即σ_3，相当于径向应力）显著降低，在坡面附近最低（坡面上$\sigma_3=0$），向内逐渐升高并接近于天然应力。

（4）坡脚和坡顶集中程度最高。坡脚附近应力差（$\sigma_1-\sigma_3$）最大，于是形成最大剪应力增高带（图11.2-3(c)），最容易发生剪切破坏。坡肩附近，一定条件下，坡面径向应力和坡顶切向应力可转化为拉应力，形成拉应力带（图11.2-3(a)）。

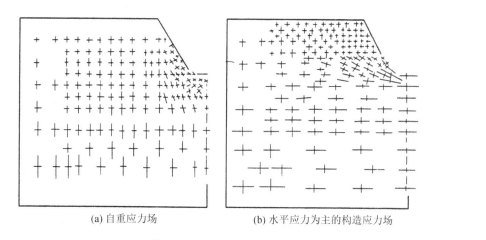

(a) 自重应力场　　　　　　(b) 水平应力为主的构造应力场

图11.2-1　岩坡主应力迹线

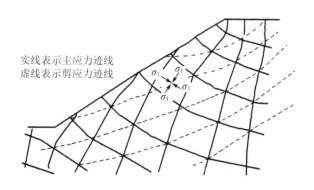

实线表示主应力迹线
虚线表示剪应力迹线

图11.2-2　岩坡剪应力迹线

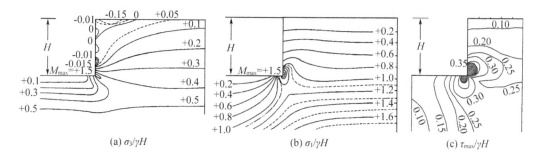

(a) $\sigma_3/\gamma H$　　　　　(b) $\sigma_1/\gamma H$　　　　　(c) $\tau_{max}/\gamma H$

图11.2-3　岩坡主应力等值线

综上所述，在岩质斜坡临空面附近重分布应力集中程度最高，趋近于单向应力状态（σ_1平行于临空面、σ_3垂直于临空面，且坡面上$\sigma_3=0$），向深部逐渐过渡为天然应力场状态。因此，斜坡岩体应力场是区域应力场基础上因地形地貌变化而形成的局部应力场。

11.2.2 坡体应力场的影响因素

（1）天然应力场

由于岩坡重分布应力场是区域应力场基础上的局部应力场，因此，岩坡的重分布应力场受原岩应力的制约和影响。

天然应力场中的水平应力对岩坡应力重分布影响显著，图11.2-1表明，主应力的大小和方向都因水平应力不同有明显的改变，尤其是对坡脚剪附近应力集中带和坡顶附近张力带影响更大。坡顶区张力带的出现，除极陡倾斜坡外，主要与水平残余应力有关（图11.2-4），随着残余水平应力（σ_H）的增高，张力带范围增厚，从坡脚一直扩展到坡面。

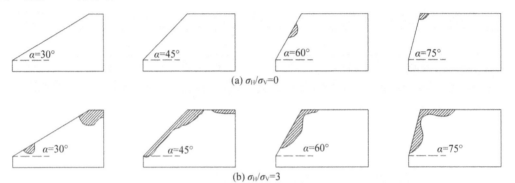

(a) $\sigma_H/\sigma_V=0$

(b) $\sigma_H/\sigma_V=3$

图11.2-4 斜坡张力带分布与水平应力、坡角关系示意图

此外，若斜坡处于高地应力区（尤其新生成的斜坡），应力重分布过程中，可能使得斜坡一定深度范围内存在应力增高区（图4.2-6）。

（2）斜坡要素

岩坡的应力分布还受到岩坡的坡形（坡高、坡角、坡底宽度、坡面形态等）的影响（图11.2-1、图11.2-4）。

坡角直接影响着斜坡岩体应力分布，斜坡岩体中拉应力区范围随着坡角的增大而扩展（图11.2-4）。

坡高虽不改变应力等值线的形状，但主应力量值随坡高增大而增大。

坡底宽度对坡脚岩体应力也有较大影响，计算表明，当坡底宽度小于0.6H时，坡脚处最大剪应力随坡底宽度减小而急剧增高；当坡底宽度大于0.8H时，则坡脚处最大剪应力保持常数。

坡面形状对重分布应力也有明显影响，凹形坡应力集中程度减弱，如圆形椭圆形矿坑边坡的坡脚处最大剪应力仅为一般边坡的一半左右。

（3）岩体特征

（a）岩体力学性质

由图11.2-3可知，坡顶和坡面所反映的主应力中，有一些是张应力，张应力区的分布范围和大小受岩体性质（E，μ）控制，其中E的影响轻微，μ的影响显著，μ值越大，则坡顶和坡面的张力区范围越大，而坡底则相反（图11.2-5）。

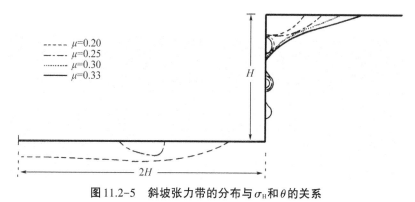

图11.2-5　斜坡张力带的分布与σ_H和θ的关系

（b）岩体结构特征

上述分析是基于均质各向同性连续岩坡，如果岩坡内存在大的断层或为层状岩体，则其应力分布必有较大的变异。斜坡或边坡变形与破坏的首要条件是坡体中存在着各种结构面，其影响尤以岩质斜坡最为显著。斜坡岩体的结构特征对坡体应力场的影响相当复杂，主要表现为由于岩体的不连续性和不均匀性，沿结构面周边出现应力集中或应力阻滞现象，故它构成了斜坡变形的控制条件，从而产生多种类型的变形破坏机理。坡体中平缓结构面上盘的应力值较高于下盘，而软硬相间结构岩体，交界面处硬质岩一侧应力值剧增。总之，坡体中结构面的存在，斜坡应力出现不连续分布的特征。

11.3　岩坡的演化与稳定性分析

斜坡岩体的变形与破坏是斜坡演化过程中的两个不同阶段，变形属量变阶段，而破坏是质变阶段，但二者是连续的，破坏前总要经历一定的变形过程，它们形成一个累进性动态演化过程。该过程对天然斜坡来说，时间往往较长；但对人工边坡则可能较短暂。

通过斜坡岩体变形破坏特征研究，分析岩体变形破坏机理和演化机制，判断当前所处阶段，是斜坡稳定性分析（稳定性评价、演化趋势预测、工程对策制订等）的基础。

11.3.1　斜坡岩体的变形

11.3.1.1　卸荷回弹变形

斜坡岩体成坡前就在原始地应力作用下早已固结。成坡过程中，由于荷重不断减小，积蓄在坡体内的弹性应变能释放，岩体内部产生应力重分布和局部应力集中，致使斜坡岩体在减荷方向（临空面方向）必然产生伸长变形，即斜坡卸荷回弹变形（unloading rebound）。天然应力越大，向临空方向的卸荷回弹越大。

卸荷回弹使原有岩体结构松弛，与临空面产状近于一致的某些原有结构面张开而形成卸荷裂隙；或者在集中应力和残余应力作用下，新产生一系列与临空面近于平行的卸荷裂隙。卸荷裂隙包括坡顶的近于垂直的拉裂面（图11.3-1(a)）、坡体内部与坡面大致平行的压致拉裂面（图11.3-1(b)）、坡底近于水平的缓倾角拉裂面（图11.3-1(c)）以及差异卸荷回弹引起的剪裂面（图11.3-1(d)）等。

图11.3-1　卸荷回弹产生的表生结构面

卸荷拉张裂隙发生在斜坡（尤其高陡边坡）坡肩部位的拉应力集中带内（若坡内有与坡面近于平行的高倾角结构面时，卸荷裂隙利用这些先存结构面）。卸荷裂隙的特点是与临空面近于平行，上宽下窄并向下尖灭，由坡面向深部逐渐减小、减弱。

压致拉张裂隙发生在坡体内部，是坡体内应力调整过程中产生压缩性拉张裂隙，其特点是下宽上窄并向上尖灭。

坡底缓倾角拉裂面和坡体内差异性回弹引起的缓倾角剪裂面也影响坡体完整性，可进一步发展为坡体的潜在底滑动面。

总体而言，斜坡岩体的卸荷回弹变形多为局部变形，一般不引起岩坡整体失稳，但它们严重破坏了岩体完整性，为风化营力深入到坡体内部以及地表水入渗提供了通道，对岩坡稳定性不利。

11.3.1.2　蠕变变形

（1）斜坡岩体蠕变的本质

对于人类工程经济活动的有限时间来说，斜坡岩体内的应力可认为是保持不变的。但在以自重应力为主的坡体应力长期作用下，斜坡向临空方向的变形随着时间的延续而不断增加。斜坡的这种缓慢而持续的变形称为蠕动（或蠕变变形），包括某些局部破裂，甚至产生一些新的表生破裂面。研究表明，蠕变的机理是岩土体的粒间滑动（塑性变形），或者沿岩石微裂纹微错，或者由岩体中一系列结构面扩展所致。

坡体蠕变是岩体在应力长期作用下坡体内部产生的一种缓慢的调整性形变，是岩体趋于破坏的演变过程，几乎所有斜坡失稳都要经过蠕变变形过程。坡体由自重应力引起的剪应力与岩体长期抗剪强度相比很低时，坡体减速蠕变；当应力值接近或超过岩体的长期抗剪强度时，坡体加速蠕变，直至破坏。如坡体内各局部剪切面（蠕滑面）贯通且与坡顶附近拉裂面贯通时，即演化为滑坡，如图11.3-2。

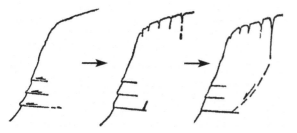

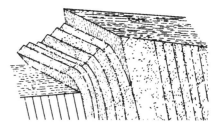

图 11.3-2　斜坡整体失稳的演变过程　　　　图 11.3-3　层状岩质斜坡岩层末端挠曲

（2）斜坡蠕变的发生部位

斜坡蠕变发生的部位，在均质岩体中受最大剪应力迹线控制；存在软弱结构面时，受缓倾坡外的弱面控制；斜坡基座由较厚的软弱岩体组成时，坡体可能向临空面塑性挤出，发生深层蠕滑；层状岩质斜坡可发生弯曲（溃曲、倾倒）。

根据蠕变发生部位，坡体蠕变分为表层蠕变和深层蠕变。

（a）表层蠕变

在自重作用下，斜坡浅部岩体向临空方向缓慢变形，构成剪切变形带，位移由坡面向坡体内部逐渐降低甚至消失，如破碎岩质斜坡和土质斜坡的表层蠕变甚为典型。岩质斜坡的表层蠕变常称为"岩层末端挠曲"现象，是岩层或层状结构岩体在重力长期作用下沿结构面错动或局部破裂而形成的屈曲现象（图 11.3-3），这种现象广泛出现在页岩、薄层砂岩或石灰岩、片岩及破碎花岗岩斜坡中。软弱结构面越密集、倾角越陡、走向越接近于坡面时，这种现象越明显，它使松动裂隙进一步张开，并向纵深发展，影响深度有时达数十米。

（b）深层蠕变

深层蠕变主要发育在坡体下部或坡体内部，按其形成机制特点，深层蠕变有软弱基座蠕变和坡体蠕变两类。在上覆重力作用下，产状平缓且具有一定厚度的软弱基座部分向临空方向蠕变并引起上覆岩体的变形与解体，这是软弱基座蠕变的基本特征。坡体蠕变是坡体沿缓倾软弱结构面向临空方向缓慢移动变形，在卸荷裂隙较发育并有缓倾角软弱结构面的坡体中较为普遍。斜坡蠕变变形的影响范围很大，在斜坡应力作用下产生的蠕变变形，有些地区可达数百米深，长达数公里。

11.3.2　岩坡的破坏

11.3.2.1　岩坡的破坏机理

岩体破坏机理包括剪切破坏和拉张破坏。大量实例及理论研究表明，绝大多数岩质斜坡的破坏机理为剪切（如滑坡），少数属拉张（如崩塌、落石）。

由前述内容可知，不同破坏机理的变形破坏特征不同，也应采用与其破坏机理相关的强度准则或破坏判据。如对于研究滑动破坏问题的关键在于研究滑面的形态、性质及其受力平衡关系，同时滑面的不同形态及其组合特征也决定着要采用不同的具体分析方法。因此，岩质斜坡稳定性评价应以其破坏机理为依据，针对岩质斜坡的力学介质类型及其变形破坏的力学机理（剪切、拉张），确定变形破坏类型，选择相应的计算方法，确定相关力学参数，开展稳定性分析。

11.3.2.2 岩坡的破坏类型

斜坡岩体破坏类型多种多样。但根据破坏机理，岩坡的破坏总体分为两类，即崩塌和滑坡，见图11.3-4。

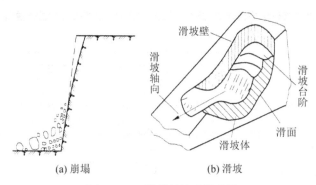

(a) 崩塌　　　　　(b) 滑坡

图11.3-4　岩质斜坡破坏类型

（1）崩塌

（a）崩塌及其机理

坡体中被陡倾的张性破裂面分割的岩体，因根端折断或压碎而倾倒，突然脱离母体翻滚而下的破坏过程或者现象称为崩塌（collapse）。岩体崩塌规模相差悬殊，可大到山崩、小到落石（rock fall）。

崩塌一般发生在高陡斜坡的坡肩部位，下落块体质点位移矢量中的垂直分量远大于水平分量，无明显滑移面，下落块体未经阻挡而直接坠落于坡脚（或在坡面上碰撞、翻滚、跳跃），最后堆积于坡脚处形成崩塌堆积体，如图11.3-5。

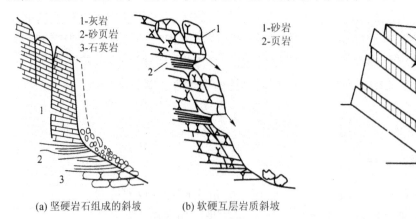

(a) 坚硬岩石组成的斜坡　　　(b) 软硬互层岩质斜坡

图11.3-5　岩质斜坡崩塌　　　　**图11.3-6　反倾层状岩质斜坡倾倒**

从力学机理上看，崩塌是拉断破坏的宏观破坏表现形式，即是斜坡岩体在重力以及其它力（裂隙水压力、冰壁作用、植物根劈作用、地震等）共同作用下，应力超过岩体强度而引起的拉张破坏现象，尤其在暴雨引起的裂隙水压力剧增，或者地震引起的晃动，往往可使块体实然折断、倾倒崩塌。

（b）崩塌影响因素

岩性的影响。崩塌多发生在坚硬岩质斜坡（坡角 $\beta \geqslant 60°$），如厚层砂岩、灰岩、石英岩和花岗岩等。这类岩体能形成高陡斜坡，斜坡前缘因应力重分布和卸荷等产生长大拉张裂缝，并与其它结构面组合而逐渐形成连续贯通的分离面，可在其它因素触发下发生崩塌，如图11.3-5(a)。软硬相间岩层组成的斜坡中，软弱岩层易遭风化剥蚀而形成空腔，从而引起上部相邻坚硬岩层的局部崩塌，如图11.3-5(b)。

岩体结构的影响。坡体内既有结构面对崩塌影响很大。若坡体中有与坡面平行的陡倾结构面（硬脆岩体往往发育两组或以上的陡倾节理，其中与坡面平行的一组易演化为拉张卸荷裂隙），或为陡倾顺坡层状岩体，这些陡倾结构面为崩塌提供了后缘切割面，最易于崩塌的形成，而且当节理密度较小但延展性好时，常能形成大规模崩塌体。若坡体中存在缓倾软弱结构面，由于它对陡倾拉裂面起了阻隔作用，不利于拉裂面的纵深发展，斜坡不易发生崩塌（易演化为滑坡）。此外，如图11.3-3和图11.3-6所示的反倾层状岩质斜坡，在自重和卸荷回弹联合作用下及后期蠕变过程中，当岩层向临空方向的倾倒（toppling）变形达到或超过临界值，岩层折断而引起崩塌。事实上，新构造运动强烈、地震频发的高山区易发生大规模岩体崩塌。

斜坡地形的影响。崩塌一般发生在高陡斜坡的前缘，坡度一般大于45°（多大于60°）。地形切割越强烈、高差越大，则形成崩塌的规模越大、破坏越严重。

风化作用的影响。风化作用能使斜坡前缘各种成因的裂隙加深和加宽，对崩塌的发生起到促进作用。此外，在干旱、半干旱气候区，因物理风化强烈，导致岩石因机械破碎而崩塌；高寒山区的冰劈作用也有利于崩塌的形成。

（2）滑坡

（a）滑坡及其机理

坡体沿贯通剪切面或（带）以一定加速度下滑的现象称为滑坡（landslide），剪切破坏面（带）称为滑面（或滑带），下滑部分坡体为滑体，见图11.3-4(b)。

滑坡是岩体剪切破坏的宏观表现。与崩塌相比，滑坡必须依附于滑面而存在；滑坡通常是较深层的破坏，滑面可深入坡体内部甚至坡脚以下；滑体水平位移大于垂直位移；滑坡滑动具有整体性；下滑速度一般比崩塌缓慢。不同滑坡的下滑速度差别较大，这主要取决于滑面的力学性质及外营力的作用特征，当滑面切过的岩层的塑性较强，或沿之滑动的结构面具平面摩擦时，往往表现为缓滑；反之，若切过岩层的脆性较强，或沿之滑动的结构面具有粗糙面摩擦时，由于在贯通滑面形成以前，承受较大的下滑力，一旦贯通滑面形成，滑面抗滑力急剧下降，使滑体获得较大的动能，遂突发而迅速。

（b）滑面的形成机理

滑坡的形成和发展主要受控于滑面的形成机理，滑面的形成包括3种情形，即不受既有结构面（软弱结构面）控制、受坡体内既有软弱结构面控制以及受软弱基座控制。

对于均质完整岩质斜坡，或者坡体内软弱结构面不构成滑动控制面，滑面主要受控于最大剪应力面（坡脚），但在坡顶往往与拉张破裂面搭接而形成贯通面。因此，实际滑面与最大剪应力面有一定的偏离，纵断面近似于对数螺旋线（为方便，常近似为圆弧），见图11.3-7。这种滑坡多出现在泥岩、泥灰岩和凝灰岩等岩质斜坡或强风化岩质斜坡和土坡中，均由表层蠕变发展而成。

(a)   (b)

图 11.3-7　旋转型滑动

当坡体中既有软弱结构面的强度较低且又能构成一些有利于滑动的组合形式时，它将代替最大剪应力面而成为滑动控制面。岩质斜坡的破坏大都沿坡体内既有软弱结构面而发生和发展。自然营力因素也常通过这种面而产生作用。滑动控制面可以是单独立一条或一组软弱结构面构成滑动面，这些滑动面或直通坡顶（图11.3-8(a)）、或与后部陡倾结构面组合（图11.3-8(b)），或在后缘与切层的弧形面相连（图11.3-8(c)）；也可以是两组以上软弱结构面构成的组合滑面，其中，若两组软弱结构面倾向相同，则成为拆线型或阶梯型滑面（图11.3-9）；若两者倾向不相同，则成为空间楔形体滑面（图11.3-10）。

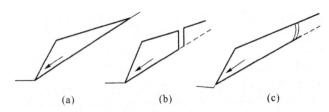

(a)   (b)   (c)

图 11.3-8　受一组软弱结构面控制的滑面

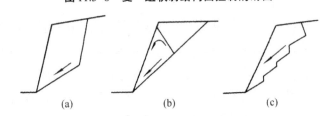

(a)   (b)   (c)

图 11.3-9　受两组同倾向软弱结构面控制的滑面

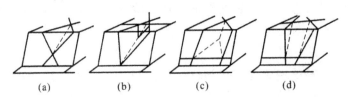

(a)   (b)   (c)   (d)

图 11.3-10　受两组不同倾向软弱结构面控制的滑面

受软弱基座控制的滑面是由软弱基座蠕变发展而成的，见图11.3-11。这类滑坡分为两个部分，即软弱基座中的滑面（受最大剪应力面控制）和上覆岩体中的滑面（受断陷破裂面控制，或解体裂隙面控制，或既有高陡结构面控制）。河谷侵蚀或挖方可使下伏软弱基座被揭露，易造成基座挤出。当下伏软弱基座较厚时，上覆岩体常被分割解体而丧失强度，滑动主要受下伏软弱基座控制（图11.3-11(a)），通常这种滑坡的滑速较慢；当软弱基座层很薄，上覆岩体中裂隙仍具有较大强度时，一旦滑动，通常为突然而猛烈的滑动，图11.3-11(b)。变形初期，往往只出现一系列小的局部滑面，不易被觉察而常被忽视；变形后期，局部滑面逐渐连成贯通性滑面，产生缓慢滑动（也可在一定条件下沿该面产生急剧滑动）。

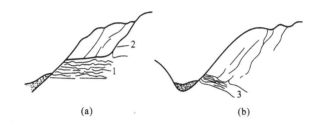

图11.3-11 受两组不同倾向软弱结构面控制的滑面

（c）滑坡的类型

综上所述，按滑面形态，滑坡可分为平面滑动型、空间滑动型和圆弧滑动等（图11.3-12），其中平面滑动型又可分为单平面滑动面（图11.3-8）、同向双平面滑动型（图11.3-9(a)）、多平面滑动型（图11.3-9(c)），空间滑动型又分为锥形体滑动、楔形体滑动、菱形体滑动和槽形体滑动等（图11.3-10）。

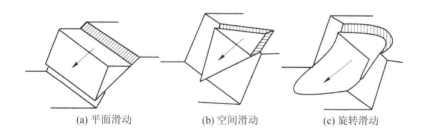

(a) 平面滑动　　　(b) 空间滑动　　　(c) 旋转滑动

图11.3-12 岩质滑坡滑动类型

综上所述，岩质斜坡的破坏形式多样。不同研究者也基于不同的标准和依据进行了多种不同的划分，如Hoek（1974）将斜坡破坏分为4类：平面破坏、楔体破坏、圆弧破坏和倾覆破坏，该分类较好地体现了斜坡岩体的破坏机理，前3种（图11.3-12）反映了剪切破坏，倾覆破坏（图11.3-3、图11.3-6）体现了拉张破坏。

11.3.3 岩质斜坡的演化模式

岩体性质不同，岩坡特征不同，岩质斜坡变形特征和破坏形式以及从变形到破坏的演化模式也不同。王兰生和张倬元等（1994）根据岩体变形破坏的模拟试验及理论分析并结合大量实例，根据斜坡变形和破坏机制，将岩质斜坡的演化分为5种模式（斜坡变形破坏地质力学模式），即蠕滑-拉裂型、滑移-压致拉裂型、弯曲-拉裂型、塑流-拉裂型和滑移-弯曲型，见表11.3-1。

表11.3-1　斜坡变形-破坏演变模式

类　型	典型结构	坡体结构赤平投影	主要破坏方式
蠕滑-拉裂型			滑坡
			滑坡
滑移-压致拉裂型			滑坡（滑塌）
弯曲-拉裂型			崩塌 滑坡（滑塌）
塑流-拉裂型			滑坡
			崩塌 滑坡
滑移-弯曲型			滑坡
			滑坡

（1）蠕滑-拉裂型（creep-sliding and fracturing）

蠕滑-拉裂型（或滑移-拉裂型）变形破坏主要发育在均质或似均质岩质斜坡中，也可发生在倾向坡内的薄层状岩质斜坡中。蠕滑-拉裂导致斜坡岩体向坡前临空方向发生剪切蠕变，后缘拉裂面自坡面向深部发展。变形发展过程中，坡内有可能发展出破坏面（潜在滑移面），该潜在滑移面实际上是一条受最大剪应力面分布状况控制的自坡面向下递减的剪切蠕变带。

这类变形-破坏的演化过程可分为3个阶段：表层蠕滑→后缘拉裂→潜在剪切面剪切扰动，图11.3-13。

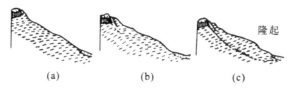

图 11.3-13　斜坡蠕滑-拉裂型演化模式

（2）滑移-压致拉裂型（sliding and compression cracking）

滑移-压致拉裂型主要发育在坡度中等至陡的平缓层状岩质斜坡中，坡体沿平缓结构面坡前临空方向产生缓慢的蠕变性滑移。滑移面的锁固点（或错列点）附近因拉应力集中而产生与滑移面近于垂直的拉张裂隙，向上（个别向下）扩展且其方向逐渐转为与最大主应力方向趋于一致，并伴有局部滑移。这种拉裂面的形成机制与压应力作用下 Griffith 裂纹形成规律近似，故属压致拉裂。滑移和压致拉裂变形是由斜坡内软弱面处自下而上发展起来的，其演化过程分为 3 个阶段：卸荷回弹→压致拉面自下而上扩展→滑移面贯通，图 11.3-14。

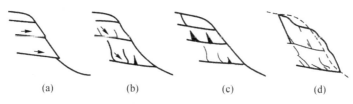

图 11.3-14　斜坡滑移-压致拉裂型演化模式

（3）滑移-弯曲型（sliding and bending）

滑移-弯曲（亦称溃曲或溃屈）发育在倾向坡外层状岩质斜坡中。因下部受阻，沿滑移面滑移的层状岩体在沿顺滑方向的压应力作用下发生纵弯变形。下部受阻多因滑移面并未临空（图 11.3-15），或因滑移面下端虽已临空但滑移面未呈"靠椅状"，上部陡倾而下部转为近水平，显著增大了滑移阻力。发育条件是沿着产生滑移的倾向坡外的软弱结构面倾角明显超过该面的残余内摩擦角（一般 $\varphi_r=30°$）。尤以薄层状及柔性较强的碳酸盐类层状岩质斜坡中最常见。沿软弱结构的地下水的作用是促进这类变形的主导因素。滑移-弯曲变形可分为 3 个阶段：轻微弯曲→强烈弯曲和隆起→切出面贯通，图 11.3-15。一旦切出面与后部滑移面贯通，则发展为滑坡（多为崩滑）。

（4）弯曲-拉裂型（bending and fracturing）

弯曲-拉裂型（亦称倾倒）主要发育在由直立或陡倾坡内的层状岩质斜坡中，层面走向与斜坡走向夹角应小于 30°。在方向近似与斜坡平行的坡内最大主应力的作用下，坡体前缘部分陡倾的板状体由前缘开始向临空方向做悬臂梁弯曲，逐渐向内发展。弯曲的板梁间产生沿既有软弱结构面的相互错动，弯曲体后缘出现拉裂缝，造成平行于走向的反坡台阶和沟槽。板梁弯曲最剧烈的部位往往产生横切板梁的拉裂。该类变形破坏可分为 3 个阶段：卸荷回弹和陡倾面拉裂→板梁弯曲和拉裂面纵深扩展并向后推移→板梁根部折断和压碎，图 11.3-16。岩块转动而倾倒，一旦失去平衡，导致崩塌。

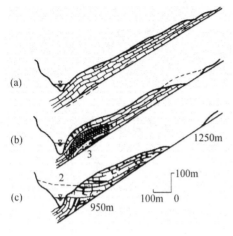

图 11.3-15　斜坡滑移-弯曲型演化模式

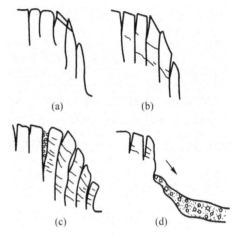

图 11.3-16　斜坡弯曲-拉裂型演化模式

（5）塑流-拉裂型（plastic flowing and fracturing）

塑流-拉裂型变形破坏主要发育在以软弱层（带）为基座的软弱基座岩质斜坡中。在上覆岩体压力作用下，软弱基座产生压缩变形并向临空方向塑性挤出，导致上覆较硬岩体拉裂、解体和不均匀沉陷。在下伏软弱基座产状平缓的坡体中，上覆硬质岩层的拉裂起始于接触面，这是软层的水平位移远大于硬层所致，坡体前缘常出现局部坠落，变形进一步发展为缓滑型滑坡。当上覆岩层被下伏塑流层载驮而整体向临空方向滑移，于其后缘产生拉裂造成陷落。其演化过程见图 11.3-17。当软弱基座倾向坡内的陡坡发生变形时，表现为另一种形式，其演化过程依次为前缘塑流-拉裂变形→深部塑流-拉裂。

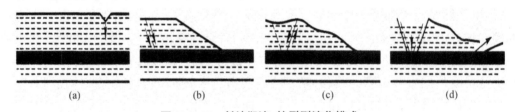

图 11.3-17　斜坡塑流-拉裂型演化模式

上述 5 种斜坡变形破坏地质力学模式揭示了斜坡发展演化的内存力学机理和过程，很大程度上确定了斜坡岩体最终破坏的可能方式与特征，故可按与破坏相联系的模式，对破坏类型（滑坡、崩塌）进一步分类，如弯曲-拉裂式崩塌和弯曲-拉裂式滑坡等。值得注意的是，在同一斜坡变形体中，也可能包含上述两种或以上的模式，它们可以呈现不同的复合方式；而且，某一种模式也可在演化过程转化为另一种模式。

11.3.4　岩坡稳定性的影响因素

11.3.4.1　影响因素

由上可知，岩质斜坡的稳定性就是斜坡岩体的稳定性，斜坡的变形破坏是斜坡岩体在内外动力地质作用下动态演化的必然结果和宏观表现。因此，掌握影响斜坡（天然斜坡或人工边坡）动态演化的各种因素，正确分析诸因素在斜坡岩体演化过程的作用与贡献，对于认识斜坡的变形破坏特征（规模、范围）、形成机理、演化机制（过程），进而分析斜坡稳定性、预测破坏模式、指导工程设计和施工等，都是必需的基础性工作。

影响岩坡稳定性的因素复杂多样，包括岩性、岩体结构及地质构造、地形条件、水的活动、风化作用、地震、暴雨、特大洪水以及人类工程活动等。

（1）岩性

岩性是影响斜坡稳定性的根本因素之一。在坡形相同的情况下，岩体愈坚硬，抗变形性和抗破坏性愈强，岩坡稳定性愈好，因此，坚硬完整岩体能形成稳定的高陡斜坡，而软弱岩体只能维持低缓的斜坡，尤其是泥质成分含量较高的岩层或岩层组合，常易发展为滑坡。

此外，岩性还制约着斜坡变形与破坏形式，软弱地层多以剪裂而发生滑坡，较坚硬岩层形成的高陡斜坡易发生拉裂破坏并发展为崩塌，顺层高陡层状岩质斜坡的变形破坏多以溃曲形式出现并最终表现为滑坡。

（2）岩体结构

岩体结构（尤其是结构面）是斜坡稳定性的决定性因素，岩质斜坡的变形破坏机理、演化模式、演化机制（过程）、稳定状态和破坏特征（类型、范围、规模）等均受岩体结构控制。

例如，岩体结构控制着斜坡岩体的破坏形式及稳定程度，坚硬块状岩质斜坡不仅稳定性好，而且如果破坏，则破坏形式多为沿某些特定结构面的块体滑动，或者局部产生崩塌；而散体结构岩质斜坡的稳定性较差且主要产生圆弧滑动；层状结构岩质斜坡呈现出丰富的板梁变形破坏特征（如平面滑动、溃曲、倾倒等引起的崩塌和滑坡）。

又如，结构面的发育程度及其组合关系往往是斜坡块体滑移破坏的边界条件（底滑面、后部拉裂面、侧向切割面等）。

因此，结构面的成因、力学属性、延续性、密度、表面形态、产状及其组合关系对岩坡稳定性非常重要，尤其是坡体内结构面的组合关系及其与临空面的组合关系。

（3）天然应力场

斜坡岩体中的天然应力（特别是水平应力），直接决定着斜坡重分布应力状态，影响着坡面（尤其坡肩附近）拉应力集中及坡脚剪应力集中。水平天然应力高的地方，由于拉应力及剪应力的作用，常直接引起斜坡变形破坏。

（4）地形地貌条件（临空条件）

斜坡的坡形、坡高和坡度都直接影响坡体内的应力分布特征，进而影响着斜坡的变形破坏模式及稳定性。

（5）水的作用

水的参与使斜坡岩体的质量增加，进而增加自重；其次，在水的作用下，岩体被软化（尤其软弱结构面物质被软化），而强度降低；水进入坡体裂隙，产生静水压力、浮托力和动水压力，均对斜坡稳定性不利。

（6）风化作用

风化作用使坡体内裂隙增多、扩大，导致透水性增强和岩体强度降低。

（7）地震

地震波传播产生的地震惯性力直接作用于斜坡岩体，加速了斜坡的破坏。

（8）人类活动

人类活动包括边坡脚开挖和坡体上部（尤其坡顶附近）加载，也包括不合理灌溉以及生产和生活用水的入渗，还包括边坡工程的不合理设计和不正确施工（如爆破）等，均影响坡体的应力分布和变形，出现变形破坏甚至整体失稳。

11.3.4.2　影响因素的作用

（1）影响因素分类

在影响斜坡稳定性的上述诸因素中，有自然作用的、也有人为施加的。自然斜坡经过了长期的各种地质营力的作用，处于自身动态调整与自我平衡中。人类工程活动的作用速度和作用强度一般远大于自然作用（地震除外），即人类活动对斜坡的稳定性的影响更大，人工边坡即是典型例证。

在上述诸因素中，有些因素是本质性的、有些是触发性的。如地层岩性、岩体结构、原岩应力场及地形地貌条件等是本质性因素，它们的组合规定了斜坡岩体演化的最基本特征（形成机理、演化机制与演化模式等），而风化作用、水（及地下水转化）、地震和人类活动等作为触发因素，一般不改变斜坡岩体原本的演化模式，只是促进了演化进程。

（2）影响因素的综合作用

各因素主要从以下三方面影响岩坡的稳定性。

（a）影响斜坡岩体的力学性质，如风化作用、地下水渗透变形和软化作用等改变岩体的抗变形和抗破坏能力；

（b）影响岩坡形状，其实质是改变了坡体的应力状态和临空面条件，如河流冲刷侵蚀、泥石流刨蚀和人工开挖或回填等；

（c）影响斜坡内的应力状态，如地震、地下水、空隙水压力和动压力、区域构造应力场的变化、人工爆破、开挖、回填、堆载及工程荷载等。

11.4 岩坡稳定性分析方法

11.4.1 岩质斜坡稳定性分析的步骤及内容

稳定性分析是岩质斜坡研究的核心内容之一。岩质斜坡稳定性分析就是基于对斜坡岩体的详细研究，分析其形成条件、影响因素和变形破坏机理，结合当前变形破坏特征，判断当前所处演化阶段及其稳定状态，为预测其演化趋势和可能破坏模式以及制定工程对策（边坡工程的设计与施工、斜坡/边坡的整治等）提供科学依据。

（1）斜坡岩体工程特性研究

在区域工程地质研究基础上，通过工程地质测绘、工程地质勘探、室内外试验等方法和手段，详细研究斜坡岩体的基本特征、获取岩体的基本信息，包括地层岩性及其基本物理力学性质、岩体结构特征及结构面基本力学性质、岩体力学性质、原岩应力场特征、水文地质条件、地形地貌特征（有效临空条件）以及当前斜坡岩体变形破坏特征等，必要时收集水文气象、工程建筑等相关资料。

（2）斜坡变形破坏机理与演化模式判断

运用已获得的完整岩体信息，综合分析斜坡岩体变形破坏的内在条件与影响因素，分析斜坡岩体变形破坏的力学机理及演化机制，判断变形破坏模式，并对稳定坡角进行推断。

（3）稳定性计算与分析

应用岩体力学基本理论，研究斜坡岩体的受力条件，根据受力条件、变形破坏机理及变形破坏形式，选择相应方法（定性和定量），考虑岩体物理力学试验问题及其计算参数的选择，进行稳定性计算，分析斜坡稳定性。

（4）演化趋势预测

在稳定性计算的基础上，基于斜坡岩体的演化机理与演化模式，从地质成因、岩体结构特征等方面研究斜坡变形的发生和发展趋势，着重研究工程地质随时间的变化及其对斜坡稳定系数的影响，以此达到预测之目的，同时为斜坡岩体改良（加固）等工程对策提供依据。

11.4.2 岩质斜坡稳定性分析方法

斜坡稳定性分析方法包括定性分析和定量分析两大类，定性分析法包括工程类比法和岩体结构分析法，定量分析法包括确定性定量计算法和非确定性定量法。

11.4.2.1 定性评价法

（1）工程地质类比法

工程地质类比法是将既有斜坡或边坡的研究和设计经验应用于条件相似的新边

443

坡的研究和设计中去，其根本是对工程地质环境的对比分析和研究。为此，需要对既有斜坡进行广泛调查研究，对拟研究斜坡进行深入的岩体力学研究，分析研究既有斜坡与拟研究斜坡在工程地质环境和变形破坏主导影响因素上的相似性和差异性。此外，还应考虑工程类别、等级、重要程度以及特殊要求等。

斜坡稳定性的工程地质类比法可应用于下列方面：

（a）按照斜坡的岩性、结构、构造、水文地质条件、坡形和坡高的相似条件，从经验数据中选取容许稳定坡度值；

（b）根据岩体物理力学性质的相似性，从经验数据中选取稳定性参数；

（c）根据自然条件相似的斜坡破坏实例，推求斜坡稳定性计算参数；

（d）根据自然条件相似的斜坡变形破坏特征，分析评价斜坡变形破坏形式，预测其发展演化规律；

（e）根据相似条件斜坡的整治经验教训，提出整治措施的建议。

（2）岩体结构分析法

斜坡稳定性的岩体结构分析方法就是在斜坡工程地质研究的基础上，根据实测结构面资料，应用赤平极射投影和实体比例投影相结合的方法，研究结构面组合及其与斜坡稳定性的关系。岩体结构分析法可以判断斜坡的坡体结构、各种边界性控制结构面（滑动面、侧向切割面、后缘切割面等）和滑动方向和斜坡稳定性，估算稳定坡角（摩擦圆法）等。

岩体结构分析法详见附录A并参阅有关著作，此处从略。

11.4.2.2 定量评价法

斜坡稳定性的定量评价方法包括基于力学计算的确定性评价法和基于现代数学的非确定性评价法两类，表11.4-1。

（1）定量方法分类

（a）力学计算法

力学计算法是在斜坡岩体稳定性定性评价的基础上，在确定了斜坡体结构类型、变形破坏机理、各种控制性结构面以及几何参数和物理力学参数之后，根据斜坡岩体不同介质类型、坡体结构、变形破坏机理和变形破坏类型，选用相应的力学计算方法，以定量方式评价斜坡的稳定性。

针对剪切破坏机理的力学计算方法包括基于塑性力学的极限分析、基于弹塑性力学的点稳定系数分析、基于刚体力学和塑性力学的半经验方法（即刚体极限平衡分析）等。其中，刚体极限平衡法的概念清楚、方法简单且可方便考虑各种受力作用，是目前斜坡稳定性分析计算的主要方法，也是工程实践中应用最多的方法。

刚体极限平衡法是根据斜坡上的滑体或滑体分块的力学平衡原理（即静力平衡原理），分析斜坡各种破坏模式下的受力状态以及斜坡滑体上的抗滑力和下滑力之间的关系，以此评价斜坡的稳定状态。就刚体极限平衡法本身，根据对滑面对内部受力处理方式等的不同，又细分为多种方法，如：Fellenius法（W. Fellenius, 1936）、

表 11.4-1　斜坡稳定性定量评价及预测方法一览

方法类型及名称		应用条件和要点
刚体极限平衡法	Fellenius法 (瑞典条分法)	圆弧滑面,定转动中心,条块间作用合力平行滑面
	Bishop法	圆弧滑面,拟合滑弧与转心,条块间作用力水平,条间切向力 $X=0$
	Janbu法	非圆弧滑面,精确计算按条块滑动平衡确定条间力,按推力线(约滑面上 1/3 高处)定法向力 E 的作用点;简化条间切向力 $X=0$,对稳定系数作修正
	Spencer法	圆弧滑面或拟合中心圆弧,X/E 为一给定常值
	Mogenstern-Price法	圆弧或非圆弧法,X/E 存在与水平方向坐标的函数关系 $(X/E=\lambda(x))$
	传递系数法	圆弧或非圆弧,条间合力方向与上一块之滑面平行 $(X/E_i=\tan\alpha_{i-1})$
	楔体分析法	楔形滑面,各滑面总抗滑力和楔体总体下滑力确定稳定系数
	Sarma法	复杂滑面,除平面和圆弧滑面外,其它滑体必须先破裂成相互错动的块体才能滑动,以保证块体处于极限平衡状态为原则确定稳定系数
弹塑性理论分析法	塑性极限分析法	适用于土质斜坡,假定土体为埋想刚塑性体,按 Mohr-Coulomb 屈服准则确定稳定系数
	点稳定系数分析法	适用于岩质斜坡,用弹塑(粘)性 FEM 等数值法,计算斜坡应力分布状态,按 Mohr-Coulomb 破坏准则计算出破坏点和塑性区分布状况,据此确定稳定系数
破坏判据法	变形起动判据分析法	按各种变形机制的起动判据,判定斜坡所处变形发展阶段
	失稳判据分析法	按各类变形机制模式、可能破坏方式及其失稳判据,推求稳定系数
图表法	Talor稳定图表法 Bishop稳定图表法	根据岩土物理力学参数及斜坡度和坡长,用图解法确定稳定系数 K,或给定 K 并确定稳定坡比
破坏概率计算法	解析法	根据抗剪强度参数的概率分布,通过解析法,计算稳定系数 K 的理论分布和可靠度指标
	蒙特卡罗模拟法	通过计算抗剪强度参数的均匀分布随机数,获得参数的正态分布抽样,进而模拟 K 值的分布,并计算 $K<1$ 的概率
稳定程度空间评价	因子叠加法	按在斜坡变形破坏中作用大小,赋予每一因素(子)一定数值,根据叠加数据,按一定标准评定区域斜坡的稳定性
	因子聚类法	将研究区划分为规则或不规则网格单元,以单元内影响因素作为变量,抽样论证斜坡稳定性与变量特征组合的关系,再按变量的相似程度对单元聚类,可用模糊聚类方法
	综合因子法	将所有主要因子在斜坡演化中的作用以一种综合参数表示,利用综合因子与其临界进行比较,判定地区斜坡的危险程度,有系统模型法、逻辑信息法、消息量法、模糊信息法等

Talor 法（Talor, 1937）、Bishop 法（A. W. Bishop, 1955）、Janhu 法或简化 Janhu 法（N. Jaubu, 1954, 1973）、Morgenstern-Price 法（Moegenstern-Price, 1965）、Spencer 法（Spencer, 1973）、Sarma 法（Sarma, 1979）、楔形体法、平面破坏计算法、传递系数法以及 Baker-Garbor 临界滑面法（Baker-Garbor, 1978）等。工程实践中，应根据斜坡破坏滑动面的形态来选择相应的极限平衡法，如平面破坏滑动的斜坡可选择平面破坏计算法，圆弧形破坏的滑坡可选择 Fellenius 法或 Bishop 法；复合破坏滑动面的滑坡可采用 Jaubu 法、Mogenstern-Price 法和 Spencer 法；折线形破坏滑动面的滑坡可采用传递系数法和 Jaubu 法等；楔形四面体岩石滑坡可采用楔形体法；受岩体控制而产生的结构复杂的岩体滑坡可选择 Sarma 法等方法来计算。此外，还可采用 Hovland 法和 Leshchinsky 法等对滑坡进行三维极限平衡分析。

基于拉张破坏机理的力学分析法主要各种破坏判据法，包括基于材料力学梁板弯曲理论的溃曲和倾倒分析以及基于理论力学的崩塌评价等。

斜坡稳定性力学计算中，有时需采用的主要方法简单（如刚体极限平衡法），有的较为复杂，甚至需要数值算法（FEM、FDM、BEM、DEM 等）的配合。

（b）非确定性定量评价法

非确定性定量评价是以概率和非线性系统为基础的一类稳定性评价方法，如可靠度分析方法（蒙特卡罗法和随机有限元法等）、模糊数学分析法、灰色理论分析法及神经网络分析法等。这些方法多以定性评价和基于力学理论的定量评价结果为一般依据。

11.4.2.3　稳定性评价方法选择的原则

（1）客观性原则

斜坡岩体的变形和破坏失稳是一种复杂的动态地质过程。不同的岩质斜坡，不同的岩性条件、岩体结构类型和赋存环境决定了斜坡岩体具有不同力学介质类型，因而具有不同的变形破坏机理、演化机制和变形破坏模式。因此，在斜坡岩体稳定性分析时，必须基于斜坡具体的变形破坏机理，选择与之对应的计算方法并确定相应参数，得到的分析结果才符合斜坡的实际。

以顺倾层状岩质斜坡为例。当层面倾角小于坡角时，属于剪切滑动机理（后部可能存在岩层拉断），表现为平面滑动（或蠕滑-拉裂模式）；当倾角等于坡角时，在自重作用下，后部为剪切滑动机理、而前部为弯曲拉张机理，综合表现为滑移-弯曲型变形破坏模式；当倾角较陡时，则为拉张机理，表现弯曲-拉裂模式。因此，应针对不同的情况，选用不同的计算方法来评价各种情况下的稳定性。

又如反倾层状岩质斜坡，倾倒变形到一定程度发生折断，折断后可能表现出崩塌破坏、也可表现出滑坡，这也必须根据其破坏后的实际情况，确定后续破坏机理（倾覆、滑动），进而分析其稳定性。

（2）多方法综合运用原则

斜坡岩体稳定性评价应坚持定性评价与定量评价配合使用、相互补充。定性评价是基础，不仅可得到一般性稳定状态的结论，也为进一步力学计算提供相关依据（如边界条件等），减少计算工作量，并可校核定量计算结果。即使同样的基于刚体极限平衡原理的不同的方法，它们有对内部作用力的不同假设、对平衡条件考虑也不完全相同，计算结果也是不一致的。因此，在岩质斜坡稳定性评价时，必须多种方法综合使用，综合评价所得结论，为斜坡（边坡）提供可靠的科学依据。

（3）动态演化的原则

在斜坡岩体演化过程中，尤其人类工程活动影响下，岩质斜坡的某些要素将发生改变，如渗流场的改变、临空条件的改变及由此引起的应力状态的改变甚至岩体结构的变化等，导致斜坡岩体的演化机理及演化模式可能发生改变。因此，必须针对改变后的斜坡特征及演化机理，预测发展演化趋势和破坏模式。

11.5　块裂介质岩质斜坡稳定性

岩质斜坡失稳几乎都是全部或部分沿着已有的各种结构面（包括表生结构面）产生剪切滑动，因而块体滑动是岩坡的主要破坏失稳形式，尤其块裂介质岩质斜坡以及层面倾角小于坡角的层状或似层状岩质斜坡。此外，完整结构连续介质及部分碎裂介质岩质斜坡有时也以某些控制性结构面产生块体滑动。

本节以块裂介质岩质斜坡为例，讨论岩坡块体滑动稳定性分析问题。

对于块体滑动，由于滑动方向大多是明确的，故一般不需试算，只要基于边界条件几何分析，弄清结构面（尤其滑面）的几何形状和性质，即可判断岩坡的稳定性。滑面的几何形状是受结构面控制的，若只有一个滑面，则属于平面滑动问题（图 11.3-12(a)）；若滑面由两个或两个以上的面组成，且其走向均与斜坡走向大体一致时，则属组合问题；若滑面包括多个结构面，而且它们之间走向不一致也与坡的走向不一致时，相互切割成棱锥体，属空间问题（图 11.3-12(b)）。

11.5.1　单滑面平面滑动

11.5.1.1　基本条件与基本参数

当斜坡岩体具备平面滑动的几何边界条件，且可能滑动面与斜坡倾向一致或完全切过斜坡时，即属单滑动面滑动。此时，可在具有代表性的剖面上，按平面问题进行稳定性分析。有贯穿结构面的块裂介质、一组倾向坡外的结构面特别发育的碎裂介质以及层面倾角小于坡角的板裂介质岩体均属这一类。

如图 11.5-1(a)，斜坡的坡角为 β、高度为 H；AB 为岩坡内的软弱结构面（潜在滑面），倾角为 α、抗剪强度参数为 c_j 和 φ_j；潜在滑体 ABC 的重量为 G。

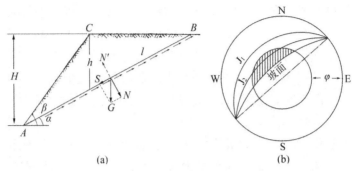

图11.5-1　岩质滑坡平面滑动

11.5.1.2　稳定性分析

（1）稳定性初步判断

首先，用图解法对其稳定性作初步判断，作为进一步力学分析的基础和根据。如图11.5-1(b)，若结构面产状位于摩擦圆与斜坡大圆组成的月形阴影之外，则是稳定的（如J_1）；相反，则初步判断为不稳定的（如J_2）。图11.5-1(a)中属于后者，故需做进一步分析。

（2）自重工况下的稳定性

如图11.5-1(a)，若滑体只受重力作用。坡面长度$AC=H/\sin\beta=h\cos\alpha/\sin(\beta-\alpha)$（即$h=H\sin(\beta-\alpha)/(\sin\beta\cos\alpha)$），滑面长度$l=H/\sin\alpha$，所以滑体重量为

$$G = \frac{\gamma lh \cos\alpha}{2} = \frac{\gamma lH \sin(\beta-\alpha)}{2\sin\beta} \tag{11.5-1a}$$

$$G = \frac{\gamma H^2 \sin(\beta-\alpha)}{2\sin\alpha\sin\beta} \tag{11.5-1b}$$

重力G在滑面上的垂直分量和平行分量分别为N和S。阻止滑体下滑的抗滑力$[S]$和实际下滑力S分别为

$$\left.\begin{array}{l} [S] = N\tan\varphi_j + c_j \cdot l = G\cos\alpha\tan\varphi_j + c_j \cdot l \\ S = G\sin\alpha \end{array}\right\}$$

于是，斜坡岩体的稳定性系数为

$$K = \frac{[S]}{S} = \frac{G\cos\alpha\tan\varphi_j + c_j \cdot l}{G\sin\alpha} \tag{11.5-2a}$$

$$K = \frac{\tan\varphi_j}{\tan\alpha} + \frac{2c_j \cdot \sin\beta}{\gamma H\sin(\beta-\alpha)} \tag{11.5-2b}$$

式中，S、$[S]$——滑体沿滑面的滑动力和滑面提供的抗滑力；

　　　H、β——斜坡的坡高和坡角；

　　　l、α——滑面的长度和倾角；

c_j、φ_j——滑面抗剪强度参数；

G、γ——滑体的重量和容重。

由此可见，稳定性系数K与滑动面倾角α、滑动面抗剪强度参数（c_j、φ_j）、坡角β和坡高H有关。同时，若$\alpha < \varphi_j$时，则$K > 1$，即斜坡始终是稳定的。

若令$K=1$（斜坡处于极限平衡状态），则自重条件下的极限稳定坡高为

$$H_{max} = \frac{2c_j \cdot \sin\beta\cos\varphi_j}{\gamma\sin(\beta-\alpha)\sin(\alpha-\varphi_j)} \qquad (11.5-3)$$

（3）暴雨工况下的稳定性

（a）基本条件

如图11.5-2，假设滑体和不动岩体均不透水，地表水从滑体后缘或者坡面上深度为Z的垂直拉张裂隙（DE）入渗至坡体，在张裂隙中形成高为Z_w的水柱，同时沿滑面渗透并在坡脚A点出露。

由于地表水入渗至坡体并转为地下水，坡体内就受到地下水的综合作用，包括增加滑体重量、弱化滑带抗剪强度参数、产生各种力学作用等。

（b）受力分析

就滑体受力而言，除块体自重G外，还受裂缝水柱产生的裂隙水压力（静水压力）V、沿滑面分布的浮托力U和沿滑带的动水压力（渗透压力）D的作用，图11.5-3。

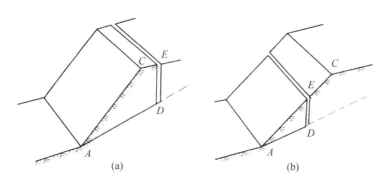

图11.5-2　地下水时的稳定性分析

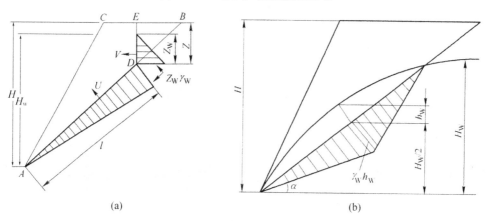

图11.5-3　地下水作用力分析

a）裂隙水压力

当后缘垂直拉张裂缝 DE 充水时，沿裂隙壁的静水压力为

$$V = \frac{1}{2}\gamma_w Z_w^2 \tag{11.5-4}$$

式中，V——后缘垂直拉张裂隙中的静水压力（裂隙水压力）；

Z_w——后缘垂直拉张裂隙中的水柱高度；

γ_w——水的容重。

裂隙水压力作用方向垂直于裂隙壁（即水平方向），合力作用点在 Z_w 下 1/3 处，此裂隙水压力是促使斜坡破坏的推动力。

b）浮托力

当后缘拉张裂隙中的水沿破坏面（AD）继续向下流动至坡脚并逸出坡面时，则沿 AD 面的总浮托力为

$$U = \frac{1}{2}\gamma_w z_w l_w = \frac{1}{2}\gamma_w z_w \frac{H_w - Z_w}{\sin\alpha} \tag{11.5-5a}$$

式中，U——地下水沿破坏面 AD 产生的浮托力；

l_w——滑面（AD）长度；

Z_w——后缘垂直拉张裂隙中的水柱高度；

H_w——自后缘裂隙水位起算的坡高，$H_w = H - (Z - Z_w)$。

该浮托力的方向垂直于破坏面 AD，合力作用点位于 AD 面上 1/3 处。它与沿 AD 面上的正应力方向相反，抵消了部分正应力的作用，从而减小了沿该面的阻力，对斜坡稳定性不利。

当岩体较破碎时，地下水在岩体中较均匀地渗透，并形成统一潜水面，而且当滑面为平面时，则作用于滑面上的浮托力可用三角形分布表示（图 11.5-3(b)），并有

$$U = \frac{1}{2}\gamma_w z_w H_w h_w \cos\alpha \tag{11.5-5b}$$

式中，h_w——滑面中点的压力水头。

注意：若为圆弧形，用垂直条分时，则需在每个分条中考虑水的浮托力。

c）动力水压力（渗透压力）

当地下水在岩体中流动时，受到岩块的阻力，水要流动就需对岩块施以作用力以克服它们对水的阻力，于是产生动力水压力或渗透力。在计算岩质斜坡时，要考虑动水压力作用。由于岩块的分散性，不可能计算在每个岩块上的动水压力，只能计算作用在每个单位体积内所有块体的动水压力的总和，故动水压力是一种体积力，其方向与水流方向一致，大小与渗透水流受到岩块的阻力数值相等，即

$$D = n\gamma_w I V_w \tag{11.5-6}$$

式中，D——总动水压力，N/m³；

I——水力梯度；

n——孔隙度（孔隙率）；

V_w——渗流部分的体积。

因为动水压力的方向与水流方向一致，故它是一种推动岩体向下滑动的力。在计算斜坡稳定性时，应该考虑动水压力。但由于一般岩体中裂隙体积的总和与整个岩体体积相比是个较小的量（尤其此处已假设块体不透水），故动水压力可以忽略不计；而在计算碎裂介质岩质斜坡（土坡）时，就必须考虑动水压力作用。

（c）稳定性计算

综上所述，由刚体极限平衡理论，自重与地下水联合作用下的稳定性系数为

$$K = \frac{(G\cos\alpha - U - V\sin\alpha)\tan\varphi_j + c_j \cdot l_w}{G\sin\alpha + V\cos\alpha} \qquad (11.5\text{-}7)$$

式中，l_w——滑动面长度；

U——滑动面上的浮托力，式(11.5-4)；

V——裂隙充水时对滑体产生的静水压力，式(11.5-5)；

c_w、φ_w——地下水作用下的滑面抗剪强度参数。

（4）地震和爆破工况的稳定性

（a）地震作用下的稳定性

地震产生的振动力为惯性力，属体积力。若地震加速度为a，则地震产生的水平惯性力[①]为

$$P = a_0 G = \frac{a}{g}G \qquad (11.5\text{-}8)$$

式中，P——地震时产生的水平惯性力（指向坡外）；

a_0、a——地震系数和地震加速度，$a = a_0 g$；

g——重力加速度。

因此，地震作用下斜坡的稳定性系数为

$$K = \frac{[S]}{S} = \frac{(G\cos\alpha - P\sin\alpha)\tan\varphi_j + c_j l}{G\sin\alpha + P\cos\alpha} \qquad (11.5\text{-}9)$$

（b）爆破作用下的稳定性

爆破对斜坡的作用方式与地震作用基本相同，爆破产生的地震波给潜在滑动面施加额外的动应力，使结构面张开，并产生爆破裂隙等次生结构面甚至使岩石破碎，促使斜坡破坏。研究表明，爆破对岩体造成的损伤取决于岩体质点扰振动加速度大小，当振动加速度$a \leqslant 25.4$ cm/s时，完整岩体不破坏；$a = 25.4 \sim 61.0$ cm/s，少量剥落；$a = 61.0 \sim 254.0$ cm/s，强烈拉伸和径向裂隙；$a > 254.0$ cm/s，完全破碎。

采用与地震相同的处理方式（即式(11.5-9)），考虑爆破对斜坡稳定性的影响，只是需要确定爆破产生的振动加速度及额外爆破作用力（即式(11.5-8)）。目前对爆破造成岩体质点振动加速度的研究尚不充分，通常采用经验公式确定，即

① 为安全起见，斜坡稳定性分析中总是以最不利的爆破震动条件为基础，除了对加速度a取极值外，还将加速度的方向按水平方向且指向坡外考虑。

$$v = K\left(\sqrt[3]{Q}\big/R\right)^{\alpha} \tag{11.5-10}$$

式中，v——斜坡岩体质点的振动速度；

Q——爆破装药量；

R——测点至爆源的距离；

K——与岩体性质和爆破方式有关的系数，根据我国部分实测资料，$K=21\sim804$；

α——爆破地震波随距离的衰减系数，根据我国部分实测资料，$\alpha=0.88\sim2.80$。

式(11.5-10)中，系数 K 和 α 变化范围很大，因此，在使用时需预先通过试验，确定出这两个系数的准确值。

考虑到爆破震动频率高和作用时间短，斜坡稳定计算时，一般不直接使用振动速度 v，而是采用伪静力法将动荷载转换为等效静荷载（振动力）。伪静力法是取爆破地震的实测图谱，将爆破波的主震相作为正弦波处理，运用正弦波的性质导出加速度，然后利用牛顿第二定律，求得振动力。根据主震相正弦波，利用谐振公式，求其振动频率 f，不难获得其角频率，即

$$\omega = 2\pi f \tag{11.5-11a}$$

式中，ω——角频率；

f——主震相的振动频率。

如果爆破应力波的振幅为 A，则由纵波产生的位移 u_x、速度 v 及加速度 a 分别为

$$\left.\begin{aligned}
u_x &= A\cos(\omega t + \varphi) \\
v &= \frac{\mathrm{d}u_x}{\mathrm{d}t} = -\omega A\sin(\omega t + \varphi) \\
a &= \frac{\mathrm{d}^2 u_x}{\mathrm{d}t^2} = -\omega^2 A\cos(\omega t + \varphi)
\end{aligned}\right\} \tag{11.5-11b}$$

式中，A、φ、t——振幅、初相位、时间；

u_x、v、a——位移、速度、加速度。

于是，质点振动速度和加速度的极值（极大值或极小值）分别为

$$\left.\begin{aligned}
v_m &= -\omega A \\
a_m &= -\omega^2 A
\end{aligned}\right\} \tag{11.5-11c}$$

由式(11.5-11a)和式(11.5-11c)，导出速度与加速度间的关系，即

$$a_m = \omega v_m = 2\pi f v_m \tag{11.5-11d}$$

将式(11.5-10)或式(11.5-11b)代入式(11.5-11d)，确定爆破震动加速度 a_m，从而，爆破产生等效水平静荷载为

$$P = K_a G = \frac{a_m}{g}G \tag{11.5-12}$$

将式(11.5-12)代入式(11.5-9)，即求得爆破作用下斜坡的稳定性系数。

应用基于时程分析的爆破震动的动力稳定性分析方法，使得通过综合考虑爆破

振动的频率结构、幅值和相位角效应来揭示动力稳定安全系数对频率的依赖性成为可能，图11.5-4。

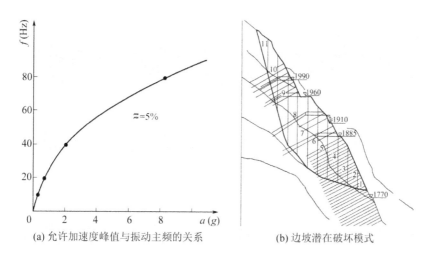

(a) 允许加速度峰值与振动主频的关系　　(b) 边坡潜在破坏模式

图11.5-4　爆破震动下允许加速度峰值与振动主频的关系及边坡潜在破坏模式

（5）暴雨和地震联合作用下的稳定性

这是一种极端工况，一般不会出现。当出现这种情况时，按前方法，通过受力分析，不难确定其稳定性系数为

$$K = \frac{[S]}{S} = \frac{(G\cos\alpha - U - V\sin\alpha - P\sin\alpha)\tan\varphi_j + c_j l}{G\sin\alpha + V\cos\alpha + P\cos\alpha} \qquad (11.5\text{-}13)$$

11.5.2　同向双滑面

与单滑面相比，同倾向双结构面组合成的滑体（图11.5-5(a)），问题要复杂得多。

斜坡岩体的稳定性不仅与滑动面的几何形状和力学性质有关，而且与滑体内部情况有关。若滑体为新鲜完整的岩石，则可作为刚性体处理；若滑体内部存在软弱结构面，则滑体要分离成两个或两个以上的部分，并产生相互间的错动。

岩体稳定性初步分析的图解法同单滑面情况一样，图11.5-5(c)。初步分析结果为力学计算的必要性和具体工作提供依据和基础。

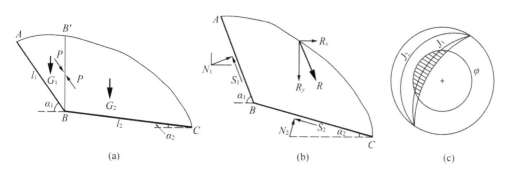

(a)　　　　　　　(b)　　　　　　　(c)

图11.5-5　同向双滑面岩坡稳定性分析

11.5.2.1 滑动体为刚性体的情况

在计算由两个同向结构面构成的刚性滑体的稳定性时，主要采用刚体极限平衡分析法和刚体平衡法。

（1）刚体极限平衡分析法

如图11.5-5(a)，用垂直面从B点将滑体分为两块（或根据滑动面几何形态分为多块）。已知滑体ABB'和$BB'C$的重量分别为G_1和G_2；滑面AB的倾角为α_1，抗剪强度参数为c_{j1}和φ_{j1}，长度为l_1；滑面BC的倾角为α_2，抗剪强度参数为c_{j2}和φ_{j2}，长度为l_2。

假设分界面BB'上不存在内力，可分别计算这两块的稳定性系数，其值显然不同。一般地，块体ABB'的稳定性系数K_1大于块体$B'BC$的稳定性系数K_2。若滑体失稳时，首先是ABB'块滑向$BB'C$块，即$K_1<1$。假定整个滑体的稳定系数为K，则意味着$BB'C$要给ABB'块一个推力P。为简单起见，假定此推力的方向平行于ABB'块体的滑面AB，其大小为块体ABB'的剩余下滑力。据此假定，按极限平衡分析方法可分别列出两滑体的稳定性系数方程。

对于块体ABB'，抗滑力和滑动力分别为

$$\left.\begin{array}{c}[S]=G_1\cos\alpha_1\tan\varphi_{j1}+c_{j1}l_1+P\\ S=G_1\sin\alpha_1\end{array}\right\}$$

于是稳定性系数为

$$K_1=\frac{[S]}{S}=\frac{G_1\cos\alpha_1\cdot\tan\varphi_{j1}+c_{j1}\cdot l_1+P}{G_1\sin\alpha_1} \tag{11.5-14a}$$

同理，块体$B'BC$的稳定性系数为

$$K_2=\frac{[G_2\cos\alpha_2+P\sin(\alpha_1-\alpha_2)]\cdot\tan\varphi_{j2}+c_{j2}\cdot l_2}{G_2\sin\alpha_2+P\cos(\alpha_1-\alpha_2)} \tag{11.5-14b}$$

可采用3种方法求得整体稳定性系数K，即非极限平衡等K法（等K法1）、极限平衡等K法（等K法2）和非等K法。

（a）非极限平衡等K法（等K法1）

非极限平衡等K法认为，两块体的稳定性系数相同且代表整体稳定性系数K，即$K=K_1=K_2$，于是由式(11.5-14a)和式(115-14b)，求出推力P，

$$AP^2+BP+C=0$$

式中，$A=\cos(\alpha_1-\alpha_2)$

$B=G_2\cos\alpha_2+G_1\cos\alpha_1\tan\varphi_{j1}+c_{j1}l_1-G_1\sin\alpha_1\sin(\alpha_1-\alpha_2)\tan\varphi_{j2}$

$C=(G_1\cos\alpha_1\tan\varphi_{j1}+c_{j1}l_1)G_2\sin\alpha_2-G_1\sin\alpha_1(c_{j2}l_2+G_2\cos\alpha_2\tan\varphi_{j2})$

将P代入式(11.5-14)中的任一式，即求得整体稳定系数K，即

$$K=\frac{[G_2\cos\alpha_2+(KG_1\sin\alpha_1-G_1\cos\alpha_1\tan\varphi_{j1}-c_{j1}l_1)\sin(\alpha_1-\alpha_2)]\tan\varphi_{j2}+c_{j2}l_2}{G_2\sin\alpha_2+(KG_1\sin\alpha_1-G_1\cos\alpha_1\tan\varphi_{j1}-c_{j1}l_1)\cos(\alpha_1-\alpha_2)} \tag{11.5-15}$$

式(11.5-15)等号两边均含有K，为一元二次方程，通常采用公式法或迭代法，求出整体稳定系数K。

（b）极限平衡等K法（等K法2）

极限平衡等K法的基本观点是根据块体的极限状态来确定稳定性系数K。它认为，当滑面AB和BC上的抗剪强度指标c_{j1}、$\tan\varphi_{j1}$及c_{j2}、$\tan\varphi_{j2}$降低K倍后，则两块体（图11-10中ABB'和$B'BC$）同时均处于极限状态，即$K_1=K_2=1$。

于是，式(11.5-14a)和(11.5-14b)分别为

$$\frac{G_1\cos\alpha_1\cdot\dfrac{\tan\varphi_{j1}}{K}+\dfrac{c_{j1}}{K}\cdot l_1+P}{G_1\sin\alpha_1}=1 \tag{11.5-16a}$$

$$\frac{[G_2\cos\alpha_2+P\sin(\alpha_1-\alpha_2)]\cdot\dfrac{\tan\varphi_{j2}}{K}+\dfrac{c_{j2}}{K}\cdot l_2}{G_2\sin\alpha_2+P\cos(\alpha_1-\alpha_2)}=1 \tag{11.5-16b}$$

联立式(11.5-16a)和(11.5-16b)，即求出整体稳定性系数K，

$$K=\frac{\left[G_2\cos\alpha_2+\left(G_1\sin\alpha_1-G_1\cos\alpha_1\dfrac{\tan\varphi_{j1}}{K}-\dfrac{c_{j1}}{K}\cdot l_1\right)\sin(\alpha_1-\alpha_2)\right]\cdot\tan\varphi_{j2}+c_{j2}\cdot l_2}{G_2\sin\alpha_2+\left(G_1\sin\alpha_1-G_1\cos\alpha_1\dfrac{\tan\varphi_{j1}}{K}-\dfrac{c_{j1}}{K}\cdot l_1\right)\cos(\alpha_1-\alpha_2)} \tag{11.5-17}$$

（c）非等K法

非等K法将滑移体ABC分为两个部分考虑，认为两块体的稳定性系数不相等，并假定块体ABB'处于极限平衡，而块体$B'BC$的稳定性代表整体稳定性，即$K_1=1$，$K=K_2$，于是由式(11.5-14a)解得P，再将P代入式(11.5-14b)，可求得其整体稳定性系数K，即

$$K=K_2=\frac{\left[G_2\cos\alpha_2+\left(G_1\sin\alpha_1-G_1\cos\alpha_1\tan\varphi_{j1}-c_{j1}l_1\right)\sin(\alpha_1-\alpha_2)\right]\cdot\tan\varphi_{j2}+c_{j2}\cdot l_2}{G_2\sin\alpha_2+\left(G_1\sin\alpha_1-G_1\cos\alpha_1\tan\varphi_{j1}-c_{j1}l_1\right)\cos(\alpha_1-\alpha_2)} \tag{11.5-18}$$

（2）刚体平衡法

如图11.5-5(b)，作用在刚体ABC上的外力R（包括自重、地震力以及AB和BC面上的渗水压力），它在x、y方向的分量为R_x、R_y，不动岩体对AB、BC滑动面上的反力为S_1、N_1及S_2、N_2。

若使滑体ABC处于极限平衡状态（将滑动面上的c_j和$\tan\varphi_j$除以稳定性系数K就能满足该要求），则根据静力学平衡条件，应满足$\Sigma F_x=0$和$\Sigma F_y=0$，即

$$\left.\begin{array}{l}R_x=N_1\sin\alpha_1+N_2\sin\alpha_2-S_1\cos\alpha_1-S_2\cos\alpha_2\\R_y=-N_1\cos\alpha_1-N_2\cos\alpha_2-S_1\sin\alpha_1-S_2\sin\alpha_2\end{array}\right\} \tag{11.5-19a}$$

式中，S_1、S_2——维持滑体处于极限状态时两滑面上所需的抗滑力，即

$$\left.\begin{array}{l} S_1 = N_1 \dfrac{\tan\varphi_{j1}}{K} + \dfrac{c_{j1}}{K}l_1 \\[2mm] S_2 = N_2 \dfrac{\tan\varphi_{j2}}{K} + \dfrac{c_{j2}}{K}l_2 \end{array}\right\} \qquad (11.5\text{-}19\text{b})$$

将式(11.5-19b)代入(11.5-19a)，得

$$\left.\begin{array}{l} -N_1\left(\cos\alpha_1 + \dfrac{\tan\varphi_{j1}}{K}\sin\alpha_1\right) - N_2\left(\cos\alpha_2 + \dfrac{\tan\varphi_{j2}}{K}\sin\alpha_2\right) = \dfrac{c_{j1}}{K}l_1\sin\alpha_1 + \dfrac{c_{j2}}{K}l_2\sin\alpha_2 + R_y \\[3mm] -N_1\left(\sin\alpha_1 + \dfrac{\tan\varphi_{j1}}{K}\cos\alpha_1\right) - N_2\left(\sin\alpha_2 + \dfrac{\tan\varphi_{j2}}{K}\cos\alpha_2\right) = \dfrac{c_{j1}}{K}l_1\cos\alpha_1 + \dfrac{c_{j2}}{K}l_2\cos\alpha_2 + R_x \end{array}\right\}$$

上式中的未知数多于方程的个数，无法求解，为此需补充一附加条件。由式(11.5-19b)知，随着 K 的增加，S 将减小，当 K 增加到临界值时，滑体处于临界状态，此时 $N_1=0$。K 超过临界值而 N_1 变为负值时，欲使滑动体处于临界状态，需在 AB 面上加一个拉力方可。但一般认为滑面是不能提供拉力的，最多只有 $N_1=0$，并由此得出 K 的上限值。因此，K 的上限值可根据 $N_1=0$ 这一附加条件确定。

由上式中消去 N_2，得

$$N_1 = \frac{A_1 K^2 + B_1 K + C_1}{A_2 K^2 + B_2 K + C_2} \qquad (11.5\text{-}20)$$

式中，$A_1 = X\cos\alpha_2$；

$B_1 = -c_{j1}l_1\cos(\alpha_1-\alpha_2) - c_{j2}l_2 - (X\sin\alpha_2 - Y\cos\alpha_2)\tan\varphi_{j2}$；

$C_1 = c_{j1}l_1\tan\varphi_{j2}\sin(\alpha_1-\alpha_2)$；

$A_2 = \sin(\alpha_2-\alpha_1)$；

$B_2 = (\tan\varphi_{j1} - \tan\varphi_{j2})\cos(\alpha_2-\alpha_1)$；

$C_2 = -\tan\varphi_{j1}\tan\varphi_{j2}\sin(\alpha_2-\alpha_1)$。

令 $N_1=0$，由式(11.5-20)可得，$A_1 K^2 + B_1 K + C_1 = 0$，由此得斜坡稳定性系数 K，即

$$K = \frac{-B_1 \pm \sqrt{B_1^2 - 4A_1 C_1}}{2A_1} \qquad (11.5\text{-}21)$$

一般情况下，式(11.5-21)可得两个 K 值，其中只有使 N_1 从正值降低为零的那个 K 值才是所求，即求得的 K 值为上限值（如 K 值为负，表示不可能失稳）。

分析上式可知，AB 滑面上的 $\tan\varphi_{j1}$ 对 K 值无影响（因为在失稳时，该面上法向力已减为零，该面处于将被拉开的情况），而 $c_{j1}l_1$ 则有助于提高 K 值。

如果 $c_{j1}l_1=0$，则演化为块体沿主滑面下滑的情况。

11.5.2.2　滑体内存在软弱结构面的情况

当滑体中存在软弱结构面时（图11.5-6），在滑动过程中，滑体除沿滑面滑动外，被软弱结构面分割开的块体之间也要产生错动，因此在稳定性分析中，必须考虑这种错动，而不能将滑体视为完整的刚体。

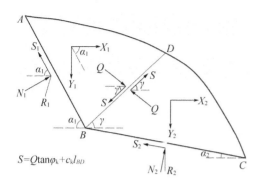

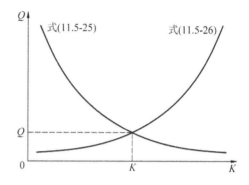

$$S = Q\tan\varphi_k + c_k l_{BD}$$

图 11.5-6 滑体内发育软弱结构面　　　　图 11.5-7 Q-K 曲线

作用于软弱面上的法向力和切向力是未知的，故在稳定性分析中，常对其作某些假设，采用的假设不同就有不同的解法。

（1）分块极限平衡法

如图 11.5-6，滑坡体内有一个软弱结构面 BD，将滑坡体 ABC 分割成两个部分。在分块极限平衡法中，除认为各块体分别沿相应滑面处于临界状态（极限平衡状态）之外，并假设块体之间沿软弱面 BD 也处于临界错动状态。

如果两块体之间的作用力分别以法向力 Q 和切向力 S 表示，则它们应满足条件

$$S = \frac{\tan\varphi_j}{K}Q + \frac{c_j}{K}l \tag{11.5-22}$$

式中，c_j、φ_j——分别为软弱结构面 BD 上的抗剪强度参数；

　　　l——软弱结构面 BD 的长度。

对于 AB、BC 两滑面，同样应满足类似条件，即

$$\left.\begin{array}{l} S_1 = N_1\dfrac{\tan\varphi_{j1}}{K} + \dfrac{c_{j1}}{K}l_1 \\[2mm] S_2 = N_2\dfrac{\tan\varphi_{j2}}{K} + \dfrac{c_{j2}}{K}l_2 \end{array}\right\} \tag{11.5-23}$$

根据各个块体的极限平衡条件，可建立平衡方程。

由 ABD 块体沿滑面 AB 及其法向建立平衡方程，如果 $X_1=0$，$Y_1=G_1$，则

$$\left.\begin{array}{l} S_1 + Q\sin(\alpha_1+\alpha) = S\cos(\alpha_1+\alpha_2) + G_1\sin\alpha_1 \\ N_1 + Q\cos(\alpha_1+\alpha_2) = -S\sin(\alpha_1+\alpha) + G_1\sin\alpha_1 \end{array}\right\} \tag{11.5-24}$$

联立方程求解可得 BD 面上的法向力 Q，即

$$Q = \frac{G_1\sin\alpha_1 K^2 + \left[c_j l\cos(\alpha_1+\alpha) - c_{j1}l_1 - G_1\tan\varphi_{j1}\cos\alpha_1\right]K + \tan\varphi_{j1}c_{j1}l\sin(\alpha_1+\alpha)}{\sin(\alpha_1+\alpha)K^2 - \left(\tan\varphi_{j1} + \tan\varphi_j\right)\cos(\alpha_1+\alpha)K - \tan\varphi_{j1}\tan\varphi_j\sin(\alpha_1+\alpha)} \tag{11.5-25}$$

同理，如 $X_2=0$，$Y_2=G_2$，通过块体 BCD 沿滑面 BC 及其法向建立平衡方程，并求得 BD 面上的法向力 Q，即

$$Q = \frac{-G_2 \sin \alpha_2 K^2 + \left[c_j l \cos(\alpha_2 + \alpha) - c_{j2} l_2 - G_2 \tan \varphi_{j2} \cos \alpha_2 \right] K + \tan \varphi_{j2} c_{j2} l \sin(\alpha_2 + \alpha)}{\sin(\alpha_2 + \alpha) K^2 - \left(\tan \varphi_{j2} + \tan \varphi_j\right) \cos(\alpha_2 + \alpha) K - \tan \varphi_{j2} \tan \varphi_j \sin(\alpha_2 + \alpha)}$$

$$(11.5-26)$$

由式(11.5-25)和式(11.5-26)，软弱面 BD 上的法向力 Q 是斜坡稳定性系数 K 的函数，因此，由两式可绘出两条 Q-K 曲线（图11.5-7）。显然，图11.5-7中两条曲线的交点所对应的 Q 值即为作用于软弱面 BD 上的实际法向力；与交点对应的 K 值即为所求岩坡的稳定性系数。

（2）不平衡推力传递法

不平衡推力传递法假设软弱 BD 上的作用力的合力 P 的方向平行于上一块体的滑面 AB（如图11.5-8），其分力 Q 和 S 并不满足式(11.5-22)的极限平衡条件。P 的物理意义由图11-8可知，若块体 ABD 沿滑面 AB 方向的下滑力（$G_1 \sin \alpha_1$）大于抗滑力 $[(N_1 \tan \varphi_{j1} + c_{j1} l_1)/K]$ 时，则块体 ABD 有下滑趋势，这时块体 ABD 作用于块体 BCD 上的推力就是 P。由于块体 ABD 所产生的 P 对块体 BCD 产生了一个推动作用，故称 P 为不平衡推力。根据作用力与反作用力相等的原理，块体 ABD 也同样承受一个与 P 大小相等、方向相反的力。

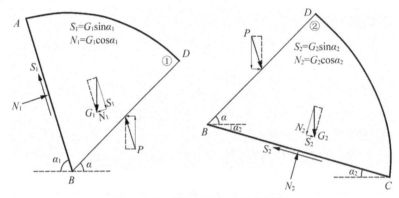

图11.5-8　不平衡推力法计算图示

由图11.5-8，两块体的受力条件可知，当两块体沿相应滑面处于临界状态时，应满足下列方程。

块体 ABD 沿滑面 AB 处于临界平衡状态时

$$P = G_1 \sin \alpha_1 - S_1 = G_1 \sin \alpha_1 - N_1 \frac{\tan \varphi_{j1}}{K} - \frac{c_{j1}}{K} l_1 \qquad (11.5-27)$$

块体 BCD 在 BC 面及其法向力的平衡条件是

$$\left. \begin{array}{l} S_2 = G_2 \sin \alpha_2 + P \cos(\alpha_1 - \alpha_2) \\ N_2 = G_2 \cos \alpha_2 + P \sin(\alpha_1 - \alpha_2) \end{array} \right\} \qquad (11.5-28)$$

由于 $[S_2] = (c_{j2} + N_2 \tan \varphi_{j2})/K$，故由式(11.5-28)得

$$K = \frac{[G_2 \cos \alpha_2 + P \sin(\alpha_1 - \alpha_2)] \tan \varphi_{j2} + c_{j2} l_2}{G_2 \sin \alpha_2 + P \cos(\alpha_1 - \alpha_2)} \qquad (11.5-29)$$

将式(11.5-27)代入(11.5-29)式得

$$K = \frac{\left[G_2\cos\alpha_2 + \left(G_1\sin\alpha_1 - N_1\dfrac{\tan\varphi_{j1}}{K} - \dfrac{\tan\varphi_{j1}}{K}l_1\right)\sin(\alpha_1 - \alpha_2)\right]\tan\varphi_{j2} + c_{j2}l_2}{G_2\sin\alpha_2 + \left(G_1\sin\alpha_1 - N_1\dfrac{\tan\varphi_{j1}}{K} - \dfrac{\tan\varphi_{j1}}{K}l_1\right)\cos(\alpha_1 - \alpha_2)} \quad (11.5\text{-}30)$$

值得指出的是，若将式(11.5-30)与式(11.5-17)比较可知，二式完全一致。由此可见，不平衡推力法实际上是极限平衡等K法的一种特殊情况。不仅如此，若假定图11.5-8中力P作用下BD面处于极限平衡状态，则可得到分块极限平衡法的公式。由此可得出这样的结论，上述分块极限平衡法或不平衡推力法实际上都是等K法中的几种特例。

11.5.3 同向多滑面

由两个以上软弱结构面组成滑动面的滑动体的稳定性验算，前述分块极限平衡法、不平衡推力传递法以及等K法都可采用。

11.5.3.1 不平衡推力法

用不平衡推力法计算如图11.5-9的可能滑动体时，滑动体内的软弱结构面BE、CF将滑动体分成了3块，即①、②和③。

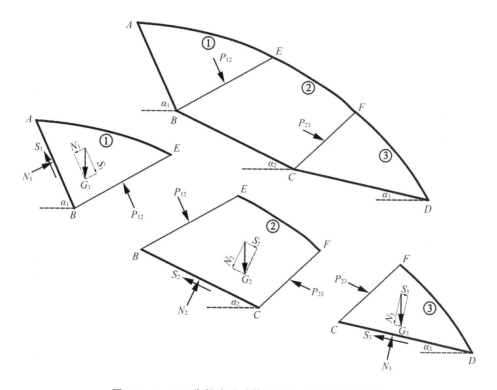

图11.5-9　不平衡推力法计算图示(内部有弱面的滑体)

若块①对块②和块②对③的不平衡推力分别以 P_{12} 和 P_{23} 表示，其方向分别与滑面 AB 和 BC 平行。由第一块开始，顺序利用各块体的平衡关系计算出各块体之间的不平衡推力（共有 $n-1$ 个推力，其中 n 为块体总数），最后一个块体的平衡关系确定斜坡的稳定性系数。如图 11-16 中的 3 个块体，其受力情况如图 11-16。

由块体①沿滑面 AB 的平衡条件可得 P_{12}，即

$$P_{12} = G_1 \sin \alpha_1 - S_1 = G_1 \sin \alpha_1 - \left(G_1 \cos \alpha_1 \frac{\tan \varphi_{j1}}{K} + \frac{c_{j1}}{K} l_1 \right) \tag{11.5-31a}$$

由块体②沿滑面 BC 的平衡条件可得 P_{23}，即

$$P_{23} = G_2 \sin \alpha_2 - \left(G_2 \cos \alpha_2 \frac{\tan \varphi_{j2}}{K} + \frac{c_{j2}}{K} l_2 \right) + P_{12} \sin(\alpha_1 - \alpha_2) \tag{11.5-31b}$$

由块体③沿滑面 CD 的平衡条件可得

$$P_{23} \cos(\alpha_2 - \alpha_3) + G_3 \sin \alpha_3 = S_3 = \left(N \frac{\tan \varphi_{j3}}{K} + \frac{c_{j3}}{K} l_3 \right) \tag{11.5-32}$$

于是得到岩坡的稳定性系数

$$K = \frac{\left[G_3 \cos \alpha_3 + P_{23} \sin(\alpha_2 - \alpha_3) \right] \tan \varphi_{j3} + c_{j3} l_3}{P_{23} \cos(\alpha_2 - \alpha_3) + G_3 \sin \alpha_3} \tag{11.5-33}$$

计算 K 值时，可采用迭代法进行求解。计算步骤是，首先假定一个适当的 K，由式(11.5-31a)和式(11.5-31b)计算出 P_{12}、P_{23} 后，再利用公式(11.5-33)计算出稳定性系数 K。如果此 K 值与最初的假定值相差很大，则将此 K 值重新代入(11.5-31a)和式(11.5-31b)计算推力，然后再由式(11.5-33)计算 K 值，如此反复迭代直到前后所算 K 值比较接近为止，则此 K 值即为所求。

11.5.3.2 Sarma 法

Sarma 法认为，只有理想的平面或圆弧滑面的滑体才可能整体作刚体滑动，其它情况下，滑体内必须先破裂成多个可相对运动的块体才可能发生滑动，即滑体内部要发生剪切情况下才能产生滑动。其破坏形式和受力分析如图 11.5-10 所示。

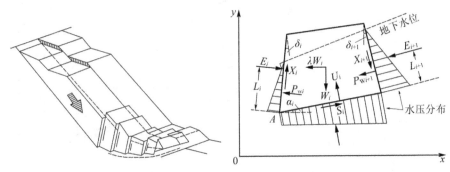

图 11.5-10　Sarma 法块体破坏形式及受力分析

（1）受力分析

由图11.5-10(b)知，滑体分块 i 上的作用力包括：块体重量 W_i、构造水平力 λW_i、块体侧面上的孔隙水压力 P_{wi} 和 P_{wi+1}、侧面上总法向力 E_i 和 E_{i+1}、块体侧面上的总剪力 X_i 和 X_{i+1}、块体底面上的水压力 U_i、块体底面法向力 N_i 以及底面上的剪力 S_i。

若块体底面的抗剪强度参数为 c_{bi} 和 φ_{bi}、块体侧面的抗剪强度参数为 c_{si} 和 φ_{si}、分块的侧面长度为 l_i、侧面长度为 d_i、滑面与方平面的夹角为 α_i、两侧面与垂直方向夹角为 δ_i 和 δ_{i+1}。

由 x 方向和 y 方向的平衡条件 $\Sigma X=0$ 和 $\Sigma Y=0$，即

$$\left.\begin{array}{l} S_i\cos\alpha_i - N_i\sin\alpha_i + X_i\sin\delta_i - X_{i+1}\sin\delta_{i+1} - \lambda W_i + E_i\cos\delta_i - E_{i+1}\cos\delta_{i+1} = 0 \\ S_i\sin\alpha_i - N_i\cos\alpha_i + W_i + X_i\cos\delta_i - X_{i+1}\cos\delta_{i+1} + E_i\sin\delta_i - E_{i+1}\sin\delta_{i+1} = 0 \end{array}\right\} \quad (11.5\text{--}34)$$

其中，分块滑面上的剪切强度 S_i 以及两面上的剪切力 X_i 和 X_{i+1} 可由 Mohr-Coulomb 确定，即

$$\left.\begin{array}{l} S_i = (U_i - N_i)\dfrac{\tan\varphi_{bi}}{K} + \dfrac{c_{bi}}{K}l_i \\[2mm] X_i = (P_{wi} - E_i)\dfrac{\tan\varphi_{si}}{K} + \dfrac{c_{si}}{K}d_i \\[2mm] X_{i+1} = (P_{w(i+1)} - E_{i+1})\dfrac{\tan\varphi_{s(i+1)}}{K} + \dfrac{c_{s(i+1)}}{K}d_i \end{array}\right\} \quad (11.5\text{--}35)$$

将式(11.5-35)代入式(11.5-34)，消去 S_i、X_i、X_{i+1} 和 N_i，得

$$E_{i+1} = a_i + e_i E_i + \lambda P_i \quad (11.5\text{--}36)$$

式(11.5-36)递推可得

$$\begin{aligned} E_{n+1} &= a_n - \lambda P_n + e_n E_n \\ &= a_n - \lambda P_n + e_n(a_{n-1} + e_{n-1}E_{n-1} - \lambda P_{n-1}) \\ &= (a_n + e_n a_{n-1}) - \lambda(e_{n-1}P_{n-1} + P_n) + e_n e_{n-1} E_{n-1} \\ &\to \cdots \end{aligned}$$

最后可得

$$E_{n+1} = a - \lambda P + eE_1 \quad (11.5\text{--}37)$$

由边界条件 $E_{n+1}=0$ 和 $E_1=0$，得

$$\lambda = \frac{a}{P} = \frac{a_n + e_n a_{n-1} + e_n e_{n-1} a_{n-2} + \cdots + e_n e_{n-1} e_{n-2}\cdots e_3 e_2 a_1}{P_n + e_n P_{n-1} + e_n e_{n-1} P_{n-2} + \cdots + e_n e_{n-1} e_{n-2}\cdots e_3 e_2 P_1} \quad (11.5\text{--}38)$$

式中，$e = e_n e_{n-1} e_{n-2}\cdots e_3 e_2 e_1$

$$a = a_n + e_n a_{n-1} + e_n e_{n-2} a_{n-2} + \cdots + e_3 e_2 \cdots a_1$$

$$P = P_n + e_n P_{n-1} + e_n e_{n-2} P_{n-2} + \cdots + e_3 e_2 \cdots P_1$$

$$e_i = [\sec\varphi_{si}\cdot\cos(\varphi_{bi} - \alpha_i + \varphi_{si} - \delta_i)]\cdot\theta_i$$

$$a_i = [W_i\cdot\sin(\varphi_{bi} - \alpha_i) + R_i\cdot\cos\varphi_{bi} + S_{i+1}\cdot\sin(\varphi_{bi} - \alpha_i - \delta_{i+1}) - S_i\cdot\sin(\varphi_{bi} - \alpha_i - \delta_i)]\cdot\theta_i$$

$$P_i = \theta_i\cos(\varphi_{bi} - \alpha_i)\cdot W_i$$

$$\theta_i = \cos\varphi_{s(i+1)} \cdot \sec(\varphi_{bi} - \alpha_i + \varphi_{s(i+1)} - \delta_{i+1})$$

$$S_i = [\, c_{si} \cdot d_i - P_{wi} \cdot \tan\varphi_{si} \,] \, / \, K$$

$$R_i = [\, c_{bi} \cdot l_i \cdot \sec\alpha_i - U_i \cdot \tan\varphi_{bi} \,] \, / \, K$$

式（11.5-38）的物理意义为：欲使滑体达到极限平衡时的平衡状态，必须在滑体上施加一个临界水平加速度λ_c，λ_c为正时指向坡外，为负时指向坡内。

（2）稳定性系数

为计算滑体的稳定性，计算中一般假定有一个水平加速度为λ_c的水平外力作用，求此时的稳定系数K。首先假定稳定系数$K=K_0$（如$K_0=1.0$），用式（11.5-38）求解K（即极限水平加速度），然后比较λ与λ_c是否接近精度要求$|\lambda - \lambda_c| \leqslant \varepsilon$，若不满足，改变$K$，直至满足要求，此时$K$即为滑体的稳定系数。

由此可见，其计算比较复杂，需采用迭代法进行计算。

（3）Sarma法的主要特点及适用条件

Sarma法是用极限水平λ_c来描述斜坡的稳定程度，可用于评价各种破坏模式下的斜坡稳定性，如平面破坏、楔形体破坏、圆弧面破坏和非圆弧面破坏等，而且其条块分割任意的，无须边界垂直，故可对各种斜坡破坏模式进行稳定性评价。

11.5.3.3　Janbu法及简化Janbu法

对于松散均质的斜坡，由于受基岩面的限制而产生两端为圆弧、中间为平面或折线的复合滑动分析。具有这种复合破坏面的斜坡稳定性可用Janbu法，其力学模型如图11.5-11。

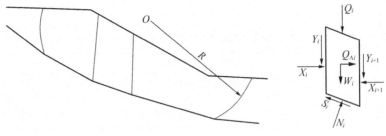

图11.5-11　Janbu法力学模型

（1）假设条件

（a）垂直条块侧面上的作用力位于滑面之上1/3条块高处；

（b）作用于条块上的重力、反力通过条块底面的中点。

（2）力学分析

由图11.5-11可知，条块上作用力有：分块重量W_i、作用在分块上的地面荷载Q_i、作用在分块上的水平作用（如地震力）Q_{Ai}、条间作用力的水平分力X_i、条间作用力的垂直分力Y_i、条块底面的抗剪力（抗滑力）S_i、条块底面的法向力N_i。

Janbu法要求满足条块水平方向力平衡、条块垂直方向力平衡和条块绕分块底滑面点力矩平衡。

（a）力平衡条件

由 x 方向和 y 方向的平衡条件 $\Sigma X=0$ 和 $\Sigma Y=0$，有

$$\left.\begin{array}{l} X_i + Q_{Ai} - N_i \sin\alpha_i - S_i \cos\alpha_i - X_{i+1} = 0 \\ W_i + Q_i - N_i \cos\alpha_i - S_i \sin\alpha_i + Y_i - Y_{i+1} = 0 \end{array}\right\} \tag{11.5-39}$$

由 Mohr-Coulomb 准则有

$$S_i = (N_i - u_i l_i)\frac{\tan\varphi_{ji}}{K} + \frac{c_{ji}}{K}b_i \tag{11.5-40}$$

由式（11.5-39）和式（11.5-40），得到块体稳定性评价的 Janbu 法，即

$$F = \frac{\sum\left\{\dfrac{c_{ji}b_i + \left[(W_i + Q_i - u_ib_i) + (Y_i - Y_{i+1})\right]\tan\varphi_{ji}}{\cos^2\alpha_i\left(1 + \tan\alpha_i\tan\varphi_{ji}/K\right)}\right\}}{\sum\left\{\left[W_i + (Y_i - Y_{i+1}) + Q_i\right]\tan\varphi_{ji} + Q_{Ai}\right\}} \tag{11.5-41}$$

若令 $Y_i - Y_{i+1}=0$，并引入修正系数 f_0，得到简化 Janbu 法，即

$$F = f_0 \cdot \frac{\sum\left\{\dfrac{c_ib_i + (W_i + Q_i - u_ib_i)\tan\varphi_{ji}}{\cos^2\alpha_i\left(1 + \tan\alpha_i\tan\varphi_{ji}/K\right)}\right\}}{\sum\left\{\left[W_i + Q_i\right]\tan\varphi_{ji} + Q_{Ai}\right\}} \tag{11.5-42}$$

463

修正系数 f_0 可按图 11.5-12 取得。

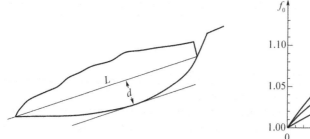
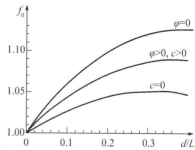

（a）d 和 L 的测量方法　　　　　　（b）f_0 与 D/L 关系曲线

图 11.5-12　简化 Janbu 法

当 $c_j>0$ 和 $\varphi_j>0$ 时，修正系数 f_0 可用以下公式求得，即

$$f_0 = \begin{cases} (50d/L)^{\frac{1}{33.6}} & (d/L > 0.02) \\ 1.0 & (d/\mathrm{L} \leqslant 0.02) \end{cases} \tag{11.5-43}$$

（b）力矩平衡条件

Janbu 法的精确解要利用条块底面中点的力矩平衡条件、滑块条块间侧面力作用

线倾角以及逐步递推法来求解，具体步骤如下：

a）假设 $\Delta Y=0$，即 $Y_i-Y_{i+1}=0$，由式（11.5-42）求得稳定系数 K_0；

b）假定滑坡块条间作用力合力位于条块侧面滑面以上 1/3 处，并将各条间作用点连成线，在条块侧面与作用力交点处做切线，求出各作用力的作用点和作用角 α_{ti}。根据假定条件以及分块的底面中间力矩平衡 $\sum M_p=0$，可得 $Y_i/X_i=-\tan\alpha_{ti}$，即 $Y_i=-X_i\cdot\tan\alpha_{ti}$。

c）计算条块侧面竖向作用力，令 $F=F_0$ 且 $\Delta Y_i=Y_i-Y_{i+1}$，$B_i=(W_i+\Delta Y_i+Q_i)\cdot\tan\alpha_i$，$A_i=[c_ib_i+(W_i+Q_i+\Delta Y_i-u_ib_i)\cdot\tan\varphi_{ji}]/[\cos^2\alpha_i(1+\tan\alpha_i\tan\varphi_{ji}/K)]$，$Y_{i+1}=-\tan\alpha_{ti}\cdot\sum(B_i-A_i/K)$，由此逐步计算值 Y_{i+1}，且 $Y_0=0$、$Y_n=0$。

d）用式（11.5-42）计算稳定系数 K_1，重复第二步且令 $K=K_1$，如此往复，直至 K 的精度达到要求为止。

（2）Janbu 法的主要特点及适用条件

Janbu 法计算稳定系数的特点是，计算准确但计算复杂。主要适用于复合破坏面的斜坡，既可用于圆弧滑动，也可用于非圆弧滑动，但条块分割时要求垂直条分。

11.5.4 异向双滑面——楔形滑体

受两个不同方向结构面的切割，常构成楔形块体（图 11.3-10、图 11.3-12(b)）。

异向双面滑动是岩坡常见的破坏形式之一，其稳定性分析较前述平面问题复杂得多。对其进行稳定性分析，首先需要根据岩坡中各软弱结构面的分布确定出可能的危险体，并用赤平极射投影法和实体比例投影法确定危险体的空间位置和必要的几何参数（形态、大小等），在此基础上进行力学分析。

11.5.4.1 危险体及其几何参数和滑动方向的确定

危险体及其几何参数，如滑体的体积、各滑面的面积、各面间的关系和各面组合交线的产状等，可通过赤平极射投影和实体比例投影来确定。

危险体的滑动方向可直接由赤平极射投影确定。如图 11.5-13，岩坡内两结构面 J_1 和 J_2，在赤平图上为大圆，倾向线分别为 AO 和 BO，二者组合交线为 MO，则岩坡的滑动方向有以下几种情况。

当组合交线 MO 位于倾向线 AO 和 BO 之间时，MO 的倾向即为危险体滑动方向，此时两结构面均为滑面（图 11.5-13(a)）。

当组合交线 MO 与某一结构面的倾向线重合时（图 11.5-13(b)中为 MO 与 J_2 的倾向线 BO 重合），MO 的倾斜方向即代表滑体的滑动方向，倾向线与交线 MO 重合的结构面（J_2）为主滑面，另一结构面 J_1 为次滑面。

当两者组合交线 MO 位于它们倾向线一边时，则三者中间的结构面为滑动面，另一结构面只起侧向切割作用，如图 11.5-13(c)中，结构面 J_1 为滑动面，倾斜方向即为滑动方向，此时即为单滑动面情形。

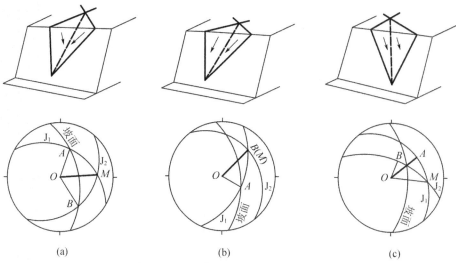

图 11.5-13 楔形滑体滑动方向分析

11.5.4.2 楔形滑体稳定性计算

在楔形滑体上述三种滑动中，后两种或多或少可以归入平面滑动问题，故此处只讨论第一种，即滑动沿两结构面交线滑动的稳定性计算。

对于这种情况的稳定性计算方法有多种，如解析法和矢量代数等，尽管它们的公式表达形式不同，但原理大致相同，即将滑体重力分解为沿两个滑面交线方向的下滑力 P 和两个垂直于滑面的法向力 N_1、N_2，并用法向力计算摩擦阻力。

如图 11.5-14，ACD、BCD 为平顶岩坡中两斜交滑面构成的 $ACBD$ 楔形滑体。已知坡高为 h，坡角为 β，结构面产状已知，在坡面和坡顶的长度为 l_{BC}、l_{AC}、l_{BD}、l_{AD} 和 l_{AB}，两结构面的抗剪强度参数分别为 $\tan\varphi_{j1}$、c_{j1} 和 $\tan\varphi_{j2}$、c_{j2}，岩石容重为 γ。

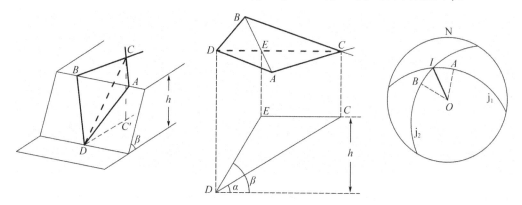

图 11.5-14 楔形体及其实体比例投影和赤平极射投影图

根据岩坡和两滑面的赤平极射投影（图 11.5-14(c)），很容易确定两滑面组合交线的产状（倾角为 α）、两滑面的夹角以及滑体的滑动方向（图中 IO 倾斜方向）。同时由实体比例投影图（图 11.5-14(b)）和已知数据可求得两滑面的面积 S_{DBC} 和 S_{DAC}、滑体的体积 $V=S_{ABC}h/3$ 及其重量 $G=\gamma V$。

如图 11.5-15(b)，在通过两结构面组合交线 CD 的铅直平面内，将重力 G 分解为沿交线的下滑力 P 和垂直交线的法向力 N。

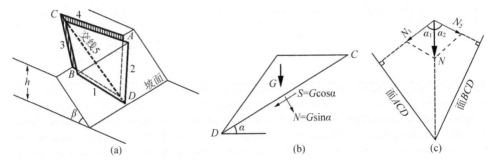

图 11.5-15　楔形滑体上力的分解

下滑力 P 和垂直交线的法向力 N 为

$$\left.\begin{array}{l} P = G \sin \alpha \\ N = G \cos \alpha \end{array}\right\} \qquad (11.5\text{-}43)$$

在垂直于组合交线 CD 的平面内（图 11.5-15(c)），将法向力 N 分解为分别作用于滑面 ACD 和 BCD 上的法向力，即

$$\left.\begin{array}{l} N_1 = N \dfrac{\sin \alpha_2}{\sin(\alpha_1 + \alpha_2)} \\[2mm] N_2 = N \dfrac{\sin \alpha_1}{\sin(\alpha_1 + \alpha_2)} \end{array}\right\} \qquad (11.5\text{-}44)$$

式中，α_1、α_2——垂直分量 N 与两滑面法线的夹角。

于是，楔形体滑动稳定性系数为

$$K = \frac{N_1 \tan \varphi_{j1} + c_{j1} S_{ACD} + N_2 \tan \varphi_{j2} + c_{j2} S_{BCD}}{G \sin \alpha} \qquad (11.5\text{-}45)$$

当滑动体的滑动较多时，分析方法同上。

11.6　碎裂介质和软弱均匀介质岩质斜坡稳定性

与土坡类似，厚层均匀软质岩（泥岩、页岩、风化岩）以及非常破碎的岩质斜坡一般发生转动滑动，滑面一般为弧形面（图 11.3-7、图 11.3-12c），接近于圆弧状面或对数螺旋弧状面，因此，这类岩质斜坡的稳定性计算可采用土质斜坡相同的方法。

11.6.1　圆弧条分法

这种情况下的稳定性可通过条分法计算（图 11.6-1）。

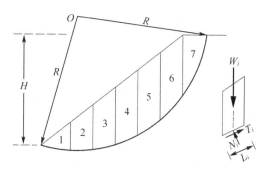

图 11.6-1 转动滑动岩坡

（1）基本假设

（a）破坏面为圆柱面，圆弧滑面通过坡脚；

（b）岩层抗剪力服从 Mohr-Coulomb 准则；

（c）破坏时，破坏面上每一点的最大抗剪力都发挥作用；

（d）不计各分条上铅直侧面的水平应力。

当圆弧面上岩体发生破坏时，它绕着圆心而旋转，此时圆弧面上发生旋转剪切。

（2）稳定性系数

滑面上抵抗旋转的阻力符合 Mohr-Coulumb 强度理论，岩坡的稳定性系数为

$$K = \frac{\sum N_i \tan \varphi_j + c_j L}{\sum T_i} \tag{11.6-1}$$

式中，N_i、T_i——分别为各分条块的重量的垂直和平行滑面的分量；

　　　　L——滑面的圆弧长度。

11.6.2 Bishop 法及简化 Bishop 法

Bishop 法是一种适合于圆弧形破坏滑动面的斜坡稳定性分析方法，但它不要求滑动面为严格的圆弧，而只是近似圆弧即可。其力学模型如图 11.6-2 示。

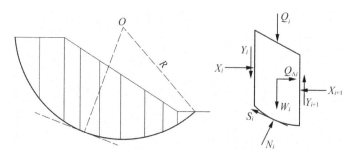

图 11.6-2 Bishop 法稳定性计算图示

（1）假设条件

（a）滑动面为圆弧形或近似圆弧形；

（b）条块侧面的垂直剪力 $(Y_i - Y_{i+1}) \tan \varphi_i = 0$。

（2）力学分析

由图11.6-2可知，滑体的条块上作用力有：分块的重量W_i、作用在分块上的地面荷载Q_i、作用在分块上的水平作用力（如地震力）Q_{Ai}、条间作用力的水平分量X_i、条间作用力的垂直分量Y_i、条块底面的抗剪力（抗滑力）S_i、条块底面的法向力N_i。

由条块的垂直方向的平衡方程$\sum Y=0$，得

$$W_i - N_i \cos\alpha_i + Y_i - Y_{i+1} - S_i \sin\alpha_i + Q_i = 0 \tag{11.6-2}$$

其中，底面抗剪强度由Mohr-Coulomb准则确定，即

$$S_i = (N_i - u_i l_i)\frac{\tan\varphi_i}{K} + \frac{c_i}{K}l_i \tag{11.6-3}$$

于是由式（11.6-2）和式（11.6-3），得

$$N_i = \frac{W_i + Q_i + Y_i - Y_{i+1} + u_i l_i \dfrac{\tan\varphi_i}{K} + \dfrac{c_i}{K}l_i}{\cos\alpha_i + \sin\alpha_i \tan\varphi_i/K} \tag{11.6-4}$$

由滑体绕圆弧中心O点的力矩平衡$\sum M_o=0$，得

$$\left[\sum(W_i + Q_i)R\sin\alpha_i\right] - \sum(S_i R) + \sum(Q_{Ai}\cos\alpha_i R) = 0 \tag{11.6-5}$$

联立式（11.6-4）和式（11.6-5），得Bishop法的稳定性系数计算公式

$$F = \frac{\sum\left[\dfrac{(W_i + Q_i - u_i l_i \cos\alpha_i + Y_i - Y_{i+1})\tan\varphi_i + c_i l_i \cos\alpha_i}{\cos\alpha_i + \sin\alpha_i \tan\varphi_i/K}\right]}{\sum(W_i + Q_i)\sin\alpha_i + \sum Q_{Ai}\cos\alpha_i} \tag{11.6-6}$$

式中，u_i——作用在分块滑面上的空隙水压力（应力）；

l_i、α_i——分块滑面长度及相对于水平面的夹角；

c_i、φ_i——滑体分块滑动面上的黏结力和内摩擦角；

R——圆弧形滑面的半径。

若令$(Y_i - Y_{i+1})\cdot\tan\varphi_i=0$，由式（11.6-6），得简化Bishop法的计算公式

$$F = \frac{\sum\left[\dfrac{(W_i + Q_i - u_i l_i \cos\alpha_i)\tan\varphi_i + c_i l_i \cos\alpha_i}{\cos\alpha_i + \sin\alpha_i \tan\varphi_i/K}\right]}{\sum(W_i + Q_i)\sin\alpha_i + \sum Q_{Ai}\cos\alpha_i} \tag{11.6-7}$$

（3）Bishop法的主要特点及应用条件

Bishop法稳定性系数的计算考虑了条块间作用力，是对Fellenius法的改进，计算较准确，但要采用迭代法，分割条块时要求垂直条分。该方法适用于均质黏性土及碎石土等斜坡形成的圆弧形或近似圆弧形滑动滑坡。当$m_i = \cos\alpha_i + \sin\alpha_i\tan\varphi_i/K \geqslant$

0.2时，该法计算误差较小，当$m_i<0.2$时，该法计算误差大。

应指出，在岩坡上部出现张性断裂时，此时滑体只能从坡脚算到张性断裂处为止。

地下水渗透压力对岩坡的影响很重要。如图11.6-3，通过水文地质勘查，根据地下水位和流网的等势位线，就能确定静水压力u和动水压力D，从而确定有效压力N'，即

$$N' = N \cdot ul \tag{11.6-8}$$

稳定性系数为

$$K = \frac{\sum N_i' \tan \varphi_j + c_j l}{\sum T_i} \tag{11.6-9}$$

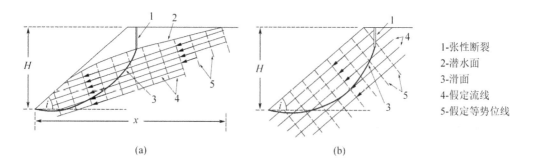

1-张性断裂
2-潜水面
3-滑面
4-假定流线
5-假定等势位线

(a)　　　　(b)

图11.6-3　圆弧破坏的岩坡内地下水流网图

11.7　板裂介质岩质斜坡稳定性

11.7.1　层状岩质斜坡形态及变形破坏特征

11.7.1.1　层状岩质斜坡的基本类型

层状（似层状）结构岩质斜坡是最重要的一类斜坡，因岩性及其组合关系以及岩层产状与坡面产状组合关系不同，而出现多种不同类型的层状岩质斜坡。

就岩性及其组合关系而言，从岩性组合上看，有单一岩性的层状岩质斜坡，也有软硬相间的层状岩质斜坡；从岩层厚度及成层条件上看，有从巨厚层到薄层等一系列不同厚度的层状岩质斜坡，也有等厚层状、夹层状及互层状等岩质斜坡。

就岩层产状及其与临空面组合关系而言，在剖面上，基于岩层走向斜坡走向关系，分为纵向坡、横向坡（或正交坡）和斜向坡（包括斜向上游、斜向下游），图11.7-2；而基于岩层的倾向和倾角与坡面倾向和倾角的组合关系，分为平叠坡、同向坡（包括切入坡、顺向坡、插入坡）、直立坡和反向坡（或逆向坡），图11.7-1。

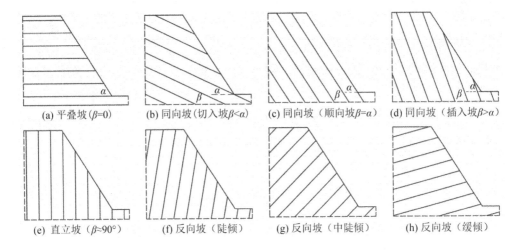

(a) 平叠坡（β=0）　(b) 同向坡（切入坡β<α）　(c) 同向坡（顺向坡β=α）　(d) 同向坡（插入坡β>α）

(e) 直立坡（β≈90°）　(f) 反向坡（陡倾）　(g) 反向坡（中陡倾）　(h) 反向坡（缓倾）

图11.7-1　层状岩质斜坡形态（平面）

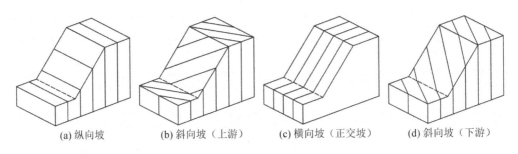

(a) 纵向坡　(b) 斜向坡（上游）　(c) 横向坡（正交坡）　(d) 斜向坡（下游）

图11.7-2　层状岩质斜坡形态（剖面）

11.7.1.2　层状岩质斜坡变形破坏特征与板裂介质斜坡

上述不同的岩性组合、岩层产状组合以及岩层产状与临空条件的组合所形成的不同层状岩质斜坡，具有不同变形破坏机理、机制和模式。

（1）正交坡

正交坡（图11.7-1(c)）稳定性最好，其变形破坏与层面关系不大，而依赖其它结构面的发育特征及临空条件，可表现出块体状岩质斜坡的变形破坏特征（层面为侧向切割面）；当除层面外的其它结构面不发育时，甚至可表现出均匀介质岩质斜坡的变形破坏特征。

（2）斜向坡

斜向坡（图11.7-1(b)、(d)）因岩层受侧向约束，总体上应考虑三维效应，当左右两侧（上下游）有冲沟等临空条件时，可能存在沿层面的平面旋转趋势。当岩层走向与斜坡走向大角度相交时，一定程度上具有正交坡的变形破坏特征；而小角度相交时，则部分显示出纵向坡的变形破坏特征。

（3）纵向坡

纵向坡（图11.7-1(a)）是变形破坏最复杂的一类层状岩质斜坡。

平叠坡（图11.7-2(a)）在一定程度上具有连续介质的特征，稳定性较好，但当存在水平软弱夹层时，可发生滑移-压致拉裂破坏或者发生崩塌（图11.3-14）。

同向坡中（图11.7-2(b)～(d)、图11.7-3），切入坡（图11.7-2(b)、图11.7-3(a)）具有块裂介质岩质斜坡的特征，表现为平面滑动模式（图11.7-4），稳定性最差；顺向坡（图11.7-2(c)、图11.7-3(b)）表现为滑移-弯曲模式（图11.3-15、图11.7-5）；插入坡（图11.7-2(d)）主要表现滑移-弯曲模式，但当岩层倾角较大时也可能表现为弯曲-拉裂模式。

直立坡（图11.7-2(e)）根据层间结合状态的不同可能出现滑移-弯曲模式或者弯曲-拉裂模式，图11.7-6。

反向坡（图11.7-2(f)～(h)）表现为弯曲-拉裂模式（图11.3-16、图11.7-7）。

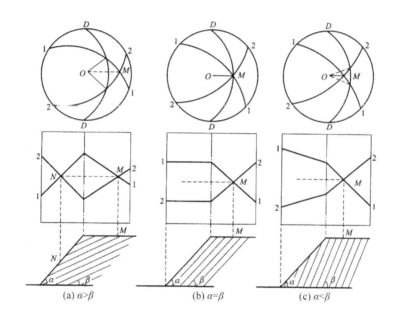

图11.7-3　层状岩质斜坡类型及其赤平极射投影

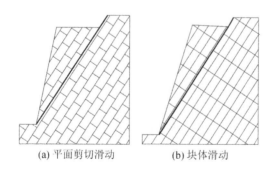

图11.7-4　切入的平面滑动模式

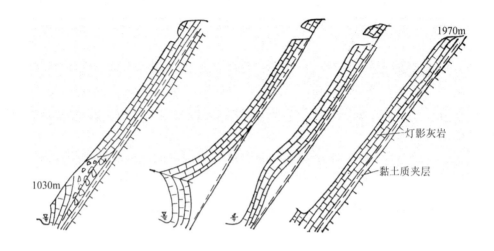

图 11.7-5　霸王山滑坡模式图

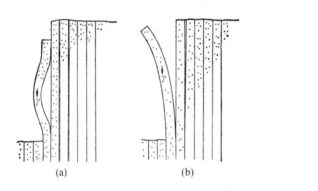

图 11.7-6　直立层状岩体的溃曲与倾倒

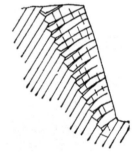

图 11.7-7　反倾层状岩体的倾倒

综上所述，岩层产状与坡面产状组合关系不同而出现多种类型的层状岩质斜坡，它们具有不同变形破坏机理和模式，因此，应采用不同的分析方法。

横交坡、与坡面大角度相交的斜交坡、平叠坡和切入坡等在不同程度表现出块裂介质岩质斜坡的变形破坏特征，可归于块裂介质岩质斜坡平面滑动，采用 11.5 节相关方法开展其变形破坏特征研究和稳定性分析。横交坡和平叠坡也可表现出均匀连续介质的特征，可采用均匀介质岩质斜坡的分析方法，见 11.6 节。

与坡面小角度相交的斜交坡、顺向坡、插入坡、直立坡和反向坡均具有板梁的变形破坏性质（滑移-弯曲、弯曲-拉裂），属板裂介质岩质斜坡。对于这些具有板裂介质特征的岩质斜坡，可根据实际情况，概化为梁（板）或杆（柱）组成的结构，采用 9.4 节所述的材料力学中的梁板理论或压杆稳定性理论（欧拉理论），或者用弹塑性力学理论，计算分析其内部应力状态、应变状态和位移特征，进一步分析其稳定性。为此，本节介绍溃曲（滑移-弯曲）和倾倒（弯曲-拉裂）的分析。

11.7.2 层状岩质斜坡的溃曲分析

11.7.2.1 顺向层状岩质斜坡的溃曲

（1）力学模型

顺层状岩质斜坡在岩体自重作用下沿层面向下滑动，由于无剪出口，如果岩层倾角较小，通常较稳定；如果岩层倾角较大，尤其岩层倾角为40°～70°时，岩体将同时向临空面方向发生滑移–弯曲变形（溃曲）[1]，随着溃曲的进一步发展，最终将从根部或其附近发生断裂破坏而发生滑坡，如图11.7-5。其力学模型如图11.7-8，用梁柱弯曲变形的静力法或能量平衡法来分析。

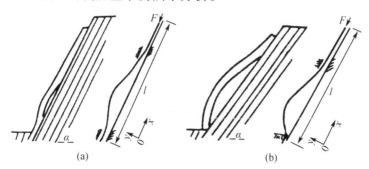

图11.7-8 同向层状倾斜岩坡稳定性计算模型

（2）弯曲变形

顺向层状岩质斜坡的溃曲属于图9.4-2(a)的模式，发生溃曲破坏时，弯曲变形和最大弯曲变形（或极限弯曲变形）可直接由式(9.4-13)和式(9.4-14)确定，即

$$y = \frac{2l^4\gamma\cos\alpha}{8\pi^4EI - 2\pi^2Fl^2 - \pi^2\gamma l^3\sin\alpha}\left(1-\cos\frac{2\pi x}{l}\right) \tag{11.7-1}$$

$$y_{max} = \frac{4l^4\gamma\cos\alpha}{8\pi^4EI - 2\pi^2Fl^2 - \pi^2\gamma l^3\sin\alpha} \tag{11.7-2}$$

式中，α——板裂体的倾角；

　　l——板裂体变形段长度；

　　γ——单位宽度板裂体重量（容重）；

　　E——板裂体的弹性模量；

　　I——板裂体截面惯性矩（取单位宽度）；

　　F——作用在板裂体端部的轴向力；

　　y、y_{max}——弯曲变形方程和最大弯曲变形。

（3）溃曲的稳定性与极限坡长

若岩坡倾角为β与层面倾角α相等，即$\alpha=\beta$，坡高为H（坡长为l），岩体容重为γ，岩体单层厚度为t，弹模为E。

---

[1] 对于陡倾的同向坡，尤其倾角大于70°，可能发生倾倒。

（a）能量法

通过能量平衡法（或静力法），可以求得溃曲变形的条件为

$$F = \frac{68EI\pi^2}{5l^2} - \frac{\gamma l \sin \alpha}{2} \qquad (11.7-3)$$

而一旦发生溃曲变形时，由式(9.4-14)，其极限荷载为

$$F_{cr} = \frac{4EI\pi^2}{l^2} - \frac{\gamma l \sin \alpha}{2} \qquad (11.7-4)$$

式中，F_{cr}——板端承受的极限荷载。

由式(11.7-4)，自重作用下（即 $F_{cr}=0$），岩质斜坡的极限坡长为

$$l_{cr} = \sqrt[3]{\frac{8\pi^2 EI}{\gamma \sin \alpha}} \qquad (11.7-5)$$

（b）压杆稳定理论

这种情形岩坡稳定性也可用压杆稳定理论分析。根据欧拉理论（压杆稳定理论），即式(9.4-8)，压杆的临界荷载为

$$F_{cr} = \frac{\pi^2 EI}{(\mu l)^2} \qquad (11.7-6)$$

对于同向坡情况来说，长度因数可取 $\mu=0.7$（表9.4-2），且斜坡岩层的最小惯性矩 $I=t^3/(12l)$，故斜坡岩层的临界荷载为

$$F_{cr} = \frac{\pi^2 E}{(0.7l)^2} \cdot \frac{t^3}{12l} \doteq \frac{\pi^2 Et^3}{6l^3} \qquad (11.7-7)$$

式中，t——岩层厚度。

若岩层间摩擦角为 φ，岩层产生溃曲荷载 $P=G\sin\alpha-G\cos\alpha\tan\varphi=\gamma t\cos\alpha(\tan\alpha-\tan\varphi)$，令 $F_{cr}=F$，即得岩坡的极限长度为

$$l_{cr} = \sqrt[3]{\frac{\pi^2 Et^2}{6\gamma \cos \alpha(\cot \alpha - \tan \varphi)}} \qquad (11.7-8)$$

11.7.2.2　直立层状岩体的溃曲

如图11.7-6，根据层面间的状态，直立层状岩质斜坡可有溃曲和倾倒两种变形破坏方式。当层间结合较强时，发生溃曲（图11.7-6(a)），其力学模型如图11.7-9(b)。

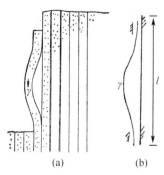

图 11.7-9　直立层状岩质斜坡溃曲模型

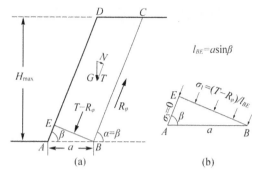

图 11.7-10　软弱结构面与坡面产状相同

若发生溃曲，如图 11.7-8(a)，因为 $\alpha = \beta = 90°$，由式(11.7-4)，得其极限荷载

$$F_{cr} = \frac{4EI\pi^2}{l^2} - \frac{\gamma l}{2} \tag{11.7-9}$$

若在自重作用下 $（F_{cr}=0）$ 产生破坏时，极限坡长（即坡高）为

$$l_{cr} = \sqrt[3]{\frac{8\pi^2 EI}{\gamma}} \tag{11.7-10}$$

11.7.2.3　软弱结构面与坡面产状相同的均质岩坡

如图 11.7-10，对于岩坡内结构面与岩坡的倾向和倾角完全相同时，软弱面仅在坡顶出露，而无剪出面，均质岩坡和顺层倾斜岩坡斜坡均属这种情况。

如图 11.7-10，坡面 AD 与滑面 BC 完全平行时（倾角为 β），能使斜坡保持稳定的最大高度 H_{max}，可按下述原理处理。认为可能破坏坡体 $ABCD$ 的自重使其底部处于塑性状态，该塑性区近似用三角形 ABE 表示。塑性区上部的岩体 $BCDE$ 仍为弹性状态，自重 G 为

$$G = \gamma S_{BCDE} = \frac{\gamma a\left(4H_{max} - a\sin 2\beta\right)}{4} \tag{11.7-11}$$

式中，a——失稳岩体的水平宽度；

γ——岩体容重。

若忽略结构面 BC 上的黏聚力，则该面上的抗滑力 R_φ 和滑动力 T 为

$$\left.\begin{array}{l} R_\varphi = G\cos\beta\tan\varphi_j \\ T = G\sin\beta \end{array}\right\} \tag{11.7-12}$$

故作用在塑性区顶面 BE 上的有效压力是 $T - R_\varphi$，若以应力表示为 $(T - R_\varphi)/(a\sin\beta)$。塑性区的受力状态由图 11.7-10(b)可知，其最大、最小主应力分别为

$$\left.\begin{array}{l} \sigma_1 = \dfrac{R_\varphi - T}{a\sin\beta} = \dfrac{G\left(\sin\beta - \cos\beta\tan\varphi_j\right)}{a\sin\beta} \\ \sigma_3 = 0 \end{array}\right\} \tag{11.7-13}$$

若塑性区的应力满足屈服条件，则岩体破坏，即

$$\sigma_1 = \sigma_3 \tan^2\left(45° + \varphi_j/2\right) + 2c\tan\left(45° + \varphi_j/2\right)$$

由此，求得保证岩坡稳定的最大坡高为

$$H_{max} = \frac{2c\tan\left(45° + \varphi_j/2\right)}{\gamma\left(1 - \tan\varphi_j \cdot \cot\beta\right)} + \frac{a\sin2\beta}{4} \tag{11.7-14}$$

若不是平顶斜坡，设坡顶面倾角为 θ，坡面倾角为 β，其最大坡高为

$$H_{max} = \frac{2c\cos^2\varphi_j\sin\beta}{\gamma\left(1 - \sin\varphi_j\right)\sin(\beta - \varphi_j)} - \frac{a\sin^2\beta\cot(\beta - \theta)}{2} + \frac{a\sin2\beta}{2} \tag{11.7-15}$$

11.7.3 层状岩质斜坡的倾倒分析

11.7.3.1 直立层状岩质斜坡的倾倒

直立层状岩质斜坡可有溃曲和倾倒两种变形破坏方式，当层间结合较弱或无黏结力时，发生倾倒（图11.7-6(b)），其力学模型如图11.7-11(b)。

因倾倒破坏是由于岩层的侧向拉伸应力大于抗拉强度 σ_t 所致，通常发生脆性破坏，因此，可用最大正应变强度理论或Griffith强度理论予以分析。

当发生倾倒破坏时，用能量平衡法求得其极限坡高为

$$l_{cr} = \sqrt[3]{\frac{7.85EI}{\gamma}} \tag{11.7-16}$$

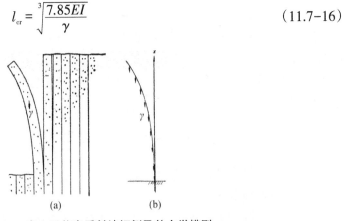

(a)　　　　　(b)

图11.7-11　直立层状岩质斜坡倾倒及其力学模型

11.7.3.2 反倾层状岩质斜坡的倾倒

（1）弯曲变形与折断

如前所述，反倾层状岩质斜坡的变形破坏具有板裂介质的变形破坏的特征，其变形破坏模式为倾倒，图11.3-3、图11.3-6、图11.3-16、图11.7-7、图11.7-12(a)。倾倒包括自重作用下的弯曲变形过程（图11.7-12(c)）和折断过程（图11.7-12(d)）两个阶段。当折断点贯通并形成统一贯通面（图11.7-7），折断后的岩体在重力作用下产生滑坡或崩塌。

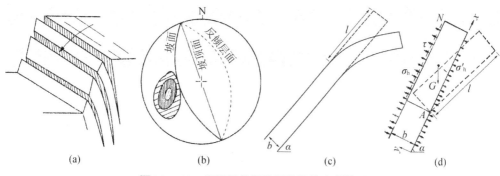

图11.7-12 反倾层状岩质斜坡及其力学模型

将岩层抽象为倾斜悬壁梁（图11.7-12(c)），则当弯曲变形过程中梁内的拉应力大于岩体的抗拉强度时，岩层将折断，即

$$[\sigma_t] \leqslant \sigma_t = \frac{My}{I} \tag{11.7-17}$$

式中，$[\sigma_t]$——岩体的抗拉强度；

　　　σ_t——岩层弯曲时产生的最大拉应力；

　　　M——梁板截面内弯矩；

　　　I——梁板截面对中性轴的惯性矩，$I=bt^3/12$；

　　　b——岩层的宽度，可取单宽（$b=1$m）；

　　　t——岩层的厚度。

如果考虑层间摩擦力（图11.7-12(d)），在自重作用和传递力作用下，岩层产生的倾覆力矩M_T大于内部摩擦力产生的抵抗力矩M_r时，将发生折断，即

$$M_T - M_r \geqslant 0 \tag{11.7-18}$$

如图11.7-8(c)，以图11.7-8(c)中点A为基准，并假设岩体的抗拉强度为0，则有

$$\int (\sigma_h - \sigma_h')x\mathrm{d}x + G\left(\frac{l}{2}\cos\alpha + \frac{b}{2}\sin\alpha\right) - b\int \tau\mathrm{d}x \geqslant 0 \tag{11.7-19}$$

式中，b——岩层厚度；

　　　α——岩层倾角；

　　　τ——层间剪切力；

　　　σ_h、σ_h'——岩层上界面和下界面的正应力。

如果已知岩体内σ_h和σ_h'的分布，则可由式(11.7-19)，求得折断处的深度l。

11.8 岩崩

对于块裂介质岩质斜坡（图11.8-1(a)）、陡立层状岩质斜坡和反倾层状岩质斜坡，层面被其它结构面切割（图11.8-1(b)）或过度弯曲而折断（图11.7-7、图11.7-8），当切割面或折断面贯通至坡面时，在一定条件下可能发生滑坡和崩塌。

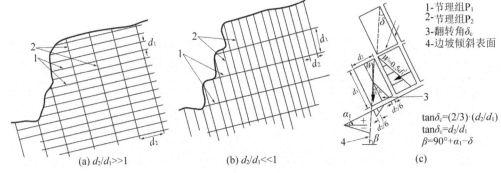

图 11.8-1　岩坡崩塌稳定性分析

当产生滑坡时，对于因弯曲折断的情形，如图 11.7-8(a)，滑坡按碎裂介质岩质斜坡的滑动予以评价，见 11.6 节；对于因其它结构面而产生的滑坡，如图 11.8-1(a) 和图 11.8-1(b)，因具有一般块体在斜面上滑动的力学机理一样，岩块沿节理发生滑移符合 Mohr-Coulomb 定律，可采用块裂介质滑动的方法予以评价，见 11.5 节。

当切割面、岩层倾倒程度与坡面组合有利时，尤其由于水充填于裂隙内，造成裂隙水压力，或因气温变化造成冰胀，对靠坡面的岩块施加了一个向坡的侧向压力，使岩块发生滑移或翻转，向坡下崩落而成崩塌。

对于崩塌，E. Hoek（1974）、R. E. Goodman & J. W. Bray（1976）做过专门研究，尤其 Goodman-Bray 模型更是得到广泛运用，此后很多学者对该模型进行过研究和修正。此处介绍 Goodman-Bray 模型，修正模型请参阅相关文献。

岩块翻转发生在剪切破坏不可能发生的地方，此时岩块受到侧向推力（如静水压力或冻胀力等）而引起翻转而破坏。如图 11.8-1，两组节理互相正交，其间距分别为 d_1 和 d_2，被切割的岩块成矩形块体。岩体的稳定取决于 d_1/d_2，当 $d_1/d_2 \ll 1$ 时（图 11.8-1(a)），岩块的抗翻转的能力很大，即难于翻转，岩坡是稳定的；若 $d_1/d_2 \gg 1$（图 11.8-1(b)），岩块易于翻转，当坡角 $\beta < 60°$ 时，经常出现翻转而崩塌。

如图 11.8-1(c)，只要合力（重力或重力与静水压力的推力）位于岩块单元体底边距 d_2 两端 $d_2/6$ 的区域内（即位于翻转楔体内），则该岩块单元体处于稳定状态。否则将会发生翻转。由图 11.8-1(c) 知，该翻转楔体的临界中心角 δ_c 为

$$\delta_c = \tan^{-1}\left(\frac{2d_2}{3d_1}\right) \qquad (11.8-1)$$

12 岩基稳定性分析

本章知识点
（重点▲，难点★）

岩基上的基础类型及基本特征
不同介质类型岩基中的应力分布特征▲
岩基的沉降变形
岩基的破坏特征▲
岩基的承载力
坝基岩体的稳定性分析▲
坝肩岩体稳定性分析

12.1 概述

12.1.1 岩基及其基本特征

（1）岩基

直接作为建筑物持力层的地质体称为地基。持力层为土体者称为地基土；为岩体者称为地基岩体。以岩体为地基称为岩体地基或岩质地基，简称岩基。

（2）岩基的基本特征

与一般土体相比，完整岩体的抗压强度、抗剪强度更高，变形模量更大，具有更高的承载力和较低的压缩性，因此，通常认为在土质地质上修建建筑物比在岩质地质上更有挑战性。

对于一般的工业民用建筑，因地基岩体强度较高、刚度较大，出现过量变形或破坏的可能性不大。但很多情况下，岩体不是完整的，而是由各种不良地质结构面组成，如断层、节理、裂隙及其填充物，有的还可能含有洞穴或经历过不同程度的风化作用。因此，岩基在上部荷载作用下可能产生较大的沉降并引发破坏，甚至导致灾难性后果。针对这种情况，勘察设计需做专门论证、施工需做专门处理，方可保证建筑物的正常和安全使用。

作为水工构筑物中主要的承载和传载构件，坝体承受自重、水压力和渗透压力等荷载，对地基要求较高，故水工坝址一般均选在岩基上。坝基承受荷载大、涉及区域广，进行坝基承载力和稳定性评价是水工建筑物的主要岩体力学任务之一。

高速公路和高速铁路等交通工程中，桥梁被广泛使用（以桥代路），对桥梁基础提出非常高的要求，这些工程中的桥梁多涉及岩体（尤其软岩和极软岩），因此岩体力学性质的研究也日益受到重视。交通行业常规研究方法和传统的标准与规范已不能满足桥梁工程设计的需要，设计中采用合理的岩体力学参数已成为工程建设中的关键问题之一。

综上所述，岩基具有两大基本特征，即岩基可以承受比土质地基大得多的荷载，但岩基中的各种缺陷可使岩体强度远小于完整岩体强度。当地基岩体强度较高时，一个基底面积较小的扩展基础就可能满足承载力要求；对岩石强度较低（软质岩石甚至极软岩）或者岩石强度高但结构面极为发育的碎裂介质岩体地基，承载力和抗沉降变形能力急剧降低；当岩体中包含强度低且产状组合不利的结构面时，可能产生滑动破坏。

（3）岩基的基本要求

为了保证建筑物的正常使用和安全，岩基设计中应满足如下要求。

（a）具有足够的承载力，以保证岩基在上部建筑物荷载作用下不产生碎裂或蠕变破坏；

（b）具有足够的刚度，在外荷载作用下，岩石的弹性应变和软弱夹层的塑性变形（甚至流变）应满足建筑沉降要求，不产生影响安全和正常使用的沉降。

（c）具有足够的抗滑动破坏能力，确保由结构面组合而成的块体在外荷载作用下不发生滑动破坏，尤其是高陡边坡的坡面上或坡顶附近的建筑物。

12.1.2 岩基上的基础形式

由于具有相对更高的强度和刚度，对于一般的工业和民用建筑，岩基是一种很好的地基，基本都能满足承载力和沉降的要求，而且一般在土质地基采用的基础形式都能很好地用到岩基上。同时，也正由于具有相对更高的强度和刚度，能够在岩基上建造类型更丰富的建筑物，如能抵抗倾斜的拱桥和抵抗拉拔的悬索桥，靠坝体自重和坝基岩体提供抗滑力的重力坝和依靠拱肩岩体提供抗力的拱坝，这对基础和地基提出了更高的要求。

为了在允许变形下支承建筑物，根据上部建筑物的特点（结构类型及特点、荷载的大小及方向）及岩体条件，在岩基上可以选用不同的基础形式[①]，图 12.1-1。

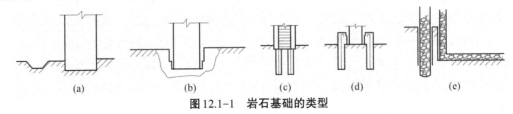

(a)　　　　(b)　　　　(c)　　　　(d)　　　　(e)

图 12.1-1　岩石基础的类型

12.1.2.1　基脚

当为硬质岩（$R_c \geqslant 30\text{MPa}$）且结构面不太发育的岩基时，对于砖砌承重且上部传

---

① 由于岩基具有相对更高的强度和刚度，岩基上的基础形式一般比土质地基上的基础形式简单得多。

递给岩基的荷载不太大的建筑物，可在清除岩基表面强风化层后直接砌筑墙体，而不必制作基础大放脚。

如图 12.1-1(a)，对荷载较小的现浇钢筋混凝土柱（墙），若为中心受压或小偏心受压，可将基础柱子的钢筋直接插入基岩作锚桩。基岩钻孔深度 L 不小于柱内主筋直径 d 的 40 倍，即 $L \geqslant 40d$，且孔径 $D = (3 \sim 4)d$。将柱内主筋插入孔内，现浇不低于 M30 的水泥砂浆，锚固主筋。

对于大偏心受压柱，为了承受拉力，当岩层强度较低时，需做大放脚（图 12.1-2），以便布置更多锚桩。

对于砖墙承重且上部结构传递给基础的荷载不太大的钢筋混凝土现浇柱，可根据柱内主筋的布置，在岩基中凿孔，孔深不小于 $40d$，将柱内主筋插入孔洞内，现浇不低于 M30 的水泥砂浆，锚固主筋。

对某些设备基础，也可将地脚直接埋设于岩体中，利用岩层作用为设备的基础。

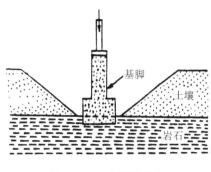

图 12.1-2　大放脚基础

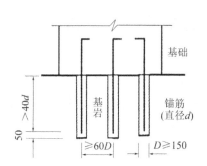

图 12.1-3　锚杆基础的构造

12.1.2.2　直接插入岩基的预制柱

如图 12.1-1(b)，对于承受区域及偏心距不大的预制钢筋混凝土柱，则可直接在岩基中按杯壁构造尺寸要求开凿杯口，将预制钢筋混凝土柱直接插入，然后用强度等级为 C20 的细石混凝土将柱周围空隙填实，使其与岩基连成整体，杯口深度要满足柱内钢筋的锚固要求。如岩层整体性较差，一般仍要做混凝土基础，但杯口底部深度可适当减小到 8～10 cm。

12.1.2.3　锚杆基础（抗拔基础）

如果上部结构传递给基础的荷载中有较大的弯矩或上浮力（上拔力），当上部建筑及基础自身不足以抵抗这些力时，需在结构物与岩基间设置抗拉灌浆锚杆，如图 12.1-1(c)。锚杆在岩基中主要提供拉应力以承受基底可能产生的拉力，保证上部结构的稳定，对裂隙岩基还具有锚固作用。在岩基上沿高层建筑物周围设置锚杆，可平衡各种水平荷载及弯矩在基底产生的拉应力，大大减少基础设置深度。

如图 12.1-3，锚杆的锚孔可利用钻机在岩基中完成，其孔径 D 依成孔机具及锚杆抗拔力而定。一般取锚筋直径 d 的 3～4 倍，但不应小于 d+50 mm，以便将砂浆或混凝土捣固密实。锚孔的间距一般取决于基岩情况和锚孔直径D，对致密完整的基岩，最小间距可取$(6\sim8)D$；裂隙发育的风化基岩，可取$(10\sim12)D$。锚筋一般采用螺纹锚筋，其有效长度L应根据试验计算确定，并不应小于$40d$。

12.1.2.4 嵌岩桩基础

在岩基埋深不太大的情况下，当浅层岩基的承载力不足以承担上部建筑物荷载或者沉降不满足正常使用要求时，常通过人工挖孔、钻机造孔等方式将大直径灌注桩穿过覆盖层而嵌入基岩，成为嵌岩桩，将上部荷载直接传递到深层坚硬岩体上，如图12.1-1(d)和图12.1-4。岩桩的承载力由桩侧摩阻力、桩端支承力和嵌固力提供。嵌岩桩可抵抗各种不同形式的荷载（包括竖向压力和拉力、水平荷载及力矩）。

对于高层建筑、重型厂房等建筑物，嵌岩桩是一种良好的基础形式，尤其当已有建筑物附近没有空间做扩展基础的情况下。如果嵌岩桩设计得当，可以充分利用基岩的承载性能，从而提高单桩承载力，且由于桩端持力层压缩性很小，并可忽略群桩效应，因此，单桩和群桩沉降很小，而承载力很大。

对于沉降，嵌入桩基础上建筑物的沉降在施工过程中即可完成。

嵌入桩桩端以下3倍桩径范围内应无软弱夹层、破碎带和洞穴发育，并应在桩底应力扩散范围内无临空面。

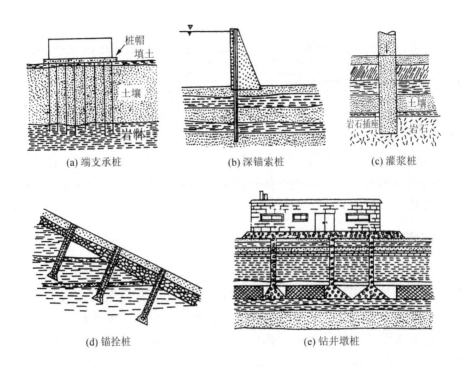

(a) 端支承桩   (b) 深锚索桩   (c) 灌浆桩

(d) 锚拴桩   (e) 钻井墩桩

图12.1-4　嵌岩桩的类型

12.2 岩基中的应力分布

12.2.1 连续介质岩体地基中的应力分布

12.2.1.1 垂直荷载

（1）集中力

集中力 P 作用下，连续介质岩体地基中的应力分布可直接采用 Boussinesg 解。如图 12.2-1，地基中任一点 M（其坐标为 (x, y, z) 或 (r, θ, z)）的应力状态（σ_x, σ_y, σ_z, τ_{xy}, τ_{yz}, τ_{zx}）或（σ_r, σ_θ, σ_z, $\tau_{r\theta}$, τ_{rz}, τ_{zx}）为

$$
\left.
\begin{aligned}
\sigma_x &= \frac{3P}{2\pi}\left\{\frac{x^2 z}{R^5} + \frac{1-2\mu}{3}\left[\frac{R^2 - Rz - z^2}{R^3(R+z)} - \frac{(2R+z)x^2}{R^3(R+z)^2}\right]\right\} \\
\sigma_y &= \frac{3P}{2\pi}\left\{\frac{3y^2 z}{R^5} + \frac{1-2\mu}{3}\left[\frac{R^2 - Rz - z^2}{R^3(R+z)} - \frac{(2R+z)y^2}{R^3(R+z)^2}\right]\right\} \\
\sigma_z &= \frac{3P}{2\pi}\cdot\frac{z^3}{R^5} \\
\tau_{xy} &= \frac{3P}{2\pi}\left[\frac{xyz}{R^5} - \frac{1-2\mu}{3}\cdot\frac{(2R+z)xy}{R^3(R+z)^2}\right] \\
\tau_{yz} &= \frac{3P}{2\pi}\cdot\frac{yz^2}{R^5} \\
\tau_{zx} &= \frac{3P}{2\pi}\cdot\frac{xz^2}{R^5}
\end{aligned}
\right\}
\tag{12.2-1a}
$$

$$
\left.
\begin{aligned}
\sigma_r &= \frac{3P}{2\pi}\left[\frac{zr^2}{R^5} - \frac{1-2\mu}{3}\cdot\frac{1}{R(R+z)}\right] \\
\sigma_\theta &= \frac{3P}{2\pi}\cdot\frac{1-2\mu}{3}\left[\frac{1}{R(R+z)} - \frac{z}{R^3}\right] \\
\sigma_z &= \frac{3P}{2\pi}\cdot\frac{z^3}{R^5} = \frac{3P}{2\pi}\cdot\frac{3}{z^2\left[1+(r/2)^2\right]^{5/2}} \\
\tau_{r\theta} &= 0 \\
\tau_{rz} &= \frac{3P}{2\pi}\cdot\frac{rz^2}{R^5}
\end{aligned}
\right\}
\tag{12.2-1b}
$$

式中，P——地面集中荷载；

μ——泊松比；

r——地基中任意点 M 距集中荷载的水平距离，$r^2 = x^2 + y^2$；

R——地基中任意点 M 距集中荷载的距离，$R^2 = x^2 + y^2 + z^2 = r^2 + z^2$。

在竖直平面（yOz）内，如图 12.2-1(b) 和图 12.2-1(c)，应力为

$$\left.\begin{array}{l} \sigma_\alpha = 0 \\ \sigma_R = \dfrac{2P\cos\alpha}{\pi R} \\ \tau_{R\alpha} = 0 \end{array}\right\} \qquad (12.2\text{-}2)$$

式中，σ_R、σ_α——地基中点 M 的径向应力和环向应力；

    $\tau_{R\alpha}$——地基中点 M 的剪应力。

由式（12.2-2）知，因 $\sigma_\alpha = \tau_{R\alpha} = 0$，故 σ_R 为最大主应力，σ_α 为最小主应力。由图 12.2-1(b) 和图 12.2-1(c)，过点 M 做 1 个与集中荷载作用点 O 相切的圆，点 M 的矢径 R 和极角 α 与该圆的直径 d 具有关系为 $R = d\cos\alpha$，于是由式（12.2-2），有

$$\sigma_R = \frac{2P}{\pi d} \qquad (12.2\text{-}3)$$

可见，该圆上所有点的径向应力 σ_R 均相等（O 点除外），即经过点 O 并与 σ_R 等值线为 1 个圆，该圆称为应力泡。若变化 R，则得到一系列圆（如图 12.2-1(d)），这些应力泡的形态反映了外荷载在岩基中扩散过程及特征。

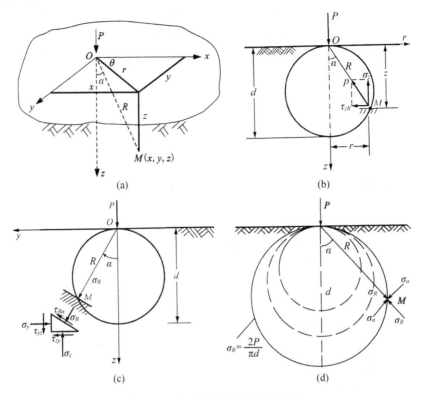

图 12.2-1　集中荷载及地基应力分布

（2）线布荷载

如图 12.2-2，当荷载为线布荷载 P 和在二维情况下，岩基内任一点 (x, z) 应力 $(\sigma_x, \sigma_z, \tau_{xz})$ 为

$$\left.\begin{array}{l}\sigma_x = \dfrac{2P}{\pi} \cdot \dfrac{x^2 z^2}{z(x^2 + z^2)^2} \\[3mm] \sigma_z = \dfrac{2P}{\pi} \cdot \dfrac{z^4}{z(x^2 + z^2)^2} \\[3mm] \tau_{xz} = \dfrac{2P}{\pi} \cdot \dfrac{xz^3}{z(x^2 + z^2)^2}\end{array}\right\} \qquad (12.2\text{-}4a)$$

$$\left.\begin{array}{l}\sigma_R = \dfrac{2P}{\pi} \cdot \sin^2\alpha \cos^2\alpha \\[3mm] \sigma_z = \dfrac{2P}{\pi} \cdot \dfrac{z^4}{z(x^2 + z^2)^2} = \dfrac{2P}{\pi} \cdot \cos^4\alpha \\[3mm] \sigma_\alpha = 0 \\[2mm] \tau_{R\alpha} = 0\end{array}\right\} \qquad (12.2\text{-}4b)$$

（3）圆形均布荷载

如图12.2-3，在半径为a的圆形均布荷载p作用下，岩基内一点$M(r, \theta, z)$的应力可由式(12.2-1b)积分求得，或由Newmark图解法求得。

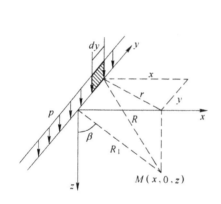

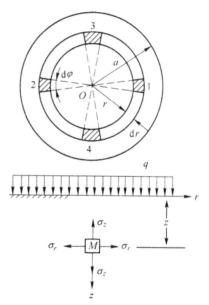

图 12.2-2 线布荷载及地基应力分布　　**图 12.2-3 圆形均布荷载及地基应力分布**

岩基内任一点$M(r, \theta, z)$的应力为

$$\left.\begin{array}{l}\sigma_r = \dfrac{p}{2}\left[(1+2\mu) + \left(\dfrac{z^2}{a^2+z^2}\right)^{3/2} - 2(1+\mu)\dfrac{z}{\sqrt{a^2+z^2}}\right] \\[4mm] \sigma_\theta = \dfrac{p}{2}\left[(1+2\mu) + \left(\dfrac{z^2}{a^2+z^2}\right)^{3/2} - 2(1+\mu)\dfrac{z}{\sqrt{a^2+z^2}}\right] \\[4mm] \sigma_z = p\left[1 - \left(\dfrac{z^2}{a^2+z^2}\right)^{3/2}\right]\end{array}\right\} \qquad (12.2\text{-}5)$$

12.2.1.2 水平荷载

如图 12.2-4，在地基岩体地表作用有水平荷载 Q，在极坐标系中，地基岩体中任一点 $M(r, \theta)$ 处的附加应力为

$$\left.\begin{array}{l} \sigma_\theta = 0 \\ \sigma_r = \dfrac{2Q\sin\theta}{\pi r} \\ \tau_{r\theta} = 0 \end{array}\right\} \qquad (12.2\text{-}6)$$

可以看出，σ_r 的等值线为相切于点 O 的两个半圆，圆心在 Q 的作用线上，距 O 点的距离（即圆的半径）为 $Q/(\pi\sigma_r)$，Q 指向的半圆代表压应力，背向的半圆代表拉应力。若改变 r，则可以得到一系列相切于点 O 的半圆（应力泡）。

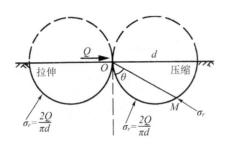

图 12.2-4　水平集中荷载及地基应力分布

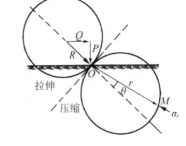

图 12.2-5　斜向集中荷载及地基应力分布

12.2.1.3　倾斜荷载

可以将倾斜集中荷载视为垂直荷载与水平荷载的组合，如图 12.2-5，倾斜荷载及地基中任一点 M 处的附加应力为

$$\left.\begin{array}{l} \sigma_\theta = 0 \\ \sigma_r = \dfrac{2T\sin\theta}{\pi r} \\ \tau_{r\theta} = 0 \end{array}\right\} \qquad (12.2\text{-}7)$$

σ_r 的等值线是圆心位于 R 作用线上，相切于点 O 的一系列圆弧。上面的圆弧代表拉应力，下面的圆弧代表压应力。

12.2.1.4　复杂荷载

根据工程结构设计的要求，岩基不仅受到建筑物的垂向荷重，还可能受到其它方向的作用力，如水平风荷载和作用在坝体上的水平水压力。在设计和勘测时，均应对此种情况下岩基内的应力有一定的认识。

以坝基为例，作用在坝基上的荷载可分为垂直荷载 W 与水平荷载 P_H，它们的合力 R 的方向显然是倾斜的（图 12.2-6(a)）。

为了便于分析，可近似认为由坝体传递于岩基上荷载的分布如图 12.2-6(b)，此

荷载又可分解成大小按梯形分布的垂直荷载和水平荷载，梯形分布的垂直荷载和水平荷载可以看成是由3个三角形分布荷载所组成的（图12.2-6(c)、12.2-6(d)）。因此，作用在坝基上的荷载，总可以分解为两种基本的分布荷载，一种是三角形分布的垂直荷载p；另一种是三角形分布的水平荷载q。

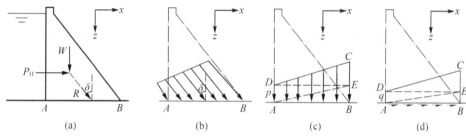

图12.2-6　坝基上荷载的分解

根据弹性力学，可分别求得上述两种三角形荷载对坝基内任一点$M(x,z)$所产生的应力分量（$\sigma_x,\sigma_z,\tau_{xz}$），即

$$\sigma_x' = \frac{p}{\pi b}\left[x\arctan\left(\frac{bz}{z^2+x^2-bx}\right)+\frac{bz(x-b)}{z^2+(x-b)^2}+z\lg\left(\frac{z^2+(x-b)^2}{z^2+x^2}\right)\right]$$

$$\sigma_z' = \frac{p}{\pi b}\left[x\arctan\left(\frac{bz}{z^2+x^2-bx}\right)-\frac{bz(x-b)}{z^2+(x-b)^2}\right] \tag{12.2-8}$$

$$\tau_{xz}' = \frac{p}{\pi b}\left[-z\arctan\left(\frac{bz}{z^2+x^2-bx}\right)+\frac{bz^2}{(x-b)^2+z^2}\right]$$

$$\sigma_x'' = \frac{q}{\pi b}\left[3z\arctan\left(\frac{bz}{z^2+x^2-bx}\right)-\frac{bz^2}{z^2+(x-b)^2}-x\lg\left(\frac{z^2+(x-b)^2}{z^2+x^2}\right)-2b\right]$$

$$\sigma_z'' = \frac{q}{\pi b}\left[-z\arctan\left(\frac{bz}{z^2+x^2-bx}\right)+\frac{bz^2}{z^2+(x-b)^2}\right] \tag{12.2-9}$$

$$\tau_{xz}'' = \frac{q}{\pi b}\left[x\arctan\left(\frac{bz}{z^2+x^2-bx}\right)+\frac{bz(x-b)}{(x-b)^2+z^2}+z\lg\left(\frac{z^2+(x-b)^2}{z^2+x^2}\right)\right]$$

式中，p——最大垂直压力；

　　　　q——最大水平压力；

　　　　b——基底长度，即图12.2-6中AB间的距离。

将上述应力叠加，即得到地基内任一点在合力R作用下的附加应力为

$$\left.\begin{array}{l}\sigma_x = \sigma_x' + \sigma_x'' \\ \sigma_z = \sigma_z' + \sigma_z'' \\ \tau_{xz} = \tau_{xz}' + \tau_{xz}''\end{array}\right\} \tag{12.2-10}$$

图12.2-7为三角形垂直荷载和三角形水平荷载在坝基不同深度上产生的应力分布曲线，其分布规律如图12.2-8(a)、12.2-8(b)所示。两图对比可看出，在坝踵下面

相同的深度处，三角形水平荷载所产生的拉应力大于三角形垂直荷载所产生的压应力。因此，当这两种荷载同时作用在坝基上时，坝踵处的合应力将为拉应力。

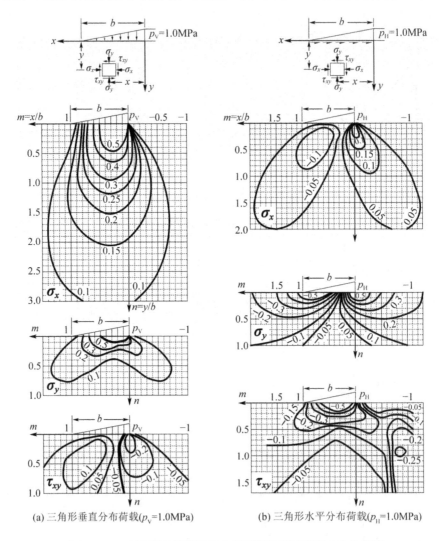

(a) 三角形垂直分布荷载(p_V=1.0MPa)　　　(b) 三角形水平分布荷载(p_H=1.0MPa)

图12.2-7　三角形垂直荷载和水平荷载作用下地基应力分布图

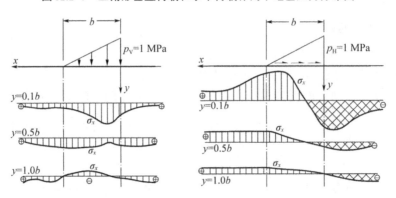

图12.2-8　三角形垂直荷载和水平荷载作用下坝基内应力分布图

12.2.2　双层岩质地基

在双层岩质地基中，当上层岩体较坚硬而下卧层较软弱时，上层岩体将承担大部分外荷载，同时内部应力水平也将远大于下卧层。图12.2-9表示双层岩石地基中，随着上下层岩体模量比的变化，竖向应力分布的变化过程。从图中知，当上下层模量比为1时，即为均质岩基，其应力分布符合Boussineq解；当上下层模量比增大至100时，下卧软弱层中的附加应力就小得可以忽略不计了，即外荷载几乎全部由上部岩基承担。

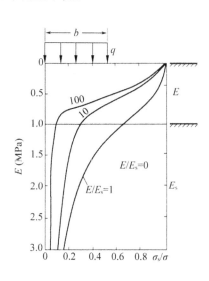

图12.2-9　双层岩基及其应力分布

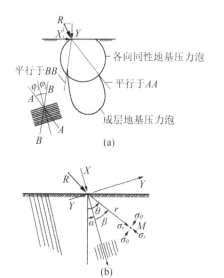

图12.2-10　倾斜层状岩基拉应力分布

12.2.3　板裂介质岩体地基中的应力分布

对于非均匀、各向异性岩体，地基中的应力分布不能用弹性理论求解，通常用到有限元等特殊解法，或基于均匀各向同性岩基加以修正（建立"等效"各向异性介质），以更有效地研究不连续性对基脚下应力分布的影响。

图12.2-10(a)表示层面（或结构面）均匀分布的半平面岩体中受倾斜荷载R作用的情况。对于均质各向同性岩基，其压应力等值线（应力泡）应按图12.2-10(a)中圆形分布（与图12.2-5相同）；但由于层面的存在且合应力不能与结构面（层面）成统一角度，故应力泡不再为圆形。根据结构面内摩擦角φ_j的定义，径向应力与层面法向间的夹角的绝对值必小于或等于φ_j，故应力泡不能超出与结构面的法向成角的线AA和BB之外。由于应力泡被限制在比均质各向同性岩基中更窄的范围之内，它必定会延伸得更深，这意味着在同一深度上的应力水平高于各向同性岩基的情况。随着线荷载方向与结构面方位的变化，一部分荷载也能扩散到平行于结构面的方向上去，对于图12.2-10(a)所示的情形，平行于层面的任何应力增量都将是拉应力。值得注意的是，由于对层间发生破坏的情形还是使用弹性的Boussinesq解，故图中修正

的应力泡形状是近似的。

为了更好地研究结构面（层面）对岩基应力分布的影响，Bray（1977）提出"等效横中向同性介质"的概念进行分析，即研究考虑一组结构面的横观各向同性岩基。如图 12.2-10(b)，将倾斜线荷载分解到平行和垂直于结构面的两个方向，两个分量分别为 X 和 Y，此时岩基中的应力还是呈辐射状分布，即 $\sigma_\theta = \tau_{r\theta} = 0$，径向应力为

$$\left.\begin{array}{l} \sigma_\theta = 0 \\ \sigma_r = \dfrac{h}{\pi r}\left[\dfrac{X\cos\beta + mY\sin\beta}{\left(\cos^2\beta - g\sin^2\beta\right)^2 + h^2\sin^2\beta\cos^2\beta} \right] \\ \tau_{r\theta} = 0 \end{array}\right\} \qquad (12.2\text{-}11)$$

式中，β——径向应力与结构面间的夹角，$\beta = \theta - \alpha$；

m、h——描述岩体横观各向同性性质的无因次量，按下式计算

$$\left.\begin{array}{l} m = \sqrt{1 + \dfrac{E}{(1-\mu^2)K_n S}} \\ h = \sqrt{\dfrac{E}{1-\mu^2}\left[\dfrac{2(1+\mu)}{E} + \dfrac{1}{K_s S}\right] + 2\left(m - \dfrac{\mu}{1-\mu}\right)} \end{array}\right\} \qquad (12.2\text{-}12)$$

E、μ——岩石的弹性模量和泊松比；

S——结构面间距（层状岩体为岩层厚度）；

K_n、K_s——结构面的法向刚度和切向刚度。

图 12.2-11 为对层状岩体模型模拟试验结果，其中岩石弹性变形参数为 $E=5500\ \text{MPa}$、$\mu=0.2$，结构面抗剪强度 $\tau_j = 0.676\ \text{MPa}$。由图可知，层状岩体岩基中的应力分布明显受控于加荷方向与产状间的关系。

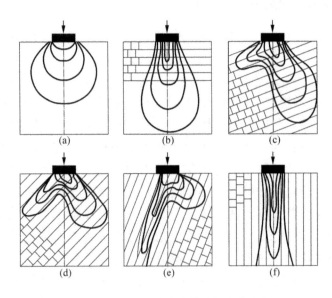

(a)　(b)　(c)

(d)　(e)　(f)

图 12.2-11　层状岩体地基中的应力分布

当加荷方向与层面垂直（即$\alpha=0°$或$\beta=90°$）时，应力等值线（应力泡）呈沿加荷方向伸展的形式，最大垂直压力与加荷方向一致（图12.2-11(b)）。

当$\beta=60°$时，部分应力直接沿层面方向传递，导致应力泡分叉，出现了两个相对较大应力的方向，且均与加荷方向不一致，分别与层面平行和垂直，与$\beta=90°$情形相比，垂直层面分布的应力减小（图12.2-11(c)）。

当$\beta=45°$时，沿层面和垂直于层面的两个方向的应力近于相等（图12.2-11(d)）。

当$\beta=30°$时，大体与$\beta=60°$时的情形相反，应力沿层面发生集中，而且贯穿深度甚大，而在垂直于层面方向上的应力发生分散，应力贯穿深度显著减小（图12.2-11(e)）。

当$\beta=0°$时，最大压力方向与加荷方向一致，全部应力均沿垂直层面方向传递，应力分布呈非常伸展，贯穿极深（图12.2-11(f)），在此情况下，岩层的作用相当于柱，荷载的侧向传递通过接触面的剪力进行。

12.2.4　碎裂介质岩体地基中的应力分布

碎裂介质岩体是自然界中最普遍的一种岩体，它是被大量Ⅲ、Ⅳ级结构面交叉切割形成分离的结构岩体。由第7章知，岩体内结构面包括3种排列组合形式（对缝式、错缝式和斜缝式），不同组合模式的力学作用的不同，首先表现在应力传播机制和传播规律的不同（图7.5-12～图7.5-15）。

关于碎裂介质岩体应力传播机制和规律详见7.5.2.7节，此不赘述。

12.3　岩基的变形

岩基上基础的沉降主要由岩基承载后出现的变形而引起。一般中小型工程，由于岩体的变形模量相对较大，引起的沉降变形较小，而重型或巨大结构荷重将使岩体产生较大变形。岩基变形有两方面的影响，其一是绝对位移或下沉量直接使基础沉降，改变了原设计标准的要求，其二是岩基的不均匀变形使结构体上各点间产生相对位移。对于某些重要工程，往往不允许出现变形。

由于岩基的几何形状、材料性质、荷载分布及其内应力分布是不均匀的，对于这种岩基的沉降变形分析，最佳方法是有限单元法等数值法。

12.3.1　浅基础的沉降

12.3.1.1　集中力作用下的沉降变形

如图12.2-1，半无限体表面上某点O作用有铅直集中力P，则在距点O水平距离为r、埋深为z处点M处且的变形量可由式（12.2-1）求得，即

$$u_r = \frac{(1+\mu)P}{2\pi E}\left[\frac{rz}{R^3} - \frac{(1-2\mu)r}{R(R+z)}\right]$$

$$u_z = \frac{(1+\mu)P}{2\pi E}\left[\frac{z^2}{R^3} + \frac{2(1-\mu)}{R}\right] \Bigg\} \tag{12.3-1}$$

式中，R——计算点 M 距集中力作用点 O 的距离，$R^2 = r^2 + z^2$；

　　　u_r、u_z——点 M 处的水平位移和垂直位移。

若岩体中含有结构面变形成分时，则点 M 处的垂直变形量为

$$u_z = \frac{(1+\mu)}{2\pi E}\left[\frac{z^2}{R^3} + \frac{2(1-\mu)}{R}\right] + \varepsilon_{j0}\int_0^z\left[1 - \exp\left(-\frac{\sigma_x}{E_j\varepsilon_{j0}}\right)\right]\cdot z\,\mathrm{d}z \tag{12.3-2}$$

当 $z=0$ 时，由式（12.3-1）和式（12.3-2），得到地表的沉降量为

$$W_0 = \frac{P(1-\mu^2)}{\pi ER} \tag{12.3-3}$$

12.3.1.2　分布力作用下的基础沉降变形

（1）分布力作用下岩基变形计算的一般方法

（a）基础的刚度

当基础的弹性模量小于或等于岩基的弹性模量，且基础厚度小于特征尺度一定值时，便为柔性基础（图 12.3-1(a)）。当基础的弹模大于地基岩体弹模的一个数量级，且基础的厚度大于基础特征尺寸一定比例时，可视为刚性基础（图 12.3-1(b)）。

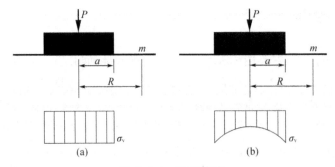

图 12.3-1　圆形基础

（b）分布力作用下的基础沉降

如图 12.3-2，如果为半无限体表面作用荷载 $p(\xi, \eta)$，则可按积分法计算表面上任一点 $M(x, y)$ 处的沉降量 $W(x, y)$

$$W(x,y) = \frac{1-\mu^2}{\pi E_m}\iint_A \frac{p(\xi,\eta)}{\sqrt{(\xi-x)^2 + (\eta-y)^2}}\,\mathrm{d}\xi\mathrm{d}\eta \tag{12.3-4}$$

式中，A——荷载 p 的作用范围；

　　　E_m——岩基的弹性模量。

该式适用于圆形、矩形及条形基础的沉降。

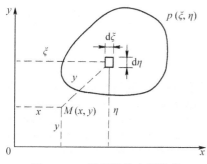

图 12.3-2　半无限体表面荷载

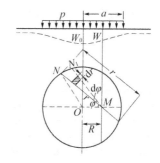

图 12.3-3　圆形基础沉降计算示意图

（2）圆形基础下岩基的沉降变形

（a）圆形柔性基础

如图 12.3-1(a)所示，圆形柔性基础上作用有均布荷载 p（$p=P/A$），在基底接触面上没有任何摩擦力时，则基底反力 σ_v 也将呈均匀分布并等于 p，即

$$\sigma_v = p = \frac{P}{\pi a^2} \tag{12.3-5}$$

为求得总荷载引起岩基内任一点处表面的总沉降量，如图 12.3-3，过点 M 做一条割线 MN，再做一条无限接近的另一条割线 MN_1，则微单元（图 12.3-3 中阴影部分）的面积为 $dA=rdrd\varphi$，于是微单元体上作用的荷载 dP 为

$$dP = pdA = prdrd\varphi \tag{12.3-6}$$

由式（12.3-4），可得微单元体作用荷载 dP 引起的 M 点的沉降 dW 为，

$$dW = \frac{dP(1-\mu^2)}{\pi E_m r} = \frac{1-\mu^2}{\pi E_m} pdrd\varphi \tag{12.3-7}$$

而整个基础上作用的荷载引起的总沉降量为

$$W = \int dW = \frac{1-\mu^2}{\pi E_m} p \int dr \int d\varphi = \frac{4(1-\mu^2)p}{\pi E_m} \int_0^{\pi/2} \sqrt{a^2 - R^2 \sin\varphi} \, d\varphi \tag{12.3-8}$$

式中，R——点 M 到圆形基础中心的距离；

a——基础半径。

由式（12.3-8）可知，圆形柔性基础中心（$R=0$）和边缘（$R=a$）处的沉降量 W_0 和 W_a 分别为

$$W_0 = \frac{2(1-\mu^2)p}{E_m} a \tag{12.3-9}$$

$$W_a = \frac{4(1-\mu^2)p}{\pi E_m} a \tag{12.3-10}$$

于是

$$\frac{W_0}{W_a} = \frac{\pi}{2} = 1.57 \tag{12.3-11}$$

可见，当承受均布荷载时，圆形柔性基础中心沉降量为边缘沉降量的 1.57 倍。

（b）圆形刚性基础

如图 12.3-1(b)，对于圆形刚性基础，当作用有集中荷载 P 时，基底的沉降将是一个常数，即

$$W_0 = W_a = \frac{1-\mu^2}{\pi E} \iint \sigma_v \mathrm{d}r \mathrm{d}\varphi = \frac{(1-\mu^2)P}{2aE_m} = \frac{\pi(1-\mu^2)p}{2E} \cdot a \tag{12.3-12}$$

在受荷面以外岩体表面各点（距集中力 P 作用点 O 的距离为 R）的垂直位移 W_R 为

$$W_R = \frac{(1-\mu^2)P \arcsin(a/R)}{\pi a E_m} = \frac{(1-\mu^2)p \arcsin(a/R)}{2E} \cdot a \tag{12.3-13}$$

圆形刚性基础基底接触压力 σ_v 不是常数，底接触压力 σ_v 为

$$\sigma_v = \frac{P}{2\pi a\sqrt{a^2-R^2}} = \frac{a}{2\sqrt{a^2-R^2}} \cdot p \tag{12.3-14}$$

由式(12.3-13)，在基础中心（$R=0$）的基底应力 $\sigma_v = p/(2\pi a^2) = p$，而在基础周边（$R=a$）的基底应力 $\sigma_v = \infty$，即在基础边缘上的接触压力为无限大，这是由于假设基础是完全刚性的，使得基础中心下岩基变形大于边缘处，形成一个下降漏斗，造成了荷载集中在基础边缘处的岩体上，从理论上讲，将在该处出现破坏区。实际上，这种无限大的压力不会出现，因为基础结构并非完全刚性，而且纯粹的弹性理论也不见得适用于岩基的实际情况。因而，在基础边缘岩层上，岩层会产生塑性屈服，使边缘处的应力重新分布，应力集中系数约为 6~8。

（3）矩形基础下岩基的沉降变形

（a）矩形柔性基础

对于矩形柔性基础，当其中心承受集中荷载 P（或均布荷载 p）时，基础底面上各点的沉降量皆不相同，但沿基底的压力处处相等。若基础底面宽度为 b、长度为 a 时，基底中心沉降量 W_0、角点沉降量 W_c 和基底平均沉降量 W_m 分别为

$$\left.\begin{array}{l} W_0 = K_0 \cdot \dfrac{(1-\mu^2)p}{E} \cdot b \\[2mm] W_c = K_c \cdot \dfrac{(1-\mu^2)p}{E} \cdot b \\[2mm] W_m = K_m \cdot \dfrac{(1-\mu^2)p}{E} \cdot b \end{array}\right\} \tag{12.3-15}$$

式中，W_0、W_c、W_m——底中心和角点沉降量以及基底平均沉降量；

K_0、K_c、K_m——基底中心、角点主平均的沉降系数，见表 12.3-1。

（b）矩形刚性基础

对于绝对刚性的矩形基础，当其中心承受集中荷载 P（或均布荷载 p）时，基础底面上的各点皆有相同的沉降，但沿基底的压力不相等。若基础底面的长宽分别为 a、b 时，其沉降量 W 为

$$W = K_{\mathrm{const}} \cdot (1-\mu^2) \frac{p}{E} \cdot b \tag{12.3-16}$$

式中，K_{const}——沉降系数，见表12.3-1。

受荷面形状	a/b	柔性基础			刚性基础
		K_0	K_c	K_m	K_{const}
圆形	/	1.00	0.64	0.58	0.79
矩形	1.0	1.12	0.56	0.95	0.88
	1.5	1.36	0.68	1.15	1.08
	2.0	1.53	0.74	1.30	1.22
	3.0	1.78	0.89	1.53	1.44
	4.0	1.96	0.98	1.70	1.61
	5.0	2.10	1.05	1.83	1.72
	6.0	2.23	1.12	1.96	/
	7.0	2.33	1.17	2.04	/
	8.0	2.42	1.21	2.12	/
	9.0	2.49	1.25	2.19	/
	10.0	2.53	1.27	2.25	2.12
条形	30.0	3.23	1.62	2.88	/
	50.0	3.54	1.77	2.22	/
	100.0	4.00	2.00	3.70	/

12
岩基稳定性分析

12.3.2 深基础的沉降

由于深基础的类型不同，其沉降量的确定方法也不相同。兹以岩石桩基为例，介绍岩基上深基础沉降量确定方法。

12.3.2.1 岩石地基中桩基础沉降的组成

如图12.3-4(a)，岩石地基中桩基础的沉降量由3部分组成，即

$$W = W_b + W_p + \Delta W \tag{12.3-17}$$

式中，W_b——桩端压力作用下的桩端沉降量；

W_p——桩顶作用下的桩身压缩量；

ΔW——考虑沿桩侧由侧壁黏聚力传递荷载而对沉降量的修正值。

12.3.2.2 各部分值的确定

（1）桩端沉降量 W_b

如图12.3-4(b)，有一根桩穿过覆盖层而深入到下伏基岩中，假定桩深入岩体深度为 l，桩直径为 $2a$，在桩顶作用有荷载 p_t，桩下端荷载为 p_e，基岩变形模量为 E_m，泊松比为 μ，则桩下端沉降量为

$$W_b = \frac{\pi(1-\mu^2)p_e}{2nE_m} \cdot a \qquad (12.3-18)$$

式中，n——埋深系数，取决于嵌入岩体的深度 l 和基岩泊松比 μ，见表 12.3-2。

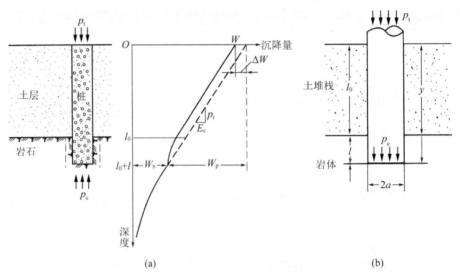

图 12.3-4　岩基中桩基沉降量分析图

表 12.3-2　岩基中桩基础埋深系数

μ	不同埋深条件下的埋深系数 n					
	$l=0$	$l=2a$	$l=4a$	$l=6a$	$l=8a$	$l=14a$
0.0	1.0	1.4	2.1	2.2	2.3	2.4
0.3	1.0	1.6	1.8	1.8	1.9	2.0
0.5	1.0	1.6	1.6	1.6	1.7	1.8

（2）桩身压缩量 W_p

如图 12.3-4，W_p 可按下式确定，

$$W_p = \frac{p_t}{E_c}(l_0 + l) \qquad (12.3-19)$$

式中，$l+l_0$——桩的总长度，其中 l 为桩嵌入基岩中的深度，m；

　　　E_c——桩身变形模量。

（3）修正值 ΔW

ΔW 可按下式可按下式确定，

$$\Delta W = \frac{1}{E_c}\int_{l_0}^{l_0+l}(p_t - \sigma_y)\mathrm{d}y \qquad (12.3-20)$$

式中，σ_y——地表以下深度 y 处的桩身承受的压力，MPa，按下式计算

$$\sigma_y = \cfrac{p_t}{\exp\left[\cfrac{2\mu_c fE_m}{(1-\mu_c)E_m+(1+\mu)E_e}\cdot\cfrac{y}{a}\right]}$$

（12.3-21）

μ_c、μ——混凝土的泊松比和基岩的泊松比；

E_c、E_m——桩和基岩的变形模量，MPa；

f——桩身与基岩间的摩擦系数。

从 σ_y 的表达式可以看出，当 $y=0$ 时，$\sigma_y=p_t$；当 $y=l_0+l$ 时，$\sigma_y=p_e$。

12.4 岩基的承载力

12.4.1 岩基的破坏模式

岩体的成分、结构和赋存条件千变万化，故荷载作用下不同岩体的变形破坏也各式各样，而且同一岩体在不同荷载作用下也会产生不同的破坏模式。Stini 对脆性完整岩体地基在荷载作用的变形破坏模式的研究表明，对脆性无孔隙完整岩体施加荷载时，加荷初期属于弹性，但具体形式取决于基础形状和变形特征（图 12.4-1(a)、(b)、(c)）。当上部荷载达到某弹性极限并使基脚处开始出现裂缝以后，继续加荷便会使岩基裂缝开裂并向深部扩展（图 12.4-1(a)）；在更大的荷载作用下，这些裂缝又合并或交汇，最终开裂成许多片状和楔形体，并在荷载进一步增加时被压屈和压碎，压碎范围随深度增加而减少，压碎范围近似倒三角形（图 12.4-1(b)）；当荷载继续增大，由于裂缝张开使压碎岩体产生向两侧的剪胀扩容，基脚附近岩体发生剪切滑移并使基脚附近地面破坏，基底下的开裂和破碎岩石的区域向外扩展，产生辐射状的裂隙网，其中有一条裂隙可能最终扩展到自由表面，岩基发生劈裂（图 12.4-1(c)）。

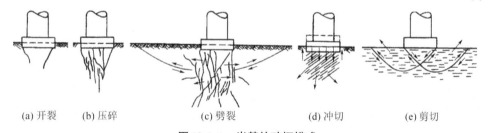

(a) 开裂　　(b) 压碎　　　(c) 劈裂　　　(d) 冲切　　(e) 剪切

图 12.4-1　岩基的破坏模式

图 12.4-1(d) 是岩基冲切破坏（或冲压破坏）模式。这种破坏模式多发生在多孔洞或多孔隙脆性岩体中，如钙质或石膏质胶结脆性砂岩、熔渍胶结火山岩、溶蚀严重或溶孔密布的可溶岩等。其中，多孔岩石组成的脆性岩体，受上部荷载作用后可能会受到孔隙骨架破坏；胶结差的沉积岩，在还未出现开裂和楔入的应力状态下就可能由于裂隙和孔隙的闭合产生附加的永久变形，引起岩基不可恢复的沉陷。如图 12.4-2，有时在一些风化沉积岩（如石灰岩、砂岩）和玄武岩中纵横密布的竖向张开结构面，也会发生冲切破坏。

图12.4-1(e)是岩基剪切破坏模式。这种破坏模式多发生在压缩性高且抗剪强度极低的黏土岩和风化火山岩组成的岩基中，常在基底下的岩体内出现压实楔、而在其两侧岩体内有弧形滑面。直线滑面可在风化岩体内产生（图12.4-3(a)），此时剪切面切断风化岩块；当岩基内有两组近于直角或大于直角的结构面相交时，剪切面追踪两组结构面，也可形成直线型滑动面，使岩基破坏（图12.4-3(b)）。

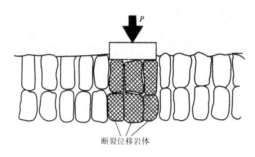

断裂位移岩体

图12.4-2　张开竖向结构面风化沉积岩的冲切破坏模式

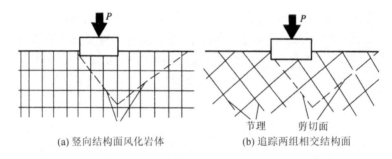

(a) 竖向结构面风化岩体　　　　(b) 追踪两组相交结构面

图12.4-3　闭合结构面的剪切破坏模式

开裂、节理闭合和冲压等破坏模式可同时出现，或以某种顺序连续出现。因此，几乎任何一种荷载—变形过程都是可能出现的。相反，若对基岩的岩体力学研究能致力于测定节理的张开度、孔隙骨架的强度和夹层的变形和强度，则有可能在任何规定地基荷载的强度和性质的情况下，预计到地基的荷载—变形关系，再考虑建筑物地基变形的容许限度，就可能选定岩基的允许承载力。

根据基础的荷载分布和开裂状态下岩体的性质，可获得图12.4-1中任何一个阶段的承载力和最大允许变形。

12.4.2　岩基的承载力

12.4.2.1　岩基的允许承载力

在上部结构荷载作用下，当岩基中的应力超过岩体强度，则岩基发生破坏，故为保证岩基的稳定，需确定岩基的承载力。岩基承载力是指岩基在荷载作用达到破坏状态或出现不适于继续承载的变形前所能承受的最大荷载。岩基的允许承载力是与岩体允许变形和极限平衡相适应的岩体表面上最大压力。岩基承载力特征值是指静载试验测定的岩基变形曲线的线性变形段内规定变形所对应的压力值。

地基设计要求确定地基部分的底部和周边每一地质单元的允许承载力和结合力，其选值必须对荷载能力的丧失（因承载力不足而破坏）有一定的安全储备，且必须在没有大的变形下工作。

对于荷载大或极好的岩体，岩体稳定可能是设计的控制因素，但对一般岩体而言，变形常比强度起更大的限制作用。岩基的允许承载力一般均在建筑规范内有规定，并按规定取值。规范提供的是保守的安全值，并反映地区性经验。按规范选取的允许承载力，通常均满足岩体的承载力和沉降极限两方面的要求，且有一定的安全因素，一般均应遵循实用规范。然而实用规范往往非常保守，如果能对有些规范的允许值进行适当修改（安全性必须得到有力的论证），能得到可靠的经济效益。

岩基的实际极限承载力可通过荷载试验、有限单元法和极限平衡法计算求得。在现场进行岩基荷载试验是有价值的，它不需对岩体的构造和物理性质进行估计，就能直接确定其承载力，但这种试验很费钱，而且很少能包括地基有效范围内的整个岩体和环境条件。有限单元法对场址条件和岩体性质的各种变化情况都能进行研究，获得经济的设计。对荷载作用下的岩基按极限平衡计算其承载力是一种比较简便的方法，但必须注意岩基的破坏模式的复杂性和多样性。

12.4.2.2 岩基极限承载力确定的理论计算法

（1）均质岩基的承载力

均质岩基的应力在弹性变形范围内就足以使岩体发生变形，实际上岩基的变形不仅可由弹性变形引起，也可由岩石本身的塑性变形甚至沿节理裂隙发生剪切破坏而引起较大的基础沉陷。为此，根据岩基的破坏模式，确定岩基的承载力，特别是建筑物作用于软弱岩层地基上的荷载已接近岩基的临界承载力条件是必要的。

设宽度为 b 的条形基础上作用有均布荷载 q_f，现以剪切模式（图12.4-1(e)）和压碎模式（图12.4-1(b)）为例，讨论半无限体岩基的情况。

（a）基脚剪切破坏时的承载力

岩基剪切破坏的破坏面可有曲线型（图12.4-1(e)）和直线型（图12.4-3）两种，但以直线型为主（因为岩体中结构面的存在）。为计算方便，假设破坏面由两组相互正交的平面组成，并可分为两个楔形体（图12.4-4）；q_f 的作用范围很长，以致可以忽略 q_f 端部阻力；q_f 作用的承载面上不存在剪力；每个楔体均可采用平均体积力。

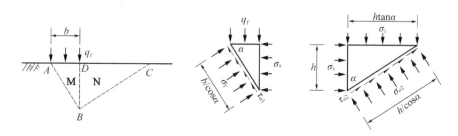

图12.4-4　岩基在剪切破坏模式下的承载力计算图

如图 12.4-4，两个楔体 M 和 N 中，因 M 受破坏应力 q_f 的作用，产生水平正应力 σ_x 并作用于楔体 N 上。

对于楔体 N，σ_x 为其最大主应力（也是主动应力），σ_z 是重力产生并作用于 N 上体积应力，为最小主应力。破坏面 BC（$\alpha_2=45°+\varphi/2$）上有应力 $\sigma_{\alpha2}$ 和 $\tau_{\alpha2}$，若该面上只有摩擦力而无内聚力（$c=0$），当产生破坏时，$\tau_{\alpha2}=\sigma_{\alpha2}\tan\varphi$，即 $\sigma_x/\sigma_z=\tan^2\alpha_2$；若该面上 $c\neq0$，有 $\tau_f=\sigma\tan\varphi+c=(\sigma+\sigma_t)\tan\varphi$，于是有

$$\sigma_x = \sigma_z \tan^2\alpha_2 + c\frac{\tan^2\alpha_2-1}{\tan\varphi} = \sigma_z \tan^2\left(\frac{\pi}{4}+\frac{\varphi}{2}\right) + 2c\tan\left(\frac{\pi}{4}+\frac{\varphi}{2}\right) \tag{12.4-1}$$

$$\sigma_z = \frac{1}{2}\gamma h = \frac{1}{2}\gamma b\tan\left(\frac{\pi}{4}+\frac{\varphi}{2}\right) \tag{12.4-2}$$

若在承载压力 q_f 附近表面上还作用有一个附加压力 q，则在楔体 N 上作用力 σ_z 为

$$\sigma_z = \frac{1}{2}\gamma h + q = \frac{1}{2}\gamma b\tan\left(\frac{\pi}{4}+\frac{\varphi}{2}\right) + q \tag{12.4-3}$$

对于块体 M，σ_x 为其最小主应力，σ_z 为最大主应力，即

$$\sigma_z = \frac{1}{2}\gamma h + q_f = \sigma_x\tan^2\alpha_2 + \frac{\tan^2\alpha_2-1}{\tan\varphi}c \tag{12.4-4}$$

于是由式（12.4-1）、式（12.4-3）和式（12.4-4），得

$$q_f = \frac{1}{2}\gamma b\tan^5\alpha_2 + 2c\tan\alpha_2\left[1+\tan^2\alpha_2\right] + q\tan^4\alpha_2 - \frac{1}{2}\gamma b\tan\alpha_2 \tag{12.4-5}$$

式中，$\alpha_2=(\pi/4+\varphi/2)$。

式（12.4-5）是极限承力的精确解。式中最后一项远比其它各项小，故可略去。将式（12.4-5）改写为

$$q_f = \frac{1}{2}\gamma bN_\gamma + cN_c + qN_q \tag{12.4-6}$$

式中，N_γ、N_c、N_q——承载力系数，它们都是 φ 的函数。

破坏面为平面时，式（12.4-6）中的承载力系数为

$$\left.\begin{aligned}
N_\gamma &= \tan^5\left(\frac{\pi}{4}+\frac{\varphi}{2}\right) \\
N_c &= 2\tan\left(\frac{\pi}{4}+\frac{\varphi}{2}\right)\left[1+\tan^2\left(\frac{\pi}{4}+\frac{\varphi}{2}\right)\right] \\
N_q &= \tan^4\left(\frac{\pi}{4}+\frac{\varphi}{2}\right)
\end{aligned}\right\} \tag{12.4-7}$$

如果实际破坏面是弯曲面，以及两楔体 M、N 之间的边界上和承载面上存在剪应力，实际承载力要比式（12.4-6）和式（12.4-7）所确定的值要大，经修正，岩基的承载力系数为

$$N_\gamma = \tan^6\left(\frac{\pi}{4} + \frac{\varphi}{2}\right) - 1$$

$$N_c = 5\tan^4\left(\frac{\pi}{4} + \frac{\varphi}{2}\right) \qquad (12.4\text{-}8)$$

$$N_q = \tan^6\left(\frac{\pi}{4} + \frac{\varphi}{2}\right)$$

当 $\varphi=0\sim45°$ 的范围时，式(12.4-8)中3个方程计算出的系数值较为接近于精确解。

对于圆形或方形基础，承载力系数中，仅 N_c 有显著的变化，此时

$$N_c = 7\tan^4\left(\frac{\pi}{4} + \frac{\varphi}{2}\right) \qquad (12.4\text{-}9)$$

（b）基脚压碎破坏时的承载力

如果岩基以开裂、压碎或劈裂模式（图12.4-1(a)、12.4-1(b)、12.4-1(c)）破坏，如图12.4-5(a)，在条形基础下破碎岩石侧向膨胀区引起向任一侧岩石辐射状裂隙。基础下已遭受破坏的破碎岩石的强度包络线和破坏较少的邻近岩石的强度分别标在图12.4-5(b)中。

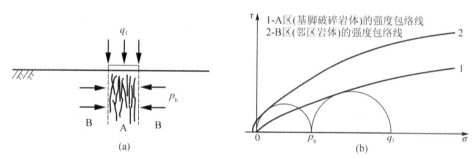

图12.4-5　压碎破坏模式岩基的承载力分析

能支承基础下岩石（A区）的最大水平侧限压力为 p_h，它由相邻岩石（B区）的无侧限抗压强度确定。这个压力定出了与基础下破碎岩石的强度包络线相切的Mohr圆的下限。破碎岩石的三轴压缩试验能定出其强度包线，所以，可求得承载力。对于图12.4-5所示情形，可以得到，均质岩体的承载力不会小于基础下周围岩体的无侧限抗压强度，而且可以把无侧限抗压强度取为岩基的承载力。若岩体有恒定的内摩擦角 φ 和无侧限抗压强度 σ_c，按图12.4-4确定的承载力

$$q_f = \sigma_c(N_\varphi + 1) \qquad (12.4\text{-}10)$$

式中，N_φ——承载力系数，$N_\varphi = \tan^2(45° + \varphi/2)$。

（2）非均质岩基的承载力

对于非均质或各向异性岩体，如岩石内有颗粒边界微裂纹或岩体中有节理空隙等，则不能用上述方法确定岩基承载力，因为岩体受荷后产生局部应力集中而引起局部先破坏，原来所假设的初始破坏面应力不再是平均应力，从而使问题复杂化，

需作专门的分析研究。

对于脆性岩石地基，由于岩石内存在微裂纹，因而可用Griffith强度理论确定其承载力，即当地基与基础接触应力σ_v等于无侧限单轴抗压强度的3倍或抗拉强度的24倍时，地基达到极限承载状态，即岩基承载力为

$$q_f = 3\sigma_c = 24\sigma_t \tag{12.4-11}$$

对于强度较低的岩基，如页岩、板岩、泥岩和煤层等，当刚性基础传递于这类岩层时，在基础边缘产生应力集中。设条形刚性基础宽度为b，当距基础边缘为y处的基底接触压力σ_v足以使岩基发生破坏时的平均承载力为

$$q_f = \frac{\pi\sigma_v}{b}\sqrt{-y^2 + by} \tag{12.4-12}$$

随着接近混凝土基础的边缘，由于没有约束以及存在巨大的应力，则混凝土内会出现部分塑性反应，从而不会出现理论上的无限大应力，则最大应力只能出现在离基础边缘的某一距离y上。假设在y距离处的最大应力足以使岩石发生脆性破坏，此时岩基的极限承载力为

$$q_f = 3\pi\sigma_v\sqrt{-y^2 + by} \tag{12.4-13}$$

这意味着破坏首先发生在基础底面离边缘为y的地方，并且由于岩石是脆性的，所以岩基会逐渐破碎。

对于双层地基，如基础支承在一个薄而较坚硬的砂质岩层上，砂岩下为软弱的黏土质页岩。当有足够大的荷载时，坚硬岩层将因弯曲而破坏，此后，将大部分荷载传递给黏土质页岩。变形以及随之产生的上部岩层的开裂很可能对设计荷载起控制作用。否则，承载力将只能按下部软弱岩层的性质计算，坚硬岩层的强度可视为一个厚梁进行分析。

对于对缝式碎裂介质岩体地基，铅直节理间距为S，基础宽度为b，若$b=S$，则可将岩基模拟为柱，轴向荷载作用下的强度大约等于无侧限抗压强度σ_c。若基础只接触节理块的一个较小部分，则承载力朝着相应于均质的、不连续的岩石承载力的最大值而增加，并可按式(12.4-10)求得。

在确定岩基的承载力时，必须注意以下两方面的问题。其一，由于岩体具有显著的尺寸效应和受某些不确定因素影响而具有可变性，所以绝不允许选用未考虑尺度影响而仅由现场荷载试验计算甚至量测的承载力。其二，岩基承载力可以因临近边坡而大为减小，其原因是在地基范围内可能存在潜在的破坏面，甚至在无附加荷载时安全度也不够，滑动一开始，就会引起建筑物的猛烈倒塌，所以必须认真地对边坡进行勘测和分析。

12.4.2.3 岩基极限承载力确定的现场试验法

《公路桥涵地基与基础设计规范》（JTG D63-2007）规定，岩基载荷试验适用于确定完整、较完整和较破碎岩基作为天然地基或桩基础持力层时的承载力。

（1）设备

载荷板采用直径为 300 mm 的圆形刚性承压板；当岩体埋藏较深时，可采用钢筋混凝土桩，但桩周需采取措施以消除桩身与岩土间的摩擦力。

（2）加载方式及终止加载标准

加载方式采用单循环加载，荷载逐级递增直至破坏，然后分级加载。第 1 级加载值为预估设计值的 1/5，以后每级为 1/10。加载后立即测读沉降量，以后每 10 min 读 1 次。当连续 3 次读数之差不大于 0.01 mm 时，达到稳定标准，可加下一级荷载。

当出现沉降量读数不断变化，在 24 h 内沉降速度有增大趋势；或者出现压力加不上或勉强加上但不能保持稳定，即可终止加载。

（3）卸载方式及终止卸载标准

卸载时，每级卸载为加载时的 2 倍，如为奇数，第一级可为 3 倍。每级卸载后，隔 10 min 测读 1 次，测读 3 次后可卸除下一级荷载。全部卸载后，当测读到 0.5 h 且回弹量小于 0.01 mm 时，即认为稳定。

（4）岩基承载力特征值确定

（a）对应于 p-s 曲线上起始直线段的终点为比例界限；符合终止加载条件的前一级荷载为极限荷载。将极限荷载除以 3（安全系数），所得值与对应比例界限的荷载相比较，取两者中的小值。

（b）每个场地的载荷试验数量不应小于 3 个，取最小值作为岩基承载力特征值。

（c）岩基承载力特征值不需要进行基础埋深和宽度的修正。

对破碎、极破碎的岩基承载力特征值，可根据地区经验取值；无地区经验值时，可根据适合土层的平板载荷试验确定。

12.4.2.4　岩基极限承载力确定的室内试验法

《建筑地基基础设计规范》（GB50007-2011）规定，对完整、较完整和较破碎的岩基承载力特征值，可根据室内岩石饱和单轴强度确定，即

$$f_a = \psi_r f_{rk} \qquad\qquad (12.4\text{-}14)$$

式中，f_a——岩基承载力特征值；

　　　f_{rk}——岩石饱和单轴抗压强度标准值；

　　　ψ_r——折减系数。

折减系数 ψ_r 根据岩体完整程度以及结构面间距、产状、宽度和组合，由地区经验确定。当无经验时，对完整岩体可取 0.5；较完整岩体，取 0.2～0.5；较破碎岩体，取 0.1～0.2。

上述折减系数取值未考虑施工因素以及建筑物使用后风化作用的继续，对于黏土质岩石，在确保施工期及使用期不致遭水浸泡时，也可采用天然湿度的试验，而不进行饱和处理。

按《公路桥梁涵地基与基础设计规范》（JTGD63-2007），岩石饱和单轴抗压强

度标准值f_{rk}计算中，岩样数量不应少于6个并进行饱和处理。标准值f_{rk}由以下公式统计确定，

$$
\left.
\begin{aligned}
f_{rk} &= \psi f_{rm} \\
\psi &= 1 - \left(\frac{1.704}{\sqrt{n}} + \frac{4.678}{n^2} \right)\delta
\end{aligned}
\right\}
\tag{12.4-15}
$$

式中，f_{rk}、f_{rm}——岩石饱和单轴抗压强度的标准值和平均值；

  ψ——修正系数；

  δ——变异系数；

  n——试样个数。

12.5 坝基稳定性分析

  在各类工程结构中，大坝受力最复杂，对岩基要求也最高，故本节以坝基为代表，讨论岩基的稳定性分析问题。

  坝基稳定性多受坝基中各种软弱结构面的空间方位及其相互间的组合形态控制，而不受个别块体岩石强度支配，而且由于坝基的应力分布不均匀和地质结构的复杂性，坝基常出现多种复合的变形和破坏形式，如坝踵的拉裂、坝基中部的滑移和坝址下游抗力体受挤压产生强度失效等。因此，在评价坝基稳定时，应结合坝基的地质结构，即通过工程地质工作，弄清各种软弱结构面的位置、方向、延伸情况和性质以及在滑移过程中可能起到的作用，然后根据坝基应力分布特征和结构面结合情况，确定出可能的滑动体，按刚体极限平衡分析方法验算其稳定性，以期得到可靠的定量评价结果。

12.5.1 坝基岩体的破坏模式

12.5.1.1 坝基岩体的变形及其对大坝稳定性的影响

  坚硬岩石地基的变形性常较松软土地基为小，故对于一般的水工建筑物，研究其沉降变形绝对值往往没有多大实际意义。但由于岩基上的坝体大多数具有较大的刚性，它们对不均匀沉降非常敏感，研究岩基不均匀变形造成的不均匀沉降，对于保证大坝的稳定有很大的实际意义。

  岩基的不均匀变形通常由下列因素造成。

  （1）岩基内应力分布的不均匀性

  如前所述，当坝基内有成组出现的陡倾软弱结构面发育时，将在地基内软弱结构所限的岩体内产生附加应力集中，于是在具有三角形或梯形断面的重力坝重力作用下，地基内不同条形岩体中附加应力的大小和延展深度各不相同，故其变形量也彼此不等。通常荷载大的部分变形量大，荷载小的部分变形量就相对较小，于是在

不同条形体的交界处产生明显的差异沉降，往往使刚性坝体在这些部位发生断裂。

（2）地基不同部位岩体变形性质的差异

地基不同部位的变形差异也往往是造成不均匀沉降的重要原因，这可能有两种情况。其一，坝体砌置在软硬差别较大的岩层上，此时易于产生不均匀沉降；其二，坝基岩体内开口裂隙（如河床下的水平卸荷裂隙等）发育的不均匀，如坝基一侧张开的裂隙较发育、而另一侧不发育，在坝体压力作用下张开的裂隙发育的一侧由裂隙闭合所造成的压缩变形大于另一侧，从而造成不均匀沉降。应该指出，对于建造在坚硬岩体上的大坝，尤其应特别注意后一种情况，因为这类岩体本身的变形性通常较低，而张开的裂隙在压力作用下产生闭合所造成的压缩变形往往可达到很大的值，故张开裂隙发育不均常是造成这类岩基不均匀沉降的重要原因。

12.5.1.2 坝基滑动破坏形式及特点

根据地质分析、现场大型试验、室内模拟试验和各种坝工失事情况，坝基岩体滑动失稳可归纳为3种，即接触面滑动（或表层滑动）、岩体内滑动（包括浅层滑动、深部滑动）和混合滑动。

（1）表层滑动（接触面滑动）

表层滑动是坝体沿混凝土坝基与岩基接触面（砼/岩接触面）产生的滑动，如图12.5-1。由于接触面剪切强度的大小除与岩体力学性质有关外，还与砼/岩接触面的表面形态（包括起伏差、粗糙度）、干净程度（是否清基）、混凝土强度等级以及浇筑混凝土的施工质量等因素有关。因此，对于一个具体的挡水建筑物而言，是否发生接触面滑动不单纯取决于岩体质量的优劣，而往往受设计和施工方面的因素影响更大。正是由于这种原因，当坝基岩体坚硬完整，其强度大于接触面强度时，最可能发生接触面滑动。此时，混凝土坝体与基岩接触面的摩擦系数值是控制重力坝设计的主要指标。

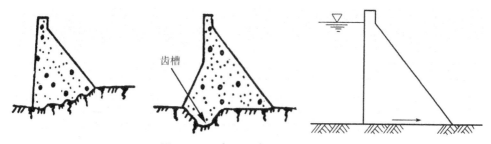

齿槽

图 12.5-1 表层滑动（接触面滑动）

（2）岩体内滑动

（a）滑动条件分析

岩体内滑动是坝体连同一部分岩体在倾斜荷载作用下沿坝基岩体内软弱结构面发生的滑动。该类滑动破坏主要是受坝基内既有结构面网络控制，且只有在具备滑动几何边界条件（结构面能组合成潜在滑移危险块体）时，才能发生深层滑动。

能够构成危险滑移体的软弱结构面通常包括滑移控制面和切割面两类，它们与一定的临空面组合，构成了岩基滑移体的几何边界条件。

a）切割面

典型切割面通常由陡立的断裂面构成，它起到将滑移体与周围岩体割裂开来的作用，不起抗滑作用。与作用力方向垂直的陡立结构面构成的横向切面（与坝轴线平行或小角度相交的高倾角结构面）；平行于作用力方向的陡立结构面（与坝轴线垂直或近于垂直的高倾角结构面）则构成侧向切割面。

b）滑移控制面

滑移控制面通常由较平缓的软弱结构面构成，它与切割面不同，除了一定的切割和削弱作用外，还能对滑移体起到抗滑作用。因此，滑移控制面抗剪强度参数是控制设计的重要指标。滑移控制面的确定，应主要考虑以下两种情况。其一，坝基内发育方位有利于滑动的软弱结构面，且其实际抗滑能力低于坝体混凝土与基岩接触面的抗剪能力，这类结构面就是坝基的滑移控制面；其二，坝基岩体内软弱结构面的发育没有明显的分别，而是不同方向的结构面普遍有所发育，此时深部滑移控制面往往是由坝基内最大切应力带的分布所决定。

应该指出，在有些情况下，滑移控制面和切割面的区分问题比较复杂。有些陡立的且与滑动力方向斜交的结构面，既起切割作用、又有部分抗滑作用，而有些危险滑移控制面是由两组倾向相反的结构面组成的复合滑移控制面，它们同时起侧向切割作用而不具备单独的侧向切割面。

c）临空面（自由面）

岩体滑移临空面主要是地表。河床地面为水平临空面，而河床深潭、深槽、溢流冲刷坑、跌水坎、下游厂房及其它建筑物基坑等皆能构成陡立临空面，这些陡立临空面的存在对岩体抗滑稳定极为不利。

（b）滑动类型及条件组合

根据结构面的组合特征，特别是可能滑动面的数目及其组合特征，按可能发生滑动的几何边界条件，岩体内滑动可大致分为5种类型，图12.5-2。其中，第一种类型为浅层滑动，后4种类型为深层滑动。

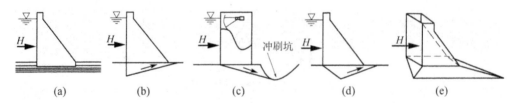

图12.5-2 岩体内滑动的类型

a）浅层滑动

当坝基表层岩体的抗剪强度低于砼/岩接触面强度时，如果大坝基础砌置深度又不大而使得坝趾部位被动压力极小，剪切破坏往往发生在浅部岩体之内，造成浅层滑动，图12.5-2(a)、图12.5-3。

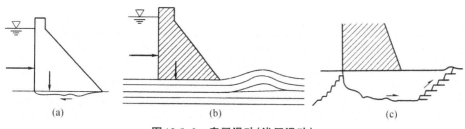

图 12.5-3 表层滑动(浅层滑动)

从产生条件来看，这种浅层滑动可能有 3 种情况。其一，坝基岩体的岩性软弱，岩石本身的抗剪强度低于坝体混凝土与基岩接触面的抗剪强度，故在水平推力作用下，易于沿坝基表层岩体内部发生剪切破坏（图 12.5-3(a)）。其二，由近水平产出的薄层状岩层（尤其是夹有软弱岩层者）组成的坝基，在库水推力作用下产生的水平方向滑移-弯曲，图 12.5-3(b)，这种变形破坏的产生主要是因为薄层状结构岩体的抗弯变形能力极低，在平行于层理方向的荷载作用下易于产生突向临空方向的弯曲变形，故在水平荷载作用下，坝趾下游岩层往往因发生隆起而丧失对岩基沿软弱层滑动的抗力，于是促进了坝基整体滑动的发生。其三，由碎裂结构岩体组成的坝基在坝体水平推力作用下发生的剪切滑移破坏，图 12.5-3(c)。例如坐落在西班牙Ebro（埃布罗）河上的 Mequinenza（梅奎尼扎）坝，该坝为重力坝，坝高 77.4m、长451m，坝基为渐新统近水平状产出的灰岩夹褐煤夹层，有些坝段的岩基抗滑稳定性系数不够，为保证大坝安全不得不进行坝基岩体加固；又如我国葛洲坝水利枢纽和朱家庄水库等水利水电工程的坝基岩体内也存在缓倾角泥化夹层，为防止大坝沿坝基内近水平泥化夹层滑动，在工程勘测、设计及施工中，均围绕该浅层滑动开展了大量工作，并都因地制宜地采取了有效的加固措施。

b）沿倾向上游软弱结构面的深层滑动

可能发生这种破坏的几何边界条件是坝基岩体中存在倾向上游缓倾软弱结构面，同时发育侧向切割面和坝踵附近的横向切割面，如图 12.5-2(b)。在工程实践中，常常遇到可能发生这种滑动的边界条件，特别是在岩层倾向上游的情况下，如我国上犹江水电站坝基就具备这种类型滑动条件，如图 12.5-4。

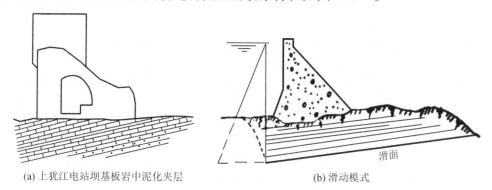

(a) 上犹江电站坝基板岩中泥化夹层　　　　　(b) 滑动模式

图 12.5-4 沿倾向上游软弱结构面的深层滑动

c）沿倾向下游软弱结构面的深层滑动

可能发生这种破坏的几何边界条件是坝基岩体中存在倾向下游的缓倾软弱结构面，同时发育侧向切割面，并在下游存在着切穿可能滑动面的自由面，如图12.5-2(c)、图12.5-5。当这几种几何边界条件完全具备时，坝基岩体发生滑动的可能最大。有时，上游坝踵部位无高角度横向切割面，也可能发生该类滑动破坏。

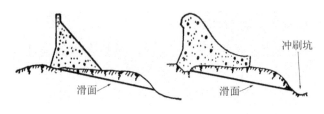

图12.5-5　沿倾向下游软弱结构面的深层滑动　　　　图12.5-6　乌江渡电站坝基地质条件

d）沿倾向上下游两组软弱结构面的深层滑动

当坝基岩体中发育有分别倾向上游和下游的两组软弱结构及侧向切割面，则坝基存在这种滑动的可能性，如图12.5-2(d)。乌江渡水电站坝基就具备这种岩体条件，如图12.5-6。一般来说，当软弱结构面的性质及其它条件相同时，这种滑动较沿倾向上游软弱结构面滑动要容易些，但比沿倾向下游软弱结构面滑动要困难。

e）沿交线垂直坝轴线的两个软弱结构面的深层滑动

如图12.5-2(e)，可能发生这种滑动的几何边界条件为坝基岩体中发育有交线与坝轴线垂直或近于垂直的两组软弱结构面，且坝趾附近倾向下游的岩基自由面有一定的倾斜度，能切穿可能滑动面的交线。

综上所述，由滑移控制面和切割面两类特定组合构成的危险滑移体通常有两种类型，一类是不具备抗力体的滑移体，当滑移控制面倾向上游，或滑移控制面倾向下游但下游陡立临空面切割时，就构成这类无抗体的滑移体，如图12.5-7(a)、(b)；另一类是具有抗力体的潜在滑移体，当滑移控制面近于水平或倾向下游时，就属此类情况，如图12.5-7(c)。从图12.5-7(c)可见，坝基岩体沿滑移控制面ab的滑移将首先受到坝下游岩体的抵抗，只有当下游岩体沿着某一结构面（如bc）被动剪切之后，坝基才有可能沿滑移控制面ab滑动。通常滑体中的上游部分提供推力，故称为推力体；而下游部分能抵抗坝基滑移作用的岩体称为抗力体，它所能提供的抗力大小对坝基岩体抗滑稳定的评价有重要意义。

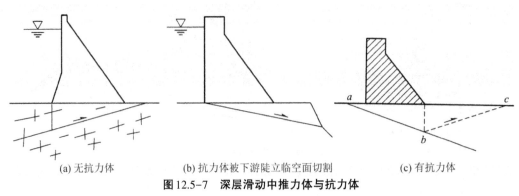

(a) 无抗力体　　　　(b) 抗力体被下游陡立临空面切割　　　　(c) 有抗力体

图12.5-7　深层滑动中推力体与抗力体

（3）混合滑动

混合滑动是部分沿砼/岩接触面滑动、部分沿岩体内结构面滑动，如图12.5-8，它是接触面滑动和岩体内滑动的组合破坏类型。

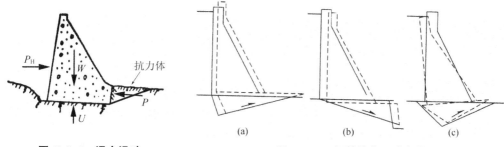

图12.5-8　混合滑动　　　　　　图12.5-9　坝基块体运动条件

12.5.1.3　坝基岩体失稳机制

岩体的变形破坏机制多种多样。坝基和坝肩岩体受坝体作用力的制约，这种定位、定向区域及较小的临空面，限制了某些破坏方式的发展。尽管如此，岩体结构对这种荷载的反应仍是多种多样，可能存在多种机制。

根据现场调查、试验及模拟试验和理论分析，坝基岩体失稳机制有块裂介质岩体的运动、板裂介质岩体的弯折变形和碎裂或松散介质岩体的挤压剪切等。

（1）块状结构岩体的运动

当坝基岩体为较均匀的块状岩体或者为层面结构较好的厚层状岩体时，岩体的变形破坏取决于是否有显著的结构面将坝基切割成易于失稳的块体或块体组合。由于块体的形态不同以及数量和组合不同，块体运动方式和稳定性也相应有所不同，或块体在滑动时向下游抬起，或下滑，或滑动并伴有旋转，如图12.5-9。

如图12.5-9(a)，向上游倾斜的缓倾软弱结构面可能构成单滑面，沿该滑动面坝基向下游上方滑移。这时上游坝踵受拉，将横切河床或两组斜切河床的断裂拉开。这是典型的滑动变形，滑面上产生摩擦阻力。

如图12.5-9(b)，缓倾软弱结构面倾向下游时，因河床基岩地形存在深槽或因溢洪冲刷形成深坑，或因断层切割形成可压缩的变形面充当临空面，坝基有可能向下游滑动，威胁大坝稳定。

如图12.5-9(c)，坝基下游存在向上游倾斜的结构面且上游有向下游倾斜的结构面时，坝基岩体被切割成具有双滑面的三角形块体。若岩石完整而其它结构而不发育，则坝基的滑动将导致滑动块体的旋转翘起。翘转滑动导致两组结构面均被拉开，失稳块体和周围岩体仅在少数局部点接触，产生应力集中和破坏，同时因块体与周围岩体拉开，帷幕失效，将产生严重渗漏，危及工程安全。

以上各种三角形块体往往不是正好分布在坝基范围内，而是占有局部或大部的位置。一般说来，结构面压在坝体下而不出露，如图12.5-10(a)，稳定性较图12.5-10(b)条件好。但在荷载较大及结构面抗剪强度较低的情况下，也可能产生局部滑

509

移。这种滑移在不同条件下可引起坝基拉开、坝体开裂乃至坝体倾斜，也足以影响大坝安全。

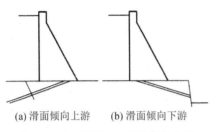

(a) 滑面倾向上游　　(b) 滑面倾向下游

图12.5-10　坝基下局部坝体的失稳

图12.5-11　坝基岩层拱曲

当坝基岩体受多组结构面切割时而有形成块体组合的条件者称为多块体系。整体上来说，块体向下游位移是失稳的必要条件，但要使这种位移成为可能，坝下游块体被挤出或抬动则起决定作用。当多块体系的块数很多、组合关系很复杂时，失稳的机制往往不是单纯的滑动或拉开，而且伴随有局部的转动和抬动，造成岩体松动。许多模拟试验均说明存在这类复杂的失稳机制。

（2）层状结构岩体的弯折变形

层状岩体成层性强，层面表现为连续结构面，抗剪强度低，抗拉强度更低（甚至为0），故往往表现为岩层弯折或倾倒的失稳机制（图12.5-3(b)、图12.5-11）。若层状岩体较均一、岩性坚硬、层厚较大，则与块状岩体相近。

软硬相间或层面发育的薄层状岩体，尤其是层间错动面发育的岩体，因层间压缩显著，岩层弯折变形将起主导作用。

当岩层产状平缓、单层厚度小、层间错动面发育、坝基沿结构面抗滑力不够时，坝基下游抗力体阻力将对稳定起决定作用。许多工程曾假定岩层产生向上游的剪断面而出现滑动和剪切失稳方式，但野外试验和模拟试验表明这种情况下往往出现下游岩层拱曲（图12.5-11）而非剪切破坏。是否产生拱曲及其位移量将决定坝基的稳定性，此时切层断裂、岩层的变形特性和层厚等因素起主导控制作用。

陡倾及陡立岩层往往表现为受坝基剪切力而造成弯折破坏（图12.5-12），此时岩层在坝基上游部位常被拉开，而在下游受挤压。水平位移量随深度加深而降低，层间压缩量决定弯折的程度，但当荷载较大时，也可能产生层间滑动，而使弯折程度大大增加且坝基与岩面拉开。当然，这种变形的阻力很大，在重力坝的坝基中一般不容易发生，而对于荷载集中的拱坝的坝肩倒可能发生，故在此种情况下的坝肩应加深开挖。

相同条件下，岩层岩性较软弱的坝基产生弯曲变形，而岩性较为坚硬、切层断裂发育的岩层则容易呈现倾倒现象。倾倒的阻力除层间剪切强度以外，关键在于下游的压缩变形或滑动。

（3）碎裂结构岩体或松散岩体的挤压剪切

坝基岩体中碎裂结构岩体或松散岩体很少，故其影响总是局部的，且一般都要求进行处理。如果坝基岩体中存在这种局部的破碎、松散体时，将影响坝体的应力分布，甚至造成坝体开裂，严重者会导致整个坝体失稳。局部破碎体对坝基稳定影响的严重程度与它所处的部位及围岩结构有关，当破碎体处于坝基下游压缩区且坝基整个岩体有失稳边界条件时，破碎岩体容易充分发挥作用，造成失稳现象。

根据破碎体的规模及在坝基的位置，破碎体可能被剪断、挤碎或压缩。坝基存在软弱岩体且周围存在利于滑动的结构时，由于软弱岩体变形较大，沿周围岩体的结构面承担较大应力，易于滑动，可将软弱岩体剪断或局部剪坏，引起坝基失稳。若软弱破碎体分布在坝趾下游段，因压应力及剪应力都较大，不仅会产生压缩变形，而且可能发生挤碎，使坝趾区松动破碎，影响坝基稳定。如图 12.5-13，坝基的稳定性主要取决于坝下游的压缩或挤出。

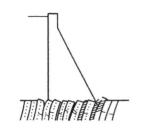

图 12.5-12　坝基岩层的弯折

图 12.5-13　坝基局部岩体的溃散

12.5.2　坝基岩体承受的荷载分析

12.5.2.1　坝基岩体受力类型

坝基岩体承受的荷载大部分是由坝体直接传递而来，主要有坝体重力、岩基自重、库水的静水压力、扬压力、泥沙压力、波浪压力等。此外，在地震区还有地震作用，在严寒区还有冻融压力等。由于坝基多呈长条形，其稳定性可按平面问题来考虑。因此，坝基受力分析通常是沿坝轴线方向取单宽（坝基宽 1 m）进行计算。

12.5.2.2　主要受力的分析

（1）泥沙压力

当坝体上游坡面接近竖直面时，作用于单宽坝体的泥沙压力方向近于水平，并从上游指向坝体。坝前泥沙压力 F 的大小可按朗肯土压力理论计算，即

$$F = \frac{1}{2}\gamma_s h_s^2 \tan\left(45° - \frac{\varphi}{2}\right) \qquad (12.5-1)$$

式中，γ_s——泥沙容重，kN/m^3；

　　　h_s——泥沙淤积厚度（由设计年限、年均淤积量及库容曲线求得），m；

　　　φ——泥沙的内摩擦角。

（2）波浪压力

波浪压力的确定较为困难，当坝体迎水面坡度大于 1:1，而水深 H_w 介于波浪破

碎的临界水深h_f和波浪长度L_w的一半时，即$h_f<H_w<L_w/2$，水深H'_w处波浪压力的剩余强度p'为

$$p' = \frac{h_w}{\cosh(\pi H'_w/L_w)} \tag{12.5-2}$$

式中，h_w——波浪高度，m。

当水深为$H_w>L_w/2$时，在$L_w/2$深度以下可不考虑波浪压力的影响，故作用于单宽坝体上的波浪压力p为

$$p = \frac{1}{2}\gamma_w\left[\left(H_w + h_w + \frac{\pi h_w^2}{L_w}\right)(H_w + p') - H_w^2\right] \tag{12.5-3}$$

式中，γ_w——水的容重，kN/m³。

波浪高度h_w和波浪长度L_w可根据风的吹程D和风速v确定，即

$$\left.\begin{array}{l} h_w = 0.0208v^{5/4}D^{1/3} \\ L_w = 0.3040vD^{1/2} \end{array}\right\} \tag{12.5-4}$$

式中，v——风速，应根据当地气象部门实测资料确定；

　　　　D——吹程（坝址到水库对岸沿风向最远距离），由风向和水库形状确定。

（3）扬压力

扬压力对坝基抗滑稳定的影响极大，相当数量的毁坝事件由扬压力引起。扬压力一般被分解为浮托力U_1和渗透压力U_2两部分。浮托力的确定方法较为成熟，渗透压力的确定则相对困难，至今仍未找到准确确定渗透压力的好方法。

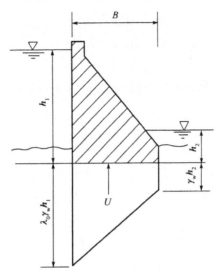

图12.5-14　坝底渗透压力分布

如图12.5-14，在无灌浆和排水设施时，坝底渗透压力U_2可按正式确定，

$$U_2 = \gamma_w B\frac{\lambda_0 h_1 + h_2}{2} \tag{12.5-5}$$

式中，U_2——单宽坝底所受渗透压力，kN；

　　　B——坝底宽度，m；

　　　λ_0——不大于1.0的系数，但为安全起见，目前大多数设计时取$\lambda_0=1.0$；

　　　h_1、h_2——坝上游和下游的水深，m。

当坝基有灌浆帷幕和排水设施时，必将改变渗透压力分布。此时，坝底上渗透压力的大小取决于h_1、h_2、B、坝基岩体的渗透性能、灌浆帷幕的厚度和深度、排水孔间距以及这些措施的效果等因素。渗透压力的确定通常先根据经验对具体条件下的渗透压力分布图，进行某些简化，然后再根据这些变化图形计算扬压力。如果仅有排水设施，可以在$\lambda_0=0.8 \sim 0.9$时按式（12.5-5）确定U_2；如果能够确定坝基岩体内地下水渗流的水力梯度I，也可以按下式计算渗透压力，

$$U_2 = \gamma_w I \qquad (12.5-6)$$

12.5.3　坝基岩体抗滑稳定性分析

12.5.3.1　表层滑动稳定性验算

沿混凝土和岩石结合面滑动取决于砼/岩接触面的抗剪强度。混凝土与岩石的接触面在正常施工条件下有较高的强度，不易剪断或产生滑动。在岩基比较完整的情况下，基础底面开挖成锯齿状，可避免结合面滑动。

沿岩基表面发生的浅部滑动取决于直接位于大坝下岩石的抗剪强度（或抗剪断强度）和破碎程度。在库水推力作用下，沿坝基面剪应力最大，而法向应力最小，所以，设计中应重视校核浅部滑动的稳定性。从岩体结构条件来看，浅层滑动应考虑以下几种情况，即坝基为黏土岩、页岩、泥质灰岩、千枚岩等软弱岩石；坝基岩体风化严重，利用部分风化层作为地基；坝基为产状平缓的薄层结构岩体，夹有多层软弱夹层；基岩破碎，节理、裂隙发育。对于这些情况，现场原位抗剪试验给出的参数往往因尺寸效应而偏高，实际上大面积破碎岩体抗滑稳定性很低。

虽然表层滑动和浅层滑动这两种滑动形式的控制条件不同，但二者有相似的荷载和应力条件，且经常同时组合发生，在力学分析时，常归为表层滑动。

以重力坝为例。对坝体可能产生表层滑动的稳定性计算，混凝土重力坝设计规范中提供了两种计算公式。

（1）摩擦公式

$$K = \frac{(\sum P_V - W_f)\tan\varphi}{\sum P_H} \qquad (12.5-7)$$

式中，φ——砼/岩结构面的抗剪摩擦角；

　　　$\sum P_V$——作用在坝体上的全部荷载对滑动面的法向分力；

　　　$\sum P_H$——作用于滑动面上的全部荷载对滑动面的切向分力；

　　　W_f——作用于滑动面上的扬压力。

（2）剪摩公式

$$K' = \frac{(\sum P_\mathrm{v} - W_\mathrm{f})\tan\varphi' + c'l}{\sum P_\mathrm{H}} \qquad (12.5\text{-}8)$$

式中，φ'——砼/岩结合面的抗剪断摩擦角；

c'——砼/岩结构面的抗剪断内聚力；

l——滑动面长度。

K和K'分别是按砼/岩摩擦强度和抗剪断强度校核时的稳定性系数，为了保证安全，其数值不得低于表12.5-1中之规定值。

表12.5-1　混凝土重力坝设计规范中K、K'的采用值（安全系数）

荷　载　组　合	K			K'
	坝　的　级　别			
	1级	2级	3级	
基本组合	1.10	1.05	1.05	3.00
特殊组合（1）	1.05	1.00	1.00	2.50
特殊组合（2）	1.00	1.00	1.00	2.00

规范中建议的两种计算式的基本概念完全不同。按式（12.5-7）设计时，是假定结合面上的抗剪断强度已经消失，只依靠剪断后的摩擦力维持平衡。所得的K值可认为是一个最后的下限值，故K值只满足$1.0\sim1.1$即可。式中的φ当然也由相应的抗剪试验测得，其值虽然与坝基岩石种类和新鲜完整程度有关，但一般变化不大，特别在设计中的采用值多在$29\sim37°$（$f=0.55\sim0.75$）。式（12.5-8）反映了接触面间的抗剪断性能，故式中的φ'和c'应从相应的抗剪段试验获得，其值随地质条件的变化有较大的变化，设计中的采用值大体为$\varphi'=42\sim56°$（$f'=0.9\sim1.5$），$c'=0.4\sim2.0$ MPa，故K'当然需要一个较高的值。坝体混凝土与岩基（均质无夹层）接触面的抗剪强度参数的计算值，可参考表12.5-2。

表12.5-2　混凝土与岩基接触面抗剪强度参数的计算值

序号	基　岩　特　征	$\tan\varphi'$	c'(MPa)	$\tan\varphi$
1	新鲜的、裂隙不发育的坚固岩石，经过处理后$R_\mathrm{c} > 80$MPa，$E_0 > 2.0\times10^4$MPa的结晶岩类、碎屑岩类及碳酸盐岩类	$1.2\sim1.3$	$1.0\sim1.2$	$0.70\sim0.75$
2	微风化、弱裂隙的较坚固岩石，经过处理后$R_\mathrm{c}=40\sim80$MPa，$E_0 > 10^4$MPa的各类岩石(结晶岩类、碎屑岩类、碳酸岩类、粘土质岩类)	$1.0\sim1.2$	$0.6\sim1.0$	$0.60\sim0.70$
3	弱风化、弱裂隙的中等坚固岩石，$R_\mathrm{c} > 20$MPa，$E_0 > 3000$MPa的各种岩石	$0.9\sim1.0$	$0.4\sim0.6$	$0.55\sim0.60$

式（12.5-8）可用来验算浅层滑动时的稳定性，不过此时必须采用坝基岩体表层的软弱或破碎岩层的抗断强度参数。

12.5.3.2　深层滑动的稳定性验算

如图 12.5-2，深层滑动多是由于坝基岩体内存在各种软弱结构面，而且它们组合的结果出现了可能的危险滑动体。能够组成危险滑移体的软弱结构面，一般分为控制面（可能滑动面）和切割面（侧向切割面、上游拉开面），它们与临空面组合构成深部滑移的边界条件。如果坝基内的各种软弱结构面的发育分异不显著，则深部滑移控制面受最大剪切带约束。临空面除地表外，还可以是深潭、深槽、冲刷坑、下游厂房建筑等的基坑以及较宽的断层破碎带等。

由于坝基中存在着各种软弱结构面，当其产状和组合形式有利于坝体的滑动时，则坝体连同其下的部分岩体将沿软弱面产生深层滑动，如图 12.5-2，因此进行深层滑动的稳定性计算时，应首先判断岩基中可能滑动面的形状、位置及其性质，确定可能的滑动体，然后根据一定的力学原理，分析滑动体的受力情况，确定坝基深层抗滑稳定程度。坝基的可能滑动面，是根据工程地质勘查资料提供的，如果可能的滑动面不是一个，则必须选择若干个可能的滑动面分别进行验算，稳定性系数最小的滑动面为最危险的滑动面。在计算抗滑稳定系数 K 时，由于滑动面的形状不同，故分析过程中所采用的方法也有所不同。

下面介绍几种常见的稳定性分析方法，借以说明一般的分析原理。

（1）倾向上游单滑面深层滑动的抗滑稳定性

当坝基中存在着倾向上游的结构面，同时还存在走向垂直（或近于垂直）坝轴线的高角度结构面和走向平行（或近于平行）坝轴线的高角度结构面，且后者位于坝踵附近时（如果坝踵附近没有这样的结构面，在坝踵附近也易产生这样的张性破裂面），坝体受力情况如图 12.5-15(a)，作用在坝体上水平方向的合力以 P_H（除静水压力外还包括波浪冲击力，坝前淤积的泥沙的水平推力等）表示，坝体及可能的滑体的重量以 P_V 表示，在 P_H 和 P_V 的作用下，坝基内将出现 ABC 危险滑移体，BC 为切割面，AB 为潜在滑移面，地表为临空面。这时 AB 面上的扬压力用 W_f 表示。

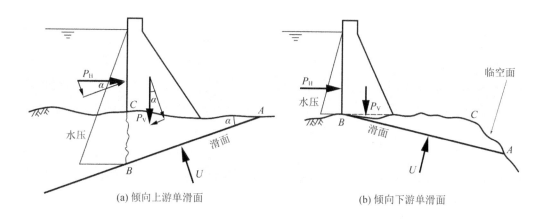

(a) 倾向上游单滑面　　　　　　　(b) 倾向下游单滑面

图 12.5-15　沿单斜滑移面深层滑动时力的分析

如图 12.5-15(a)的受力情况按极限平衡分析方法的原理，可分别计算出滑动面上的抗滑力 F 和滑动力 T，即

$$F = (P_V \cos\alpha + P_H \sin\alpha - W_f)\tan\varphi + cl$$
$$T = P_H \cos\alpha - P_V \sin\alpha$$

若不考虑侧向切割面和横向切割面的强度，滑移体稳定性系数为

$$K = \frac{(P_V \cos\alpha + P_H \sin\alpha - W_f)\tan\varphi + cl}{P_H \cos\alpha - P_V \sin\alpha} \qquad (12.5-9)$$

式中，c、φ——滑动面上的黏聚力和内摩擦角；

l——滑动面 AB 的长度。

在深层滑动的稳定性计算中，也可分别采用摩擦公式或剪摩公式进行计算。按前者，取式(12.5-9)中的 $c=0$，并考虑到软弱结构面上的 c 值，则按摩擦公式计算的 K 值应高于表12.5-1中的相应值，但到底应提高多少？有人建议当坝基下存在着不利软弱结构面时，应比表12.5-1中的数字提高25%～30%。若按剪摩公式计算 K 值，其值常低于表12.5-1中的规定值，因而应根据实际情况降低要求。但在任何情况下，剪摩公式计算的 K 值不应低于与此相当的土石坝的稳定性系数，对重要工程仍应满足表12.5-1的规定。

(2) 倾向下游单滑面深层滑动的抗滑稳定性

若坝基内发育倾向下游的软弱结构面时，在坝体重量和水平力的作用下将形成如图12.5-15(b)的危险体 ABC，其坝体受力情况与图12.5-15(a)类似，所不同的是水平推力 P_H 中所包含的上游水压仅算至上游坝踵 B 点为止。其抗滑稳定性计算式，在不考虑侧向切割面以及横向切割面强度的情况下，可按下式计算

$$K = \frac{(P_V \cos\alpha + P_H \sin\alpha - W_f)\tan\varphi + cl}{P_H \cos\alpha + P_V \sin\alpha} \qquad (12.5-10)$$

比较式(12.5-9)和式(12.5-10)可以看出，在图12.5-15(a)和图12.5-15(b)的条件下，图12.5-15(a)的稳定性比图12.5-15(b)的情况要好得多。

(3) 双滑面深层滑动的抗滑稳定性

在实际工程中，深层滑动往往不是沿一个简单的平面，而是采取比较复杂的形式。例如当坝基内存在倾向上游和倾向下游两组结构面时，其滑动面的组合常如图12.5-16所示，即一般由一组较缓和一组较陡的结构面组成，设图中 ABC 为最危险滑动体，计算时将其分成 ABD 和 BCD 两部分。由于 BCD 所起的作用是阻止 ABD 向前滑移，故把 BCD 称为抗力体，抗力体作用在 ABD 的力 P 称为抗力。

抗力 P 的方向有下面3种假设：与滑移面平行、垂直于 BD 面（这样假定的实质，认为 BD 面光滑无摩擦）、与 BD 面的法线相交成 φ 角（φ 为 BD 面的内摩擦角）。无论采用何种假设，其具体计算方法均相同。

对于复杂的深层滑动，不同的分析方法所得的稳定性系数 K 相差甚大。下面以图12.5-16为例，介绍几种常用的方法。

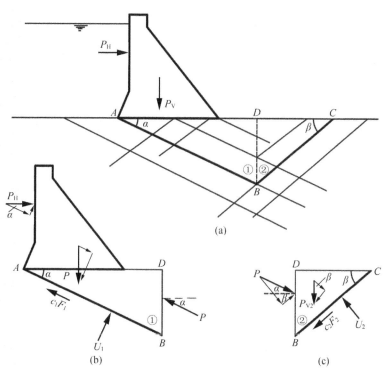

图 12.5-16 两组结构面组成的滑移体稳定性计算

（a）非等 K 法

这种方法是将滑移体 ABC 分为两个部分考虑（图 12.5-16），假设 BD 面上作用力的方向平行于面 AB。对于 ABD 和 BCD 而言，根据受力情况，按极限平衡条件可分别列出它们的稳定性计算式为

$$K_{ABD} = \frac{(P_{V1}\cos\alpha - P_H\sin\alpha - W_{f1})\tan\varphi_1 + c_1 l_1 + P}{P_H\cos\alpha + P_{V1}\sin\alpha} \tag{12.5-11}$$

$$K_{BCD} = \frac{[P_{V2}\cos\alpha + P\sin(\alpha+\beta) - W_{f2}]\tan\varphi_2 + c_2 l_2}{P\cos(\alpha+\beta) - P_{V2}\sin\beta} \tag{12.5-12}$$

若令 $K_{ABD}=1$，解出推力 P，$P=P_{V1}\sin\alpha+P_H\cos\alpha-(P_{V1}\cos\alpha-P_H\sin\alpha-W_{f1})\tan\varphi_1+c_1 l_1$。并代入式（12.5-12），有

$$K = K_{BCD} = \frac{[P_{V2}\cos\alpha + P_H\sin(\alpha+\beta) - W_{f2}]\tan\varphi_2 + c_2 l_2}{P\cos(\alpha+\beta) - P_{V2}\sin\beta} \tag{12.5-13}$$

式中，c_1、c_2——结构面 AB 的抗剪强度指标；

　　　φ_1、φ_2——结构面 BC 的抗剪强度指标；

　　　l_1、l_2——分别为 AB 和 BC 滑移面的长度。

也可根据地质条件，先假设 $K_{BCD}=1$ 求得 K_{ABD}，以 K_{ABD} 作为坝基抗滑稳定系数。

（b）非极限平衡等 K 法 （等 K 法 1）

非等 K 法是将滑移体分成两部分后，其各部分的稳定性不同。而等 K 法则认为两个部分的稳定性应该相同。由此令式（12.5-11）和式（12.5-12）式中的 $K_{ABD}=K_{BCD}=K$，联立求解，可得坝基抗滑稳定性系数K。

（c）极限平衡等K法 （等K法2）

这一方法的基本观点是根据块体的极限状态来确定坝基的稳定性系数K。即认为当滑面AB和BC上的抗剪强度指标c_1、$\tan\varphi_1$及c_2、$\tan\varphi_2$降低K倍后，则块体ABC和BCD（图12.5-16）同时处于极限状态。因此，若将公式（12.5-11）和式（12.5-12）中的c_1、$\tan\varphi_1$和c_2、$\tan\varphi_2$分别换成c_1/K、$\tan\varphi_1/K$、c_2/K、$\tan\varphi_2/K$，则此时ABD及BCD都处于极限状态，亦即$K_{ABD}=K_{BCD}=1$，因而由式（12.5-11）和（12.5-12）可得

$$
\left.
\begin{aligned}
K_{ABD} &= \frac{(P_{V1}\cos\alpha - P_H\sin\alpha - W_{f1})\dfrac{\tan\varphi_1}{K} + \dfrac{c_1}{K}l_1 + P}{P_H\cos\alpha + P_{V1}\sin\alpha} = 1 \\[3mm]
K_{BCD} &= \frac{[P_{V2}\cos\alpha + P\sin(\alpha+\beta) - W_{f2}]\dfrac{\tan\varphi_2}{K} + \dfrac{c_2}{K}l_2}{P\cos(\alpha+\beta) + P_{V2}\sin\beta} = 1
\end{aligned}
\right\}
\tag{12.5-14}
$$

用试算法或迭代法联立求解以上两式，即可求得抗滑稳定性系数K。

以上三种不同的分析方法给出的稳定性系数有相当大的差别。常规法的结果比等K法大，这是因为在常规方法计算中，令一个块体处于极限状态来推求力P，从而确定另一个块体的K值，这相当于前一个块体$K=1$，后一块体的K当然较等K法给出的值大。按等K法，尤其是按等K法2计算，理论上较为合理。

在计算K值时，力P的方向确定是很重要的，直接影响计算结果，必须详细研究分界面BD的条件来确定力P的作用方向，目前尚缺乏系统的研究。对此，潘家铮院士认为"此方向的假定应与稳定性系数配套确定。"

12.5.3.3　混合滑动的稳定性验算

当坝基抗稳定性不能满足要求时，除了采用扩大坝体断面外，也常采用其它措施，如将基面开挖成图12.5-17的形式，并将坝址嵌入岩基中，使其与下游岩基紧密结合。坝体失稳时，发生混合滑动，即一部分沿坝底与坝基的结合面AB滑动，另一部分沿下游岩体某一滑动面BC产生滑动。这种混合滑动的抗稳定性系数，可按双斜面的深层滑动的方法计算，亦即非等K法和等K法均可直接应用。下面仅介绍等K法的应用。

（1）非极限平衡等K法

与图12.5-16相比，图12.15-17中不同的是AB面的倾角$\alpha=0$，$P_{V1}=V$（坝体的重量），将此条件代入式（12.5-11）和式（12.5-12），并令两式中的K相等，得确定性系数为

$$
K = \frac{(P_{V2}\cos\beta - W_{f2})\tan\varphi_2 + [KP_H - (V - W_{f2})\tan\varphi_1 - c_1l_1]\sin\beta\tan\varphi_2 + c_2l_2}{[KP_H - (V - W_{f2})\tan\varphi_1 - c_1l_1]\cos\beta - P_{V2}\sin\beta}
\tag{12.5-15}
$$

（2）极限平衡等K法

这种情况，只需令式（12.5-11）和式（12.5-12）中的$\alpha=0$，$P_{V1}=V$，就可得到稳定

性系数为

$$K = \frac{\left[P_{V2}\cos\beta + P_H - (V - W_{f2})\dfrac{\tan\varphi_2}{K} - \dfrac{c_1}{K}l_1\sin\beta - W_{f2}\right]\tan_{\varphi2} + c_2 l_2}{P_H - (V - W_{f2})\dfrac{\tan\varphi_1}{K} - \dfrac{c_1}{K}l_1\cos\beta - P_{V2}\sin\beta} \qquad (12.5\text{-}16)$$

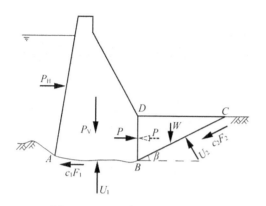

图 12.5-17　混合滑动稳定性计算

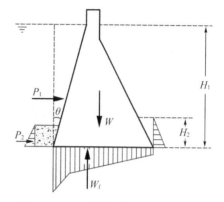

图 12.5-18　重力坝抗倾覆稳定性分析

12.5.4　抗倾覆稳定性分析

倾覆是重力坝失稳的另一种重要形式，它是在重力坝的重力 ΣW 对于坝体下游面坝址所形成的稳定力矩小于推力 ΣP 及扬压力 W_f 对下游坝址形成的倾覆力矩时发生。有时是在重力坝投入运行期间，坝址部位岩石被挤压破碎或被水流冲刷，坝体的稳定力臂急剧缩短，上游坝踵部位的岩石出现拉伸裂隙后坝体倾覆。

为计算方便，如图 12.5-18，假设沿坝轴线取单位长 1m 的坝体视为固定于坝基的变截面悬臂梁，不受两侧坝体影响，坝体底面上、下游间宽为 B；在悬臂梁的水平截面上，垂直正应力按直线分布，且按偏心受压公式计算。

根据以上假设，截面面积为 $1.0 \times B$，截面模数为 $W = 1.0 \times B^2/6$。由偏心受压公式，可得上、下游边缘的垂直应力分别为

$$\left. \begin{aligned} \sigma_{yu} &= \frac{\sum P_V}{B} + \frac{6M}{B^2} \\ \sigma_{yd} &= \frac{\sum P_V}{B} - \frac{6M}{B^2} \end{aligned} \right\} \qquad (12.5\text{-}17)$$

式中，σ_{yu}、σ_{yd}——上、下游边缘垂直方向的正应力；

ΣP_V——作用于坝体计算截面以上的全部荷载的垂直分量总和；

ΣM——作用于计算截面以上的全部作用力对截面中点的力距的总和，以使上游面产生压应力者为正。

在施工期间，允许下游坝基面的垂直正应力 σ_{yd} 有不大于 0.1MPa 的拉应力。在运行期间，在各种荷载组合作用下，尤其是计入扬压力后，坝基面的最大正应力必须大于零，即

$$\sigma_{yu} \geq p \sin \theta \qquad (12.5\text{-}18)$$

式中，p——计算截面的上游水压力强度，$p=\gamma_w h$；

θ——上游坝面与铅直面的夹角。

若上游坝面为铅直面（$\theta=0$），上式变为

$$\sigma_{yu} \geq 0 \qquad (12.5\text{-}19)$$

由此可知，坝体上游坡角不宜过大，否则易出现拉应力，产生坝体倾覆，当坝体不出现拉应力时，在坝体与岩基的接触面上也不会出现开裂，重力坝抗倾覆稳定性可得到保证。

12.6 拱坝坝肩岩体稳定性分析

12.6.1 拱坝坝肩岩体受力特点

拱坝承受荷载后，坝体及坝基的工作条件和破坏情况与重力坝有本质的区别。重力坝是一种类似于悬臂梁的静定结构，依靠悬臂梁作用来维持稳定。上游水压力及坝体自重也直接传递到坝基，转化为正应力和剪应力，故重力坝的稳定性问题是坝基的强度问题和抗滑稳定问题（图12.6-1(a)）。

对于拱坝则有很大不同，拱坝在水平推力作用下，内部产生复杂的空间应力分布状态，即使考虑平面拱的情况，其应力分布也与重力坝有较大区别。关于拱坝坝体的应力状态及稳定性分析，已超出岩体力学的研究范围，因此在岩体力学中只讨论有关拱坝坝基，特别是拱坝坝肩岩体的稳定性分析。一般来讲，只要坝肩岩体条件良好，而坝体又是具有足够强度的整体结构，则拱坝是不会沿坝基基面滑动的。这是因为拱坝的水压力及坝体重量等的作用下，拱坝将对坝基产生力矩 M、法向力 N 及剪力 Q。如图12.6-1(b)所示，若建基面的抗剪强度很低，不能承受剪力 Q 的作用时，拱圈也不会失稳。因为在计算拱的反力时，假设建基面的抗剪能力为任意大。如果这一假设不能满足，则剪力 Q 会自动下降，若建基面的抗剪能力为零时，Q 就会降低到0，即拱端反力只有轴向 N 而无剪力 Q（图12.6-1(c)），这时它仍能满足平衡和稳定要求。

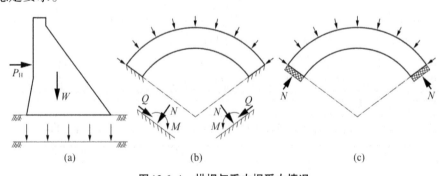

图12.6-1 拱坝与重力坝受力情况

由上可知，拱坝与重力坝的稳定性计算有较大区别。对拱坝来说，主要问题是拱座地基是否满足要求。如果拱座岩石抗压强度低，拱座有可能被压碎，使坝失稳。但一般来说，由于受坝体混凝土强度的限制，其最大压应力常在8 MPa以内，这对岩石来说是易于满足的。对于变形量很大的软弱岩石，由于拱座岩基的变形过大会使拱坝的坝体内应力恶化，从而可能导致坝工失事；但对于新鲜、坚硬完整的岩石，变形量一般都不大，对于局部软弱夹层的变形量大的岩石，由于拱坝的桥梁作用，对坝体的稳定性影响不大。因此，在实际工作中最突出的常常是拱坝的抗滑稳定问题，而拱坝的抗滑稳定问题实际上是拱坝坝肩岩体的抗滑稳定问题。这个问题在国内、外都还无成熟的解决方法，下面介绍一下我国常用的方法。

12.6.2 拱坝坝肩岩体的受力分析

作为拱坝坝肩岩体的稳定性，地形、地质条件当然是第一位的，结构布置和应力分布的影响是第二位的。首先分析拱坝对坝肩岩体的作用力，为此取一条水平拱来研究，坝肩与山体之间的接触力为 P（图12.6-2(a)）。坝肩的力常常分解为梁底反力——包括铅直力 G 和剪切力 V_b，拱端反力——包括法向压力 H（与坝轴线方向一致）和剪力 V_a（图12.6-2(b)）。

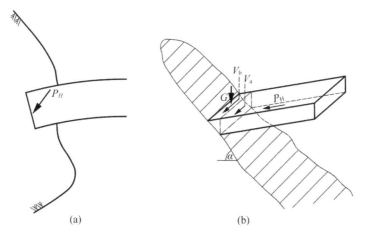

(a)　　　　　　　　(b)

图12.6-2 拱坝坝头受力情况

如果忽略掉拱端和拱底弯矩和扭矩，并取拱圈的高度为1 m，岸坡的坡度为 α，则在此1m拱高的范围内，相应的悬梁宽度为$\cot\alpha$。所以，在该范围内的坝基面上拱坝对山坡段的作用可合成为垂直力 F_V、法向力 F_N 和剪力 T，有

$$\left.\begin{aligned}
F_V &= G\cot\alpha \\
F_N &= H \\
T &= V_a + V_b\cot\alpha
\end{aligned}\right\} \tag{12.6-1}$$

另外，坝基面上还存在着孔隙压力。

将拱坝切成一系列单位高的水平拱，每一条拱的两端都有式（12.6-1）中的3个力，它们是拱坝高程 Z 的函数。而且对于一般的拱坝，每一高程上拱端的法向力和

剪力的方向可能各不相同。但不管多么复杂，总可以求得拱坝对坝基表面的作用力，作为分析坝肩稳定性的依据。

12.6.3　坝肩岩体抗滑稳定性

12.6.3.1　坝肩岩体中存在垂直和水平软弱结构面时的稳定性验算

如图12.6-3所示，坝肩岩体内有一条连续的垂直软弱结构面F1和垂直的张裂面F3，以及位于河床附近的水平软弱结构面F2。山体除临空面外，在F1、F2及F3的切割下，出现一个可能不稳定的楔形体，当它承受坝头传来的外力（垂直力、法向力及剪力）而产生滑动时，则滑体从F3拉开（即抗拉强度为0），沿着F1和F2两个面滑动，其滑动方向为F1与F2的交线①—①方向（图12.6-3(b)）。

由图可知，①—①线是水平的，故F1和F2面上的剪力也是水平的且平行于①—①线。为了验算坝肩岩体的稳定性，如图12.6-3(a)，取单位高的一条拱圈，将拱端3个力中的法向应力和剪力对①—①分解成平行和垂直的两个分力（垂直力不需分解）为

$$N = N' - N'' = H\cos\beta - (V_a + V_b\cot\beta)\sin\beta \atop Q = Q' - Q'' = H\sin\beta - (V_a + V_b\cot\beta)\cos\beta \Big\}$$

对于整个拱坝可以分成几条单位拱，则从坝顶到F2面沿高程取全部单位拱的反力之和，可得到

$$\sum N = \sum[H\cos\beta - (V_a + V_b\cot\alpha)\sin\beta] \atop \sum Q = \sum[H\sin\beta - (V_a + V_b\cot\alpha)\cos\beta] \atop \sum G = \sum(G\cot\alpha) \Bigg\}$$ （12.6-2）

坝肩可能滑动的岩体除承受着式(12.6-2)中的3个力外，还有本身的重量W以及F1、F2面上的抗滑力S_1和S_2，以及孔隙水压力U_1、U_2。这些都表示在图12.6-4中，若使滑动体处于极限状态，则S_1及S_2由下式决定

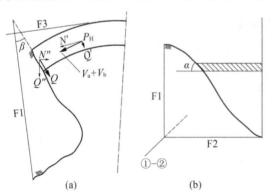

图12.6-3　有软弱结构面的坝肩稳定性分析

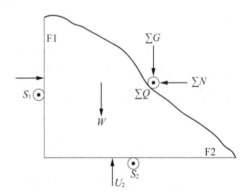

图12.6-4　坝肩岩体楔形滑体受力分析

$$S_1 = \left(\sum N - U_1\right)\frac{\tan\varphi_1}{K} + \frac{c_1}{K}A_1 \left.\begin{array}{c}\\[1em]\end{array}\right\}$$

$$S_2 = \left(\sum W + \sum G - U_2\right)\frac{\tan\varphi_2}{K} + \frac{c_2}{K}A_2 \left.\begin{array}{c}\\[1em]\end{array}\right\} \qquad (12.6\text{-}3)$$

式中，K——滑动体的稳定性系数；

　　c_1、φ_1——F1面的抗剪强度指标；

　　c_2、φ_2——分F2面的抗剪强度指标；

　　A_1、A_2——F1和F2的面积。

根据极限平衡分析方法的原理。$S_1+S_2=\sum Q$，故坝肩岩体的稳定性系数为

$$K = \frac{\left[\left(\sum N - U_1\right)\tan\varphi_1 + c_1A_1\right] + \left[\left(\sum W + \sum G - U_2\right)\tan\varphi_2 + c_2A_2\right]}{\sum Q} \qquad (12.6\text{-}4)$$

式（12.6-4）的物理意义是很清楚的。值得提醒的是，在实际工作中这样的典型情况很少见，但这些公式是处理更复杂问题的基础。例如，若F2是一组水平软弱结构面，则可用试算法找出与F1组合最不利的那一条水平软弱面作为可能的滑动面，试算法原理与上述相同。又如，若无明显的水平软弱面存在，则计算时可假定一个水平破坏面，破坏时它要切穿完整的岩石，故其上的c和φ值应取抗剪断指标，当然稳定性也就大大增加了。

12.6.3.2　坝肩岩体具有倾斜软弱结构面时的稳定性验算

如图12.6-5所示，在坝肩有一条陡倾角软弱面F1和河床附近有一条水平软弱面F2互相切割，构成失稳条件。失稳楔体的受力情况如图12.6-5(a)。

与上述情况不同的是，$\sum N$不垂直于F1面，故它对F1和F2产生的法向力若用N_1和N_2来表示，其值可按图12.6-5(b)求解，即

$$N_1 = \frac{\sum N}{\sin\gamma} \left.\begin{array}{c}\\[1em]\end{array}\right\}$$

$$N_2 = \sum N\cot\gamma \left.\begin{array}{c}\\[1em]\end{array}\right\}$$

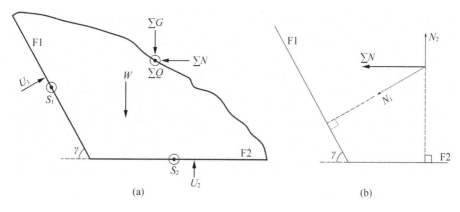

图12.6-5　坝肩岩体楔形滑体受力分析

同理，按极限平衡分析法的原则，坝肩岩体的稳定性系数为

$$K = \frac{\left[\left(\dfrac{\sum N}{\sin \gamma} - U_1\right)\tan \varphi_1 + c_1 A_1\right] + \left[\left(\sum W + \sum G - \sum N \cot \gamma - U_2\right)\tan \varphi_2 + c_2 A_2\right]}{\sum Q} \qquad (12.6\text{-}5)$$

若弱面 F2 也不是水平的（图 12.6-6(a)），有倾角为 γ_2，F1 的倾角以 γ_1 表示，F1 与 F2 面的走向是一致的。

此时由于 $\sum N$ 和 $\sum G + W$，既不垂直 F1，又不垂直 F2，若将它们对 F1 和 F2 两个面所产生的法向力分别用 N_1'、N_2' 及 N_2''、N_1'' 来表示（图 12.6-6(b)、(c)），其值可按平行四边形法则求解，即

$$\left.\begin{aligned}
N_1' &= \frac{\cos \gamma_2}{\sin(\gamma_1 - \gamma_2)} \cdot \sum N \\
N_1'' &= \frac{\cos \gamma_1}{\sin(\gamma_1 - \gamma_2)} \cdot (\sum G + W) \\
N_2' &= \frac{\cos \gamma_1}{\sin(\gamma_1 - \gamma_2)} \cdot \sum N \\
N_2'' &= \frac{\cos \gamma_2}{\sin(\gamma_1 - \gamma_2)} \cdot (\sum G + W)
\end{aligned}\right\} \qquad (12.6\text{-}6)$$

按上述同样的法则，可得坝肩岩体的稳定性系数为

$$K = \frac{\left[(N_1' - N_1'' - U_1)\tan \varphi_1 + c_1 A_1\right] + \left[(N_2' - N_2'' - U_2)\tan \varphi_2 + c_2 A_2\right]}{\sum Q} \qquad (12.6\text{-}7)$$

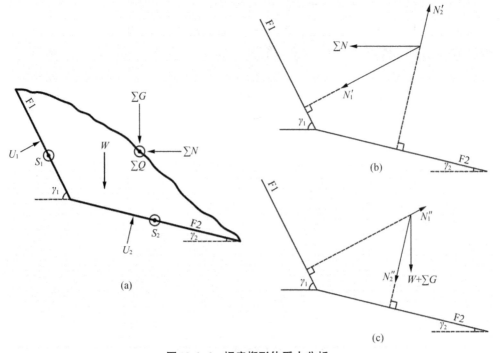

图 12.6-6 坝肩楔形体受力分析

附录A　赤平极射投影与实体比例投影

A.1　赤平极射投影

A.1.1　基本原理

赤平极射投影法（stereographic projection）是以二维平面图形表达三维物体空间几何要素，在投影图上可简便地确定各表面之间的组合关系、产状及面间夹角。该方法可简明地表现结构面组合成的块体的几何特征，而且它在研究岩体变形、运动、作用力及阻抗力方面大有用武之地。此处仅作简单介绍。

赤平极射投影是表示物体的几何要素（点、直线、平面）的空间方向和它们之间的角距关系的一种平面投影。如图 A.1-1，赤平极射投影以一个球体作为投影工具，该假想球体称为投影球，在比较物体的几何要素的方向和角距时，被求物体的要素均需通过投影球的球心（即以球心为原点）。以通过球心的一个水平面作为投影平面（或赤道平面）。投影平面与投影球相交的外圆称为基圆（或赤道大圆）。通过球心并垂直于投影平面的直线与投影球面的交点称为球极，位于上部者为北极，位于下部者为南极。

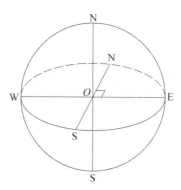

图 A.1-1　投影球、投影面和基圆

如图 A.1-2，将物体的几何要素（点、线、面）置于球心，由球心发射射线将所有点、线、面自球心开始投影于球面上，得到点、线、面的球面投影。如图 A.1-2(a)表示赤平极射投影原理的立体示意图。图上外圆代表投影球面，O 点为球心。平面 NESW 为赤道平面，它与球面的交线为一个圆 NESW（即基圆或赤道大圆）。基圆代

525

表赤道平面（即水平面），其上、下、左、右分别代表北（N）、南（S）、西（W）、东（E）方位，并按360°方位角分度。对于一条走向为SN、倾向E、倾角为α的结构面，根据投影规定，将其移至通过球心，故其与赤道平面的交线SN即为其走向线，与投影球面的交线亦为一个圆$NASB$，圆$NASB$即为该倾斜结构面的球面投影，其中NAS位赤道平面上部，SDN位于赤道平面下部。

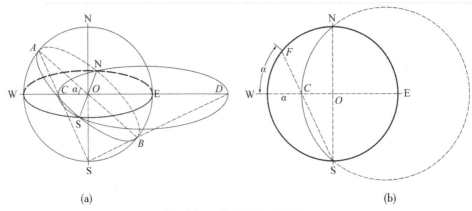

(a)   (b)

图 A.1-2　赤平极射投影原理

球面投影属三维空间投影，能直观表示物体的几何要素。但因球面上点、线、面的方向和它们之间的角距既不容易观测，又不容易表示，故改以投影球的南极或北极为发射点，将点、直线、平面的球面投影（点和线）再投影于赤道平面上，这种投影称为赤平极射投影，对应的点、直线、平面在赤道平面上的投影图称为赤平极射投影图。以北极点为发射点者称为上极射投影，以南极点为发射点者称为下极射投影。如图 A.1-2(a)，将倾斜平面的球面投影$NASB$，采用下极射投影再次向赤道平面投影，得到大圆$NCSD$即为该倾斜平面的全球面赤平极射投影，其中NCS位于基圆$NESW$内，代表上半球面；SDN位于基圆外，代表下半球面（图 A.1-2(a)、(b)）。

通常情况下，仅作半球投影并用基圆内圆弧（简称小圆）来表示某面的赤平极射投影，其好处是被投影的点和线都在与发射点相对的半球面上，它们的赤平极射投影都在赤道大圆内，既便于作图，又方便比较和判读。如图 A.1-2(b)中NCS即是用下极射投影（上半球投影）表示的上述倾斜平面。圆弧NCS两点的连线即代表该平面的走向线，它的方位就由N点（或S点）在赤道大圆上的方位分度读出。圆弧NCS凹部所指的方向代表该平面的倾向方向，其中C点与圆心O的连线即为该平面的倾向线，延长CO与赤道大圆交于E点，E点在赤道大圆上的方位，即为该平面的倾向方位，联S、C两点并延长与赤道大圆交于F点。延长OC与赤道大圆交于W点。FW两点间所包活的方位度数即为该平面的倾角α（或用WC段表示α）。

对于一般几何要素，过球心的平面的投影必为一大圆，其中水平面为基圆本身，垂直于赤道的平面为经过圆心的直线，倾斜面为大圆（如图 A.1-2）；不经过球心的平面的投影也是圆，其中垂直于赤道的平面的投影为一个与投影球中心起立轴平行的圆（图 A.1-3(a)），水平面的投影为一个与基圆同心的小圆（图 A.1-3(b)），倾斜平面的投影为一个起先小于基圆的小圆（图A.1-3(c)）；直线的投影仍为一条直线（图A.1-4、图A.1-3(b)）。

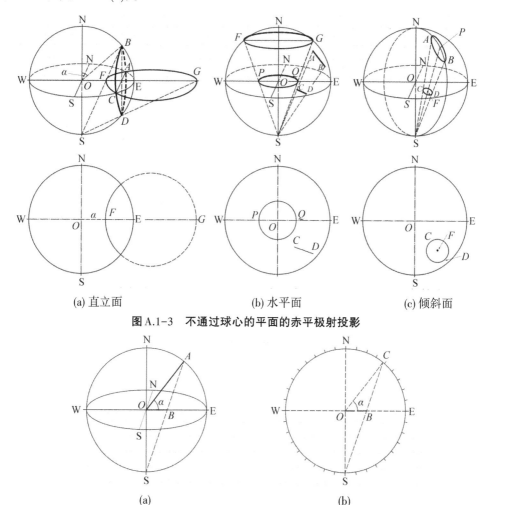

(a) 直立面   (b) 水平面   (c) 倾斜面

图A.1-3　不通过球心的平面的赤平极射投影

(a)   (b)

图A.1-4　通过球心的直线的赤平极射投影

A.1.2　投影网

为便于应用，能够快速作图、判读平面和直线的空间方向以及它们之间的角距关系，可利用按赤平极射投影原理事先做好投影网，目前广泛使用的投影网有吴氏网和施氏网。

吴氏网（A.1-5(a)）是苏联学者Wuff于1902年发表的一个赤平极射等角距投影网。投影网的外圆代表投影球的赤道平面，其直径为20cm、投影网的网格是由2°分格的一组经线和一组纬线组成的。其中经线为通过投影球心、走向南北、倾向东和倾向西、倾角0°~90°的一组平面的赤平极射投影，纬线为不通过投影球心、走向东西、纬度（距投影球中心直立轴的度数）为南纬0°~90°和北纬0°~90°的一组垂直于赤道平面的赤平极射投影，显然这些经线和纬线都是圆弧。

Schmidt 网是 Schmidt 设计的一种赤平极限等面积网（图 A.1-5(b)），其作图原理和方法与 Wuff 网基本相同。Wuff 网与 Schmidt 网的主要区别在于，球面上大小相等的小圆投影在 Wuff 网上直径角距是相等的，但由于所处部位不同，投影小圆的作图半径不等，面积不等（由基圆圆心至圆周逐渐变大）；而投影在 Schmidt 网上呈四级曲线，不成小圆，但四级曲线构成的图形面积相同（为球面小圆面积的 1/2）。

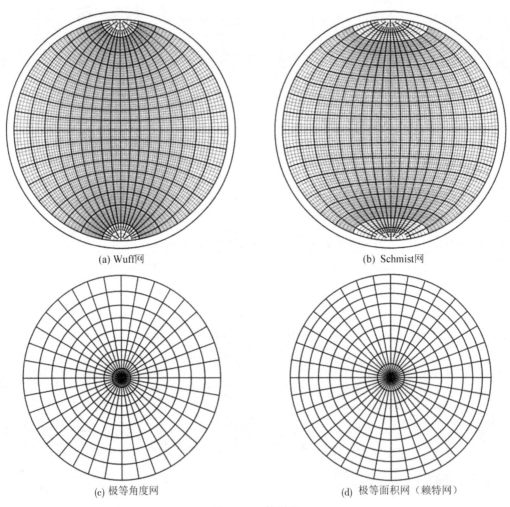

(a) Wuff网   (b) Schmist网

(c) 极等角度网   (d) 极等面积网（赖特网）

图 A.1-5 投影网

因此，在求解面、线间的角距关系方面，侧重于用 Wuff 网，因为 Wuff 网上反映各种角距比较精确，且作图方便，尤其在旋转操作方面更显示其优越性，故是应用最广的一种投影网；但在研究面群、线群统计分析（作极点图和等密图）以及探讨组构问题时，多用 Schmidt 网，因为 Schmidt 网上真实反映了球面上极点分布的疏密，从基圆圆心至圆周，具有等面积特征，缺点是球面小圆的赤平投影不是圆，作图麻烦；除了在投影网上涉及直接作小圆的问题外，对于 Wuff 网的其他方面都适用于 schmidt 网。

为了便于投影大量极点（直线或平面法线），上述两种网又可改换形式，成为同心圆（水平小圆）与放射线（直立大圆）相组合的图形，即极等角度网和极等面积网（赖特网），见图A.1-5(c)、(d)。利用这种网，可以把一个产状数据（倾向和倾角）一次投成（放射线量方位角、同心圆量倾角），但这种网只宜作极点统计用，不能分析几何要素间的角距关系。

A.1.3　常见结构要素的赤平极射投影

（1）直线

若已知某直线（几何线段、作用力矢量等）产状，如30°∠30°，求其赤平极射投影。用透明纸作一个与投影网直径相等的基圆（标记NESW），按倾向（30°）自北在图标记A，连AO（倾向线），并将旋转透明纸投影图（简称投影图）使AO与EW轴（或SN轴）重合，在AO延长线自外向内数30°，得P点，PO即为所求直线（图A.1-6）。

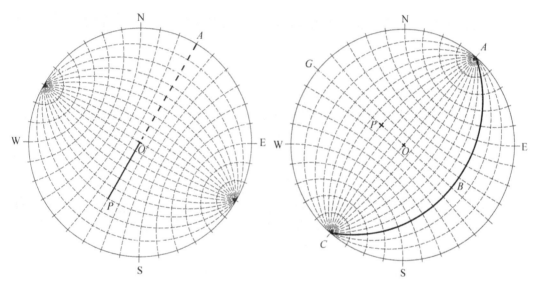

图A.1-6　直线的赤平极射投影　　　图A.1-7　平面的赤平极射投影

（2）平面

若已知某结构面的产状，如310°∠30°，求其赤平极射投影。用上述方法作好基圆；按产状在透明纸上标记平面的走向点A（NE40°）和倾向方位点G（NW310°）；使投影图上A点与投影网N重合、G点与W重合；在与G相对的半圆内找出与已知平面倾角一致的经线（30°）并将其描在投影图上，得圆弧ABC（图A.1-7）。圆弧ABC即为该平面的赤平极射投影，代表该平面的上半空间。

（3）求垂直于已知直线的平面

若已知某直线的产状，如50°∠50°，求与之正交的平面。按方法（1）做好基圆，并作已知直线的投影PO；转动投影图，使PO与投影网EW线重合；自P点沿投影网的EW线向圆方向按经线分度线数90°，得B点；将B点所在经线描于透明纸上，得大圆ABC，即为所求（图A.1-8），由图可读出该平面的产状（320°∠40°）。

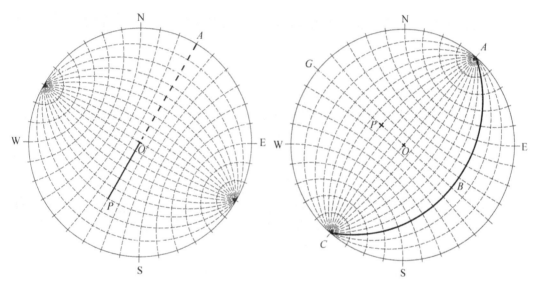

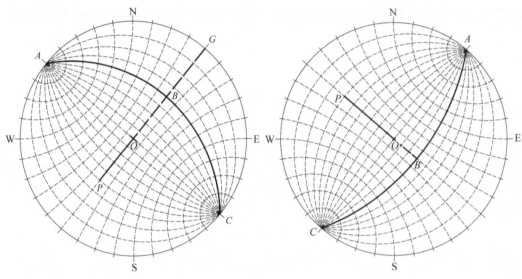

图 A.1-8   直线正交平面的赤平极射投影   图 A.1-9   平面的法线投影及极点

（4）由平面求其法线的投影（极点）

若已知结构面的产状，如310°∠60°，求其法线。由构造地质学知，该法线与投影球的交点为极点，故该法也是求结构面极点的方法。按上述方法（2），作基圆并得平面的投影 ABC；旋转投影图使 A、C 与投影网的 S、N 重合，大圆 ABC 与投影网 EW 线重合的交点为 B；连接 BO，即为已知平面的倾向线，从 B 点沿投影网的 EW 线向圆心方向按经线分度数90°得 P 点，点 P 即为该已知平面的极点（图 A.1-9），连接 PO 即得该已知平面的法线的投影，并得其产状（130°∠30°）。

对于工程区，若测得所有结构面，可通过此法得其结构面的极点等密图（图 A.1-10），进而开展工程区结构面分析，如结构面分组和结构面组合特征分析等。

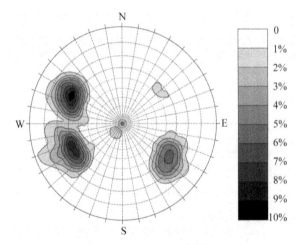

图 A.1-10   结构面极点等密图

（5）其它

赤平极射投影有着强大的功能，除了上述能够做出直线和平面的投影图（或由图上求其产状），还可以通过赤平极射投影进行如下与结构面分析有关的许多工作，如通过两已知直线的平面、过一条已知直线且与一条已知平面正交的平面、两已知直线的夹角、两平面的交线、两相交平面的夹角、相交平面夹角的平分面、任意平面绕某水平轴旋转 α 角后的产状、不经过投影球心的任意倾斜面的投影等。

在岩体力学中，常根据不同的需要选用不同的投影方式。比较常用的是上半球的投影；在有些情况下，也采用下半球投影，如块体稳定性分析的块体理论。同时，在工程地质和岩体力学中，通常不考虑平面和直线的空间位置，只表示它们的空间方向而将平面和直线一并平移至投影平均球心，做出它们的赤平极射投影。故在投影图上，1个大圆代表一个或一组平行平面、一条直线（或一个点）代表一条直线或一组平行直线，也可代表1个矢量。于是运用这些赤平极射投影图表示岩体中的结构面的特征、结构面组合块体特征、工程开挖面以及工程作用力、岩体滑动方向、滑动力和抗滑力等，是岩体力学分析的有力工具。

A.2　实体比例投影

A.2.1　原理

利用赤平极射投影进行岩体稳定分析，应研究岩体中结构面的形成和组合规律，确定由结构面和工程开挖面（临空面）组合构成的结构体，分析结构体在自重作用和工程作用下的稳定性。但赤平极射投影只能表示直线、平面的空间方向及它们之间角距关系，而不涉及直线的长短和面积的大小以及它们具体的分布位置。实体比例投影正好弥补这一缺陷。赤平极射投影和实体比例投影相结合，是进行岩体稳定性分析的有效方法之一。

实体比例投影是研究直线、平面以及块体在一定比例尺的平面图上构成影像的规律和作图的图解方法。它用垂直投影原理，按照一定的比例绘制成表达物体形态的某一位置，通过实体比例投影图求出结构面的组合交线、组合平面、组合平面与直线所围成的结构体的几何形态、规模、分布位置和方向等，并且按比例将岩体的主体结构用平面来表示。

实体比例投影与机械图中的垂直投影的不同是，除了要求反映面和线的尺寸大小外，实体比例投影还要求反映面和线的实际空间方向，包括面的走向、倾向和倾角以及线的倾伏向和倾伏角。

实体比例投影的投影平面一般为水平面，它可与赤平极射投影平面一致。在实际作图时，往往采用岩体工程的水平临空面，如巷道顶板面或地基面等。若巷道侧墙或边坡，为了作图方便，也常将这些临空面以其走向线为轴旋转一定角度至水平，然后再做出结构体在它上面的实体比例投影。

A.2.2 常用要素的投影

（1）直线的实体比例投影

已知空间直线OA，倾向 W，倾角α，长度l（图 A.2-1）。图 A.2-1(b)为赤平极射投影，通过直线OA的端点O（或A）作水平面为实体比例投影平面，过O点作线段OA''平行于图 b 中之OA。取其长度为图(a)中的OA'，即$OA'' = OA' = l' = l\cos\alpha$，$OA''$那为空间已知直线$OA$的实体比例投影。

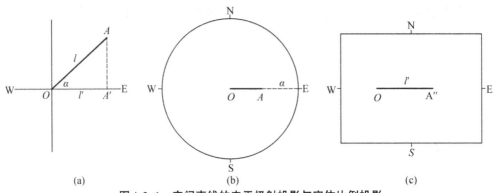

图 A.2-1　空间直线的赤平极射投影与实体比例投影

（2）空间平面的实体比例投影

已知空间倾斜平面 F 的产状和AB线的长度，该平面被 EW、SN 直立平面及水平面截割在碱角形面ABC（图 A.2-2(a)）。F 面的赤平极射投影为图 A.2-2b，该面与 SN、EW 直主面和水平切面的交线分别为$O'A'$、$O'B'$和$CO'D$。作一条水平实体投影面（即为水平切割面），在该面上作线段$A''B''$，并使其图 A.2-2(a)中的AB平行，过A''作平行于图 A.2-2(b)中$A'O'$直线，同时过B''作平行于图(b)中$B'O'$的直线，二者交于O''，三角形$O''A''B''$即为倾斜平面ABC在实体投影面上的实体投影（图 A.2-2(c)）。二者面积的关系为$S_{\triangle O''A''B''} = S_{\triangle ABC}\cos\alpha$。

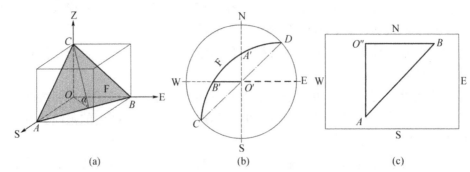

图 A.2-2　空间平面的赤平极射投影及实体比例投影

（3）结构体的实体比例投影

根据工程岩体的临空面，可将投影面分为水平面、直立面和倾斜面，于是结构体的实体比例投影有平面实体比例投影、剖面实体比例投影和斜面实体比例投影。

（a）临空面为水平时的结构体的实体比例投影

这种实体比例投影面（即岩体的临空面）为水平，多用于地基或硐室顶板面块裂介质岩体的分析中。以硐室为例，在硐顶和一条测线上，分则在 m、n 和 k 三点测量 3 条结构面（图 A.2-3(a)），求此三结构面和水平顶板面在顶板上组合构成的结构体的实体比例投影。三结构面的赤平投影为图 A.2-3(b)中的大圆 1、2 和 3，它们相交于 A、B 和 C，OA、OB 和 OC 为其组合交线。以水平面为投影面（即代表顶板水平临空面），标出测线及 m、n 和 k 的位置，过这三点分割作图 A.2-3(b)中结构面 1、2、3 的走向线的平行线，并分别交于 A'、B' 和 C'，此即为该结构面在顶板面上出露的实际位置和几何图形，再过 A'、B' 和 C' 分别作与图 A.2-3(b)中 AO、BO 和 CO 的平行线并交于 O' 点，$A'B'C'O'$ 即为所求结构体 $ABCO$ 在顶板平面上的实体比例投影。

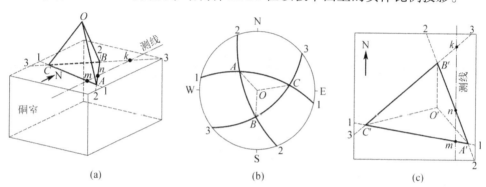

图 A.2-3　结构体平面实体比例投影

由实体比例投影图可方便求出实际结构体的体积，即

$$V_{ABCD} = \frac{S_{\triangle A'B'C'} \cdot h}{3} \tag{A.2-1}$$

式中，h——结构体锥体高度，$h = l_{A'O'} \tan\alpha_A = l_{B'O'} \tan\alpha_B = l_{C'O'} \tan\alpha_C$；

α_A、α_B、α_C 可由图 A.2-3(b)直接读出。

（b）直立临空面结构体的实体比例投影

岩体中的临空面为直立平面时，如巷道侧壁，结构面体位于临空面的左侧或右侧。由于直立平面在水平投影面上的垂直投影为直线，若作结构体在水平面上的实体比例投影，则临空面上的几何图形就无法观察和量度。所以，在实际作图时，需将直立临空面以其走向线为旋转轴，旋转 90° 至水平位置，所有结构面亦随之绕同一旋转轴以同样角度旋转，得到的临空面为投影平面的结构面赤平极射投影图，然后再作结构体在临空面上的实体比例投影。如，在某巷道左侧壁的一条测线的三个测点 m、n 和 k 上分别测得三条结构面 j_1、j_2 和 j_3，求作结构面在左侧壁构面的结构体的实体比例投影。作结构面和巷道左侧壁的赤平极射投影图（图 A.2-4(a)），三条结构面的投影分别为大圆 1-1、2-2 和 3-3，直径 NOS 为侧壁的投影。将侧墙面以其走向线为轴，由直立转至水平产状，各结构面也随之转 90°，得出各结构面在侧壁面上的赤平极射投影图（图 A.2-4(b)），该图为侧壁转至水平产状（岩体位于侧壁下方）

时，结构面在侧壁上的赤平极射投影图，由图 A.2-4(b)和结构面的实测点，按前述水平产状的方法，即可做出结构体在侧壁面上的实体比例投影图图 A.2-4(c)。并可按作图比例尺和前述方法，求出结构体的体积和各个面的面积。

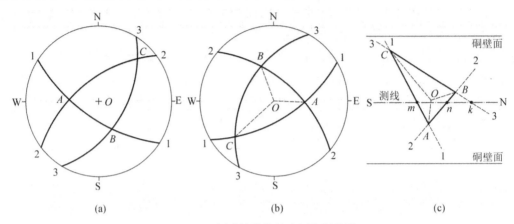

图 A.2-4　侧壁结构体的实测比例投影

（c）倾斜临空面结构体的实体比例投影

岩体的临空面为倾斜产状时，岩体位于临空面的下盘，由于倾斜临空面的几何形状能够在水平投影面上表示出来，故对于临空面为倾斜面的结构体的实体比例投影，可以在水平投影面上做出。

图 A.2-5(a)表示一平顶边坡的立体透视图。其中 $K'O'$ 和 $L'O'$ 是两结构面与边坡面的交线的投影，可分别取自图 A.2-5(b)上 KO 和 LO 的方向。$K'M'$ 与 $L'M'$ 为两结构面的走向线的投影，可取图 A.2-5(b)中 AB 直线和 CD 直线的方向。$K'L'$ 为坡顶线的投影，$K'L'$ 线以左表示边坡面，以右表示坡顶平面。$M'O'$ 为两结构面交线的投影，可取图 A.2-5(b)中 MO 方向。

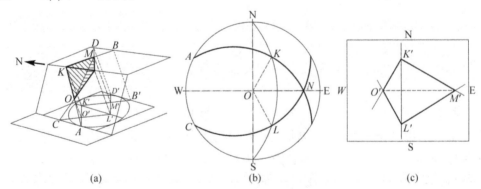

图 A.2-5　边坡结构体的实体比例投影

结构体的实体比例图作法如图 A.2-5(c)示。作一条水平面为投影面，标出坡顶线 NS 和结构面的实测点 $K'L'$。在坡顶面一侧，过 K' 和 L' 两点分别作结构面 AKB 和 CLD 的走向线的平行线并交于 M' 点。在边坡面的一侧，过 K' 和 L' 两点分别边坡面与结构面的交线 KO 和 LO 的平行结并交于 O' 点。$K'M'L'O'$ 即为结构体 $KMLO$ 在水平投影面上的实体比例投影。结构体体积和各个面的面积可按前述方法求出。

附录B 流变模型

在研究岩石的流变性质时，将介质理想化，归纳成各种模型，模型用理想化的具有弹性、塑性和黏性等基本性能的元件组合而成。通过这些元件不同形式的串联和并联，得到一些典型的流变模型体。相应地推导出它们的有关微分方程，即建立模型的本构方程和有关的特性曲线微分模型既是数学模型，又是物理模型，数学上简便，比较形象，比较容易掌握。

B.1 基本元件

在岩体力学中，岩石的弹性变形可用Hooke体（弹簧元件）表示、塑性用Coulomb体（摩擦片）表示、黏性变形用Newton体（黏壶）表示，结构面闭合变形用Goodman体（蝶式弹簧）表示、结构面滑移变形用Barton体（摩擦片）表示，见表B.1-1。

表B.1-1 岩体力学模型元件及其本构方程

元件名称	岩石材料变形元件			结构面变形元件	
	弹性 （Hooke体）	塑性 （Coulomb体）	黏性 （Newton体）	闭合 （Goodman体）	滑移 （Barton体）
元件符号及关系曲线					
本构方程	$\sigma = E\varepsilon$ $\tau = G\gamma$	$\tau = \tau_y$	$\sigma = \eta\dot{\varepsilon}_b$ $\tau = \eta\dot{\gamma}$	$\varepsilon_j = \varepsilon_{j0}\left[1 - \exp\left(\sigma/(E_j\varepsilon_{j0})\right)\right]$	$\mathrm{d}\sigma/\mathrm{d}u = K_0(\sigma - \sigma_0)$
说明	有弹性与强度 无黏滞性	有小弹性与大塑性 无黏滞性	无弹性与强度 有黏滞性	压缩闭合	错动或滑移

通过这些元件的不同组合形式，可以得到反映不同岩体的力学模型并建立本构关系。

B.2　岩体力学中常用流变模型

B.2.1　St. Venant模型——弹塑性

St. Venant模型由Hooke体和Coulomb体串联而成（图B.2-1），记为"H-C"，代表理想弹塑性体。

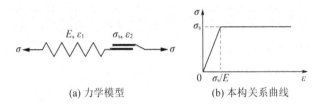

(a) 力学模型　　　　　(b) 本构关系曲线

图 B.2-1　St. Venant模型

该模型的本构方程为

$$\left.\begin{array}{ll} \varepsilon = \sigma / E & (\sigma < \sigma_s) \\ \varepsilon \to \infty & (\sigma \geqslant \sigma_s) \end{array}\right\} \tag{B.2-1}$$

式中，σ_s——屈服应力（摩擦阻力）；

　　　　E——弹性模量（弹性系数）。

当$\sigma < \sigma_s$时，弹簧产生瞬时弹性变形$\varepsilon = \sigma/E$，而摩擦片未变形（即$\varepsilon = 0$）；当$\sigma \geqslant \sigma_s$时，即克服了摩擦阻力后，在$\sigma$作用下无限滑动。

若在某时刻卸载至$\sigma = 0$，则弹性变形完全恢复，塑性变形停止但已发生的塑性变形永久保留。St. Venant模型代表理想弹塑性变形特征，无蠕变、无松弛、无弹性后效。

B.2.2　Maxwell模型——黏弹性

Maxwell模型由1个Hooke体和1个Newton体串联而成（图B.2-2），记为"H-N"，代表理想黏弹性体。

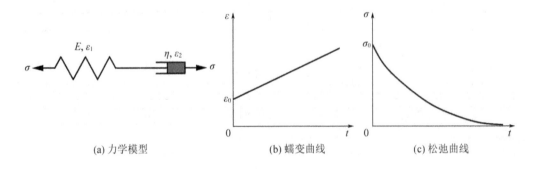

(a) 力学模型　　　　(b) 蠕变曲线　　　　(c) 松弛曲线

图 B.2-2　Maxwell模型

该模型的本构方程为

$$\dot{\varepsilon} = \frac{\dot{\sigma}}{E} + \frac{\sigma}{\eta} \qquad (\text{B}.2\text{-}2)$$

式中，$\dot{\sigma}$、$\dot{\varepsilon}$——应力速率和应变速率，$\dot{\sigma} = \mathrm{d}\sigma/\mathrm{d}t$，$\dot{\varepsilon} = \mathrm{d}\varepsilon/\mathrm{d}t$；

　　　　η——黏滞系数。

在恒定荷载作用下（$\sigma = \sigma_0$），即 $\mathrm{d}\sigma/\mathrm{d}t = 0$，由式（B.2-2）有 $\mathrm{d}\varepsilon/\mathrm{d}t = \sigma/\eta$，得其蠕变方程为

$$\varepsilon = \frac{\sigma_0}{\eta} t + \frac{\sigma_0}{E} \qquad (\text{B}.2\text{-}3)$$

Maxwell 模型能反映蠕变特征，而且蠕变方程中包括了瞬时变形和等速蠕变，属非趋稳蠕变。

若某时刻（$t = t_1$）时卸载至 $\sigma = 0$，则由式（B.2-2），有 $\dot{\varepsilon} = 0$，即应变随荷载卸除而立即恢复，表明该模型未反映弹性后效。

若保持变形不变（$\varepsilon = \varepsilon_0$），即 $\mathrm{d}\varepsilon/\mathrm{d}t = 0$，由式（B.2-2）有 $E \cdot \mathrm{d}\sigma/\mathrm{d}t + \sigma/\eta = 0$，并利用初始条件，$\sigma_{(t=0)} = \sigma_0$ 得其松弛方程为

$$\sigma = \sigma_0 \exp\left(-\frac{E}{\eta} t\right) \qquad (\text{B}.2\text{-}4)$$

总之，Maxwell 模型代表黏弹性变形特征，描述了瞬时变形和等速蠕变以及松弛特征、无弹性后效。

B.2.3 Kelvin 模型（或 Voigt 模型）——稳黏性

Kelvin 模型由 Hooke 体和 Newton 体并联而成（图 B.2-3），记为 "H|N"，属于一种黏弹性模型。

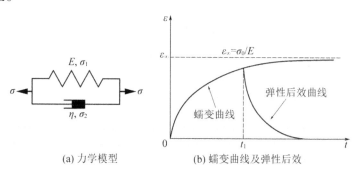

(a) 力学模型　　(b) 蠕变曲线及弹性后效

图 B.2-3　Kelvin 模型

该模型的本构方程为

$$\sigma = E\varepsilon + \eta\dot{\varepsilon} \qquad (\text{B}.2\text{-}5)$$

在恒定荷载作用下（$\sigma = \sigma_0$），即 $\mathrm{d}\sigma/\mathrm{d}t = 0$，由式（B.2-5）得其蠕变方程为

$$\varepsilon = \frac{\sigma_0}{E}\left[1 - \exp\left(-\frac{E}{\eta}t\right)\right] \tag{B.2-6}$$

由该式可见，当 $t\to\infty$，$\varepsilon_\infty = \sigma_0/E$，故属稳定蠕变。

若保持变形不变（$\varepsilon = \varepsilon_0$），即 $d\varepsilon/dt = 0$，由式（B.2-5），得到松弛方程为

$$\sigma = E\varepsilon_0 \tag{B.2-7}$$

即应变恒定时，应力也保持恒定，并不随时间而变化，该模型无应力松弛性能。

若在某时刻（$t=t_1$）卸载至 $\sigma=0$，由式（B.2-5），得卸载方程为

$$\varepsilon = \frac{\sigma_0}{E}\left[1 - \exp\left(-\frac{E}{\eta}t\right)\right]\exp\left[-\frac{E}{\eta}(t - t_1)\right] \tag{B.2-8}$$

上式表明，在 t_1 时刻卸载至 $\sigma=0$，应变并不立即恢复，而是随时间而逐渐减小（逐渐恢复），当 $t\to\infty$，$\varepsilon_\infty = 0$，即模型反映了弹性后效特征。

Kelvin 模型反映了稳黏弹性变形特征，描述了瞬时变形（弹性）、初始蠕变和等速蠕变，也描述了弹性后效，但无松弛性能。

B.2.4　广义 Kelvin 模型

广义 Kelvin 模型由 Kelvin 模型和 Hooke 体串联而成（图 B.2-4）。

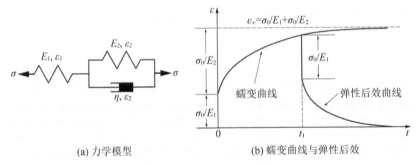

(a) 力学模型　　　　　　(b) 蠕变曲线与弹性后效

图 B.2-4　广义 Kelvin 模型

该模型的本构方程为

$$\frac{\eta}{E_1}\dot{\sigma} + \left(1 + \frac{E_2}{E_1}\right)\sigma = \eta\dot{\varepsilon} + E_2\varepsilon \tag{B.2-9}$$

在恒定荷载 σ_0 作用下，即 $d\sigma/dt = 0$，由式（B.2-9）得其蠕变方程为

$$\varepsilon = \frac{\sigma_0}{E_1} + \frac{\sigma_0}{E_2}\left[1 - \exp\left(-\frac{E_2}{\eta}t\right)\right] \tag{B.2-10}$$

蠕变方程反映了初始变形和初始蠕变，当 $t\to\infty$，$\varepsilon = \sigma_0/E_1$，故属稳定蠕变。

若保持变形不变（$\varepsilon = \varepsilon_0$），即 $d\varepsilon/dt = 0$，由式（B.2-9）得其松弛方程

$$\sigma = \frac{2E_1E_2}{E_1 + E_2}\varepsilon_0 + \left(\sigma_0 - \frac{2E_1E_2}{E_1 + E_2}\varepsilon_0\right)\exp\left(-\frac{E_1 + E_2}{\eta}t\right) \tag{B.2-11}$$

若在某时刻（$t=t_1$）卸载至$\sigma=0$，由式（B.2-9），Hooke体产生的弹性变形σ_0/E_1立即恢复，Kelvin模型部分的应变则需较长时间才能恢复，如图B.2-4(b)。这表明，在t_1时刻卸载至$\sigma=0$，应变并不立即恢复，而是随时间而逐渐减小（逐渐恢复），当$t=\infty$时，$\varepsilon_\infty=0$，即模型反映了弹性后效特征。

广义Kelvin模型反映了稳黏弹性变形特征，描述了瞬时变形、初始蠕变、弹性后效和松弛特征。

B.2.5 Poyting-Thomson模型

Poyting-Thomson模型由Maxwell模型与Hooke体并联而成（图B.2-5）。

该模型的本构方程为

$$\dot{\sigma} + \frac{E_1}{\eta}\sigma = (E_1 + E_2)\dot{\varepsilon} + \frac{E_1 E_2}{\eta}\varepsilon \tag{B.2-12}$$

在恒定荷载σ_0作用下，即$d\sigma/dt=0$，由式（B.2-12），得其蠕变方程为

$$\varepsilon = \frac{\sigma_0}{E_2}\left[1 - \frac{E_1}{E_1 + E_2}\exp\left(-\frac{1}{\eta}\cdot\frac{E_1 E_2}{E_1 + E_2}t\right)\right] \tag{B.2-13}$$

若保持变形不变（$\varepsilon=\varepsilon_0$），即$d\varepsilon/dt=0$，由式（B.2-12），得其松弛方程

$$\sigma = 2E_2\varepsilon_0 + (\sigma_0 - 2E_2)\exp\left(-\frac{1}{\eta}t\right) \tag{B.2-14}$$

若在某时刻（$t=t_1$）卸载至$\sigma=0$，由式（B.2-12），得弹性后效方程

$$\varepsilon = \frac{\sigma_0}{E_2}\left[1 - \frac{E_1}{E_1 + E_2}\exp\left(-\frac{1}{\eta}\cdot\frac{E_1 E_2}{E_1 + E_2}t_1\right)\right]\exp\left(-\frac{1}{\eta}\cdot\frac{E_1 E_2}{E_1 + E_2}(t - t_1)\right) \tag{B.2-15}$$

Poyting-Thomson模型描述了瞬时变形、初始蠕变、弹性后效和松弛特征。

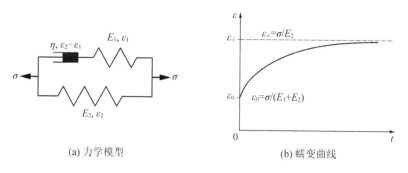

(a) 力学模型　　　　(b) 蠕变曲线

图B.2-5　Poyting-Thomson模型

B.2.6 理想黏塑性模型

理想黏塑性模型由1个Newton体和1个Coulomb体并联而成（图B.2-6）。

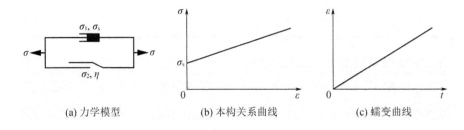

(a) 力学模型　　　　(b) 本构关系曲线　　　　(c) 蠕变曲线

图 B.2-6　理想黏塑性模型

该模型的本构方程为

$$\left.\begin{array}{ll} \varepsilon = 0 & (\sigma < \sigma_s) \\[2mm] \dot{\varepsilon} = \dfrac{\sigma - \sigma_s}{\eta} & (\sigma \geqslant \sigma_s) \end{array}\right\}$$

(B.2-16)

在恒定荷载 σ_0 作用下，即 $d\sigma/dt=0$，由式（B.2-16）得其蠕变方程为

$$\varepsilon = \frac{\sigma_0 - \sigma_s}{\eta}$$

(B.2-17)

在某时刻（$t=t_1$）卸载至 $\sigma=0$，卸载后已发生应变值为 $t \cdot (\sigma_1 - \sigma_s)/\eta$，全部变形不可恢复。

该模型无弹性和弹性后效，属不稳定蠕变。

B.2.7　Burgers模型

Burgers模型由Maxwell模型和Kelvin模型串联而成（图B.2-7）。

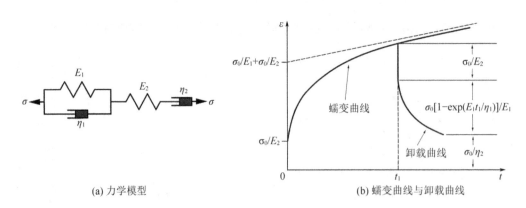

(a) 力学模型　　　　　　　　　　(b) 蠕变曲线与卸载曲线

图 B.2-7　Burgers 模型

该模型的本构方程为

$$\dot{\sigma} + \left(\frac{E_2}{\eta_1} + \frac{E_2}{\eta_2} + \frac{E_1}{\eta_1}\right)\dot{\sigma} + \frac{E_1 E_2}{\eta_1 \eta_2}\sigma = E_2 \ddot{\varepsilon} + \frac{E_1 E_2}{\eta_1}\dot{\varepsilon}$$

(B.2-18)

在恒定荷载 σ_0 作用下，即 $d\sigma/dt=0$，由式（B.2-18）得其蠕变方程为

$$\varepsilon = \frac{\sigma_0}{E_2} + \frac{\sigma_0}{\eta_2}t + \frac{\sigma_0}{E_1}\left[1 - \exp\left(-\frac{E_1}{\eta}t\right)\right] \qquad (\text{B.2-19})$$

若在某时刻（$t=t_1$）卸载至$\sigma=0$，卸载时有一瞬时回弹σ_0/E_2，随时间增长变形继续恢复，直到弹簧1的变形全部恢复为止，变形值为$[1-\exp(-t \cdot E_1/\eta_1)] \cdot \sigma_0/E_1$。若$t_1$足够大，则可将该段恢复的变形视为$\sigma_0/E_1$，即弹性后效。最后仍保留一定的残余变形，变形值为$t_1 \cdot \sigma_0/E_1$。

该模型有瞬时变形、初始蠕变、等速蠕变几个阶段，也反映了弹性后效特征，是岩石（尤其软岩）常用模型之一。

B.2.8　西原模型

西原模型亦称西原正夫体，由Hooke体、Kelvin模型和理想黏塑性模型串联而成（图B.2-8），能全面反映岩石的弹-黏弹-黏弹塑性变形特征。

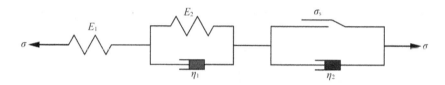

图 B.2-8　西原模型

该模型的本构方程为

$$\left.\begin{array}{l}
\dfrac{\eta_1}{E_1}\dot{\sigma} + \left(1 + \dfrac{E_2}{E_1}\right)\sigma = \eta_1\dot{\varepsilon} + E_2\varepsilon \qquad\qquad (\sigma < \sigma_s) \\[3mm]
\ddot{\sigma} + \left(\dfrac{E_2}{\eta_1} + \dfrac{E_2}{\eta_2} + \dfrac{E_1}{\eta_1}\right)\dot{\sigma} + \dfrac{E_1 E_2}{\eta_1 \eta_2}(\sigma - \sigma_s) = E_2\ddot{\varepsilon} + \dfrac{E_1 E_2}{\eta_1}\dot{\varepsilon} \quad (\sigma \geqslant \sigma_s)
\end{array}\right\} \qquad (\text{B.2-20})$$

在恒定荷载σ_0作用下，即$d\sigma/dt=0$，式（B.2-20）得其蠕变方程为

$$\left.\begin{array}{l}
\varepsilon = \dfrac{\sigma_0}{E_1} + \dfrac{\sigma_0}{E_2}\left[1 - \exp\left(-\dfrac{E_2}{\eta_1}\cdot t\right)\right] \qquad\qquad\quad (\sigma < \sigma_s) \\[3mm]
\varepsilon = \dfrac{\sigma_0}{E_1} + \dfrac{\sigma_0}{E_2}\left[1 - \exp\left(-\dfrac{E_2}{\eta_1}\cdot t\right)\right] + \dfrac{\sigma_0 - \sigma_s}{\eta_2} \qquad (\sigma \geqslant \sigma_s)
\end{array}\right\} \qquad (\text{B.2-21})$$

西原体模型反映当应力水平较低时，开始变形较快，一段时间后逐渐趋于稳定，成为稳定蠕变，当应力水平等于和超过岩石某一临界应力值（如σ_s）后，逐渐转化为非趋稳蠕变。它能反映许多岩石蠕变的这两种状态，故此模型在岩石流变学中应用广泛，特别适用于反映软岩的流变特征。

B.2.9　Bingham模型

Bingham模型由一个Hooke体和一理想黏塑性模型串联而成（图B.2-9）。

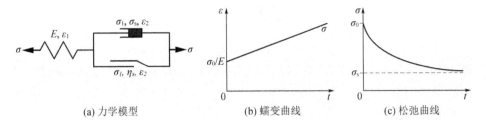

图 B.2-9　Bingham 模型

该模型的本构方程为

$$
\left.
\begin{array}{ll}
\varepsilon = \dfrac{\sigma}{E}, \ \ \dot{\varepsilon} = \dfrac{\dot{\sigma}}{E} & (\sigma < \sigma_s) \\[3mm]
\dot{\varepsilon} = \dfrac{\dot{\sigma}}{E} + \dfrac{\sigma - \sigma_s}{\eta} & (\sigma \geqslant \sigma_s)
\end{array}
\right\}
\tag{B.2-22}
$$

在恒定荷载 σ_0 作用下，即 $\mathrm{d}\sigma/\mathrm{d}t=0$，由式（B.2-22）得其蠕变方程为

$$
\varepsilon = \frac{\sigma_0}{E} + \frac{\sigma_0 - \sigma_s}{\eta} t
\tag{B.2-23}
$$

若保持恒定应变 ε_0，即 $\mathrm{d}\varepsilon/\mathrm{d}t=0$，则得松弛方程

$$
\sigma = \sigma_s + (\sigma_0 - \sigma_s)\exp\!\left(-\frac{E}{\eta}t\right)
\tag{B.2-24}
$$

542

B.2.10　索弗尔德—斯科特—布内尔模型

对于用以描述岩石流变属性的各种本构模型，第四届国际岩石力学大会流变学总报告人朗格尔（Langer）认为，到目前为止，扩充的索弗尔德—斯科特—布内尔模型是所建议的岩石流变本构模型中最具普遍性的一个。如图 B.2-10 所示，这种流变模型，它能够把由弹性变形、弹性后效变形和不可逆的黏塑性变形所组成的材料性状典型化，展示了岩石复杂的蠕变特性。

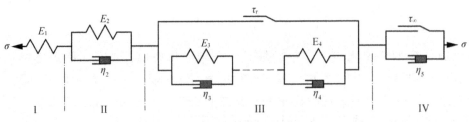

岩石变形 = 弹性变形 + 弹性后效变形 + 初始蠕变 + 等速蠕变
I-弹性变形；　II-弹性后效变形；　III-初始蠕变；　IV-等速蠕变
τ_r-蠕变临界应力；τ_∞-极限长期强度

图 B.2-10　修正的索弗尔德—斯科特—布内尔流变模型

B.2.11 均匀碎裂结构岩体的等效连续化(塑弹性)

如图 B.2-11 为均匀化碎裂结构岩体的力学模型。

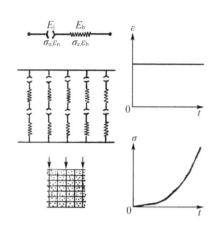 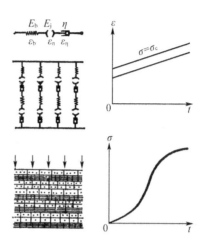

图 B.2-11　均匀碎裂结构岩体力学模型　　　图 B.2-12　水平层状碎裂结构岩体力学模型

其变形本构方程为

$$\varepsilon = \varepsilon_b + \varepsilon_j = \frac{\sigma}{E_b} + \varepsilon_{j0}\left[1 - \exp\left(-\frac{\sigma}{E_j}\right)\right] \tag{B.2-25}$$

其应力-应变曲线如图 B.2-11 所示，该模型较理想地反映了该类裂隙弹性岩体在单向力作用下的 σ-ε 曲线，这是岩体力学试验中最常见的一种变形曲线形式。

B.2.12 水平层状碎裂结构岩体的等效连续化(黏弹性)

水平层状碎裂岩体，地质原型、物理模型和力学模型见图 B.2-12。
其本构方程为

$$\frac{\mathrm{d}\varepsilon}{\mathrm{d}t} = \frac{1}{E_b} + \frac{1}{E_j}(\varepsilon_{j0} - \varepsilon_j) + \frac{\sigma}{\eta} \tag{B.2-26}$$

式中，E_b——岩石的弹性模量；

　　　E_j——结构面法向模量；

　　　ε_{j0}——结构面初始应变；

　　　ε_j——结构面应变。

在常应力速率 $\mathrm{d}\sigma_a/\mathrm{d}t = \mathrm{const}$ 控制下，其方程为

$$\varepsilon = \frac{\sigma_0}{E_b} + \varepsilon_{j0}\left[1 - \exp\left(-\frac{\sigma}{E_j\varepsilon_{j0}}\right)\right] + \frac{\sigma_0}{\eta}t \tag{B.2-27}$$

附录C 矿物及其基本特征

C.1 矿物的化学成分与微观结构

C.1.1 矿物中的化学元素

化学成分是一种矿物区别于它种矿物的主要依据之一，是矿物物理性质和化学性质的内因。同种矿物的化学成分是一定的，但由于形成条件不同又可在一定范围内变化。

C.1.1.1 地壳中化学元素及其丰度

化学元素是构成矿物的物质基础，矿物是由各种化学元素构成的。不同化学元素在地球中的含量（丰度[①]）却极不相同，相差可达 10^{17} 倍。如上地壳内，O、Si、Al、Fe、Ca、Na、K、Mg、Ti、H、P、Mn等元素的含量最多，合计约占上地壳总成分的99%以上（表C.1-1），其中氧约占地壳总质量的1/2、硅占1/4以上。

表 C.1-1　上地壳(深度 0~16 km)主要元素及其丰度

元素	O	Si	Al	Fe	Ca	Na	K	Mg	Ti	H	P	Mn
质量克拉克值(%)	46.60	27.72	8.13	5.00	3.63	2.83	2.59	2.09	0.44	0.14	0.12	0.10
原子克拉克值(%)	62.55	21.22	6.47	1.92	1.94	2.64	1.42	1.84	/	/	/	/

地壳中分布最广、组成各种岩石的最基本元素称为造岩元素（rock forming element），如O、Si、Al、Fe、Ca、Na、K、Mg、Ti、H、P、Mn等。表C.1-1中质量丰度>1%的8种元素都是主要造岩元素，它们构成地壳三大类岩石的主体；Ti、H、P、Mn在地壳中的质量丰度虽不足1%，但在各大类岩石中频繁出现，也常作为造岩

[①] 某元素在特定自然体（如岩石或地壳）中的相对含量称为该元素的丰度（abundance of element），即元素的丰度表示了该化学元素在某自然体中的相对份额。丰度表示方法主要有质量丰度（亦称重量丰度）和原子丰度，一般多使用质量丰度。质量丰度是以质量单位表示的元素丰度，即该元素质量与自然体总质量之比，常用单位有：%、ppm（或 g/t）、ppb（或 mg/t）、ppt（或 μg/t）。原子丰度是以原子数表示的丰度，即某元素在全部元素原子总数中的百分数，%。

为纪念美国化学家F. W. Clarke，当研究的自然体为地壳时，用克拉克值表示丰度，即地壳中某元素的丰度（%）。地壳中，质量克拉克值最大的10个元素依次为O>Si>Al>Fe>Ca>Na>K>Mg>Ti>H，原子克拉克值最大的10个元素依次为O>Si>H>Al>Na>Mg>Ca>Fe>K>Ti。整个地球元素质量丰度顺序为Fe>O>Mg>Si>Ni>S>Ca>Al>Co>Na。

元素。这些主要造岩元素多以氧化物的形式存在于地壳岩石中（表C.1-2）。

表C.1-2　上地壳主要氧化物及其质量百分比

氧化物	SiO_2	Al_2O_3	$FeO + Fe_2O_3$	CaO	MgO	Na_2O	K_2O	H_2O	TiO_2
含量(%)	59.14	15.34	6.88	5.08	3.49	3.84	3.13	1.15	1.05

对于具体岩石中的元素，根据其丰度，分为主量元素和微量元素。岩石的主量元素（或常量元素）是指该岩石中质量丰度大于0.1%（或1%）的元素，而质量丰度小于0.1%（或1%）的元素称为该岩石的微量元素。一般情况下，地壳质量克拉克值>1%的8大造岩元素（表C.1-1）都是岩石的主量元素。微量元素一般不易形成自己的独立矿物，多以类质同象[①]的形式存在于其它元素组成的矿物中。如元素周期表第一主族，K和Na的质量丰度都大于1%，以氧化物形式存在并形成多种独立矿物，属主量元素；而同族中的元素Rb和Cs，在地壳中含量低（分别为90ppm和3ppm），在各岩石中的浓度亦低，难形成自己的独立矿物，主要呈分散状态存在于K和Na的矿物中，属微量元素。

C.1.1.2　构成矿物的质点

矿物是由一种或多种元素的质点构成的，化学元素质点包括原子、分子和离子等粒子，其中离子是构成矿物最主要的粒子。

（1）离子类型

根据电荷性质，离子分为阴离子和阳离子。根据构成离子的元素种类数量，离子分为简单离子和离子团（根或基团），如CO_3^{2-}和NH_4^+。

地壳中元素彼此能否形成矿物主要取决于元素核外电子构型（电子层数及最外层电子数），根据外层电子数，简单离子分为惰性气体型、铜型和过渡型。

惰性气体型离子是外层轨道铺满2个电子（$1s^2$）或8个电子（ns^2np^6）从而具有惰性气体原子相同构型的离子，包括碱金属（H除外的I_A族）、碱土金属（II_A族）及部分非金属（$III_A \sim VII_A$族第2～3周期元素）。该类离子不易变价；离子半径较大，极化力和变形程度较小，形成的化合物以离子晶格性质较强为特征；电负性小，趋于形成离子键，易与电负性高的氧和卤族元素结合形成氧化物或含氧盐和卤化物，组成地壳大部分造岩矿物。惰性气体型离子所属元素常称为亲氧元素或亲石元素。

铜型离子是外层轨道电子数为18（$ns^2np^6nd^{10}$）或18+2（$ns^2np^6nd^{10}(n+1)s^2$）的离子，包括I_B族、II_B族及III_A族～VII_A族第4～6周期金属元素。该类离子的电子层结构仍相当稳定，其稳定性仅低于情性气体型离子，不易变价（或只在18和18+2两种电子层构型间变化）；电负性较大（与电价和半径相似的其它类离子相比，电负性最高）；离子半径不大，外层电子多，极化力强，易与半径大且易被极化变形的离子结合而趋于形成共价键（当其与电负性较低的阴离子结合时，其化学键强烈地向共价键和

[①] 物质结晶时，结构中某种质点的位置被性质相似的质点所代替而其晶体结构不变的现象称为类质同象（isomorphism）。如菱铁矿$Fe[CO_3]$中的Fe^{2+}易被Mg^{2+}代替，形成菱镁矿$Mg[CO_3]$。

金属键过渡），常形成溶解度低的金属硫化物或含硫盐。铜型离子所属元素常称为亲硫元素或造矿元素。

过渡型离子是外层轨道电子数不满的不稳定电子构型（$ns^2np^6nd^{1~9}$）的离子，包括 III_B～VIII 族所有元素。该类离子因电子结构层不稳定而易变价，电子容易吸收可见光能量而使离子常呈现颜色（故这类离子也称色素离子或致色离子）；电负性介于惰性气体型和铜型离子之间，最外层电子数接近 8 者易与氧结合（亲氧性强）、接近 18 者易与硫结合（亲硫性强）、中间位置元素的离子与 O 和 S 均可结合，究竟是与 O 还是 S 结合取决于介质条件，以 Mn 和 Fe 为例，在还原条件下多与硫结合形成硫锰矿（MnS）和黄铁矿（FeS）、而氧化条件下与氧结合形成软锰矿（MnO_2）和赤铁矿（Fe_2O_3）等。

（2）粒子半径

在矿物晶体结构中的原子和离子是形成晶体的基本质点。它们呈格子状排列，常保持有一定的距离，这就意味着围绕核旋转的电子，在原子核周围形成一个电磁场。通常认为这个电磁场所占的空间范围是球形的，其半径就是原子或离子的半径。

原子或离子的有效半径主要取决于它们的电荷和电子层构型，也受环境因素影响。实际上，同种元素的原子或离子常因与周围不同种类、不同数目的质点以不同键连接以及在空间的相对配置形式等因素的影响，有效半径也会相应变化。

同一元素的粒子，电子数越多者半径越大，阴离子半径>原子半径>低价阳离子半径>高价阳离子半径，如 $r(S^{2-}) > r(S) > r(S^{4+}) > r(S^{6+})$；同族元素离子半径随周期数增大（自上而下）而增大，如 $r(F^-) < r(Cl^-) < r(Br^-)$；具有相同电子层结构的离子（单核），核电荷数越小者半径越大，如 $r(O^{2-}) > r(F^-) > r(Na^+) > r(Mg^{2+}) > r(Al^{3+})$；离子团半径大于简单离子，并取决于离子团的构成。

C.1.2　质点间连接

C.1.2.1　连接力—化学键

所有物质结构中的质点都按照一定规则进行排列，质点间具有一定的结合力。纯净物内部相邻质点间存在的相互作用力统称为键（bond）[1]，质点通过键结合在一起而形成物质。根据发生相互作用力的性质和微粒的不同，键包括物理键（氢键、分子键）和化学键（金属键、共价键和离子键）[2]。

共价键（covalent bond, 亦称原子键）是相邻两个原子之间自旋方向相反的电子相互配对而形成的化学键，包括极性共价键、非极性共价键和配位键，其本质为原子相互接近时轨道重叠而导致原子间通过共用自旋相反的电子对使能量降低而成键。共价键有方向性和饱和性。共价键存在于非金属原子之间。

离子键（ionic bond）是阴阳离子间通过静电作用形成的化学键，其本质为静电

---

[1] 键的实质是静电相互作用和电子相互作用，可用键能、键长、键角和键矩等参数来表征。

[2] 有时也将物理键纳入化学键之内，称为广义化学键。

吸引。离子键的作用力强[①]，无饱和方向性。离子键存在于离子化合物中。

金属键（metallic bond）是金属离子间依靠自由电子而产生的相互作用力。电负性偏低的金属原子对电子亲和力很小，外层电子最易脱离原子核的约束而构成自由电子，原子变成金属阳离子，自由电子并不为某金属原子所获得，而弥漫于所有阳离子之间并不断运动着，为各阳离子所共有，金属阳离子由运动着的自由电子（金属键）联系着。金属键无方向性和饱和性。金属键存在于金属单质中（金属中没有独立存在的原子，只在电子围绕某个阳离子运动的瞬间可使阳离子呈原子状态）。

分子键（molecular bond）是中性分子间因电荷分布不均而使分子形成偶极而产生的静电引力（范德华力）。分子键在矿物中不占重要地位，常与其它键同时存在。

氢键（hydrogen band）是体积很小且静电场强度大的氢原子在晶体结构中可同时与两个电负性很大且半径较小的原子（如O、N、F等）相结合而产生一种特殊的键力。氢键是由氢原子参与成键的特殊键型，其性质介于共价键与分子键之间，具方向性和饱和性，键强略大于分子键。

天然矿物可以只有上述化学键中的一种（单键型），如石盐（NaCl）只存在离子键、金刚石中只有共价键等；也可以是以一种键型为主而兼有其它键型（多键型），如自然硫是由S_8分子组成，分子间靠分子键联系，而在S_8分子内则由共价键联系着8个S原子。总之，矿物中结合质点间的化学键常不是单一的，最常见的是以离子键为主而又向其它类化学键过渡，因而使矿物的物理、化学性质可以发生一系列变化。

C.1.2.2　连接方式—晶质与非晶质

质点之间是通过不同化学键结合在一起。不同矿物内部质点间的结合方式不同（或规则或不规则），进而形成不同矿物（单质或化合物）[②]。

按内部质点之间排列的规则程度，矿物分为晶质矿物和非晶质矿物。当有足够的生长空间且缓慢的结晶环境时，内部质点按一定晶格结构呈规则排列，形成具有一定几何外形的晶质矿物。当内部质点呈无规律排列而不具备晶格结构，则生成无一定几何外形的非晶质矿物，包括火山熔岩流快速冷凝而来不及结晶的玻璃质矿物以及胶体矿物。

自然界绝大多数造岩矿物是晶质矿物，非晶质矿物种类和数量均较少。

C.1.3　晶质矿物的微观结构

C.1.3.1　晶体的微观结构—晶格

晶格（crystal lattice）亦称晶格结构或格子构造，是有序排列的内部质点（原子、离子、分子）按规律将几何点连成的三维空间格子。晶体具有晶格，即以内部

[①] 若阴离子与阳离子间完全没有极化，则所形成的化学键为离子键；若离子极化作用显著时，阴、阳离子外层轨道发生部分重叠、核间距缩短，化学键极性减弱，由离子键过渡到共价键。

[②] 自然界的矿物绝大多数呈固态，只有少数为液态（如Hg）和气态（如H_2S）。

质点在空间作三维周期性重复排列为其最基本结构特征[①]。晶格决定了晶体具有固定的外部形态（晶形），进而决定了晶体的各种特征。

晶质矿物是具有晶体结构的矿物，内部质点按照晶格规定的方式有序排列，其排列方式与质点的类型、半径和化学键等有关。

（1）质点堆积方式

晶体矿物内部质点可视为一个有确定半径的球体，它们在晶体中总倾向尽量紧密堆积，以降低内能、增加晶格稳定性。

对于以金属键结合的单元素晶体，内部质点为等大球体，质点在晶体内主要以两种形式实现最紧密排列，即面心六方紧密堆积和体心立方紧密堆积（表C.1-3）。对于离子键晶体，内部不同离子的半径不同（阴离子半径大于阳离子半径），此时阴离子作最紧密堆积，而阳离子充填于阴离子作最紧密堆积的空隙中。对于共价键晶体，因受到共价键饱和性和方向性影响，原子紧密排列程度会降低。对于分子化合物的晶体构造，分子呈紧密排列，但分子形状不作球形，情况复杂。

表 C.1-3　晶体内等大质点的紧密堆积方式

晶体结构	配位数	致密度(%)	空隙率(%)
面心六方紧密堆积	12	74.05	25.95
体心立方紧密堆积	8	68.00	32.00
简立方堆积	6	52.40	47.60

（2）晶格内质点的配置—配位数与配位多面体

晶体中质点的配置状况可用配位数和配位多面体来表征。

晶体构造中某质点周围所接触的其它质点数目称为该质点的配位数。离子晶格中，围绕每个离子直接接触到的异号离子数即为该离子的配位数，如NaCl晶体构造中，Na^+周围有6个Cl^-，即Na^+的配位数为6。在等大球体最紧密堆积中，配位数为12，金属矿物（Au、Ag、Cu）的晶体构造中各原子的配位数均为12。

各配位质点中心连线所构成的多面体称为配位多面体，包括三角形配位、四面体配位、八面体配位、立方体配位和十二面体配位等。如NaCl晶体中，Na^+和Cl^-的配位数都是6，由Cl^-连接起来构成的配位多面体是八面体[②]。配位多面体常以共顶角、共棱或共面的方式连接，故晶体结构可视为由配位多面体相互联结而成的体。

配位数取决于内因（质点相对大小、堆积紧密程度、质点间化学键性质）和外因（温度、压力、介质条件等）。在内因方面，金属键晶体中质点作最紧密堆积，配位数是固定的，如金属矿物（Au、Ag、Cu）的晶体构造中各原子的配位数均为12；典型共价键或以共价键为主的单质或化合物都具有最低的配位数（3,4）；离子键晶

---

① 任何晶体总有一套与三维周期性对应的基向量及与之相应的晶胞，故可将晶体结构看作是由内含相同的具平行六面体形状的晶胞按前、后、左、右、上、下方向彼此相邻"并置"而组成的一个集合。空间格子要素包括结点、行列、面网和平行六面体（晶胞）。

② 由于相同配位数可能构成不同的配位多面体，如配位数为6的配位多面体，可以是八面体，也可以是三方柱。因此，在描述晶体构造时，用配位多面体的概念更确切。

体中阳离子填充于大半径阴离子堆积的空隙中（非等大球体堆积），此时能否相互紧密接触，取决于阳离子半径（R_K）与阳离子半径（R_A）的相对大小（表C.1-4），如NaCl晶体，$R_{Na}/R_{Cl}=0.536$，介于0.414和0.732之间，配位数取6。

表 C.1-4　配位数离子半径的理论对应关系

配位数	2	3	4	5	6	8	12
R_K/R_A	<0.155	0.155	0.225	0.414	0.732	1.000	1.000

注：当R_K/R_A介于两个数值之间时，阳离子的配位数一般取小值。

在外因方面，温度、压力和介质条件等外界热力学条件的变化对配位数都有影响。当环境温度升高时，晶体结构紧密度降低，容纳离子的空隙变大，为保证异号离子间能接触，阳离子通常转入低配位空隙中；反之，在压力大的环境中配位数会增高。如长石和云母等高温生成的硅酸盐矿物中，Al^{3+}的配位数是4，而低温生成的高岭石中，Al^{3+}的配位数是6；又如夕线石（高温）Al^{3+}的配位数为4；蓝晶石（高压）Al^{3+}的配位数为6。

（3）晶格类型

不同化学键形成不同晶格（crystal lattice）。根据晶体中占主导地位的化学键类型，晶格分为4类，包括原子晶格、离子晶格、金属晶格和分子晶格。因质点间的键力及排列方式的不同，不同类型晶格物理性质存在显著差异（表C.1-5）。

原子晶格是以共价键为主要化学键的晶体结构。原子晶格通常由电负性接近且较大的同一元素或不同元素遵守定比定律[①]和倍比定律[②]结合而成，其中的原子难以实现最紧密堆积，配位数较低。一般来说，共价键相当坚强，故具原子晶格的晶体硬度大、熔点高、不导电、透明～半透明和玻璃～金刚光泽。与键强有关的物理性质的差异取决于原子化合价及半径大小。金刚石是典型的具原子晶格的晶体。

离子晶格是以离子键为主要化学键的晶体结构。晶格中质点一般能形成紧密堆积，具较高配位数。具离子晶格的晶体中，因电子均被一定的离子所占有，离子间的电子密度小，对可见光吸收不多，故其物性特征表现为透明或半透明，玻璃或金刚光泽，为电的不良导体，但熔化后能导电。离子键的键力通常较强，故晶体的膨胀系数较小；又因其键强与电价的乘积成正比、与半径之和成反比，故晶体的机械稳定性、硬度与熔点等变化很大。大多数氧化物、卤化物、含氧盐及部分硫化物都以离子键为特征。

金属晶格是以金属键为主要化学键的晶体结构。金属晶格中，每个原子的结合力都呈球形分布，没有方向性和饱和性，而且各原子具有相同或近于相同的半径，因而常形成等大球体立方和六方最紧密堆积，具高配位数。由于存在自由电子，易

①定比定律，即每一种化合物（不论它是天然存在的，还是人工合成的，也不论它是用什么方法制备的）的组成元素的质量都有一定的比例关系，这一规律称为定比定律，由普劳斯特1799年提出。换成另外一种说法，就是每一种化合物都有一定的组成，所以定比定律又称定组成定律。

②当甲、乙两种元素相互化合，能生成几种不同的化合物时，则在这些化合物中，与一定量甲元素相化合的乙元素的质量必互成简单的整数比，这一结论称为倍比定律。

吸收可见光，故金属晶体不透明，具高反射率，呈金属光泽，为电的良导体，具延展性，硬度一般较低。金属的原子量较大且堆积紧密，因而其晶体多具较高的相对密度。鉴于不同原子的电离能的差异，电离能愈小，自由电子密度越大，原子间引力愈强，金属键强度就越大，因此不同金属晶体的物性呈现一定差异。

表 C.1-5　矿物晶格类型及其特征

晶格类型		原子晶格	离子晶格	金属晶格	分子晶格
化学键类型		共价键	离子键	金属键	分子键
		有方向性、饱和性	无方向性、饱和性	无方向性、饱和性	
组成晶格的元素		由电负性都较高的元素结合而成	由电负性很低的金属元素与电负性很高的非金属元素结合而成	由电负都较低的元素结合而成	一般由电负性较高的元素以共价键组成的分子，再构成晶体
质点间结合力		结合力很强	结合力一般较强	结合力中等	结合力较弱
		原子间通过相反方向自旋电子结合	阴阳离子间通过静电吸力结合；结合力取决于离子电价与半径	金属离子间通过自由电子对结合	分子间通过静电引力结合
结构特点		具方向性和饱和性，原子只能在一定方向结合，排列常不紧密，配位数较低	无方向性和饱和性，离子一般呈球形，常呈最紧密堆积，具较高配位数	无方向性和饱和性，常呈等大球体最紧密堆积，具有较高配位数	分子常不为球形，常呈非球体最紧密方式排列
物理性质	光学	透明，金刚光泽	透明，玻璃光泽	不透明，金属光泽	不透明～半透明，玻璃光泽
	力学	硬度高，脆	硬度中～高，脆	硬度低～中，延展性强	硬度很低
	热学	熔点高，膨胀系数小，熔体呈原子	熔点很高，膨胀系数小，熔体中呈离子	熔点有高有低	熔点低，膨胀系数大
	电学	不良导体	不良导体	良好导体	不良导体
	化学	不溶于水，在其它大多数溶剂中也较难溶	易溶于水，溶解度随离子键能增加而减小，不溶于有机溶剂	易溶于氧化剂，难溶于其它溶剂	质点为极性分子，易溶于极性溶剂，若为非极性分子，则不溶于极性溶剂
常见矿物		金刚石	石盐、萤石、方解石	自然铜、自然金	自然硫、雄黄

分子晶格是以分子键为主要化学键的晶体结构。分子晶格中每个分子虽不存在剩余电荷，但由于分子的电荷分布不均匀，能形成偶极矩，从而在分子间形成微弱的电性引力。因分子键无方向性和饱和性，分子间可以实现最紧密堆积。但由于分子形态复杂，堆积形式比较复杂。分子键的作用力很弱，所以分子晶格的晶体一般

熔点低，可压缩性大，热膨胀率大，热导率小，硬度低，透明，不导电。但某些性质也与分子内的键性有关。凡具分子晶格的晶体，虽可见于自然非金属元素、硫化物和氧化物等不同类别的矿物中，但其数量并不多见。

此外，在一些晶体结构中，氢键起着重要作用，通常称为氢键型晶格。一些氢氧化物、含水化合物、层状结构硅酸盐等矿物，例如硬水铝石、针铁矿、高岭石等晶格中，均有氢键存在。氢键的作用力虽不强，但能对物质的性质产生明显影响，分子内形成氢键会使熔点和沸点降低，而分子间形成氢键会使物质的熔点和沸点增高。总体来说，氢键型晶格的晶体配位数低、熔点低、密度小。

（4）晶格缺陷

受晶体形成条件、原子热运动及其它条件的影响，实际晶体中原子的排列不可能那样完整和规则，往往存在偏离理想晶体结构的区域。微观质点排列受晶体形成条件、质点热运动、杂质填充及其它条件的影响而导致结构偏离理想晶体结构的区域称为晶格缺陷（lattice defects）。

按晶格缺陷分布的几何特点，晶格缺陷可分为点缺陷、线缺陷、面缺陷和体缺陷4种类型。点缺陷（point defect）是发生在一个或若干个质点范围内所形成的晶格缺陷，最常见的点缺陷表现形式空位、填隙和替位。线缺陷（line defect）是在晶体内部结构中沿某条线（行列）方向上的周围局部范围内所产生的晶格缺陷，其表现形式主要是位错（dislocation），即在晶体某些区域内，一列或数列质点发生有规律的错乱排列，包括刃位错、螺旋位错及混合位错等。面缺陷（plane defect）是指沿晶格内或晶粒间某些面的两侧局部范围内所出现的晶格缺陷，包括平移表面、堆垛层错、界面（晶界、畴界）和相界面等。体缺陷是三维尺寸均较大的晶格缺陷，如镶嵌块、沉淀相、空洞和气泡等。

晶格缺陷（尤其是位错）破坏了晶体的对称性，对晶体生长、扩散和相变有重要影响，也是岩石塑性变形和断裂的根本原因。

C.1.3.2 同质异象与类质同象

（1）同质异象

在不同温度、压力和介质浓度等物理化学条件下，同种化学成分形成不同晶体结构的现象称为同质多象（polymorphism），如金刚石和石墨。同质多象的每个变体的结构彼此不同，每个变体都有一定的热力学稳定范围，都具备各自特有的形态和物理性质，因此是独立矿物种。

同质多象各变体只有在一定的物理化学条件下稳定，当环境条件（温度、压力、介质成分及pH值和杂质含量等）改变并超出其稳定范围时，一种变体将会转变为另一种变体，如常压下随深度升高SiO_2的同质多象依次为α-石英→β-石英→β-鳞石英→β-方石英。

（2）类质同象

类质同象（isomorphism）是晶体结构中某种质点被其他类似质点以各种比例相

互置换或取代的现象①，如菱铁矿$Fe[CO_3]$中的Fe^{2+}易被Mg^{2+}代替而形成菱镁矿$Mg[CO_3]$。类质同象晶体的结构类型、化学键性和离子正负电荷的平衡保持不变或基本不变，仅晶格常数发生不大变化。

按质点被替代的程度，类质同象分为完全类质同象和不完全类质同象（有限类质同象）；按质点间电价是否相等，分为同价类质同象和异价类质同象；按质点相互替换的数量，分为成对类质同象和不成对类质同象。

类质同象取决于质点的半径、电价、粒子类型与化学键类型、晶格类型、能量系数②、温度、压力及组分浓度等因素。一般地，在电价平衡前提下，半径相近、外层电子结构相同、化学键型相同的质点间易于发生类质同象，能量系数高的质点常被能量系数低的质点置换。类质同象多发生在介质同组分不协调且有易于发生置换的其它质点存在的情形，且温度越高、压力越低，类质同象越易于发生。

类质同象虽不改晶格类型，但由于质点的全部或部分变化，会引起部分物理性质的变化，如密度等。

C.1.4　非晶质矿物的成分与微观结构

C.1.4.1　玻璃质矿物

玻璃质矿物是火山熔岩喷出地表后快速冷却，以致质点来不及结晶就凝固而形成天然的玻璃态物质③，如黑曜岩和珍珠岩等。

玻璃质矿物在岩石中常常呈现出不同颜色，如褐色、砖红色和灰绿色等。一般呈玻璃光泽，具贝壳状断口，性脆。

玻璃质矿物是一种不稳定的非晶质矿物，随着时间推移，它们会逐渐转化为结晶物质，这种作用称为脱玻化作用，故仅在较新的喷出岩才有玻璃质出现。

C.1.4.2　胶体矿物

胶体矿物是一类具有胶体④特征的非晶质矿物。胶体矿物（colloidal mineral）由固相胶体微粒天然凝聚而成，绝大多数为水胶凝体（其中的水为胶体水⑤），如蛋白石（$SiO_2 \cdot nH_2O$）。

---

① 类质同象有时亦称同晶替代或同晶转换。
② 能量系数（EK）是指一个离子从自由态结合到晶格中时所释放的能量。
③ 玻璃态也可以看成是保持液体结构的固体状态。
④ 胶体（colloid）是一种或多种物质微粒（直径约$1\sim100nm$）分散在另一种物质中所构成的细分散体系。前者为分散质（分散相、胶体微粒），后者为分散媒，分散质和分散媒均可以是气相、液相和固相。分散质的量远大于分散媒的胶体称胶凝体，分散质的量远小于分散媒的胶体称胶溶体。以水为分散媒者为水胶凝体或水胶溶体。
⑤ 胶体水（colloidal water）是一类特殊的吸附水。由于胶体比表面积大，表面能高，部分胶体水分子有可能极化并与胶体微粒间形成一定的键合关系而有较强的吸附力，需在约250℃时才能全部逸出。胶体水含量不定，但却是胶体矿物的必要组成成分（必须写入其化学式），如蛋白石$SiO_2 \cdot nH_2O$中的胶体水分子的量就是不确定的数值。

严格说来，胶体矿物并不是真正意义上的矿物，而只是含吸附水的准矿物。胶体矿物是多相体系，其固相分散质可为晶质也可为非晶质，分散质与胶体水的比值不定。当分散质为晶质时，胶体矿物可视为纳米矿物与不定量的吸附水构成的混合体系[①]，此时胶体矿物的形态和诸多物理性质表现为明显非晶质性[②]。

胶体矿物的分散质颗粒极为细小（多为球状或半球状），故胶体矿物具有很大的比表面积和表面张力。由于胶体微粒比表面积很大，加之表面电荷不平衡且电性正负不同，胶体矿物具有很强的选择性吸附能力[③]。胶体微粒表面吸附能力很强，且吸附不必考虑被吸附离子的半径大小、电价的高低等因素，故被吸附离子的含量主要取决于该离子在介质中的浓度，从而导致了胶体矿物的化学成分复杂多变，其组成中含有在种类和数量上变化范围均较大的被吸附的杂质离子。

胶体矿物分散质颗粒表面电荷不平衡、表面能很高，加之表面存在大量断键，有相互整合和平衡电荷的趋向，因而胶体矿物很不稳定，随时间推移很易脱水聚合而转化为隐晶质甚至显晶质矿物，这种转化即为胶体老化（或胶体陈化），褐铁矿、硬锰矿、铝土矿、胶磷矿和表生菱锌矿等都属胶体矿物老化的产物。

C.1.5 矿物中的水

大多数矿物在形成过程中有水的参与，许多矿物中常以某种方式含有一定量的水。水在不同矿物中的含量和存在形式不同，对矿物物理化学性质有不同影响。依据矿物中水的存在形式及其与晶体结构的关系，常将矿物中的水分为吸附水、层间水、沸石水、结晶水和结构水5种类型，其中后两者为矿物的组成成分。

C.1.5.1 吸附水

吸附水（hydroscopic water）是指机械地吸附于矿物颗粒表面或裂隙中的分子水（H_2O）。吸附水可呈气态、液态或固态。吸附水不进入矿物晶格，其含量随环境温度和湿度不同而变化，在常压下加热到100 ℃以上时可全部逸出且不破坏矿物晶格。

此外，胶体矿物的胶体水（分散媒）也是一种特殊的吸附水。

C.1.5.2 层间水

层间水（interlayer water）特指存在于层状硅酸盐结构单元层间的分子水。层状硅酸盐结构单元层间存在较大空隙，有水分子进入并滞留其中的空间条件；上下结构单元层本身电荷未达平衡而显示的过剩负电荷和结构层间其他阳离子的吸附作用是水分子进入和滞留的动力学条件。不同矿物结构层间隙大小和吸引水分子的动力学条件不同，层间水的含量也有明显差异；相同矿物在不同环境条件下其层间水的

[①] 胶体矿物通常是由胶溶体不断减少分散媒或增加分散质而形成的。胶溶体向胶凝体转化的过程就是胶体中分散质颗粒杂乱堆积的过程，故从本质上说，胶体矿物的内部结构不是结晶体系，但某些较大的胶体粒子可能是结晶质的。

[②] 显微镜下局部却示明显的结晶光学特征。

[③] 被吸附粒子的半径、电价高低等不影响胶体矿物对它们的吸附。

量也不同，环境温度降低或湿度增大时层间水的量较高。

层间水逸出（110 ℃左右）后结构单元层间距减小，垂直于结构单元层方向晶胞参数变小。脱除层间水的矿物相对密度和折射率会相应增大；反之，水分子再次进入层间也能引起矿物的反向变化，如蒙脱石在常温下可吸取超过自身体积几倍甚至十几倍的水进入结构单元层间，表现出显著的吸水膨胀性；蛭石被加热时，层间水气化，蒸汽压可将结构单元层间隙撑开达40倍，表现出强烈的热膨胀性。

层间水虽不是矿物的固定组成成分，但对矿物结构有一定影响。

C.1.5.3 沸石水

沸石水（zealitic water）特指存在于沸石族矿物结构孔道中的分子水。在低温潮湿环境中沸石水的量较高，反之则较低。沸石水在矿物中只能占据结构孔道这种特定位置，其含量有上限值且上限值与其他组分的关系符合定比定律。

沸石水与孔道壁离子有弱的静电吸引，但不同孔道或同种孔道不同区域的静电引力有显著不同，因而沸石水的逸出温度差别很大（80～110 ℃）。

沸石水逸离或再次吸入时，一般不会引起矿物晶体结构的破坏，但与通道壁关系密切的水分子脱出时可能引起局部晶格的改变。沸石水逸离前后，矿物的某些物理性质将发生变化，如脱除沸石水后，透明度和折射率会增大，相对密度减小。

沸石水不是矿物固有成分，但其上限与矿物其他组分间有固定的比例关系。

C.1.5.4 结晶水

结晶水（crystallization water）指在矿物中占据特定晶格配位位置的分子水。结晶水在矿物中的量是一定的，与其他组分呈固定比例关系。

结晶水因受晶格的束缚，其逸出温度一般为200～600 ℃，但在有些矿物逸出温度可低于100 ℃或分步逸出。结晶水逸出后原矿物将转变为新矿物，如单斜晶系的石膏$Ca[SO_4] \cdot 2H_2O$中的结晶水在100～120 ℃可全部逸出，变为斜方晶系的硬石膏；三斜晶系的胆矾$Cu[SO_4] \cdot 5H_2O$可脱水成为单斜晶系的三水胆矾$Cu[SO_4] \cdot 3H_2O$（30 ℃）、单斜晶系的一水硫酸铜$Cu[SO4] \cdot H_2O$（100 ℃）和斜方晶系的铜靛石$Cu[SO4]$（400 ℃）。

结晶水属于矿物的固定化学组成，占据确定的晶格位置，在一定矿物中有确定的量比定，其逸出将导致新相的形成。

C.1.5.5 结构水

结构水（Constitution water）指占据矿物晶格中确定配位位置的$(OH)^-$、H^+或$(H_3O)^+$离子，以$(OH)^-$最常见。结构水并非真正的"水"，在晶体结构中的作用等同于阴、阳离子，与其他组分有固定的量比关系。

结构水是矿物的固有组分。结构水与矿物中其他组分的联系十分紧密，其逸出温度高达600～1000 ℃。如果结构水逸出，原矿物即完全解体。

C.2 矿物的性质

矿物的性质包括几何性质、物理性质和化学性质等，其中物理性质包括密度特征、热力学性质、光学性质、电学性质、磁学性质、声学性质和力学性质等。岩体力学在全面了解矿物性质的基础上，重点关注矿物的部分物理性质和化学性质[①]。

C.2.1 几何特征

矿物的形态（crystal form of mineral）是指矿物的单晶体与规则连生体以及同种矿物集合体的形态。矿物形态是矿物最重要的外部特征，是其化学组成与内部结构的外在表现，而且矿物生长的动力学过程及介质的物理化学条件对矿物的形态变化有明显的约束，因此矿物的形态蕴含了大量信息（化学组成、内部结构和成因），是鉴定矿物的重要依据，是矿物成因的重要标志，也是寻找矿物资源的重要依据。

C.2.1.1 矿物的单体形态

只有晶质矿物才能呈现单体，所以矿物的单体形态是指矿物单晶体的形态。

（1）矿物的结晶习性与三维形态

矿物晶体的形态是由其成分和内部结构所决定并受控于生长时的外部条件。在条件允许的情况下，自然界中的矿物总趋向于内部质点作规则排列而生长成具有规则几何外形的多面体，单体形状取决于其晶体结构和生成时的物理化学条件并服从一系列几何结晶学规律，表现为单形或聚形，如石盐单体为立方体、方解石多为菱面体、石英为六棱柱和六棱锥、云母为片状；同一化学成分的矿物在不同生成条件下可长成不同的几何外形，如黄铁矿因生长条件不同可呈立方体或五角十二面体等。矿物晶体的这种性质称为该矿物的结晶习性（crystal habit）。结晶习性是晶体笼统的外貌特征（不同于晶形）。

根据晶体在三维空间的发育程度，矿物晶体习性所反映的单体形态分为一向延长型、二向延伸型和三向等长型。一向延长型是晶体生长时沿某一个方向特别发育，成为柱状（columnar）、针状（acicular）和纤维状（fibrous）等形态，如电气石、绿柱石、水晶、角闪石、硅灰石、硅线石、金红石和辉锑矿等矿物。二向延展型是晶体沿两个方向上相对更为发育，形成板状（tabular）、片状（schistic）、鳞片状（scaly）和叶片状（foliated）等形态，如石墨、辉钼矿、云母、高岭石和绿泥石等矿物常呈片状或鳞片状，长石族矿物常呈板状。三向等长型是晶体沿三维方向的

[①] 不同领域对岩石和矿物性质的研究重点不同。如：地球物理勘探就是利用不同岩石相关物理性质的差异性，达到查明岩层分布特征的目的，包括密度（重力/微重力勘探）、电学（电法勘探）、磁学（磁法勘探）、声学（地震及声波勘探）、放射性等；矿床及宝物学更强调利用岩石（矿物）的密度、光学性质（颜色、光泽、条痕）、力学性质（硬度、解理、断口）等物理性质；凿岩和施工领域更关注岩石的密度、硬度、可掘性、可钻性、碎胀性和压实性等；工程地质学及岩体力学着重研究密度、热力学性质和力学性质。

发育基本相同，呈等轴状（isometric）和粒状（granular）等形态，等轴晶系的矿物如自然金、金刚石、黄铁矿、方铅矿、闪锌矿、磁铁矿、石榴子石、石盐和萤石等通常为等轴状，其他晶系矿物如黄铜矿、磁黄铁矿、橄榄石、白榴石、菱镁矿、菱铁矿和白云石等通常呈粒状。一些矿物单体形态常为上述三者之间的过渡类型，如板柱状、板条状、短柱状和厚板状等。

矿物的结晶习性既是矿物成分和结构等内部因素的外在表现，也是矿物形成条件的标志。一般每种矿物都有固定的单体形态，但有的矿物在不同条件下，可具不同的晶体习性，如方解石在高温下（一般>200 ℃）晶体呈板状或片状，在低温下（如地下水活动中）形成晶体则呈一向延长的柱状。空间条件对晶体形态影响也很大，如石英晶体具有较弱一向延长倾向，只有足够的自由空间（如晶洞）任其生长时才能生长成柱状晶体，其它情况下则形成不规则粒状个体（如花岗岩中）。

（2）单晶体的大小

根据晶体大小，晶体分为显晶和隐晶。显晶（phanerocrystalline）是指可用肉眼或放大镜分辨的晶体，根据大小又分为伟晶（d>30 mm）、巨晶（10～30 mm）、粗晶（5～10 mm）、中晶（2～5 mm）、细晶（0.2～2 mm）和微晶（0.02～0.2 mm）；隐晶（cryptocrystalline）是需借助显微镜才能分辨的晶体（d<0.02 mm），分为霏细结构和球粒结构。

C.2.1.2 矿物集合体的形态

自然界的晶质矿物很少以单体出现，而非晶质矿物没有规则的单体形态。事实上，自然界的矿物大多以集合体形式产出。矿物集合体（mineral aggregate）是指由同种矿物的多个单体构成的聚集体。根据单个矿物颗粒的大小，矿物集合体可分为显晶质（肉眼或放大镜下可辨认单体）、隐晶质（显微镜下才能辨认单体）和非晶质（显微镜下也不能辨认单体的玻璃质和胶体）。矿物集合体的形态是指同种矿物的个体形态及其集合方式，它反映了矿物的生成环境。

（1）显晶集合体的形态

如果单体的分布无明显定向性，可按单体的结晶习性，分为粒状、柱状、针状、板状、片状、鳞片状和叶片状等形态，其描述与相应单体的形态描述十分相似。

如果单体的分布有一定方向性，显晶集合体可划分为纤维状、放射状和晶簇状等特殊形态类型。

纤维状（fibrous）指一系列细长针状或纤维状的矿物单体平行密集排列。角闪石和蛇纹石石棉、纤维石膏等矿物常以此种集合体产出。

放射状（radiated）指许多长柱状、针状、板状或片状单体围绕某一中心成放射状排列。角岩中的红柱石常呈放射状集合体，称"菊花石"。

晶簇状（drusy）指丛生于岩石空洞或裂隙中同一基底、另一端朝向自由空间发育而具完好晶形的簇状单晶体群的形态。石英、方解石、辉锑矿等矿物常有晶簇产出。由于受几何淘汰律的制约，一向延长的单晶体在晶簇中往往发育完善，最终能形成与基底近于垂直的、大致平行排列的梳状（comby）。

此外，显晶集合体还可呈束状（packet）、毛发状（capillary）和树枝状（dendritic）等形态。

（2）隐晶和胶态集合体的形态

隐晶和胶态集合体可以从溶液中直接结晶或在胶体作用中直接凝结而形成。按形成方式及外貌特征，隐晶质及胶态集合体分为分泌体、结核体、鲕状及豆状集合体、钟乳状集合体等。

分泌体（secretion）是指真溶液或胶体溶液从岩石空洞的洞壁涌出后将胶体或晶质逐层向中心沉淀而成的。分泌体的外形可继承空洞的形状，常呈圆形，具同心圆层状构造，各层成分和颜色多有不同，中心往往留有空腔或晶簇。按其直径大小，分泌体可分为晶腺（geode）和杏仁体（amygdaloid），晶腺直径大于1cm（如玛瑙），杏仁体直径小于1cm（为充填于熔岩气孔中的方解石、沸石、玉髓等构成的白色扁球状集合体）。

结核体（concretion）由隐晶质或胶凝物质围绕某一中心（如砂粒、生物碎屑和气泡等）自内向外沉淀而成。结核多见于海相和湖沼相沉积岩中，有球状、瘤状、透镜状和不规则状等多种形态；直径一般在1cm以上，大者可达数米；内部常具同心层状、放射纤维状或致密块状构造。外生成因的黄铁矿、磷灰石、方解石、白铁矿、赤铁矿、菱铁矿和褐铁矿等可形成结核。

鲕状及豆状集合体（oolitic and pisolitic aggregates）由胶体物质围绕悬浮态的细砂粒、矿物或有机质碎屑及气泡等层层凝聚而成的圆球状或卵圆状的矿物集合体。若半数以上球粒形似鱼卵者（小于2mm）称为鲕状集合体；如果球粒形似豌豆者（多为数毫米）称为豆状集合体。鲕状与豆状集合体内部均具明显的同心层状构造。

钟乳状集合体（stalactitic aggregate）是在岩洞或裂隙中由真溶液蒸发或胶体凝聚而在同一基底上向外逐层堆积形成的集合体之统称。这类集合体内部具同心层状、放射状、致密块状或结晶粒状构造，外部往往呈圆锥形、圆柱形、圆丘形、半球形和半椭球形等形态。如附着于洞穴顶部而下垂的方解石钟乳状体称石钟乳（stalactite）、溶液下滴至洞底而自下向上生长的称为石笋（stalagmite），石钟乳与石笋上下相连即成石柱（stalacto stalagmite）、葡萄状（botryoidal）和肾状（reniform）。有些钟乳状体表面光滑如镜称作玻璃头，如褐铁矿的褐色玻璃头、赤铁矿的红色玻璃头和硬锰矿的黑色玻璃头等。

放射纤维状（radial fibrous）集合体是胶体矿物老化并生成隐晶质（或显晶质）过程中因表面张力作用下而形成的，其外貌为球状、内部为放射纤维状。

描述显晶或隐晶及胶态矿物集合体时，常用到一些状物性术语，如块状（massive，凭肉眼或放大镜不能辨别颗粒界线）、土状（earthy aggregate，矿物呈细粉末状较疏松地聚集成块）、粉末状（powdery，矿物呈粉末状分散附着在其他矿物或岩石的表面）、被膜状（filmy，矿物成薄膜状覆盖于其他矿物或岩石的表面）、皮壳状（cortical，矿物呈较厚的层覆盖于其他矿物表面上）、树枝状（dendritic，单体呈双晶或平行连生的方式排列生长，形状类似于树枝状，如自然铜）等。

C.2.2　密度特征

矿物的密度可用密度、相对密度和比重来表征。密度是指单位体积矿物的质量；相对密度（或比重）是矿物质量（或重量）与4℃同体积水的质量（或重量）之比；比重是矿物重量与4℃同体积水的重量之比。通常使用相对密度或比重，二者数值上相等。

不同矿物的比重相差悬殊，小者如琥珀（1.0）、大者如饿钌族矿物（23.0）。根据比重，矿物分级3级，即轻矿物（<2.5）、中等矿物（2.5～4.0）和重矿物（>4.0）。自然界中大多数矿物具有中等比重（表C.2-1）。

矿物密度主要取决于组成矿物的化学成分（元素及其原子量）和内部结构（质点半径及间距、堆积方式及配位数）。此外，矿物的形成条件（温度和压力）、化学成分的变化、类质同象混入物的代换、机械混入物及包裹体的存在、洞穴与裂隙中空气的吸附等对矿物密度均会造成影响。所以，在测定矿物比重时，必须选择纯净、未风化矿物。

矿物的密度可以实测，也可以根据化学成分和晶胞体积计算出理论值。

表 C.2-1　主要矿物的相对密度（比重）

名称	比重	名称	比重	名称	比重	名称	比重
绿高岭土	1.72～2.5	蛇纹石	2.5～2.6	钠闪石	3.0～3.15	磁黄铁矿	4.3～4.8
硬绿泥石	1.99	正长石	2.55～2.63	星叶石	3.1～3.2	重晶石	4.4～4.7
钠长石	2.63	霞石	2.55～2.65	岩盐	3.1～3.2	铬铁矿	4.5～5.0
石英	2.65	金刚石	2.6～2.9	辉铜矿	3.2～4.4	赤铁矿	4.5～5.2
钙长石	2.76	叶绿泥石	2.6～3.0	钠钙闪石	3.3～3.46	磁铁矿	4.8～5.2
多水高岭土	2.2～2.9	方解石	2.72～2.94	钛铁矿	3.3～3.46	黄铁矿	4.9～5.2
蛋白石	1.9～2.5	硬石膏	2.7～3.0	钾盐	3.3～3.6	斑铜矿	4.9～5.2
钾盐	1.9～2.6	角闪石	2.7～3.3	锰矿	3.4～6.0	海绿石	5.5～5.8
石墨	2.09～2.25	黑云母	2.77～2.88	透闪石	3.62～3.65	钨酸钙矿	5.9～6.2
石膏	2.2～2.4	硅灰石	2.79～2.91	刚玉	3.9～4.0		
铝矾土	2.4～2.5	白云母	2.86～2.93	黄铜矿	4.1～4.3	褐煤	1.1～1.3
白榴石	2.45～2.5	阳起石	2.99～3.00	金红石	4.18～4.23	煤	1.2～1.7

C.2.3　力学性质

矿物的力学性质是指受外力作用所表现出来的性质，包括硬度（hardness）、解理（cleavage）、断口（fracture）和变形性（deformation）。

C.2.3.1　硬度

硬度指矿物抵抗刻划、压入和研磨的能力。摩氏硬度分为10级。

矿物的硬度取决于矿物的成分和结构（化学键型、原子间距、电价和原子配位等）。原子晶格矿物硬度最高，离子晶格矿物硬度较高，金属晶格矿物硬度较低，分子晶格矿物硬度最低。质点排列方式也影响矿物的硬度，结构不紧密将降低矿物的硬度，如层状结构的滑石的硬度较低，含结晶水矿物的硬度通常不高。矿物硬度具有较明显的各向异性或正交各向同性。

C.2.3.2 解理与断口

解理是结晶矿物在外力作用下沿一定结晶学方向裂成一系列光滑平面的性质，裂成的光滑平面称为解理面。根据解理产生的难易程度、解理片的厚薄程度、解理面大小及光滑程度，解理分为极完全解理、完全解理、中等解理、不完全解理和极不完全解理。

断口是矿物（晶质或非晶质）受外力作用后，不沿一定方向裂开而成不平整的破裂面。根据断口形态特征，分为贝壳状、锯齿状、参差状、土状、纤维状、平坦状。解理与断口互为消长关系，没有解理或解理不清的矿物易形成断口。

C.2.3.3 变形性

变形性是指矿物在外力作用下发生变形和破坏的性质。

在变形方面表现为弹性和挠性等，弹性（elastic）是指矿物因受外力而变形，当外力除去后，在弹性限度内能恢复原状的性质，如白云母等；受外力变形的矿物在外力除去后不能恢复原状的性质称为挠性（flexible）或塑性（plastic），如绿泥石、滑石、蛭石等。

在破坏方面包括脆性和延展性，脆性（brittle）是指矿物受外力作用（如刀刻、锤击）时易破碎的性质，如石盐、萤石、金刚石等；延展性（ductility）是矿物在锤击或拉引下容易形成薄片或细丝的性质，如金、铜、银等。

可塑性（plasticity）是某些矿物掺入适量水后可塑造任意形状的性质，如黏土矿物。

C.2.4 热力学性质

矿物的热力学性质是矿物在加热过程中表现出的行为和状态，包括导热性、热膨胀性、熔点、可燃性等。

一般情况下，晶体矿物的导热性高于非晶质矿物，自然金属矿物的导热性最强，石棉和蛭石等则是良好的绝热材料，蛭石在高温下焙烧其体积将急剧膨胀6～20倍，相对密度减小至0.6～0.9，而成为绝热隔音的超轻质填料。表C.2-2为部分矿物的热学参数。

矿物熔点与其化学成分和结构有关。一般具有离子键和共价键的矿物熔点较高，金属键矿物次之，分子键矿物最低。

某些矿物加热后容易燃烧，如自然硫、黄铁矿等。

表C.2-2 部分矿物的热学参数

岩石	矿物	热导率 k [W/(m.K)]	比热 C [Cal/(g.K)]	岩石	矿物	热导率 k [W/(m.K)]	比热 C [Cal/(g.K)]
闪石	透闪石	4.08		碳酸盐岩	方解石	3.57	0.793
	角闪石	2.88			霰石	2.23	0.78
	蓝闪石	2.17			菱镁矿	5.83	0.864
硅酸盐岩	α-石英	7.69	0.698		白云石	5.50	0.93 (60℃)
	非晶硅	1.36	0.700	碱性长石	微斜长石	2.49	0.68
橄榄岩	镁橄榄石	5.06			微正长石	2.31	0.61
	铁橄榄石	3.16	0.55		透长石	1.65	
辉石	顽光石	4.34	0.80 (60℃)	斜长石	Ab	2.31	0.709
	古铜辉石	4.16	0.752			1.53	0.70
	顽石	3.82			An	1.68	0.70
	透辉石	5.02	0.69	蒸发岩	石盐	6.10	
	硅灰石	4.03	0.67		硬石膏	4.76	0.52

C.2.5 光学性质

矿物的光学性质是矿物对可见光的反射、折射和吸收等所表现出来的各种性质，包括颜色、条痕、透明度和光泽等（表C.2-3），也包括发光性及特殊光学特性。

表C.2-3 矿物光学性质间的关系

颜色	无色	浅色	深色	金属色
条痕	无-白	无、浅	无、彩	深、金属色
透明度	透明	半透明	半透明	不透明
光泽	玻璃光泽	玻璃光泽	半金属光泽	金属光泽

颜色（color）是矿物对入射的白色可见光中不同波长光波吸收后，透射和反射的各种波长可见光的混合色，如全部吸收呈现黑色、均匀吸收呈现不同程度的灰色、不吸收呈现白色或无色、选择性吸收呈现彩色（补色）。根据颜色的产生原因及稳定程度，矿物颜色包括自色、他色和假色。

条痕（streak）是矿物在条痕板上刻划所留下的粉末所呈现的颜色。条痕消除了假色、降低了他色、加强了自色，如赤铁矿有红色、刚灰色和铁灰色等，但条痕总是红色。

光泽（luster）指矿物的表面对光的反射能力，包括金属光泽、半金属光泽、金刚光泽、玻璃光泽以及变异光泽（油脂光泽、树脂光泽、沥青光泽、丝绢光泽、蜡状光泽、土状光泽、珍珠光泽）。光泽主要取决于矿物的化学组成和晶格类型，金属键矿物一般呈金属光泽或半金属光泽，共价键矿物多呈金刚光泽或玻璃光泽，离子键或分子键矿物光泽弱。

透明度（transparence）是矿物允许可见光透过的程度，包括透明、半透明和不透明。一般情况下，浅色矿物是透明的，而暗色矿物不透明。透明度和光泽是互补的两种属性。

发光性（luminescence）是矿物受到外界能量激发（加热、X射线和紫外线等）发出可见光的性质[1]，包括荧光性和磷光性[2]。发光性是少数矿物自身的固有属性，大多数矿物的发光性与矿物晶格中所含微量杂质（发光性活化剂）有关，当不含杂质时发光性消失，如闪锌矿本身不发光，只需含0.01%的铜就能发光。

C.2.6 其它性质

C.2.6.1 电学性质

导电性（electric conductivity）是矿物传导电流的能力。金属矿物是电的良导体，非金属矿物是电的不良导体，铁和锰的氧化物和硅酸真空以及金刚石是半导体。

压电性（piezoelectricity）是某些矿物单晶体在压力和张力作用下因变形效应而在一定结晶方向出现电荷的性质，如α-石英。晶体压电性具明显向各异向性。压电性会产生压电效应、电致伸缩效应和共振效应[3]。

焦电性/热电性（pyroelectricity）是指某些矿物晶体在受热或冷却时某些结晶方向两端表面产生相反电荷的性质，如电气石。

压电性和焦电性是晶体在应力或热胀冷缩作用下，因晶格发生变形而导致正、负电荷的中心偏离重合位置，引起晶体极化并产生荷电现象。两者都只见于无对称中心而有极轴的极性介电质晶体中。焦电性晶体必有压电性，反之未必。

C.2.6.2 磁学性质

磁性（magnetism）是矿物在外磁场作用下所呈现的被外磁场吸引、排斥或对外界产生磁场的性质。一般含Fe^{2+}、Fe^{3+}、Mn^{2+}、Cu^{2+}、Cr^{3+}和V^{3+}离子的矿物均具有磁性。

矿物的磁性通常分为4类。强磁性矿物（或铁磁性矿物）是指其碎屑或碎块能被永久磁铁所吸引的矿物，如磁铁矿、磁黄铁矿和自然铁。弱磁性矿物或电磁性矿物是指其碎屑只能在强电磁场中被吸引的矿物，如赤铁矿、黄铜矿、普通角闪石和辉石等。逆磁性或抗磁性矿物是指碎屑及粉末在外磁场作用被排斥的矿物，如自然铋和黄铁矿等。无磁性矿物是指在很强电磁铁作用下也不能被吸引的矿物，如石英、方解石、石盐和斜长石等。

---

① 实质是内部质点受外界能量激发而发生电子跃迁，在电子由激发态回到基态过程中吸收的能量以可见光形式释放出来。

② 荧光性指激发停止（10~8 s）发光立即停止的性质，如金刚石和白钨等在紫外光照射下的发光。磷光性指激发停止而发光仍能持续一段时间的性质，如磷灰岩的热发光现象。

③ 具有压电性的矿物在拉伸时产生负电荷、压缩时产生正电荷，在张力和压力交替作用下产生交变电场，即压电效应。 具有压电性矿物晶体处于交变电场中时会产生伸长和压缩的振动效应，即电致伸缩效应。 若交变电场的频率与压电性矿物自身的振动频率一致时，产生极强的共振现象。

C.2.6.3　放射性

地壳中67种元素（同位素）有放射性[①]，含有这些元素的矿物均具有放射性。

C.3　矿物类型及其基本特征

作为构成矿物的基本质点，化学元素的各种粒子（原子、分子、离子）以不同化学键和不同排列方式（规则排列的晶质、非规则排列的非晶质）构成各类矿物。

从化学上讲，矿物就是不同元素的单质或化合物。单质是单一元素的原子或分子组合的纯净物质；化合物是由两种及以上元素的离子构成的纯净物质[②]。

化合物矿物分为简单化合物、复化合物和络合物等。简单化合物是由一种阳离子与一种阴离子化合而成的矿物，包括氧化物、卤化物、硫化物等；复化物是两种或以上阳离子与一种阴离子（或络阴离子）化合而成的化合物，如$MgAlO_4$（尖晶石）和$CaMg[CO_3]_2$（白云石）等；络合物是一种阳离子与一种络阴离子化合而成矿物，即碳酸盐、硫酸盐、硅酸盐等各类"盐"。

地壳中绝大多数矿物都是化合物矿物，单质矿物极少。

C.3.1　单质矿物（自然元素矿物）

单质矿物是指由单一元素结晶形成的一类矿物。地壳中以单质形式存在的元素较少，已知单矿物大约100种，占地壳总重量的0.1%。

单质矿物分为金属元素、半金属元素和非金属元素共3类，金属元素矿物以铂族及铜、银、金、汞等为主，非金属元素矿物包括碳（金刚石、石墨）和硫磺等，半金属元素包括砷和铋等。金属矿物均由原子构成，非金属矿物多由分子构成。

C.3.2　硫化物及类似矿物

硫化物矿物是指硫与金属离子结合的化合物。已发现本类矿物370种左右（其中硫化物占2/3以上），约占矿物总数1/10，占地壳总质量的0.15%（大部分为铁的硫化物，其余元素的硫化物及类似化合物只占地壳质量的0.001%）。常见矿物有黄铁矿、黄铜矿、方铅矿、闪锌矿、辉钼矿和雄黄等。

本类矿物是硫离子等阴离子最紧密堆积而阳离子充填于四面体（或八面体）间的空隙，化学键由离子键向共价键（或金属键）过渡，类质同象普遍。根据阴离子特点，分为简单硫化物矿物（方铅矿、闪锌矿、辰砂等）、复杂硫化物矿物或对硫化

---

① 原子量小于209的放射性同位素只有^{10}Be、^{14}C、^{40}K、^{50}V、^{87}Rb、^{123}Te、^{187}Re、^{190}Pt、^{192}Pe、^{138}La、^{144}Na、^{145}Pm、^{147}Sm、^{148}Sm、^{149}Sm和从84号元素Po（钋）起的所有元素都具有放射性。

② 也存在由两种金属元素构成的金属互化物。金属互化物是在一定条件下多种金属元素相互化合而形成的化合物，如Al_2Zn_3、$NaPb$、$CuZn$、Cu_5Zn_8、$CuZn_3$等。金属互化物通常硬而脆。金属互化物与普通化合物不同，其组成常可在一定范围内变动（如Cu_5Zn_8中的锌含量可在59%～67%间变动），元素化合价很难确定，但有显著的金属键。

物矿物（毒砂、黄铁矿等）和硫盐（如砷黝铜矿、硫砷银矿、硫锑银矿等）。简单硫化物矿物对称程度较高，多呈等轴晶系或六方晶系，少数为斜方或单斜晶系；硫盐对称程度较低，主要为单斜或斜方晶系。硫化矿物大多晶形较好，复杂硫化物矿物晶形完好，硫盐矿物呈粒状或块状。

硫化物矿物中，具明显金属键者，呈金属色、深色条痕、金属光泽、不透明，导电性和导热性强；具明显共价键者，颜色鲜艳多彩、浅色或彩色条痕、金刚光泽、半透明，导电性和导热性不良。简单硫化物矿物解理发育、硬度较低（层状结构者更低），复杂硫化物无解理或解理不完全、硬度较高。硫化物矿物比重一般大于4.0，熔点低。硫化物矿物极易氧化，在氧化过程中生成硫酸，不仅使其它矿物被磨蚀，而且地下水酸性增大加剧了其它矿物的化学风化。

本类矿物绝大多数为热液作用的产物，也有岩浆、接触交代成因和沉积成因。

此外，硒碲砷锑铋等与金属的化合物矿物也与硫化物矿物类似，如硒化物矿物（硒碲矿）、锑化物矿物（锑铜矿）、砷化物矿物（砷锑矿）、碲化物矿物（碲金矿）和铋化物矿物（铋车轮矿）等。

C.3.3 卤化物类矿物

卤化物类矿物是金属离子与卤族元素阴离子（F^-、Cl^-、Br^-、I^-、At^-）的化合物。其中的金属离子分为惰性气体型和铜型两类，前者包括 K^+、Na^+、Ca^{2+}、Mg^{2+} 和 Al^{3+} 等，后者包括 Cu^{2+}、Ag^+、Pb^{2+} 和 Hg^{2+} 等。惰性气体型阳离子卤化物矿物呈离子键，铜型阳离子卤化物矿物为共价键。半径最小的 F^- 主要与小半径阳离子（Ca^{2+} 和 Mg^{2+} 等）结合，半径较大的 Cl^-、Br^- 和 I^- 总是与大半径阳离子（K^+ 和 Na^+ 等）结合。

卤素化合物矿物种数约在120种左右，约占地壳重量的0.5%。其中主要是氟化物和氯化物，溴化物和碘化物则极少。以无水卤化物矿物最普遍，如石盐（食盐）、钾盐、铜盐、角银矿、溴银矿、氯钙石、氟石（萤石）和冰晶石等，含水卤化物矿物包括氟铝石、水铝氟石、光卤石（沙金卤石，$KCl+MgCl_2$）等。

由于离子性质和矿物结构键型的不同，各卤化物矿物的物理性质不尽相同。卤化物矿物一般为无色透明，玻璃光泽，比重不大，导电性差；铜型阳离子卤化物矿物一般为浅色，金刚光泽，透明度降低，比重较大，导电性强并具延展性。氟化物矿物稳定性强、硬度高、大都不溶于水，氯化物、溴化物和碘化物矿物稳定性较差，硬度低且易溶于水。

卤化物矿物主要形成于热液和风化过程。热液过程中往往形成萤石；风化过程中，氯往往与钠、钾等元素组成溶于水的化合物，然后在干涸含盐盆地中形成相应化合物的沉淀和聚积。

C.3.4 氧化物及氢氧化物类矿物

本类矿物是由金属阳离子和某些非金属阳离子与 O^{2-} 和 OH^- 化合而成。阳离子主要是惰性气体型阳离子（Si^{4+}、Al^{3+}）和过渡型阳离子（Fe、Mn、Ti、Cr），铜型阳离子次之，少数氧化物中含其它阴离子（F^-、Cl^-）和水分子。

本类矿物约300种左右，占地壳总质量17%左右，其中石英族占12.6%，铁的氧化物和氢氧化物占3.9%，铝锰钛铬氧化物和氢氧化物较少。

氧化物类矿物分为简单氧化物和复杂氧化物，简单氧化物矿物包括方镁石族、赤铜矿族、刚玉族（刚玉、赤铁矿等）、金红石族（金红石、锡矿、软锰矿、锐钛矿等）、石英族（α-石英、β-石英、鳞石英、方石英、蛋白石（$SiO_2 \cdot nH_2O$）等）、晶质铀矿族；复杂氧化物矿物包括钛铁矿族、黑钨矿族、尖晶石族（尖晶石、磁铁矿、铬铁矿）、铌铁矿族和烧绿石族等。晶体呈链状、层状和架状，晶形完好，矿物形态以粒状、致密块状为主。

氢氧化物类矿物主要有：水镁石族、三水铝石族、硬水铝石族（硬水铝石、软水铝石）、针铁矿族（针铁矿、纤铁矿）、水锰矿族和硬锰矿族。晶体呈链状、层状和架状，矿物为细分散胶态混合物，多呈板状、细小鳞片状、针状或柱状。

C.3.5　含氧盐类矿物

含氧盐是各种含氧酸根和金属阳离子结合而成的化合物。本类矿物在地壳中分布极为广泛，是三大岩类的主要造岩矿物，占地壳总重量的4/5以上，其种数占已知矿物总数的2/3。含氧盐矿物以硅酸盐、碳酸盐、硫酸盐和磷酸盐矿物最常见。

C.3.5.1　硅酸盐类矿物

硅酸盐类矿物是在氧离子和硅离子结合的基础上，再与金属离子结合的一类矿物。硅酸盐矿物种类繁多，地壳内发现本类矿物种800多种，约占已知矿物种数的1/4，占地壳总质量的75%。其中最常见的硅酸盐矿物有长石类、云母类、辉石类、角闪石类、橄榄石类和黏土矿物等几类。

（1）化学成分

组成硅酸盐矿物的化学元素有40余种。除构成硅酸根所必不可少的Si^{4+}和O^{2-}以外，阳离子有57种，主要为惰性气体型离子和过渡型离子（铜型离子较少），阴离子主要为$[SiO4]^{4-}$、连接$[SiO4]^{4-}$的其它复杂络阴离子（$[CO_3]^{2-}$、$[SO_4]^{2-}$等）和附加阴离子（F^-、Cl^-、O^{2-}、$(OH)^-$等），有的硅酸盐矿物还有水分子。

硅酸盐矿物中类质同象非常普遍，除金属阳离子间非常普遍的替代外，常有Al^{3+}、Be^{2+}和B^{3+}等替代硅酸根中的Si^{4+}，从而分别形成铝硅酸盐、铍硅酸盐和硼硅酸盐矿物。此外，偶有硅酸根中的O^{2-}被$(OH)^-$替代。

（2）内部结构

Si^{4+}与O^{2-}的结合形式以4次配位最稳定，故硅酸盐矿物中Si-O总是以配位四面体形式形成晶体结构[①]。硅酸盐矿物中总是将络阴离子$[SiO_4]^{4-}$看作一个不可分割的整体，作为硅酸盐矿物的最基本结构单元。硅氧四面体在结构中可以孤立地存在，

---

① 硅灰石膏例外，其结构中Si^{4+}具有6次配位$[SiO_6]^{8-}$，形成6次配位的硅氧八面体。其它均为4次配位硅氧四面体。

彼此间由其他金属阳离子来连接；也可通过共用角顶上的O^{2-}（桥氧-惰性氧）相互连接，从而构成硅氧骨干（包括岛状、环状、链状、层状和架状）。硅氧骨干之间不直接连接，而是通过剩余O^{2-}（端氧-活性氧或部分为电价未饱和O^{2-}）与其他金属阳离子连接，骨干呈最紧密堆积、阳离子充填于其间、骨干内部为共价键、骨干之间为离子键，从而组成具有不同结构和不同性质的各类硅酸盐矿物（表C.3-1）。

表C.3-1　硅酸盐矿物种类及基本特征

结构类型		矿物族类	矿物种属	基本特征
岛状（群状）		橄榄石、Al_2SiO_5矿物、石榴石、十字石、绿帘石、锆石、榍石	蓝晶石、红柱石、矽线石、Ca系石榴石、Al系石榴石	形态和物理性质，因硅氧骨干形式的不同而存在着差异：单四面体岛状硅酸盐中，硅氧四面体本身的等轴性使矿物晶体具近似等轴状的外形，多色性和吸收性较弱，常具中等到不完全多方向的解理。结构中原子堆积密度较大，具有硬度大、比重大和折射率高等特点。双四面体岛状硅酸盐矿物的晶体外形往往具有一向延长的特征，硬度、折射率稍低，并表现出稍大的异向性，双折射率、多色性和吸收性都有所增强。含水或具有附加阴离子（OH^-、F^-）的岛状硅酸盐矿物的硬度、比重、折射率都有所降低。
环状		绿柱石、堇青石电气石	绿柱石、堇青石电气石	原子堆积密度以及比重、硬度、折射率一般要比岛状结构硅酸盐矿物稍低。环本身的非等轴性导致矿物形态和物理性质的异向性，异向性程度都比岛状结构硅酸盐矿物稍大，比链状和层状结构要小得多。
链状	单链	斜方辉石、单斜辉石	顽火辉石、古铜辉石、紫苏辉石、透辉石、普通辉石、绿辉石、霓辉石、硬玉	骨干呈一向延伸的链且平行分布，晶体结构的异向性比岛状和环状突出得多。形态上表现为一向伸长，常呈柱状、针状、纤维状外形。在物理性质上，平行于链方向的解理较发育，平行或近于平行链的方向折射率较高；双折射率较岛状或环状矿物大。化学组成中具有过渡元素的矿物的多色性和吸收性非常明显，如富含铁、钛等元素的辉石族和闪石族矿物。
	双链	单斜角闪石、硅灰岩	透闪石、阳起石、普通角闪石、蓝闪石	
层状		云母、蛇纹石、绿泥石、高岭石、伊利石、蒙脱石	白云母、黑云母、金云母	矿物晶体的形态一般都呈二向延展的板状和片状外形，并具有一组平行于硅氧骨干层方向的完全解理。在晶体光学性质上，绝大多数矿物呈一轴晶或二轴晶负光性，并具正延性。双折射率大。当矿物的化学组成中具有过渡元素离子时，多色性和吸收性都十分显著。
架状		钠长石、钾长石、钾-钠长石、霞石、白榴石、沸石	不同斜长石、透长石、正长石、微斜长石、条纹长石	在不同方向上的展布一般不如链状和层状硅氧骨干那样具有明显的异向性，呈近于等轴状的外形，具多方向的解理，双折射率小等特点。骨干中空隙都较大且与之结合的主要是大半径碱金属或碱土金属离子，故矿物比重小，折射率低，多数呈无色或浅色，多色性和吸收性都不明显；只有少数具有过渡元素的矿物，具有特殊的颜色，多色性、吸收性也较明显，折射率、双折射率和比重也相对偏大。

（3）硅酸盐矿物类型

　　根据内部结构（硅氧四面体的排列情况），硅酸盐矿物分为岛状、环状、链状、层状和架状几种类型。

　　岛状结构硅酸盐矿物[①]的硅氧骨干包括由 1 个 [SiO$_4$] 四面体的单硅氧四面体 [SiO$_4$]$^{4-}$ 以及由有限个 [SiO$_4$] 四面体缩聚而成的非封闭多硅氧四面体（双硅氧四面体 [Si$_2$O$_7$]$^{6-}$、三硅氧四面体 [Si$_3$O$_{12}$]$^{8-}$、五硅氧四面体 [Si$_5$O$_{16}$]$^{12-}$）。单硅氧四面体是岛状硅酸盐矿物最常见骨干形式，[SiO$_4$] 不被或很少被 [AlO$_4$] 四面体替代，[SiO$_4$] 的所有 4 个角顶上均为活性氧（部分为电价未饱和 O^{2-}），它们再与电价中等～偏高且半径中等～偏小的金属阳离子（Mg^{2+}、Fe^{2+}、Al^{3+}、Ti^{4+}、Zr^{4+}等）结合而组成整个晶格，如橄榄石、锆石、石榴子石等；双硅氧四面体 [Si$_2$O$_7$]$^{6-}$ 是由 2 个硅氧四面体共用 1 个角顶而组成，如异极矿（Zn$_4$(H$_2$O)[Si$_2$O$_7$](OH)$_2$）等；三硅氧四面体 [Si$_3$O$_{12}$]$^{8-}$ 和五硅氧四面体 [Si$_5$O$_{16}$]$^{12-}$ 较少；此外，还有单硅氧四面体与双硅氧四面体组合的骨干，如绿帘石和符山石等。

　　环状结构硅酸盐矿物具有由有限个 [SiO$_4$] 四面体共用 2 个角顶而构成的封闭环状硅氧骨干。骨干包括三元环 [Si$_3$O$_9$]$^{6-}$、四元环 [Si$_4$O$_{12}$]$^{8-}$、六元环 [Si$_6$O$_{18}$]$^{12-}$、八元环 [Si$_8$O$_{24}$]$^{16-}$、九元环 [Si$_9$O$_{27}$]$^{18-}$、十二元环 [Si$_{12}$O$_{36}$]$^{24-}$，还有双层的四元环和六元环以及带分枝的六元环。[SiO$_4$] 四面体内存在类质同象，骨干之间由其他金属阳离子（Mg^{2+}、Fe^{2+}、Al^{3+}、Mn^{2+}、Ca^{2+}、Na$^+$和K$^+$等）维系。环中心空隙较大，常为 (OH)$^-$、H$_2$O 或大半径阳离子所占据。绿柱石、堇青石和电气石等矿物均是六元环。

　　链状结构硅酸盐矿物的骨干由若干 [SiO$_4$] 四面体之间彼此共用 2 个角顶而构成一维无限延伸链，包括单链 [Si$_2$O$_6$]$^{4-}$ 和双链 [Si$_4$O$_{11}$]$^{6-}$。[SiO$_4$] 四面体内有类质同象，链与链间由金属阳离子（Ca^{2+}、Na$^+$、Fe^{2+}、Mg^{2+}、Al^{3+}、Mn^{2+}等为主）相连。已发现 20 余种链状结构硅酸盐矿物，主要是单链的辉石族和双链的闪石族。

　　层状结构硅酸盐矿物的骨干是由若干 [SiO$_4$] 四面体之间彼此共用 3 个角顶而构成二维无限延伸的平面层状。骨干中四面体存在类质同象，每个四面体均以三个角顶与周围三个四面体相连而成六角网孔状单层（四面体片），其所有活性氧都指向同一侧。四面体片通过其端氧与其他金属阳离子八面体[②]（Mg^{2+}、Fe^{2+}、Al^{3+}等）结合成结构单元层[③]，进而组成层状结构硅酸盐矿物。代表性层状结构硅酸盐矿物有云母、滑石、叶蜡石、蛇纹石、绿泥石、高岭石、伊利石、蒙脱石等。

---

　　① 有时，将只具单四面体者称为岛状结构硅酸盐矿物，其它结构岛状结构硅酸盐矿物称为群状结构硅酸盐矿物。

　　② Mg^{2+}、Fe^{2+}、Al^{3+}等阳离子都具有八面体配位，各配位八面体均共棱相连而构成二维无限延展的八面体片。

　　③ 根据硅氧四面体片和阳离子八面体片的组成，层状结构单元层包括 1:1 型（1 片四面体片与 1 片八面体片组成，如高岭石和蛇纹石等）、2:1 型（2 片硅氧四面体夹 1 片阳离子八面体，如蒙脱石等）及其它类型（如 2:1:1 型，如绿泥石等）。

　　根据与四面体片的 1 个六角网孔相匹配的阳离子八面体数量，层状结构单元层包括二八面体型和三八面体型。四面体片中的六角网孔应为 3 个中心呈三角形分布的阳离子八面体，当八面体位置为二价阳离子占据时，此 3 个八面体中都必须有阳离子存在，才能达到电价平衡，这种结构单元层称为三八面体型。若为三价阳离子时，则只需有两个阳离子即可达到平衡（另一个八面体位置是空的），称为二八面体型。

　　如果结构单元层本身的电价未平衡，则层间可有低价的大半径阳离子（K$^+$、Na$^+$、Ca^{2+}等）存在，如云母、蒙脱石等。

架状结构硅酸盐矿物具有由若干类质同象 [ZO₄] 四面体[①]以4个角顶相连而成的三维无限伸展的骨架状硅氧骨干。骨干中所有 O^{2-} 均为桥氧，骨干间通过其它电价低且半径大的碱金属或碱土金属阳离子（K^+、Na^+、Ca^{2+}、Ba^{2+}等）连接而组成架状硅酸盐矿物，其连接形式多样，随矿物而异。

（4）成因

在地壳中几乎所有成岩作用（内生、表生、变质）过程中均普遍有硅酸盐矿物的形成。岩浆作用中，随着结晶分异作用的演化发展，硅酸盐矿物结晶顺序有"岛状→链状→层状→架状"的过渡趋势。岩浆期后的接触交代作用和热液蚀变作用所产生的硅酸盐矿物与原始围岩的成分密切有关。变质作用（区域变质作用）形成的硅酸盐矿物，一方面取决于原岩成分，另一方面取决于变质作用的物理化学条件。硅酸盐矿物及其组合在变质作用中的演变是变质作用的重要标志。表生作用形成的硅酸盐矿物以黏土矿物为主，多属于层状硅酸盐，在表生作用条件下最稳定。

C.3.5.2　碳酸盐类矿物

碳酸盐类矿物是碳酸根与金属离子以离子键形式结合的化合物。

目前已发现80多种矿物，占地壳总质量的1.7%。常见碳酸盐类矿物有方解石、白垩、石灰石、白云石、菱铁矿、菱镁矿、菱锌矿、白铅矿、蓝铜矿和孔雀石等。

碳酸盐类矿物有柱状、菱面体和板状等晶形，岛状、链状和层状等形态，以岛状结构为主。矿物密度不大，多呈无色和白色（若含过渡型离子则呈现彩色）、玻璃光泽为主，硬度一般较小，三方晶系者具菱面体解理。

碳酸盐矿物多数为外生成因，主要由沉积作用形成；内生成因者除岩浆成因外，多数为热液作用产物。碳酸盐矿物分布广泛，其中钙镁碳酸盐矿物最为发育，形成巨大的海相沉积层。

C.3.5.3　硫酸盐类矿物

硫酸盐类矿物是硫酸根与金属离子以离子键形式结合的化合物。已发现硫酸盐矿物200余种，矿物分布不广，占地壳质量的0.1%。常见硫酸盐类矿物有石膏、硬石膏、重晶石、芒硝、天青石、明矾和胆矾等。

硫酸盐矿物常有附加阴离子，络阴离子 $[SO_4]^{2-}$ 呈四面体，半径大（0.295 nm），故与半径较大的阳离子（Ba、Sr、Pb等）结合成无水硫酸盐矿物，而与半径较小的二价阳离子（Ca^{2+}、Fe^{2+}等）结合成含水硫酸盐矿物（水分子随阳离子半径减小而增多）。

硫酸盐矿物对称程度较低，以单斜和斜方晶系为主，三方晶系次之；矿物晶体

---

① 当四面体中全部为 Si^{4+} 时，硅氧骨干本身电荷以达平衡，不能再与其他阳离子相键合，石英族矿物的晶体结构正如此。为了能有剩余的负电荷再与其他金属阳离子相结合，架状硅氧骨干中必须有部分 Si^{4+} 被 Al^{3+} 或 Be^{2+}、B^{3+} 等类质同象替代，以 Al^{3+} 替代 Si^{4+} 最普遍，绝大多数架状结构硅酸盐矿物都是铝硅酸盐。

结构有岛状、环状、链状和层状，以岛状结构为主，矿物形态以粒状和板状为主，颜色呈灰白色和无色（含铜、铁者呈蓝色和绿色）、玻璃光泽（少数金刚光泽）、透明～半透明；硬度低（含结晶水者更低），密度中等（含铅、钡和汞者稍大）。

硫酸盐矿物主要是表生作用产物，其次是热液后期产物。

C.3.5.4　磷酸盐类矿物

磷酸盐类矿物是磷酸根与金属离子结合的离子键化合物。该类矿物较少，迄今已知的磷酸盐矿物约200种，除少数矿物在自然界有广泛分布外，大多数量较少，如独居石。矿物呈板状、柱状和粒状，颜色较鲜艳，透明至半透明，玻璃光泽为主，硬度中等，密度中等。

砷酸盐矿物（如臭葱石）、钒酸盐矿物（如钒酸钡铜矿）等与磷酸盐矿物类似。

参考文献

［1］ Atkinson B K. Fracture mechanics of rock[M]. London: Academic Press,1978.

［2］ Atkinson B K. 尹祥础，修济刚译. 岩石断裂力学[M]. 北京：地震出版社，1992.

［3］ Brady B H G, Brown E T. Rock mechanics for underground mining. London: George Aliien & Unwin,1985

［4］ Coates D F. 雷化南，陈俊彦，云庆夏，等译. 岩石力学原理[M]. 北京：冶金工业出版社，1978.

［5］ Goodman R E. Introduction to rock machanics. John Wiley & Sons,1980. (中译本：王鸿儒，王宏硕译. 岩石力学原理及其应用[M]. 北京：水利电力出版社，1990.)

［6］ Goodman R E. Methods of Geological Engineering in discontinuous rocks[M]. West Group, 1975.

［7］ Goodman R E, Shi Genhua. Block Theory and its Application to Rock Engineering. Prentice-Hall Press, NewJersey. 1985.

［8］ Goodman R E. 北方交通大学隧道与地质教研室译. 不连续岩体中的地质工程方法[M]. 北京：中国铁道出版社，1980.

［9］ Herget G. Stress in rock[M]. Rotterdam: A.A.Balkema, 1988.

［10］ Hoek E, Brown E T. Underground Excavation in rock[M]. London: The Institution of Mining and Metallurgy, 1980.

［11］ Hoek E. 刘丰收，崔志芳，王学潮，等译. 实用岩石工程技术[M]. 郑州：黄河水利出版社，2002.

［12］ Hoek E, Brown E T. 连志升，田良灿，王维德，等译. 岩石地下工程[M]. 北京：冶金工业出版社，1986.

［13］ Jaeger J C, Cook N G W. Fundamentals of rock mechanics[M]. London: Chapman and Hall,1979.

［14］ Jaeger J C, Cook N G W. 中国科学院工程力学研究所译. 岩石力学基础[M]. 北京：科学出版社，1981.

［15］ Shi Genhua, Goodman R E, Tinucci J. Application of block theory to simulated joint trace maps[A]. Lulea: Centak Publishers, 1985:367-383.

［16］ Stagg K G, ZienKiewicz O C. Rock mechanics in engineering practice[M]. John Willey and Sons, 1968.

［17］ Stagg K G, ZienKiewicz O C. 成都地质学院工程地质教研室译. 工程实用岩石力

参考文献

学[M]. 北京：地质出版社，1978.

［18］Talobre J. 林天健，葛修润译. 岩石力学[M]. 北京：中国工业出版社，1965.

［19］安欧. 工程岩体力学基本问题[M]. 北京：地震出版社.

［20］巴晶. 岩石物理学进展与评述[M]. 北京：清华大学出版社，2013.

［21］蔡美峰，何满潮，刘东燕. 岩石力学与工程[M]. 北京：科学出版社，2002.

［22］陈卫忠，谭贤君，郭小红，等. 特殊地质环境下地下工程稳定性研究[M]. 北京：科学出版社，2012.

［23］陈卫忠，伍国军，杨建中，等. 裂隙岩体地下工程稳定性分析理论与工程应用[M]. 北京：科学出版社，2012.

［24］陈颙，黄庭芳. 岩石物理学[M]. 北京：北京大学出版社，2001.

［25］范广勤. 岩土工程流变力学[M]. 北京：煤炭工业出版社，1993.

［26］高磊. 矿山岩体力学[M]. 北京：冶金工业出版社，1979.

［27］谷德振. 岩体工程地质力学基础[M]. 北京：科学出版社，1979.

［28］黄醒春，陶连金，曹文贵. 岩石力学[M]. 北京：高等教育出版社，2005.

［29］孔德坊. 工程岩土学[M]. 北京：地质出版社，1992.

［30］李俊平，连民杰. 矿山岩石力学[M]. 北京：冶金工业出版社.

［31］李同林，殷绥域. 弹塑性力学[M]. 武汉：中国地质大学出版社，2007.

［32］李先炜. 岩体力学性质[M]. 北京：煤炭工业出版社，1990.

［33］李中林，欧阳道，肖荣久，等. 矿山岩体工程地质力学[M]. 北京：冶金工业出版社，1987.

［34］林韵梅等. 岩石分级的理论与实践[M]. 北京：冶金工业出版社，1996.

［35］凌贤长. 岩体力学[M]. 哈尔滨：哈尔滨工业大学出版社，2002.

［36］刘佑荣，唐辉明. 岩体力学[M]. 武汉：中国地质大学出版社.

［37］陆家佑. 岩体力学及其工程应用[M]. 北京：中国水利水电出版社，2011.

［38］戚承志，钱七虎. 岩体动力变形与破坏的基本问题[M]. 北京：科学出版社，2009.

［39］单辉祖，谢传锋. 工程力学（静力学与材料力学）[M]. 北京：高等教育出版社，2004.

［40］沈明荣. 岩体力学[M]. 上海：同济大学出版社，2015.

［41］沈中其，关宝树. 铁路隧道围岩分级方法[M]. 成都：西南交通大学出版社，2000.

［42］孙广忠. 岩体结构力学[M]. 北京：科学出版社，1988.

［43］孙广忠. 岩体力学原理[M]. 北京：科学出版社，2011.

［44］孙玉科，古迅. 赤平极射投影在岩体工程地质力学中的应用[M]. 北京：科学出版社，1983.

［45］唐大雄，刘佑荣，张文殊，等. 工程岩土学[M]. 北京：地质出版社，1999.

［46］陶振宇. 岩石力学的理论与实践[M]. 北京：水利出版社，1981.

[47] 王思敬. 坝基岩体工程地质力学分析[M]. 北京：科学出版社，1990.

[48] 王维纲. 高等岩石力学理论[M]. 北京：冶金工业出版社，1996.

[49] 王文星. 岩土力学公式速查手册[M]. 长沙：中南大学出版社，2012.

[50] 沃特科里 V S，拉马 R D，萨鲁加 S S. 水利水电岩石力学情报网译. 岩石力学性质手册[M]. 北京：水利出版社，1981.

[51] 吴德伦，黄质宏，赵明阶. 岩石力学[M]. 重庆：重庆大学出版社出版，2002.

[52] 吴继敏，魏继红，孙少锐. 地质工程参数取值与岩体结构模拟应用[M]. 北京：科学出版社，2009.

[53] 肖树芳，阿基诺夫 K. 泥化夹层的组构及强度蠕变特性[M]. 长春：吉林科学技术出版社，1991.

[54] 肖树芳，杨淑碧. 岩体力学[M]. 北京：地质出版社，1987.

[55] 谢和平，陈忠辉. 岩石力学[M]. 北京：科学出版社，2004.

[56] 熊传治. 岩石边坡工程[M]. 长沙：中南大学出版社，2009.

[57] 徐秉业，刘信声. 应用弹塑性力学[M]. 北京：清华大学出版社，2005.

[58] 徐世光，郭远生. 地热学基础[M]. 北京：科学出版社，2009.

[59] 徐志英. 岩石力学[M]. 北京：中国水利水电出版社，1993.

[60] 闫长斌，王贵军，王泉伟，等. 岩体爆破累积损伤效应与动力失稳机制研究[M]. 郑州：黄河水利出版社，2011.

[61] 严春风，徐健. 岩体强度准则概率模型及其应用[M]. 重庆：重庆大学出版社，1999.

[62] 杨圣奇. 裂隙岩石力学特性研究及时间效应分析[M]. 北京：清华大学出版社，2011.

[63] 杨天鸿，芮勇勤，申力，等. 渗流作用下露天矿边坡动态稳定性及控制技术[M]. 北京：科学出版社，2011.

[64] 杨天鸿，唐春安，徐涛，等. 岩石破裂过程的渗流特性——理论、模型与应用[M]. 北京：科学出版社，2004.

[65] 杨志法，王思敬，高丙丽. 坐标投影图解法及其在岩石块体稳定分析中的应用[M]. 北京：科学出版社，2009.

[66] 殷有泉. 岩石类材料塑性力学[M]. 北京：北京大学出版社，2014.

[67] 俞缙. 缺陷岩体纵波传播特性分析技术[M]. 北京：冶金工业出版社，2013.

[68] 张清，杜静. 岩石力学基础[M]. 北京：中国铁道出版社，1997.

[69] 张学言. 岩土塑性力学[M]. 北京：人民交通出版社，1993.

[70] 张倬元，王士天，王兰生，等. 工程地质分析原理[M]. 北京：地质出版社，2009.

[71] 章根德，何鲜，朱维耀. 岩石介质流变学[M]. 北京：科学出版社，1999.

[72] 赵文. 岩石力学[M]. 长沙：中南大学出版社，2010.

[73] 郑颖人，沈珠江，龚晓南. 岩土塑性力学原理[M]. 北京：中国建筑工业出版

社，2002.

[74] 郑颖人，孔亮. 岩土塑性力学[M]. 北京：中国建筑工业出版社，2010.

[75] 郑雨天. 岩石力学的弹塑粘性理论基础[M]. 北京：煤炭工业出版社，1988.

[76] 中国电力企业联合会. 工程岩体试验方法标准[S]: GB/T 50266-2013. 北京: 中国计划出版社，2013.

[77] 中国电力企业联合会. 水力发电工程地质勘察规范[S]: GB 50287-2016. 北京: 中国计划出版社，2017.

[78] 中国电力企业联合会. 水电水利工程岩石试验规程[S]: DL/T 5368-2015. 北京: 中国计划出版社，2015.

[79] 中国科学技术协会，中国岩石力学与工程学会. 岩石力学与岩石工程学科发展报告[M]. 北京：中国科学技术出版社，2010.

[80] 中华人民共和国水利部. 工程岩体分级标准[S]: GB 50218-2014. 北京：中国计划出版社，1995.

[81] 中华人民共和国水利部. 水利水电工程地质勘察规范[S]: GB 50487-2008. 北京: 中国计划出版社，2009.

[82] 中华人民共和国水利部水利水电规划设计总院，长江水利委员会长江科学院. 水利水电工程岩石试验规程[S]: SL 264-2016. 北京: 中国水利水电出版社，2016.

[83] 中交第二勘测设计研究院. 公路工程岩石试验规程[S]: JTG E41-2005. 北京: 人民交通出版社，2005.

[84] 中铁第一勘测设计院集团有限公司. 铁路工程岩石试验规程[S]: TB 10115-2014. 北京: 中国铁道出版社，2015.

[85] 周创兵，陈益峰，姜清辉，等. 复杂岩体多场广义耦合分析导论[M]. 北京：中国水利水电出版社，2008.

[86] 周维垣. 高等岩石力学[M]. 北京：水利电力出版社，1990.